U0293748

郭　础

时间分辨光谱基础

Introduction to Time-resolved Spectroscopy

SHIJIAN FENBIAN GUANGPU JICHU

高等教育出版社·北京
HIGHER EDUCATION PRESS　BEIJING

图书在版编目（CIP）数据

时间分辨光谱基础 / 郭础著. — 北京 ：高等教育出版社，2012.10
ISBN 978-7-04-036009-7

Ⅰ.①时… Ⅱ.①郭… Ⅲ.①时间分辨率－高分辨光谱学－研究生－教材 Ⅳ.①O433

中国版本图书馆CIP数据核字(2012)第208697号

策划编辑 刘剑波　　责任编辑 焦建虹　　封面设计 于 涛　　版式设计 余 杨
插图绘制 尹 莉　　责任校对 胡晓琪　　责任印制 朱学忠

出版发行	高等教育出版社	咨询电话	400-810-0598
社　　址	北京市西城区德外大街 4 号	网　　址	http://www.hep.edu.cn
邮政编码	100120		http://www.hep.com.cn
印　　刷	涿州市星河印刷有限公司	网上订购	http://www.landraco.com
开　　本	787mm × 1092mm　1/16		http://www.landraco.com.cn
印　　张	34.5	版　　次	2012 年 10 月第 1 版
字　　数	570 千字	印　　次	2012 年 10 月第 1 次印刷
购书热线	010-58581118	定　　价	79.00 元

本书如有缺页、倒页、脱页等质量问题，请到所购图书销售部门联系调换
版权所有 侵权必究
物 料 号 36009-00

序　言

世界是物质的，物质是运动的。“研究分子运动的目的，不仅是在原子水平上揭示导致分子几何结构改变的化学键生成和（或）断裂等动态学图景，而更重要的是要通过对分子运动微观步骤的了解，使分子的化学转化过程能按照人们需求有效地实行调节和控制。”[1]事实上，如果说研究物质分子在化学变化过程中，具有一定化学组成、分子结构的分子的浓度在不同条件下随时间改变的机理和宏观化学动力学（kinetics）规律，已为调控和建立各类石油、化工产品、有机聚合物高分子材料的高效生产工艺流程提供了必要的化学理论基础，那么监测物质分子的能量状态、空间构型在外界因素影响下随时间变换的微观化学动态学（dynamics）行为，将可望为揭示相关物质分子在一定条件下所呈现的各种物理功能、化学行为以及生命活动现象的奥秘，进而为探索新型功能材料、研制光电子分子器件（molecular optoelectronic devices）和发展生物工程、开辟太阳能利用新途径提供重要科学启示。时间分辨光谱（time-resolved spectroscopy）正是在传统的光谱学基础上与光脉冲技术和微弱、瞬变光信号检测方法相结合而发展起来的适用于研究物质分子的化学动态学微观图景的途径和方法的新兴学科。

时间分辨光谱研究是从英国化学家、诺贝尔化学奖获得者 George Porter 勋爵在 20 世纪 50 年代采用激发-探测双光脉冲技术为基础的“闪光光解”（flash photolysis）方法，实时监测电子激发态芳烃分子随时间衰变的动态学行为开始发展的。其基本思想是用一个光脉冲将分子激发到指定的非平衡高能状态，继之用另一光脉冲对该非平衡态分子随时间演变过程的微观图景实行跟踪监测。根据这一基本原理，随着激光脉冲技术和微弱瞬变信号检测手段的发展和引用，现在人们已可通过测量分子体系的电子吸收、荧光发射以及拉曼（Raman）散射等现象，将能够研究的分子范围，从处于平衡状态的稳态分子扩展到离子、自由基或处于激发态等各种非平

---

[1] 这是蜕化分枝链锁反应理论发展者、原苏联科学院尼·玛·埃马努爱尔（Н. М. Эмануэль）院士继承诺贝尔化学奖获得者尼·尼·谢苗诺夫的有关链锁反应的基本学术观念在给学生授课时反复强调的、极为正确重要但往往被人忽视的一个指导思想。

衡态介稳分子的瞬间形态；而且监测的时间分辨率已由20世纪50～60年代的ms（10^{-3}s）～μs（10^{-6}s），经70～80年代的ns（10^{-9}s）～ps（10^{-12}s）到90年代的fs（10^{-15}s）数量级。从而使人们能够对分子的构型变换、激发能弛豫以及分子间的能量转移和电子传递等基元步骤进行直接实验研究，对分子运动变化过程的微观图景给出在原子水平上的直观描述，为阐明物质分子在一定条件下呈现特定物理、化学功能特性的机理，揭示一系列生命活动过程奥秘提供实验依据。

本书是我结合个人科研实践经验，并在纽约市立大学研究生院授课讲稿的基础上经整理后写成的，用8章的篇幅试图向读者就这一学科综合性很强的光谱新学科的基础知识予以概述。其中：第1章主要回顾时间分辨光谱的基本学术思想和发展历程；第2章集中对分子在不同状态、结构转化的化学动态学微观过程予以简要回顾；第3、4章概述时间分辨光谱测量中的一些基本实验技术，包括激光脉冲技术、微弱和瞬变光信号检测以及数据处理方法；其后的第5、6和7章分别介绍吸收、荧光和拉曼散射等几种主要时间分辨光谱测量方法与技术及其典型应用实例；最后一章简要展望时间分辨光谱方法应用在分子水平上探讨光合作用原初过程微观机理方面尚待研究解决的问题。

我能涉猎这一边缘科学领域和写出这一著作，首先应感谢傅鹰教授的科学启蒙、苏联学术导师埃马努爱尔院士和英国George Porter勋爵在学术成长道路上的谆谆教诲。写作本书的动议，则源自挚友林圣贤教授（美国Arizona州立大学的原理论化学教授、中国台湾“中央”研究院原子与分子科学研究所所长）的鼓励。故本书将用以告慰各位良师益友，并向他们致以衷心谢意。同时也深切感谢家人王世华、郭慧中、胡晖的关心和支持！

最后需要指出，时间分辨光谱方法及其巧妙应用涉及迅速发展的多个不同学科领域，书中表述不当、资讯遗漏之处难免，望读者不吝赐教，特此预致谢意！

作　者

2002于纽约市立大学结构和界面分析中心（CASI）整理

2010于北京定稿

目　　录

第 1 章

时间分辨光谱概述

1.1 时间分辨光谱的基本原理

时间分辨光谱（time-resolved spectroscopy）是在传统光谱学的基础上由光脉冲技术和微弱、瞬变光信号检测方法相结合而发展起来的一个新兴学术领域。它与以考查处于平衡状态下的“稳定分子”结构以及这些稳定分子浓度随时间变化的化学动力学过程为主的传统化学科学不同，时间分辨光谱的基本任务是实时监测分子在某些物理、化学过程或特定的生命活动中所呈现的瞬间结构、状态及其运动变化的微观步骤，而在分子水平上揭示相关物质体系的各种物理功能、化学行为以及生命活动现象的奥秘，进而为寻求调节或控制这些分子过程的有效途径提供科学启示和实验依据。因此，时间分辨光谱在方法上和传统的光谱学的方法相同，它也是在光辐射场和物质分子的相互作用过程中，通过测量光辐射场的强度、频率或偏振方向的改变而探求物质分子结构和所处的能量状态；但它和传统的光谱学的方法有重大不同，即它所探测的对象不是处于平衡状态的“稳定”的分子，而是对分子在某些物理、化学、生命活动过程中从一种平衡状态转化到另一种平衡状态的运动变化时相继出现的各种“介稳态中间物”的瞬间形态，并对这些瞬间形态转化的微观动态学步骤进行跟踪监测。

时间分辨光谱的方法原理[1]是英国化学家、诺贝尔化学奖获得者George Porter 勋爵（图 1.1.1）在 1951 年发展的“闪光光解”（flash photolysis）技术的基础上确立的。这一方法的基本思想是：当以一个持续时间Δt_p 远小于某一分子过程持续时间Δt_c 的 “激发”光脉冲激发该分子体系时，若在经过一定的时间延迟Δt 后，用持续时间相同（或相近）但其强度在一个较宽波长范围内均匀、连续分布的“探诊”光脉冲探测这一被激发体系时，由所记录的光谱信号在不同波长处的分布

图 1.1.1 1967 年诺贝尔化学奖获得者、时间分辨光谱方法原理的奠基人 George Porter 勋爵（1920.12.6—2002.8.31）

[1] Porter G. Flash photolysis and some of its applications. Nobel lecture, 1967.

$I_{t_i}(\lambda_1,\lambda_2,\cdots,\lambda_n)$，即可获得被激发态分子在此瞬间$\Delta t_i$的结构、形态的资料。若用某一选定波长$\lambda_i$且脉宽$\Delta t_p$小于某一分子过程持续时间$\Delta t_c$的“探诊”光脉冲，在经过不同时间延迟后，逐步跟踪监测这一被激发体系在此特定波长λ_i处光谱信号在不同时间的强度变化$I_{\lambda_i}(\Delta t_1,\Delta t_2,\cdots,\Delta t_n)$，将获得有关激发态分子随时间演变的微观步骤的信息。

1.2　时间分辨光谱发展的简要回顾

根据时间分辨光谱方法的上述原理，不难看出：作为直接跟踪监测分子运动变化的手段，它的时间分辨率，即测量分子体系在某一瞬间的结构和状态的最短时间间隔，是决定它的应用潜力的基本因素之一。早在时间分辨光谱方法发展的初期，最初被称之为闪光光解的原理装置设计是采用两个在高压气体中放电产生的闪光脉冲作用于被测量的分子体系：其中一个闪光脉冲用于使体系中的化学分子开始发生化学反应，而另一个闪光脉冲（摄谱光脉冲）则以“拍电影”的方式在经过不同的时间间隔后将分子体系的光谱谱图随时间的变化逐步进行记录。图 1.2.1 所示为在 1949 年建立的第一台用于研究气相化学反应的“闪光光解”方法实验装置的原理示意图。利用这一装置， Porter 等首次成功地记录了自由基或带电荷的离子等分子的“碎片”，以及处于电子激发三重态 T_1 的高能态的介稳分子的瞬态电子吸收光谱谱图。作为典型事例，Cl_2+O_2 混合物在闪光脉冲作用下发生光分解而产生的 $ClO^\bullet$ 自由基的电子吸收光谱谱图如图 1.2.2 所示。通过分析所记录的电子吸收光谱谱图随时间的变化，他们推测，在这一分子体系中发生的化学变化应包括以下三个：

$$Cl_2+h\nu\longrightarrow 2Cl^\bullet$$

$$2Cl^\bullet+O_2\longrightarrow 2ClO^\bullet$$

$$2ClO^\bullet\longrightarrow Cl_2+O_2$$

但考虑到反应的速率等因素，他们进一步推测，其中后两步反应过程中还应包括生成中间物 $ClO^\bullet—O^\bullet$ 和 $ClO^\bullet—OCl^\bullet$ 的步骤，即

$$Cl^\bullet+O_2\longrightarrow ClO^\bullet—O^\bullet$$

$$ClO^\bullet—O^\bullet+Cl^\bullet\longrightarrow 2ClO^\bullet$$

和

$$2ClO^{\bullet} \longrightarrow ClOOCl$$

$$ClO^{\bullet}—OCl^{\bullet} \longrightarrow Cl_2 + O_2$$

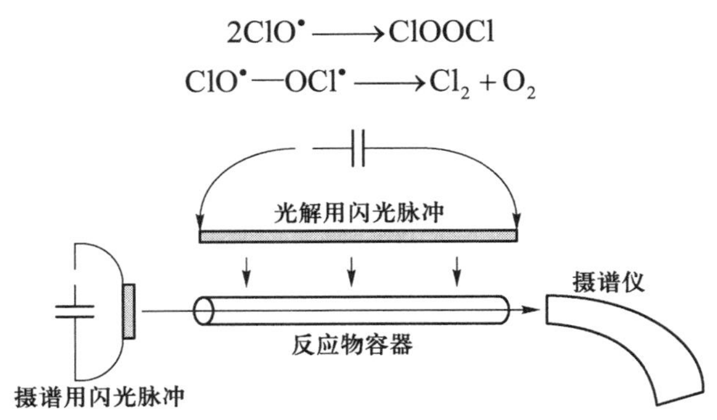

图 1.2.1 “闪光光解”方法实验装置的原理示意图

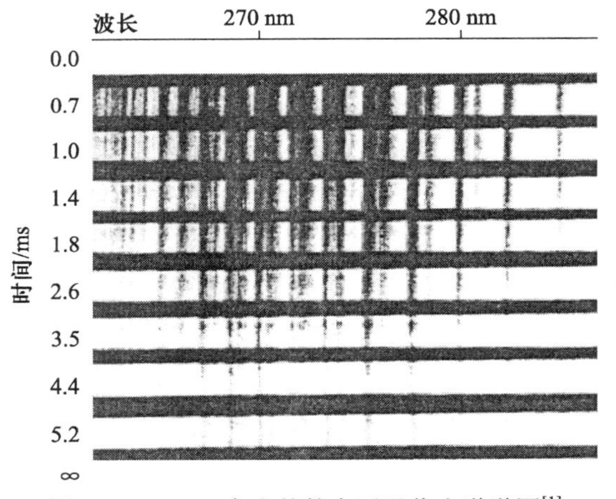

图 1.2.2 $ClO^{\bullet}$ 自由基的电子吸收光谱谱图[1]

20 世纪 60 年代后，随着激光脉冲技术的应用，时间分辨光谱方法的时间分辨率由仅为 ms ~ μs（$10^{-3} \sim 10^{-6}$s）的初期水平扩展到 ns(10^{-9} s)、ps（10^{-12}s）甚至 fs（10^{-15} s）数量级，使人们能够在原子水平上对导致分子结构改变的化学键生成和（或）断裂的微观动态学行为直接跟踪监测[2]。其中，第一个成功的实验演示是实时跟踪监测 ICN 在“单分子半碰撞”（unimolecular half-collision）光分解反应过程中的“过渡态中间物”$[I\cdots CN^{*}]^{\neq}$ 的生成：

[2] Zewail A H. Femtochemistry:Atomic-scale dynamics of the chemical bond using ultrafast lasers. Nobel lecture, 1999.

$$ICN + h\nu \longrightarrow [I\cdots CN^*]^{\neq} \longrightarrow 荧光 + I + CN$$

在这一实验中，Zewail 等用脉冲宽度约为 60 fs 、波长为 307 nm 的激光超短脉冲 λ_{ex} 将 ICN 分子激发到可发生的高能状态，而通过采用另一波长 λ_p 的激光超短脉冲激发这一高能状态分解产生的 $CN^*(B^2\Sigma^+)$ 荧光 I_{LEF}，对此高能状态分子的动态学行为进行实时监测。此时，所检测到的荧光随分子分解脉冲 λ_{ex} 和荧光激发 λ_p 激光脉冲之间的时间延迟 $(\Delta t = t_p - t_{ex})$ 加大将逐渐增强并出现最大中间值 I_{LEF}^{max}，这个事实（图 1.2.3）直接表明“过渡态” $[I\cdots CN^*]^{\neq}$ 的逐步生成和随之消失的微观动态学步骤。

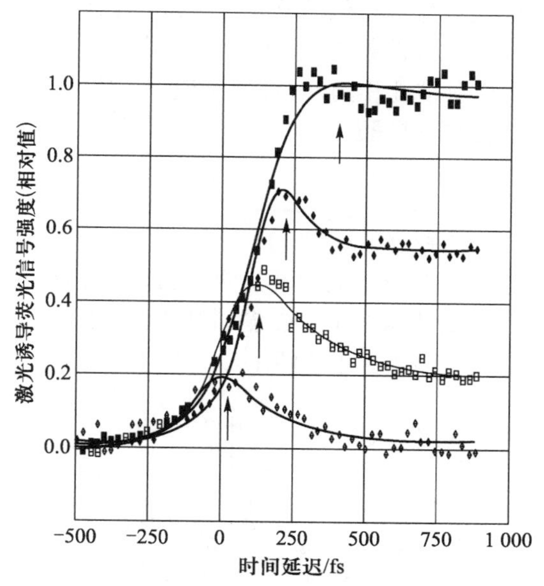

图 1.2.3　脉冲宽度约为 60 fs、波长为 307 nm 的激光超短脉冲引发的 ICN 分子分解反应的过渡态络合物$[I\cdots CN^*]^{\neq}$生成和衰变过程[2]（激发过渡态络合物荧光的探测光脉冲波长 λ_{probe} 为 389.7 nm、389.8 nm、390.4 nm 和 391.4 nm）

利用类似的方法也同样地表明：采用 fs 激光超短脉冲的时间分辨光谱测量，也可直接获得有关处于非平衡状态的“过渡态”分子中化学键断裂以及原子振动轨迹等动态学行为的微观信息。例如：在采用波长为 310 nm 的激光超短脉冲将 NaI 激发到其原子振动周期约为 1 000 fs 的高能激发态$[Na^+\cdots I^-]^*$时，在两个原子的振动而使其核间距d_{Na-I}达到0.693 nm的一瞬间，一部分（约10%）的高能激发态$[Na^+\cdots I^-]^*$将转化为“过渡态”$[Na\cdots I]^{\neq *}$，并最终分解而生成Na和I自由原子。类似的时间分辨光谱测量同样也可在原子运动水平上监测“双分子单次碰撞”（bimolecular single-collision）的化学反应过程的“过渡态”：$A+BC+h\nu \longrightarrow A^*+BC \longrightarrow [A\cdots BC]^{\neq} \longrightarrow AB+C$。例如，H原子和$CO_2$分子间生成HO的过程的“过渡态”$[H—O\cdots C—O]^{\neq *}$的存活时间已被证实约为1 ps。有趣的是：利用时间分辨率为fs数量级的时间分辨光谱方法直接跟踪监测多原子分子化学反应过程时，更能具体地判明分子中的哪个（或哪些）化学键优先参与化学反应。例如，在四氟二碘乙烷（$C_2I_2F_4$）中脱去两个碘原子而生成四氟乙烯（C_2F_4）的化学反应过程中，尽管分子中的两个C—I化学键彼此相同，但在反应过程中发现它们是一个接着一个地相继分开而不是同时断裂：

$$C_2I_2F_4 \longrightarrow C_2F_4 + 2I$$

但在环丁烷发生“开环”反应而分裂为两个乙烯分子C_2H_4的过程中，则可通过“过渡态”同时将两个C—C键断开［图1.2.4（a）］，或只断开一个C—C键而生成两个乙烯分子［图1.2.4（b）］。

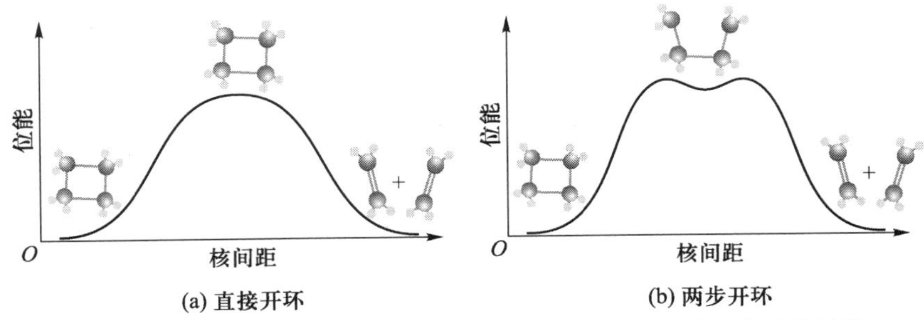

图1.2.4 环丁烷分子生成两个乙烯分子C_2H_4的“过渡态”络合物结构

此外，利用时间分辨率为fs数量级的时间分辨光谱方法直接跟踪监测1,2-二苯乙烯（stilbene）分子在光辐射场作用下顺式（*cis*−）和反式（*trans*−）结构间的异构化反应过程的实验还示明，整个分子的空间构型的改变是两个苯环同步地进行转动的结果：

光

顺式1,2-二苯乙烯　　反式1,2-二苯乙烯

这样，虽然上述实验事例只是时间分辨率为 fs 数量级的时间分辨光谱方法的一些早期应用，但也可使人们预期：时间分辨光谱方法可望同样有效地用于直接揭示在气相、溶液、聚集态以及高分子聚合物中和固体材料表面、界面上的各类有机、无机和蛋白质、DNA 等生物大分子的种种化学反应行为的微观图景。从而，使人们对分子运动变化过程的认知，从 J. H. van't Hoff 提出的化学动态学（chemical dynamics）定律（1884 年）、S. Arrhenius[3]提出的所谓阿伦尼乌斯（Arrhenius）方程以及 H. Eyring、M. Polanyi 和 M. G. Evans 等[4]在 Heitler-London 所建立的位能表面概念的基础上所发展出的“过渡态”（transition state）或“活化络合物”（activated complex）半经验理论（1935 年）推进到在原子的水平上直接观测相关分子在化学反应“过渡态”时化学键的生成和断裂的运动轨迹。不必再借助于分析分子在发生运动变化过程前、后的“稳定”结构、状态的资料，抽象地估算渡越反应活化能垒的所谓速率常数 k 和对导致分子结构变化的化学过程微观图景进行推测。这正如我国著名化学家卢嘉锡教授精辟而形象地将时间分辨光谱方法称为一种在分子科学中“避免误判、少走弯路”地抓住现行犯的“破案”手段那样，这一方法的应用将在最大程度上排除由于主观因素而对各种化学现象和生命过程给出“易于引起的误会”或“模棱两可”解释的可能性，从而使人们能够在客观、准确的事实的基础上，来理解物质分子的一些特定物理、化学或生命功能，或对某些令人感兴趣的分子过程有效地进行控制。

同理，人们可以预期：时间分辨率为 ps～fs 数量级的时间分辨光谱方法，显然也可用于实时追踪分子在不同量子状态间的辐射和辐射跃迁、分子空间取向的改变、电荷和激发能在处于不同量子状态的同一分子中的重新分配及在不同分子间的转移和传递等各种微观动态学过程（参阅图 1.2.5）。从而，使人们对分子运动变化过程的认知发展到作为统一的量子状态间的相互作用的微观动态学步骤探讨，深入到基于薛定谔（Schrödinger）方程和费米的黄金定则（golden rule）进行定量描述。

[3] Arrhenius S. Z. Physik. Chem. , 1887 1: 110.

[4] (a) Evans M G, Polanyi M. Trans. Faraday Soc., 1935, 31: 875-894. (b) Eyring H. J. Chem. Phys., 1935, 3: 107-115.

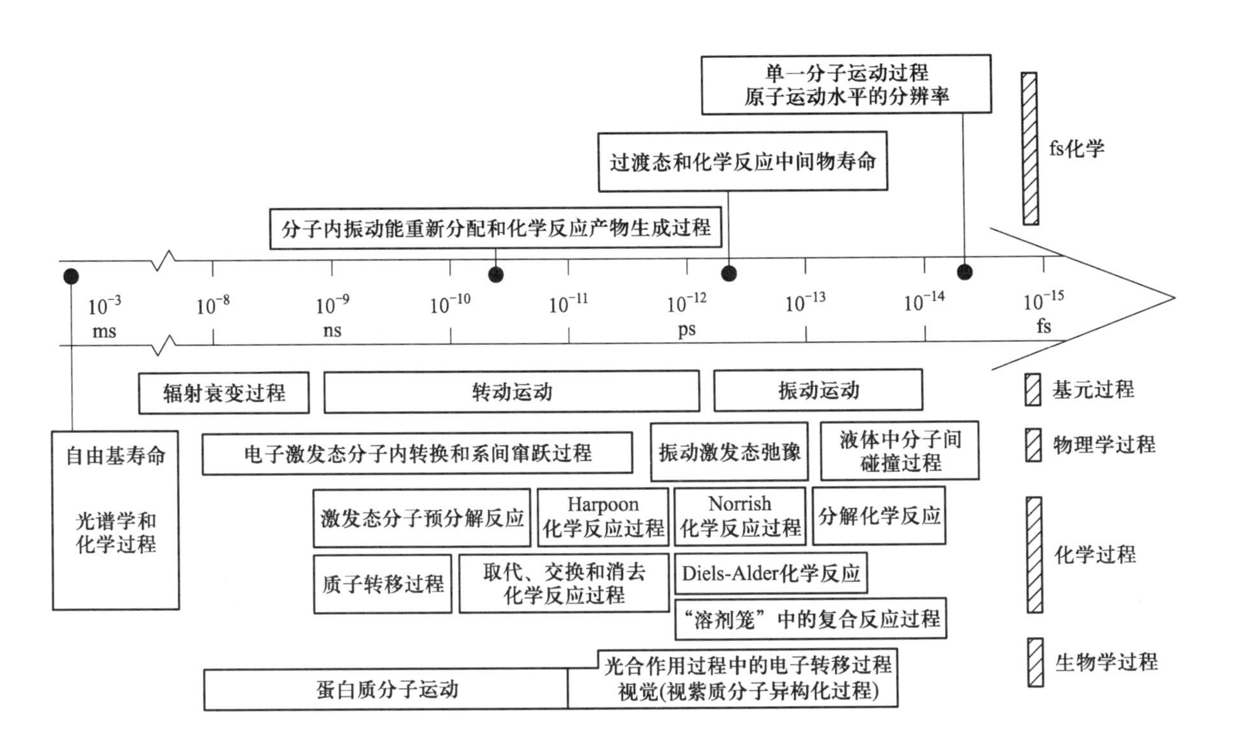

图 1.2.5　物质体系的各种物理功能、化学行为以及生命活动现象中分子运动的时标[2]

因此可以预期：正如 X 射线衍射、核磁共振（nuclear magnetic resonance）、扫描隧道（scanning tunneling microscope）、原子力场（atomic force microscopy）电子显微镜的应用可使人们能够在原子的水平上直接在实验中观察分子在空间的几何构型那样，时间分辨光谱方法的发展和应用，将使分子科学进入一个可在原子（甚至电子、核）运动的水平上对分子的物理、化学和一些生命现象功能随时间的演化进程实现实时监测研究的发展新时期。

第2章 分子运动变化的微观动态学过程

时间分辨光谱作为研究物质分子的结构状态随时间变换的化学动态学（dynamics）微观行为的学科，在具体探讨时间分辨光谱如何用于监测相关相物质分子的能量状态、空间构型在外界影响下随时间进行运动变化的微观步骤信息，并进而寻求调节、控制其进程的措施之前，首先对分子形态及其运动变化的典型微观动态学过程的定量表述予以简要的回顾。

2.1 分子的状态描述及其能量计算方法

分子的状态取决于围绕着有关原子核的电子运动、周期性地改变其原子“核间距”的振动以及不断改变分子本身在空间取向的转动等各运动方式。量子力学告诉人们[1]：处于某一量子状态的分子在某一指定瞬间 t 时所具有的能量 E，在原则上都可通过求解描述微观粒子体系的 Schrödinger 方程式（2.1.1）预测：

$$\hat{H}\psi(q_i,q_\alpha)=E\psi(q_i,q_\alpha) \tag{2.1.1}$$

式中，$\hat{H}$ 称为该微观粒子体系的哈密顿（Hamiltonian）算符（能量算符），ψ是 $\hat{H}$ 算符的本征波函数（eigenfunction），q_i 和 q_α 分别为电子和原子核的坐标，E 是由此波函数所描述的微观粒子体系的动能和位能的总和的本征值。基于电子和原子核在质量上的巨大差异，分子中各种形式的运动可分别采用 Born-Oppenheimer 近似假设简化处理，而将分子的能量状态分别由该分子的电子、振动和转动能表征，并采用 Joblonski 能级图[2]描述（图 2.1.1）。但分子的各种运动状态能量的理论计算仍是一个复杂的问题。例如，当利用哈特里-福克（Hartree-Fock，HF）分子轨道-自洽场（molecular orbital-self consistent field，MO-SCF）方法计算分子体系电子运动状态能量而求解描述电子运动的薛定谔方程时，通常需利用假设的“分子轨道” ϕ_i（molecular orbital，MO）作为描述分子近似波函数开始进行试算[3,4]。这里所用的近似波函数通常是一组以各个原子核为中心的“原子轨道 φ_k 线

[1] Lowe J P. Quantum Chemistry.2nd ed.Boston: Academic Press Inc.,1993.
[2] Jablonski A. Z. Phys., 1935, 94:38.
[3] Pople J A,Beveridge D L. Approximate Molecular Orbital Theory.New York: McGraw-Hill, 1970.
[4] Hehre W J,Radomer L, Schleyer P V R, et al.Ab Initio Molecular Orbital Theory.New York: Wiley, 1986.

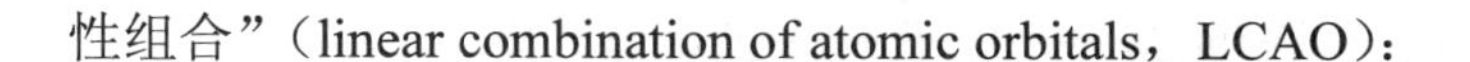
性组合”（linear combination of atomic orbitals，LCAO）：

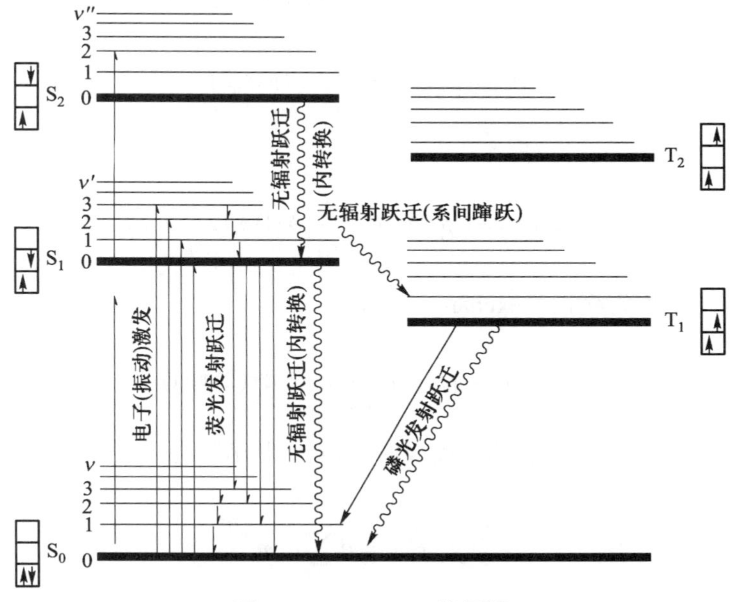

图 2.1.1　Joblonski 能级图

S—正、反方向自旋的电子数目相等（S=0）的电子激发一重态（singlet）能级，T—有一对孤立的电子自旋相同（S=1）的电子激发三重态（triplet）能级。ν、ν'、ν''表示处于一定电子状态的分子振动能级，处于一定电子和原子核振动状态的分子转动能级从略

$$\phi_i = \sum_k c_{ik}\varphi_k \tag{2.1.2}$$

这种原子轨道 φ_k 线性组合通常被称为基函数或基集（basis set），c_{ik} 是常数。“最佳”表述分子状态的“真实”波函数则是通过求解所谓的单电子哈特里-福克方程得出的，即

$$\hat{F}(1)\phi_i(1) = \varepsilon_i\phi_i(1) \tag{2.1.3}$$

式中，$\varepsilon_i = \left\langle \phi_i \middle| \hat{F} \middle| \phi_j \right\rangle$，是轨道能量；$\hat{F}$ 是只包括一个电子（1）的单电子福克（Fock）算符：

$$\hat{F}(1) = -\frac{1}{2}\nabla_1^2 - \sum_\alpha \frac{Z_\alpha}{r_{1\alpha}} + \sum_{j=1}^{n}\left[2\hat{J}_j(1) - \hat{K}_j(1)\right] \tag{2.1.4}$$

其中右端第一和第二项分别是单个电子（1）的动能和电子–核吸引势能的算符；$\hat{J}_j$ 是相应于电子云的相互排斥能的库仑（Coulomb）算符：

$$\hat{J}_j = \int \phi_j^*(2)\left(\frac{1}{r_{12}}\right)\phi_j(2)\mathrm{d}\tau(2) \tag{2.1.5}$$

并有

$$\left\langle \phi_i \middle| \hat{J}_j \middle| \phi_i \right\rangle = \left\langle \phi_i(1)\phi_j(2) \middle| \frac{1}{r_{12}} \middle| \phi_i(1)\phi_j(2) \right\rangle = J_{ij} \tag{2.1.6}$$

而 $\hat{K}_j$ 则通常称为交换（exchange）算符：

$$\hat{K}_j\phi_i(1) = \int \phi_j^*(2)\left(\frac{1}{r_{12}}\right)\phi_i(2)\mathrm{d}\tau(2)\phi_j(1) \tag{2.1.7}$$

当采用由原子轨道 φ_k 线性组合而成的“初始”基函数进行试算时，式（2.1.2）将成为

$$\sum_k c_{ik}\hat{F}\varphi_k = \varepsilon_i \sum_k c_{ik}\varphi_k \tag{2.1.8}$$

应指出：这里的单电子福克算符 $\hat{F}$ 和 ϕ_i 有关，而 ϕ_i 又是未知常数 c_{ik} 的函数。因而，式（2.1.3）必须采用迭代计算方法求解，才可得出能用于构成最佳近似描述有关分子体系的本征波函数 ψ。为简化计算，通常可采用引入一些实验参数的半经验方法。

自 20 世纪六七十年代以来，量子化学计算程序和电子计算机技术的发展曾使人们有可能用哈特里–福克（HF）方法，在无须引入任何实验参数的条件下对较大的分子进行所谓的“从头计算”(ab initio)。但是，由于它在计算所用的波函数中忽略了不同电子之间的相互关联（electron correlation），即认为一个电子的空间坐标不受邻近电子的影响，导致计算出的分子总能量（包括电子和核排斥能，即 $E_{\text{total}} = E_{\text{el}} + E_{\text{NN}}$）偏高，而且为计算处于电子激发态的分子，必须采用包括“组态相互作用”（configuration interaction，CI）等方法，或基于“微扰理论”（perturbation theory）而补充加入更高激发项的Møller-Plesset 方法（MP0，MP1，MP2，MP3 等）处理。即使如此，利用这类方法所得的实际计算结果也往往难以和实验结果更好地吻合。例如，用这一 LCAO-MO-SCF 计算方法“从头计算”在生命活动中有极其重要作用而且在世界上分布非常广泛的卟啉类分子时，它既

不能正确地确定这类四吡咯大环所具有的“非定域化”D_{2h}对称性，又错误地预言其四吡咯大环和芳香环取代基的共平面空间结构[5]。此外，哈特里-福克计算也不能求出准确的分子振动频率[6]。因此，这一曾在量子化学计算中占统治地位的理论方法，正在被近年来发展出的新计算方法所代替。

近年来受到普遍重视并在实际工作中得到广泛应用的计算方法是，基于托马斯-费米-狄拉克（Thomas-Fermi-Dirac）模型和霍恩伯格-科恩（Hohenberg-Kohn）定理[7]而发展出的密度泛函理论（density functional theory，DFT）计算[8]。这一理论计算的思想基础是，在外电场（Coulombic 电场）作用下，电子运动可以用只有三个空间坐标的电子概率密度（electronic probability density）$\rho(x,y,z)$表征，而无须用包含有 $3n$ 个电子坐标和 n 个自旋坐标的波函数$\psi(q_1,q_2,\cdots,q_n)$描述，并认为，处于电子基态的分子的能量、波函数以及其他所有的电子性质全部取决于电子概率密度。这一方法进行计算的出发点是科恩-沈（Kohn-Sham）方程。根据这一方程，包含 n 个电子的基态分子的纯电子能量E_0可用电子运动的动能项E^{T}、电子-核相吸及核-核相互排斥作用的位能项E^{V}、电子-电子排斥项（电子密度间的自身库仑作用）E^{J}以及电子-电子间的交换-相关（exchange-correlation）和其他形式的相互作用E^{XC}等 4 个部分表示。其中除核-核相互排斥作用的位能项E^{V}外，式中各项都是电子密度的函数，且E^{J}可表示为

$$E^{\mathrm{J}}=\frac{1}{2}\iint\frac{\rho(1)\rho(2)}{r_{12}}\mathrm{d}\upsilon_1\mathrm{d}\upsilon_2$$

E^{XC}表示电子的交换相关能（exchange-correlation energy），它是$\rho(x,y,z)$的泛函；电子 i 的泛函$\rho(i)$是求解动能积分的电子 i 的空间坐标的函数。准确的ρ值可根据下式求出：

$$\rho=\sum_{i=1}^{n}|\psi_i|^2 \tag{2.1.9}$$

[5] Almlöf J, Fischer T H, Gassman P G, Ghosh A, Häser M. J. Phys. Chem., 1993, 97: 10964.
[6] Rauhut G, Pulay P. J. Phys. Chem. , 1995, 99: 3093−3100.
[7] Hohenberg P, Kohn, W.　Phys. Rev. B, 1964, 136:864.
[8] (a) Kohn W, Sham L. J. Phys. Rev. A, 1965, 140:1133. (b) Parr R G, Yang W. Density-Functional Theory of Atoms and Molecules. Oxford: Oxford Science, 1989. (c) Bartolotti L J, Flurchick K. An Introduction to Density Functional Theory. Lipkowitz K B, Boyd D B. Reviews in Computational Chemistry. New York: Publishers Inc., 1996.

式中，$\psi_i(i=1,2,\cdots,n)$是密度泛函（DF）分子波函数或称为科恩-沈轨道，它不是通常由求解自旋轨道的 Slater 行列式而得出的那种所说的分子轨道，它并不具有任何物理意义。科恩-沈轨道$\psi_i(1)$可由求解单电子科恩-沈方程而得出：

$$F_{\text{KS}}(1)\psi_i(1)=\varepsilon_{i,\text{KS}}\psi_i(1) \tag{2.1.10}$$

式中，F_{KS}是用下式表示的科恩-沈算符：

$$F_{\text{KS}}=-\frac{1}{2}\nabla_1^2-\sum_{\alpha}\frac{Z_\alpha}{r_{1\alpha}}+\sum_{j-1}^{n}J_j(1)+V_{\text{XC}}(1) \tag{2.1.11}$$

其中J_j是库仑算符；V_{XC}是为处理一对电子反对称间的“交换”（exchange）和“相关”（correlation）作用而引入的位能，它可由交换-相关能（exchange-correlation energy）E^{XC}的导数求出：

$$V_{\text{XC}}=\delta E^{\text{XC}}(\rho)/\delta\rho \tag{2.1.12}$$

这样，如果$E^{\text{XC}}(\rho)$已知，科恩-沈算符F_{KS}也可像哈特里-福克算符那样被求出，只不过是其交换算符$-\sum_{j=1}^{n}k_j$被V_{XC}代替而已。此时，对于具有相反自旋配对和相同一科恩-沈轨道的闭壳层的电子基态科恩-沈方程即可写为

$$\left(-\frac{1}{2}\nabla_1^2-\sum_{\alpha}\frac{Z_\alpha}{r_{1\alpha}}+\int\frac{\rho(2)}{r_{12}}\mathrm{d}v_2+V_{\text{XC}}(1)\right)\psi_i(1)=\varepsilon_{i,\text{KS}}\psi_i(1) \tag{2.1.13}$$

这样 DFT 计算方法的基本特点是直接求解电子概率密度ρ，而不是寻求波函数ψ。但是，利用这一方程求解ρ和E时，主要的问题是缺乏该分子的准确的泛函$E^{\text{XC}}(\rho)$的数值。

因此，在实际工作中，尚需采用一些近似的泛函形式，这些近似的泛函的区别主要是它们处理电子交换和电子相关问题的不同。但由于有关分子泛函的知识缺乏，$E^{\text{XC}}(\rho)$仍需借助于近似泛函表述。为此，现在已提出一些近似的泛函形式，它们之间的不同仅在于对其中的交换和相关成分的处理不同而已。例如，“局域密度近似”（local density approximation，LDA）是将分子假设为由无限多个电子在无限空间内运动，但在单位体积其密度呈均匀分布且不等于零（$\rho\neq0$）的电中性体系。这样，该体系的交换和相关泛函中只包含电子自旋密度的数值，并可将局域交换泛函定义为

$$E_{\mathrm{LDA}}^{\mathrm{X}}=-\frac{3}{2}\left(\frac{3}{4\pi}\right)^{\frac{1}{3}}\int\rho^{\frac{4}{3}}\mathrm{d}^{3}\boldsymbol{r} \quad (2.1.14)$$

若采用不同轨道和不同自旋的电子密度不同（$\rho^{\alpha},\rho^{\beta}$）的“局域自旋密度近似”（local spin-density approximation，LSDA），虽可对计算结果有所改善，但对密度并不均一的分子体系来说，这种简单的局域近似仍难以期望给出满意的计算结果。采用既和电子自旋密度有关，又受电子密度梯度$\nabla\rho$影响的“梯度修正的”（gradient-corrected）或被称为“非局域密度泛函”（non-local density functional）是计算方法的进一步优化。在这方面，目前已发展出一些根据所用的电子交换和电子相关泛函类型不同而命名的较好的 DFT 计算方法。例如，采用 Becke 发展的三参数梯度校正交换泛函以及 Lee、Yang 和 Parr 等发展的梯度校正相关泛函的密度泛函理论计算，就是可以较好地计算分子最优结构的键长、键角、电荷分布、电偶极、分子轨道能量以及化学键振动频率ν、力常数κ、退偏振比ρ等光谱参数的所谓的 B3LYP 方法[9]。而基于 Runge-Gross（R-G）定理[10]发展的所谓的时间相关的密度泛函 TD-DFT 计算[11]，则可用于计算激发态能量、描述电子吸收光谱等激发态分子的性质。

目前已有相当成熟的计算机软件，并正在通过一些专业公司的专家和广泛的国际合作而继续改进和不断完善。从而这些理论计算已从“象牙宝塔中的创造”普及成为在计算机的协助下的“实验室的常规操作”。若想进一步了解有关分子运动状态的理论计算方法的细节，有兴趣的读者可参阅有关专著。

2.2　分子在不同状态间的跃迁概率

分子由一个量子状态跃迁到另一相关量子状态的概率可用量子力学的微扰理论进行分析[12]，根据这一理论，当分子体系受到外界因素扰动

[9] (a) Becke A D. Phys. Rev. A,1988,38: 3098. (b) Becke A D. J. Chem. Phys. ,1993, 98: 1372. (c) Lee C,Yang W,Parr R G. Phys. Rev. B,1988,37:785.

[10] Runge E,Gross E K U. Density-functional theory for time-dependent systems. Phys. Rev. Lett.,1984,52: 997.

[11] Gross E K U,Ullrich C A,Gossman U J. Density Functional Theory. New York: Plenum Press,1995.

[12] Левич В Г, Вовин Ю А, Мямлин В А. Курс Теоретической ризки(II),частьV, глава VII. Физматгиз,1962.

时，该分子体系的波函数$\psi_n(x,t)$应采用时间相关的非定态薛定谔方程描述。若将对该分子体系产生微弱扰动的外界因素用哈密顿（Hamiltonian）能量算符表示为$H'(t)$，则这一被微扰分子体系的波函数$\psi(x,t)$应满足下述方程：

$$\mathrm{i}\hbar\frac{\partial\psi(x,t)}{\partial t}=(H_0+H')\psi(x,t) \tag{2.2.1}$$

若假设未被微扰分子体系的薛定谔方程$\mathrm{i}\hbar\frac{\partial\psi_n^{(0)}(x,t)}{\partial t}=H_0\psi_n^{(0)}(x,t)$的解可用未受到微扰的稳定态本征波函数$\psi_n^{(0)}(x,t)=\psi_n^0(x)\exp\left(-\frac{\mathrm{i}}{\hbar}E_nt\right)$表示，被微扰分子体系的波函数即可近似地写为

$$\psi(x,t)=\sum_k c_k(t)\,\psi_k^{(0)}(x,t) \tag{2.2.2}$$

式中，系数c_k和坐标x无关，而仅是时间t的函数。将式（2.2.2）描述的$\psi(x,t)$代入式（2.2.1），即可写出采用未受外界因素扰动的分子体系的波函数$\psi_k^{(0)}(x,t)$表示的被微扰分子体系的非定态薛定谔方程：

$$\mathrm{i}\hbar\sum_k\left(\frac{\mathrm{d}\varepsilon_k}{\mathrm{d}t}\psi_k^{(0)}(x,t)+c_k\frac{\partial\psi_k^{(0)}(x,t)}{\partial t}\right)=\sum_k c_k\left(H_0+H'\right)\psi_k^{(0)}(x,t) \tag{2.2.3}$$

考虑到未受到外界因素扰动时的分子体系的稳定态波函数$\psi_k^{(0)}(x,t)$的正交归一化特性，以及波函数$\psi(x,t)$可完全由系数c_k决定[式（2.2.2）]，将式（2.2.3）乘以共轭函数$\psi_m^{(0)*}(x,t)$，并对全部空间积分，不难得出和式（2.2.2）等价的方程：

$$\mathrm{i}\hbar\frac{\mathrm{d}c_m}{\mathrm{d}t}=\sum_k H'_{mk}c_k\exp(\mathrm{i}\omega_{mk}t) \tag{2.2.4}$$

式中，H'_{mk}是引发分子由用波函数ψ_k表征的量子状态k向用波函数ψ_m表征的量子状态m跃迁的微扰算符矩阵元：

$$\left.\begin{aligned}H'_{mk}&=\int\psi_m^{(0)*}(x)H'_{mk}\psi_k^{(0)}(x)\mathrm{d}V\\ \omega_{mk}&=\frac{1}{\hbar}(E_m-E_k)\end{aligned}\right\} \tag{2.2.5}$$

式（2.2.4）是精确的表达式，但它的求解未必比式（2.2.2）更复杂。

为求解这一方程，可假设作用于分子体系的外界因素很微弱。当 $t \leqslant 0$，处于某种初始状态的分子体系波函数 $\psi_n^{(0)}$ 没有受到外界因素扰动时，除去 c_k 外，式（2.2.2）中所有的其他系数 c_n 都等于零，即 $c_k(0)=\delta_{kn}$。但当分子体系从 $t=0$ 起开始受到扰动而使其波函数 $\psi_n^{(0)}$ 随时间发生微小变化时，其系数 $c_k(t)$ 也将随之发生改变，且其改变可用下式近似描述：

$$c_k(t)=c_k^{(0)}(t)+c_k^{(1)}(t)+c_k^{(2)}(t)+\cdots \tag{2.2.6}$$

式中，$c_k^{(0)}(t)=c_k(0)=\delta_{kn}$，其余的 $c_k^{(1)}(t)$ 等修正项都是很小的数值。这样，将如式（2.2.6）所示的 $c_k(t)$ 代入式（2.2.4），在略去高次项的条件下，即可得出：

$$\mathrm{i}\hbar\frac{\mathrm{d}c_m^{(1)}}{\mathrm{d}t}=\sum_k H'_{mk}c_k^{(0)}\exp(\mathrm{i}\omega_{mk}t)=H'_{mn}\exp(\mathrm{i}\omega_{mn}t) \tag{2.2.7}$$

将此式进一步积分，可得

$$c_m^{(1)}(t)=\frac{1}{\mathrm{i}\hbar}\int_0^t H'_{mn}\exp(\mathrm{i}\omega_{mn}t)\mathrm{d}t \tag{2.2.8}$$

依同法也可得出对 $c_m^{(0)}$ 修正的各高次项 $c_m^{(2)}(t),c_m^{(3)}(t),\cdots$。如：

$$c_m^{(2)}(t)=\frac{1}{\mathrm{i}\hbar}\sum_k\int_0^t H'_{mk}\exp(\mathrm{i}\omega_{mk}t)\mathrm{d}t \tag{2.2.9}$$

据此，当分子体系受到外界因素微小的扰动时，它在 $t>0$ 的任一瞬间 t 的系数 $c_m^{(1)}(t),c_m^{(2)}(t),\cdots$ 以及相应的波函数均可求出。

这样，当在 $t\leqslant 0$ 时可用波函数 $\psi_n^{(0)}$ 描述的处于某一定能量状态 n 的分子体系，因受到外界微扰 $\hat{H}'(t)$ 作用而在 $t>0$ 期间跃迁到需用波函数[式（2.2.2）]表征的另一能量一定的可能量子状态 m 时，根据量子力学原理，在这一量子状态 m 发现该分子体系的概率 $W_{mn}(t)$ 将由 $|c_m(t)|^2$ 决定。因此，$|c_m(t)|^2$ 也决定了在初始 $t=0$ 时处于的量子状态 n 在时间 t 内向量子状态 m 跃迁 $n\to m$ 的概率，即

$$W_{mn}(t)=|c_m(t)|^2=|c_{mn}(t)|^2 \tag{2.2.10}$$

但是应注意：量子状态间的跃迁和外界微扰 $\hat{H}'(t)$ 的时间特性有关。因而 $W_{mn}(t)$ 的进一步定量分析，还要求了解可将分子能量为 $E_n^{(0)}$ 初始的某

一分立量子状态 n 激发到能量 E_ν 较高的连续谱量子状态 ν 的微扰算符矩阵元 $\hat{H}'_{\nu n}$ 和时间的函数关系。当考虑外界微扰算符矩阵元 $H'_{\nu n}$ 是时间 t 的简谐函数的一般情况时，微扰算符矩阵元可写为

$$H'_{\nu n}(t) = H'_{\nu n}(0)\cos\omega t \tag{2.2.11}$$

式中，ω 满足下述关系：$\hbar\omega > E_0 - E_n^{(0)}$，这里的 E_0 是各可能的量子状态 ν 中最低的状态能量数值。在只考虑一级微扰的最简单的情况下，将此式代入式（2.2.8）可得：

$$c_{\nu n}^{(1)} = -\frac{1}{2\hbar}H'_{\nu n}(0)\left[\frac{\exp[\mathrm{i}(\omega_{\nu n}+\omega)t]-1}{\omega_{\nu n}+\omega}+\frac{\exp[\mathrm{i}(\omega_{\nu n}-\omega)t]-1}{\omega_{\nu n}-\omega}\right] \tag{2.2.12}$$

由式（2.2.12）可见：当 $\omega_{\nu n} \cong \omega$ 时，方括号中的一个加和项将等于（或趋近于）零，而相应的 $n \to \nu$ 跃迁概率将随时间 t 而增大，并达到下述的最大值。

$$c_{\nu n}^{(1)} \cong -\frac{1}{2\hbar}H'_{\nu n}(0)\left[\frac{\exp[\mathrm{i}(\omega_{\nu n}-\omega)t]-1}{\omega_{\nu n}-\omega}\right] \tag{2.2.13}$$

后者的平方则等于：

$$\left|c_{\nu n}^{(1)}\right|^2 = \frac{1}{4\hbar^2}\left|H'_{\nu n}(0)\right|^2\frac{\sin^2\frac{1}{2}(\omega_{\nu n}-\omega)t}{\frac{1}{4}(\omega_{\nu n}-\omega)^2} = \frac{\pi\left|H'_{\nu n}(0)\right|^2 t}{4\hbar^2}f(\alpha,t) \tag{2.2.14}$$

其中，$\alpha = \frac{1}{2}(\omega_{\nu n}-\omega)$，$f(\alpha,t) = \frac{\sin^2\alpha t}{\pi\alpha^2 t}$。这样，当分子在 $t=0$ 时受到微扰而开始发生跃迁后，若 $\alpha \neq 0$，在 $t\to\infty$ 的过程中随微扰作用时间 t 不断增长，$f(\alpha,t)$ 将趋近于零；而在 $\alpha = 0$ 的情况下，$f(0,t)$ 将趋近于 $\frac{t}{\pi}$。这样，将 $f(\alpha,t)$ 对所有的 α 积分，得到：

$$\int_{-\infty}^{\infty}\frac{\sin^2\alpha t}{\pi\alpha^2 t}\mathrm{d}\alpha = \frac{1}{\pi}\int_{-\infty}^{\infty}\frac{\sin^2 x}{x^2}\mathrm{d}x = 1$$

$f(\alpha,t)$ 的这一特性和δ 函数的特性相同。因而可将 $\lim\limits_{t\to\infty} f(\alpha,t)$ 改写为

$$\lim_{t\to\infty}\frac{\sin^2\alpha t}{\pi\alpha t} = \delta(\alpha) = \delta\left(\frac{\omega_{\nu n}-\omega}{2}\right)$$

将上式代入式（2.2.14），可得：

$$\left|c_{\nu n}^{(1)}\right|^2=\frac{\pi}{4\hbar^2}t\left|H'_{\nu n}(0)\right|^2\delta\left(\frac{\omega_{\nu n}-\omega}{2}\right)$$
$$=\frac{\pi}{2\hbar}t\left|H'_{\nu n}(0)\right|^2\delta(E_\nu-E_n^{(0)}-\hbar\omega)\tag{2.2.15}$$

据此可以认为：分子由其能量为 $E_n^{(0)}$ 的状态 n 在单位时间内跃迁到能量为 $E_\nu=E_n^{(0)}+\hbar\omega$ 的任一量子状态 ν 的概率 $\mathrm{d}W_{\nu n}$ 将由下式决定：

$$\mathrm{d}W_{\nu n}=\frac{1}{t}\left|c_{\nu n}^{(1)}\right|^2\mathrm{d}\nu=\frac{\pi}{2\hbar}\left|H'_{\nu n}(0)\right|^2\delta(E_\nu-E_n^{(0)}-\hbar\omega)\mathrm{d}\nu\tag{2.2.16}$$

若采用能量作为表征分子体系的特性参数，并以 $\rho(E)\mathrm{d}E$ 表示其能量处于 $E+\mathrm{d}E$ 范围内的可能状态数目时，分子从 $E_n^{(0)}$ 的状态 n 在单位时间内跃迁到能量为 $E+\mathrm{d}E$ 的各可能量子状态的跃迁概率 W 可由下式

$$\mathrm{d}W_{En}=\frac{\pi}{2\hbar}\left|H'_{\nu n}(0)\right|^2\rho(E)\delta(E-E_n^{(0)}-\hbar\omega)\mathrm{d}E\tag{2.2.17}$$

而得出：

$$W=\frac{\pi}{2\hbar}\left|H'_{En}(0)\right|^2\rho(E)\tag{2.2.18}$$

不过，在这里应附带指出：当在分析分子跃迁过程时，如果作用于分子体系的外界微扰算符矩阵元不是用式（2.2.11）所示的简谐函数形式，而是采用式（2.2.19）所示的指数函数形式表示时

$$H'_{\nu n}(t)=H'_{\nu n}(0)[\exp(\mathrm{i}\omega t)+\exp(-\mathrm{i}\omega t)]\tag{2.2.19}$$

上述的跃迁概率 $\mathrm{d}W$、W 等表达式中的系数将由 $\dfrac{\pi}{2\hbar}$ 变换为 $\dfrac{2\hbar}{\pi}$，即可得出通常所说的费米黄金定则（golden rule）：

$$\mathrm{d}W_{En}=\frac{2\hbar}{\pi}\left|H'_{\nu n}(0)\right|^2\rho(E)\delta(E-E_n^{(0)}-\hbar\omega)\mathrm{d}E\tag{2.2.20}$$

$$W=\frac{2\hbar}{\pi}\left|H'_{En}(0)\right|^2\rho(E)\tag{2.2.21}$$

根据费米黄金定则可见：分子在两个不同量子状态间的跃迁速率，将由导致这两个量子状态相互作用的微扰算符矩阵元 $\left|H'_{En}\right|(0)$ 和在能量为 $E+\mathrm{d}E$ 范围的状态密度 $\rho(E)$ 的乘积所决定。而这一定则正是定量分析分子在不同量子状态间跃迁概率的基础。例如，由式（2.2.21）可见，只有在 $\left|H'_{En}(0)\right|^2$ 不等于零的条件下，分子在一个分立的量子状态间的跃迁过程

才“允许”发生，否则，这一跃迁过程将被“禁戒”（forbidden），而不会导致分子受到激发或发生弛豫。这样，根据微扰算符矩阵元是否为零，即可推导出判断分子体系能否在特定能量状态间进行跃迁的一系列“选择定则”（selection rule）。

为具体探讨分子的一些重要跃迁过程的“选择定则”，以一维振子作为简化模型，考查分子在沿其轴向振荡的电场的微扰作用下，由于电偶极变化而在两个电子状态之间发生跃迁的概率。此时，引发跃迁的微扰算符 H' 可用外界电场能量 E 和振子的偶极矩算符 $\hat{\mu}$ $\left(\hat{\mu}=\sum_i q_i \boldsymbol{r}_i\right)$ 的乘积表示。其中，q_i 是振子的电荷，$\boldsymbol{r}_i$ 是电荷到参考原点距离的矢量；偶极矩算符 $\hat{\mu}$ 本身又可分为两个部分，其中一部分 $\hat{\mu}_n$ 和核坐标 v 有关，另一部分 $\hat{\mu}_e$ 是电子坐标 e 的函数。这样，引发分子跃迁的微扰算符矩阵元可写为

$$\langle\psi_j|H'|\psi_i\rangle=\int\varphi_e^*|\hat{\mu}_e|\varphi_e\mathrm{d}\tau_e\cdot\int\varphi^*{}_s\varphi_s\mathrm{d}\tau_s\cdot\int\chi_v{}^*\chi_v\mathrm{d}\tau_n \tag{2.2.22}$$

式中，φ_e、φ_s 和 χ_v 分别代表电子 e、自旋 s 和核振动波函数。根据式（2.2.22）中任一积分是否等于零，即可判断分子在两个不同的量子状态间发生的跃迁是否被“禁戒”或得到“允许”。可以分子在两个电子自旋不同的电子状态（如一重态和三重态）之间的跃迁为典型事例进行具体分析。此时，由于已知分子在这两个状态的自旋波函数可分别表示为 $\psi_s=\frac{1}{\sqrt{2}}[\alpha(1)\beta(2)-\beta(1)\alpha(2)]$ 和 $\psi_s'=[\alpha(1)\alpha(2)]$，将它们代入式（2.2.22），其电子自旋积分项等于零，即

$$\begin{aligned}
\int\psi_s\psi_{s'}\mathrm{d}\tau&=\frac{1}{\sqrt{2}}\left|\int_{e_{1,2}}[\alpha(1)\beta(2)-\beta(1)\alpha(2)][\alpha(1)\alpha(2)]\mathrm{d}\tau_{s_{1,2}}\right|\\
&=\frac{1}{\sqrt{2}}\left|\int_{e_{1,2}}[\alpha(1)\beta(2)-\beta(1)\alpha(2)]\mathrm{d}\tau_{s_{1,2}}-\int_{e_{1,2}}\beta(1)\alpha(2)\alpha(1)\beta(2)\mathrm{d}\tau_{s_{1,2}}\right|\\
&=\frac{1}{\sqrt{2}}\left|\int_{e_1}\alpha(1)\alpha(1)\mathrm{d}\tau_{s_1}\int_{e_2}\beta(2)\beta(2)\mathrm{d}\tau_{s_2}-\int_{e_1}\beta(1)\alpha(1)\mathrm{d}\tau_{s_1}\int_{e_2}\alpha(2)\alpha(2)\mathrm{d}\tau_{s_2}\right|\\
&=\frac{1}{\sqrt{2}}|(1)(0)-(0)|=0
\end{aligned}$$

因而，相应的跃迁矩阵元 $\langle\psi_j|\mu|\psi_i\rangle$ 也等于零。这一跃迁过程是因“电子自旋”不守恒而被“禁戒”。同理可示明：只有在其电子自旋决定的多重

性相同的两个电子状态间的跃迁才被“允许”。

应指出的是，即使在缺乏有关微扰算符和分子波函数详细信息的情况下，仅从对称性考虑，也可借助于群论方法而基于费米黄金定则方便地确定分子在不同状态间进行跃迁的可能性。此时，只要把式（2.2.20）中需处理的微扰算符和分子波函数的积分改写成表征分子相应点群的“不可约表述”（irreducible representation）基函数的直积 $\Gamma(\phi_a)\times\Gamma(\phi_b)$ 或 $\Gamma(\phi_a)\times\Gamma(\phi_b)\times\Gamma(\phi_c)$ 。只有在此直积中含有该点群的全对称“不可约表述”，才是在相应的分子状态间是否发生跃迁的判据[13]。据此，可以方便地示明：分子状态间的跃迁除受到“保持电子自旋不变”，即所谓的“电子自旋选择定则”的限制外，分子在不同电子状态间的跃迁对它的电子轨道特性也有一定的要求。例如，对可用 $\boldsymbol{D}_{6h}$ 点群表征其对称性的苯分子而言，从它的 $^1\mathrm{A}_{1g}$ 状态跃迁到 $^1\mathrm{B}_{2u}$ 状态的跃迁过程，虽可满足电子自旋守恒的要求，但由 $\boldsymbol{D}_{6h}$ 点群的特征标表可见，其偶极矩算符在 x 轴和 y 轴方向为 e_{1u} ，在 z 轴方向为 a_{2u} ，此时

$$\int\psi_{\mathrm{e}}^{*}\hat{\mu}\psi_{\mathrm{e}}\mathrm{d}\tau_{\mathrm{e}}\sim\mathrm{A}_{1g}\begin{pmatrix}a_{2u}\\e_{1u}\end{pmatrix}\mathrm{B}_{2u}=\begin{pmatrix}b_{1g}\\e_{2g}\end{pmatrix}$$

其三重直积中不含有所要求的全对称的“不可约表示”，因此，这一跃迁过程虽然在电子自旋要求方面是允许的，但受到电子轨道要求方面的限制。

2.3　分子在不同量子状态间的辐射跃迁——爱因斯坦辐射跃迁概率和 Franck-Condon 原理

分子在不同量子状态间发生的跃迁，通常是由和外界电磁辐射场交换能量而引起。在这种和外界电磁辐射场相互作用而引起的辐射跃迁过程中，分子体系可从外界电磁辐射场吸收一部分能量 $h\nu_{mn}$ ，而将该分子由能量为 E_n 的低能量子状态 n 激发到能量为 E_m 的高能量子状态 m ；与此相反，处于高能量子状态 m 的分子，也可“自发”地或在外界电磁辐射场“诱导”

[13] Harris D C, Dertolucci M D. Symmetry and Spectroscopy: An introduction to Vibrational and Electronic Spectroscopy. New York: Oxford University Press, 1978.

下，向环境发射出频率为 ν_{nm} 的光辐射而向低能量子状态 n 弛豫，如图 2.3.1 所示。

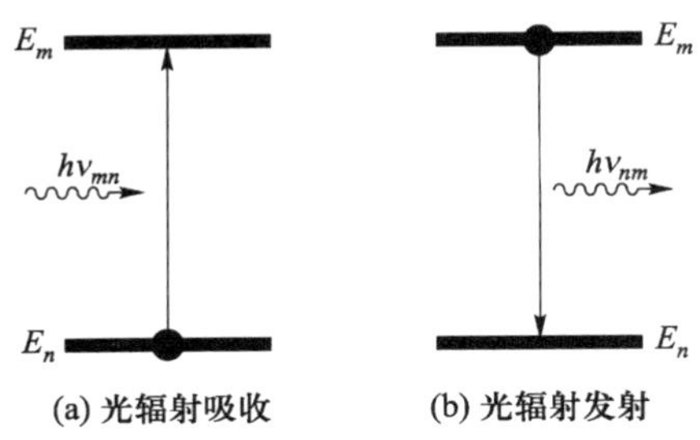

图 2.3.1 分子在不同量子状态 m 和 n 间的辐射跃迁过程

包括光辐射吸收和发射在内的所有各个分子辐射跃迁过程的特点是：

① 被该分子体系所吸收或所发射出的电磁辐射场能量 $h\nu$，必须和该分子在相关跃迁过程的初始状态 n 和终止状态 m 间的能量差 ΔE 相等，即必须遵守玻尔关系式 $Nh\nu = E_m - E_n$，式中，N 是参与该辐射跃迁过程的光量子 $h\nu$ 数目。

② 参与该辐射跃迁过程的分子的偶极矩变化方向，应该和与之相作用的电磁辐射的电场偏振（polarization）的方向一致。也就是说，当用具有特定频率 ν，且其电场只沿某一指定方向振荡的电磁辐射作用于分子体系时，只是那些其偶极矩变化的方向和电磁辐射的电场振荡方向相同的分子才能被由低能态激发到相应的高能态；同理，当高能激发态分子弛豫回到低能态时，所发射的电磁辐射的电场振荡方向应和该处于高能态分子的偶极矩变化方向相吻合。因此，探测分子体系和电磁辐射场相互作用所引起辐射场性质参数变化，正是了解分子的电子、振动和转动等状态的能级结构及它们在空间的取向变化的光谱方法的物理基础。基于分子体系和电磁辐射场相互作用而发展出的各类光谱方法的基本理论，将在以后的相关章节中分别介绍。这里着重考查分子在不同量子状态间的辐射跃迁概率，以及与此相关的吸收或发射光强度 I 在不同跃迁频率 ν 处的分布 $I(\nu)$ 问题[14]。

[14] 应指出：分子在不同量子状态间的辐射跃迁，可以是由于它和外界电磁辐射的电场 $\boldsymbol{E}$ 发生电偶极或电四极相互作用、或和电磁辐射的磁场 $\boldsymbol{B}$ 发生磁偶极相互作用而发生。但电偶极相互作用相关的辐射跃迁比由磁偶极、电四极相互作用所引起的辐射跃迁的强度分别高约 10^5 和约 10^7 倍，因而在下面的讨论中，将以和电偶极相互作用相关的辐射跃迁过程为主。

分子通过和外界辐射场的相互作用而在不同量子状态间所进行的辐射跃迁，可用量子力学微扰理论进行分析。在具体讨论分子体系通过和外界辐射场相互作用而发生的辐射跃迁概率时，根据半经验电磁辐射场理论，分子体系由初始的量子状态 k 跃迁到量子状态 m 的辐射跃迁的微扰哈密顿能量算符 H' 可写为

$$H' = -\sum_j \frac{e_j}{m_j c} \boldsymbol{A}_j \boldsymbol{P}_j \tag{2.3.1}$$

式中，$\boldsymbol{P}_j$ 是分子 j 的线性动量，而 $\boldsymbol{A}_j$ 代表作用于该分子的辐射场位能。若略去 A 坐标 x 的依赖关系而将式（2.3.1）代入式（2.2.4），即得

$$\frac{\mathrm{d}c_m}{\mathrm{d}t} = -\frac{1}{\hbar c}(\boldsymbol{A} \cdot \boldsymbol{R}_{mk})\omega_{mk} \exp(\mathrm{i}t\omega_{mk}) \tag{2.3.2}$$

式中，$\boldsymbol{R}_{mk}$ 代表量子状态间 $k \rightarrow m$ 电偶极跃迁的电偶极矩的矩阵元：

$$\boldsymbol{R}_{mk} = \left\langle \psi_m \middle| e\sum_i r_i \middle| \psi_k \right\rangle \tag{2.3.3}$$

其中，$\psi_n(q,t) = \psi_n(q)\exp\left(\frac{\mathrm{i}t}{\hbar}E_n\right)$，$\omega_{mk} = \frac{E_m - E_k}{\hbar}$。当和分子体系相作用的光辐射场频率等于 ω_{mk} 时，辐射场位能 A_j 对时间 t 的依赖关系通常可表示为

$$\boldsymbol{A} = \boldsymbol{A}^0 \cos\omega t = \frac{\boldsymbol{A}^0}{2}\left[\exp(\mathrm{i}\omega t) + \exp(-\mathrm{i}\omega t)\right] \tag{2.3.4}$$

而式（2.3.2）可改写为

$$c_m = \frac{\mathrm{i}\omega_{mk}}{2c\hbar}(\boldsymbol{A}^0 \cdot \boldsymbol{R}_{mk})\left[\frac{\exp\mathrm{i}t(\omega_{mk} - \omega) - 1}{\omega_{mk} - \omega} + \frac{\exp\mathrm{i}t(\omega_{mk} + \omega) - 1}{\omega_{mk} + \omega}\right] \tag{2.3.5}$$

在吸收光辐射场能量的辐射跃迁过程中，式（2.3.5）括弧中的第二项的贡献并不重要，因此，分子体系在 t 瞬间处于状态 m 的概率可简写为

$$|c_m|^2 = \left(\frac{\omega_{mk}}{c\hbar}\right)^2 \left|\boldsymbol{A}^0 \cdot \boldsymbol{R}_{mk}\right|^2 \frac{\sin^2\left[(\omega_{mk} - \omega)\frac{t}{2}\right]}{(\omega_{mk} - \omega)^2} \tag{2.3.6}$$

在微扰的作用时间相当长 $(t \to \infty)$ 的情况下，利用关系 $\frac{\sin^2 ax}{x^2} \xrightarrow{a \to \infty} \pi a \delta(x)$，分子体系的吸收辐射跃迁概率 W_{mk} 可由式（2.3.6）写为

$$W_{mk} = \frac{1}{t}|c_m|^2 = \frac{\pi \omega_{mk}^2}{2c^2 \hbar^2}\left|\boldsymbol{A}^0 \cdot \boldsymbol{R}_{mk}\right|^2 \delta(\omega_{mk} - \omega) \tag{2.3.7}$$

若和分子体系相互作用的光辐射场不是单一频率，而是其频率在 ω 附近的一个范围内分布时，此时的吸收辐射跃迁概率 W_{mk} 在这一频率范围内积分求解，并有：

$$W_{mk} = \frac{\pi \omega_{mk}^2}{2c^2 \hbar^2}\left|\boldsymbol{A}^0(\omega_{mk}) \cdot \boldsymbol{R}_{mk}\right|^2 \tag{2.3.8}$$

对各向同性的分子体系而言，式（2.3.8）还需进一步进行空间平均而最后得出：

$$W_{mk} = \frac{\pi \omega_{mk}^2}{6c^2 \hbar^2}\left|\boldsymbol{A}^0(\omega_{mk})\right|^2 \left|\boldsymbol{R}_{mk}\right|^2 \tag{2.3.9}$$

若将式中的 $\left|\boldsymbol{A}^0(\omega_{mk})\right|^2$ 用单位频率 ω 内的辐射场密度 $\rho(\omega_{mk})$ 表示时，式（2.3.9）可改写为

$$W_{mk} = \frac{4\pi^2}{3\hbar^2}\left|\boldsymbol{R}_{mk}\right|^2 \delta(\omega_{mk}) = \frac{2\pi}{3\hbar^2}\left|\boldsymbol{R}_{mk}\right|^2 \rho(\nu_{mk}) = B_{k \to m}\rho(\nu_{mk}) \tag{2.3.10a}$$

这一结果表明：辐射跃迁概率和并与相应频率 ω_{mk} 范围的辐射场强度 $\rho(\omega_{mk})$ 有关，而且和分子本身的电偶极跃迁矩阵元的平方 $\left|\boldsymbol{R}_{mk}\right|^2$ 成正比[参阅费米黄金定则，式（2.2.20）]。

用相同方法处理处于高能态 m 的分子向外界辐射场发射光子而向低能态 k 弛豫的辐射跃迁 $m \to k$ 时，同样可得

$$W_{km} = \frac{4\pi^2}{3\hbar^2}\left|\boldsymbol{R}_{km}\right|^2 \delta(\omega_{km}) = \frac{2\pi}{3\hbar^2}\left|\boldsymbol{R}_{km}\right|^2 \rho(\nu_{km}) = B_{m \to k}\rho(\nu_{km}) \tag{2.3.10b}$$

这样，不论分子体系自外界辐射场吸收光子由低能态 k 而被激发到高能态 m（$k \to m$），还是处于高能态 m 的分子在外界辐射场作用下向低能态 k 进行辐射弛豫（$m \to k$），分子在不同量子状态间 m、k 的辐射跃迁概率都可用相同的关系式（2.3.10）定量地描述，也就是说，$W_{mk} = W_{km}$。而 $B_{k \to m}$ 和 $B_{m \to k}$ 则是人们所熟知的爱因斯坦受激（吸收、发射）辐射跃迁系数。

但是，分子在没有外界辐射场存在时发生弛豫的自发辐射过程显然不能用上述方法处理。这是因为，根据量子力学的一般原理，分子体系如果没有受到外界微扰，其哈密顿函数应是守恒量，从而该体系应保持初始的稳定态而不会向其他状态跃迁。为处理高能态 m 分子在没有外界辐射场作用下向低能态 k 进行自发辐射弛豫的概率 $A_{m\to k}$，爱因斯坦曾根据物体和周围辐射场建立平衡的热力学关系而注意到：若处于能量分别是 E_k 和 E_m 的状态 k 和状态 m 的分子数目分别为 N_k 和 N_m，当和周围辐射场建立热力学平衡时，下述关系成立，即

$$N_m\left[A_{m\to k}+B_{m\to k}\rho(\nu_{mk})\right]=N_k B_{k\to m}\rho(\nu_{mk}) \tag{2.3.11}$$

其中，辐射场能量密度 $\rho(\nu_{mk})$ 可由求解 Planck 辐射能分布方程而得到：

$$\rho(\nu_{mk})=\frac{\dfrac{A_{m\to k}}{B_{m\to k}}}{\exp\left(\dfrac{h\nu_{mk}}{kT}\right)-1}=\frac{8\pi h\nu_{mk}^{3}}{c^3}\frac{1}{\exp\left(\dfrac{h\nu_{mk}}{kT}\right)-1} \tag{2.3.12}$$

这样，求解式（2.3.11）即可得出：

$$A_{m\to k}=\frac{8\pi h\nu_{mk}^3}{c^3}B_{m\to k}=\frac{32\pi^3\nu_{mk}^3}{3\hbar c^3}\left|\boldsymbol{R}_{mk}\right|^2 \tag{2.3.13}$$

式中，$A_{m\to k}$ 通常被称为爱因斯坦自发辐射跃迁系数。它和受激辐射跃迁系数 $B_{m\to k}$、$B_{k\to m}$ 一样，它们都是正比于跃迁过程的跃迁矩阵元的平方 $\left|\boldsymbol{R}_{mk}\right|^2$，因而这些辐射跃迁过程将遵守相同的“选择定则”。

当考查多原子分子的辐射跃迁时，伴随着分子在不同电子状态间的跃迁，分子的振动状态也可发生变化。如果分子在其振动状态间的跃迁比在不同电子状态间的辐射跃迁更快，也就是说，在电子状态间的辐射跃迁进行之前，分子能量在振动状态间的重新分布已达到平衡。此时，由初始高能态通过自发辐射而弛豫到低能态的自发辐射系数 $A_{b\to a}$ 应表示为

$$A_{b\to a}=\frac{32\pi^3}{3\hbar c^3}\sum_{\upsilon'}\sum_{\upsilon''}P_{b\upsilon'}\left|\boldsymbol{R}_{b\upsilon',a\upsilon''}\right|^2\nu_{b\upsilon',a\upsilon''}^3 \tag{2.3.14}$$

式中，a、b 和 υ'、υ'' 分别代表电子和核振动量子数；$P_{b\upsilon'}$ 是高能状态 $b\upsilon'$ 的玻耳兹曼因子。$\boldsymbol{R}_{b\upsilon',a\upsilon''}=\left\langle\psi_b\theta_{b\upsilon'}\middle|\boldsymbol{R}\middle|\psi_a\theta_{a\upsilon''}\right\rangle=\left\langle\theta_{b\upsilon'}\middle|\boldsymbol{R}_{ba}\middle|\theta_{a\upsilon''}\right\rangle$，式中 $\boldsymbol{R}_{ba}=\left\langle\psi_b\middle|\boldsymbol{R}\middle|\psi_a\right\rangle$ 是电子跃迁过程的 $b\to a$ 的跃迁矩；对“允许”的电子跃迁过程而言，$\boldsymbol{R}_{ba}$

可被近似地视为常数；也就是说，可认为$\boldsymbol{R}_{b\upsilon',a\upsilon''} \approx \boldsymbol{R}_{ba}\langle\theta_{b\upsilon'}|\theta_{a\upsilon''}\rangle$。此时，如果式（2.3.14）中的$\nu^3_{b\upsilon',a\upsilon''}$用平均值$\langle\nu^3\rangle_{ba}$代替，则该式可被简化为

$$A_{b\to a}=\frac{32\pi^3}{3\hbar c^3}|\boldsymbol{R}_{ba}|\langle\nu^3\rangle_{ba} \tag{2.3.15}$$

对受对称性要求而被“禁戒”的电子跃迁过程，$\boldsymbol{R}_{ba}$将明显地依赖于核坐标，关于这类跃迁过程的自发辐射系数$A_{b\to a}$可参阅有关文献[15]，此处从略。

在实际工作中，分子体系的辐射跃迁的概率通常采用该体系的吸收系数$k_{ab}(\omega)$和光谱发射强度分布函数$I_{ab}(\omega)_N$定量表征。在绝热近似条件下，对于各向同性分子体系的电子跃迁$a\to b$的分子吸收系数$k_{ab}(\omega)$可写为[16]

$$k_{ab}(\omega)=\frac{4\pi^2\omega}{3\hbar c\alpha_a}\sum_{\upsilon'}\sum_{\upsilon''}P_{a\upsilon'}\left|\langle\theta_{a\upsilon'}|\boldsymbol{R}_{ab}|\theta_{b\upsilon''}\rangle\right|^2\delta(\omega_{a\upsilon',b\upsilon''}-\omega) \tag{2.3.16}$$

式中，$\omega=2\pi\nu$，ω代表光辐射场频率；α_a是为校正分子体系周围的介质影响的修正因子，它是介质折光指数的函数。吸收系数$k_{ab}(\omega)$和实验测出的分子吸收系数$\varepsilon(\omega)$的关系是：

$$\varepsilon(\omega)=(10^{-3}N_{\mathrm{A}}\log_{10}\mathrm{e})k_{ab}(\omega) \tag{2.3.17}$$

式中，N_{A}是阿伏加德罗常数。分子体系在$a\to b$电子辐射跃迁中所产生的发射光谱的归一化强度分布函数$I_{ab}(\omega)_N$则为[17]

$$I_{ab}(\omega)_N=\frac{4\alpha_a\omega^3}{3c^3A_{ab}}\sum_{\upsilon'}\sum_{\upsilon''}P_{a\upsilon'}\left|\langle\theta_{a\upsilon'}|\boldsymbol{R}_{ab}|\theta_{b\upsilon''}\rangle\right|^2\delta(E_{a\upsilon',b\upsilon''}-\hbar\omega) \tag{2.3.18}$$

式中，α_a是介质影响的修正因子，A_{ab}是吸收辐射跃迁系数。

在这里可看到：在表征分子体系吸收或发射辐射场能量的辐射跃迁概率的表达式中，$\boldsymbol{R}_{ba}=\langle\psi_b|\boldsymbol{R}|\psi_a\rangle$是$b\to a$的电子跃迁矩，它是核坐标的函数，$\theta$为核振动波函数，$\upsilon'$、$\upsilon''$分别表示不同电子状态的振动能级量子数。对于“非禁戒”的电子跃迁，$\boldsymbol{R}_{b\upsilon',a\upsilon''}$或$\langle\theta_{b\upsilon'}|\boldsymbol{R}_{ba}|\theta_{a\upsilon'}\rangle$可改写为$\boldsymbol{R}_{ba}\langle\theta_{b\upsilon'}|\theta_{a\upsilon''}\rangle$。因而，$\boldsymbol{R}_{ba}$通常可被视为常数。这样，多原子分子的“非禁戒”辐射跃迁

[15] Lee S T,Yoon Y H, Lin S H, Eyring H. J. Chem. Phys. ,1977, 66:4349.

[16] (a) Lin S H. Theor. Chem. Acta, 1968, 10: 301. (b) Lin S H. Trans, Faraday Soc. , 1971, 67: 2833.

[17] (a) Lin S H, Colangelo J, Eyring H. Proc. Nat. Acad. Sci. USA, 1971, 68:2135. (b) Lin S H, Lau K H, Eyring H. J. Chem. Phys. ,1971,55: 565.

概率将由通常被称为 Franck-Condon 因子的振动波函数交盖积分的平方 $\left|\langle\theta_{b\upsilon'}|\theta_{a\upsilon''}\rangle\right|^2$ 所决定。这就是所谓的 Franck-Condon 原理。

2.4　分子在不同量子状态间的无辐射跃迁

分子在不同量子状态间的跃迁也可在不通过和电磁辐射场相互作用的条件下进行。这种不伴随着和外界辐射场发生能量交换的分子无辐射跃迁，实际上是通过分子的核运动将分子的电子激发能转化到该分子的振动自由度，并继之通过振动激发能弛豫而达到一个能量较低的稳定能级的过程。因此，分子在不同量子状态间的这种跃迁，主要在能够进行化学键振动的多原子分子中出现，而且这种无辐射跃迁通常是在两个不同的电子-振动（vibronic）激发态间发生。最常见的无辐射跃迁过程包括：多原子分子由某一电子振动态（例如第一电子激发一重态 S_1 的一个振动状态 υ'）快速弛豫到电子多重性相同的另一电子振动态（例如电子基态 S_0 的一个振动状态 υ''）的“内转换”（internal conversion，IC）$S_1\upsilon' \rightsquigarrow S_0\upsilon'' + \Delta H$，以及和自旋轨道耦合有关的“系间蹿跃”（inter-system crossing，ISC）$S_1\upsilon' \rightsquigarrow T_1\upsilon'' + \Delta H$ 弛豫到电子多重性不同的另一电子振动态（例如最低电子激发三重态 T_1 的一个振动状态 υ''）等两种方式（见图 2.4.1）。

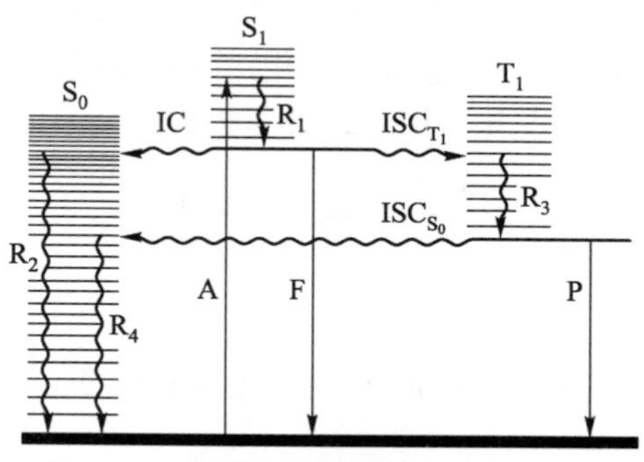

图 2.4.1　分子的无辐射跃迁过程示意图

IC—电子激发态分子“内转换”；ISC—电子激发态分子“系间蹿跃”；S_0—电子基态；S_1—电子激发一重态；T_1—电子激发三重态；R—振动能无辐射弛豫；A—分子的电子振动状态激发；F—电子激发态分子的荧光发射；P—电子激发态分子的磷光发射

在这里，处于电子能量较低的$S_0\upsilon''$或$T_1\upsilon''$状态的分子，显然应具有比处于初始电子激发态$S_1\upsilon'$时更高的振动激发能，$E_{\upsilon''} > E_{\upsilon'}$。而这些通过电子激发态转换而生成的高振动激发态$\upsilon''$的分子，通常需将振动激发能在多原子分子内不同自由度间重新分配（intramolecular redistribution），或通过和其他分子发生的各种分子间过程（inter-molecular processes）弛豫到低能振动态υ'，并将过剩的振动激发能转化为该分子体系的热能ΔH的形式释出。处于这些激发态分子周围的溶液、玻璃态固体或晶体等凝聚态介质所具有的能量十分相近的准连续振动能级的简并“状态组合”，将作为有效地接受激发态分子在弛豫过程中所释出的“过剩”振动能的“热浴”。有趣的是，低浓度气体中的萘、蒽、并四苯和二萘嵌苯等一些稠环芳香烃分子在没有和周围环境（包括介质分子）发生相互作用的孤立情况下，它们的电子激发态的无辐射弛豫也可有效地进行。因此，作为一种最常见的分子运动变化的微观过程，激发态分子在各种不同条件下的无辐射跃迁的研究一直受到广泛的重视。

分子的无辐射跃迁过程速率的实验测量方法是基于实时监测激发态分子 D^*浓度随时间变化的动力学规律而建立的。一般来说，激发态分子D^*的无辐射弛豫往往伴随着该激发态分子 D^*的辐射弛豫过程进行：

$$D^* \xrightarrow{k_{nr}} D + \Delta H \text{ ……无辐射弛豫}$$

$$D^* \xrightarrow{k_r} D + h\nu \text{ ……辐射弛豫}$$

式中：k_{nr}和k_r分别表示激发态分子 D^*的无辐射跃迁速率常数和辐射跃迁速率常数；ΔH是激发态分子在弛豫过程中以热能形式所释放的激发能；而$h\nu$则是所释放的激发能表现为光量子的形式，h和ν分别是普朗克常量和光辐射频率。这样，当激发态分子D^*以单指数函数的简单动力学规律衰变时，其浓度随时间的变化可用下述方程描述：

$$\frac{d[D^*]}{dt} = (k_r + k_{nr})[D^*] \qquad (2.4.1)$$

或

$$[D^*](t) = [D^*]_0 \exp[-(k_r + k_{nr})t] = [D^*]_0 \exp\left(-\frac{t}{\tau}\right) \qquad (2.4.2)$$

式中τ为

$$\tau = \frac{1}{k_r + k_{nr}} \qquad (2.4.3)$$

显然，在已知分子 D^*的辐射跃迁速率常数 k_r 的前提下，测量 τ 便可求出该激发态分子 D^*的无辐射跃迁速率常数 k_{nr}。最典型的方法是测量激发态分子 D^*的荧光寿命 τ_f。此时，在假设 D^*以单指数函数的简单动力学规律衰变的荧光强度 I_f 正比于它的浓度[D^*]的条件下，可写出：

$$I_f(t) = I_f^0 \exp\left(-\frac{t}{\tau_f}\right) \quad (2.4.4)$$

而无辐射跃迁速率常数 k_{nr} 则由下式求出：

$$\tau_f = \frac{1}{k_r + k_{nr}} \quad (2.4.5)$$

有关激发态分子寿命的实验测量的问题，将在本书有关章节中重点探讨。这里将着重引述有关无辐射跃迁过程理论分析的典型结果[18, 19]。

为分析讨论分子的无辐射跃迁过程机理，考查处于由凝聚态介质分子所构成的“热浴”中的单个多原子分子体系。该分子体系的哈密顿能量算符 $\hat{H}$ 可写为

$$\hat{H} = \hat{T} + \hat{h}_s + \sum_{\alpha} \hat{h}_\alpha + \sum_{\alpha>\beta} V_{\alpha\beta} + \sum_{\alpha} V_{s\alpha} \quad (2.4.6)$$

式中，$\hat{T}$ 是激发态溶质分子和环境介质进行分子内、分子间振动时所有核运动的动能算符；$\hat{h}_s$ 和 $\sum_{\alpha} \hat{h}_\alpha$ 分别为溶质分子和环境介质内电子能量算符；$\sum_{\alpha>\beta} V_{\alpha\beta}$ 和 $\sum_{\alpha} V_{s\alpha}$ 分别为介质-介质和介质-溶质的相互作用的位能算符。根据玻恩-奥本海默（Born-Oppenheimer，BO）绝热近似（adiabatic approximation)，该分子体系的波函数 ψ_{av} 可用电子波函数 φ_a 和分子内及分子间核振动波函数 θ_{av} 的乘积表示：

$$\psi_{av} = \varphi_a \theta_{av} \quad (2.4.7)$$

其中：φ_a 和 θ_{av} 是下述薛定谔方程的解:

$$\left(\hat{h}_s + \sum_{\alpha} \hat{h}_\alpha + \sum_{\alpha>\beta} V_{\alpha\beta} + \sum_{\alpha} V_{s\alpha}\right)\varphi_a = U_a\, \varphi_a \quad (2.4.8a)$$

$$\left[\hat{T} + U_a(R)\right]\theta_{av} = E_{av}\theta_{av} \quad (2.4.8b)$$

[18] Lin S H. J. Chem. Phys. , 1966, 44:3759.
[19] Bixon M, Jortner J. J. Chem. Phys. , 1968, 48:715.

式中，υ 代表核的总振动态；$U_a(R)$ 是电子状态 a 的绝热位能。在 BO 绝热近似条件下，分子体系的电子并不能从一个状态跃迁到另一个状态，但分子的振动所引起的核位移可使电子的状态发生畸变。因而式（2.4.7）所表示的波函数 $\psi_{a\upsilon}$，虽可认为能够较好地描述分子体系的本征态，但这并不意味着 $\psi_{a\upsilon}$ 是不随时间而改变的稳定状态（stationary state）。事实上，从物理观点来看，分子体系完全可因它的核运动量子状态的改变，而以和外界没有能量交换的方式由一个电子状态跃迁到另一个电子状态来描述。因此，为在理论上探讨分子体系发生无辐射跃迁的机理，可从式（2.4.2）所表征的分子体系波函数 $\psi_{a\upsilon}$ 的近似性出发，对引起分子在不同电子状态间跃迁的微扰因素进行分析。

根据林圣贤（Lin Sheng Hsien）和 J. Jortner 等的观点，引发无辐射跃迁过程的微扰可表示为

$$\hat{H}_{BO}\psi_{a\upsilon} = \hat{T}\varphi_a\theta_{a\upsilon} - \varphi_a\hat{T}\theta_{a\upsilon} \tag{2.4.9}$$

当分子内和分子间的核振动的动能算符 $\hat{T}$ 用简正坐标（normal coordinates）Q_i 表示时，式（2.4.9）即可改写为

$$\hat{H}_{BO}\psi_{a\upsilon} = -\hbar^2\sum_i \frac{\partial\varphi_a}{\partial Q_i}\frac{\partial\theta_{a\upsilon}}{\partial Q_i} - \frac{\hbar^2}{2}\sum_i \theta_{a\upsilon}\frac{\partial^2\varphi_a}{\partial Q_i^2} \tag{2.4.10}$$

而根据和时间相关的微扰理论，由初始高能状态 b 到低能终止状态 a 的跃迁概率 $W(b\rightarrow a)$ 将由黄金定则［式（2.2.20）］确定：

$$W(b\rightarrow a) = \frac{2\pi}{\hbar}\left|\left\langle \psi_{a\upsilon''}\middle|H'_{BO}\middle|\psi_{b\upsilon'}\right\rangle\right|^2 \delta(E_{a\upsilon''} - E_{b\upsilon'}) \tag{2.4.11}$$

其中，$\delta(E_{a\upsilon''} - E_{b\upsilon'})$ 是 δ 函数。υ' 和 υ'' 分别表示电子状态 b 和 a 的振动能级。

当具体考虑具有很多振动自由度的电子–振动激发态大分子在溶液、玻璃态固体以及晶体等凝聚态介质中的无辐射跃迁过程时，通常引入的一个基本假设是：这种跃迁是通过某一具有“分立”的振动能级的“准稳定”高能电子激发态和周围环境介质中另一具有“准连续”的密集电子振动动能分布的低能电子状态（特别是环境介质）间的耦合而进行的。为简化讨论，并进一步假设：不论这种无辐射跃迁过程的初始状态是分立的电子–振动激发态还是准连续的分子能级组合，它们之间的振动跃迁过程比电子弛豫步骤快很多。这样，跃迁概率式应该是溶质和溶剂分子的所有可能振动状态的振动跃迁概率的玻耳兹曼平均值。因此，总的无辐射跃迁概率应

该是将所有的初始振动状态 υ' 用玻耳兹曼因子 $P_{\upsilon'}$ 权重处理后，对所有振动终态 υ'' 加和的结果：

$$W(b \to a) = \frac{2\pi}{\hbar} \sum_{\upsilon'} \sum_{\upsilon''} P_{\upsilon'} \left| \left\langle \psi_{a\upsilon''} \middle| H'_{BO} \middle| \psi_{b\upsilon'} \right\rangle \right|^2 \delta(E_{a\upsilon''} - E_{b\upsilon'}) \quad (2.4.12)$$

为定量求解式（2.4.12）所示的无辐射跃迁过程的概率，可用其频率为 ω_i 的简谐振子作为分子的简化模型，并将玻耳兹曼因子 $P_{\upsilon'}$ 写为下述形式：

$$P_{\upsilon'} = \prod_i \left(2\sinh \frac{\hbar\omega'_i}{2kT} \right) \exp\left[-\left(\upsilon'_i + \frac{1}{2} \right) \frac{\hbar\omega'_i}{2kT} \right] \quad (2.4.13)$$

δ 函数则采用它的积分形式：

$$\delta(E_{a\upsilon''} - E_{b\upsilon'}) = \frac{1}{2\pi\hbar} \int_{-\infty}^{\infty} \exp\left[\frac{\mathrm{i}t}{\hbar} (E_{a\upsilon''} - E_{b\upsilon'}) \right] \mathrm{d}t$$
$$= \frac{1}{2\pi\hbar} \int_{-\infty}^{\infty} \exp(\mathrm{i}t\omega_{ab}) \prod_{i=1}^{N} \exp\left\{ \mathrm{i}t \left[\left(\upsilon''_i + \frac{1}{2} \right) \omega''_i - \left(\upsilon'_i + \frac{1}{2} \right) \omega'_i \right] \right\} \mathrm{d}t \quad (2.4.14)$$

作用于初始高能状态无辐射跃迁的微扰矩阵元 $\left\langle a\upsilon'' \middle| \hat{H}'_{BO(i)} \middle| b\upsilon' \right\rangle$ 则表示为[20]

$$\left\langle a\upsilon'' \middle| \hat{H}_{BO}(i) \middle| b\upsilon' \right\rangle = -\hbar^2 \left\langle \varphi_a \theta_{a\upsilon''} \middle| \frac{\partial \varphi_b}{\partial Q_i} \cdot \frac{\partial \theta_{b\upsilon'}}{\partial Q_i} - \frac{\hbar^2}{2} \langle \varphi_a \theta_{a\upsilon''} \rangle \middle| \theta_{b\upsilon'} \left(\frac{\partial^2 \varphi_b}{\partial Q_i^2} \right) \right\rangle \quad (2.4.15)$$

式中

$$\left. \begin{aligned} \theta_{a\upsilon''} &= \prod_i \chi_{a\upsilon''_i}(Q''_i) \\ \theta_{b\upsilon'} &= \prod_i \chi_{b\upsilon'_i}(Q'_i) \end{aligned} \right\} \quad (2.4.16)$$

$\chi_{a\upsilon''_i}$、$\chi_{b\upsilon'_i}$ 等是简谐振子的波函数：

$$\chi_{\upsilon_i}(Q_i) = \left(\frac{\beta_i}{2^{\upsilon_i} \upsilon_i! \sqrt{\pi}} \right)^{\frac{1}{2}} H_{\upsilon_i}(\beta_i Q_i) \exp\left(-\frac{1}{2} \beta_i^2 Q_i^2 \right)$$

其中，$\beta_i = \left(\frac{\omega_i}{\hbar} \right)^{\frac{1}{2}}$；$H_{\upsilon_i}$ 是 Hermit 多项式。若初始电子状态的导数随坐标 Q_i 的变化较慢时，可引用 Condon 近似而将式（2.4.9）右侧的第二

[20] Lin S H,Bersohn R. J. Chem. Phys. ,1968,48:2732.

项略去，微扰矩阵元将改写为

$$\left\langle \psi_{a\upsilon''} \middle| \hat{H}_{BO}(i) \middle| \psi_{b\upsilon'} \right\rangle = R_i(ab) \left\langle \theta_{a\upsilon''} \middle| \frac{\partial}{\partial Q_i} \middle| \theta_{b\upsilon'} \right\rangle \tag{2.4.17}$$

$$R_i(ab) = -\hbar^2 \left\langle \varphi_a \middle| \frac{\partial}{\partial Q_i} \middle| \varphi_b \right\rangle \tag{2.4.18}$$

这样，将式（2.4.13）、式（2.4.14）、式（2.4.15）和式（2.4.17）代入式（2.4.12），若简正振动模的坐标 Q 以及其振动频率 ω 的偏移忽略不计，即可得出由高能态的振动激发模（promoting mode）i 无辐射跃迁到各个可能的低能态的振动接受模（accepting mode） j 过程的概率是

$$W(b \to a) = \frac{1}{\hbar^2} \sum_i \int_{-\infty}^{\infty} \exp(\mathrm{i}t\omega_{ab}) \left| R_i(ab) \right|^2 K_i(t) \prod_j G_j(t) \mathrm{d}t \tag{2.4.19}$$

式中

$$K_i(t) = \left(2\sinh \frac{\hbar\omega_i'}{2kT} \right) \sum_{\upsilon_j', \upsilon_j''} \exp\left[-\left(\upsilon_i'' + \frac{1}{2} \right) \mu_i'' - \left(\upsilon_i' + \frac{1}{2} \right) \mu_i' \right] \left| \left\langle \chi_{a\upsilon_i''} \middle| \frac{\partial}{\partial Q_i} \middle| \chi_{b\upsilon_i'} \right\rangle \right|^2 \tag{2.4.20}$$

$$G_j(t) = \left(2\sinh \frac{\hbar\omega_j'}{2kT} \right) \sum_{\upsilon_j', \upsilon_j''} \exp\left[-\left(\upsilon_j'' + \frac{1}{2} \right) \mu_j'' - \left(\upsilon_j' + \frac{1}{2} \right) \mu_j' \right] \left| \left\langle \chi_{a\upsilon_j''} \chi_{b\upsilon_j'} \right\rangle \right|^2 \tag{2.4.21}$$

$K_i(t)$ 和 $G_j(t)$ 的关系是

$$K_i(t) = G_j(t) K_i^0(t) \tag{2.4.22}$$

而 $K_i^0(t)$ 的一般表示式是

$$K_i^0(t) = \frac{1}{2} \left[\frac{\beta_i'^{\,2} \beta_i''^{\,2}}{\beta_i''^{\,2} \tanh\left(\frac{\lambda_i'}{2} \right) + \beta_i'^2 \tanh\left(\frac{\mu_i''}{2} \right)} - \frac{\beta_i'^{\,2} \beta_i''^{\,2}}{\beta_i''^{\,2} \coth\left(\frac{\lambda_i'}{2} \right) + \beta_i'^{\,2} \coth\left(\frac{\mu_i''}{2} \right)} + \frac{2\, \beta_i'^{\,4} \beta_i''^{\,4} (d_i'' - d_i')^2}{\beta_i''^2 \coth nh\left(\frac{\lambda_i'}{2} \right) + \beta_i'^{\,2} \coth\left(\frac{\mu_i''}{2} \right)^2} \right] \tag{2.4.23}$$

式中，$\mu_j'' = -\mathrm{i}t\omega_j''$，$\lambda_j' = \mathrm{i}t\omega_j + \dfrac{\hbar\omega_j}{kT}$。将式（2.4.22）代入式（2.4.19），可得

$$W(b \to a) = \frac{1}{\hbar}\left|R_i(ab)\right|^2 \int_{-\infty}^{\infty} \exp(\mathrm{i}t\rho\omega_{ab}) K_i^0(t) \prod_j G_j(t)\mathrm{d}t \qquad (2.4.24)$$

有趣的是，当简正振动模的坐标以及其振动频率的偏移不大时，$G_j(t)$ 可改写为

$$G_j(t) = \left\{\exp\left(-\frac{1}{2}\mathrm{i}t\rho_j\omega_j\right)\coth\left(\frac{\hbar\omega_j'}{2kT} - \frac{1}{2}\beta_j'^2\right)(d_j'' - d_j')^2\right\} \times$$
$$\left\{\coth\frac{\hbar\omega_j'}{2kT} - \operatorname{csch}\frac{\hbar\omega_j'}{2kT}\operatorname{csch}\left(\mathrm{i}t\omega_j' + \frac{\hbar\omega_j'}{2kT}\right)\right\} \qquad (2.4.25)$$

此时的无辐射跃迁概率表达式 $W(b \to a)$ 将成为

$$W(b \to a) = \frac{1}{\hbar^2}\sum_i \left|R_i(ab)\right|^2 \int_{-\infty}^{\infty} K_i^0(t) \exp\left[\mathrm{i}t\omega' - \xi + \frac{1}{2}\sum_j \Delta_j^2 \operatorname{csch}\frac{\hbar\omega_j'}{2kT} \times\right.$$
$$\left.\cosh\left(\mathrm{i}t\omega_j' + \frac{\hbar\omega_j'}{2kT}\right)\right]\mathrm{d}t \qquad (2.4.26)$$

式中，$\Delta_j^2 = \beta_j'^2 (d_j'' - d_j')^2$，$d_j$ 表示简正振动模的核间距。ξ 通常被称为耦合常数或耦合强度，并有 $\xi = \sum_j \frac{1}{2}\Delta_j^2 \coth\left(\frac{\hbar\omega_j'}{2kT}\right)$。

无辐射跃迁的跃迁概率表达式（2.4.21）可准确地积分求解[21]，但也可采用鞍点法（saddle point method）等近似方法求解[22]。例如，在 $T = 0\,\mathrm{K}$ 时，$W(b \to a)$ 可写为

$$W(b \to a) = \frac{1}{\hbar^2}\sum_i \left|R_i(ab)\right|^2 \exp(-\xi_0) \times$$
$$\frac{\omega_i'}{2\hbar}\int_{-\infty}^{\infty} \exp\left\{\mathrm{i}t\left[(\omega_{ab}' + \omega_i) + \frac{1}{2}\sum_j \Delta_j \exp(\mathrm{i}t\omega_j')\right]\right\}\mathrm{d}t \qquad (2.4.27)$$

采用鞍点法求解，可得 $W(b \to a)$ 的近似解是

$$W(b \to a) = \frac{1}{\hbar^2}\sum_i \frac{\omega_i'}{2\hbar}\left|R_i(ab)\right|^2 \exp(-\xi_0)\sqrt{\frac{4\pi}{\sum_j \omega_j'\Delta_j^2 \exp(\mathrm{i}t\omega_j')}} \times$$

---

[21] Lin S H, Bersohn R: J. Chem. Phys. ,1968,48: 2732.

[22] (a) Fischer S. J. Chem. Phys.,1970,51:3195. (b) Freed K F,Jortner J. J. Chem. Phys.,1970,52:6272.

$$\exp\left[\mathrm{i}t^*\left(\omega'_{ab}+\omega'_i\right)+\frac{1}{2}\sum_j \Delta_j^2 \exp(\mathrm{i}t\omega'_j)\right] \tag{2.4.28}$$

式中，$\omega'_{ab}=\omega_{ab}-\frac{1}{2}\sum(\omega'_j-\omega''_j)'\coth\left(\frac{\hbar\omega'_j}{2kT}\right)$，$t^*$ 代表 t 的鞍点值，并可由下式求出：

$$\frac{1}{2}\sum_j \Delta_j^2\ \omega'_j \exp(\mathrm{i}t^*\omega'_j)=-\left(\omega'_{ab}+Q_{i'}\right) \tag{2.4.29}$$

上述这些关于无辐射弛豫过程的理论分析，不仅可用于探讨“内转换”、“系间蹿跃”等无辐射弛豫过程的电子跃迁矩阵元时 $|R_i(ab)|$ 的计算，同时，它的一些预言，如温度以及跃迁过程的高、低电子状态的“能级间隙” ω_{ab} 对无辐射弛豫过程影响等，已在一些实验中得到证实。

应指出：上面的讨论虽然是只考虑凝聚态体系中的电子-电子状态间无辐射弛豫过程 $b\to a$，但所得的结论在原则上也适用于那些包括“滞后热荧光”（delayed thermal fluorescence）在内的振动激发能转化为电子状态能量的无辐射弛豫，其差别只是由于后一过程的 ω_{ab} 为正值，从而导致其跃迁概率对温度的依赖关系有所不同而已[23]。此外，如果分子的转动可忽略不计，则上述有关凝聚态分子的电子-电子状态间的无辐射弛豫过程的结论同样也适用于气相分子体系。事实上，当电子-振动激发态分子不是被稠密介质所包围，从而处于不和其他分子发生碰撞的孤立状态时，该分子也可因其在振动中的核位移而导致电子状态发生无辐射弛豫。关于这种处于孤立状态的电子-振动激发态分子的无辐射跃迁过程概率，已有人采用不同的方法进行分析和讨论[24]。一般来说，该分子电子无辐射跃迁过程的弛豫速率常数可写为

$$W(\beta)=\sum_i P_i W'_i=\left[Q(\beta)\right]^{-1}\sum_i \exp(-\beta E_i)W'_i \tag{2.4.30}$$

式中，$\beta=(kT)^{-1}$，P_i 表示归一化的玻耳兹曼因子；$Q(\beta)$ 是配分因子 $\sum_i \exp(-\beta E_i)$；W_i 代表某一孤立分子的单一电子-振动激发态 i 的弛豫速率

[23] (a) Lin S H. J. Chem. Phys. ,1971,55: 354. (b) Lin S H. Mol. Phys., 1971,21: 853.

[24] (a) Fischer S,Schlag E W. Chem. Phys. Lett. ,1969,4:393. (b) Brailsford A D,Chang T Y. J. Chem. Phys. , 1970,53: 3108. (c) Nitzan A,Jortner J. J. Chem. Phys. ,1971,55: 1355. (d) Siebrand W. J. Chem. Phys., 1971,54: 363.(e)Heller D F, Freed K F,Gelbart W M. J. Chem. Phys.,1972 ,56:2309.

常数，或分子由第 i 个电子-振动状态进行的跃迁概率。对未和其他分子发生相互作用的孤立状态分子而言，如果由于它的振动非简谐性以致它的振动弛豫过程比电子弛豫过程快，那么，其能量为 E 的这一孤立分子的电子弛豫过程的微观正则（microcanonical）平均速率常数应为

$$W(E)=\left[\rho(E)\right]^{-1}(2\pi i)^{-1}\int_{\gamma-i\infty}^{\gamma+i\infty}\exp(\beta E)Q(\beta)W(\beta)\mathrm{d}\beta \qquad (2.4.31)$$

式中，$\rho(E)$ 代表孤立分子的能量为 E 的量子状态密度，并被定义为

$$\rho(E)=\sum_i\delta(E-E_i)=(2\pi i)^{-1}\int_{\gamma-i\infty}^{\gamma+i\infty}\exp(\beta E)Q(\beta)\mathrm{d}\beta \qquad (2.4.32)$$

这样，当只有一个其能量为 E_j 的电子-振动状态时，式（2.4.31）将还原为如下形式：

$$W_j=\lim_{E\to E_j}\left[\delta\left(E-E_j\right)\right]^{-1}(2\pi i)^{-1}\int_{\gamma-i\infty}^{\gamma+i\infty}\exp(\beta E)Q(\beta)W(\beta)\mathrm{d}\beta \qquad (2.4.33)$$

式（2.4.37）和式（2.4.35）表明：处于孤立状态的分子的单个电子-振动激发态的弛豫速率常数以及它的平均值，都可由相应的热平均速度常数通过拉普拉斯逆变换（inverse transformation）处理而导出[25]。

2.5　激发能传递

激发能传递是分子量子状态变化的众多基本过程之一。在这一过程中，当分子从外界获得能量而被激发到高能量子状态后，它可将所获得的激发能从这一个高能量子状态向同一分子中其他基团或另一分子的低能量子状态传递。这种激发能传递过程有两种基本方式。其中一种方式是处于低能状态的能量受体分子 A 吸收由高能激发态的能量给体 D^* 以频率为 ν 的光辐射的方式释出的“过剩”能量 。这种由激发态给体 D^* 将其过剩能量以“辐射-吸收”的方式将激发能传递给作为受体 A 的过程，实际上就是 D^* 和 A 的辐射跃迁过程的组合：$D^* \longrightarrow D+h\nu$，$A+h\nu \longrightarrow A^*$。不难设想，能量守恒是通过这一机理实现激发能传递的必要条件。因此，激发能给体 D^* 所发射的光辐射波长范围应和受体 A 的吸收谱带有所交盖，

[25] (a) Lin S H. J. Chem. Phys. , 1973,58: 5760. (b) Lin S H.J. Chem. Phys.,1973,59: 4458.

而且根据这一“辐射-吸收”机理进行激发能传递的概率应取决于 D^*和 A 之间的光谱交盖情况和受体分子的浓度。更常见的另一种激发能传递方式是：激发态给体分子 D^*以无辐射跃迁方式将激发能转移给邻近的受体分子 A，这种转移甚至可以是以“级联”的方式，将激发能逐步传递给一系列不同能级状态的分子（或基团）$A_1, A_2, \cdots$：$D^* + A_1 + A_2 + \cdots \longrightarrow D + A_1^* + A_2 + \cdots \longrightarrow D + A_1 + A_2^* + \cdots \longrightarrow D + A_1 + A_2 + \cdots$。例如，DNA 中的氧氨嘧啶（cytosine）被激发后，它可将激发能传递给激发态能级较低的鸟嘌呤（guanine），后者可进而将激发能传递给腺嘌呤（adenine）和激发态能级更低的胸腺嘧啶（thymine），从而使在实验中被观测到的 DNA 荧光来自胸腺嘧啶分子。更为典型的事例是，在光合细菌、绿色植物的光合器官中，“捕光天线”（light-harvesting pigment-protein complex，LH）所吸收的太阳能是由一组色素蛋白复合物 LH-Ⅱ传递给另一组色素蛋白复合物 LH-Ⅰ，并进一步以分子激发能的形式快速而高效地传递给所谓的“反应中心”（reaction center，RC），以便于在那里将激发能转化为化学电位，用于驱动水的光解、碳的固定等光合作用步骤。这里不一一列举激发能在不同量子状态间传递的大量实验事例，而是将激发能不同分子间传递过程的一些最基本规律及相应的理论分析予以回顾。一般来说，分子间无辐射方式传递激发能的过程，可视为激发态给体分子 D^*的辐射弛豫和受体 A 的吸收激发过程的组合；而分子激发能以无辐射方式传递过程的机理，则和激发能给体 D^*、受体 A 的存在状态及其所处环境有关。例如，对处于凝聚态介质中、相距较近的 D^*和 A 来说，它们之间的激发能传递一般是通过所谓的“共振传能”（resonant energy transfer）的 Förster[26]机理和 Dexter[27]机理实现。

根据 Förster 机理，激发态给体分子 D^*中电荷振荡形成的偶极子可引发其邻近受体分子 A 的电荷发生振荡，而通过它们之间的偶极-偶极（dipole-dipole）或偶极-四极（dipole-quadrupole）库仑相互作用而“长程”（3～10 nm）传递激发能（图 2.5.1）。

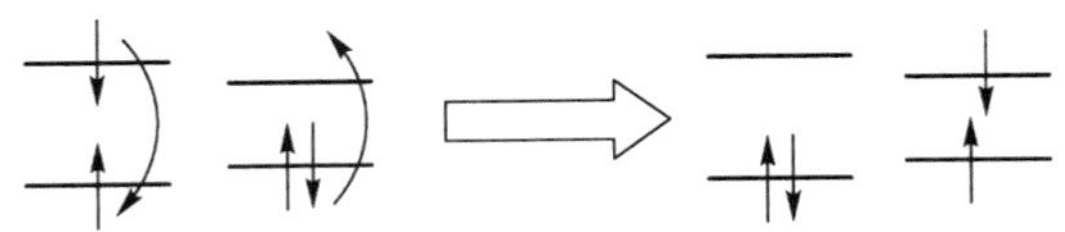

图 2.5.1 通过偶极-偶极相互作用进行的“长程”的激发能传递（Förster 机理）

[26] Förster T. Ann. Phys. , 1948, 2:55.
[27] Dexter D L. J. Chem. Phys. ,1953,21: 836.

Dexter 机理则是给体 D^*和受体 A 的波函数在空间有相互交盖并保持电子自旋不变的条件下，而通过它们之间电子交换相互作用（electron exchange interaction）而进行“短程”（0.6～3 nm）激发能传递（图 2.5.2）。

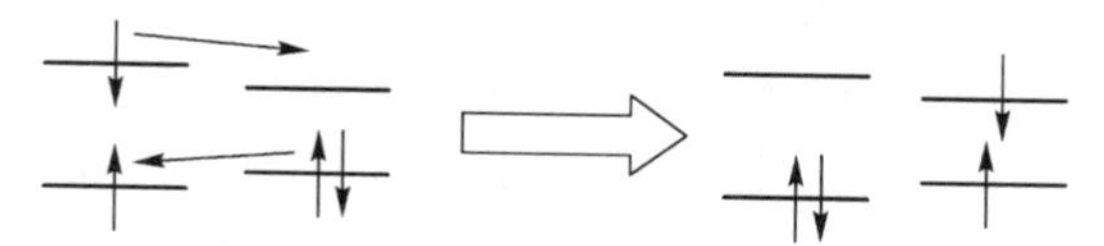

图 2.5.2　通过电子交换相互作用进行“短程”的激发能传递（Dexter 机理）

但是，当给体 D^*和受体 A 间相距较远时，例如，在气相分子体系中，它们之间的相互碰撞往往成为激发能传递的决定性因素。此外，也应当指出的是，在很多实际情况下，特别是在许多生物学过程中，有关的分子往往可以紧密、有序地排列成两维甚至三维的聚集态超分子（aggregate supramolecule）形态。此时，分子的激发能也可能不再是“定域”集聚在单个分子上，而更可能是以“激子”（exciton）形式在几个相互耦合的邻近分子间不受空间限制地“非定域”分布，其结果将会导致激发能传递不再是能量从一个分子“跳跃”到另一个分子的单个分子的独立行为，而是在一组相互耦合的分子间以“激子”形态“同步”相互作用的结果。显然这种类型的激发能传递过程将有独特的行为特性，并作为一种独特的激发能传递过程另作理论分析。

2.5.1　共振传能机理

共振传能是分子在凝聚态体系进行激发能传递的基本形式。为从理论上严格探讨激发能在不同量子状态间共振传递的过程，和辐射跃迁、无辐射弛豫等分子过程的理论分析类似，同样可以根据时间相关的一级微扰理论而导出的费米黄金定则，将激发能共振传递的平均概率（或速率常数）$P_{ab}(T)$ 写为

$$P_{ab}(T)=\frac{2\pi}{\hbar}\sum_{\upsilon'}\sum_{\upsilon''}P_{a\upsilon'}\left|\left\langle\psi_{a\upsilon'}\left|\hat{H}'\right|\psi_{b\upsilon''}\right\rangle\right|^2\delta\left(E_{a\upsilon'}-E_{b\upsilon''}\right) \tag{2.5.1}$$

式中，$P_{a\upsilon'}$ 是玻耳兹曼因子，$\hat{H}'$ 是 D^*和 A 之间相互作用的哈密顿能量算符，$\psi_{a\upsilon'}$ 和 $\psi_{b\upsilon''}$ 分别代表高能电子激发态给体+低能非激发态受体组合 D^*+A、低能非激发态给体+高能电子激发态受体组合 D+A^*的体系状态波函数。在玻恩–奥本海默绝热近似条件下，它可采用该分子体系

的电子波函数和核运动波函数的乘积表示。这样，式（2.5.2）可改写为

$$P_{ab}(T)=\frac{2\pi}{\hbar}\sum_{\upsilon'}\sum_{\upsilon''}P_{a\upsilon'}\left|\left\langle\theta_{a\upsilon'}\left|H'_{ab}\right|\theta_{b\upsilon''}\right\rangle\right|^{2}\delta\left(E_{a\upsilon'}-E_{b\upsilon''}\right) \tag{2.5.2}$$

式中：$\theta_{a\upsilon'}$ 和 $\theta_{b\upsilon''}$ 分别表示体系的核运动波函数；φ_a 和 φ_b 分别表示体系的电子波函数；H'_{ab} 是和电子运动相关的电子跃迁矩阵元，并有 $H'_{ab}=\left\langle\varphi_a\left|\hat{H}'\right|\varphi_b\right\rangle$。若将式中的δ函数用它的积分式表示，则式（2.5.2）将成为

$$P_{ab}(T)=\frac{1}{\hbar^2}\int_{-\infty}^{\infty}\sum_{\upsilon'}\sum_{\upsilon''}P_{a\upsilon'}\left|\left\langle\theta_{a\upsilon'}\left|H'_{ab}\right|\theta_{b\upsilon''}\right\rangle\right|^{2}\exp\left[\frac{\mathrm{i}t}{\hbar}\left(E_{b\upsilon''}-E_{a\upsilon'}\right)\right]\mathrm{d}t \tag{2.5.3}$$

上述激发能传递概率的一般表达式将是具体构成几种典型激发能传递过程平均概率的定量分析的理论基础。

在处于凝聚态分子体系中，电子激发一重态的给体 D^* 向处于低能一重态或三重态的受体A进行激发能传递，通常可用基于偶极相互作用的Förster共振传能机理描述。根据这一机理，若被传递的激发能在以一定的速率传递给受体分子 A 之前完全集中在给体分子 D^* 内，并在该分子内呈热力学平衡分布，在假设激发能给体 D^* 和低能态受体 A 间的激发能传递是通过它们之间的偶极–偶极相互作用实现时，描述过程速率的式（2.5.2）中电子跃迁矩阵元 H'_{ab} 可用在给体 D^* 和受体 A 偶极矩相互作用的库仑积分近似地表示：

$$\begin{aligned}H'_{ab}&=\left\langle\varphi_a\left|\hat{H}'\right|\varphi_b\right\rangle\\&\approx\left\langle\varphi_a\left|\sum_i\sum_j\frac{e^2}{\varepsilon r_{ij}}\right|\varphi_b\right\rangle\\&\approx\frac{1}{\varepsilon R^3}\left[\boldsymbol{R}_{\mathrm{D^*D}}\boldsymbol{R}_{\mathrm{AA^*}}-\frac{1}{r^3}\left(r\boldsymbol{R}_{\mathrm{D^*D}}\right)\left(r\boldsymbol{R}_{\mathrm{AA^*}}\right)\right]\end{aligned} \tag{2.5.4}$$

式中，$\boldsymbol{R}_{\mathrm{D^*D}}$ 和 $\boldsymbol{R}_{\mathrm{AA^*}}$ 分别是给体 D^* 和受体 A 的电子跃迁矩，ε 是周围介质的介电常数，r 是给体 D 和受体 A 之间的间距。将这一跃迁矩阵元 H'_{ab} 表达式代入式（2.5.3），若假设给体 D^* 和受体 A 在空间为随机取向，即可将其间的共振传能速率常数写为

$$P_{ab}(T)=\frac{1}{3\hbar^2\varepsilon^2 r^6}\int_{-\infty}^{\infty}F_{\mathrm{A}}(t)F_{\mathrm{D}}(t)\mathrm{d}t \tag{2.5.5}$$

式中，给体 D*和受体 A 的函数 $F_{\mathrm{D}}(t)$ 和 $F_{\mathrm{A}}(t)$ 分别定义为

$$F_{\mathrm{D}}(t)=\sum_{\upsilon'}\sum_{\upsilon''}P_{a\upsilon'}^{(\mathrm{D})}\left|\left\langle\theta_{a\upsilon'}^{(\mathrm{D})}\left|\boldsymbol{R}_{\mathrm{D^*D}}\right|\theta_{b\upsilon''}^{(\mathrm{D})}\right\rangle\right|^2\exp\left(\mathrm{i}t\omega_{b\upsilon''a\upsilon'}^{(\mathrm{D})}\right) \tag{2.5.6a}$$

$$F_{\mathrm{A}}(t)=\sum_{\upsilon'}\sum_{\upsilon''}P_{a\upsilon'}^{(\mathrm{A})}\left|\left\langle\theta_{a\upsilon'}^{(\mathrm{A})}\left|\boldsymbol{R}_{\mathrm{AA^*}}\right|\theta_{b\upsilon''}^{(\mathrm{A})}\right\rangle\right|^2\exp\left(\mathrm{i}t\omega_{b\upsilon''a\upsilon'}^{(\mathrm{A})}\right) \tag{2.5.6b}$$

前已示明[参阅式（2.3.16）]，在电子状态间的吸收辐射跃迁 $a\to b$ 的分子吸收系数 $k_{ab}(\omega)$ 可写为

$$k_{ab}(\omega)=\frac{4\pi^2\omega}{3\hbar c\alpha_a}\sum_{\upsilon'}\sum_{\upsilon''}P_{a\upsilon'}\left|\left\langle\theta_{a\upsilon'}\left|\boldsymbol{R}_{ab}\right|\theta_{b\upsilon''}\right\rangle\right|^2\delta\left(\omega_{a\upsilon',b\upsilon''}-\omega\right)$$

式中，α_a 是因环境介质效应而修正折光指数的函数。将其中的δ函数改用其积分式表示时，式（2.3.16）即可改写成：

$$\begin{aligned}k_{ab}^{(\mathrm{A})}(\omega)&=\frac{2\pi^2\omega}{3\hbar c\alpha_a}\int_{-\infty}^{\infty}\exp(-\mathrm{i}t\omega)\sum_{\upsilon'}\sum_{\upsilon''}P_{a\upsilon'}^{(\mathrm{A})}\left|\left\langle\theta_{a\upsilon'}^{(\mathrm{A})}\left|\boldsymbol{R}_{ab}\right|\theta_{b\upsilon''}^{(\mathrm{A})}\right\rangle\right|^2\exp\left(\mathrm{i}t\omega_{a\upsilon',b\upsilon''}^{(\mathrm{A})}\right)\mathrm{d}t\\&=\frac{2\pi^2\omega}{3\hbar c\alpha_a}\int_{-\infty}^{\infty}\exp(-\mathrm{i}t\omega)F_{\mathrm{A}}(t)\mathrm{d}t\end{aligned} \tag{2.5.7}$$

通过逆傅里叶转换可得

$$F_{\mathrm{A}}(t)=\frac{3\hbar c\alpha_a}{4\pi^2}\int_{-\infty}^{\infty}\exp(\mathrm{i}t\omega)\frac{k_{ab}^{(\mathrm{A})}(\omega)}{\omega}\mathrm{d}\omega \tag{2.5.8}$$

将式（2.5.8）代入式（2.5.5），将有

$$P_{ab}(T)=\frac{c\alpha_a}{2\hbar\pi^2\varepsilon^2r^6}\int_{-\infty}^{\infty}\mathrm{d}t\int_{-\infty}^{\infty}\exp(\mathrm{i}t\omega)\frac{k_{ab}^{(\mathrm{A})}(\omega)}{\omega}F_{\mathrm{D}}(t)\mathrm{d}\omega \tag{2.5.9}$$

将式（2.5.9）对 t 进行积分即得

$$P_{ab}(T)=\frac{c\alpha_a}{\pi\varepsilon^2r^6}\int_{-\infty}^{\infty}\frac{k_{ab}^{(\mathrm{A})}(\omega)}{\omega}\sum_{\upsilon'}\sum_{\upsilon''}P_{a\upsilon'}^{(\mathrm{D})}\left|\left\langle\theta_{a\upsilon'}^{(\mathrm{D})}\left|\boldsymbol{R}_{\mathrm{D^*D}}\right|\theta_{b\upsilon''}^{(\mathrm{D})}\right\rangle\right|^2\delta\left(E_{a\upsilon',b\upsilon''}-\hbar\omega\right)\mathrm{d}\omega \tag{2.5.10}$$

林圣贤等曾示明[参阅式（2.3.18）]：在绝热近似条件下，电子跃迁 $a\to b$ 所发射的光辐射归一化强度分布函数 $I_{ab}(\omega)_N$ 可写为

$$I_{ab}(\omega)_N=\frac{4\alpha_a\omega^3}{3c^3A_{ab}}\sum_{\upsilon'}\sum_{\upsilon''}P_{a\upsilon'}\left|\left\langle\theta_{a\upsilon'}\left|\boldsymbol{R}_{ab}\right|\theta_{b\upsilon''}\right\rangle\right|^2\delta\left(E_{a\upsilon',b\upsilon''}-\hbar\omega\right)$$

式中，A_{ab} 是自发辐射的跃迁概率（或速率常数）。将此式和式（2.5.10）合并即得出：

$$P_{ab}(T)=\frac{3\alpha_a c^4 A_{ab}^{(\mathrm{D})}}{4\pi\varepsilon^2 r^6}\int_{-\infty}^{\infty}\frac{k_{ab}^{(\mathrm{A})}(\omega)I_{ab}^{(\mathrm{D})}(\omega)_N}{\omega^4}\mathrm{d}\omega \tag{2.5.11}$$

此方程将在一定温度T下的电子-振动激发态分子间通过偶极-偶极相互作用而实现共振传能速率常数$P_{ab}(T)$，和相应的电子跃迁$a\rightarrow b$自发辐射跃迁概率A_{ab}、分子吸收系数$k_{ab}(\omega)$以及自发辐射归一化强度分布函数$I_{ab}(\omega)_N$等实验可测的物理量直接关联起来，并且示明：其速率常数与给体-受体间距r的六次方成反比。此外，由式（2.5.10）的推导过程也可看出：参与这一激发能传递过程的给体和受体间的电子跃迁过程不受对称性禁戒或虽受对称性禁戒但电子-振动跃迁仍可“允许”时（如电子激发一重态的给体D^*向处于低能一重态或三重态的受体A进行激发能传递），上述方程都适用。事实上，式（2.5.10）实际上就是人们所熟知的Förster共振传能概率方程，后者通常采用的表达式是

$$k_{\mathrm{D}^*\rightarrow\mathrm{A}}=8.8\times10^{17}\frac{\kappa^2}{n^4\tau_{\mathrm{D}}r^6}J \tag{2.5.12}$$

式中，τ_{D}是当没有受体A存在时，激发态给体的辐射弛豫寿命；r和n分别表示它们的间距（cm）和周围环境介质的折光指数；D^*和A的空间相对取向用描述它们的偶极之间和相对于两者中心连线的取向函数κ表征；J为用于表征激发态给体D^*和受体A能级匹配程度的交盖积分，其值由下述关系计算，其单位是$\mathrm{cm}^6\cdot\mathrm{mol}^{-1}$:

$$J=\int\frac{\varepsilon_{\mathrm{A}}(\tilde{\nu})F_{\mathrm{D}}(\tilde{\nu})}{\tilde{\nu}^4}\mathrm{d}\tilde{\nu} \tag{2.5.13}$$

式中，$\varepsilon_{\mathrm{A}}(\tilde{\nu})$和$F_{\mathrm{D}}(\tilde{\nu})$分别是以$\mathrm{cm}^{-1}$为单位表示的受体A的电子吸收光谱谱图和给体$\mathrm{D}^*$的归一化荧光发射谱图。若引入所谓的临界间距$r_{\mathrm{c}}$的概念，即认为当$\mathrm{D}^*$向A传递激发能的概率和它自发辐射弛豫的概率相等时，r_{c}是D^*和A的间距，其值可由下式关系求出：

$$r_{\mathrm{c}}=\left[8.8\times10^{17}\frac{\kappa^2}{n^4}J\right]^{-6} \tag{2.5.14}$$

在处于凝聚态分子体系中，给体和受体同处于三重态时的激发能传递，通常认为是通过电子交换相互作用的Dexter共振传能机理实现。为用严格的量子力学方法在理论上探讨通过电子交换相互作用实现激发能共振传递的速率，可利用Condon近似而将式（2.5.3）简化为

$$P_{ab}(T)=\frac{\left|H'_{ab}\right|^2}{\hbar^2}\int_{-\infty}^{\infty}f_{\mathrm{A}}(t)f_{\mathrm{D}}(t)\mathrm{d}t \tag{2.5.15}$$

和上述情况相同，同样假设给体和受体在空间都是随机取向，这样，就必须将$\left|H'_{ab}\right|^2$对所有可能的空间取向求平均而得出$\left|H'_{ab}\right|^2_{av}$。式中的$f_{\mathrm{A}}(t)$和$f_{\mathrm{D}}(t)$可分别定义为

$$f_{\mathrm{A}}(t)=\sum_{\upsilon'}\sum_{\upsilon''}P_{a\upsilon'}^{(\mathrm{A})}\left|\left\langle\theta_{a\upsilon'}^{(\mathrm{A})}\middle|\theta_{b\upsilon''}^{(\mathrm{A})}\right\rangle\right|^2\exp\left(\mathrm{i}t\omega_{a\upsilon',b\upsilon''}^{(\mathrm{A})}\right) \tag{2.5.16a}$$

$$f_{\mathrm{D}}(t)=\sum_{\upsilon'}\sum_{\upsilon''}P_{a\upsilon'}^{(\mathrm{D})}\left|\left\langle\theta_{a\upsilon'}^{(\mathrm{D})}\middle|\theta_{b\upsilon''}^{(\mathrm{D})}\right\rangle\right|^2\exp\left(\mathrm{i}t\omega_{a\upsilon',b\upsilon''}^{(\mathrm{D})}\right) \tag{2.5.16b}$$

这里的$f_{\mathrm{A}}(t)$、$f_{\mathrm{D}}(t)$和前面的$F_{\mathrm{A}}(t)$、$F_{\mathrm{D}}(t)$密切相关。如果过程中所包含的电子跃迁是不受对称性要求限制，即“对称性允许”的，或 Franck-Condon 近似条件可以满足，将有

$$f_{\mathrm{D}}(t)=\frac{1}{\left|R_{\mathrm{AA^*}}\right|^2}F_{\mathrm{D}}(t) \tag{2.5.17}$$

$$f_{\mathrm{A}}(t)=\frac{1}{\left|R_{\mathrm{AA^*}}\right|^2}F_{\mathrm{A}}(t)=\frac{3\hbar c\alpha_a}{4\pi^2}\int_{-\infty}^{\infty}\exp(\mathrm{i}t\omega)\frac{k_{ab}^{(\mathrm{A})}(\omega)}{\omega}\mathrm{d}\omega \tag{2.5.18}$$

对于“对称性允许”的电子跃迁，可有

$$\int_{-\infty}^{\infty}\frac{k_{ab}^{(\mathrm{A})}(\omega)}{\omega}\mathrm{d}\omega=\frac{4\pi^2}{3\hbar c\alpha_a}\left|R_{\mathrm{AA^*}}\right|^2 \tag{2.5.19}$$

将式（2.5.18）、式（2.5.19）合并即得

$$f_{\mathrm{A}}(t)=\int_{-\infty}^{\infty}\exp(\mathrm{i}t\omega)\sigma_{ab}^{(\mathrm{A})}(\omega)\mathrm{d}\omega \tag{2.5.20}$$

式中，$\sigma_{ab}^{(\mathrm{A})}$定义为归一化的吸收强度分布函数，并有

$$\sigma_{ab}^{(\mathrm{A})}(\omega)=\frac{\left[\dfrac{k_{ab}^{(\mathrm{A})}(\omega)}{\omega}\right]}{\displaystyle\int_{-\infty}^{\infty}\left[\dfrac{k_{ab}^{(\mathrm{A})}(\omega)}{\omega}\right]\mathrm{d}\omega} \tag{2.5.21}$$

将式（2.5.16b）、式（2.5.20）代入式（2.5.15），有

$$P_{ab}(T)=\frac{\left|H'_{ab}\right|^2}{\hbar^2}\int_{-\infty}^{\infty}\mathrm{d}t\int_{-\infty}^{\infty}\mathrm{d}\omega\exp(\mathrm{i}t\omega)\sigma_{ab}^{(\mathrm{A})}(\omega)\times$$

$$\sum_{\upsilon'}\sum_{\upsilon''}P_{a\upsilon'}^{(\mathrm{D})}\left|\left\langle\theta_{a\upsilon'}^{(\mathrm{D})}\middle|\theta_{b\upsilon''}^{(\mathrm{D})}\right\rangle\right|^2\exp\left(\mathrm{i}t\omega_{a\upsilon',b\upsilon''}^{(\mathrm{D})}\right) \tag{2.5.22}$$

将式（2.5.22）对t求积分，即得：

$$P_{ab}(T)=\frac{2\pi}{\hbar^2}\left|H'_{ab}\right|\int_{-\infty}^{\infty}\mathrm{d}\omega\cdot\sigma_{ab}^{(\mathrm{A})}(\omega)\cdot\sum_{\upsilon'}\sum_{\upsilon''}P_{a\upsilon'}^{(\mathrm{D})}\left|\left\langle\theta_{a\upsilon'}^{(\mathrm{D})}\middle|\theta_{b\upsilon''}^{(\mathrm{D})}\right\rangle\right|^2\exp\left(\mathrm{i}t\omega_{a\upsilon',b\upsilon''}^{(\mathrm{D})}-\omega\right)$$

$$=\frac{2\pi}{\hbar^2}\left|H'_{ab}\right|\int_{-\infty}^{\infty}\mathrm{d}\omega\cdot\sigma_{ab}^{(\mathrm{A})}(\omega)\eta_{ab}^{\mathrm{D}}(\omega) \tag{2.5.23}$$

式中

$$\eta_{ab}^{(\mathrm{D})}(\omega)=\sum_{\upsilon'}\sum_{\upsilon''}P_{a\upsilon'}^{(\mathrm{D})}\left|\left\langle\theta_{a\upsilon'}^{(\mathrm{D})}\middle|\theta_{b\upsilon''}^{(\mathrm{D})}\right\rangle\right|^2\exp\left(\mathrm{i}t\omega_{a\upsilon',b\upsilon''}^{(\mathrm{D})}-\omega\right)$$

并被定义为归一化的给体自发辐射光谱强度分配函数。因$\left|H'_{ab}\right|$随 D^*-A 间距r而以指数函数规律减小，所以式（2.5.23）和 Dexter 提出的通过电子交换作用进行激发能传递的概率方程一致：

$$k_{\mathrm{D^*\to A}}\propto\hbar P^2J\exp\left(-\frac{2r}{L}\right) \tag{2.5.24}$$

式中，L 和 P 是和实验可测物理量难以直接关联起来的常数。这样，通过电子交换相互作用而进行激发能共振传递的速率常数$k_{\mathrm{D^*\to A}}$，将和给体和受体的光谱交盖积分 J 成正比，并随它们的间距r以指数函数的规律降低。

2.5.2　非弹性碰撞传能和激子能量传递

应当指出，当激发能给体 D^*和其他可作为受体的 A 之间的间距 r 较大时，如处于气相体系中的分子那样，激发能给体 D^*仍可能将它的电子和（或）振动激发能传递给处于较低能量状态的受体 A。但这种激发能传递只能通过 D^*和 A 分子间发生非弹性碰撞进行。此时，为这种双分子非弹性碰撞的激发能传递过程，可采用量子力学方法分析“碰撞截面”Q_{ab}，并利用化学反应“截面”及双分子碰撞速率常数之间的定量关系计算这种碰撞传能过程速率常数k_{ab}。但应注意，分析在凝聚态体系中分子间距r较大的激发态给体分子D^*和其他可作为受体的分子A间的激发能碰撞传递过程速率时，相互作用的分子间的相对扩散过程无疑也将是影响激发能传递过程速率的一个因素。关于分子扩散对双分子过程速率的影响已有较多的讨论，可参阅有关的化学动力专著，此处不拟重复赘述。

这里强调指出，前面在讨论激发能在分子间的传递时，无论用以偶极-偶极作用为基础的Förster理论描述，或通过电子交换、分子碰撞而进行的能量传递机理，都要假设进行传递的激发能是被定域化在作为给体的单个分子D^*中。然而众所周知，当分子在空间有序而紧密排列的凝聚态体系中时，激发态分子可聚集成为分子间强烈耦合的“超分子”（supramolecules）。若其中分子间的耦合强度大于相关的光学跃迁谱带宽度，其激发能将可在多个分子间以“非定域”形式分布，从而该分子体系的状态最好采用“激子”（exciton）描述[28]。此时，自然而然产生的一个问题是：激子态间的相干性弛豫所导致的能量非定域化过程是否仍可用 Förster-Dexter 能量传递理论表征[29]，或要利用 Davydov 所发展的理论描述[30]？例如，绿色植物以及光合细菌的“捕光天线系统”所吸收的太阳能在其中有序而紧密堆积的叶绿素等分子间的高效、快速传递过程，是否可用现有的各激发能传递理论予以准确描述[31]？事实上，激发能在分子间强烈耦合的超分子中传递的微观动态学研究，正是当前从理论上和实验上有待进一步深入考查的课题。

2.6 电子转移

分子在光或其他外界电磁辐射场的作用下被激发后，所生成的激发态分子D^*除去自身通过以重新发出光辐射，或以无辐射的方式释放出所吸收的能量而返回到原来的低能初始状态外，还可以以和其他分子发生相互作用的方式释放部分或全部激发能。其中，一种常见而且非常重要的这类分子间相互作用过程是：由被激发的给体分子 D^*将它的电子转移（electron transfer）到另一不同的受体分子 A，$D^* + A \longrightarrow D^+ + A^-$；或将电荷在同一分子$D^*$-A 以及在$D^*$和 A 以某种化学键—sp—相连而成的所谓“超分子”

[28] Simpson W T, Peterson D L. J. Chem.Phys. ,1957,26:588.

[29] (a) Rahman T S,Knox R S,Kenkre V M. Chem. Phys.,1979,44: 197. (b) Rahman T S, Knox R S,Kenkre V M. Chem. Phys.,1980,47:416.

[30] (a) Davydov A S. Zh. Eksp. Teor.,1948,18 : 210. (b) Reddy N R S,Picorel R,Small G. J. Phys.Chem., 1992,96: 6458.

[31] Edington M D,Riter R E,Beck W F. J. Phys. Chem. , 1996,100: 14206.

（supramolecules）D^*—sp—A 中的不同基团间重新分配（charge redistribution）而生成双性“离子对”，$D^*A \longrightarrow [D^{+\bullet} - A^{-\bullet}]$ 或 D^*—sp—A ⟶ $[D^+$—sp—$A^-]$（图 2.6.1）。在这种电子转移过程中，既无“新的”化学键生成，也不要求相关分子中“原有”的化学键断裂，从而可将它看做是分子体系不同电子状态间的一类无辐射跃迁，只不过这一过程的能量必须守恒并遵守 Frank-Condon 原理而已。这种电子转移过程表面上看起来十分简单，但它却是光合作用（photosynthesis）、细胞呼吸（cell respiration）等地球上人类赖以生存的各种生命活动以及许多复杂化学过程的基本步骤。因此，了解电子在分子体系中进行传递或转移过程的物理、化学规律以及和各种生命现象的关联，历来是人们破译自然界奥秘的关键环节所在；而分子体系中电子转移环节的调控，近年来则成为探索分子电（光）子学器件和发展生物工程的基础。

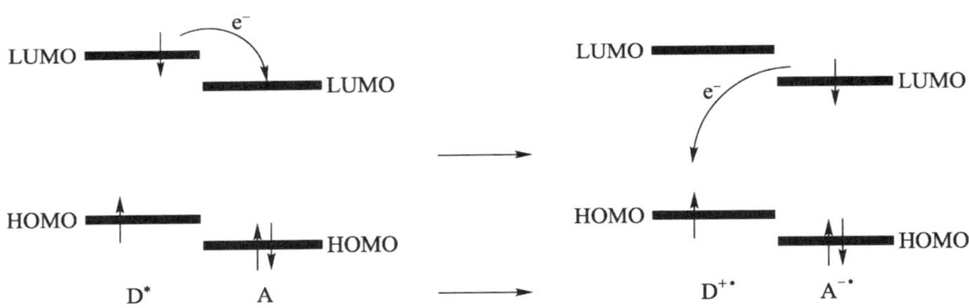

图 2.6.1　电子（荷）在不同分子 D^*+A 间或同一分子的不同基团 D^*A 间重新分配

2.6.1　电子转移速率的经典理论描述

电子转移的微观动态学速率的经典理论分析是在 20 世纪五六十年代 R. A. Marcus[32,33]研究溶液中分子（或原子、原子团）间的“外壳层”（out-sphere）电子转移反应的基础上发展起来的。这一理论的基本假设包括：①外壳层电子转移的速率可用类似于绝对反应速率理论的方式表达；②在电子转移过程中电子给体 D^*和受体 A 的原子核的运动以及其分子构型改变对反应坐标的贡献可采用经典理论描述；③参与电子转移的分子 D^*和 A 间的溶剂可视为介电连续介质，其转动极化影响可以采用非平衡介电极化理论处理；④整个电子转移过程可假想为以渡越“反应位能垒”系

[32] (a) Marcus R A. Discuss Faraday Soc., 1960,29: 21. (b) Marcus R A. J. Phys. Chem. ,1963,67:2889. (c) Marcus R A. Rev. Phys. Chem.,1964,15:155. (d)Marcus R A. J. Chem. Phys. ,1965,43: 679.

[33] Marcus R A. Nobel lecture, 1992.

数 $\kappa=1$ 方式的“绝热”途径进行，或通过采用 $\kappa<<1$ 的方式对以“非绝热”途径进行的步骤予以表述。这样，根据绝对反应速率理论，电子转移过程的速率常数 k_{eT} 可写为

$$k_{eT}=A\exp\left(-\frac{\Delta G^{\neq}}{k_BT}\right) \tag{2.6.1}$$

式中：A 是对应于绝对反应速率理论的速率表达式中的指数前因子，$A\approx\kappa\left(\frac{kT}{h}\right)$，其中 κ 称为渡越系数，$\left(\frac{kT}{h}\right)$ 表示渡越反应位垒的频率因子，其值在 25℃时约为 $6\times10^{12}\,s^{-1}$；$\Delta G^{\neq}$ 是和绝对反应速率理论中的反应活化能 E_a 相对应的电子转移过程的活化自由能；k_B 是玻耳兹曼常数。但应注意：和通常的化学反应不同，电子转移过程中并没有化学键的生成和（或）断裂，而所发生的仅是分子体系的电子在不同电子轨道间的转换。因此，这里的 A 和 $\Delta G^{\neq}$ 应赋予和绝对反应速率理论表达式中的 A 和 E_a 不同的物理含义。

为讨论 A 和 $\Delta G^{\neq}$ 的物理意义，可通过考查进行电子转移过程 $D^*+A\longrightarrow D^++A^-$ 的多维位能表面进行分析。为简化起见，将在激发态电子给体 D^* 和电子受体 A 间的电子转移看做是分子体系 D^*+A 通过电子跃迁转化为分子体系 D^++A^- 的过程。由于被转移的电子是一种相对于原子核的质量很轻的微观粒子，因此，根据 Franck-Condon 原理，可以认为：在电子转移过程中，分子体系的核构型并不随之而改变。这就是说，电子转移只能在 (D^*+A) 和 (D^++A^-) 状态位能相同的非平衡过渡态核构型 $[D\cdots A]^*$ 时才可发生。据此，为清晰起见，电子转移过程可用图 2.6.2 所示的二维位能曲线描述。

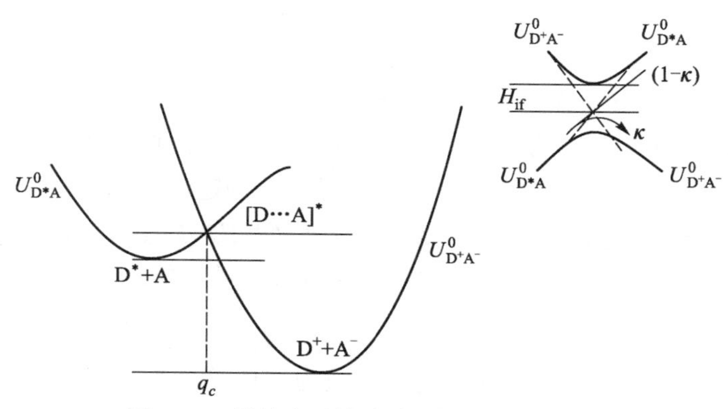

图 2.6.2　描述电子转移过程的二维位能曲线

其中，两个位能曲线$U^0_{D*A}(q)$和$U^0_{D^+A^-}(q)$的最低点，分别和具有平衡核构型的分子体系(D^*A)和(D^+A^-)各自的位能相对应，而它们的“交叉点”q_c则对应于(D^*A)和(D^+A^-)的分子体系在可进行电子跃迁$D^*A \longrightarrow D^+A^-$的非平衡核构型$[D\cdots A]^*$时所具有的位能值。据此，电子给体$D^*$向电子受体 A 进行电子转移的速率，将取决于分子体系的由初始的核构型(D^*+A)转化为“交叉点”处的非平衡核构型$[D\cdots A]^*$的核运动，以及核构型$[D\cdots A]^*$处分子体系的电子状态跃到(D^++A^-)的电子跃迁步骤。其中，核运动项应和该分子体系核构型改变的标准自由能变化$\Delta G^\ominus$有关；而电子跃迁项则取决于(D^*+A)和(D^++A^-)状态电子振动波函数的相互耦合作用，后者可导致分子体系在非平衡过渡态核构型$[D\cdots A]$区的位能表面发生“分裂”。在电子相互作用比较弱，以致位能表面的“分裂”大于k_BT的情况，分子体系非平衡过渡态的核构型随核坐标的变化和初始的(D^*+A)状态相同，因而此时核构型由$[D\cdots A]^*$转化为(D^++A^-)的电子跃迁概率将较低。这样电子转移速率仍可用表征分子体系在不同电子状态间跃迁概率的费米黄金定则定量描述。但当电子相互作用较强，从而在交叉点区的位能分裂较小时，“徘徊”于非平衡过渡态的分子体系$[D\cdots A]^*$则可因微小的核坐标随机改变而在没有明显位能变化的条件下直接转化为(D^++A^-)的核构型，从而可高效地以“绝热”方式（adiabatic）进行电子转移。此时的电子转移步骤和绝对反应速率理论描述的化学反应过程类似，其速率仍可沿用和反应速率理论类似的表达式（2.6.1）表示，只不过其指数前因子A要改写为

$$k_{eT}=\frac{\kappa\omega_0}{2\pi}\exp\left(-\frac{\Delta G^{\neq}}{k_BT}\right) \tag{2.6.2}$$

式中，ω_0是分子体系在位能阱中由于布朗运动驱动而渡越非平衡过渡态能垒的频率，它和环境介质有关，而表征在(D^*+A)和(D^++A^-)状态间位能表面“交叉点”q_c处渡越位能垒概率的系数κ则趋近于 1。“绝热”电子转移过程的活化自由能$\Delta G^{\neq}$等于该分子体系在初始状态(D^*+A)时的自由能$G(q^0_{(DA)})$和在位能曲线交叉点处的自由能$G(q_c)$的差值：

$$\Delta G^{\neq}=G\left(q^0_{(DA)}\right)-G(q_c)=U_{DA}(q_c)-U_{DA}\left(q^0_{(DA)}\right)$$

在分子体系的核运动可用其振动力常数为f的简谐振动描述的近似假设条件下，$\Delta G^{\neq}$可写为

$$\Delta G^{\neq}=\frac{1}{2}f(q_c-q^0_{(\mathrm{DA})})\tag{2.6.3}$$

式中，q_c 是分子体系 $(\mathrm{D^*+A})$ 和 $(\mathrm{D^++A^-})$ 的位能表面“交叉点”的核坐标，其值可利用 $U_{(\mathrm{DA})}(q_c)=U_{(\mathrm{D^+A^-})}(q_c)$ 位能相等的 $\frac{1}{2}f(q_c-q^0_{(\mathrm{DA})})^2=\Delta G^{\ominus}+\frac{1}{2}f(q_c-q^0_{(\mathrm{D^+A^-})})^2$ 关系求出（参阅图 2.6.3）：

$$q_c=\frac{\Delta G^{\ominus}}{f}\left(\frac{1}{q^0_{(\mathrm{D^+A^-})}-q^0_{(\mathrm{DA})}}\right)+\frac{1}{2}\left(q^0_{(\mathrm{D^+A^-})}+q^0_{(\mathrm{DA})}\right)\tag{2.6.4}$$

若将电子转移过程中的分子体系核坐标由初始状态 $(\mathrm{D^*+A})$ 改变为终止状态 $(\mathrm{D^++A^-})$ 时的位能改变定义为重组能 λ，即

$$\lambda=\frac{1}{2}f\left(q^0_{(\mathrm{DA})}-q^0_{(\mathrm{D^+A^-})}\right)^2\tag{2.6.5}$$

这样，将式（2.6.4）和式（2.6.5）代入式（2.6.3），即可得出重要的关系式[34]：

$$\Delta G^{\neq}=\frac{(\lambda+\Delta G^{\ominus})^2}{4\lambda}\tag{2.6.6}$$

从而，“绝热”电子转移过程的速率的经典理论表达式（2.6.2）可改写为

$$k_{\mathrm{eT}}=A\exp\left[-\frac{(\lambda+\Delta G^{\ominus})^2}{4\lambda k_{\mathrm{B}}T}\right]\tag{2.6.7}$$

式中，$\Delta G^{\ominus}$ 是电子转移过程分子体系的标准自由能变化（参阅图 2.6.3）。

不过，应指出的是，这里的重组能 λ 应包括来自分子体系核坐标改变的分子内振动 λ_{in}，以及周围介质的核自由度未能及时伴随电子转移进行调整而影响电子过程位能垒的溶剂化能量变化 λ_{out} 两个部分：

$$\lambda=\lambda_{\mathrm{in}}+\lambda_{\mathrm{out}}\tag{2.6.8}$$

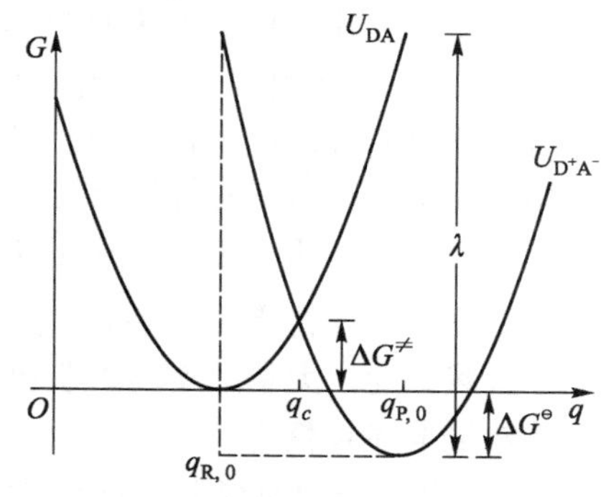

图 2.6.3　电子转移过程中分子体系的自由能 G 和核坐标 q 的关系

式中，λ_{in} 和分子处于 $(\mathrm{D^*+A})$ 和 $(\mathrm{D^+}+$

[34] (a) Marcus R A. Rev. Mod. Phys., 1993,65: 599. (b) Marcus R A,Sutin N. Biochim. Biophys. Acta, 1985,811: 265.

A^-)状态时的键长及振动频率有关。在分子振动的简谐近似条件下，根据Marcus[3]理论，λ_{in}的贡献可根据胡克（Hook）定律而用下式估算：

$$\lambda_{in}=\frac{1}{2}\sum_j \alpha_j\left(q^0_{(DA)j}-q^0_{(D^+A^-)j}\right)^2 \tag{2.6.9}$$

式中，$q^0_{(DA)j}$ 和 $q^0_{(D^+A^-)j}$ 分别表示分子体系的 j 振动模在 (D^*+A) 和 (D^++A^-) 状态时的核坐标，α_j 是这一振动模在相应状态时的折合力常数：$\alpha_j=\dfrac{2f_{(DA)j}f_{(D^+A^-)j}}{f_{(DA)j}+f_{(D^+A^-)j}}$。而 λ_{out} 则可通过将极性环境介质作为具有电子、原子和取向极化的介电连续介质进行处理而求出。在Franck-Condon近似条件下，当D^*和A可看做其半径分别为r_D和r_A、其间距为R的球体而在可看做介电连续介质的溶剂中进行电子转移时，λ_{out}为

$$\lambda_{out}=(\Delta e)^2\left[\frac{1}{2r_D}+\frac{1}{2r_A}-\frac{1}{R}\right]\left[\frac{1}{\varepsilon_s}-\frac{1}{\varepsilon_{op}}\right] \tag{2.6.10}$$

式中，Δe代表电子转移引起分子的电荷变化，ε_s 和ε_{op}分别表示介质的静态介电常数以及和它的极化特性有关的光频介电常数。当D^*和（或）A分子的半径较大，或它们之间分开较远（如在蛋白质中），或在介电常数较小（如类脂膜表面）的介质中，从而它和溶剂间的相互作用较弱时，λ_{out}将变小；而在非极性溶剂的情况下，λ_{out}将趋近于零，也就是说，溶剂对电子转移过程活化自由能的贡献将消失。但应指出：在估算λ_{out}的一些情况下，若D和A之间有专一相互作用（例如可生成氢键时），关于连续介电介质的假设的合理性值得怀疑。当电子转移是在电化学界面、蛋白质等非均相环境中进行时，利用单一的坐标考虑λ_{out}计算显然也有问题[35]；此外，在处理聚合物、蛋白质环境中的λ_{out}时，也会因缺乏基质的弛豫动态学的信息而使计算变得更为复杂。

虽然如此，大量的实验事实已示明，电子转移过程的经典理论，可成功地定量描述包括许多金属原子、有机分子及其络合物在不同凝聚态介质环境中（包括蛋白质等生物分子体系）进行氧化-还原等多种电子转移现象；确定这些电子转移过程中的标准自由能变化和该过程的活化自由能之间

---

[35] (a) Kneitel C L,Newton M D,Friedman H L. J. Mol. Liq. ,1994,60:107. (b) Liu Y P,Newton M D. J. Phys. Chem. ,1995,99:12382.

的关系；根据分子体积、键长变化以及振动频率等参数估算电子转移速率，并探讨 D^*和 A 间距、相对取向和电子耦合程度的影响等。尤其值得强调指出的是，Marcus 经典电子转移理论的一个非常有趣而且十分重要的预言是，在电子转移过程速率常数 k_{eT} 对该过程中标准自由能变化 $\Delta G^\ominus$ 的依赖关系方面存在着所谓“反转区”（图 2.6.4）。即在一般情况下，电子转移过程的速率常数 k_{eT} 将随电子转移过程的 $\Delta G^\ominus$ 减少而增大，当分子体系在电子转移过程中的自由能变化 $\Delta G^\ominus$ 进一步减少趋近于其重组能的负值 $-\lambda$ 时，$\Delta G^{\neq}$ 将最低，电子转移过程的速率达到最大值；但当电子转移过程中的自由能变化 $\Delta G^\ominus$ 减小到小于重组能 λ 时，$-\Delta G^\ominus < \lambda$，随 $\Delta G^\ominus$ 的减小反而使 k_{eT} 降低[参阅式（2.6.7）]。

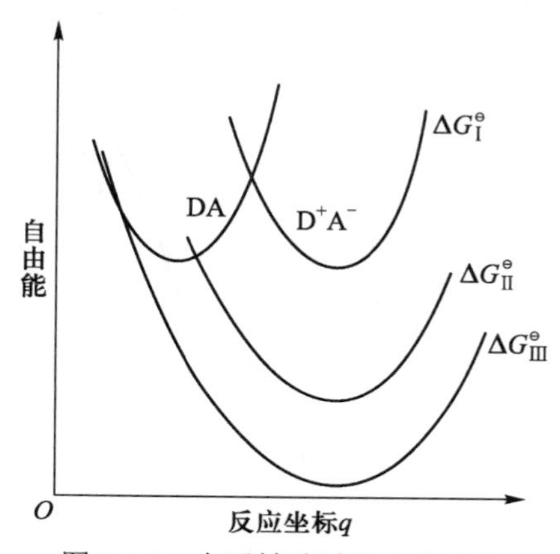

图 2.6.4　电子转移过程中自由能变化的几种典型情况[36]：$\Delta G_{\mathrm{I}}^\ominus$，“正常”情况，此时电子转移速率常数 k_{eT} 随 $\Delta G^\ominus$ 的增大而降低；$\Delta G_{\mathrm{II}}^\ominus$，极端情况，$\Delta G^\ominus = -\lambda$，$k_{eT}$ 达到最大值 k_{eT}^{max}；$\Delta G_{\mathrm{III}}^\ominus$，“反转”情况，$k_{eT}$ 随 $\Delta G^\ominus$ 的减小而降低

关于电子转移过程速率常数 k_{eT} 和自由能变化 $\Delta G^\ominus$ 的“反转区”预言，已被大量的实验观察所证明。其中，联二苯阴离子 BP^-向通过不同类固醇共价键—sp—连接的芳香环化合物分子 A 的分子内电子转移速率测量的结果（图 2.6.5），便是最有代表性的实验证据之一[36]。

$$BP^-—sp—A \xrightarrow{k_{eT}} BP—sp—A^+$$

但应指出：经典理论虽可对不同环境介质中电子转移速率的许多特性予以满意地描述，但以指数前因子 A、标准自由能变化 $\Delta G^\ominus$ 和重组能 λ 作为基本参数的电子转移速率的经典理论本身仍存在着明显的局限，这些局限主要是不能完全正确地预言电子转移速率常数 k_{eT} 对温度的依赖关系。例如，经典理论预言，k_{eT} 应随温度降低而减小[（参阅式 2.6.7）]，但在一些典型生物体系的电子转移实验中发现，在低温条件下，k_{eT} 竟是和温度无关

[36] Closs G L,Calcaterra L T,Green N J,Penfield K W, Miller J R. J. Phys. Chem. , 1986,90:3673.

的参数。事实上，Levich 和 Dogonadze 等[37]早已注意到，电子转移速率应综合考虑分子体系的电子和核运动的贡献而引用量子力学方法进行理论分析。

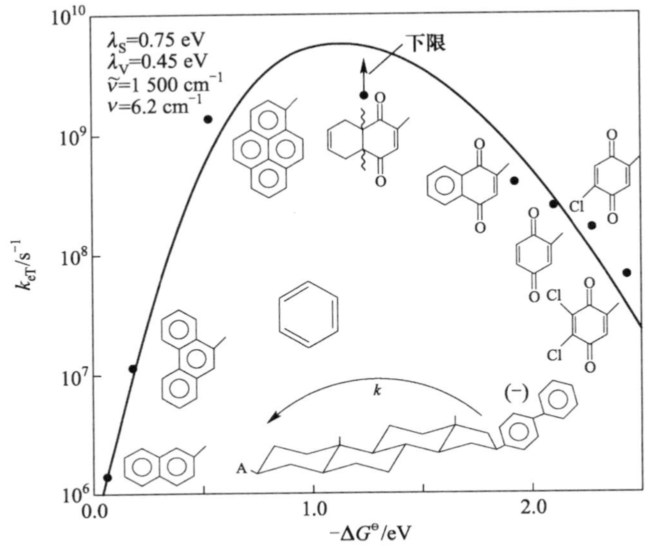

图 2.6.5 联二苯阴离子-类固醇桥键（sp）各种芳香环化合物基团“超分子”BP⁻—sp—A 中的分子内电子转移速率常数 k_{eT} 和过程中标准自由能变化 $\Delta G^{\ominus}$ 的关系[37]

2.6.2 电子转移速率的量子理论描述

利用量子理论处理电子转移速率问题的基本思路是[38,39]：电子给体 D*、受体 A 在介质（如溶剂）中的电子转移过程，可看做是给体、受体和包括介质三者在内的统一分子体系电子状态的变化；而不同电子状态间的跃迁则可用耦合的电子和核运动表述。此时，根据玻恩-奥本海默近似，体系的总哈密顿能量算符可被分割为零级哈密顿能量算符和弱微扰项两个部分；整个体系的初始和终止零级状态可设想是稠密的电子-振动能级叠加的组合。当零级哈密顿能量算符的各本征态被认为可合理地用于表述分子体系时，该体系内发生的电子转移可作为非定态的零级初始电子-振动

[37] (a) Levich V G. Advan. Electrochem. Electrochem. Eng., 1966,4: 249. (b) Dogonadze P R,Kornytsev A A. Phys. Status Solidi., 1972,53:439. (c) Dogonadze P R,Kornytsev A A,Vorotyntsev M A. Phys. Status Solidi., 1973,54:125.

[38] Hopfield J J. Proc. Natl. Acad. Sci. USA. ,1974,71: 3640.

[39] (a) Kestner N R,Logan J,Jortner J. J. Phys. Chem.,1974,78: 2184. (b) Ulstrup J,Jortner J. J. Chem. Phys.,1975,63: 4358-4368. (c) Jortner J. J. Chem. Phys.,1976,64: 4860.(d)Jortner J,Bixon M. Ber. Bunsen-Ges. Phys. Chem. ,1995,99:296 .

状态向其能级呈准连续分布的终止状态间的无辐射跃迁过程处理。

据此，在电子给体 D^*和电子受体 A 间距 $r_{DA}=r_D-r_A$ 恒定的分子体系中，电子转移过程可用含时的薛定谔方程描述：

$$i\hbar\frac{\partial\psi(r,Q,t)}{\partial t}=H\psi(r,Q,t) \tag{2.6.11}$$

式中，H 是包括电子给体 D^*、电子受体 A 和被转移的电子 e^-以及周围环境介质（如溶剂 S 等）在内的核动能算符以及它们（包括被转移的电子 e^-）之间相互作用位能的整个分子体系总哈密顿能量算符。为求解上述方程，根据玻恩-奥本海默绝热近似，定义该分子体系的零级电子波函数作为下述定态方程的解：

$$H^e_{(DA)}\psi_{(DA)i}(r,Q)_i=U_{(DA)i}(Q)\psi_{(DA)i}(r,Q) \tag{2.6.12a}$$

$$H^e_{(D^+A^-)}\psi_{(D^+A^-)j}(r,Q)=U_{(D^+A^-)j}(Q)\psi_{(D^+A^-)j}(r,Q) \tag{2.6.12b}$$

式中，$\psi_{(DA)}(r,Q)$ 和 $\psi_{(D^+A^-)}(r,Q)$ 分别是分子体系在电子转移的初始状态 (D^*A) 和终止状态 (D^+A^-) 时可用核位能表面 $U_{(DA)}(Q)$ 和 $U_{(D^+A^-)}(Q)$ 表征的电子波函数。

若取用电子波函数 $\psi_{(DA)i}(r,Q)$ 和 $\psi_{(D^+A^-)j}(r,Q)$ 展开式中的前两项作为含时的薛定谔方程式（2.6.11）的一级近似解，即可得出：

$$\psi(r,Q,t)=\chi_{(DA)}(Q,t)\psi_{(DA)}+\chi_{(D^+A^-)}(Q,t)\psi_{(D^+A^-)} \tag{2.6.13}$$

其展开系数 $\chi_{(DA)}(Q,t)$ 和 $\chi_{(D^+A^-)}(Q,t)$ 分别是分子体系初始状态(DA)和终止状态(D^+A^-)的核振动波函数，并可由式（2.6.13）代入式（2.6.12）得出。若设分子体系初始状态(DA)和终止状态(D^+A^-)的电子-振动波函数的零级解 $\psi_{(DA)}\chi^0_{(DA),\upsilon}$ 和 $\psi_{(D^+A^-)}\chi^0_{(D^+A^-),w}$ 可满足下述本征值方程：

$$\left[T_N+\varepsilon_{(DA)}(Q)+\left\langle\psi_{(DA)}\middle|U_{eA}\middle|\psi_{(DA)}\right\rangle-\frac{S}{1-S^2}\left\langle\psi_{(D^+A^-)}\middle|U_{eA}\middle|\psi_{(DA)}\right\rangle\right]\chi^0_{(DA),\upsilon}=E^0_{(DA),\upsilon}\chi^0_{(DA),\upsilon} \tag{2.6.14a}$$

$$\left[T_N+\varepsilon_{(D^+A^-)}(Q)+\left\langle\psi_{(D^+A^-)}\middle|U_{eD^+}\middle|\psi_{(D^+A^-)}\right\rangle-\frac{S}{1-S^2}\left\langle\psi_{(DA)}\middle|U_{eD^+}\middle|\psi_{(D^+A^-)}\right\rangle\right]\times\chi^0_{(D^+A^-),w}=E^0_{(D^+A^-),w}\chi^0_{(D^+A^-),w} \tag{2.6.14b}$$

式中，T_N代表分子体系的核动能算符，U 表示静电相互作用，S 代表电子

交盖积分，$E^0_{(\mathrm{DA}),\upsilon}$ 和 $E^0_{(\mathrm{D^+A^-}),w}$ 分别是零级电子-振动波函数的本征值。将核振动波函数用零级电子振动能级展开，并利用二级微扰理论求解，即可得出表述分子体系由初始状态(DA)某一电子-振动能级 $\left|\psi_{(\mathrm{DA})}\chi_{(\mathrm{DA}),\upsilon}\right\rangle$ 向终止状态 ($\mathrm{D^+A^-}$) 的一组稠密的终止电子-振动能级 $\left\{\left|\psi_{(\mathrm{D^+A^-})}\chi_{(\mathrm{D^+A^-}),w}\right\rangle\right\}$ 进行电子转移微观速率的费米黄金定则表达式。

$$w_{(\mathrm{DA}),\upsilon}=\frac{2\pi}{\hbar}\sum_{w}\left|H_{(\mathrm{DA})\upsilon,(\mathrm{D^+A^-}),w}\right|^2\delta\left[E^0_{(\mathrm{D^+A^-}),w}-E^0_{(\mathrm{DA}),\upsilon}\right] \qquad (2.6.15)$$

式中

$$H_{(\mathrm{DA}),\upsilon(\mathrm{D^+A^-}),w}=\left(\psi_{(\mathrm{DA})}\left|V_{\mathrm{eA}}+\frac{S}{1-S^2}\left\langle\psi_{(\mathrm{D^+A^-})}\right|V_{\mathrm{eA}}\left|\psi_{(\mathrm{DA})}\right\rangle\right|\psi_{(\mathrm{D^+A^-})}\right) \qquad (2.6.16)$$

若根据 Condon 近似而将电子和核运动项分开表示，式（2.6.15）可改写为

$$\begin{aligned} w_{(\mathrm{DA}),\upsilon}&=\frac{2\pi}{\hbar}\left|H_{if}\right|^2\sum_{w}\left|\left\langle\chi^0_{(\mathrm{DA}),\upsilon}\middle|\chi^0_{(\mathrm{X^+A^-}),w}\right\rangle\right|^2\delta\left[E^0_{(\mathrm{D^+A^-}),w}-E^0_{(\mathrm{DA}),\upsilon}\right]\\ &=\frac{2\pi}{\hbar}\left|H_{if}\right|^2(FC) \end{aligned} \qquad (2.6.17)$$

式中，$\left|H_{if}\right|$ 是分子体系中给体 D 和受体 A 间单电子双中心交换相互作用的电子耦合矩阵元，可看做使电子由分子体系的初态电子-振动能级 $(\mathrm{DA}),\upsilon$ 向终止状态电子-振动能级 $(\mathrm{D^+A^-}),w$ 转移的微扰；$\left|\left\langle\chi^0_{(\mathrm{DA}),\upsilon}\middle|\chi^0_{(\mathrm{X^+A^-}),w}\right\rangle\right|^2\delta\left[E^0_{(\mathrm{D^+A^-}),w}-E^0_{(\mathrm{DA}),\upsilon}\right]$ 则是 Franck-Condon 因子 FC。其中，$E^0_{(\mathrm{DA}),\upsilon}$ 和 $E^0_{(\mathrm{D^+A^-}),\upsilon}$ 分别表示这些零级电子-振动能级的振动能，δ 是维持过程能量守恒要求的 δ 函数。

为表征电子由激发态给体（而不是由该给体的某一特定振动能级 υ）向受体的各个振动能级 $\left\{\left\langle\psi_{(\mathrm{D^+A^-})}\chi_{(\mathrm{D^+A^-}),w}\right\rangle\right\}$ 转移的“宏观”速率，必须考虑电子从某一振动能级转移 $w_{(\mathrm{DA}),\upsilon}$ 和给体分子内部振动激发弛豫速率 γ_{VR} 的相对关系。在电子给体及受体分子和介质的“声子浴”（phonon bath）有较强相互作用的凝聚态体系中，由于它们之间的非简谐耦合，介质引发的给体、受体分子的振动弛豫将比电子由某一振动能级 $\left|\psi_{(\mathrm{DA})}\chi_{(\mathrm{DA}),\upsilon}\right\rangle$ 转移到受体分子的一组终止电子-振动 $\left\{\left\langle\psi_{(\mathrm{D^+A^-})}\chi_{(\mathrm{D^+A^-}),w}\right\rangle\right\}$ 能级的“微观”速率 $w_{(\mathrm{DA}),\upsilon}$

快得多：$w_{(\mathrm{DA}),\upsilon} \ll \gamma_{_{VR}}$。此时，分子体系中给体 D^*的各初始电子−振动能级 $\{\langle \psi_{(\mathrm{DA})} \chi_{(\mathrm{DA}),\upsilon} \rangle\}$ 向受体 A 的一组终止电子−振动能级 $\{\langle \psi_{(\mathrm{D^+A^-})} \chi_{(\mathrm{D^+A^-}),w} \rangle\}$ 进行电子转移的总速率 $W_{(\mathrm{DA})\to(\mathrm{D^+A^-})}$ 将可表示为对初始状态各振动能级的“微观”速率 $w_{(\mathrm{DA}),\upsilon}$ 的热平均值：

$$
\begin{aligned}
W_{(\mathrm{DA})\to(\mathrm{D^+A^-})} &= \sum_{\upsilon} p_{\upsilon} w_{(\mathrm{DA}),\upsilon} \\
&= \sum_{\upsilon} p_{\upsilon} w_{(\mathrm{DA}),\upsilon} = \frac{2\pi}{\hbar} \left| H_{if} \right|^2 (DWFC)
\end{aligned} \tag{2.6.18}
$$

式中，p_{υ} 是用配分函数 z 归一化地决定 υ 振动能级在热平衡温度 T 时相对布居概率权重的玻耳兹曼因子，$p_{\upsilon} = \frac{1}{z} \cdot \exp\left(\frac{-E_{(\mathrm{DA}),\upsilon}}{k_{\mathrm{B}} T} \right)$，式中 $z = \sum_{\upsilon} \exp\left(\frac{-E_{(\mathrm{DA}),\upsilon}}{k_{\mathrm{B}} T} \right)$。

$$
(DWFC) = \sum_{\upsilon} \sum_{w} p_{\upsilon} \left| \left\langle \chi^{0}_{(\mathrm{DA}),\upsilon} \middle| \chi^{0}_{(\mathrm{X^+A^-}),w} \right\rangle \right| \cdot \delta\left[E^{0}_{(\mathrm{DA}),\upsilon} - E^{0}_{(\mathrm{D^+A^-}),w} \right] \tag{2.6.19}
$$

由式（2.6.19）可见：电子转移速率由该分子体系中的 D 和 A 电子耦合矩阵元 H_{if} 以及 Franck-Condon 因子所决定。电子转移过程理论的核心就是用量子力学方法分析这两个参数。

为分析分子体系的由 Franck-Condon 因子（FC）所表征的核运动对电子转移速率的贡献，可将在分子体系中进行电子转移的核振动根据其频率 ω 分为 $\hbar\omega \gg k_{\mathrm{B}}T$ 的高频模和 $\hbar\omega \ll k_{\mathrm{B}}T$ 的低频模两种类型。前者和电子给体 D^*、受体分子 A 等分子的核坐标 q 偏移的振动有关；低频模则主要是用于表征 D^*、A 和环境介质间的耦合。为使分析简化，分子体系的各种核振动都近似地采用单一频率 ω 表示，并将其位能表面（参阅图 2.6.6）写为

$$
U_{\mathrm{DA}}(q) = \frac{1}{2} \hbar\omega (q)^2
$$

$$
U_{\mathrm{D^+A^-}}(q) = \frac{1}{2} \hbar\omega (q - \varDelta)^2 + \Delta E
$$

式中，q 是用平衡核构型的零位能点的位移归一化的无因次量均方根核坐标；$\varDelta$ 和 ΔE 是两个位能平面零位能点在核坐 q 和能量坐标上的相对位移

（图 2.6.6）。

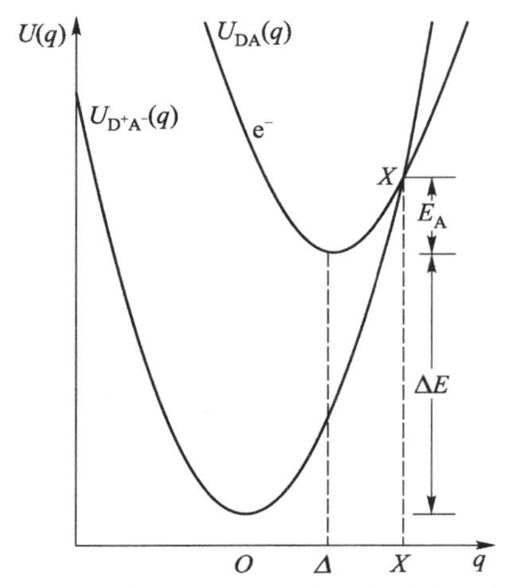

图 2.6.6　$D^* + A \rightarrow D^+A^-$ 分子体系位能曲线

若令电子转移过程中的分子内电子-振动的耦合能 E_s（即分子重组能 λ) 用所谓的 Huang-Rhys 因子 $S=\dfrac{\Delta^2}{2}$ 表征，即 $E_s = S\hbar\omega$ 。此时，电子转移速率方程（2.6.18）可改写为下述形式[40]:

$$W_{(DA)\rightarrow(D^+A^-)} = \frac{2\pi}{\hbar^2\omega}\left|H_{if}\right|^2 \exp\left[-S(2\bar{\upsilon}+1)\right]\mathrm{I}_p\left\{2S\left[\bar{\upsilon}(\bar{\upsilon}+1)\right]^{\frac{1}{2}}\right\}\left[\frac{(\bar{\upsilon}+1)}{\bar{\upsilon}}\right]^{\frac{p}{2}} \tag{2.6.20}$$

式中，$\mathrm{I}_p\{\ \}$代表修正 p 阶的贝塞尔函数；$p=\dfrac{|\Delta E|}{\hbar\omega}$，$\bar{\upsilon}=\left[\exp\left(\dfrac{\hbar\omega}{k_{\mathrm{B}}T}\right)-1\right]^{-1}$。

此式对 $\Delta E<0$ 的放热和 $\Delta E>0$ 吸热的电子转移都成立。只不过无论在任何温度条件下，吸热的电子转移过程都要求渡越活化能垒；而放热的电子转移过程其速率（2.6.20）将随温度升高，由低温时需采用 Poissonian 核交盖积分决定的“核穿行隧道”机理[式（2.6.21）]逐步过渡到其速率可用和经典理论速率方程[式（2.6.7）]相似的式（2.6.22）表征的渡越“活化能垒”机理：

[40] Jortner J. J. Chem. Phys., 1980, 102: 6676.

$$W_{(\mathrm{DA})\to(\mathrm{D}^+\mathrm{A}^-)}=\frac{2\pi}{\hbar^2\omega}\left|H_{if}\right|^2\exp(-S)\frac{S^p}{p!},\quad k_{\mathrm{B}}T<<\hbar\omega \tag{2.6.21}$$

$$W_{(\mathrm{DA})\to(\mathrm{D}^+\mathrm{A}^-)}=\frac{2\pi}{\hbar^2\omega}\left|H_{if}\right|^2\left(\frac{\hbar\omega}{4\pi Sk_{\mathrm{B}}T}\right)^{\frac{1}{2}}\exp\left[\frac{-E_{\mathrm{A}}}{k_{\mathrm{B}}T}\right],\quad k_{\mathrm{B}}T>>\hbar\omega \tag{2.6.22}$$

式中，$E_{\mathrm{A}}=\dfrac{(\Delta E+S\hbar\omega)^2}{4S\hbar\omega}$。由式（2.6.21）可见：通过“核穿行隧道”机理进行电子转移过程的速率与温度无关，这一预言已在实验中得到证实。例如，在 chromatium vinosum 的细胞色素[41]中的电子转移实验已示明，在低温条件下，k_{eT} 的确是和温度无关的参数。

在这里也附带指出，为确定上述机理由高温极限转化到低温极限的过渡温度T_0，可根据 Stirling 近似，将式（2.6.21）改写为和分子内无辐射电子跃迁过程能隙定律（energy gap law）类似的表达式的形式：

$$W_{(\mathrm{DA})\to(\mathrm{D}^+\mathrm{A}^-)}=\frac{2\pi}{\hbar^2\omega}\left|H_{if}\right|^2\exp(-S)\exp\left(\frac{-\gamma p}{\sqrt{2\pi p}}\right) \tag{2.6.23}$$

式中，$\gamma=\ln\left(\dfrac{p}{S}\right)-1$。而在高温条件下描述的电子转移过程的“活化能垒渡越”机理则改写为

$$W_{(\mathrm{DA})\to(\mathrm{D}^+\mathrm{A}^-)}=\frac{2\pi}{\hbar}\left|H_{if}\right|^2\left(\frac{\hbar\omega}{4\pi Sk_{\mathrm{B}}T}\right)^{\frac{1}{2}}\exp\left[\frac{-\hbar\omega(p-S)^2}{4Sk_{\mathrm{B}}T}\right] \tag{2.6.24}$$

令式（2.6.23）和式（2.6.24）所描述的这两种机理的电子转移速率相等时的温度为T_0，可有

$$T_0\cong\frac{\hbar\omega(p-S)^2}{4k_{\mathrm{B}}S(S+\gamma p)} \tag{2.6.25}$$

由式（2.6.25）可见：除去$p=S$的特殊情况外，在电子振动耦合较强$S>>1$从而$S>p$时，$T_0\approx\dfrac{\hbar\omega}{4k_{\mathrm{B}}}$；而当电子振动耦合较弱$S\leqslant 1$而$p>S$时，将有$T_0\approx\left(\dfrac{\hbar\omega}{4k_{\mathrm{B}}}\right)\left(\dfrac{p}{S\gamma}\right)$，不过，当$\gamma>1$时，$T_0$仍可接近于$\dfrac{\hbar\omega}{4k_{\mathrm{B}}}$。

为探讨分子体系的电子运动对电子转移速率的贡献，不难设想：表

[41] DeVault D,Chance B. Biophys. J., 1966, 6: 825.

征电子给体D及受体间电子交换相互作用的电子耦合矩阵元H_{if}与它们之间的分子间距r_{DA}有关，但由于电子波函数对用于构建它的基函数的渐近线波型很敏感，D^*和A的波函数本身的微小不准确性在计算H_{if}时也会被放大，特别是当D^*和A的间距较大时，尤其如此。因而，电子耦合矩阵元H_{if}实际上是一个难以通过理论计算而准确求出的数值。因此，人们在实践中通常假设波函数的振幅是以指数函数规律衰减；因而电子耦合矩阵元H_{if}和D、A分子间距r_{DA}之间也是指数函数关系，并进而认为[42]：

$$\left|H_{if}\right|^2=\left|H_{if}^0\right|^2\exp\left[-\beta(r-r_0)\right] \tag{2.6.26}$$

式中，$\left(H_{if}^0\right)$是D和A直接接触的分子间距，即$r=r_0$时的H_{if}。β是表征电子耦合矩阵元对D-A间距依赖关系的特征衰减常数。经验表明：当电子转移是通过D和A之间的电子波函数直接交盖的“通过空间”（through-space，TS）机理进行时，$\beta\approx 7\ \mathrm{nm}^{-1}$[43]；而当通过包括介于D和A之间介质的电子轨道参与的“通过化学键”（through-bonds，TB）或被称为“超交换”（Exchange）的机理进行电子转移时，$\beta\approx(120\pm 3)\ \mathrm{nm}^{-1}$[44]。但应指出：D和A分子的空间取向对它们之间的电子耦合矩阵元H_{if}也会有一定影响[45]，同时，处于D和A之间的介质（包括在以桥键链连接的超分子D—sp—A中连接它们的共价“桥键链”—sp—等）也将影响H_{if}和r_{DA}的函数关系。然而，当给体分子D和受体分子A是被嵌入到蛋白质基质中时，人们尚在争议的问题是：介于D和A分子间的蛋白质基质是可用单一衰变常数β表征的均匀介质，还是由各自具有专一衰变常数β_i的肽链、侧链端基、氢键网络等不同单位串接而成的可供电子转移的各种非均匀介质“巷道”，而只是“巷道”中的某些结构单元具有可使该通道对H_{AD}有附加的贡献的最佳耦合强度[46]？此外，在一些蛋白质基质中，例如，在绿色植物和光合细菌被称为“光合反应中心”的色素蛋白复合物（pigment-

[42] (a) Closs G L,Miller J R. Science,1988,240:440. (b) Winkler J R, Gray H B. Chem. Rev.,1992 ,92: 369.

[43] Moser C, Warncke K, Keske J,Farid R S,Dutton P, L. Nature,1992,355: 796.

[44] Moser C, Warncke K,Keske J,Dutton P, L. Inorg. Biochem. ,1991,43: 91.

[45] (a) Siders P,Cave R J,Marcus R A. J. Chem. Phys., 1984, 81: 5613. (b) Ohta K, Closs G L, Morokuma K J. Am. Chem. Soc.,1986 ,108: 1319. (c) Osuka A, Maruyama K, Yamazaki I, Tamai N. J. Chem. Soc., Commun., 1988: 1243. (d) Heiler D, Rogalsky P, McLendon G L. J. Am. Chem. Soc., 1987, 109: 604.

[46] (a) Beratan D N, Onuchic J N. Photosynthesis Res. , 1989 , 22: 173. (b) Beratan D, N, et al. J. Am. Chem. Soc., 1990, 112:7915. (c) Onychic J N, et al. Annu. Biophys. Biomol. Struct., 1992 , 21: 349.

protein complex）中的电子能够以令人炫目的速率（约10^{13} s^{-1}）、高效地进行长程（约1 nm）转移的原因，也是多年以来尚未能被破译的科学难题。在这方面，围绕电子转移和环境介质结构变化的相互影响的实验考查和理论分析，很可能为阐明光合作用原初过程（primary processes of photosynthesis）中的电子转移、进一步揭示一些和生命活动密切相关的电子传递过程奥秘提供重要启示。在这一方面，相关分子过程的时间分辨光谱测量将可望为之提供最为直观的信息。

2.7　分子转动扩散

处于流动介质中的分子可作为统一整体进行转动而不断改变其空间取向。一些柔韧性的大分子中的内部基团也可能相对地发生“分子内旋转”而改变分子的构型。分子的这些转动运动，虽然在许多情况不会引起能量状态发生明显改变，但却可能影响分子的性质而成为影响分子行为，特别是激发能传递、电子转移等重要分子间相互作用的一个主要原因。不论改变分子空间取向的整体转动（简称分子转动）或改变分子构型的分子内旋转，都和周围环境介质间的摩擦力有关，但定量描述它们的运动方程应有所不同。

为描述分子在流动介质中不断改变空间取向的整体转动，根据斯托克斯-爱因斯坦-德拜（SED）经典理论模型[47]，当惯性可忽略不计时，分子在宏观剪切黏度为η的连续介质中转动时，可用体积为V_r的宏观刚性球体在 Makovian 随机扭转（力）矩驱动下进行的布朗运动描述。这种改变分子空间取向的分子转动通常可采用特征时间常数τ_{rot}表征：

$$\tau_{rot} = \frac{\varsigma_{Stokes}}{2k_B T} \tag{2.7.1}$$

式中，k_B和T分别是玻耳兹曼常数和温度（K）；ς_{Stokes}是转动的分子所感受到的周围介质的摩擦系数，它正比于分子本身的转动体积V_r以及周围介质的剪切黏度η：

[47] (a) Stokes G. Trans. Cambridge Phil. Soc., 1856, 9:5. (b) Einstein A. Ann. Phys., 1905, 17: 549. (c) Einstein A. Ann. Phys., 1906, 19:371. (d) Debye P. Polar Molecules.New York: Chemical Catalog Co., 1929, 84.

$$\varsigma_{\text{Stokes}} = 6V_{\text{r}}\eta \qquad (2.7.2)$$

虽然以式（2.7.1）和式（2.7.2）为基础的 SED 经典模型曾成功地预言一些溶质分子在纯溶剂中的转动时间 τ_{rot} 和 $\dfrac{\eta}{T}$ 的线性函数关系，但在分析一些溶质分子在不同溶剂中转动弛豫的实验测量结果时，通常还要求引入适当修正因素，而将分子的转动时间 τ_{rot} 改写为[48]

$$\tau_{\text{rot}} = \frac{6V_{\text{r}} f\eta}{L(L+1)k_{\text{B}}T}C \qquad (2.7.3)$$

式中，f 和 L 分别是用于对圆盘形或扁圆、扁长的椭圆体等形状不同的非球形分子进行体积计算时所引入的修正和考虑分子在空间取向的关联函数[49]，C 是其值介于 0 和 1、用于表征分子转动的边界条件的“耦合参数”[50]：$C=1$ 表征邻近溶质和溶剂分子间耦合很强，以致附着在溶质分子表面的溶剂分子层也可在“黏附”边界条件下随该溶质分子同步转动；而 $C=0$ 的另一极端情况，则表示球形溶质分子的转动是在和介质无摩擦的“滑动”边界条件下独立地进行。为探讨不同边界条件下转动的分子受环境介质摩擦影响的作用机理[51]，Gierer 和 Wirtz[52]以及 Dote、Kivelson 和 Schwartz[53]等主要着眼于溶质-溶剂的分子体积比对它们之间产生的摩擦的相互耦合的影响；Solventberg 图式[54]则强调溶质-溶剂间所呈现的稳定态专一相互作用（例如氢键生成）的结果。而“介电摩擦模型”（dielectric friction model）则认为：应在分子间的摩擦系数表达式中补充引入介电摩擦分量 ς_{el}[55]，它是由于溶质分子的极性响应所致：

$$\varsigma_{\text{el}} = \frac{2\mu^2}{a^3}\frac{(\varepsilon_\infty + 2)^2(\varepsilon_0 - \varepsilon_\infty)}{3(2\varepsilon_0 + \varepsilon_\infty)^2}\tau_{\text{D}} \qquad (2.7.4)$$

式中，ε_0、ε_∞ 和 τ_{D} 是溶质分子的介电响应参数；a 和 μ 是球形溶质分子的

---

[48] van der Zwan G, Hynes J T. J. Phys. Chem., 1985, 89: 4181.

[49] Perrin F. J. Phys. Radium., 1934, 5: 497.

[50] (a) Hu C M, Zwanzig R. J. Chem. Phys. , 1974, 60: 4354. (b) Youngren G K, Acrivos A. J. Chem. Phys., 1975, 63: 3846.

[51] (a) Hu C M, Zwanzig R. J. Chem. Phys., 1974, 60: 4354. (b) Youngren G K, Acrivos A. J. Chem. Phys., 1975, 63:3846.

[52] Gierer A, Wirtz K. Z. Naturforsch, 1953, A8:532.

[53] Dote J L, Kivelson D, Schwartz R N. J. Phys. Chem., 1981, 85: 2169.

[54] Wolynes P G. Annu D. Rev. Phys. Chem., 1980, 31: 345. (b) Spears K G, Steinmmetz K M. J. Phys. Chem., 1985, 89: 3623.

[55] (a) Nee T W, Zwangzig R. J. Chem. Phys., 1970, 52: 6353. (b) Papazyan A, Maroncelli M. J. Chem. Phys., 1995, 102: 2888. (c) Ravinchandran S, Roy S, Bagchi B. J. Phys. Chem., 1995, 99: 2489.

分子半径和偶极矩。然而，实践经验表明：在不少情况下，经典流体力学理论模型并不足以令人满意地描述有关分子转动的形形色色的实验结果，其原因很可能就是由于将分子转动的环境过度简化为连续介质。因此，对凝聚态流动介质中的分子转动问题的探讨，还应该从宏观物体的行为分析深入到在分子的水平上对溶质-溶剂的分子间相互作用的微观过程进行研究。为此，近年来人们所做的一个启发性的努力尝试是，从溶质分子的极性溶剂化的动态学（polar salvation dynamics）考查入手，通过监测被微扰的溶质分子的电荷分布和溶质-溶质分子相互作用能的电场成分随时间的变化，进而和环境介质分子转动的介电摩擦分量 ς_{el} 的概念相关联，具体的实验方法是对溶剂引起的电子态分子荧光谱带频率随时间的偏移 $\Delta\nu$ 进行实时跟踪监测。此时，如果将分子的电荷分布用点偶极矩 μ 近似地表示，那么，转动摩擦作用中的介电分量 ς_{el} 将是溶剂作用于溶质分子点偶极矩 μ 而引起其电场随时间的起伏抖动的函数。若认为电场随时间的起伏抖动决定了溶质分子偶极矩随时间的变化 $\Delta\mu$，溶质分子在转动过程中所受到的摩擦作用中的介电分量 $\varsigma_{\mathrm{el}}(t)$ 随时间的变化，将和该分子荧光谱带的频率偏移 $\Delta\nu$ 有下述对应关系[56]：

$$\varsigma_{\mathrm{el}}(t)=\left(\frac{\mu^2}{(\Delta\mu)^2}\right)\left[hc\Delta\nu S_\nu(t)\right] \tag{2.7.5}$$

式中，$hc\Delta\nu$ 是以能量为单位表示的溶质分子荧光谱带的频率偏移量，$S_\nu(t)$ 是以偏移量对时间归一化的常数，而分子在转动过程中所受到的摩擦作用中的介电分量 ς_{el} 即等于 $\varsigma_{\mathrm{el}}(t)$ 对时间的积分：

$$\varsigma_{\mathrm{el}}=\int_0^\infty \varsigma_{\mathrm{el}}(t)\mathrm{d}t=\left(\frac{\mu^2}{(\Delta\mu)^2}\right)\left[hc\Delta\bar{\nu}\tau_\nu\right] \tag{2.7.6}$$

式中，τ_ν 是和 $S_\nu(t)$ 相关的积分时间。据此可以预期：利用时间分辨光谱方法（包括电子跃迁光谱谱图的斯托克斯偏移、荧光各向异性弛豫等）测量各种分子在多种溶剂中转动的动态学行为[57]，将为定量描述分子作为统一整体在凝聚态流动介质中不断改变其空间取向的转动运动提供可靠依据。

分子内部特定基团的“分子内旋转”是可能影响分子行为的另一类分子转动过程。早在 20 世纪初，人们就已注意到：二苯基甲烷等分子的荧

[56] van der Zwan G, Hynes J T. J. Phys. Chem., 1985, 89: 4181.
[57] Horng M L, Gardecki J A, Maroncelli M. J. Phys. Chem. A, 1997 101: 1030–1047.

光可随溶剂黏度降低而明显变弱的现象，可能就是和它们的一个苯取代基围绕着中心碳原子相连的化学键发生转动有关。其后发现：所处环境介质的黏度对一些分子内含有可旋转基团的花青（cyanines）、罗丹明（rhomanies）染料分子的荧光强度的影响，很可能也是由于“分子内旋转”所致。为解释分子基团的内旋转对电子激发态分子行为的影响的原因，人们曾提出一些理论模型。这些模型的基本出发点是：如同分子改变其空间取向的整体转动一样，激发态分子基团由初始的平衡空间取向 θ_m 改变到 θ_n 的过程，将受到和环境介质黏度 η 成比例的黏滞摩擦 ς 的影响，但改变基团取向所必须克服的位能能垒也应该对这种分子的“内转动”有制约。据此，Förster-Hoffmann（FH）[58]提出，激发态分子的内转动，可用物质粒子沿频率为 ω 的简谐型位能曲线一维运动方程表征：

$$I\ddot{\theta}+\varsigma\dot{\theta}+\alpha\left(\theta_m-\theta_n\right)=0 \tag{2.7.7}$$

式中，α 是和转角 θ 有关的转动位能 $V(\theta)$ 对转角 θ 的导数，$\alpha=-\dfrac{\mathrm{d}V(\theta)}{\mathrm{d}\theta}$；$I$ 代表物质分子的转动惯量；ς 是正比于介质的黏度 η 环境介质的摩擦阻力常数。$\left(\theta_m-\theta_n\right)$ 是分子内旋转坐标，它和该分子的无辐射跃迁过程速率有关，从而也影响该激发态分子的荧光寿命 τ_{f} 和荧光量子产率 ϕ_{f}。这一论断虽可预言一些分子在黏度较高的流动介质中观测到的荧光量子产率随黏度变化的趋势，但它不能对激发态分子在低黏度介质中的荧光衰变行为给出合理的描述。其后，Bagchi、Fleming 和 Oxtoby（BFO）[59]等建议采用斯莫卢霍夫斯基（Smoluchowski）方程描述其转动坐标为 θ 的激发态分子在 t 瞬间的布居数 $P(\theta,t)$ 随时间的变化，并引入和内转动坐标 θ 有关的“热沉”函数 $S(\theta)$ 作为影响无辐射跃迁过程的因素。此时可写出：

$$\frac{\partial P(\theta,t)}{\partial t}=A\frac{\partial^2 P(\theta,t)}{\partial\theta^2}+B\frac{\partial\left[\theta P(\theta,t)\right]}{\partial\theta}+k_{\mathrm{r}}P(\theta,t)-k_{\mathrm{nr}}S(\theta)P(\theta,t) \tag{2.7.8}$$

式中，$A=\dfrac{k_0T}{\varsigma}$，$B=\dfrac{\omega^2 I}{\varsigma}$。由式（2.7.8）可见：当“热沉”函数 $S(\theta)$ 的形式（高斯型或洛伦兹型）不同时，激发态分子衰变的动力学规律将各

---

[58] Förster Th, Hoffmann G. Z. Phys., 1971, 75: 63.

[59] Bagchi B, Fleming G R, Oxtoby D W. J. Chem. Phys. , 1983, 78: 7375.

异，且衰变速率对介质黏度的依赖关系也可能不同。McCaskill 和 Gilbert[60]模型则进一步指出：表征激发态分子的内转动的物质粒子沿位能表面运动必须克服一定高度 $\hat{V}$ 的位能能垒。此时，激发态分子衰变的速率将由未发生基团转动的初始平衡态的辐射和无辐射弛豫速率 $k_0 = k_r + k_{nr}$，以及分子通过基团转动越过这一位能能垒的速率 k_{cross} 之和决定，通过基团转动越过位能能垒的速率 k_{cross} 可由求解 Kramers[61]方程得出：

$$k_{cross} = \left(\frac{\omega}{2\pi\Omega}\right)\left\{\left[\left(\frac{1}{4}\right)\Gamma^2 + \Omega^2\right]^{\frac{1}{2}} - \left(\frac{1}{2}\Gamma\right)\right\}\exp\left(-\frac{\hat{V}}{k_B T}\right) \quad (2.7.9)$$

式中，ω 和 Ω 分别表示在位能井和位能垒附近位能随转角变化的速率。激发态分子衰变的时间常数则通过参数 Γ 和介质黏度相联系。

这些基于环境介质的（黏度）摩擦力和布朗力考虑而提出描述分子基团内转动的典型理论模型，虽可对一些实验结果予以解释，但随着新实验现象的不断涌现，日益显出这些原有的理论模型的局限性。在这里，特别值得提出的一种新实验现象是：伴随着分子内的电子给体和受体基团的相对空间取向发生改变，基团间也可发生电荷转移，导致生成一种被称为“扭变型分子内电荷转移”（twisted intermolecular charge-transfer，TICT）的分子。这一过程是 Grabowski 等[62]为解释 Lippert 等[63]在观测对-二甲胺苯腈（p-dimethylaminobenzonitrile，DMABN）在不同溶剂中出现的所谓“双荧光现象”而提出的。根据 TICT 生成的概念，当一些分子被激发到电子激发一重态 S_1 时，伴随着分子中该分子的电子给体基团 D（如二甲氨基）和电子受体基团 A（如腈基）的相对空间取向由共平面的改变为相互正交构型，给体基团将向受体基团进行电荷转移。此时所生成的 TICT 状态分子也可发射荧光，但所发射的荧光强度将相对于具有共平面构型的“定域激发态”（locally excited state，LE 态）分子有所减弱，而其谱带位置也向长波方向偏移（图 2.7.1）。

由平面构型的定域激发态分子 D^*-A 通过分子内转动生成扭变型分子内电荷转移态分子 D^{+*}-A^{-*}的过程如图 2.7.2 所示。

[60] McCaskill J S, Gilbert R G. Chem. Phys., 1979 , 44: 389.
[61] Kramers H, A. Physica., 1940, 7: 284.
[62] Grabowski Z R, Rotkiewicz K, Siemiarczuk A, Cowley D J, Baumann W. Nouv. J. Chim., 1979, 3: 443.
[63] Lippert E, Lüder W, Boos H. Adv. Mol. Spectrosc. Proc., Int. Meet. 4th 1962, 443.

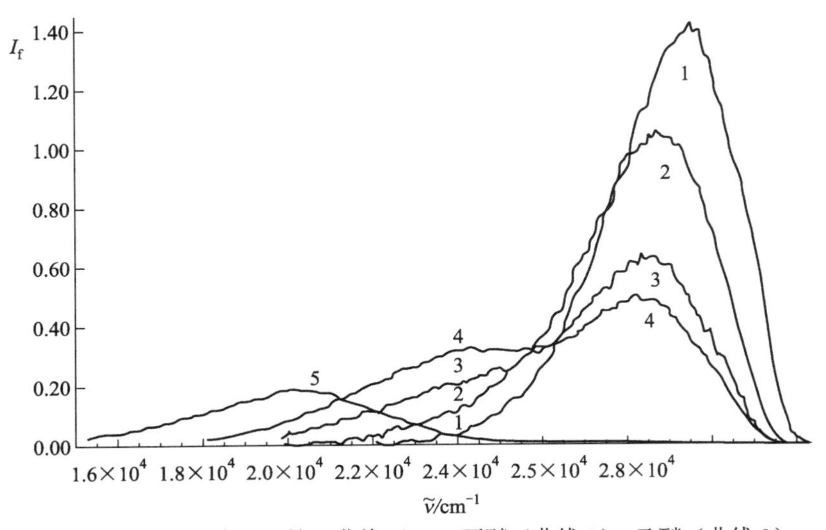

图 2.7.1 DMABN 在正己烷（曲线 1）、二丁醚（曲线 2）、乙醚（曲线 3）、氯丁烷（曲线 4）和乙腈（曲线 5）中的荧光谱图

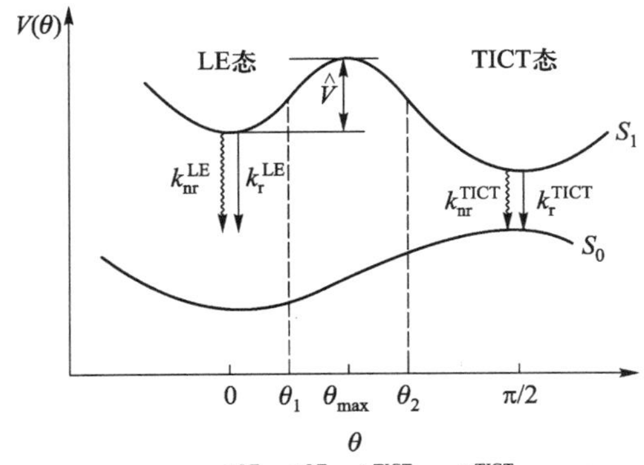

图 2.7.2 TICT 生成机理：k_r^{LE}、k_{nr}^{LE}、k_r^{TICT} 、 k_{nr}^{TICT}分别表示 LE 和 TICT 分子的辐射衰变和无辐射衰变的速率常数；θ 是 D-A 基团平面夹角

到目前为止，已有数目众多的由共价键相连的电子给体基团 D 和电子受体基团 A 构成的所谓 Grabowski 型 D-A 分子被示明具有生成 TICT 态分子的可能性[64]。例如，Jones II[65]等和作者[66]考查 7-氨基香豆素衍生物分

[64] (a) Rettig W. Angew.Chem.(Engl.Ed.)1986, 25: 971-986. (b) Grabowski Z R, Rotkiewicz K, Rettig W. Chem. Rev., 2003, 103: 3899-4031.

[65] (a) Jones II G, Jackson W R, Helpern A M. Chem.Phys. Lett., 1980, 72: 391. (b) Jones II G, Jackson W R, Choi Chal-yoo. J. Phys. Chem., 1985, 89: 294.

[66] 郭础, 冯扬波. J. Chem. Soc., Faraday Trans. I., 1987, 83(8): 2533-2539.

子在极性不同的溶剂中的光物理行为时发现，当香豆素衍生物分子在非极性溶剂中被激发到电子激发一重态 S_1 时，分子的荧光寿命 τ_f 随溶剂介电常数增大而有所加大，但在极性溶剂中，其 7-胺基取代基可转动的香豆素分子的荧光寿命将随溶剂介电常数增大而线性地降低。但有趣的是，这种寿命 τ_f 随介电常数增大而减小的趋势可因溶剂黏度的增大而有所缓和（详见第 6 章 6.5 节）。其原因很可能就是因为处在电子激发一重态 S_1 的分子（D^*-A）在极性溶剂作用下，其电子给体和受体基团 D^*、A 进行"分子内电荷转移"（intramolecular charge transfer，ICT）的同时，它们空间取向也随之改变而进一步转化为快速衰变的 TICT 态分子所致。在超声射流"冷却"氦气流中香豆素分子的超高分辨的荧光光谱时并未发现有 TICT 分子生成的事实[67]，进一步确证：环境介质的极性作用在 TICT 状态生成过程中起关键的作用。而这种电偶极相互作用很可能主要是影响电子激发态位能 V 对基团转动角度 θ 的函数关系 $V(\theta)$、降低电子激发一重态 S_1 的 LE 和 TICT 状态间的位能能垒高度 $\hat{V}$，从而提高越过位能能垒的概率、改变分子弛豫的途径及弛豫速率（参阅图 2.7.2）。因此，为描述分子在 S_1 电子激发态相空间的分布函数 $P(\theta,\dot{\theta},t)$，曾尝试采用如下的 Skinner-Wolynes 方程[68]：

$$P(\theta,\dot{\theta},t)=-LP(\theta,\dot{\theta},t)-\left(k_{\rm r}^{\rm LE}+k_{\rm nr}^{\rm LE}\right)\varphi\left(\theta_0-\theta\right)P(\theta,\dot{\theta},t)-\left(k_{\rm r}^{\rm TICT}+k_{\rm nr}^{\rm TICT}\right)\varphi\left(\theta-\theta_0\right)P(\theta,\dot{\theta},t) \tag{2.7.10}$$

当 $\theta>\theta_0$ 时，$\varphi(\theta-\theta_0)=1$，$\varphi(\theta_0-\theta)=0$；当 $\theta<\theta_0$ 时，$\varphi(\theta-\theta_0)=0$，$\varphi(\theta_0-\theta)=1$。式中，$L=L_s+L_c$，$L_s$ 是和激发态分子中可转动基团的转动惯量 I 以及它与环境介质的相互作用的位能 $V(\theta)$ 随转动坐标的变化有关的算符：

$$L_{\rm s}=\dot{\theta}\frac{\partial}{\partial\theta}-\frac{1}{I}\left(\frac{{\rm d}V(\theta)}{{\rm d}\theta}\right)-\frac{\partial}{\partial\dot{\theta}}$$

L_c 算符则是可转动基团和溶剂分子的质量比 γ 以及 $K(\dot{\theta},\dot{\theta}')$ 的函数，后者表征它和溶剂相互作用所形成摩擦力 ς 的比例：

$$L_{\rm c}P(\theta,\dot{\theta},t)=\dot{\theta}\int_{-\infty}^{+\infty}{\rm d}\dot{\theta}'\left[K(\dot{\theta},\dot{\theta}')P(\theta,\dot{\theta},t)-K(\dot{\theta}',\dot{\theta})P(\theta,\dot{\theta}',t)\right]$$

[67] Taylor A G, Bouman W G, Jones A C. 郭础, Philips D. Chem. Phys. Lett., 1988, 145: 71.
[68] Skinner J L, Wolynes P G. J. Chem. Phys. , 1980, 72: 4913.

$$K(\dot{\theta},\dot{\theta}')=g\frac{(\gamma+1)}{2\sqrt{\gamma}}\left(\frac{1}{2\pi k_{\mathrm{B}}T}\right)\exp\left(-\frac{1}{8\gamma k_{\mathrm{B}}T}\left[(\gamma-1)\dot{\theta}+(\gamma+1)\dot{\theta}'\right]^{2}\right)$$

式中，g 和表征溶剂-溶剂相互作用所形成的摩擦力 ς 有关：

$$g=\int_{-\infty}^{+\infty}\mathrm{d}\dot{\theta}\left(\frac{1}{2\pi k_{\mathrm{B}}T}\right)^{\frac{1}{2}}\exp\left(-\frac{I\dot{\theta}'^{2}}{2k_{\mathrm{B}}T}\right)\int_{-\infty}^{+\infty}\mathrm{d}\dot{\theta}K(\dot{\theta},\dot{\theta}')$$

这样，利用求解式（2.7.10）所得的 $P(\theta,\theta',t)$，即可将 S_1 电子激发态分子在 t 瞬间处于 LE 和 TICT 状态的概率分别写为

$$P^{\mathrm{LE}}(t)=\int_{-\infty}^{+\infty}\mathrm{d}\dot{\theta}\int_{-\infty}^{\theta_0}\mathrm{d}\theta P(\theta,\dot{\theta},t)$$

$$P^{\mathrm{TICT}}(t)=\int_{-\infty}^{+\infty}\mathrm{d}\dot{\theta}\int_{\theta_0}^{+\infty}\mathrm{d}\theta P(\theta,\dot{\theta},t)$$

而由这些状态产生荧光辐射的量子产率则分别为

$$\phi_{\mathrm{f}}^{\mathrm{LE}}=\int_{0}^{\infty}k_{\mathrm{r}}^{\mathrm{LE}}P^{\mathrm{LE}}(t)\mathrm{d}t \qquad (2.7.11)$$

$$\phi_{\mathrm{f}}^{\mathrm{TICT}}=\int_{0}^{\infty}k_{\mathrm{r}}^{\mathrm{TICT}}P^{\mathrm{TICT}}(t)\mathrm{d}t \qquad (2.7.12)$$

但是，方程式（2.7.10）～式（2.7.12）的求解十分复杂。在实际工作中，通常需根据所考虑的分子的具体情况对方程进行适当的简化处理。例如，可将和溶质分子的平均半径、极化率以及溶剂介电常数等有关的极性溶质-溶剂分子间相互作用的位能 $V(\theta)$ 简化为用简谐函数表示，并假设内转动是在和可转动基团体积相近的介质分子包围中 g 值较大的黏附边界条件下进行。此时即可求出 S_1 电子激发态分子的无辐射弛豫速率 k、表观活化能 E_{a} 和介质黏度 η、介电常数 ε、温度 T 等参数的函数关系。这种简化理论处理的合理性，已被多种极性和非极性溶剂中的 7-二甲胺-4-三氟甲基香豆素的荧光寿命测量结果所证实。

最后需指出：光激发的电子激发态分子在环境条件控制下的 LE（或 ICT）和 TICT 状态间的快速转换，曾被设想为“双稳态”光（电）子学“开关”的一种“分子器件”（molecular devices）原型[69]。此外，伴随着分子内电荷转移而发生的分子内旋转，或伴随着分子空间相对取向改变的电荷转移过程的进一步深入探讨，很可能为揭示光合细菌、绿色植物高效转化

[69] Launay J P, Boillot M L, Heisel F, Miehé J A. Chem. Phys. Lett., 1989, 160: 89.

太阳能的原初过程以及一些生命活动现象奥秘提供重要启示。

2.8　激发态分子过程动力学

分子激发态弛豫、激发能传递、电子转移以及分子不断改变其空间取向的各种分子动态学（dynamics）微观过程的实验研究，主要是通过实时监测处于被激发到指定能量状态的相关分子浓度随时间变化的动力学曲线。在这一节中，将集中考查描述具有特定结构、状态的分子的浓度随时间变化的各种动力学（kinetics）规律[70]。

2.8.1　不同波形脉冲激发的简单激发态分子过程的动力学规律

分子的结构或状态随时间发生的改变，通常是从受到外界微扰而某种特定分子处于某一随时间发生改变的“非稳定”激发态开始。典型的情况是：在具有适当频率 ν_{ex} 的外界光辐射场下，吸光分子 D 由能量较低的状态（如电子基态 S_0）被激发到含有“过剩”能量的高能激发态（如电子激发态 S_1）：

$$D(S_0) \xrightarrow{\hbar\nu_{ex}} D^*(S_1)$$

而所生成的激发态分子 D^* 的浓度将因低能态分子被激发和继之发生的分子过程而随时间改变。这些影响激发态分子浓度的过程可包括：

① 激发态分子的辐射和无辐射弛豫。即分子被激发后，激发态分子可随之以“辐射”和（或）“无辐射”方式弛豫到另外的能量较低的状态，并重新以频率为 $\nu_f(\leqslant \nu_{ex})$ 的光辐射或以分子的“热能” ΔH 的形式将原来吸收所获的“过剩”能量释放出来：

$$D^*(S_1) \xrightarrow{k_r} D(S_0) + h\nu_f$$

$$D^*(S_1) \xrightarrow{k_{ic}} D(S_0) + \Delta H$$

② 激发态分子内部能量转移。即分子将激发所获得的“过剩”能量以分子激发能形式在“分子内”进行重新分布或（和）驱使该分子本身的电子在“分子内”发生转移（或电荷重新分布）：

[70] Demas J N. Excited State, Lifetime Measurement.New York: Academic Press, 1983.

$$D^*(S_1) \xrightarrow{k_{ICT}} M(S')^*$$

$$D^*(S_1) \xrightarrow{k_{ICT}} M^{\pm}$$

除上述激发态分子过程外，激发态分子浓度随时间的变化，也可因和体系中共存的其他分子的相互作用而引起。例如：

③ 激发态分子作为“给体”（donor）D^*通过辐射或无辐射方式将其激发能传递给作为“受体”（acceptor）的另一种分子 A：

$$D^* + A \xrightarrow{k_{ET}} D + A^*$$

④ 激发态分子给体和受体分子间发生电子转移：

$$D^* + A \xrightarrow{k_{eT}} D^+ + A^-$$

此外，激发态分子给体和受体分子间也可生成稳定或不稳定的、能够发光或不能产生光辐射的各种缔合物（complexes）：

$$D^*+A \longrightarrow [D\cdots A]^*$$

当然，不同环境介质（如溶剂、生物大分子和人工膜、合成高分子基质等）对激发态分子中所进行的各种衰变过程的影响，也必然会影响该激发态分子浓度变化的动力学规律。

为简化讨论，只考虑生成某种结构的激发态分子的“微扰”来自其频率为ν、其强度为$I_{ex}(\nu)$的外界光辐射场的情况。此时，如果用于激发分子体系的光强度不太高，激发态分子的生成速率$w(t)$将正比于激发光强度$I_{abs}^{\lambda}(t)$，而该激发态分子消失的速率则取决于上述导致该分子发生衰变的各种分子内和分子间相互作用过程，从而激发态分子浓度$[M^*]$随时间变化的动力学规律可用下式描述：

$$\frac{d[D^*]}{dt} = w(t) - k_r[D^*] - k_{nr}[D^*] - k_{DA}[A][D^*] \qquad (2.8.1)$$

式中，$w(t)$是正比于激发态分子生成速率的激发光强度$I_{ex}(t)$；k_r是激发态分子自发辐射跃迁概率；k_{nr}代表它通过“内转换”、“系间蹿跃”以及激发能或电荷在分子内部转移等各种“分子内”无辐射弛豫过程的速率常数；k_{DA}则代表激发态分子D^*和其他分子 A 相互作用发生激发能传递、电子转移以及分子缔合、环境介质作用等“分子间”过程的速率常数。若假设所有这些分子过程的速率常数是各自独立并和时间无关，而且激发态分子间的相互作用也可忽略不计时，那么，在激发态分子浓度$[D^*]$远低于未被激

发的分子[D]和[A]的浓度，从而可将后者视为常数的条件下，上式可简化为

$$\frac{\mathrm{d}[\mathrm{D}^*]}{\mathrm{d}t}=I_{\mathrm{ex}}(t)-k[\mathrm{D}^*] \tag{2.8.2}$$

式中，$k=k_{\mathrm{r}}+k_{\mathrm{nr}}+k_{\mathrm{DA}}[\mathrm{A}]$。其倒数通常称为激发态分子寿命$\tau$：

$$\tau=\frac{1}{k}=\frac{1}{k_{\mathrm{r}}+k_{\mathrm{nr}}+k_{\mathrm{DA}}[\mathrm{A}]} \tag{2.8.3}$$

它的物理意义是激发态分子浓度衰减e^{-1}倍所需要的时间。对以指数规律衰变过程而言，其值和激发态分子半衰期$t_{\frac{1}{2}}$的关系是

$$t_{\frac{1}{2}}=\left(\frac{1}{k}\right)\ln 2=\tau(\ln 2)\tau=0.693\,19\tau \tag{2.8.4}$$

这样，由式（2.8.1）和式（2.8.2）可见，激发态分子的浓度随时间变化的动力学规律将因激发光的“波形”，即光强度$I_{\mathrm{ex}}(t)$随时间t的分布不同而不同。下面考查三种激发光波形不同时的激发态分子浓度随时间变化的动力学基本规律之间的差异。

1．强度恒定的连续光波激发

当采用强度恒定的连续光波激发时，为描述激发态分子浓度[D*]随时间的变化，可将式（2.8.2）改写为

$$\int_0^{[\mathrm{D}^*]}\frac{\mathrm{d}[\mathrm{D}^*]}{\left(\frac{I_{\mathrm{ex}}}{k}-[\mathrm{D}^*]\right)}=k\int_0^t \mathrm{d}t \tag{2.8.5}$$

利用$t=0$、$[\mathrm{D}^*]=0$的边界条件，在$I_{\mathrm{ex}}(t)$等于常数的条件下积分，即可得出：

$$[\mathrm{D}^*](t)=\left(\frac{I_{\mathrm{ex}}}{k}\right)[1-\exp(-kt)] \tag{2.8.6}$$

或

$$[\mathrm{D}^*](t)=[\mathrm{D}^*]_\infty[1-\exp(-kt)] \tag{2.8.7}$$

式（2.8.4）中$[\mathrm{D}^*]_\infty=\frac{I_{\mathrm{ex}}}{k}=$常数。在激发开始后，激发态分子的生成速率并不随时间而改变，但如式（2.8.1）所示，它的消失速率则是激发态分子浓度[D*]的函数。随时间t的增加，当激发态分子浓度足够高，以致它的损耗和生成速率达到平衡时，它的浓度[D*]即维持在一个恒定的饱和值

$[D^*]_\infty$。此时，由式（2.8.7）不难看出：通过测量激发态分子浓度在不同瞬间的浓度$[D^*](t)$和它的饱和浓度$[D^*]_\infty$，即可利用式（2.8.7）求出激发态分子衰变速率常数k。但这种测量在技术上仍较复杂，所以为测量分子衰变速率常数，通常不采用强度恒定的光辐射激发，而在更多的情况下，分子体系一般都选用脉冲激发方式。

2．δ光脉冲激发

为获取有关激发态分子浓度$[D^*]$随时间变化的动力学信息，在理想的情况下，分子体系是采用其持续时间Δt远小于激发态分子寿命τ的δ光脉冲激发。此时，激发态分子浓度的“上升”时间可近似地认为等于零，而激发态分子浓度随时间变化的动力学曲线可简单地用下式定量描述：

$$\frac{d[D^*]}{dt} = I(t) - k[D^*] \tag{2.8.8}$$

式中，k的物理意义和式（2.8.2）相同。在$t=0$、$[D^*]=0$的边界条件下积分式（2.8.8）即得：

$$[D^*] = [D^*]_0 \exp(-kt) \tag{2.8.9}$$

式中，$[D^*]_0$正比于δ脉冲激发光强度$I(t)$，当$I(t)$强度不太大时，可被视为常数。

3．任意波形的光脉冲激发

上述采用脉冲持续时间（脉冲宽度）为零的所谓δ光脉冲激发，只不过是一种用于简化处理问题的近似。在实际工作中，用于激发分子体系的光脉冲都具有一定的持续时间Δt_p。若激发光脉冲的持续时间Δt_p超过激发态分子的寿命τ（$\Delta t_p > \tau$），在激发光脉冲“后沿”的作用下而激发分子时，该激发光脉冲“前沿”部分激发所生成的激发态分子已发生弛豫。此时，为描述激发态分子浓度随时间的变化，不应再将$I_{ex}(t)$简化为常数直接使用积分方程式（2.8.2），而需将$I_{ex}(t)$作为时间的函数，将式（2.8.2）作为下述形式的一阶线性常微分方程处理：

$$\frac{dy}{dt} + p(t)y = q(t) \tag{2.8.10}$$

已知这种一阶线性常微分方程的准确解是

$$s(t)y = \int q(x)s(x)dx + c \tag{2.8.11}$$

式中，$s(t) = \exp[\int p(t)dt]$。令$y=[D^*]$、$p(t)=k$和$q(t)=I(t)$，将它们代

入式（2.8.11），不难得出：

$$[\mathrm{D}^*]=\exp(-kt)\{\int\exp(kx)I_{\mathrm{ex}}(t)\mathrm{d}x+c\} \tag{2.8.12}$$

式中，x 是积分的伪变数（dummy variable），c 是为满足必要边界条件的可调节常数。

在 $t=0$、$[\mathrm{D}^*]=0$，从而 $c=0$ 的边界条件下，将式（2.8.12）从 $x=0$ 到 $x=t$ 积分可得：

$$[\mathrm{D}^*]=K\exp(-kt)\int_{x=0}^{x=t}\exp(kx)I(x)\mathrm{d}x \tag{2.8.13}$$

式中，k 的倒数是分子的激发态寿命 τ，K 是激发脉冲波形 $I_{\mathrm{ex}}(t)$ 态和实验测出的激发态分子衰变动力学曲线 $[\mathrm{D}^*](t)$ 的比例常数。

根据式（2.8.13），激发态分子浓度$[\mathrm{D}^*]$随时间的变化可因所用激发光强度波形 $I_{\mathrm{ex}}(t)$ 的不同而变化。不难设想：当激发光脉冲持续时间 Δt_{p} 短于激发态分子寿命 τ 时，激发态分子浓度$[\mathrm{D}^*]$随时间的变化将不受所用激发光强度波形的影响；在 $\Delta t_{\mathrm{p}}>\tau$ 的相反情况下，在激发光脉冲“前沿”激发所生成的激发态分子已发生弛豫时，一部分处于低能态的该种分子仍可在激发光脉冲“后沿”的作用下而继续被激发，也就是说，实验测出的激发态分子随时间衰变的动力学曲线实际上是激发态分子真实的衰变动力学函数和所用激发光脉冲波形函数的卷积（convolution）。因此，从动力学曲线测量中，并不能简单地采用通常所用的半对数方法获取真实的激发态分子寿命 τ 。一种可用的措施是选用一组可能的寿命“猜想值” $\tau_1',\tau_2',\cdots$，根据式（2.8.13）计算出 $\mathrm{D}_1^{\mathrm{calc}}(t),\mathrm{D}_2^{\mathrm{calc}}(t),\cdots$，并和实验测出的$[\mathrm{D}^*](t)$进行比较，取两者的 K 值相等或曲线轮廓下面积大小一致时计算 $\mathrm{D}_i^{\mathrm{calc}}$ 所用的 τ_i'，作为所求激发态分子 D^*的寿命 τ 。但为求出更为精确、真实的激发态寿命，利用实验测出的激发光脉冲波形函数 $I_{\mathrm{ex}}(t)$ 对激发态分子随时间衰变的动力学曲线 $[\mathrm{D}^*](t)$ 进行“解卷积”（deconvolution）处理是较理想的方法（详见第 4 章 4.5 节）。

2.8.2　δ脉冲激发的复杂激发态分子过程的衰变动力学规律

1．相继转化的分子过程

在一些分子体系中，激发态分子 D^*通过电荷转移、激发能传递或分子缔合等过程生成“中间产物” M^*，并可进一步衰变为 N：

$$\mathrm{D}^*\xrightarrow{k_{\mathrm{DM}}}\mathrm{M}^*\xrightarrow{k_{\mathrm{MN}}}\mathrm{N}$$

当激发态分子相继转化时，在最简单的情况下，初始产生的激发态分子浓度$[D^*]$仍可用一级衰变动力学方程式（2.8.2）或下式描述：

$$[D^*]=[D^*]_0\exp(-k_{DM}t) \tag{2.8.14}$$

式中，$[D^*]_0$是初始激发态分子 D^*在$t=0$时的浓度，中间产物分子的浓度$[M^*]$随时间的变化，则需采用下述微分方程表示：

$$\frac{d[M^*]}{dt}=k_{DM}[D^*]-k_{MN}[M^*] \tag{2.8.15}$$

式中，k_{DM}和k_{MN}分别表示激发态D^*及其中间产物M^*弛豫的速率常数。它们的倒数可被分别定义为激发态D^*及其中间产物M^*衰变过程的平均寿命τ_D和τ_M：

$$\left.\begin{aligned}\tau_D&=k_{DM}^{-1}\\ \tau_M&=k_{MN}^{-1}\end{aligned}\right\} \tag{2.8.16}$$

这些参数可由联立求解方程式（2.8.14）和简单的线性一级微分方程式（2.8.15）而得到，其解为

$$[M^*]=\frac{k_{DM}[D^*]_0}{k_{MN}-k_{DM}}\left[\exp(-k_{DM}t)-\exp(-k_{MN}t)\right]+[M^*]_0\exp(-k_{MN}t) \tag{2.8.17}$$

式中，$[M^*]_0$是$t=0$时中间产物的初始浓度，当只可能由激发态分子 D^*生成时，其值为 0，从而式（2.8.17）中的第二项将忽略不计。这样，在δ脉冲激发的近似的条件下，激发态中间产物 M^*的浓度随时间而变化的动力学曲线将可用下式描述：

$$[M^*]=\frac{k_{DM}[D^*]_0}{k_{MN}-k_{DM}}\left[\exp(-k_{DM}t)-\exp(-k_{MN}t)\right] \tag{2.8.18}$$

由式（2.8.18）可见，若$k_{DM}>>k_{MN}$，（即$\tau_D<<\tau_M$），该式将可写为

$$[M^*]=[D^*]_0\exp\left(-k_{MN}\right) \tag{2.8.19}$$

也就是说，中间产物 M^*的浓度随时间的变化就与该中间产物由受光脉冲激发而直接生成时的相同。但是，在$k_{DM}<<k_{MN}$（即$\tau_D>>\tau_M$）完全相反的另一极端情况下，当$t>>\tau_M$时，中间产物 M^*的浓度随时间的变化，将像一个短寿命分子体系被具有较长的指数形“拖尾”的光脉冲激发时那样，中间产物好像是不断被有“拖尾”的光脉冲激发的短寿命初始激发态分子D^*陆续生成的结果。此时，如式（2.8.20）所示，中间产物的浓度随时间而变化的动力学曲线，将不是由中间产物本身的行为所决定，而是取决于该中间产物分子的“前身”D^*的浓度，从而激发脉冲波形将成为决定因素。

$$[\mathrm{M}^*]=\frac{k_{\mathrm{DM}}}{k_{\mathrm{MN}}}[\mathrm{D}^*]_0\exp\left(-k_{\mathrm{DM}}t\right)\propto\exp\left(-k_{\mathrm{DM}}t\right) \tag{2.8.20}$$

在一般情况下，由式（2.8.15）和式（2.8.18）可见，当用δ光脉冲激发而初始产生的激发态分子 D^*可进一步转化为中间产物 M^*时，激发态分子 D^*的浓度$[D^*]$将随时间以单指数函数形式不断衰变，而激发态中间产物的浓度$[M^*]$则从 $t=0$ 开始将随时间而持续增大，并在达到极大值后逐步降低。达到极大值所需时间 $t_{\max}$ 与它的生成和衰变速率常数的相对值有关，它可借助于 $\frac{\mathrm{d}[\mathrm{M}^*]}{\mathrm{d}t}=0$ 的条件由方程式（2.8.18）得出：

$$t_{\max}=\frac{\tau_{\mathrm{D}}\tau_{\mathrm{M}}}{(\tau_{\mathrm{D}}-\tau_{\mathrm{M}})}\ln\left(\frac{\tau_{\mathrm{D}}}{\tau_{\mathrm{M}}}\right) \tag{2.8.21}$$

在图 2.8.1 中示出初始激发态分子 D^*和由它生成的激发态中间产物 M^*的衰变速率常数不同时，D^*和 M^*的浓度（或荧光强度）随时间变化的典型动力学曲线。该图清楚地表明，随 $\frac{k_{\mathrm{DM}}}{k_{\mathrm{MN}}}$ 的不断增大，达到极大值的时间也逐步延后。若此值趋近于∞，极大值出现的时间将无限地推迟。

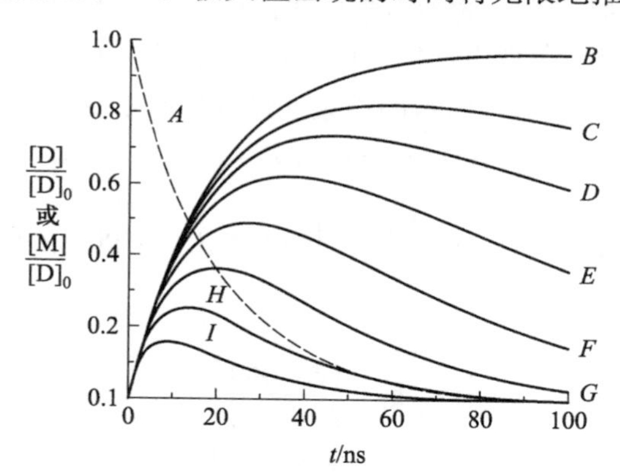

图 2.8.1　相继转化的分子过程中，在 $\frac{k_{\mathrm{DM}}}{k_{\mathrm{MN}}}$ 比值不同时的初始激发态分子 D^*及其中间产物 M^*的衰变动力学曲线 A 为初始激发态分子 D^*；B～G 为中间产物 M^*，其中 B—200，C—16，D—4，F—2，G—1.01，H—0.5，I—0.25。$k_{\mathrm{DM}}=5\times10^7\ \mathrm{s}^{-1}$

2．相互耦合的分子过程

在一些实际分子过程中，如酸碱平衡、$(\mathrm{A}\cdots\mathrm{A})^*$ 同体激发态络合物（excimer）、$(\mathrm{A}\cdots\mathrm{B})^*$ 异体激发态络合物（exciplex）生成、ICT$\leftrightarrow$TICT 激发

态分子的转化等，往往是以可逆的方式发生。也就是说，在初始生成的激发态分子 D^* 通过分子内电荷转移，或和其他分子作用而转化为处于激发态的产物 M^* 时，这一“转化产物”也可能进行逆过程而使初始激发态分子 D^* 再生：

$$\begin{array}{ccc} D^* & \underset{\overleftarrow{k}_{MD}}{\overset{\vec{k}_{DM}}{\rightleftharpoons}} & M^* \\ k_D \downarrow & & \downarrow k_M \end{array}$$

其结果将使得初始的电子激发态分子 D^* 及其转化产物 M^* 的浓度都不再是独立的变数，从而描述它们的浓度随时间的变化将应采用以下耦合方程描述：

$$\frac{d[D]}{dt} = -(k_D + \vec{k}_{DM})[D] + \overleftarrow{k}_{MD}[M] \tag{2.8.22}$$

$$\frac{d[M]}{dt} = \vec{k}_{DM}[D] - (k_M + \overleftarrow{k}_{MD})[M] \tag{2.8.23}$$

式中：k_D 和 k_M 分别代表 D^* 和 M^* 自身以辐射、无辐射以及和其他分子 A 相作用而弛豫的速率常数，包括 k_r、k_{nr} 和（或）$k_{DA}[A]$ 等；$\vec{k}_{DM}$ 和 $\overleftarrow{k}_{MD}$ 分别表示 D^* 和 M^* 的正向 $D^* \to M^*$ 和反向 $M^* \to D^*$ 相互转化过程的速率常数。

式（2.8.22）和式（2.8.23）都是一阶齐次耦合微分方程，用以描述 D^* 和 M^* 浓度随时间变化的动力学曲线，作为最简单的事例，在这里仅列出在δ脉冲激发近似条件下，利用 $t=0$ 时 $[D]_0=0$，从而 $[M]_0=0$ 的边界条件求解这一耦合微分方程所得的结果（详解参阅本章附录），即

$$[D] = [D]_0\left[g_1 \exp(-\gamma_1 t) - g_2 \exp(-\gamma_2 t)\right] \tag{2.8.24}$$

$$[M] = [D]_0\left[\frac{\vec{k}_{DM}}{(\gamma_1 - \gamma_2)}\right]\left[\exp(-\gamma_2 t) - \exp(-\gamma_1 t)\right] \tag{2.8.25}$$

式中：

$$\left.\begin{aligned} g_1 &= \frac{(X-\gamma_2)}{(\gamma_1-\gamma_2)} \\ g_2 &= \frac{(X-\gamma_1)}{(\gamma_1-\gamma_2)} \end{aligned}\right\} \tag{2.8.26}$$

$$\left.\begin{aligned} \gamma_1 &= (X+Y) + \frac{1}{2}\left[(X-Y)^2 + 4\vec{k}_{DM}\overleftarrow{k}_{MD}\right]^{\frac{1}{2}} \\ \gamma_2 &= (X+Y) - \frac{1}{2}\left[(X-Y)^2 + 4\vec{k}_{DM}\overleftarrow{k}_{MD}\right]^{\frac{1}{2}} \end{aligned}\right\} \tag{2.8.27}$$

$$\left.\begin{aligned} X &= k_{\mathrm{D}} + \vec{k}_{\mathrm{DM}} \\ Y &= k_{\mathrm{M}} + \overleftarrow{k}_{\mathrm{MD}} \end{aligned}\right\} \tag{2.8.28}$$

由式（2.8.24）和式（2.8.25）可见，由于$\mathrm{D}^* \leftrightarrow \mathrm{M}^*$间的可逆相互转化，不论是由$\mathrm{D}^*$或由$\mathrm{M}^*$，它们都不是各自独立地以单指数动力学规律衰变，而是需用更复杂的衰变动力学函数，即其指数前因子不同的两个单指数函数加和描述。但这两个单指数项则具有相类似的表征衰变速率的特征参数γ_1和γ_2，并可定义为

$$\left.\begin{aligned} \gamma_1 &= \tau_1^{-1} \\ \gamma_2 &= \tau_2^{-1} \end{aligned}\right\} \tag{2.8.29}$$

不过应注意：这里τ_1和τ_2并不是D^*和M^*各自的真实激发态寿命，只不过是D^*和M^*以两个指数项之和表征的动力学过程[式(2.8.24)和式(2.8.25)]中的表观特征时间常数而已。

图 2.8.2 示出D^*和M^*之间相互转化速率常数之比$\dfrac{\overleftarrow{k}_{\mathrm{MD}}}{\vec{k}_{\mathrm{DM}}}$改变时，两者的浓度随时间$t$变化的动力学曲线。为简化起见，设$k_{\mathrm{D}} = 0$、$k_{\mathrm{DM}} = 2k_{\mathrm{M}}$。由图 2.8.2 可见，当正、逆方向转化的速率常数比值不断变化时，即使在逆向转化的$\overleftarrow{k}_{\mathrm{MD}}$很小的情况下，$\mathrm{D}^*$和$\mathrm{M}^*$的动力学曲线相对于不存在逆向转化（即$\overleftarrow{k}_{\mathrm{MD}} = 0$时）将出现明显畸变，而且随$\overleftarrow{k}_{\mathrm{MD}}$不断增大，$\mathrm{D}^*$的衰变过程将用非指数函数描述，甚至在衰变的“后期”蜕化为时间t的线性函数。而激发态转化产物M^*的浓度变化则是，首先它的“极大值”浓度“提前”达到，并随K_{e}的增大，这一“极大值”浓度可持续保持而不降低。

有趣的是，当激发态分子D^*及其中间产物M^*间的可逆转化速率远小于它们各自弛豫的速率时，即$\vec{k}_{\mathrm{DM}} \ll k_{\mathrm{D}}$，$\overleftarrow{k}_{\mathrm{MD}} \ll k_{\mathrm{M}}$，由式（2.8.26）～式（2.8.28）可见，$\gamma_1 \to X$（$=k_{\mathrm{D}}$），$\gamma_2 \to Y$（$=k_{\mathrm{M}}$），$g_1 \to 1$和$g_2 \to 0$。将它们代入式（2.8.24）和式（2.8.25）不难示明，此时D^*和M^*的衰变动力学规律和相继进行的不可逆双分子过程相似。但当激发态分子D^*及其中间产物M^*间的可逆转化速率远大于它们各自弛豫的速率相反的情况，即$\vec{k}_{\mathrm{DM}} \gg k_{\mathrm{D}}$、$\overleftarrow{k}_{\mathrm{MD}} \gg k_{\mathrm{M}}$时，将有$\gamma_1 = -\gamma_2 \cong (\vec{k}_{\mathrm{DM}}\overleftarrow{k}_{\mathrm{MD}}[A])^{\frac{1}{2}}$，从而，由式（2.8.28）可见，$\mathrm{D}^*$和$\mathrm{M}^*$的浓度随时间的变化过程将可用相同的动力学方程描述，或者说，它们将具有相同的激发态“寿命”τ，但这一寿命既不是激发态分子D^*，也不是它的中间产物M^*各自独立衰变时的寿命，而只不过是表征D^*和M^*随时间变化的特征时间常数而已。

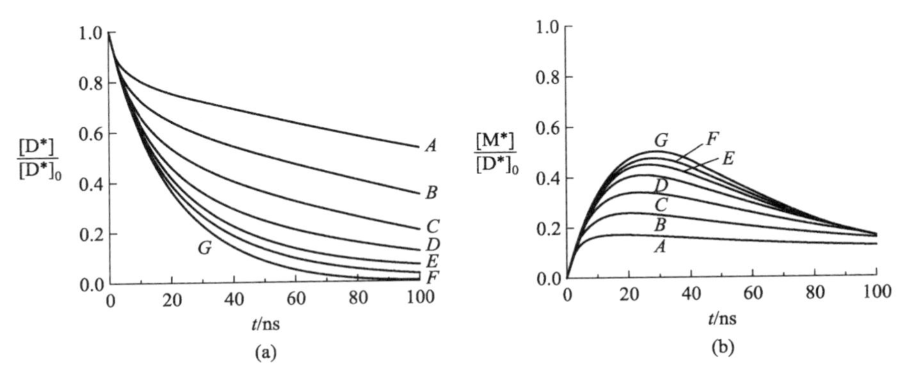

图 2.8.2 相互耦合的分子过程的衰变动力学曲线

$\vec{k}_{DM}=5\times10^{7}\,s^{-1}$， $k_{M^*}=2.5\times10^{-7}\,s^{-1}$， $k_{D^*}=0\,s^{-1}$，各曲线的正反向速率常数比值 $\dfrac{\overleftarrow{k}_{MD}}{\vec{k}_{DM}}$ 分别是 A—$\dfrac{4}{1}$，B—$\dfrac{2}{1}$，C—$\dfrac{0.99}{1}$，D—$\dfrac{1}{2}$，E—$\dfrac{1}{4}$，F—$\dfrac{1}{8}$，G—$\dfrac{0}{1}$，即 DA^* 的反向过程不存在

附录 2.1 相互可逆转换的激发态分子衰变过程的动力学方程

当两种激发态分子 A^* 和 B^* 能够相互可逆转换时，它们的浓度随时间的变化，需用以下一阶齐次耦合微分方程描述：

$$\frac{d[A^*]}{dt}=-(k_A+k_{AB})[A^*]+\overleftarrow{k}_{BA}[B^*]$$

$$\frac{d[B^*]}{dt}=k_{AB}[A^*]-(k_B+\overleftarrow{k}_{BA})[B^*]$$

为求解这一方程组，在这里将它改写为下述形式：

$$\left.\begin{aligned}\frac{dx}{dt}&=-Xx+\overleftarrow{k}_{BA}y\\ \frac{dy}{dt}&=\vec{k}_{AB}x-Yy\end{aligned}\right\}\qquad(A2.1.1)$$

式中：

$$\left.\begin{aligned} &x=[\mathrm{A}^*]\ ,\ \ y=[\mathrm{B}^*] \\ &X=k_{\mathrm{A}}+\vec{k}_{\mathrm{AB}} \\ &Y=k_{\mathrm{B}}+\overleftarrow{k}_{\mathrm{BA}} \end{aligned}\right\} \tag{A2.1.2}$$

对任一这类具有常数系数的方程来说，它们的特征解是

$$\left.\begin{aligned} x=D\exp(\lambda t) \\ y=E\exp(\lambda t) \end{aligned}\right\} \tag{A2.1.3}$$

因此，求解方程式（A2.1.1）的任务可归结为如何确定式中 D、E 和λ等三个和时间 t 无关的常数。

为确定这些常数，可将式（A2.1.3）代入式（A2.1.1），并消去指数项 $\exp(\lambda t)$，即可得到一对联立方程：

$$\left.\begin{aligned} (-X-\lambda)D+\overleftarrow{k}_{\mathrm{BA}}E=0 \\ \vec{k}_{\mathrm{AB}}D+(-Y-\lambda)E=0 \end{aligned}\right\} \tag{A2.1.4}$$

式中，λ可由令其值等于零的该方程的系数行列式求出：

$$\begin{vmatrix} -X-\lambda & \overleftarrow{k}_{\mathrm{BA}} \\ \vec{k}_{\mathrm{AB}} & -Y-\lambda \end{vmatrix}=0 \tag{A2.1.5a}$$

并有

$$(X+\lambda)(Y+\lambda)-\vec{k}_{\mathrm{AB}}\overleftarrow{k}_{\mathrm{BA}}=0 \tag{A2.1.5b}$$

求解上述方程可得出λ为

$$\left.\begin{aligned} \lambda_1=\frac{1}{2}\left[-(X+Y)-[(X-Y)^2+4\vec{k}_{\mathrm{AB}}\overleftarrow{k}_{\mathrm{BA}}]^{\frac{1}{2}}\right] \\ \lambda_2=\frac{1}{2}\left[-(X+Y)+[(X-Y)^2+4\vec{k}_{\mathrm{AB}}\overleftarrow{k}_{\mathrm{BA}}]^{\frac{1}{2}}\right] \end{aligned}\right\} \tag{A2.1.6}$$

将所得λ_1、λ_2数值代入联立方程式（A2.1.4），即可求得它的特征解。例如，代入式（A2.1.4）可得：

$$D_1=\frac{\overleftarrow{k}_{\mathrm{BA}}E_1}{(X+\lambda_1)} \tag{A2.1.7a}$$

$$D_2=\frac{\overleftarrow{k}_{\mathrm{BA}}E_2}{(X+\lambda_2)} \tag{A2.1.7b}$$

但方程式（A2.1.7）除给出 $D=E=0$ 的特殊解外，只能给出 D 和 E 的相

对值。此时，为求出它们的绝对值，一个并不会导致它们普适性丧失的可用方法是将 D 或 E 设为一个任意设定的不等于零的数值。据此，可设定 $E_1 = E_2 = 1$，这样可得出：

$$D_1 = \frac{\overleftarrow{k}_{\mathrm{BA}}}{(X+\lambda_1)} \tag{A2.1.8a}$$

$$D_2 = \frac{\overleftarrow{k}_{\mathrm{BA}}}{(X+\lambda_2)} \tag{A2.1.8b}$$

如果式（A2.1.8）可认为是方程式（A2.1.1）的解，那么，它们的线性组合也应是该方程的解。将式（A2.1.8a）代入式（A2.1.3），即可写出 x 和 y 的表达式，即

$$x = c_1 D_1 \exp(\lambda_1 t) + c_2 D_2 \exp(\lambda_2 t) \tag{A2.1.9a}$$

$$y = c_1 E_1 \exp(\lambda_1 t) + c_2 E_2 \exp(\lambda_2 t) \tag{A2.1.9b}$$

式中，c_1 和 c_2 是待定常数，其值可由 $t=0$ 时 $[\mathrm{A}^*] = [\mathrm{A}^*]_0 = x_0$ 和 $[\mathrm{B}^*]_0 = 0$ 的边界条件求出。

据此，利用边界条件 $[\mathrm{B}^*]_0 = 0$，即 $y=0$，可直接由（A2.1.9b）得到：

$$c_1 = c_2 \tag{A2.1.10}$$

利用边界条件 $[\mathrm{A}^*]_0 = 0$ 及 c_1 和 c_2 的关系式（A2.1.10），可由式（A2.1.9a）得到：

$$c_1 = -c_2 = \frac{x_0}{(D_1 - D_2)} \tag{A2.1.11a}$$

为进一步利用式（A2.1.8）确定的 D_1 和 D_2，根据式（A2.1.11a）即可将待定系数改写为

$$c_1 = -c_2 = \frac{x_0}{\overleftarrow{k}_{\mathrm{BA}}} \frac{(X+\lambda_1)(X+\lambda_2)}{(\lambda_2 - \lambda_1)} \tag{A2.1.11b}$$

当 c_1 和 c_2 确定后，利用式（A2.1.5b）将它们代入方程式（A2.1.9），即可得出两种能够相互可逆转换的激发态分子 A^* 和 B^* 的浓度随时间变化的动力学规律表达式：

$$[\mathrm{A}^*] = x = \frac{x_0}{(\lambda_2 - \lambda_1)} \left[(X+\lambda_2)\exp(\lambda_1 t) + (X+\lambda_1)\exp(\lambda_2 t) \right] \tag{A2.1.12}$$

$$[\mathrm{B}^*] = y = \frac{x_0 \overleftarrow{k}_{\mathrm{DM}}}{(\lambda_2 - \lambda_1)} \left[\exp(\lambda_1 t) + \exp(\lambda_2 t) \right] \tag{A2.1.13}$$

令 $\gamma_1 = \lambda_1$ 和 $\gamma_2 = \lambda_2$，式（A2.1.12）和式（A2.1.13）就是式（2.8.24）和式（2.8.25）。

第3章 光脉冲技术的基本知识

在小于某一分子过程的持续时间间隔Δt内，如何使相关分子体系处于进行该过程初始的不稳定状态？这是时间分辨光谱方法成功地用于研究这一分子过程的关键技术问题之一。诚然，为将处于指定空间的分子体系在给定的时间间隔内激发到所要求的瞬间状态，可通过采用电子束、β或γ离子化射线等激发方法而实现，但对以处于能量较低的电子、振动乃至转动激发态分子的瞬态几何结构及其动态学行为为研究对象的时间分辨光谱方法来说，更理想的激发分子体系的手段是使用波长范围处于紫外到近红外光谱区的光脉冲技术。作为用于选择性地激发分子体系的激发光脉冲，基本要求是：其波长应与被激发分子的相关的吸收谱带相对应，且在该波长处具有足够的能量，单个光脉冲的持续时间要达到所要求的脉冲宽度。在一些情况下，还要求光脉冲应具有特定的偏振和传播方向，并在一定的工作期间能以必要的重复频率稳定而持续地输出。在这方面，20世纪40年代发现的同步辐射（synchrotron radiation）无疑是在空间、时间和能量上以高度的分辨率选择激发分子体系的有效手段。这种在同步加速器中由以接近于光速的加速电子进行圆周运动的电子改变运动方向，在电子运行的平面内，沿其切线方向产生的光辐射可以相当持续稳定地以高通量、高亮度的光脉冲形式以较高的重复频率输出，其中单个脉冲的宽度可小到ns（10^{-9} s）甚至ps（10^{-12} s）数量级。而且这种具有良好及偏振性和准直性的光脉冲波长还可在从远红外到真空紫外甚至更广阔的光谱范围内连续调制，这就为将各种分子激发到指定量子状态提供了诱人的可能性。然而，由于这种脉冲光源的设备庞大、技术复杂，使得它在各实验室中的广泛应用受到限制。因此，在时间分辨光谱方法中获得广泛应用的脉冲光源通常是脉冲放电闪光灯和脉冲激光器。尤其是激光脉冲技术的发展，使人们能够以较简便的方式在指定的短暂瞬间将分子准确地激发到特定的量子状态，并进而对后者进行跟踪监测。在这一章中，将着重就时间分辨光谱实验测量中应掌握的有关光脉冲，特别是激光脉冲技术的基本知识予以简要回顾。

3.1 脉冲放电闪光灯

在气体中进行高电压脉冲放电是产生具有适当光谱组成、一定持续时间和必要功率密度的光脉冲的最简便途径。自从20世纪50年代，Lord G. Porter 首次利用这种高压放电产生的光脉冲创立了所谓的“闪光光解”技术，从而奠定了时间分辨光谱方法的基础以来，时至今日，基于高压放电原理而发展出的各种脉冲放电闪光灯仍然是在时间分辨光谱方法中获得广泛应用的激发光源之一。

在时间分辨光谱方法中采用的脉冲放电闪光灯有两种基本类型：其一是在时间分辨吸收光谱方法中应用的低重复率、高放电能量脉冲放电闪光灯，而高重复率、低放电能量的另一类脉冲放电闪光灯则主要用于时间分辨荧光光谱方法。

不论哪一类型的脉冲放电闪光灯，它们都是由放电闪光灯本体、高压放电回路和放电触发单元等三个基本部分构成。放电闪光灯本体通常是由封装在透明的玻璃、石英管或带有透明窗口的塑料、金属壳体内的一对放电电极构成。在这种放电管中充以某种气体或气体的混合物。视所充气体的成分、压力以及放电电压、电流密度和放电重复率的不同，闪光灯的结构可有不同的设计。在闪光灯的结构设计中要考虑的主要问题是结构的气密性和拆卸方便，而电极则选择用电子发射能力强但不易产生溅射的材料制成。至于电极形状及其间距则需根据综合考虑放电所生成的等离子体的几何形状、发光面积、临界阻尼放电条件、电极端面变形的可能性及放电工作稳定性等各种因素对性能的要求而确定。脉冲放电闪光灯的几种典型的结构设计如图3.1.1和图3.1.2所示。

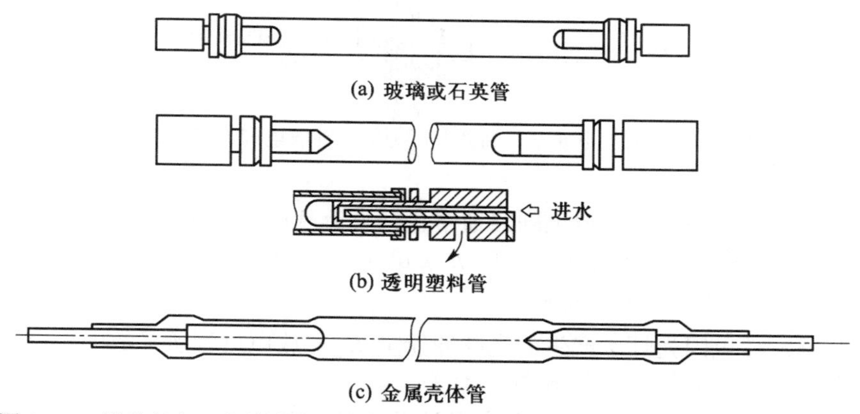

图3.1.1　低重复率、高放电能量、低充气压力的脉冲放电闪光灯的典型设计示意图

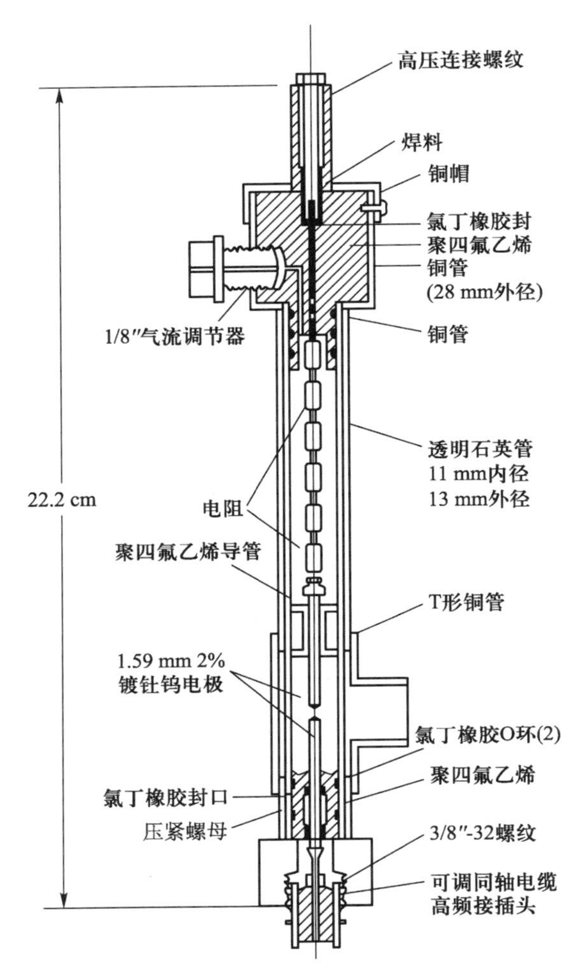

图 3.1.2 高重复率、低放电能量、高充气压力的脉冲放电闪光灯的典型设计示意图

脉冲放电闪光灯的放电回路通常包括直流高压电源 HV、储能电容 C 和（或）储能电感 L 以及限流电阻 R 等单元。其工作方式则有纯电容放电、电容-电感组合放电等多种设计。

脉冲放电闪光灯所产生的光脉冲能量 E_L 与放电过程所释放的电能 E_e 及其他转化为光辐射能的效率 η_L 有关。其中，放电过程所释放的电能 E_e 取决于储能电容所储存的电能 E_c 及这些电能在放电过程中被有效释放的

效率 η_E。η_E 是脉冲放电闪光灯放电区的直径、长度等几何参数和充气种类、气压以及放电回路参数的函数。电能转化效率 η_L 也和上述诸因素有关，并随放电区长度 l（放电电极间距）的增大而线性增大，但对放电区直径的依赖关系则有最佳值；提高充气气压也可使 η_L 提高，但当充气气压超过一定的极限值后，η_L 提高的程度将趋近于饱和。应注意：增大储能电容容量、提高放电电压以及减小放电回路电阻等都是有助于提高脉冲放电闪光灯产生的闪光脉冲能量的手段，但减小放电回路电阻，特别是提高放电电压而增大闪光脉冲的能量输出时，并不必然地使闪光脉冲的功率输出按比例地提高，其原因是：通过这些手段使闪光脉冲的能量输出增大的同时，也可使放电的持续时间延长，从而使单位时间间隔内的光脉冲平均能量降低。

脉冲放电闪光灯所产生光脉冲强度随时间而变化的脉冲波形 $I(t)$ 和产生它的储能电容放电电流随时间变化的波形 $i(t)$ 相对应。表征这种光脉冲波形的特性参数是脉冲前沿的上升时间、发光强度的峰值或峰值发光强度 I_m 和发光的有效时间（即脉冲宽度 Δt_p）。其中，脉冲前沿的上升时间定义为光强度由 $0.1I_m$ 增大到 $0.9I_m$ 所需的时间（图 3.1.3 中的 t_3-t_2）。脉冲宽度 Δt_p 则用光强度保持在 $0.33I_m$ 以上的持续时间表示（图 3.1.3 中的 t_4-t_2），后者取决于放电回路及放电参数。

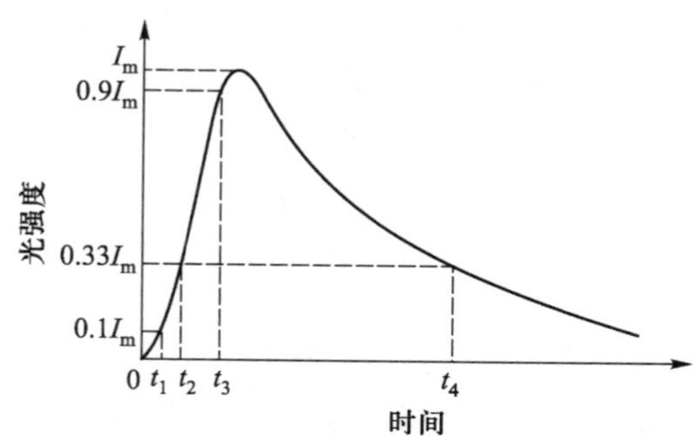

图 3.1.3　脉冲放电闪光灯产生的光脉冲波形

实践经验表明：采用不同的放电回路时，脉冲放电闪光灯所产生的闪光脉冲的脉冲宽度并不相同。不过一般来说，在通常采用的电容放电的条件下，脉冲放电闪光灯所产生的闪光脉冲的脉冲宽度并不等于时间常数

RC，而是和时间常数呈下述经验关系：$\Delta t_p = (0.5 \sim 0.7)RC$。此时增大放电电容 C、降低放电电压均会使闪光脉冲宽度加大；然而，此脉冲宽度展宽的程度和脉冲放电闪光灯本身的几何参数以及所充气体的种类与气压大小有关，难以从理论上定量地预测。

脉冲放电闪光灯所产生的光脉冲在不同波长处的强度分布与被放电击穿的等离子气体的发光特性有关。一般来说，闪光脉冲的光谱应由等离子气体中的各种离子、未电离的激发态原子或分子等在它们各自的有关能级间进行的自发辐射跃迁所产生的特征光谱谱线和由电子-正离子复合而在从紫外到红外波段形成的连续谱带叠加而成。其中，特征光谱谱线和连续谱带背景的相对强度则视闪光灯所充气体的种类、气压以及放电参数的不同而异。一些常用的脉冲放电闪光灯在不同工作条件下所产生的闪光脉冲的光谱谱图如图 3.1.4 所示。

由上述讨论可见，脉冲放电闪光灯无疑是一种结构简单、操作方便的光源。它们所产生的光脉冲的特性取决于闪光灯的结构、放电回路和触发方式等多种参数。由于这些参数对脉冲放电闪光灯工作特性的影响通常是彼此相关而又相互制约，以致在试图通过改变某一参数而改善闪光脉冲的某些特性时，可能同时导致闪光脉冲的另一些特性变劣。因此在实际工作中，为满足激发分子体系某些技术要求而选择或设计脉冲放电闪光灯及其操作条件时，必须统筹兼顾各参数对闪光脉冲特性的种种可能的影响而作出综合平衡的最佳化选择。但是，即使是采用结构设计合理的脉冲放电闪光灯和在正确选择的放电条件下工作时，它所输出的闪光脉冲虽在从紫外到红外的广阔波长范围内呈现连续光谱，但它难以在某一适合的波长处提供具有必要的脉冲能量（例如 $>10^{-9}$ J）而且脉冲持续时间短暂（例如 $<10^{-9}$ s）的光脉冲，从而使它作为分子体系的激发光源的可能性受到严重的限制。但是，也正是因为它所输出的光脉冲的强度可在从紫外到红外的广阔光谱范围内有规律地均匀连续分布，脉冲放电闪光灯作为监测被激发分子体系的瞬态吸收光谱的背景光源仍具有相当的应用潜力。不过，特别是在时间分辨率要求较高的时间分辨光谱方法中，需要在指定波长处产生光谱谱线更为狭窄、具有足够的脉冲能量和更为狭窄的脉冲宽度的光脉冲时，理想脉冲光源将是激光器。

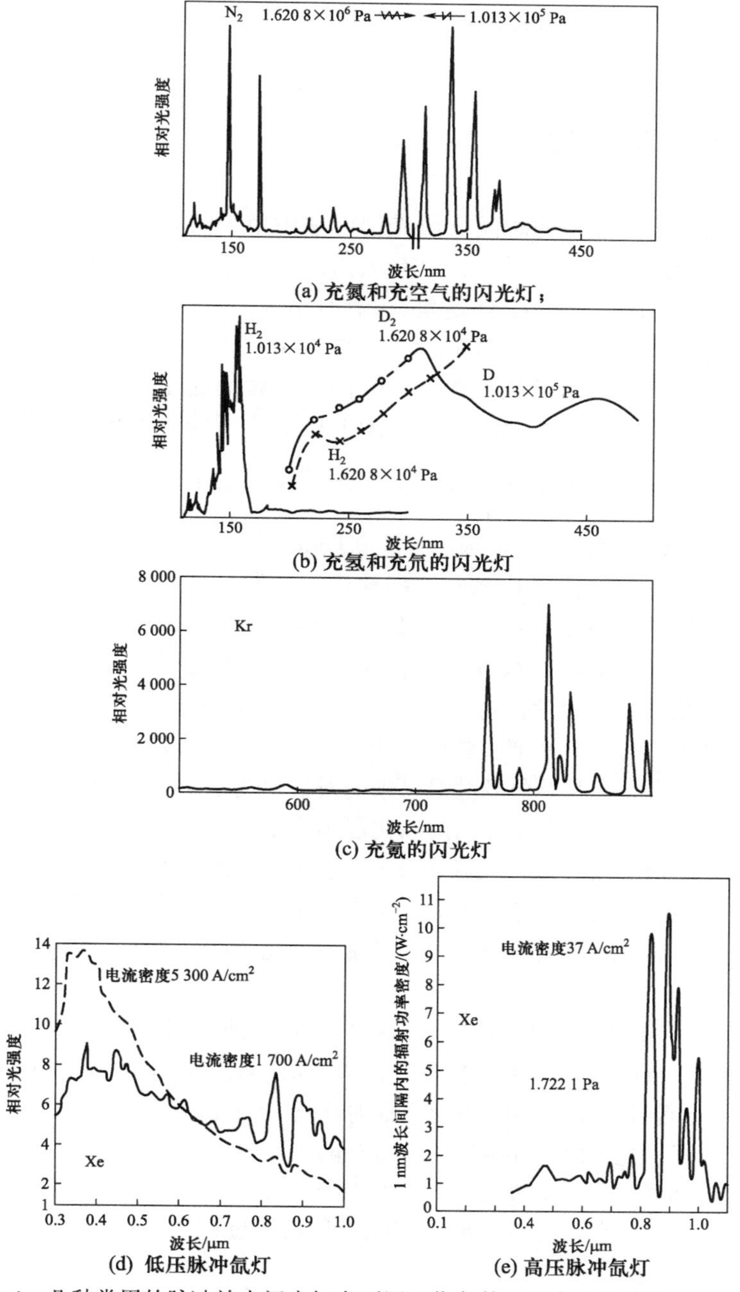

图 3.1.4 几种常用的脉冲放电闪光灯在不同工作条件下所产生的闪光脉冲的光谱

3.2 脉冲激光器

激光脉冲是现代的时间分辨光谱方法中用于激发分子体系及跟踪监测相关分子过程的主要手段。这是因为：只有激光才可形成持续时间短暂（$10^{-15} \sim 10^{-6}$s）并具有足够用于有效激发分子体系的能量（如$>10^{-9}$J/脉冲）的光脉冲，而且这种光脉冲可以以单个脉冲或多个脉冲的形式，以所需要的重复频率在一定时间内连续而稳定地输出。尤其是激光的波长可遍及从真空紫外到亚毫米波段的广阔的光谱范围，且具有优良的光谱单色性，即$\left(\frac{\Delta\nu}{\nu}\right) \geqslant 10^{-12}$。也就是说，它在一定波长（或频率$\nu$）处的光谱谱线线宽$\Delta\nu$可以很窄（$\leqslant 0.1\,cm^{-1}$），从而有可能对分子的指定振动甚至一些转动量子状态有选择地进行激发。此外，激光辐射场的准直方向性使它可被聚焦在其幅度甚至只和该激光辐射波长相等的空间范围内，而激光辐射场的线偏振特性则使人们可对处于特定空间取向的分子有选择地激发。因此，特别是在要求较高时间分辨率（如$\leqslant 10^{-9}$s）的绝大多数的时间分辨光谱实验研究中，其脉冲激光器几乎是无例外的唯一选择。激光技术在近半个多世纪以来的发展已为这类光源的广泛应用开辟广泛的可能性，而激光器件的商品化已为人们在实践中普及利用这类光源奠定良好的物质基础。有关激光技术的基本原理可参阅有关文献[1]；关于各类型激光器件的技术特性参数，可方便地从各相关生产厂商处的技术资料中获得。本书因篇幅所限，在此仅就激光光源和技术的一些基本方面予以概述。

激光是由激光器中的原子、离子、分子或各种激发态分子络合物（excimer，exciplex）等工作粒子，在"布居反转"（population inversion）状态下，通过在特定能级间的受激辐射跃迁（stimulated emissive transition）而产生的相干光辐射（coherent radiation）。激光产生的原理是：当频率ν、强度为I_ν的光辐射沿z轴方向经过该物质粒子体系时，当入射的光辐射场频率和物质粒子在n状态和m状态间进行跃迁过程频率相同（即$\nu = \nu_{nm}$）

[1] Svelto O，Hanna D C. Principles of Lasers. 2nd ed. New York: Plenum, 1982.

时，根据爱因斯坦辐射跃迁定律，它们之间的相互作用而引起入射辐射场强度的变化 δI_ν 将等于

$$\delta I_\nu = (B_{mn}N_m - B_{nm}N_n)\cdot g(\nu - \nu_{mn})\cdot (I_\nu / c)\cdot h\nu \cdot \delta z \tag{3.2.1}$$

或

$$\frac{1}{I_\nu}\frac{\mathrm{d}I_\nu}{\mathrm{d}z} = \frac{A_{mn}C^3}{8\pi\nu^2}\left[N_m - \frac{g_m}{g_n}N_n\right]g(\nu - \nu_{mn}) = \alpha_H(\nu) \tag{3.2.2}$$

式中，$g(\nu - \nu_{mn})$ 是在和粒子的辐射跃迁 $m \to n$ 相共振的辐射场频率 ν_{mn} 处的谱线宽度范围内的归一化的强度分布线型。式（3.2.2）也可改写为下述形式：

$$I = I_0 \exp\left[\alpha_{\mathrm{H}}(\nu)\, z\right] \tag{3.2.3}$$

若通过某种方式将物质粒子激发而使处于某一高能态 m 的粒子浓度大于相关的低能态 n 的粒子浓度的非热平衡状态，即 $\frac{g_m}{g_n}N_n < N_m$ 时，在这种“布居反转”条件下，$\alpha_{\mathrm{H}}(\nu)$ 将大于 0。此时，这种被称为激活工作物质和辐射场相互作用时的主导过程将使高能态物质粒子进行受激发射。由于物质粒子受激发射跃迁所产生的光辐射场的频率、传播和偏振方向与入射的光辐射场相同，而且具有相同的相位，此时，入射的光辐射在激活工作物质内传播的结果将是增大辐射场的强度，使 $I > I_0$。通过传播使强度增强的程度与该激活工作物质中的光程长度 z 呈比例。不难设想，如利用法线间距为 L、垂直方向 x 和 y 的特性尺寸为 a 和 b 的两个可形成光学反馈回路的反射镜构成的 Fabry-Perot 谐振腔，并将活性工作物质置于其中时，光辐射场在光学谐振腔中多次往返传播将明显增大该光辐射场通过活性工作物质的光程长度。若光辐射通过活性工作物质一次的光强增大程度超过它在传播过程中的损耗（包括在反射镜面的不完全反射），或者说，光辐射通过光学谐振腔一次的“单程增益” $G(\nu)$ 超过它的“单程损耗” $\gamma(\nu)$ 时，即该光辐射场在满足“阈值”条件

$$G(\nu) \geqslant \gamma(\nu) \tag{3.2.4}$$

下多次在这一光学谐振腔中往返而进行“振荡”的结果将使其强度不断增强，以致达到“强度饱和”。将在光学谐振腔中往返传播（振荡）的光辐射场以激光辐射形式输出，即是可用于作用于其他物质体系的激光辐射。

应指出：在特定频率的光辐射通过激光工作物质的一对特定能级间的受激辐射跃迁而增大其光强度的同时，由于它在谐振腔往返传播的过程中

发生“建设”和“破坏”干涉的结果，被不断增强的激光辐射场将在光学谐振腔内形成频率$\nu_q=\frac{qc}{2L}$、数目为激光半波长正整数$q=\frac{2L}{\lambda}$的一倍、二倍…… N倍（一般$q=10^5\sim10^6$），并沿腔轴向振荡的激光轴模（axial mode）或纵模（longitudinal mode），其中每个振荡模谱带带宽$\delta\nu=(1-R)\frac{c}{L}=2\Delta\nu_q(1-R)$。这里$R$是所用反射镜的最小反射率；两个相邻的纵模的间隔$\Delta\nu_q$取决于光速$c$和光学谐振腔的长度，即构成它的一对反射镜的法线间距L：

$$\Delta\nu_q=\nu_q-\nu_{q-1}=\frac{c}{2L}$$

此外，激光辐射场也可在两个垂直于谐振腔轴的方向a、b以其半波长数分别为m和n的横向电磁场模式$TEM_{m,n}$的横模（transverse mode）形式进行振荡。其中，最主要的振荡模式仍是$m=n=0$的基模TEM_{00}，后者在谐振腔内形成具有其径向强度呈高斯分布的光束（图 3.2.1）。

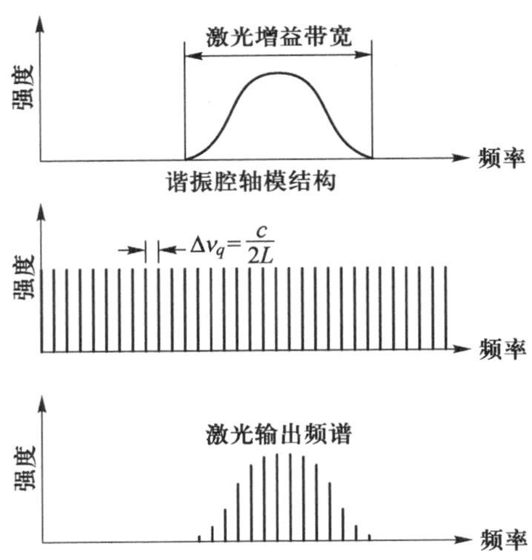

图 3.2.1　Fabry-Perot 光学谐振腔内的各种光辐射振荡模式的频谱线宽

因此，在光学谐振腔内被增强所形成的激光辐射的频率，虽仍处于呈现能满足“单程增益”$G(\nu)$超过“单程损耗”$\gamma(\nu)$的布居反转的活性工作物质粒子的辐射跃迁谱带范围，即“增益带宽”（gain bandwidth）内，从谐振腔输出的激光辐射的光谱带宽则可远小于自发辐射跃迁的谱带宽度。且其传播方向偏离反射镜法线（即光学谐振腔轴线）的光辐射将在振荡过程中被折射出谐振腔外，从而谐振腔输出的激光辐射具有良好的方向性，也就是说，它在传播途中的光束发散将很小（衍射极限），以致它的聚焦光斑直径可小到和该光波波长 λ 为同一数量级。

基于上述工作原理，现已可采用气体、液体、固体和半导体等不同激光工作物质在稳定、非稳定光学谐振腔中，利用光激发、放电激发、电子注入，甚至利用化学反应过程等多种手段激发而产生激光辐射。但在时间分辨光谱实践中，获得广泛应用的主要是下述几种已商品化的激光器。

3.2.1　固体激光器

将金属钕 Nd^{3+}掺杂到具有良好透明特性的玻璃、钇铝石榴石 $3Y_2O_3$:$5Al_2O_3$（YAG）晶体等基质内作为工作物质的固体激光器，是在时间分辨光谱方法中常用的激光光源之一。它们是采用脉冲闪光灯或半导体激光器输出的波长为 0.73 μm 和 0.8 μm 的激发光，将 Nd^{3+}工作粒子从基态 $^4I_{\frac{9}{2}}$ 激发或被“抽运”（pump）到高能激发态 $^4F_{\frac{3}{2}}$ ，并在它向低能态 $^4I_{\frac{11}{2}}$ 的几个跃迁过程中产生激光辐射，其中最强的跃迁谱线波长是 1.06 μm。而根据所用激发光源的工作方式的不同，Nd^{3+}固体激光器产生的激光辐射可以单一脉冲、重复脉冲或连续波形式输出。它所用的工作物质通常为柱状体，其两端端面根据设计切割为呈布儒斯特（Brewster）角（对空气-玻璃界面来说，Brewster 角约为 57°）的楔形或平行平面，并予以精细抛光；而其外周侧表面通常则需“打毛”以消除表面的全反射作用，从而对可引起无效地消耗激光上能级粒子布居数的“寄生振荡”予以抑制；为降低未被吸收的闪光能量对工作物质加热产生的温度梯度所引起的热应力、热透镜等热效应，即使在闪光激发的重复率不高的情况下，通常也用循环水对工作物质棒进行冷却。Nd^{3+}固体激光器的光学谐振腔通常由镀有多层介质膜的全反射和部分反射的平面反射镜以平面平行方式组合而成。但在一些要求有利于获得大能量和高功率以及有利于模式选择的情况下，也采用由球面镜构成并具有明显“逃逸损耗”的“非稳定腔”结构。不论采用哪一种结构的谐振腔，如果不采取附加手段对在腔中的光振荡模式进行选择控制，所产生的激光将以多模形式输出，这不仅使该光辐射的光谱单色性和光束方向性劣化，也可使它的强度随时间的变化出现无规起伏的“尖峰”结构，而且整个输出脉冲的宽度也难以小于μs (10^{-6} s) 数量级。因此，当用 Nd^{3+} 固体激光器作为时间分辨光谱测量的脉冲光源时，它所产生的激光脉冲通常需采取适当措施进行调制。

3.2.2 气体激光器

用各种分子、离子气体作为工作物质的气体激光器是在时间分辨光谱的测量中常用的另一类激发光源。其中，氩离子气体激光器是广泛作为激发波长可调的各种液体染料激光体系（详见本章 3.2.4 小节）的有效手段之一。氩离子气体激光器是通过在氩气中弧光放电而将氩原子激发，并进一步电离所生成的离子在 $4p^2$、$4p^4 \rightarrow 4s^2$ 等激发态能级间的受激辐射跃迁而产生激光辐射。视所采用的放电激发方式的不同，它所产生的激光辐射可以以脉冲或连续波形式输出。所输出氩离子气体激光在不同波长范围的分布与放电激发的工作条件有关。一般来说，相对强度最高的氩离子气体激光的波长分别为 350.7 nm、488.0 nm 和 514.5 nm。氩离子激光虽然也可在 337.4 nm、356.4 nm 和 351.1～363.8 nm 等紫外波段产生，但其强度较弱。不论在上述哪一波长处产生氩离子激光辐射输出，都要求放电电流达到所要求最低的放电电流“阈值” I_{th}。当放电电流数值超过这一电流阈值时，激光输出的功率 P 将随电流强度 I 的增大而增大。但应指出：激光输出的功率随放电电流强度增大有一个“饱和”极限，超过这一“饱和”极限时，激光输出的功率反而会随放电电流强度的增大而降低。

与其他分子和离子气体激光器相似，氩离子气体激光器也是由气体放电管、放电激发电源和光学谐振腔等三个基本部分所构成。氩离子气体激光器一般采用直流电源激发。因它是在弧光放电条件下工作，工作电压一般为几百伏即可，但放电电流强度则要很高，一般为 10～100 A。但氩原子 Ar 的电离能和氩离子 Ar^+的激发能都很高（分别为约 16 eV 和大于 26 eV)，为使激光体系有效地工作，放电管中所充氩气的压力不能很高(一般保持在 133.3 Pa 以下）以保证放电气体的“电子温度”足够高，而且放电电流则要很大，以保持放电气体有足够高的电流密度（通常大于 100 $A \cdot cm^{-2}$)。但氩离子气体激光器的气体放电管设计需有一些独特的考虑。例如，放电管需采用石英、氧化铍陶瓷，特别是具有良好导热性和抗溅射能力而且无毒性的耐温材料，其中最常用的是石墨。为保持在耐温材料管中的放电稳定性，放电管需制成如图 3.2.2 所示的分段孔板堆砌结构，并附加冷却单元对这两个放电电极及管壁进行冷却。此外，在放电管的外壁还附加有螺旋管线圈，以利用它在管内产生轴向磁场，对放电管内的带电粒子加以约束，提高气体放电区内的电流密度，并减少它们轰击管壁的概率和对电极的溅射现象予以抑制，等等。

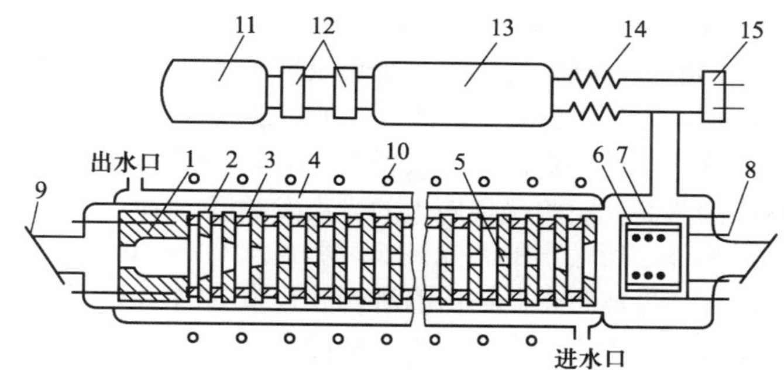

图 3.2.2　采用分段石墨孔板的氩离子气体激光器的结构示意图

1—石墨阳极；2—石墨孔板；3—石英分隔环；4—水冷套；5—毛细管放电通道；6—阴极；7—保温罩；8—加热灯丝；9—激光输出窗；10—轴向磁场螺管线圈；11—储气瓶；12—电磁真空阀；13—缓冲气瓶；14—波纹管；15—气压计

氩离子气体激光器所用的光学谐振腔通常是由表面镀有以硫化锌（ZnS）-氟化镁（MgF_2）交替排列的多层介质膜的玻璃反射镜所构成。其一是对激光全反射，而输出端的反射镜则要求具有适当的透过率，其数值视气体放电管的管长、管径以及放电的工作电流大小，即该激光体系的单程增益和腔内光学损耗而选定。一般来说，当要求激光输出功率不大时，输出端反射镜的透过率可选为 3%～4%；而大功率的氩离子气体激光器则选用透过率为 10%～12%的输出端反射镜为宜。

3.2.3　半导体激光器

半导体激光器也是在时间分辨光谱方法中最常用的激光光源之一。它是基于在导带低能状态和价带的高能状态间呈现布居反转的电子-空穴复合、将电能转化为激光辐射的过程而建立的。在半导体激光体系中，作为工作物质通常是采用其给体或受体掺杂浓度超过 10^{18} 原子/cm^3、具有高度简并的 p 型区和 n 型区的 p-n 结半导体二极管。此时的布居反转通常出现在 p-n 区。最常见的 p-n 结半导体激光工作物质是砷化镓（GaAs）半导体，它分别构成 p 型区和 n 型区并直接连接成同质结（homojunction）。此外，$Al_{0.3}Ga_{0.7}As(p)-GaAs$、$GaAs-Al_{0.3}Ga_{0.7}(n)$ 等材料也可作为“异质结（heterojunction）半导体激光工作物质。这类激光器件的体积通常都很小。为构成光学谐振腔，在两个相对的表面沿晶体平面进行平行切割，而另两个表面则只大致地予以粗糙抛光，以对在不必要的方向产生激光振荡予以抑制。因为半导体的半导体-空气界面已可对激光产生足够的反射，半导体二极管激光器的端面通常都不另外加镀反射膜。但半导体二极管激光器的活性区厚度很小（约 1 μm）、因此产生的衍射将使它所输出的光斑横向尺寸要比工作物质中的活性区厚度大得多（约 40 μm），从而半导体二极管激光器所输出的激光光束将呈现较大的光束发散度。

半导体激光体系所输出的激光波长可覆盖从 0.7～30 μm 的光谱范围。最典型的 GaAs 半导体激光器输出的激光波长为 0.84 μm。这一类半导体激光器可在室温下以输出功率大于 5 mW 的连续波方式工作，它的电光转化效率很高（>10%，注入的载流子的复合发光的量子产率高达约 70%）。因而，在时间分辨光谱的测量中，半导体激光器和氩离子气体激光器类似，通常被作为激发光源，用于“抽运”其他类型的激光体系，如 Nd:YAG 固体激光器。尤其是这类半导体激光器的振荡带宽很大（约 10^{11} Hz），因而可通过“锁模”（mode-locking）而产生在时间分辨光谱方法中极为有用的脉冲宽度小于约 5 ps 的激光超短脉冲序列。

3.2.4 有机液体染料激光器

在时间分辨光谱方法中，有机液体染料激光器是获得最广泛应用的脉冲激光光源。它是利用某些有机染料的溶液作为工作物质而产生激光辐射。目前在实际工作中获得广泛应用的染料分子主要有四大类：以聚亚甲基为主的花青（cyanines）系染料分子、以罗丹明（rhodamine）为代表的呫吨（xanthene）系染料分子、含氧杂萘邻酮环的香豆素（coumarins）染料分子和某些机闪烁体（scintillators）。有机染料大分子的复杂分子结构决定了它的电子能级有密集的振动和转动能级结构，这不仅可使它们有可能通过众多的辐射跃迁而在一个较宽的光谱谱带范围内的各个紧密相邻的波长处产生激光辐射，也可使在指定的单一波长处获得单色性很高的激光，而且这种单色性很高的激光也可在一个相应的光谱谱带范围内连续调制。此外，视工作物质被激发方式的不同，有机液体染料激光器可以以连续波（cw）形式输出，也可以输出重复频率很高的激光脉冲序列，而且单个激光脉冲的宽度（持续时间）可被压缩到ps（10^{-12} s）～fs（10^{-15} s）数量级，因此在时间分辨光谱方法中的应用受到广泛的重视。

有机液体染料激光用做激光工作物质的有机染料溶液是采用醇类或水，以及某些具有优良溶解能力，并在紫外和可见光波段对该有机染料分子的吸收和荧光都透明的溶剂配制而成。它通常装在置于侧壁透明、两端封以相对于通光轴线为Brewster角的光学透明窗口的管状或方形“液池”中；在一些情况下，有机染料溶液也可通过“喷流”而在谐振腔空间形成厚度均匀的“液膜”。根据染料溶液的激发方式、输出的染料激光特性要求的不同，有机染料液体激光器可有不同的光学结构设计。在图 3.2.3 中示出采用 N_2 分子、氩离子、氪离子或准分子激光在垂直于染料激光输出方向的横向激发的脉冲有机液体染料激光器中。其光学谐振腔通常由平面反射镜和衍射光栅构成。选用衍射光栅为谐振腔中的激光振荡提供光学反馈的目的是，通过其反射光波长扫描而调制在腔中进行振荡的辐射场波长；而置于腔中的Fabry-Perot标准具（etalon）则是用于调制被选择出在指定波长处进行的振荡的激光轴模；准直透镜系统用于扩展在腔中振荡的激光光束的横截面，使其能最大限度地覆盖光栅的反射面，以提高光栅衍射率。这种激光器构型的特点是：所用的有机染料溶液激光工作物质是沿和它所产生的激光振荡相同的轴向激发。此时，为简化构成谐振腔的反射镜的要求，要利用放置在谐振腔中的色散元件（棱镜）将激发用的激光光束和在腔中进行振荡的染料激光光束在空间彼此分开，该色散元件可同时用于对染料激光光束的波长进行调制。图 3.2.3 所示的“环形腔单轴模”激光器结构则为在实际工作中获得更为广泛应用的波长可调的高功率连续波有机液体染料激光器的设计。在这种有机液体染料器中，作为工作物质的有机染料溶液是利用不断循环流动的液体射流方法在谐振腔中形成“液膜”，而液膜中的有机染料分子则通常采用连续波离子激光激发。由此所产生的染料激光辐射在谐振腔中的单轴模振荡控制和激光波长的扫描则是通过采用双折射滤光器-扫描标准具的组合完成。这种谐振腔结构设计的特点是：激光辐射场在谐振腔中只是沿如图 3.2.3 中箭头所示的环形光路传播，从而不会在谐振腔中，特别是在有机染料“液膜”中形成驻波。其结果将使激光辐射场的单轴模振荡更易于实现，并使得易于达到比一般单轴模振荡的液体染料激光器更高的激光输出功率，其原因是此时的激光输出是在工作物质整体中产生，而不是仅由处于驻波峰值处的局部染料分子提供。

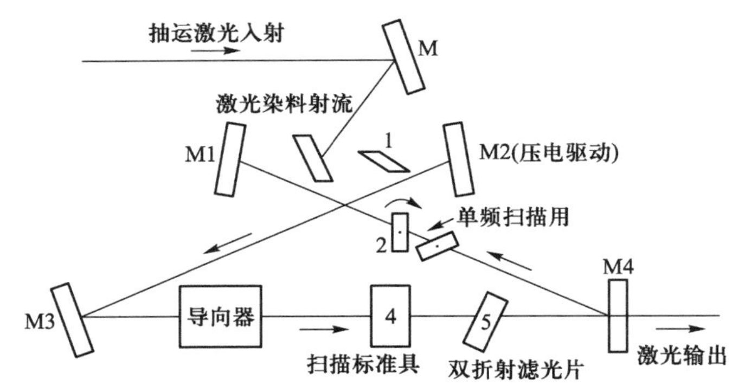

图 3.2.3　高功率单轴模环形腔有机液体染料激光器结构示意图
M—凹面反射镜

3.3　光束传输参数变换

在时间分辨光谱测量的实验系统中，通常需根据实验要求将用于激发和探测分子体系的光束的传播、偏振等特性参数予以变换和控制。

3.3.1　光束空间传播方向变换——折射、聚焦和准直

表面经过精密光学加工的平面反射镜或曲面反射镜是用于实现光束传播方向变换的基本光学元件。反射镜通常是将光学玻璃、石英、蓝宝石、硅或铜合金等基质材料用做衬底，并在衬底的一个光洁度抛光到小于 $\frac{1}{20}$ 光波波长 λ 的表面上，简单地喷镀有不同金属薄层，或在高温、高真空条件下将硫化锌-冰晶石以及氧化钛-氧化硅等两种折射率不同的介电材料交替叠加喷镀组合的多层介质反射膜。不论采用喷镀对各波长入射光束都可反射的金属层，或对光束的特定波长选择反射的多层介质膜的反射镜，尤其是当入射光强度较高时，应设法及时散掉入射光的“余热”，以免产生温度梯度而引起镜表面畸变。因而在许多情况下，反射镜也可采用立方体、90°或多角棱镜（参阅图 3.3.1）代替。

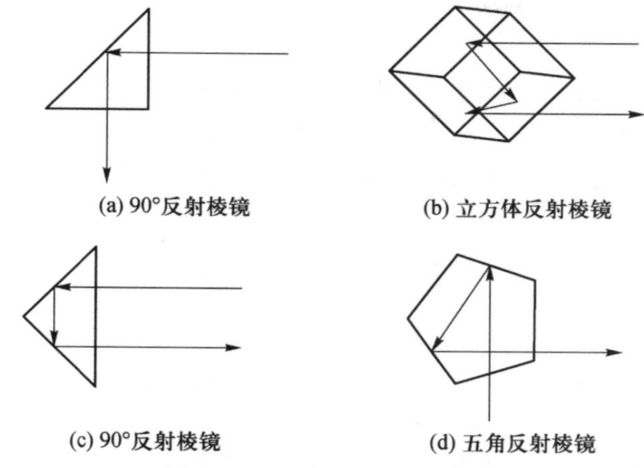

图 3.3.1　几种典型的反射棱镜

平面反射镜和棱镜组合主要用于改变光束在空间传播的光程和方向，曲面反射镜则用于将光束“聚焦”、准直或“扩束”而变换光束在空间传播的横向半径。光束聚焦所形成焦点（从透镜中心算起）的焦距 f 与透镜的前、后两个表面的曲率半径 R_1 和 R_2 以及透镜材料的折射率 n 有关，对透镜厚度（即它的两个外表面在其光轴上的间距）和该透镜的焦距相比可忽略不计的“薄透镜”来说，它所形成的焦点和从透镜中心算起的物距 u、像距 v 有下述关系：$\frac{1}{u}+\frac{1}{v}=\frac{1}{f}$。透镜聚焦成像的最大清晰度在理论上受衍射极限的限制。但在实际上，“像差”往往是激光光束采用球面透镜成像的分辨率的限制因素。由于光束在透镜表面的折射角因光波波长不同而不同的色散效应所引起的“色差”，以及由于光束在透镜孔径范围内各空间点的放大率不同或因入射角各异而引起的“彗差”，对透镜成像的分辨率也有影响，但在时间分辨光谱实验中，所用的激光光束一般都是单一的波长，而且光束通常是沿法线方向投射到透镜表面，所以色差和彗差对透镜聚焦成像的影响一般可忽略不计。不过，在选用或制作透镜时，对透镜表面光洁度 $\left(<\frac{\lambda}{20}\right)$、厚度和曲率半径的精确度以及光轴相对于透镜边缘的准直性等参数的要求必须满足。此外，在使用透镜时，透镜的安装、拆卸以及相应的冷却方法也必须予以仔细考虑。

光束在传播过程中产生的发散度通常可用发散角 α 表示，它是光波波长λ和光束半径r_0的函数：$\alpha = \dfrac{2}{\pi}\dfrac{\lambda}{r_0}$。当希望在传播过程中不出现较大的发散时，可采用透镜系统进行扩束准直。此时光束的发散将随光束半径的增大而成比例地降低。在光波易被透镜材料吸收的场合，光束准直可采用反射型透镜系统组合。实际工作中所用的典型光束准直透镜系统组合如图 3.3.2 所示。

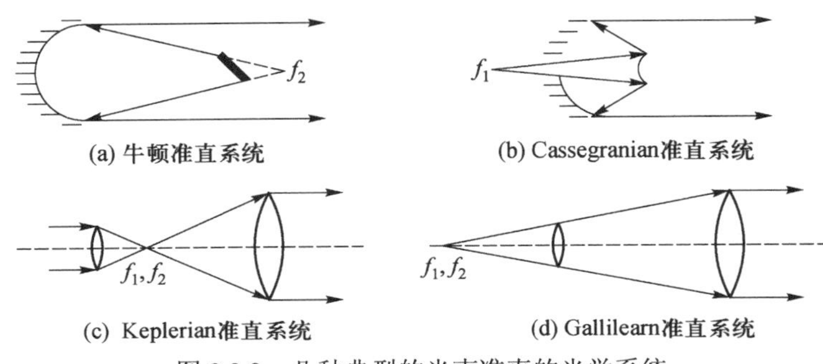

图 3.3.2　几种典型的光束准直的光学系统

3.3.2　光束偏振特性的选择和控制

光束偏振特性的选择通常都采用的“波片”（wave-plate）和“分束偏振器”（beam-splitting polarizer）。这类光学元件都能够将入射的非偏振光分解为两个其偏振面相互正交的线偏振光辐射场分量。其中，波片只能使两个偏分量间产生相位延迟，以改变透过它的光辐射场的偏振状态；当要求将光束的两个不同偏振方向的分量在空间上分开时，则需使用分束偏振器。

最简单的偏振片是由有规则平行排列的金属细丝构成的“丝网栅格偏振片”（wire-grid polarizer）。它是利用栅格的金属网丝吸收振动方向与之相平行的入射光，而将振动方向和栅格的金属网丝相正交的入射光透过。偏振片也可由将具有网状结构的掺杂的碘分子聚乙烯醇高分子薄膜中的分子链沿一定方向拉伸而得到的片基有序排列制成。近年来用掺杂“纳米银颗粒”玻璃制造出的被称为 Polarcor 和 colorPol 的偏振片，也可在整个可见光波段“产生”偏振光，而且这种偏振片具有更长使用寿命和更优的机械、光学性质。但在实际工作中，将透明的双折射晶体切割为其入射平面与晶体光轴平行，并具有一定厚度的平面薄板的“波片”更常用于光束偏振方向选择。所谓的双折射材料是：除沿它的被称为晶体“光轴”的特定方向入射外，该晶体对入射光有两个不同的折射率：n_o和n_e。其中，n_o的数值和所用晶体材料无关而仅取决于光束传播方向；n_e的大小则不仅和晶体材料有关，而且可因方向不同而异（沿光轴方向的n_e通常称为主折射率）。入射光在这两种不同的折射率作用下，可在晶体内被分解为遵守折射定律的“寻常光”（通常简写为 o 光，ordianry light）和一般不遵守折射定律的“非寻常光”（通常简写为 e 光，extra-ordianry light）等两个线偏振光束。o 光的光矢量的偏振方向垂直于光束本身和晶体光轴构成的主平面，且其波面呈球形，从而传播速率$v_0=\dfrac{c}{n_0}$不随入射角方向的改变而变化；而 e 光的光矢量的振动方向则和它的主平面平行，具有围绕光轴方向的回转椭球面形的波面、传播速率（$v_e=c/n_e$）则因方向不同而各异。也就是说，当这两种光束和光束本身及晶体光轴所构成的主平面彼此平行时，它们的偏振方向将相互垂直；而且，只有在沿光轴方向传播时，它们才有相同的传播速率（$v_o=v_e$）。因此，当非偏振光（或偏振方向不同分量“混杂”的光束）垂直于晶体光轴通过波片时，它将被分解为偏振方向相互正交的 o 光和 e 光两部分，两者以不同速率在晶体薄片内传播，并在其间产生一定的相位差$\Delta\theta$，从而使波片另一表面输出具有不同的偏振状态的“重新组合”光波。显然，输出光波的偏振状态将和相位差$\Delta\theta$有关，当波长λ一定的入射光通过其折光指数为n_o和n_e的双折射晶体波片时，所产生的相位差$\Delta\theta$将由波片厚度d决定：$\Delta\theta=\dfrac{2\pi}{\lambda}(n_o-n_e)d$。据此不难看出，当透过波片厚度$d=\dfrac{(2k+1)}{(n_o-n_e)}\dfrac{\lambda}{4}$的被称为“四分之一波片”（quarter-wave plate）的波片时，所产生的相位差$\Delta\theta=(2k+1)\dfrac{\pi}{2}$，其结果将使透过的入射光偏振面扭转 45°，而将入射的线偏振光转化为圆偏振光（或将入射的圆偏振光转化为线偏振光）。而当透过波片厚度$d=\dfrac{(2k+1)}{(n_o-n_e)}\dfrac{\lambda}{2}$的被称为“半波片”（half-wave plate）的波片时，光束的 o 光和 e 光分量之间将产生π的奇数倍的相位差：$\Delta\theta=(2k+1)\pi$。其结果将使不同分量的偏振面扭转 90°，而产生和入射光偏振面正交的输出光束（参阅图 3.3.3）。

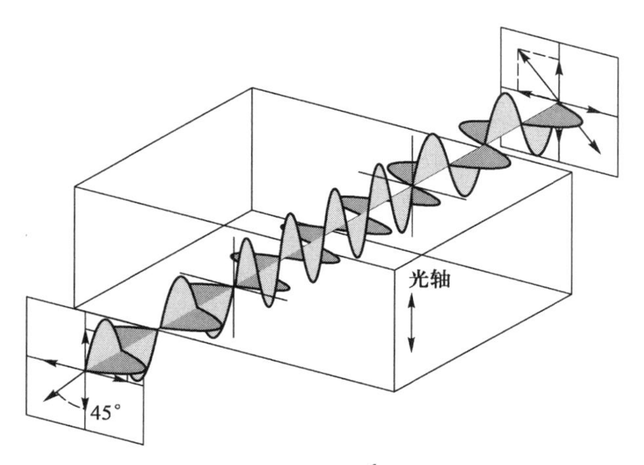

图 3.3.3 偏振光束在 $\frac{\lambda}{2}$ 波片中传播

分束偏振器是用于将入射束中的两个偏振方向正交的分量在空间上同时分开的光学元件（在理想的情况下，被分开的两个光束都是完全偏振的；但实际上，在两个输出的光束中，只有一个是完全偏振状态，而另一光束中或多或少有另一不同偏振的成分混杂）。它不仅可作为“起偏器”（polarizer）将非偏振或偏振方向不同的“混合”光束转化为具有特定偏振方向的线偏振光，而且也可作为“检偏器”（analyser）对光束的偏振特性进行检测。

诚然，将偏振不同的光辐射分量在空间上分开的一种简便方法是将光束以特定的角度（如 Brewster 角[2]）投射到透明材料间的界面，而使其电场矢量垂直于入射面的 s 光分量发生反射和使电场矢量平行于入射面的 p 光分量透过（参阅图 3.3.4）。但即使采用多层透明片堆叠结构，其透过的 p 光分量光束中仍混杂有一定的 s 光分量，而全偏振的 s 光分量的反射光则是空间扩散光束，因而缺乏普遍的实用价值。因此，在实际工作中更经常采用由方解石（$CaCO_3$）、石英（SiO_2），β-偏硼酸钡晶体（β-BaB_2O_4，BBO）和钒酸钇（YVO_4）等单轴双折射晶体的材料制成的分束偏振器。

[2] 对空气-玻璃界面来说，Brewster 角约为 57°。当光束以这一角度入射到透明玻璃片上时，经过空气-玻璃和玻璃-空气两个界面时，该光束中 16%的 s 偏振光分量被反射。当投射到 10 层玻璃片（20 个反射界面）上时，仍有 3%的 s 偏振光分量可透过。而被反射的全偏振光也将是在空间扩展开，从而实用价值不大的光束。

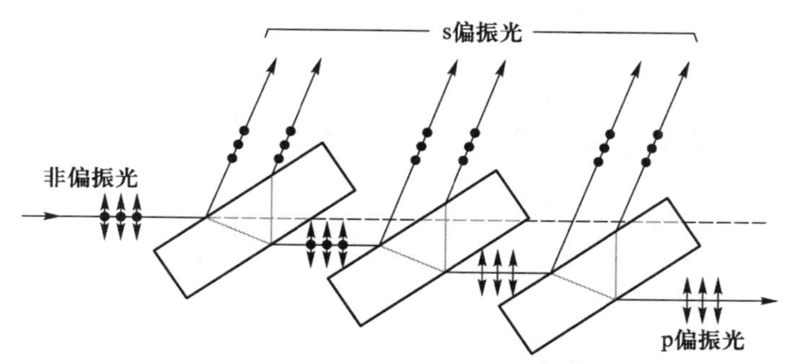

图 3.3.4 透明叠片型分束偏振器

Nicol 棱镜（Nicol prism）是最早制成的用于产生偏振光束的分束偏振器。它是由两块切割为长度-孔径比（length to aperture）为 2.5～3、顶角等于 68° 的方解石棱镜用加拿大树胶对接黏合而成。由于棱镜材料的双折射，入射光束在第一块晶体中即被分解为两部分：其中 o 光（寻常光）在晶体中的折射率（$n_o = 1.658$）大于在界面树胶中的折射率（$n = 1.55$），因而它将在树胶对接界面发生全反射，并以线偏振光的形式自侧面逸出；而在晶体中的折射率较小的 e 光（非寻常光，$n_e = 1.486$）不能在树胶对接界面上发生反射，而将以偏振方向和反射光束相垂直的线偏振光的形式直接从第二块棱镜透过[参阅图 3.4.5（a）]。这样，利用 Nicol 棱镜即可获得偏振度很高的偏振方向相垂直的线偏振光束。但这种类型的偏振棱镜被其后发展出的 Glan-Thompson 棱镜、Glan-Foucault 棱镜和 Glan-Taylor 棱镜以及 Wollaston 棱镜和 Rochon 棱镜等所代替[图 3.4.5（b）～（f）]。

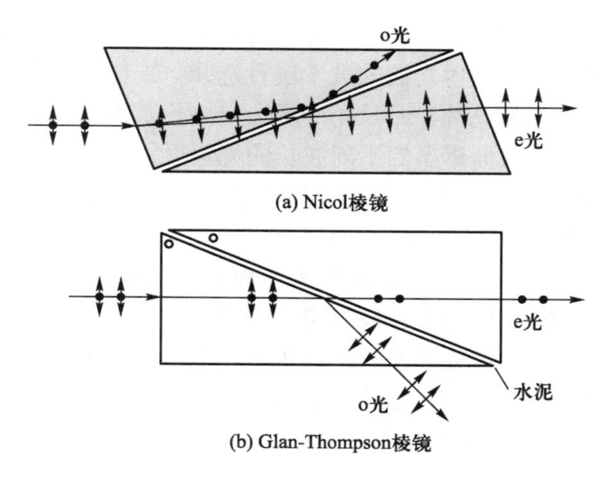

(a) Nicol棱镜

(b) Glan-Thompson棱镜

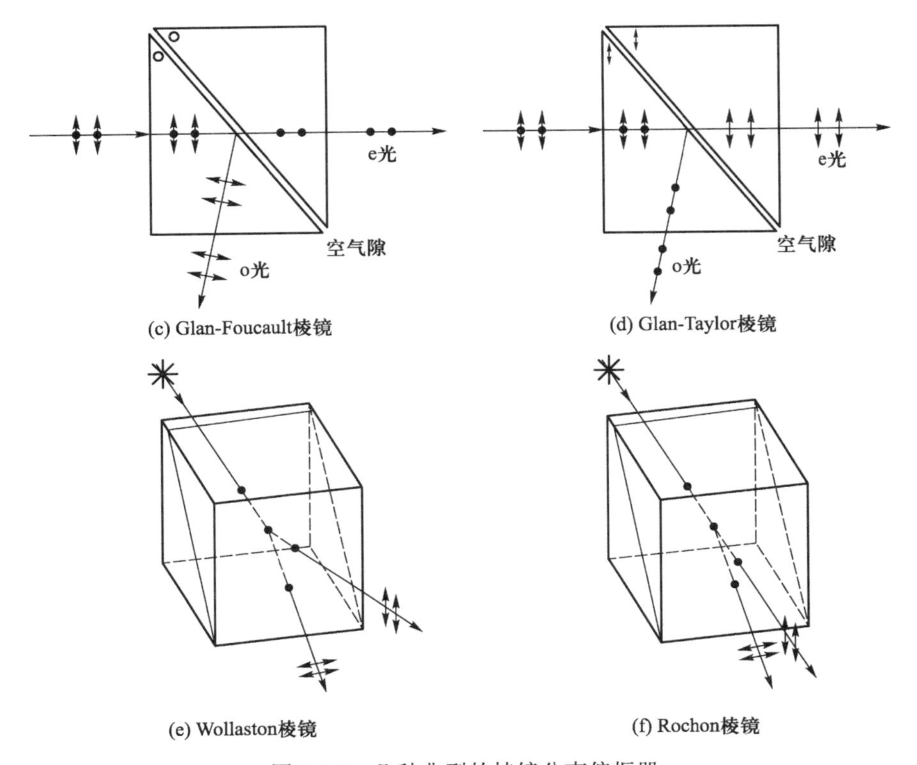

(c) Glan-Foucault棱镜 (d) Glan-Taylor棱镜

(e) Wollaston棱镜 (f) Rochon棱镜

图 3.3.5 几种典型的棱镜分束偏振器

3.3.3 光束的波长选择

为将分子激发到指定的量子状态，可利用光学棱镜的色散特性，根据折射角度不同而对所反射光波的波长进行选择；或利用镀有具有选择吸收特性的介电层光学滤光片，而只允许所选定波长范围的光辐射透过。但在实际工作中，为选取分离出的不同波长的光辐射，特别是当要求所选取的光辐射的光谱线宽很窄时，更广泛应用的色散元件是衍射光栅（diffraction grating）和光学标准具（optical etalon）。

光栅是利用多缝衍射光的相互干涉而将不同波长入射光在空间上分开的色散元件。最早的光栅是 1821 年由德国科学家夫琅禾费（Fraunhofer）用细金属丝紧密排列绕在两平行的细螺钉上制成的。因形如栅栏，故名为“光栅”。现代光栅则是由在玻璃或金属片基上刻有数量很大的等宽度、等间距的平行刻线而制成（一般每毫米光栅刻有几十至几千条狭缝刻线）。

根据狭缝刻线是用于透射或反射入射光，可将光栅分为透射光栅和反射光栅等两类（图 3.3.6）。

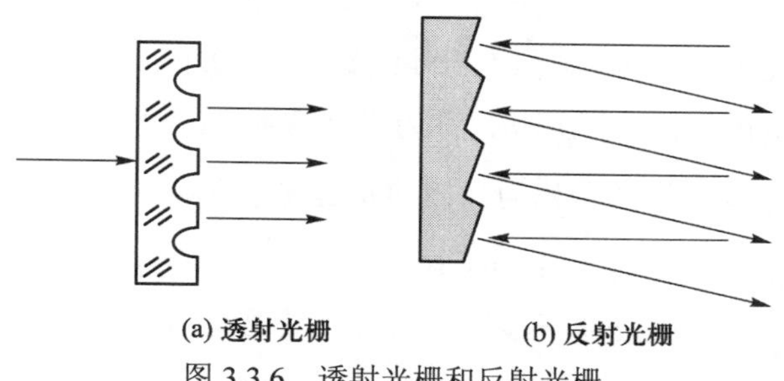

(a) 透射光栅　　(b) 反射光栅

图 3.3.6　透射光栅和反射光栅

其中，根据透射率函数的不同，透射光栅又可分为普通的矩形透射率光栅和正弦光栅两类；根据其形状不同，反射光栅则又分为平面光栅和能自动聚焦成像的凹面光栅等两种。

此外，根据不同的光栅制作方法，光栅又可分为画线光栅、复制光栅和全息光栅等 3 种形式。虽然光栅的种类、形式不同，但所有光栅的工作原理并无原则上的差别。也就是说，当不同波长的光束投射到这种或那种光栅表面上时，通过该光栅上各个“狭缝”的衍射和这些狭缝衍射光之间的相互干涉，不同波长的入射光将被分解为在空间彼此分开的光谱，而各谱线的最大强度（通常称为“主极大”）将按干涉的级数 $k=0,1,2,\cdots$ 围绕 $k=0$ 的零级干涉谱线在两侧展开，且其强度随干涉级数增大而减弱。以片基上已刻画部分因漫反射而不透光、未刻部分则可使入射光透过的平面透射光栅为例，和大量宽度相同、间距相等的平行狭缝的反射光栅一样，当有平行光垂直入射到光栅上时，光栅的每条狭缝都将产生单缝衍射。若将衍射角为 φ 的所有衍射光被透镜 L_2 会聚于幕上的 P 处，在 P 处的总光强将取决于各衍射光波相干叠加的结果（图 3.3.7）。

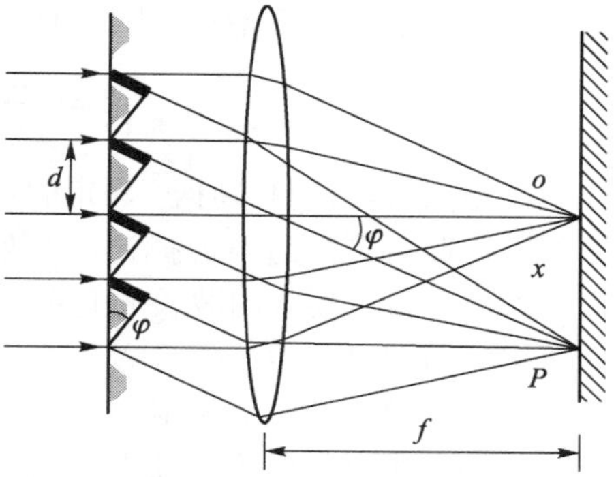

图 3.3.7　不同波长光波通过光栅时的衍射

这种在 P 处由各个单狭缝衍射光相互“相加干涉”而形成“尖锐而明亮”的强度最大的光谱谱线，通常称为“主极大”。主极大的角位置和光波波长 λ、衍射角 φ 的关系由下面的光栅方程求出：

$$d(\sin\varphi+\sin\theta)=k\lambda \tag{3.3.1}$$

式中，θ 是光束入射角；k 称为干涉级数，$k=0,\pm1,\pm2,\cdots$。

相邻两缝的间距 $d=a+b$，称为光栅常数，a 和 b 分别代表透光和不透光部分的宽度，并将 $\frac{1}{d}$ 称为光栅的狭缝总数 N。不难看出，“相加干涉”而形成的光谱谱线将按干涉的级数 $k=0,1,2,\cdots$ 围绕 $k=0$ 的零级干涉谱线在两侧展开，且其强度随干涉级数增大而减弱（图 3.3.8）。

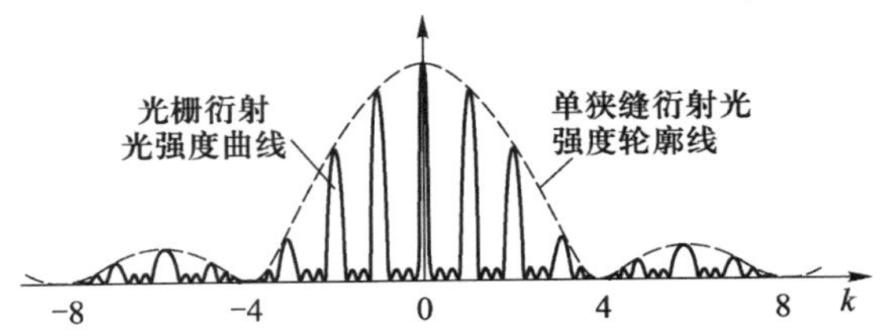

图 3.3.8 光波通过光栅后，不同级衍射光波干涉的主极大在空间的分布光谱谱图

在这里，光栅分开谱线的能力通常用光栅的角色散率 D，即波长差相差一个单位的两谱线分开的角间距来描述，其值可根据式（3.3.1）而用下式计算：

$$D=\frac{k}{d\cos\theta} \tag{3.3.2}$$

在实际上，光栅分辨谱线能力也可用分辨本领 R 表示：

$$R=\frac{\lambda}{\Delta\lambda_{\min}}=kN \tag{3.3.3}$$

式中，$\Delta\lambda_{\min}$ 是由瑞利判据[3]确定的可被分辨开来的两个相邻波长的最小差值。由此可见：适当选择光栅平面相对于入射光方向的角度，即可在指定方向获得所要求的波长的光束，而该被选择出的光束的谱线宽度 $\Delta\lambda$ 随所用光栅的“刻线”数目 N 增多而变窄［参阅式（3.3.3）］。显然，利用光栅选择单一波长光辐射的光谱分辨率应明显地高于光学棱镜和滤光片的光谱分辨率。但为了获得光谱单色性更高的单一波长的光束，则可

[3] 光栅衍射中光线能够分辨的瑞利判据：波长为 λ 的谱线，如果与它的 k 级主极大最邻近的光强极小位置刚好和波长为 $\lambda+\Delta\lambda$ 谱线的第 k 级主极大中心位置重合，则称这两条谱线是可分辨的。

采用 Fabry-Perot 光学标准具。

光学标准具实际上可看做是在 Fabry-Perot 干涉器的基础上发展出来的一种狭带光学滤光片。它由一对具有精密光学平面$\left(\text{其误差小于}\frac{\lambda}{20}\right)$和彼此平行排列并保持一定间距 d 的部分反射镜片构成（图 3.3.9）。这些反射镜片要求具有一定的厚度，但它的外表面通常并不要求和内表面严格平行（相反，在它们之间一般应有一个<1° 的角度）。在两个反射镜片内表面之间可以是简单的空气隙、填充折光指数为 n 的玻璃或热膨胀系数很低的 Zerodur 等介质。这种 Fabry-Perot 标准具可以看做是具有特定光程长的光学谐振腔。若空间相邻的两个相位差 $\Delta = 2d\cos\varphi\cdot\frac{2\pi}{\lambda}$ 的光波沿 φ 角入射，并在一对反射镜片间往返传播而发生相消干涉时，这一进行谐振的光波将被反向反射。此时，如果这一具有特定光程长的光学谐振腔的光程长恰好等于光波波长 λ 的整数倍 $\lambda, 2\lambda, 3\lambda, \cdots$，并使谐振的光波发生相加干涉时，将形成如图 3.3.10 所示的强度峰值在不同波长处的呈等间隔分布的谱图。这些波长的谐振光波将可从反射镜中透过。

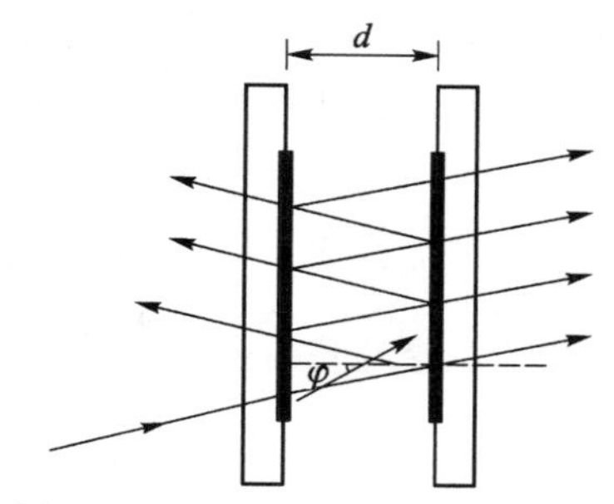

图 3.3.9　Fabry-Perot 标准具示意图

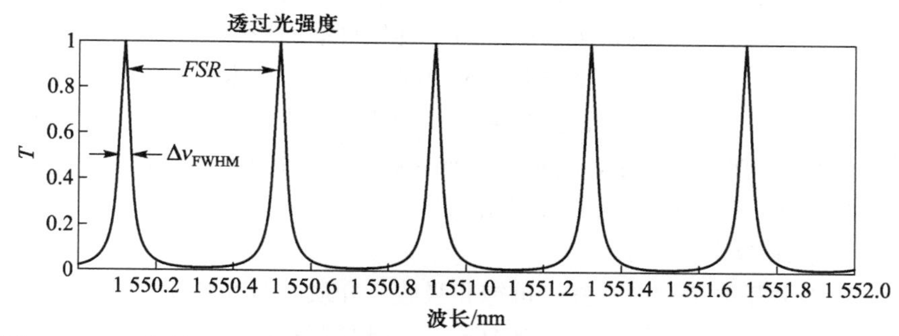

图 3.3.10　理想的 Fabry-Perot 标准具所输出的光波在不同波长处的强度分布示意图（$R = 80\%$，$FSR = 50.0$ GHz，$\Delta\nu_{\text{FWHM}} = 3.57$ GHz，细度 $F_R = 14$）

图中 $\Delta\nu$ 是频率为 ν 的光波谱线的半高宽度（FWHM）；FSR 通常称为

自由谱线范围（free spectral range），其物理意义是以光波频率表示可被分辨开的两个相邻峰值强度的间隔。它和标准具的光程长 l 的关系是：$FSR=\frac{c}{l}$。其中，光程长 $l=nd$，c 是光速。细度 F_R（finesse）是表征光波谱线半高宽度和自由谱线范围相对关系的常数。在理想的情况下，它仅和反射镜的反射率 R_1、R_2 有关：

$$F_R=\frac{FSR}{\Delta\nu_{\mathrm{FWHM}}}=\frac{\pi(R_1R_2)^{\frac{1}{4}}}{(1-\sqrt{R_1R_2})}\tag{3.3.4}$$

入射光 I_0 透过 Fabry-Perot 标准具的光强度 I_T 可表示为

$$I_T=\frac{I_0T_{\max}}{1+\left(\frac{2F}{\pi}\right)\sin^2\left(\frac{2\pi nd}{\lambda}\right)}\tag{3.3.5}$$

式中，$T_{\max}$ 是和细度有关的共振峰的最大透过率，在理想的条件下，其值等于 1。

3.3.4　光束传播的时间选通

光束传播的时间选通（gating）是有选择地控制激光脉冲在某一指定瞬间 t_i“到达”或“通过”某一空间位置点的手段。时间选通所用的基本元件是“光学开关”。最简单的光学开关是机械光学开关，它由沿垂直于光束传播方向快速转动的多面反射镜或棱镜而构成。这种转镜式机械光学开关的优点是：转镜材料易得，制备技术简单，适用于任一入射光束波长，频率便于调制。但它在高速转动时易于发生抖动而影响工作稳定性，而且开关“打开”时间和光脉冲的上升时间同步的一些技术细节也比较难于掌握。因此，在一般的时间分辨光谱实验测量中，更多的是采用基于一些材料的“可饱和吸收”现象、电光（electro-optic）以及声光（acousto-optic）效应等而发展出的多种其他形式的光学开关。

1．光化学开关

光化学开关是利用某些“可饱和吸收”介质的吸光特性而工作的。它通常是由某些可被“漂白”的有隐花青、钒酞花青的醇溶液或五甲川、十一甲川等染料的氯苯溶液等有机染料溶液盛于玻璃或石英等材料制成的透光液池中制成，掺铬-钇铝石榴石 Cr^{4+}YAG 和 InGaAsP 或 GaAs 等半导体也都可作为这种光学开关的工作介质。这些可饱和吸收光介质的一个特点是：当作用于介质的激发光强度不大时，它可对入射光产生吸收，但随着入射的激发光强度不断增大，其吸光能力将随越来越多的吸光粒子被激发而降低；当激发光达到一定的强度（例如≥$10^4\,\mathrm{W\cdot cm^{-2}}$）时，处于激发态和未被激发的低能态的吸光粒子数目几乎相同，以致该介质将不再对光辐射产生吸收而达到“吸收饱和”的“漂白”状态，此时，入射光辐射便能够无损耗地透过。透光的持续时间一般可达到 ns 甚至 ps 数量级。这样，可饱和吸光介质即可作为一种可被具有足够强度光脉冲打开的“被动式”光学开关，用于对光束透过的“开启时间” t_i 和“开启状态持续时间” Δt_i 有选择地进行控制，而且开关的“启动”和开启后透光光脉冲的“形成”步骤也易于在时间上实现同步。不过应注意：这一开关的开启持续时间取决于吸光介质呈现“吸收饱和”状态的持续时间，而“吸收饱和”状态的持续时间与“开启”开关所用的光束强度和波形有关。此外，吸光介质分子的激发态寿命也可能是影响开关开启持续时间的一个因素。但是，这种被动式光化学开关的一个优点显然是制备简单，而且无须输入外加信号“启动”，从而使工作系统明显简化。不过，有机染料分子的光化学稳定性有限、光物理特性易受环境因素影响而导致多个光脉冲无规输出，因而使它们的应用受到明显的限制。

2．电光开关

电光开关是利用外加电场对置于其偏振方向相互正交的光学偏振片之间的电光介质的双折射特性而工作的。其工作原理是：当光波通过双折射透明电光介质时，其电矢量平行和垂直于该介质光轴的寻常光（o 光）和非寻常光（e 光）分量之间，将因折射率不同而使它们在传播过程中出现相位差 $\Delta\theta$，$\Delta\theta$ 和入射光的波长 λ 有关，而且和光波在介质中传播的光程长 l 以及 o 光和 e 光的折射率差值 $\Delta n = n_\mathrm{o} - n_\mathrm{e}$ 成正比：

$$\Delta\theta = \left(\frac{2\pi}{\lambda}\right) l \Delta n \qquad (3.3.6)$$

由于电光介质的 Δn 和外加电场强度 E 有关，调节外加电场强度以变换在该介质中的光波相位差和偏振方向，即可对光波在这一电光介质和光学偏振片组合系统的传播特性进行实行控制，使入射光波 I_in 和透过光波 I_out 的强度比（即光波透过率）有下式所示的关系。由下式可见：当 $\Delta n = \dfrac{\lambda}{2l}$ 时，光波透过率达到最大值：

$$\frac{I_{\text{out}}}{I_{\text{in}}}=\sin^2\left(\frac{\Delta\theta}{2}\right)=\sin^2\left(\frac{\pi\,\Delta nl}{\lambda}\right) \tag{3.3.7}$$

不难设想：若使光波入射到置于一对其偏振方向相互正交的光学偏振片之间的某种电光介质时，经过发挥“起偏”作用的光学偏振片 a 而只沿特定方向偏振的入射光束可以从该光学介质中通过，但当这一特定偏振的入射光束投射到第二个偏振片（检偏器）b 时，由于它和检偏器 b 的特征偏振方向正交，该输入光波的传播将被偏振片 b 阻隔。然而，若对光学偏振片之间的电光介质施加适当的电压（通常称为半波电压），而使寻常光和非寻常光在该介质中传播的相位差 $\Delta\theta$ 等于 π ，即寻常光和非寻常光的光程差等于半波长时，经过“起偏”偏振片 a 入射到该光学介质中的光波偏振方向将被扭转 90°，从而，该偏振光束即可通过偏振片 b 而输出。这样，通过施加适当电压，及如上述空间排列的光学偏振片和电光学介质组合，即可用做“电光光学开关”而对入射光束的透过与否予以控制。 典型的电光开关的结构如图 3.3.11 所示。

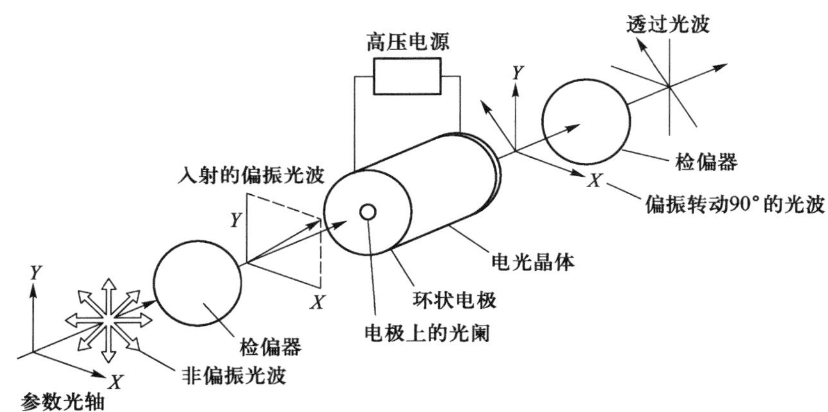

图 3.3.11 典型的电光开关结构示意图

根据所用双折射电光介质材料的不同，电光开关有泡克耳斯（Pockels）开关和克尔（Kerr）开关等两种不同的类型。在 Pockels 开关所用的电光介质中，电场诱导的 o 光和 e 光折射率差 Δn 和电场强度 E 成正比：

$$\Delta n = n_0 r_{\text{mk}} E \tag{3.3.8}$$

从而，其相位差 $\Delta\theta$ 和外加电场电压 V 呈线性函数关系，即

$$\Delta\theta=\left(\frac{2\pi}{\lambda_0}\right)n_0^3 l r_{\text{mk}}\left(\frac{V}{d}\right) \tag{3.3.9}$$

式中，λ_0 为真空中的光波波长，n_0 是介质未受到电场作用时的折射率，d 是用于施加外界电压 V 的一对电极的间距，r_{mk} 是和空间取向有关的介质的电光系数。常用的电光介质是一些不具有对称中心的透明晶体，其中包括要求半波电压较高的磷酸二氢氨（$NH_4H_2PO_4$，ADP）、磷酸二氘钾（KD^*P 或 DKDP）等。近年来发现的铌酸锂（$LiNbO_3$）、钽酸锂（$LiTaO_3$）、β－硼酸钡（BBO）等，虽具有较高的电光常数，从而所要求的半波电压也相应地降低，但生长出质量很高的晶体并不容易。

在 Pockels 开关中，所用的介质晶体的光轴应沿平行于光波传播方向切割，在其外侧表面则镀以金属膜作为电极。整个晶体和金属电极膜放置在充满折射率匹配液、两端封以喷涂有增透膜“窗口”的“泡克耳斯盒”（Pockels cell）中。所施加的外电场的方向可以与光波传播方向平行，也可以彼此垂直。前一种构型具有较大的通光孔径，但所要求的半波电压较高（约 10^3 V），电压较难快速变换，致使开关重复启动的频率受到限制。当沿垂直于光波传播方向施加外电场时，可在保持恒定电压的条件下，通过改变介质晶体长度（从而改变光程长 l）而调节由电场作用引发的不同偏振光波间的相位延迟 $\Delta\theta$ [参阅式（3.3.9）]。所以此时的 Pockels 开关可在较低的半波电压（约 10^2 V）下工作，从而具有较高的重复启动频率。但这种“横向”施加外电场的 Pockels 开关的通光孔径较小。此外，其“消光比”也要比“纵向”施加外电场的 Pockels 开关的“消光比”低一些。作为 Pockels 开关所用的偏振器，可从对偏振度、光学损耗以及对激光功率密度的承受能力等的基本要求出发，选用 Glan-Foucault 等各种类型的偏振棱镜。在一般情况下，也可用简单的偏振片代替。

Kerr 开关也可选用某些不具有对称中心的透明电光晶体，但更普遍的是采用置于光学液池中的各向同性的液体材料作为工作介质。后者是在外加电场作用下通过分子极化而改变空间取向，从而产生“诱导”各向异性并呈现双折射。此时，该介质的 Δn 和外加电场强度 E 的平方成正比：

$$\Delta n = \lambda_0 K E^2 \tag{3.3.10}$$

从而通过光程长为 l 的介质所产生的相位差将为

$$\Delta\theta = \left(\frac{2\pi}{\lambda_0}\right) l \Delta n = 2\pi l K \left(\frac{V}{d}\right)^2 \tag{3.3.11}$$

式中，λ_0、d 和 V 的物理意义和式（3.3.9）的相同，K 通常称为介质的 Kerr 常数。一些常用介质的 Kerr 常数在表 3.3.1 中列出。

表 3.3.1　一些液体介质的 Kerr 常数

液 体 介 质	Kerr 常数/(m·V^{-1})
苯	0.6×10^{-7}
二硫化碳	3.2×10^{-7}
三氯甲烷	-3.5×10^{-7}
水	4.7×10^{-7}
硝基甲苯	123×10^{-7}
硝基苯	220×10^{-7}

由于 Kerr 电光效应比较弱，所以“启动”Kerr 开关所要求的电压要比 Pockels 开关所要求的电压高一些（例如约 30 kV）。Kerr 开关的另一缺点是，性能较好的工作介质（如硝基苯）都具有较强的毒性和较高的可爆性。但它的一个重要特点是：随外加电场变化在时间上几乎“同步”，从而其开关频率可达约 10^{10} Hz 数量级；尤其是，当采用高功率的激光超短脉冲的强光电场取代通常的电压而诱发介质的双折射时，即可构成超快速“光学 Kerr 开关”(optical Kerr shutter)，“开启”和“持续时间”可达 ps 数量级。

3．光学 Kerr 开关

光学 Kerr 开关的工作原理和普通 Kerr 开关的相同，它的工作介质是利用高强度线偏振激光脉冲的电辐射场作用改变空间取向，而使它的极化率最大的分子轴和激光辐射的电场平面保持一致，从而使介质呈现瞬态光学诱导各向异性，产生能改变通过该介质的光波偏振方向的瞬态双折射。此时，该介质相对于外加高强度激光脉冲偏振方向垂直和平行偏振的两个光波的诱导折射率的差Δn 与该激光脉冲的强度 $I_s(t)$ 有关：

$$\Delta n(t)=n_{2B}\int_{-\infty}^{t}I_s(t)\exp\left(-\frac{(t-t')}{\tau_r}\right)\frac{dt}{\tau_r} \tag{3.3.12}$$

式中，n_{2B} 是 Kerr 介质的非线性双折射系数；τ_r 是该介质的瞬态各向异性弛豫的时间常数。这样，如果激发用激光脉冲 $I_s(t)$ 的强度足够高，以致所产生的诱导双折射能使入射光信号 $I(t)$ 的偏振方向旋转 90°，那么，在此瞬间通过 Kerr 介质的光信号即可通过检偏器输出。入射光透过这种光学 Kerr 开关的光信号强度 $I_T(t)$ 与激发光脉冲 $I_s(t)$ 和入射信号光脉冲 $I(t)$ 间的相对时间延迟 Δt 有关：

$$I_{\mathrm{T}}(t)=\int_{-\infty}^{\infty}I(t+\Delta t)\sin^2\left(\frac{\theta(t)}{2}\right)\mathrm{d}t \tag{3.3.13}$$

式中，$\theta(t)$ 是激发光脉冲和波长为 λ 的信号光脉冲相互作用长度 L 的函数：

$$\theta(t)=2\pi\Delta nL/\lambda \tag{3.3.14}$$

当 Kerr 介质响应时间远小于激发光脉冲宽度、双折射较小从而 $\phi(t)<<1$ 时，式（3.3.12）可简化为

$$I_{\mathrm{T}}(t)=\int_{-\infty}^{\infty}I(t+\Delta t)\,I_{\mathrm{s}}^2(t)\mathrm{d}t \tag{3.3.15}$$

而为使入射光波偏振面转 90° 所需的取样激光脉冲能量 E_{s} 可用下式近似地估算：

$$E_{\mathrm{s}}=\frac{\pi\,d^2\lambda\,\Delta t_{\mathrm{p}}}{8ln_{2\mathrm{B}}} \tag{3.3.16}$$

式中，d 和 l 分别表示脉宽为 Δt_{p} 的激发激光脉冲在 Kerr 介质中的光束直径和传播的光程长度，λ 是入射光信号的波长。例如，当 $\Delta t_{\mathrm{p}}=1$ ps，$d=1$ mm，$l=2$ mm，$\lambda=650$ nm 和 $n_{2\mathrm{B}}=3.1\times10^{-18}$ $\mathrm{m^2\cdot W^{-1}}$（用 CS_2 作为 Kerr 介质）时，E_{s}约为 40 mJ。单脉冲能量这样大小的超短激光脉冲，可以方便地从采用再生放大级的锁模激光系统获得（见 3.7 节）。这种光学开关的开启频率将由激光超短脉冲的重复频率所决定，而开关呈现“开启”状态的持续时间仅受工作介质分子的各向异性弛豫时间的限制。因此，光学 Kerr 开关作为一种简便的“脉冲取样”手段被广泛地用于对超快速分子过程跟踪监测。不过应注意：采用光学 Kerr 开关进行脉冲取样测量时，所测量的仅是在该开关开启期间 Δt_i 所透过的光信号的积分强度 $I(t)$。所以，测量的时间分辨率和所用光信号探测器的时间响应特性无关，而是取决于所用 Kerr 介质呈现瞬态双折射现象的选通持续时间，后者是所用取样激光脉冲宽度 $\Delta t_{\mathrm{pulse}}$ 和作为 Kerr 介质的液体态分子的瞬态双折射弛豫的时间常数 τ_{R} 的函数。在取样激光脉冲宽度 $\Delta t_{\mathrm{pulse}}$ 小于瞬态双折射弛豫时间 τ_{R} 的情况下，后者将成为测量时间分辨率的限制因素。例如，当采用已知其 $\tau_{\mathrm{R}}=(2.0\pm0.3)$ ps 的 CS_2 作为 Kerr 介质时，利用光学开关取样测量的最高时间分辨率不能超过 2.0 ps。

最后需指出：在选择光电开关的 Kerr 介质时，应考虑材料的光学稳定性，和它对指定波长的光的透光率。而在选择包括偏振单元在内整个器件

时，除构型、尺寸及操作安全性外，还必须考虑另一重要工作特性参数，即开关处于“完全开启”和“完全闭合”状态时，所透过的光信号的强度比（通常称为“消光比”）。较好的商品电光开关的消光比应≥10^3。

4．声光开关

声光开关是利用电信号切换光束功率、频率以及传播方向的光学器件。它是通过声波调制透光介质折光指数的声光效应而工作的。所谓声光效应，是当声波场在固体或液体介质中传播时，由于局部压缩和伸张作用而引起的一种光弹性效应（photoelastic effect），以在介质中形成疏密相间的“叠层”而导致其折射率出现周期性增大和减小的交替变化。当有光波投射到该介质中时，介质将表现出类似于光栅的功能而使入射光发生衍射，将其传播方向偏折（图 3.3.12），从而可利用声波对入射的光波进行调制。

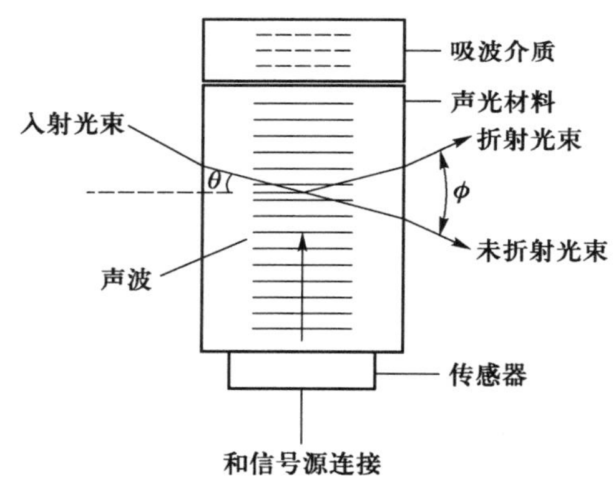

图 3.3.12　声光调制器（开关）的工作原理示意图

利用声光相互作用而对光波进行调制的基础是入射光的衍射角 θ 和声波波长 λ_s 的关系（λ_s 等于声速 v_s 和频率 f_s 之比，即 $\lambda_s = \dfrac{v_s}{f_s}$）：

$$\theta = \arcsin\left(\frac{m\lambda_{oi}}{2\lambda_s}\right) \tag{3.3.17}$$

式中，λ_{oi} 是入射光波长；m 称为衍射级数，$m = 0, \pm 1, \pm 2, \cdots$。在声波频率不高（或声波波长 λ_s 不大）、它和波长为 λ_{oi} 入射光波的相互作用区达到一定的长度 L 时，即 $q = \dfrac{2\pi L\lambda_{oi}}{\lambda_s} > 4\pi$ 时，入射光将发生偏折角为 θ_B、m 为 0

或±1 级的所谓布拉格（Bragg）衍射[4]。根据光波和高频声波相互作用的麦克斯韦（Maxwell）方程可求出被衍射光束的强度$I(m)$，即

$$\left.\begin{aligned} I(m=0) &= I_{\rm oi}\cos^2\left(\frac{V}{2}\right) \\ I(m=1) &= I_{\rm oi}\sin^2\left(\frac{V}{2}\right) \end{aligned}\right\} \tag{3.3.18}$$

式中，$I_{\rm oi}$是入射光束强度；$V=\left(\dfrac{2\pi}{\lambda_{\rm oi}}\right)\Delta nL$，$\Delta n$是声波引起的介质折射率变化。不难看出：当$V=\pi$，$m=0$的零级 Bragg 衍射强度$I_{m=0}=0$，而$m$=1的一级 Bragg 衍射强度$I_{m=1}=I_{\rm oi}$。也就是说，在满足产生 Bragg 衍射的条件下，入射光束的全部能量将全部转入到被偏折的一级衍射光束中去，且该衍射光束的传播方向将有相对于入射光束的$2\theta_{\rm B}$的偏折，其中

$$\theta_{\rm B}=\arcsin\left(\frac{\lambda_{\rm oi}}{2n\lambda_{\rm s}}\right) \tag{3.3.19}$$

式中，n是声光介质的折光指数。因此，基于光弹性效应而建立的声光开关将为利用外界电信号调控偏转光束的传播方向提供一种有效的方法。

实用的声光开关的核心元件是可透光的声光介质，在它的外表面镀以声波吸收或反射金属膜，而在另一侧的外表面则附有用于激发高频（约 100 MHz）声波的压电晶体换能器（piezoelectric transducer），其高频激发电源通过调制信号控制。其中声光介质是调制用声波和被调制光波的相互作用的场所，声光介质应对入射光波具有最高的透过率和良好的光学均匀性，而对声波的吸收则很弱，且环境温度改变不会明显地影响声波在其中的传播速度。在实际工作中，介质材料的工作特性通常可用品质因子M_2表征：

$$M_2=\frac{n^6p^2}{rv^3} \tag{3.3.20}$$

式中，n和p是声光介质的折光指数和压电效应常数，r和v分别是该介质的密度和声波在其中的传播速度。除品质因子M_2之外，声光开关频率带宽也是在实用中应考虑的一个因素。

表 3.3.2 中列出了一些声光材料的特性参数，在实际工作中获得广泛

[4] 在$q<\pi$的相反情况下，即相互作用长度L较短、声波频率较低（或声波波长$\lambda_{\rm s}$较大）时，入射光即发生其级数$m=0,1,2,\cdots$的所谓 Raman-Nath 衍射。

应用的以融熔石英、钼酸铅、二氧化碲、砷化钾和铌酸锂为主。声光材料通常被切割为块状，其通光端面和入射光传播方向垂直，但和声波入射平面呈 $90°-\theta_B$ 的夹角。作为电声换能器的压电晶体，应能够以适当的振荡频率的机械振动谐振而产生必要波长的声波，且具有较高的电能-机械能转换效率。常用的换能器材料是 0° 切割的石英或 36° 切割的铌酸锂晶体薄片，并用铟或铟锡合金胶合到声光介质块的声波入射一侧。而相对于这一表面的另一侧表面则镀以声波吸收或声波反射金属膜，以使该声光开关以非共振的行波状态或以共振的驻波状态工作。在后一情况下，由于声波在晶体中多次往返而增大调制强度或降低所要求的声波功率，但调制带宽则受到明显限制。

表 3.3.2　典型的声光材料的特性参数

声光材料	透光波长/μm	M_2/($m^2\cdot W^{-1}$)	调制带宽/MHz	驱动功率/W	折射率 n (λ/μm)	声速/($m\cdot s^{-1}$)
融熔石英（SiO_2）	0.3～1.5	1.6×10^{-15}	<20	6	1.46(0.634)	5 900
砷化镓（GaAs）	1.0～11	1.04×10^{-13}	<350	1	3.37(1.15)	5 340
磷化镓（GaP）	0.59～1.0	4.5×10^{-14}	<1 000	50	3.31(1.15)	6 320
锗（Ge）	2.5～15	8.4×10^{-13}	<5	50	4.0(10.6)	5 500
钼酸铅（$PbMoO_4$）	0.4～1.2	5×10^{-14}	<50	1~2	2.26(0.633)	3 630
二氧化碲（TeO_2）	0.4～5	3.5×10^{-14}	<300	1~2	2.26(0.633)	4 200
铌酸锂（L_6NbO_3）	0.5～2	7×10^{-14}	>300	50~100	2.26(0.633)	6 570

最后应指出的是：声光开关作为一种光学器件，除考虑在工作波长处应具有最好的透光率、最高的衍射性能和必要的调制带宽外，也必须考虑防反射用的光学镀层以降低可能出现的寄生光学振荡。直接影响器件运转的电功率和冷却措施的射频驱动电源也需合理选择。此外，为展宽调制频率范围而采取光束聚焦措施时，声光材料的光破坏阈值应予以重视。

3.4　激光器的 Q 调制和锁模

在分子运动变化的微观动态学过程的时间分辨光谱实验研究中，必须采用持续时间足够短暂的光脉冲激发被测分子体系，并对继之而发生的过程跟踪监测。为此，早年曾被广泛采用的脉冲放电闪光灯，虽已被直接利用脉冲放电或采用气体放电产生的闪光脉冲激发固体、液体和气体激光工作物质而产生一定波长激光输出的脉冲激光器所取代。脉冲激光器虽可输出具有一定脉冲能量 ε_p 的激光脉冲，然而它们所输出的激光脉冲的持续时间 Δt_p 则受所用激发脉冲宽度的限制，一般难以超过 ns（约 10^{-9} s）数量级，从而难以在短于 ns 的时间间隔内激发分子体系，同时也不能以 ns（约 10^{-9} s）的时间分辨率对分子过程进行实时监测。为获得持续时间 Δt_p 更短暂的激光短脉冲，通常需采用附加措施对脉冲激光器所产生的激光脉冲的脉冲宽度进行“压缩”。为此，采用的方法是对激光器进行“Q 调制”（Q-modulation）或实行“模式锁定”（mode-locked，简称“锁模”）。

3.4.1　激光器的 Q 调制

所谓 Q 调制，这是一种“突然”改变激光谐振腔内所储存的激光辐射场总能量 E_{total} 和它在单位时间内的能量损耗 E_{loss} 之比，即改变谐振腔的“品质因子”（或简称 Q 值）的技术。这一技术的基本思想是，使谐振腔中激光辐射场的能量累积和能量输出在不同的谐振腔品质因子条件下进行。如图 3.4.1 所示，起初激光工作粒子是在谐振腔的 Q 值很低（即腔损耗很大），从而难以形成激光振荡的条件下激发，并使它们激光跃迁高能级的布居数不断累积；当高能级的激发态粒子累积到很高的密度并呈现布居数反转状态，然而尚未达到在此谐振腔高损耗的条件下产生激光输出的阈值时，“突然”在一个极短的瞬间提高该谐振腔的 Q 值，使处于布居数反转状态的高能级激发态粒子在谐振腔损耗明显降低的阈值条件下进行“超临界振荡”，而将储存于激光工作物质中的工作粒子激发能量在更短的时间间隔内，以具有更高能量（$\Delta N_i >> \Delta N_f$）的“激光巨脉冲”（giant pulse）形式输出。所输出的巨脉冲的峰值功率通常可高达约 10^3 MW，而脉冲宽度则为 ns 数量级。不过这一激光巨脉冲在一般情况下都呈现不对称的波形：其强度上升的脉冲前沿和激发态粒子布居反转密度有关，而强度衰变的脉冲后沿则是谐振腔中光子寿命 t_c 的函数。但脉冲前沿上升时间和脉冲后沿衰变时间之比通常不大于 1:5。

激光谐振腔的 Q 值的调制最初是采用快速转动的多面反射镜或棱镜构成的机械式 Q 开关实现。其后，利用某些吸光物质在高强度光辐射照射下可变成透明体的“可饱和吸收”的非线性吸收特性而发展出来的“光化

学 Q 开关”，以及在外加电场作用下产生光学双折射的电光开关或利用声波引起折光指数变化的声光开关（参阅 3.3.4 小节），也广泛地用于激光谐振腔的 Q 调制。视所用 Q 开关的工作特性不同，具体的 Q 调制方法有利用激光腔内振荡的激光辐射场强度自身的“主动调制”和利用外加信号触发的“被动调制”等两种。

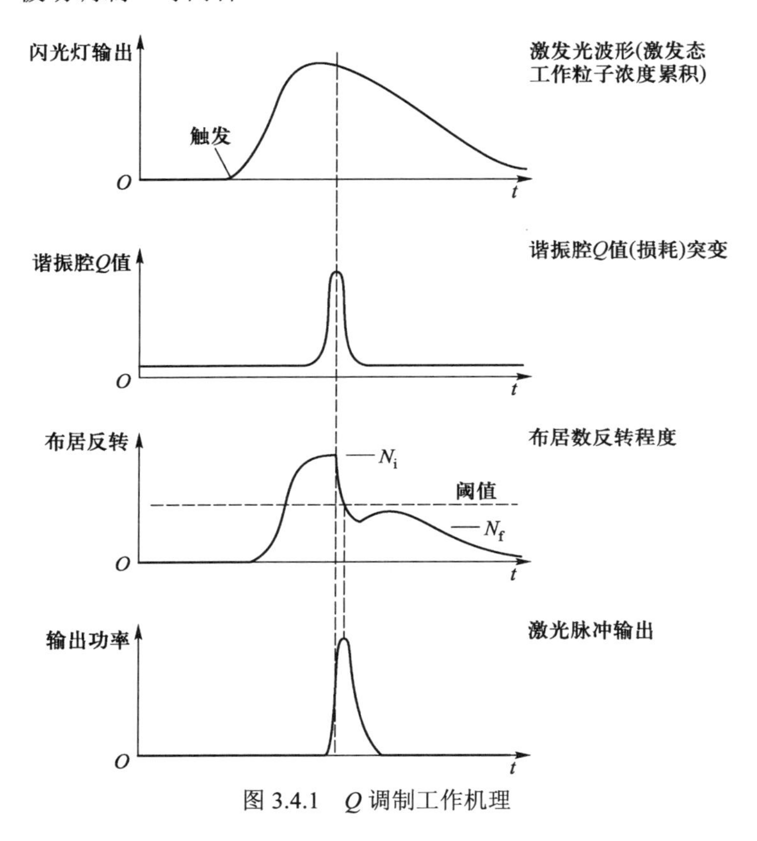

图 3.4.1 Q 调制工作机理

一般来说，对通常的固体激光器进行 Q 调制时，均可获得脉冲宽度为 ns、脉冲能量为 mJ 数量级的激光脉冲；例如，以掺钕玻璃和晶体（Nd:YAG、Nd:YVO_4^-或 Nd:YLF 等）为激光工作物质的 Q 调制固体激光器均可在波长约为 1 μm 的光谱范围，输出由一组脉宽约为 10 ns、重复频率约为 1 kHz、平均功率约为 100 mW 的激光子脉冲组成的“序列”，序列中单脉冲能量约为 100 μJ。但当要求输出的脉冲能量更大时（例如能量为 J 数量级），则需选用激光跃迁的高能级寿命更长，从而更容易在谐振腔中累积能量的工作介质。在这方面，虽然掺镱-钇铝石榴石晶体（Yb:YAG）和掺铱-钇铝石榴石晶体（Nb:YAG）的增益比较低，而所产生的脉冲的宽度也较大，但掺镱-钇铝石榴石晶体（Yb:YAG）在高脉冲能量输出方面更优越。最后应指出的是，Q 调制激光器的脉冲输出重复频率虽然可在 $10^0 \sim 10^6$ Hz 的范围内变动，但在改变脉冲输出重复频率的同时，也必然会连带地改变所输出的脉冲能量和脉冲宽度等参数。因而，当要求改变 Q 调制激光器的脉冲输出重复频率时，应同时对可能引起的其他参数的改变作综合考虑。

3.4.2　激光器的锁模

"模式锁定"是一种用于产生其持续时间为 ps（10^{-12} s）甚至 fs（10^{-15} s）的激光超短脉冲的方法。其原理是，利用置于激光谐振腔内的"主动式"光学调制元件或"被动式"非线性光学吸收体，将在谐振腔中各自独立振荡、彼此之间并没有某种固定相互关联的各激光辐射场模式（modes）的相位"锁定"为恒定的关系。这些被锁定的激光辐射场振荡模式之间的相互干涉的结果，不仅可使一些振荡模式的激光辐射场的强度彼此"叠加"而成为持续时间被压缩到 30 ps～30 fs 的激光脉冲，并可使谐振腔中的每个激光辐射场模以相同的同一相位振荡，而不再是无规起伏或强度恒定的连续波形式。这些激光辐射场模式之间发生相互干涉可形成一组"模式锁定"（mode-locked）或"相位锁定"（phase-locked）的高强度的"子脉冲"，这些"子脉冲"可以以"激光超短脉冲序列"（ultra-short pulse train）的形式从谐振腔中输出，其中输出的相邻的一对子脉冲之间的时间间隔 τ_{p} 等于光波在腔长为 L 的谐振腔中往返传播一周的时间，$T = \dfrac{2L}{c}$，而这恰好对应于相邻的一对激光模式的频率间隔 $\nu_n - \nu_{n=1} = \Delta\nu = \dfrac{1}{\tau}$。这种锁模激光器输出的峰值功率通常可超过其平均功率几个数量级。作为典型，由 7 个振幅相等的激光纵模被相位锁定后的强度分布如图 3.4.2 所示。一般来说，当谐振腔中振荡的纵模被锁定时，被锁定的纵模数目 N 越多，或者说，相关的激光工作介质的增益带宽 $\Delta\nu_{\mathrm{osc}} \cong N\dfrac{\Delta\omega}{2\pi}$ 越大，所产生的锁模脉冲将具有更小的脉冲宽度[5]：

[5] 激光脉冲的半高宽度 $\Delta\tau_{\mathrm{p}}$ 和激光工作介质的增益带宽 $\Delta\nu_{\mathrm{osc}}$ 的乘积则通常被作为锁模完全程度的判据。对增益带宽为 1.5 GHz 的 HeNe 激光来说，通过纵向多模锁定所输出的最短高斯脉冲宽度约为 300 ps，而其增益带宽为 128 THz 的纵向多模锁定钛-青玉（Ti:sapphire）固体激光输出的高斯脉冲宽度可小到 3.4 fs。

$$\Delta\tau_{\mathrm{p}} \cong \frac{1}{\Delta\nu_{\mathrm{osc}}} \tag{3.4.1}$$

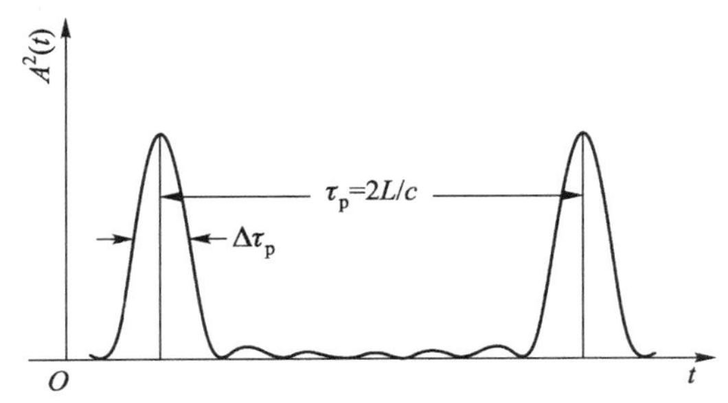

图 3.4.2　由 7 个振幅相等的激光纵模被相位锁定后的强度分布

从原则上说，采用适当的锁模方法可以分别将在光学谐振腔内振荡的激光纵模或横模分别锁定，也可同时锁定纵模和横模。诚然，在激光工作介质内部发生的某种非线性光学的相互作用，也可能使其中的一些振荡模式的相位彼此耦合而出现所谓的“自锁模”现象。在实际工作中，为获得稳定的激光超短脉冲输出通常采用纵向多模锁定，采用的锁模方法可分为“主动锁模”（active mode-locking）和“被动锁模”（passive mode-locking）两大类。主动锁模是通过由外部向激光器提供调制信号的途径而周期性地改变激光器的增益或损耗，被动锁模则是利用置于激光谐振腔中某些材料的非线性吸收或非线性相变的特性而实现锁模。

1．主动锁模

最简单的纵向多模的主动锁模是采用置于激光谐振腔中并由外加电信号驱动的声光或电光调制器对在谐振腔中振荡的辐射场的激光振幅或频率进行调制而实现。此时，对激光辐射场进行调制的结果，将可在激光辐射场原来频率 ω_0 附近两侧各产生一个相位相同、频率为 $(\omega\pm\Omega)$ 的“边频带”（图 3.4.3），而且这些“边频带”将以和频率为 ω_0 的激光纵模相同的相位在谐振腔内振荡，并因和频率为 ω_0 的激光纵模“共享”激光工作物质的增益而增大其强度。在开关调制的频率 Ω 和一对相邻的激光纵模的频率间隔 $\Delta\omega=\omega_n-\omega_{n-1}=\dfrac{c}{2L}$ （或 $\dfrac{c}{2L}$ 的整数倍）完全相等的 $t=0$ 时，边频带的振荡频率将和其相邻的原有纵模频率相同，从而在谐振腔振荡的所有纵向激光模式（包括 ω_0 和频率 $\omega\pm\Omega,\omega\pm2\Omega,\cdots,\omega\pm N\Omega$ 的所有“边频带”）将都彼此耦合，并具有完全相同的相位。也就是说，在这些纵模之间实现了相位锁定或实现了锁模。此时被锁定的各纵模的振幅将达到极大值，并可在激光工作介质的增益足以维持其在谐振腔内形成激光振荡的持续时间内，以时间间隔为 $c/(2L)$ 的激光超短脉冲形式自谐振腔内输出。

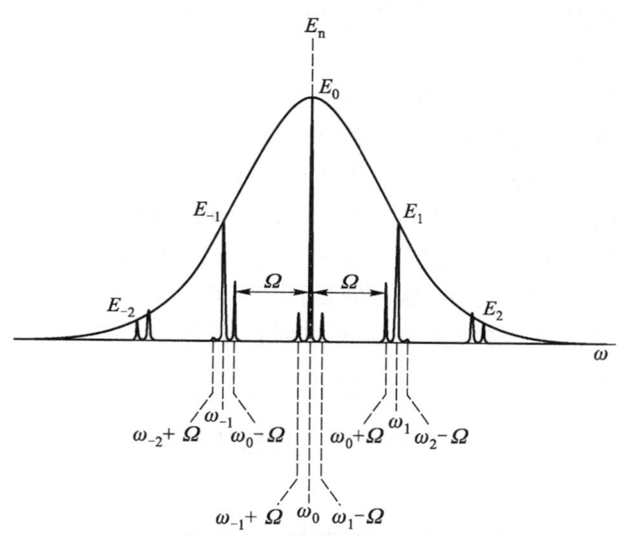

图 3.4.3　纵向多模主动锁模过程中，以频率为 Ω 的振幅调制所产生的“边频带”频率 $\omega \pm \Omega$

纵向多模的主动锁模也可采用设置在激光谐振腔中的电光 Pockels 开关作为调制器、以正弦函数形式周期性地使通过该开关的纵模频率发生轻微偏移的调频锁模方法。此时，当纵模频率调制的频率和它在谐振腔往返传播的时间相匹配时，腔中一些纵模频率将重复地发生“向上”和“向下”偏移，并最终偏移出该激光工作物质的增益带宽范围。这样，只剩下其频率在通过调制器时不受影响的纵模才能够以持续时间很短暂的高强度激光脉冲输出。不论采用哪种方法进行主动锁模，该方法都要求外加电信号驱动，而且为达到稳定的运转，必须采用反馈线路自动地调节调制频率或谐振腔长度，使调制信号和激光模在谐振腔中往返传播一周的时间严格同步。

同步抽运锁模（synchronous mode-locking）是另一种对纵向多模主动锁模的方法。这种方法实质上是增益调制主动锁模的一种形式。它是用一台其腔长为 L_1 的锁模激光器（如氩离子锁模激光器或连续波 Nd:YAG 锁模激光器的二次谐波）输出的激光超短脉冲序列，来激发腔长为 L_2 的另一台激光器（如有机染料射流激光器）的激光工作物质，并以$\frac{c}{2L_1}$的重复频率对后者的激光振荡的增益进行调制。典型的同步抽运锁模的激光系统如图3.4.4所示。此时，在用于抽运的连续波锁模激光器（激光器Ⅰ）所输出的激光超短脉冲序列的作用下，被同步抽运进行锁模的激光工作物质（激光器Ⅱ）将在其谐振腔中形成稳定的激光振荡。若此时“后继”的抽运脉冲是在工作物质增益达到最大值并超过损耗的瞬间进入，由于抽运脉冲的前沿总是和增益达到最大时的工作物质相互作用，而和脉冲后沿部分相作用的是其增益已被部分地消耗的工作物质，所以此时被放大的激光脉冲的峰值强度将随脉冲前沿“变陡”而前移，从而被“整形”为宽度更小的脉激光脉冲输出。显然，实现这种同步抽运锁模所必须满足的基本要求是，被锁模的激光工作物质的增益再生时间必须小于振荡增益调制周期$\frac{2L_1}{c}$，而振荡增益调制周期则应严格地等于激光器Ⅱ中纵模频率间隔的倒数。为此，通常是用两台激光器腔长相等，即$L_1 = L_2$的方法而达到这一要求。

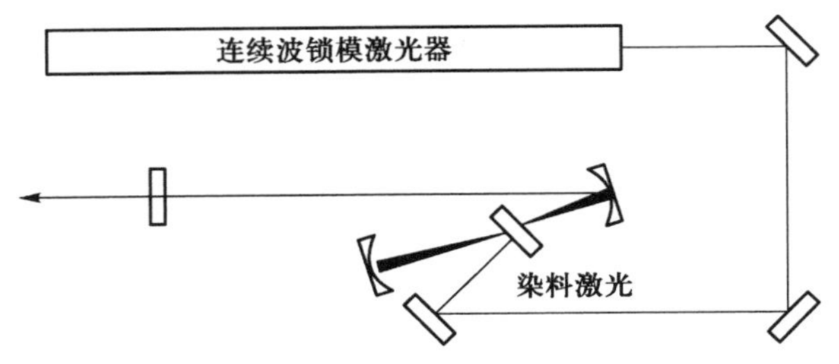

图3.4.4 典型的同步抽运锁模激光器的构型

2．被动锁模

和纵向多模的主动锁模方法不同，被动锁模并不要求通过外界电信号驱动的调制器对被锁定的纵模进行调制，而是利用置于谐振腔中的某些元件自动地调制沿谐振腔轴振荡的纵模。最常用的被动锁模调制元件是其透光率和入射光强度有关的某些有机染料溶液等掺杂的晶体和半导体等可饱和吸收体（saturable absorber）。这些可饱和吸收体用于对纵向多模进行相位锁定的原理是：当激光辐射场在包含有激光工作物质（激光增益介质）和可饱和吸收体的谐振腔中振荡时，在纵向轴模未被锁定从而激光辐射场强度不高的起始阶段，该激光辐射场的强度将随时间而呈现一定程度的无规起伏。当被激发的激光工作物质使激光辐射场强度不断增大，以致其中强度最大的峰值纵模的强度大到足以和可饱和吸收体相互作用而引起在它的非线性吸收时，强度较弱的纵模振荡在通过可饱和吸收体过程中将被衰减，而具有峰值强度的纵模将以最低程度的损耗透过可饱和吸收体，并使具有相同的相位的激光辐射场进一步增大其强度。这样，激光纵模在谐振腔中进行振荡而多次往返通过可饱和吸收体和激光工作物质时，振幅最大的中心峰值频率部分将不断地以最高效率透过可饱和吸收体，并在激光增益介质中被进一步强化，强度较高的脉冲前沿将因强化更多而变陡；而在强度较弱的脉冲前沿和尾部部分透过可饱和吸收体时，将因明显吸收而不断衰减，因而该激光脉冲的宽度将被进一步压缩。与此同时，两边强度较弱的边频侧翼部分的激光辐射场频谱也因被压缩而变窄（图 3.4.5）。这样，在谐振腔中反复通过激光增益介质和可饱和吸收体的高强度纵模将不断地改变其波形，最终以具有相同的相位、间隔为 $L/(2c)$ 的激光超短脉冲序列自谐振腔中输出。图 3.4.6 所示为利用可饱和吸收体锁定固体激光纵向多模的一种典型结构。

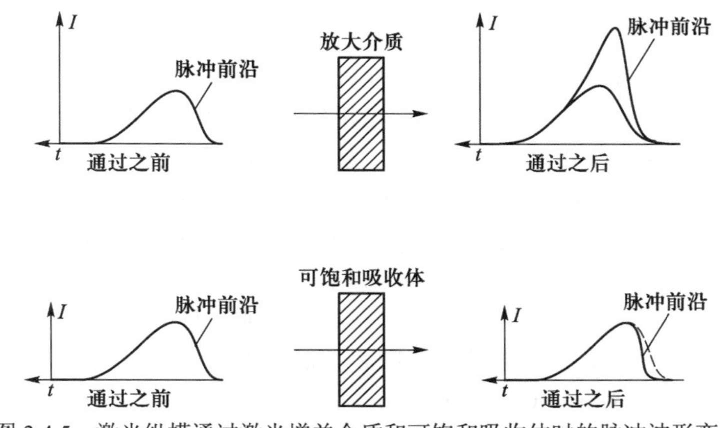

图 3.4.5　激光纵模通过激光增益介质和可饱和吸收体时的脉冲波形变化

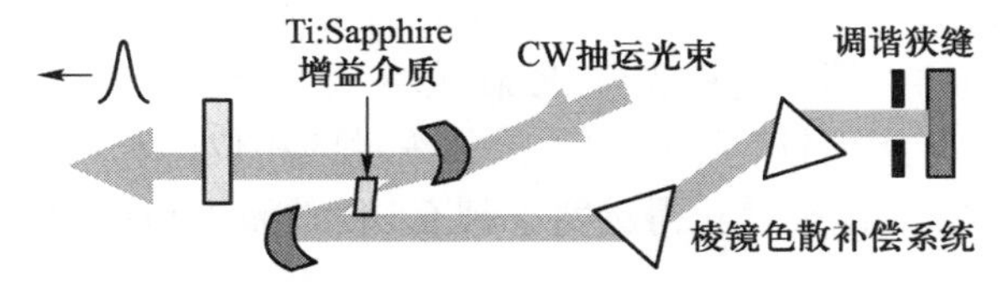

图 3.4.6　利用可饱和吸收体锁定固体激光纵向多模的一种典型结构

另一种以被动锁模原理为基础在 20 世纪 80 年代开始发展起来的锁模方法是“碰撞脉冲锁模”（colliding pulse mode-locking，CPM）技术[6]。这一技术的基本思想是，在谐振腔中各自分别通过激光激活介质并沿相反方向传播的两个激光纵模，同时出现在作为损耗调制元件的可饱和吸收体中，发生“碰撞”，通过两者的相互干涉而形成高强度的驻波，这种驻波将因损耗最小而自行彼此同步，并对激光纵模进行空间调制而压缩脉冲宽度。

碰撞脉冲锁模通常是用连续波氩离子激光抽运置于所谓环形腔内的有机染料溶液激光体系而实现的。此时所采用的可饱和吸收体是通过喷流而形成的厚度小于几十微米的有机染料液膜，该液膜平面和激光传播方向呈 Brewster 角（对空气-玻璃界面来说，Brewster 角约为 57°）使透射光学损耗降低。碰撞脉冲锁模谐振腔设计必须满足的一个要求是，工作物质和可饱和吸收体的间距应为谐振腔腔长 L 的 $\frac{1}{4}$，以保证沿相反方向传播并在可饱和吸收体中发生“碰撞”的两个激光纵模脉冲在分别通过激光工作物质时的增益状态最佳，以保证它们在可饱和吸收体中相互作用（碰撞）时具有相同的振幅。在碰撞脉冲锁模过程中，激光脉冲宽度被压缩的机理和在上述被动锁模过程中一样，同样是利用在增益介质中的“增益饱和”和在可饱和吸收体中的“吸收饱和”使透过它们的激光脉冲因“整形”而变窄。但为产生脉冲宽度非常小的激光超短脉冲，由于激光脉冲和增益介质以及可饱和吸收体相互作用产生的“相位自调制”（self-phase modulation，SPM）所引起的频率“啁啾”（chirp），需通过连续调节附设在谐振腔中的棱镜组合的“群速度色散”（group velocity dispersion，GVD）予以消除。典型的碰撞脉冲锁模激光系统在图 3.4.7 中示出。

被动锁模也可利用置于激光谐振腔中的非线性光学元件而有选择地增强作用于它的高强度纵模、衰减和抑制强度较弱的纵模振荡的方法实现。“Kerr 棱镜锁模”（Kerr-lens mode-locking，KLM）就是一个典型的实例。这一方法是根据聚焦光束中心和外围强度的不同，利用聚焦光束中心的高强度纵模所产生的非线性光学 Kerr 效应而工作的。通过仔细地安排置于谐振腔中的光阑，这种光学 Kerr 效应即可产生等效于可饱和吸收体的超快速时间响应而锁定在腔中振荡的纵模的相位，利用这一方法对 Ti: Sapphire 固体激光锁模曾获得脉宽小到 6.5 fs 的激光超短脉冲输出。

[6] Fork R L,Greene B I,Shank C V. Appl. Phys. Lett.,1981,38: 671.

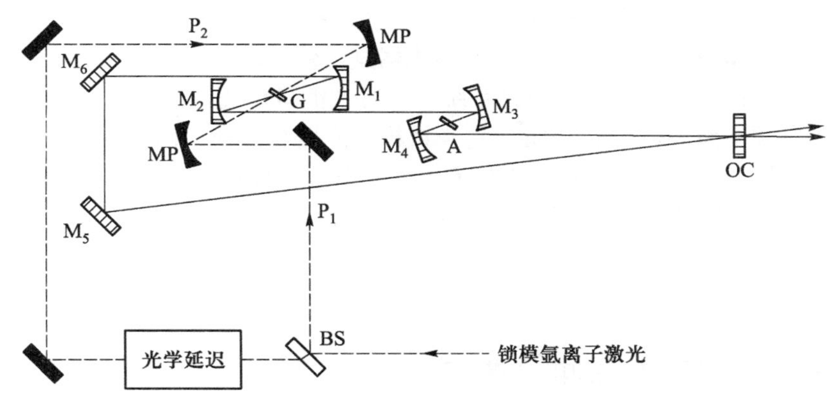

图 3.4.7　典型的碰撞脉冲锁模激光系统（环形激光系统由聚焦反射镜 M_1～M_4、平面反射镜 M_5 和 M_6、透过率为 2.5%的输出耦合器 OC 和“增益染料射流”A 组成。同步抽运用的激光脉冲来自锁模氩离子激光器，其输出光脉冲光路被分束器 BS 分为如虚线所示的两路。经过光学延迟线（optical delay）调节它的传播光程长，并被聚焦反射镜 MP 聚焦折射后在另一“增益染料射流”G 中相碰撞）

自从在 20 世纪 60～70 年代的实验示明利用锁模方法可以产生其宽度为 ps 的激光超短脉冲以来，现已发展出多种商品化的锁模超短脉冲激光器。例如，利用连续波氩离子激光抽运增益带宽较大的有机染料分子溶液激光体系可产生脉宽小到约 300 ps 的激光短脉冲[7]，而利用碰撞脉冲技术则可在 Rhodamine 6G 染料激光体系获得脉宽仅约为 27 fs，甚至更窄脉宽的激光超短脉冲输出[8]。但由于这些锁模超短脉冲激光器所输出的激光脉冲波长的可调范围不大，而且工作稳定性不高，目前在时间分辨光谱测量中获得广泛应用的超短脉冲激光光源主要是采用可饱和吸收体被动锁模的钛-青玉（Ti:Sapphire）固体激光器。它是用氩离子（450～515 nm）或 Nd:YAG 连续波激光的二次谐波（532 nm）抽运，所产生的激光超短脉冲波长则可在 700～1 000 nm 范围连续调制，且激光超短脉冲序列的平均功率可达 1 W 左右。若采用可饱和的有机染料溶液作为调制元件进行被动锁模，所输出的锁模激光脉冲宽度则小于 0.1 ps；若采用 Kerr 棱镜方法被动锁模，可产生短到约 10 fs 的激光超短脉冲输出。但这种锁模激光脉冲的波长处于近红外波段（典型的 Er、Yb 光纤激光器输出分别是 1.55 μm 和 1.05 μm），从而在许多时间分辨光谱测量中需进一步采用激光脉冲技术，

[7] Shank C V,Ippen E P. Appl. Phys. Lett.,1974,24:373.
[8] Valdmanis J A,Fork R L,Gordon J P. Opt. Lett.,1985,10:131.

将脉冲波长转化到常用的可见光区。此外，被动锁模的稀土元素（如 Er、Yb、Tm、Nd 和 Pr 等）掺杂的光纤激光器是一种可以产生脉宽为 60～300 fs 超短脉冲而且价格低廉的激光系统，其脉冲能量可高达约 30 nJ，脉冲输出重复频率为 30～100 MHz，这类锁模激光器和被动锁模的钛-青玉激光系统一样，当用于激发和探测分子体系的光谱随时间的变化时，同样需借助于如 3.6 节所介绍的倍频、混频等激光脉冲技术。

3.5 单一激光脉冲“选取”

多模锁定诚然为产生激光超短脉冲提供了一种有效的手段，但由锁模激光器所产生的激光超短脉冲通常都是以一定时间间隔Δt_p 的超短脉冲所组成的“序列”（train）形式输出。显然，这类激光超短脉冲序列不适宜直接用于选择激发（或探测）其持续时间大于Δt_p的分子过程，否则激发（或探测）该过程的结果将是相继受到两个甚至更多脉冲重复作用结果的叠加，导致难以对实验结果给出正确的解释。因此，当采用锁模激光器所产生的激光超短脉冲激发或探测分子过程时，必须从所输出的激光超短脉冲序列中取出单个激光脉冲。在这里将简要地考查一些最基本的单一脉冲“选取”方法。

“选取”单一激光脉冲的一种方法是如图 3.5.1 所示的腔内选取技术。这一方法的工作原理是，在由反射率分别为 R=100%的全反射镜 R_1 和 $R\approx$ 50%的半透反射镜 R_2 构成的锁模激光谐振腔内，加置 Pockels 或 Kerr 盒和 Glan 棱镜组合而成的电光开关。在系统起始工作时，电光开关处于完全开启状态，激光辐射场可在腔中进行振荡。但当振荡模式被锁定的激光超短脉冲序列中的一个脉冲通过半透反射镜 R_2 而逸出腔外，并被透镜聚焦用于“击穿”加有高电压的火花球隙时，这里的高压电脉冲即可经过脉冲形成网络而产生作用于电光开关的四分之一电压 $V_{\lambda/4}$，将电光开关打开。若该电压脉冲的脉冲前沿足够陡峭，且宽度小于激光超短脉冲在谐振腔内的振荡周期，那么，在电光开关呈现开启状态的期间，若有另一个锁模激光超短脉冲在腔中往返通过该开关一次，而且它的偏振方向将被偏转 90°，它将被 Glan 棱镜隔断并由棱镜内的反射界面折射，而以单个激光超短脉冲的形式从振腔中输出。这样，通过调节击穿火花球隙的放电时间间隔和开启电光开关的时间，便可用由锁模激光器所产生激光超短脉冲序列中的某一具有足够高功率并自腔中“漏出”的激光超短脉冲触发火花球隙放电，开启电光开关，而将在谐振腔中其后形成的另一单个激光超短脉冲自腔中取出。但这种自腔内直接选取单一脉冲的技术有许多缺点，其中包括工作要求的能量阈值较高，谐振腔内所用的光学元件易被损伤、调整困难，而且易于形成“子腔”，导致发生寄生振荡而使激光超短脉冲波形出现“亚结构”，显著增大脉冲宽度。此外，系统的工作稳定性较差，“漏光”现象也很严重，因而这一在单一激光脉冲的腔内选取技术已被腔外选取技术所代替。

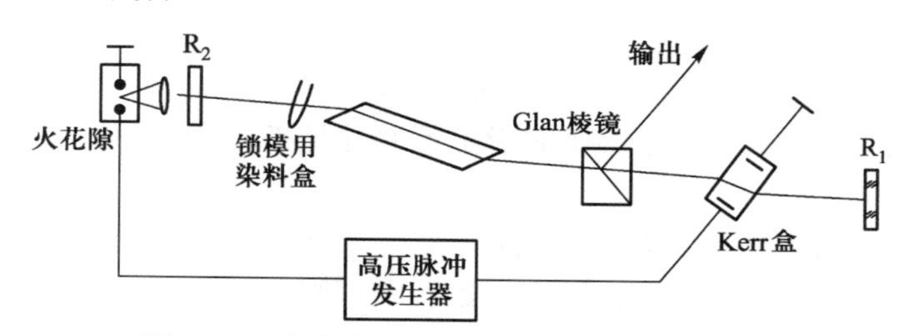

图 3.5.1　腔内选取单一激光脉冲方法的示意图

腔外选取单个激光脉冲的方法和腔内选取方法并没有原则上的不同（参阅图 3.5.2），只不过是将一对偏振方向正交的偏振元件间的 Pockels 或 Kerr 盒组成的电光开关移置于激光谐振腔外，开启该电光开关所要求的电压是采用外加数值更高的半波电压 $V_{\lambda/2}$ 而已。此外，放电用的火花球隙也可采用快速光电二极管和闸流管组合代替。利用二极管触发闸流管放电控制电腔外光开关的优点是，不再要求较高的激光超短脉冲功率用于击穿火花球隙。此时，通过调节闸流管启动电压的时间延迟，即可对从激光超短脉冲序列中选出单个脉冲的时间进行精确控制。因此，在时间分辨光谱测量中，腔外选取是获得单一激光超短脉冲的最常用方法。

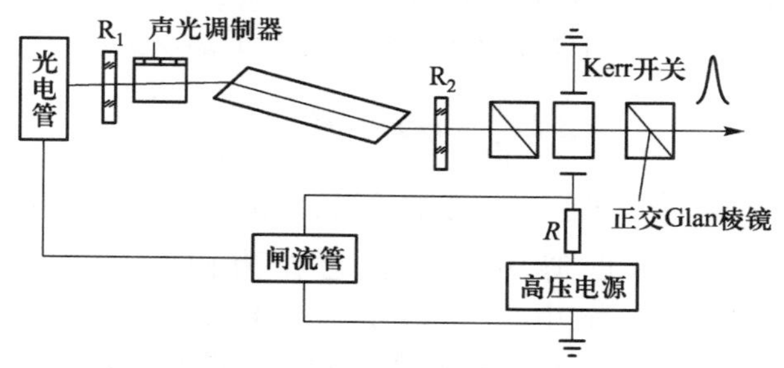

图 3.5.2　腔外选取单一激光脉冲方法的示意图

3.6 激光脉冲的光谱频率调制

现有的一些脉冲激光光源虽可产生光束发散度小、光谱单色性好、持续时间短暂的脉冲光辐射，甚至一些脉冲激光的波长可在一定的光谱范围内连续调制，但在对分子激发十分有用的近紫外波段，它们只能在为数不多的光谱频率处产生具有一定光子流密度的激光脉冲输出。因此，对在时间分辨光谱测量中的应用来说，如何将现有激光脉冲光源所输出的激光脉冲波长转换到所激发分子需要的指定频率处是必须合理解决的关键技术问题之一。

将激光脉冲的光谱频率 ν_n 转换为另一光谱频率 ν_m 的最直接方法是，利用频率为 ν_n 的激光脉冲激发另一激光工作物质 m，使之在新的光谱频率 ν_m 处产生激光输出。利用氩离子激光“抽运”某种有机染料溶液而在更长的波长处发射激光，便是常见的一个典型事例。显然，利用这一方法转换激光频率时，所能达到的频率光谱范围、激光强度随时间分布的波形以及辐射场的能量密度，都将受到被“抽运”的另一激光工作物质特性（特别是化学稳定性）的限制。因此，在变换激光脉冲光谱频率的实践中，人们更广泛采用的方法是，利用高功率激光辐射场和物质的非线性相互作用而产生出频率和入射光波不同的相干光辐射。

利用光和物质相互作用的非线性光学效应而进行激光脉冲的光谱频率变换的原理，可用非简谐振子模型的经典理论近似地描述。根据这一简化模型，和光辐射场相互作用的介质是由 N 个经典非简谐振子所组成，非简谐振子是束缚在原子周围的电子或周期性地改变其原子相对间距的分子。在有光波的电场 $E(t)$ 驱动下，非简谐振子的运动方程可写为

$$\frac{\mathrm{d}^2r}{\mathrm{d}t^2}+\Gamma\frac{\mathrm{d}r}{\mathrm{d}t}+\omega_0^2r+ar^2=-\frac{e}{m}E(t) \tag{3.6.1}$$

这一运动方程一般难以求解。但在非简谐力 mar^2 远小于简谐力 $m\omega_0^2r$ 时，在求解运算的逐级近似中，可将它作为微扰处理。此时可设 $r=r^{(1)}+r^{(2)}+r^{(3)}+\cdots$，式中，$r^{(n)}=a_nE^n, n=0,1,2,\cdots$。若将作用于非简谐振子的外电场 $E(t)$ 用频率为 ω_1 和 ω_2 的傅里叶分量的平面波表示：

$$E(t)=\frac{1}{2}\left[\varepsilon(\omega_1)\exp(-\mathrm{i}\omega_1 t)+\varepsilon(\omega_2)\exp(-\mathrm{i}\omega_2 t)\right]+c.c \tag{3.6.2}$$

其中 $c.c$ 代表复共轭。求解线性化的式（3.6.1）可得一级近似解：

$$r^{(1)}=r^{(1)}(\omega_1)+r^{(1)}(\omega_2)+c.c \tag{3.6.3}$$

式中：

$$r^{(1)}(\omega_i)=\frac{e}{2m}\left[\frac{\varepsilon(\omega_i)\exp(-\mathrm{i}\omega_i t)}{\omega_0^2-\omega_i^2-2\mathrm{i}\omega_i\Gamma}\right],\quad (i=1,2,\cdots) \tag{3.6.4}$$

用 $ar^{(1)}$ 的平方作为式（3.6.1）中的 ar^2 的近似，可得出二级近似解：

$$r^{(2)}=r^{(2)}\left(\omega_1\pm\omega_2\right)+r^{(2)}(2\omega_1)+r^{(2)}(2\omega_2)+r^{(2)}(0)+c.c \tag{3.6.5}$$

式中：

$$\left.\begin{aligned}
&r^{(2)}(\omega_1\pm\omega_2)=\\
&\frac{ae^2}{2m^2}\frac{\varepsilon(\omega_1)\varepsilon(\omega_2)\exp\left[-\mathrm{i}(\omega_1\pm\omega_2)t\right]}{\left(\omega_0^2-\omega_1^2-\mathrm{i}\omega_1\Gamma\right)\left(\omega_0^2-\omega_2^2\mp\mathrm{i}\omega_2\Gamma\right)\left[\omega_0^2-\left(\omega_1\pm\omega_2\right)-\mathrm{i}\left(\omega_1\pm\omega_2\right)\Gamma\right]}\\
&r^{(2)}(2\omega_i)=\frac{ae^2}{2m^2}\frac{\varepsilon^2(\omega_i)\exp\left(-\mathrm{i}2\omega_i t\right)}{\left(\omega_0^2-\omega_i^2-\mathrm{i}\omega_i\Gamma\right)^2\left(\omega_0^2-4\omega_i^2-\mathrm{i}2\omega_i\Gamma\right)},(i=1,2)\\
&r^{(2)}(0)=\frac{ae^2}{2m^2}\frac{1}{\omega_0^2}\left[\frac{\varepsilon^2(\omega_1)}{\left(\omega_0^2-\omega_1^2-\mathrm{i}\omega_1\Gamma\right)}+\frac{\varepsilon^2(\omega_2)}{\left(\omega_0^2-\omega_2^2-\mathrm{i}\omega_2\Gamma\right)}\right]
\end{aligned}\right\} \tag{3.6.6}$$

用上述类似的逐级迭代方法求解非简谐振子运动方程，也可得到更高级 $r^{(n)}$ 的解。由此所得出的 $r^{(n)}$ 值，进而可用于直接求出介质在高强度光辐射场作用下所产生的 n 阶非线性极化强度 $\boldsymbol{P}^{(n)}$：

$$\boldsymbol{P}^{(n)}=-Ner^{(n)} \tag{3.6.7}$$

由此可见，当高强度光辐射场作用于非简谐振子时，可在新的频率处产生其强度由非简谐性 a 所决定的非线性极化强度分量 $\boldsymbol{P}^{(n)}$，该非线性极化强度分量的振荡将导致在这些新的频率处产生新的光辐射。例如，在 $\omega=0$ 的零频率处可发生所谓的“光学整流”；二阶非线性极化强度分量 $\boldsymbol{P}^{(2)}$ 振荡的结果将产生和频频率 $\omega_1+\omega_2$、差频频率 $\omega_1-\omega_2$ 和二次谐波频率 $2\omega_1$、$2\omega_2$ 的光辐射。因此，这些非线性光学效应正可作为激光脉冲的光谱频率转换的基础。事实上，光和物质相互作用的典型非线性光学过程，如光学混频（optical frequency mixing）、谐波产生（harmonic generation）、光参量相互作用（optical parametric interaction）以及受激拉曼散射（stimulated Raman scattering）等，已成功地用于实现激光脉冲的光谱频率变换。在这一领域发展作出重要贡献的著名物理学家、美籍华裔教授沈元壤（Y. R. Shen）所著《非线性光学原理》[9]中，已有关于这些方法（也包括能量放大和脉冲宽度压缩方法等）的介绍和精辟论述，有兴趣的读者可参阅。在这一节中，仅简要地对在时间分辨光谱测量的实践中实行激光脉冲光谱频率转换的几种主要技术问题予以概述。

3.6.1 光学混频

利用不同频率的光波 $\omega_1,\omega_2,\cdots$ 在非线性介质内相互作用而产生频率为入射光频率之和（$\omega=\omega_1+\omega_2+\cdots$）或入射光波频率之差（$\omega=\omega_1-\omega_2-\cdots$）的光波的非线性光学混频过程，是使激光波长调谐范围向短（或长）波长区扩展的常用方法之一。

最常见的典型混频过程是，频率为 ω_1 和 ω_2 的基频入射光波通过光学"和频"（$\omega_1+\omega_2\rightarrow\omega_3$）产生其频率 ω_3 等于两个入射光波频率之和（$\omega_3=\omega_1+\omega_2$）的光辐射。在这一过程中，频率为 ω_1 和 ω_2 的两个基频入射光波在非线性介质内相互作用而产生极化强度 $\boldsymbol{P}^{(2)}(\omega_3=\omega_1+\omega_2)$；该极化强度是一个振动偶极矩集合，它的振动将产生频率为 ω_3 的和频光波。为使能量有效地从频率为 ω_1 和 ω_2 的基频光波转移到所生成的和频光波，和频过程必须满足能量守恒 $\omega_3=\omega_1+\omega_2$ 和动量守恒条件 $\boldsymbol{k}(\omega_3)=\boldsymbol{k}(\omega_1)+\boldsymbol{k}(\omega_2)$，其中，$\boldsymbol{k}(\omega_i)$ 是 ω_i 光波的波矢量，$\boldsymbol{k}(\omega_i)=\dfrac{n(\omega_i)\,\omega_i}{c_0}$，式中的 $n(\omega_i)$ 和 c_0 分别是介质对频率为 ω_i 的光波的折射率和真空中的光速。和频过程所产生的频率为 ω_3 的光波将沿由动量守恒条件确定的相位匹配方向传播。

为定量描述这一和频过程，可考查包括 $\boldsymbol{E}(\boldsymbol{k}_1,\omega_1)$、$\boldsymbol{E}(\boldsymbol{k}_2,\omega_2)$ 和 $\boldsymbol{E}(\boldsymbol{k}_3,\omega_3)$ 在内的耦合波方程，在假设各光波的损耗可忽略不计、采用无限大平面波近似、慢变振幅近似的条件下求解该方程，可得在 z 处所生成的和频光波的输出功率 $P_3(z)$ 是

$$P(\omega_3,z)=\frac{8\pi^3\omega_3^2}{c^3\sqrt{\varepsilon(\omega_1)\varepsilon(\omega_2)\varepsilon(\omega_3)}}\left|\chi_{\mathrm{eff}}^{(2)}\right|l^2\left[\frac{\sin(\frac{\Delta kz}{2})}{\frac{\Delta kz}{2}}\right]^2\left[\frac{P(\omega_1)P(\omega_2)}{A}\right] \tag{3.6.8}$$

[9] 沈元壤.非线性光学原理.北京：科学出版社，1987.

式中，P_i 是频率为 ω_i 的光波功率，$\varepsilon(\omega_i)$ 是介质在频率 ω_i 处的介电常数，A 是以 cm^2 为单位的光束横截面，$\chi_{\mathrm{eff}}^{(n)}$ 是 n 级有效非线性极化率：

$$\chi_{\mathrm{eff}}^{(2)} = \hat{\boldsymbol{e}}_3\ \chi^{(2)}(\omega_3 = \omega_1 + \omega_2) : \hat{\boldsymbol{e}}_1 \hat{\boldsymbol{e}}_2 \tag{3.6.9}$$

$\hat{\boldsymbol{e}}_i$ 是频率为 ω_i 的光波的偏振矢量；$\chi^{(n)}$ 是关联入射光波电场 $\boldsymbol{E}$ 和只在该电场作用下所产生极化强度 $\boldsymbol{P}$ 的比例函数：

$$\begin{aligned}\boldsymbol{P}^{(n)}(\boldsymbol{k},\omega) = \chi^{(n)}(\boldsymbol{k} = \boldsymbol{k}_1 + \boldsymbol{k}_2 + \cdots + \boldsymbol{k}_n, \omega = \omega_1 + \omega_2 + \cdots + \omega_n) :\\ \boldsymbol{E}(\boldsymbol{k}_1, \omega_1)\boldsymbol{E}(\boldsymbol{k}_2, \omega_2)\cdots\boldsymbol{E}(\boldsymbol{k}_n, \omega_n)\end{aligned} \tag{3.6.10}$$

式（3.6.8）中的 l 为介质中各光波相互作用区的长度，在介质中相互作用的光波相位失匹配程度用 Δk 表示：

$$\Delta k = \boldsymbol{k}_1 + \boldsymbol{k}_2 - \boldsymbol{k}_3 \tag{3.6.11}$$

相位失匹配程度 Δk 的倒数被定义为相干长度 l_{coherent}，$l_{\mathrm{coherent}} = \dfrac{1}{\Delta k}$。如果各光波相互作用区长度 l 低于相干长度 l_{coherent}，和频光波的输出将随 l 的平方而增大；如果 $l > l_{\mathrm{coherent}}$，随 l 的增长，和频光波的输出将趋于饱和，甚至降低。

由式（3.6.8）可见，为使频率为 $\omega_1, \omega_2, \cdots$ 的基频入射光波有效地转化为具有和频频率 ω（$\omega = \omega_1 + \omega_2 + \cdots$）的输出光波，首先需选择一种在参与和频过程的各光波频率 ω_i 处的吸收率很低但非线性极化率 $\chi^{(n)}$ 足够大的光学晶体，并且使频率为 ω_i 的各光波可在该晶体中实现共线相位匹配，以避免它们在该介质中传播时因光束截面有限而引起各光波相互作用区的有效长度减少，即应满足 $\Delta k = \boldsymbol{k}_1 + \boldsymbol{k}_2 - \boldsymbol{k}_3 = 0$ 的要求；这一要求可用折射率 $n(\omega_i)$ 表示写为

$$\omega_1\left[n(\omega_3) - n(\omega_1)\right] + \omega_2\left[n(\omega_3) - n(\omega_2)\right] = 0 \tag{3.6.12}$$

显然，若采用具有正常色散，即 $n(\omega_3) > n(\omega_1), n(\omega_2), \cdots$ 的各向同性或立方对称的晶体材料，上述要求根本不可能满足。也就是说，为进行光学混频所用的非线性介质，不仅要求非线性极化率 $\chi^{(n)}$ 足够大，而且必须选用具有反常色散的晶体，特别是双折射晶体。根据双折射晶体对不同偏振状态的寻常光（o 光）和非寻常光（e 光）的折射率不同，将晶体切割，使晶体光轴和光波传播方向间呈现通常称之为相位匹配角 θ_{m} 的特定夹角，以满足这一非线性光学过程的相位匹配要求。为此，视晶体双折射特性的不同，相位匹配可有平行匹配（或称为第 I 类匹配）和正交匹配（或称为第 II 类匹配）等两类组合方式（参阅表 3.6.1）。

表 3.6.1 光波在单轴晶体中的相位匹配组合

晶体种类	第Ⅰ类匹配（平行匹配）	第Ⅱ类匹配（正交匹配）
负单轴晶体（$n_e < n_o$）	$o+o \rightarrow e$	$o+e \rightarrow e$
正单轴晶体（$n_e > n_o$）	$e+e \rightarrow o$	$o+e \rightarrow o$

但应指出，相位匹配角虽然可从理论上计算确定，但在实际上，入射光波的频率是在一定带宽$\Delta\omega_i$范围内分布，而不是单一数值。同时，环境温度的波动也可导致介质的折射率$n(\omega_i)$有一定程度的偏移Δn。因而，即使光波入射的俯仰角精确地等于根据相位匹配条件而在理论上求出的计算值，各光波的相位在实际上仍可有一定的失匹配，即$\Delta k \neq 0$。此外，即使各光波的相速度完全相同，这也并不一定意味着各光波的能量流方向彼此一致，除非在光波入射的俯仰角$\theta = 0°$或$\theta = 90°$的条件下，偏振方向不同的光波的能量流方向都会出现一定程度的离散，从而导致在介质中不同部位产生的和频光波之间出现“光孔效应”而导致强度减弱，降低和频过程效率。因此，为消除上述诸因素的不良影响，通常采用使基频光波沿垂直于晶轴方向入射，而各光波间的相位匹配要求则通过改变介质温度从而调节介质折射率的方法而予以满足。此时，可满足相位匹配要求的温度被称为“相位匹配温度”，并表示为T_m。在光波沿$\theta = 90°$的方向入射，通过变换温度调节介质折射率而实现相位匹配的“90°匹配”方法中，入射角并不要求精确调节，因此，相对于要求严格控制入射角的其他相位匹配方式而言，这一方式也被称为“非临界匹配”。不过也要注意，并不是所有可用角度匹配的晶体都可采用 90°匹配方式，而且同一适用于 90°匹配方式的晶体，对不同频率的光波的相位匹配温度T_m也可能有较大差别。

此外应指出，根据相位匹配要求所确定的匹配角θ_m，实际上是一个围绕介质晶轴的锥体半顶角。为使和频过程效率最高，还必须选择基频光波的入射方向(θ_m, ϕ)，其中方位角ϕ是根据介质晶体在基频光束的入射方向的有效非线性极化率$\chi_{\text{eff}}^{(n)}$是否达到最佳值进行选择。

式（3.6.8）也示明，为提高光波频率转化效率，还必须选择一个适当的晶体长度l。该式虽示明和频光波的输出功率将随介质中各光波相互作用区长度l和入射光波功率$\boldsymbol{P}(\omega_1)$和$\boldsymbol{P}(\omega_2)$增大而增大，但只有在l小于由光波相位失匹配程度所定义的所谓相干长度$l_{\text{coherent}} = \dfrac{1}{\Delta k}$的条件下，和频光

波的输出功率 $\boldsymbol{P}(\omega_3)$ 才正比于作用区长度 l 的平方。此时也应注意，所允许的最大入射光波功率 $\boldsymbol{P}(\omega_1)$ 和 $\boldsymbol{P}(\omega_2)$ 也将受到所用非线性晶体介质的光学损伤阈值的限制。

最后，值得提出的一个有趣事实是，和频过程不仅可在双折射晶体介质内发生，这一非线性光学过程也可在气态分子、碱金属蒸气体系内完成。诚然，气态介质体系中的分子或原子密度很低，而且非线性极化率也不高，但气体介质本身的光学损伤阈值很高，而且高强度激光引发的光电离产物也可通过复合而“自动”消除，因此，可允许采用比晶体介质高出几个数量级的基频入射光强度 $\boldsymbol{P}(\omega_1),\boldsymbol{P}(\omega_2),\cdots$ 而达到和晶体介质相比拟的不同频率光波转换效率。这类气态非线性介质的重要优点是，可以很容易得到作用区长度 l 超过 10 cm 的均匀非线性介质。特别是，由于基频和和频频率差较大，以致利用各向异性介质的双折射特性难以实现各光波间的相位匹配问题，可采用在气态介质中加入适量的和该介质色散特性相反的添加物成分进行“色散补偿”的方法予以方便地解决[10]。此外，气态介质除在几个分立的频率处对入射光产生吸收外，它们对频率低于电离能级的广阔光谱范围内的光波都是“透明”的，从而对入射光的吸收损耗几乎可以忽略不计。而且由于气体是各向同性介质，不存在逸散问题，所以可通过最佳聚焦而提高不同频率光波的转换效率。只不过此时应考虑高强度激光诱导折射率变化可能对相位匹配有影响，而且聚焦高强光波作用下出现的“多光子吸收”也可能导致转换效率降低。

光学差频过程在理论上和光学和频过程没有原则差别，但它在技术上的重要性则在于，它可利用不同基频入射光波在非线性介质内的相互作用而产生其频率为两个基频光波频率差的光波，从而成为将激光脉冲频率从高频光谱区转换到低频光谱区的常用方法。例如，由频率为 ω_1 和 ω_3 基频入射可见光波产生其频率为 $\omega_2=\omega_3-\omega_1$ 的差频红外光辐射。和式（3.6.8）类似，差频光波的输出功率 $\boldsymbol{P}(\omega_2,z)$ 可写为

$$\boldsymbol{P}(\omega_2,z)=\frac{8\pi^3\omega_2^2}{c^3\sqrt{\varepsilon(\omega_1)\varepsilon(\omega_2)\varepsilon(\omega_3)}}\left|\chi_{\text{eff}}^{(2)}\right|l^2\left[\frac{\sin(\frac{\Delta kz}{2})}{\frac{\Delta kz}{2}}\right]^2\left[\frac{\boldsymbol{P}(\omega_1)\boldsymbol{P}(\omega_3)}{A}\right]\quad(3.6.13)$$

式中：

[10] 利用添加物进行色散补偿在原则上也适用于双折射晶体介质的相位匹配。

$$\chi_{\text{eff}}^{(2)} = \hat{\boldsymbol{e}}_2\ \chi^{(2)}(\omega_2 = \omega_3 - \omega_1) : \hat{\boldsymbol{e}}_3 \hat{\boldsymbol{e}}_1 \tag{3.6.14}$$

不言而喻，为有效地产生差频光波，也需满足和上述光学和频相同的非线性介质选择、光波相位匹配等一系列基本要求。由于低频红外光脉冲在时间分辨光谱测量中的应用并不十分重要，因而有关差频产生问题的讨论将从略。在这里，仅附带说明两点：一是，由于 $\omega_2 < \omega_3$，正比于频率 ω_2 平方产生输出功率为 $\boldsymbol{P}(\omega_2, z)$ 光波的效率通常并不高；二是，当入射光束直径和频率为 ω_2 的差频红外波长相近时，光束的衍射影响必须给予重视。

3.6.2 谐波产生

谐波产生是通过在特定介质中的非线性光学作用而将频率为 ω 的入射光波转化为频率等于入射光波频率整数倍 $2\omega, 3\omega, \cdots, n\omega$ 的光波输出。它实际上不过是一种由相同频率的入射光波进行的独特和频过程而已。因此，以由频率为 ω 的入射光波转化为频率为 2ω 的二次谐波（倍频）光波的产生为例，根据不同光波在介质中传播的耦合波方程，在平面波近似以及略去入射激发光波损耗等近似条件下，二次谐波的输出功率 $P(2\omega)$ 可写为

$$P(2\omega) = \frac{32\pi^3 \omega_3^2}{c^3 \varepsilon(\omega)\sqrt{\varepsilon(\omega_{2\omega})}} \left|\chi_{\text{eff}}^{(2)}\right| l^2 \left[\frac{\sin(\frac{\Delta kz}{2})}{\frac{\Delta kz}{2}}\right]^2 \left[\frac{P(\omega)^2}{A}\right] \tag{3.6.15}$$

式中：

$$\chi_{\text{eff}}^{(2)} = \hat{\boldsymbol{e}}_{2\omega}\ \chi^{(2)}(2\omega = \omega + \omega) : \hat{\boldsymbol{e}}_\omega \hat{\boldsymbol{e}}_\omega$$

或

$$\chi_{\text{eff}}^{(2)} = \hat{\boldsymbol{e}}_\omega\ \chi^{(2)}(-\omega = -\omega + 2\omega) : \hat{\boldsymbol{e}}_\omega \hat{\boldsymbol{e}}_{2\omega}$$

同样，为有效地产生谐波，也需满足和上述光学混频相同的有关非线性介质选择、光波相位匹配等一系列基本要求。例如，二次谐波产生的相位匹配条件可写为

$$\Delta k = \boldsymbol{k}(2\omega) - 2\boldsymbol{k}(\omega)$$

此时，为相位匹配条件进行光学倍频而可用的非线性介质，通常是选用非线性极化率 $\chi^{(n)}$ 足够大的双折射晶体。

为进行光学倍频而可用的非线性介质，不仅要求非线性极化率 $\chi^{(n)}$ 足

够大，而且必须选用具有反常色散的晶体，特别是双折射晶体，其中包括从熔融状态结晶而生成的铌酸锂（$LiNbO_3$）、铌酸钡钠（$Ba_2NaNb_5O_{15}$，又名 Banana）以及碲（Te）、硒化镉（CdSe）、砷化镓（GaAs）、磷化镓（GaP）等质地坚硬、不易潮解且能承受热冲击的晶体材料。特别是具有很高非线性极化率、并被简称为 KTP 的磷酸钛氧钾（$KTiOPO_4$）以及偏硼酸钡（$\beta-BaB_2O_4$）等的应用更受到重视。

显然，为达到较高的二次谐波产生的效率$\eta=\dfrac{P(2\omega)}{P(\omega)}$，除选择出非线性极化率$\chi^{(n)}$较高、质地坚硬、不易潮解和能承受热冲击的合适的倍频晶体（包括是否需要外表面加镀防反射镀膜）外，还需选择合适的晶体长度l（相位匹配峰的半宽$\Delta kl=\pi$）并确定采用的相位匹配方式。在采用非临界匹配方式时，需考虑保持晶体温度在空间分布的均匀性，外表面镀膜不会因温度变化而脱落；而采用临界匹配时则要考虑所产生的谐波光束质量和它在传播过程中的离散程度以及其他补偿措施。此外，入射光束的直径及其发散度、传播离散和群速度失匹配等参数也需一并考虑。例如，特别是采用光波在晶体中折返传播的光路时，必须考虑在折返传播过程中各光波相位之间失匹配的可能性，而当采用将入射的基频光波聚焦的方法提高入射光功率密度，从而提高二次谐波产生的效率时，光束聚焦时可能出现的问题也必须考虑。例如，当具有半高斯型强度分布的光束的聚焦半径为W_0时，若共焦参数$b=kW_0^2$超过$b\approx l$的最佳范围，应防止聚焦将使光束逸散加大而使相位匹配变劣的可能性。不言而喻，聚焦焦斑处的功率密度也应小于所用倍频晶体的光损伤阈值。

为合理采用非线性晶体通过二次谐波产生进行激光波长的有效转换，可以有腔内倍频和腔外倍频两种系统设计。腔内倍频是将所用的倍频晶体直接置于进行倍频的激光谐振腔内[图 3.6.1（a）]，该谐振腔的反射镜对频率为ω的基频光波为全反射，但输出端的反射镜能对频率为2ω的二次谐波适当地透过。此时，腔内倍频过程是将在其中振荡的一部分基频光波转换为它的二次谐波，并通过输出端的反射镜直接耦合到谐振腔外而以频率为2ω的倍频光波输出。不难设想，当在谐振腔振荡的基频光波功率最大时，所输出的倍频光波功率将达到最佳值。腔内倍频的一个重要优点是，基频光波可在谐振腔内多次折返，反复穿过非线性晶体而重复产生二次谐波，因此，它常被用于对功率不高的连续波或高重复频率的准连续波激光倍频。但为避免由于所产生的二次谐波再次进入倍频晶体时和基频光波可能出现相位不同步，以致引起相互干涉而降低倍频效率，在实际工作中，通常采用如图 3.6.1（b）所示的双通道腔内倍频设计，即采用棱镜或双色分束器将所产生的二次谐波直接耦合到谐振腔外而不再进入倍频晶体。

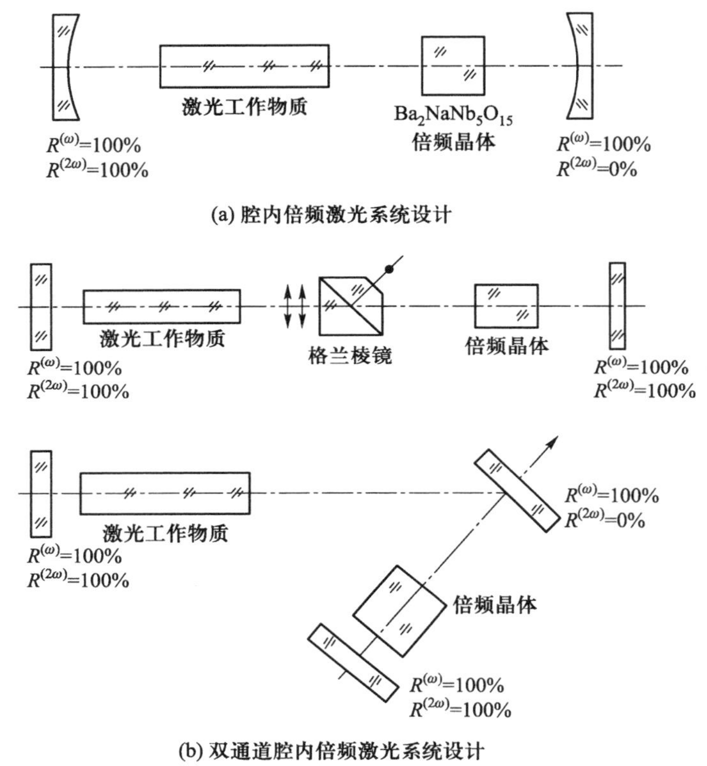

图 3.6.1　腔内倍频激光系统设计示意图

腔外倍频是在实际工作中最常采用的一种二次谐波产生方式。它是将谐振腔输出的激光通过置于谐振腔外的非线性晶体产生二次谐波。这种二次谐波产生方式实现光波倍频的条件、输出功率以及频率转换效率等工作特性均可直接基于上述有关谐波产生过程的理论分析进行推算。在实际工作中，它更经常地用于转换高功率的 Q 调制和锁模激光脉冲的频率。在正确地选用所用的倍频晶体材料、确定其尺寸大小和切割加工工艺，并合理地选取入射光束聚焦程度的条件下，脉冲能量为$10^2 \sim 10^3$ mJ、脉冲宽度约为 10 ns 的入射激光脉冲的倍频效率均可达到 30%以上。但是在激光超短脉冲产生二次谐波的倍频实践中，发现此时的倍频效率将会因群速度失匹配而导致效率降低。不过正如在下面将要讨论的那样，速度失匹配可用于“压缩”二次谐波的脉冲宽度。

有趣的是，一些吸收损耗小、光学损伤阈值高的均匀气态分子和碱金属原子蒸气体系也不失为一种通过谐波产生而获得短波长，特别是远紫外、软 x 波段的高次谐波的介质。事实上，早在 1975 年，Bloom 等[11]即已将波长为 1 060 nm、脉宽为 30 ps、功率为 300 MW 的 Nd:YAG 固体激光脉冲聚焦为10^{-3} cm^2 光斑后，而在 50 cm 长、含有 400 Pa 的 Rb 金属蒸气和约 0.3 MPa 的 Xe 的气态混合物中产生波长为 354.7 nm 的三次谐波，且其转换效率高达约 10%。

3.6.3　光参量振荡

光参量相互作用是可以使入射激光频率转换的另一种非线性光学过程。在这一过程中，通常是伴随着入射的高频 ω_p 激发光波在非线性光学介质中的湮灭，产生出频率不同（ω_s、ω_i）的低频光波。其中，频率较高 ω_s 的通常称为“信号波”，而频率较低 ω_i 的则称为“空闲波”，$\omega_p \rightarrow \omega_s + \omega_i$。这些低频光波的产生，可设想为是由高强度的入射高频 ω_p 激发光波和介质中低强度的频率为 ω_s 和 ω_i 的低频噪声成分在非线性光学介质中发生“拍频”相互作用的结果。例如，ω_p 和 ω_s 发生拍频 $\omega_p - \omega_s \longrightarrow \omega_i$ 产生的频率为 ω_i 的低频光波，可进一步与入射光波拍频 $\omega_p - \omega_i \longrightarrow \omega_s$ 而产生出和原来噪声成分频率 ω_s 相同的信号光波。这样，在满足相位匹配的条件下，所产生出的低频“信号波”或“空闲波”在介质中传播时将不断被叠加而增大其辐射场强度。不难设想，当将在其中进行光参量相互作用的非线性光学介质置于由一对反射镜组成的光学谐振腔中时，在高频入射激光光波作用下通过光参量相互作用产生的低频波将可在谐振腔内形成“光参量振荡”（optical parametric oscillation，OPO）而增大其强度，并以具有一定功率密度的低频激光形式自谐振腔中输出。此时，若采用只可对入射激光频率 ω_p 和一种频率 ω_s（或 ω_i）的光辐射透明的反射镜构成的“单共振谐振腔”，所输出激光的频率将是 ω_s（或 ω_i）；若采用其反射镜可对 ω_s 和 ω_i 等

[11] (a) Bloom D M, Bekkers G W, Young J F, Harris S E. Appl. Phys. Lett., 1975, 26: 687. (b) Bloom D M, Young J F, Harris S E. Appl. Phys. Lett., 1975, 27: 390.

两个频率的光辐射进行反馈的“双共振谐振腔”，则可同时获得ω_s和ω_i等两个频率的激光输出。应指出的是，采用“双共振谐振腔”的光参量振荡器不仅可用于峰值功率较高的脉冲激光频率转换，而且也适用于转换功率较低的连续波激光频率。在后一种情况下，进行光参量振荡所要求的入射激光的功率阈值可小到mW数量级。然而双共振光参量振荡器的缺点是，其输出强度及频率特性方面有明显的不稳定性。因此在实际工作中，应用更广泛的是单共振光参量振荡器。

由上述关于光参量相互作用过程的描述可见，该过程和前面所讨论的光学混频的逆过程相同，因而该过程的基本特性同样可以通过求解相应的耦合波方程而进行定量分析，并得出和光学混频、谐波产生等其他用于实现激光脉冲频率转换过程相类似的规律。但应注意的是，在求解和光学混频、谐波产生等过程相关的耦合波方程时，光波是沿单一方向传播；而在定量分析光参量振荡过程时，就必须考虑光波在谐振腔中往返传播的过程，从而在谐振腔的光学损耗将必然是决定光参量振荡过程起始的最低功率要求的重要因素之一。所以，必须对光参量振荡器所用谐振腔的光学损耗（包括该腔所用反射镜的透过率）以及光学非线性介质长度l予以合理选择。因篇幅有限，这里不再进一步讨论光参量振荡器参数选择的细节，有兴趣的读者可参阅有关的激光技术专著。但这里需特别强调的是，由于光参量振荡过程是在频率为ω_p、ω_s和ω_i的各光波相位匹配的条件下发生，即$\hbar\boldsymbol{k}_p = \hbar\boldsymbol{k}_s + \hbar\boldsymbol{k}_i$，而非线性光学介质的相位匹配条件和发生相互作用的各光波频率有关，因此可预期：通过改变该介质相对于光波入射方向的相位匹配角θ_m，或通过改变介质温度而改变介质的折射率时，随相位匹配情况的改变。这样光参量振荡器和光学混频、谐波产生等可用于实现激光频率转换的非线性光学器件不同，由它进行激光频率转换而输出的激光辐射频率ω_s（或ω_i）可在一定的光谱频率范围内连续调制。

从实用角度出发，也应指出，自从Giordmaime 和 Miller[12]在1965年首次报道如图3.6.2所示的光参量振荡器结构设计以来，这一激光频率转换技术已取得相当引人注目的发展。例如，采用铌酸锂（$LiNbO_3$）晶体作为非线性光学介质，通过光参量振荡已可方便地将Nd:YAG激光器产生的激光脉冲转换为在可见光波段到近红外光谱区内波长可调的激光辐射。一

[12] Giordmaime J A,Miller R C. , Phys. Rev. Lett.,1965,14: 973.

些早期、有代表性的光参量振荡器的工作特性如表 3.6.2 所示。至于利用光参量振荡对脉宽为 ps 数量级的激光超短脉冲的频率转换问题，Glenn[13]和 Akhanov 等[14]在 20 世纪 60 年代即进行了详细讨论并指出，激光超短脉冲的光参量振荡和这类脉冲参与的其他非线性光学过程相同，群速度的匹配是十分重要的影响因素。此外，此过程也可使频率被转换后的激光超短脉冲变得更为陡峭。其后的大量实验结果进一步示明，当采用 KDP、ADP、$LiNbO_3$、α-HIO_3、$Ba_2NaNb_3O_{15}$ 等非线性光学晶体作为光参量振荡的介质时，其在可见光和近红外光谱范围内的转换效率达到约 10%是可能的。

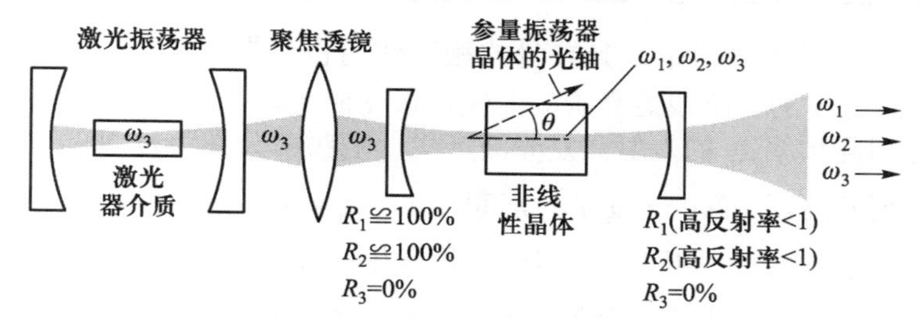

图 3.6.2 光参量振荡器原理结构示意图

表 3.6.2 一些早期、有代表性的光参量振荡器的工作特性

激发光源（入射光波长/μm）	非线性光学介质	输出功率（脉冲宽度）	转换效率	调谐波长范围/μm
钕玻璃 二次谐波（0.532） 三次谐波（0.35）	KDP	100 kW（20 ns）	3%	0.957～1.17 0.48～0.58，0.96～1.16
钕玻璃二次谐波（0.532）	α- HIO_3 $LiNbO_3$	10 MW（20 ns）	约 10%	0.68～2.4
Nd:YAG 基波（1.06）	$LiNbO_3$	0.1～1 MW(约 15 ns)	约 40%	1.4～4.4
Nd:YAG 四次谐波（0.266）	ADP	100 kW（20 ns）	25%	0.42～0.73
Nd:YAG 二次谐波（0.472，0.532，0.579，0.635）	$LiNbO_3$	0.1～10 kW（约 200 ns）	约 45%	0.55～3.65
Nd:YAG 四次谐波（0.266）	ADP	100 kW（20 ns）	25%	0.42～0.73

[13] Glenn W H. Appl. Phys. Lett.,1967,11: 333.

[14] Akhanov S A,Khokholov R V,Kovrigin A I,Piskarskas V I,Sukhororunov A P. IEEE J. Quant. Electronics,QE,1968,4: 829.

续表

激发光源（入射光波长/μm）	非线性光学介质	输出功率（脉冲宽度）	转换效率	调谐波长范围/μm
Nd:YAG（1.833）	CdSe	约 1kW（100 ns）	40%	2.2～2.3，8.1～8.5
CaF_2:Dy（2.36）	CdSe	5 kW（30 ns）	0.5%	3.3，7.86
HF（2.87）	CdSe	800 W（约 300 ns）	10%	4.3～4.5，8.1～8.3
Nd:$CaWO_4$（1.065）	Ag_3AsS_3	100 W（25 ns）	约0.1%	1.22～8.5

最后应当指出的是，光参量的相互作用也可在三个以上的光波参与下、通过介质的三阶或更高阶的非线性极化而实现。最常见的情况是由两个具有相同频率 ω_p 的入射激发光波产生一对频率分别为 ω_s 和 ω_i 的信号光波和空闲光波，即 $2\omega_p \to \omega_s + \omega_i$，其中 $\omega_i < \omega_p < \omega_s$；当入射光波具有 ω_{p1} 和 ω_{p2} 等不同频率时，也可有类似的过程发生，即 $\omega_{p1} + \omega_{p2} \to \omega_s + \omega_i$，不过这类过程的效率将很低。有趣的是，当有三个不同频率 ω_{p1}、ω_{p2} 和 ω_{p3} 的光波入射时，它们通过光参量相互作用而转化为频率为三者组合的单一光波，即 $\omega_{p1} + \omega_{p2} + \omega_{p3} \to \omega$。在这一过程中还包含介质噪声被入射光波放大的微观相互作用，所以其机理将更为复杂。显然，有关各种光子多光参量相互作用过程的机理详细探讨，并非本书的重点。这里仅指出一点，正是由于多个不同频率的光波可以以不同方式进行光参量相互作用，这些过程所产生的光波频率可在一个较宽的光谱范围内分布，并可能随入射光波功率密度的增大而形成连续谱。因此，光参量的相互作用也可望在时间分辨吸收光谱方法中作为一种能产生波长在一个相当宽阔的光谱范围内连续分布的“白光”激光超短脉冲的方法。

3.6.4 受激拉曼散射

拉曼散射是光和物质相互作用时发生的一种双光子过程。在这一过程中，一个频率为 $\omega_p(\boldsymbol{k}_p)$ 的入射光波可被与之相作用的介质分子所“吸收”，而“发射”出其频率为 $\omega_s(\boldsymbol{k}_s)$ 的自发散射光子，散射光子将沿由相位匹配要求所决定并和入射光方向夹角为 θ 的锥形空间发射，而入射光子和散射光子的频率差（$\Delta\omega = \omega_p - \omega_s$）和过程中介质分子状态的振动或转动能级跃迁、电子或自旋状态改变有关，也可以是声子、熵波的产生或湮灭等状态变化的结果。例如，在和常见的振动能级跃迁相关的拉曼散射过程中，$\Delta\omega = \omega_p - \omega_s = \pm\omega_\nu$，式中 ω_ν 是和该入射光辐射场相作用的物质分子的振动频率，并将 $\Delta\omega > 0$ 和 $\Delta\omega < 0$ 的过程分别称为斯托克斯和反斯托克斯拉曼散射。在第 7 章中，将对这种自发的拉曼散射过程的理论进行详细的介绍。在这里，只集中探讨当入射光强度超过一定阈值时出现的所谓“受激拉曼散射”过程，这一过程是将上述散射频率为 ω_s 的自发拉曼散射光信号强度进行“受激放大”而产生相干光辐射。

自从 1962 年 E. J. Woodbury 和 W. K. Ng[15]利用红宝石激光脉冲作用于液体硝基苯时观测到这种“受激拉曼散射”(stimulated Raman scattering)现象以来，基于这一现象已发展出一种将激光脉冲频率 ω_p 转换为频率 ω_s 的新方法。这一方法可使入射激发光波的频率发生和入射光相作用的介质分子的某一特定振动频率 ω_ν 大小相等的偏移，而且视所用介质分子的不同，这一频率偏移量 $\Delta\omega$ 可高达几千波数（例如，在采用 H_2 气体介质时，$\Delta\omega = 4\,155\ \text{cm}^{-1}$）。诚然，这一频率偏移量可能小于利用一定频率的激光脉冲激发有机染料分子体系所产生的激光频率偏移范围，但在许多情况下，如果入射激光脉冲能量足够高，由它所产生的频率为 $\omega_s(=\omega_p - \omega_\nu)$ 的受激拉曼散射信号可在同一介质中激发出一系列频率为 $\omega_s'(=\omega_s - \omega_\nu)$ 次级的受激拉曼散射信号，即 $\omega_s', \omega_s'', \omega_s''', \cdots$。这样，利用其波长处于可见光波段的激光脉冲即可产生一组其频率相差为 ω_ν 的紫外光脉冲，同时一系列间距为 ω_ν 次级的受激拉曼散射信号也可延伸到近红外和红外光谱区。

根据量子力学理论，将受激拉曼散射过程可视为以自发的拉曼散射过程作为初始步骤的受激放大过程处理。但从光波相互作用角度考虑，受激拉曼散射过程也可被描述为一种独特的光参量过程，在这一过程中，由频率为 ω_p 的入射激发光波产生出一个频率为 ω_s 的散射光波和一个频率为 ω_ν 的“物质波”；过程中各有关参数的定量特性，同样可从求解相应的耦合波方程而得出。但应注意到，受激拉曼散射作为“光辐射场的受激放大”过程的一种特殊形式，只有当该“放大”过程的光学增益超过相应的光学损耗时才可能发生，因而受激拉曼散射过程对入射光的强度要求有一个

[15] Woodbury E J, Ng W K. Proc. IRE., 1962, 50: 2367.

“阈值”。在入射光强度低于这一阈值时，所产生的散射光信号完全是由其强度随入射光强度增大而增强的自发拉曼散射过程所产生；只有当入射光强度超过这一“阈值”时，随入射光强度增大散射光信号强度将以指数函数形式增大，以致这种受激拉曼散射的强度最终达到饱和。其次，拉曼活性模的频率 ω_s 和参与该过程介质分子中通常称为拉曼激发模的频率 ω_v 有关。在准稳定态的受激拉曼散射过程中，只是那些既具有较大的拉曼散射截面 σ_r，而其自发拉曼散射线宽 $\Delta\omega_v$ 又最小，从而具有最大增益系数的拉曼活性模才能参与受激拉曼散射过程，产生出谱线宽度比自发拉曼散射线宽 $\Delta\omega_v$ 更窄的受激拉曼散射光波。此外，受激拉曼散射所产生的脉冲散射光的脉冲宽度通常也都小于入射激发光的脉冲宽度，其原因是由于在受激拉曼散射过程中物质波的建立要求一定的时间，从而使得它和入射激发光波的相互作用时间缩短。这种相互作用时间缩短不仅导致所产生的受激拉曼散射光波脉宽被压缩，而且还可使其强度峰值相对于入射光波的强度峰值出现一定的时间滞后。这种谱线宽度变窄和强度峰值出现时间滞后的现象，对在高增益介质中通过瞬变非稳定态受激拉曼散射而产生的反向传播光脉冲尤为显著。因此，受激拉曼散射不仅是一种实现激光脉冲频率转换的有效手段，同时也可利用这种过程进行激光脉冲宽度压缩。

事实上，根据受激拉曼散射现象，目前已发展出一系列为实现激光脉冲频率转换的“拉曼频移器”（Raman shifter）商品。从原则上说，任一具有拉曼活性模的物质分子都可被用来作为频率转移器的受激拉曼散射工作介质。但基于对过程的转换效率、能量输出及频率偏移的正、反方向和范围等各种技术参数要求的考虑，在实际上获得广泛采用的只是高气压下的氢、氘或甲烷等几种气体。入射光频率 ω_p 在氢和氘工作介质所产生的斯托克斯和反斯托克斯受激拉曼散射频率如图 3.6.3 所示。

近年来在受激拉曼散射频移器已发展到采用某些晶体作为工作介质，如硝酸钡[$Ba(NO_3)_2$]、钨酸钡($BaWO_4$)和钨酸钾钆[$KGd(WO_4)_2$，简称 KGW]等。这类受激拉曼散射频移器和基于其他非线性光学效应而建立的频率转换系统不同，它并无相位匹配要求，并具有较高的能量转换效率（$>30\%$），而且和其他采用气体、液体介质的受激拉曼散射频移器相比较，晶体作为工作介质更易于处理和更安全操作。在表 3.6.3 中示出由 0.532 μm 和

1.064 μm 入射激光脉冲作用于 KGW 和 $Ba(NO_3)_2$ 晶体所产生的受激拉曼散射频率。

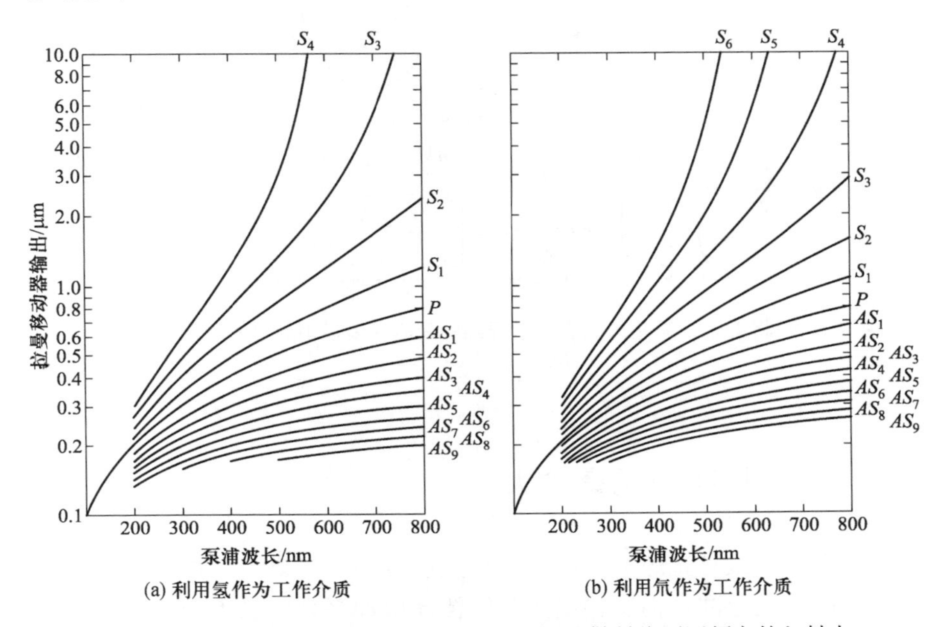

图 3.6.3　利用氢和氘作为工作介质的受激拉曼散射将不同频率的入射光频率 ω_p 向斯托克斯和反斯托克斯侧的偏移

表 3.6.3　KGW 和 $Ba(NO_3)_2$ 晶体所产生的典型受激拉曼散射频率

斯托克斯	KGW 532 nm 入射	KGW 1 064 nm 入射	$Ba(NO_3)_2$ 532 nm 入射	$Ba(NO_3)_2$ 1 064 nm 入射
1 级斯托克斯散射	558	1 177	563	1 197
2 级斯托克斯散射	588	1 316	598	1 369
3 级斯托克斯散射	621	1 494	638	1 599
4 级斯托克斯散射	658	1 726	684	1 924
1 级反斯托克斯散射	507	970	503	

有趣的是，若将拉曼散射介质充入空心的光导纤维，即可在保持一定输出功率的前提下，明显地减小工作介质的体积。在图 3.6.4 示出一种将液体 CS_2 工作介质充入空心的光导纤维而在红外光波段产生波长可调的激光输出的受激拉曼散射频移器的结构设计。

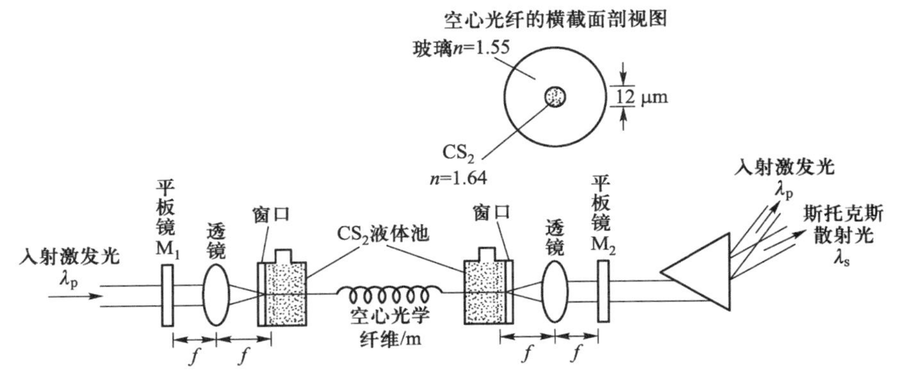

图 3.6.4 将工作介质充入空心光学纤维的受激拉曼散射频移系统的结构设计

3.7 激光脉冲的能量放大

锁模脉冲激光光源虽可产生光束发散度小、光谱单色性好、持续时间短暂的激光脉冲，但所输出的超短激光脉冲序列中的单个激光脉冲的脉冲能量不高，往往不能满足将分子激发到必要的激发态浓度的要求。为在实践中提高激光脉冲能量，利用在一定能级间呈现工作粒子布居数分布反转的激活介质中的“光的受激发射放大”过程是行之有效的基本技术措施。不言而喻，为实现入射激光脉冲的能量放大，所用激活介质的工作粒子呈现布居数分布反转的一对能级间距必须是和被放大的入射激光频率 ν 相对应，而且布居数反转密度必须足够高，以保证它对入射光信号的单程增益 $G(\nu)$ 大于通过激活介质时的各种可能的光学损耗 $\gamma(\nu)$。此外，$G(\nu)\geqslant\gamma(\nu)$ 的布居数反转状态的呈现和被放大的激光脉冲入射应在时间上严格同步。

3.7.1 激光脉冲振辐变换过程分析

为定量描述激光脉冲的能量放大过程，考查激光脉冲在用于能量放大的激活介质（简称为放大介质）中沿一定方向传播时的光强度 $I(x,t)$变化情况。当介质中工作粒子在进行相应的受激辐射跃迁的上、下能级间的布居数反转密度为 $\Delta n(x,t)$，在垂直于激光脉冲传播方向的平面内呈均匀分布时，在截面为 dx 的单元空间体积内的光子流密度 $I(x,t)$ 随时间 t 和空间 x 变化的速率将可用时间相关的传输方程式描述：

$$\frac{1}{v}\frac{\partial I(x,t)}{\partial t}+\frac{\partial I(x,t)}{\partial x}=\sigma\,\Delta n(x,t)\,I(x,t)-\gamma\,I(x,t) \tag{3.7.1}$$

式中：$0\leqslant x\leqslant l$，l 为放大介质的有效光程长；v 是介质中的光速；σ 是工作粒子在布居数反转能级间的受激辐射跃迁截面，它和工作粒子性质有关；γ 为激光脉冲在激活介质中传播时由于吸收、散射等因素引起的光学损耗系数，但在许多情况下，因其值较小而将 $\gamma I(x,t)$ 乘积项忽略不计。当入射脉冲宽度远小于许多放大介质中工作粒子的自发辐射寿命和工作粒子被激发到受激辐射跃迁上能级的速率的倒数时，在这种情况下，工作粒子的布居数反转密度 $\Delta n(x,t)$ 将随入射的激光脉冲和放大介质相互作用过程而变化，并可表示为

$$\frac{\partial\Delta n(x,t)}{\partial t}=-\sigma\Delta n(x,t)I(x,t) \tag{3.7.2}$$

上述描述激光脉冲能量放大过程的速率方程[式（3.7.1）和式（3.7.2）]应作为非稳定态方程处理。为此，其边界条件可选用 $\Delta n(x,t<0)=\Delta n_0$ 和 $I(x=0,t)=I_0(t)$，其中 Δn_0 和 $I_0(t)$ 分别表示 $\Delta n(x,t)$ 和 $I(x,t)$ 之间没有发生相互作用时的初始值。利用这些初始条件，在入射的激光脉冲为矩形波的近似条件下，有：当 $0\leqslant t\leqslant\tau_{\rm p}$ 时，$I(x,t)=I_0$；当 $t<0$ 和 $t>\tau_{\rm p}$ 时，$I(x,t)=0$，采用变量分离法求解方程式（3.7.1）和式（3.7.2）可得出

$$I(x,t)=\frac{I_0}{1+\left[\exp\left(-\sigma\,\Delta n_0\,x\right)-1\right]\exp\left[-\sigma\,I_0\left(t-\dfrac{x}{v}\right)\right]} \tag{3.7.3}$$

而从放大介质输出的激光脉冲光子流密度，即 $x=l$ 时的 $I(l,t)$ 将为

$$I(l,t)=\frac{I_0}{1+\left[\exp\left(-\sigma\,\Delta n_0\,l\right)-1\right]\exp\left[-\sigma\,I_0\left(t-\dfrac{l}{v}\right)\right]} \tag{3.7.4}$$

式（3.7.3）和式（3.7.4）虽然是在引入一系列假设和限制条件下导出，它们仍可满意地用于对激光脉冲能量放大过程作定量描述。

激光脉冲在放大介质中传播时，将描述该过程光子流密度传输速率的方程式（3.4.1）对时间 t 从 $-\infty$ 到 $+\infty$ 积分，即可得到其能量 $E(x)$ 随传播距离 x 的变化的表达式：

$$\frac{\mathrm{d}E(x)}{\mathrm{d}x}=g_0E_s(x)\left[1-\exp\left(\frac{E(x)}{E_s}\right)\right]-\gamma E(x) \tag{3.7.5}$$

式中，$E(x)=h\nu\int_{-\infty}^{+\infty}I(x,t)\mathrm{d}t$，$E_s=\dfrac{h\nu}{\sigma}$。

若将传播过程中的光学损耗忽略不计，由式（3.7.5）不难得出，在放大介质中传播经过光程长 l 而自介质中输出的激光脉冲光子流能量 $E(l)$ 将为

$$E(l)=E_s\ln\left\{1+\left[\exp\left(\frac{E_{in}}{E_s}\right)-1\right]\exp(g_0l)\right\} \tag{3.7.6}$$

式中，E_{in} 是入射的激光脉冲光子流能量，$\exp(g_0l)$ 通常被称为介质的“不饱和放大增益”。经过放大介质而将入射激光脉冲能量增大的程度和所用放大介质的增益特性（包括工作粒子的受激辐射跃迁截面 σ 和它的布居数反转密度的初始值 Δn_0）以及它的有效光程长 l 有关。当入射激光脉冲的输入能量 E_{in} 较小，并满足 $E_{in}\ll E_s$ 的条件时，式（3.7.6）可近似地表示为

$$E(l)=E_{in}\exp(g_0l) \tag{3.7.7}$$

即被放大激光脉冲的输出能量 $E(l)$ 将随输入能量 E_{in} 的增大而近似地按线性比例增大。放大介质特性和被放大激光脉冲的输入和输出能量的典型函数关系如图 3.7.1 所示。但随入射激光脉冲的输入能量进一步增大而趋近于 E_s，$E(l)$ 将偏离上述线性关系。当入射激光脉冲的输入能量继续加大，以致超过该放大介质的饱和能量密度 E_s 时，被放大激光脉冲的输出能量 $E(l)$ 将再次随输入能量 E_{in} 的增大而线性地增大（参阅图 3.7.1）；然而在 $E_{in}>E_s$ 条件下的这一线性区内，输出能量和输入能量的函数关系将近似地表述为

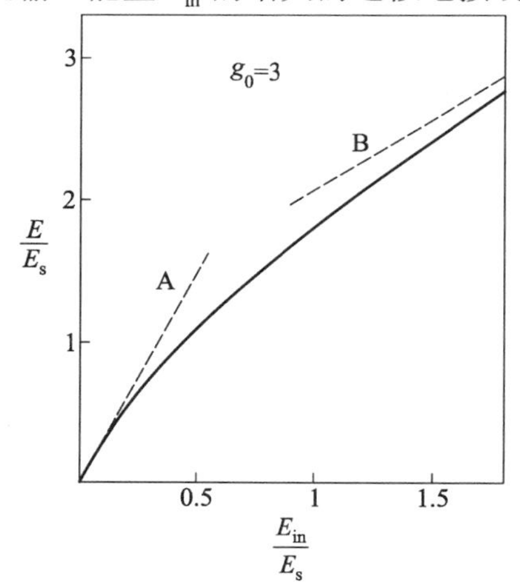

图 3.7.1 被放大激光脉冲的输入能量 E_{in} 和输出能量 E 的典型函数关系

$$E(l)=E_{in}+E_sg_0l \tag{3.7.8}$$

在这里值得指出的是，由式（3.7.8）可得出一个重要结论，即由于式中的 $E_s g_0 l$ 项实际上等于 $\left(\dfrac{h\nu}{\sigma}\right)(\sigma\,\Delta n_0)l = h\nu\,\Delta n_0\,l$，这是放大介质中所存储的全部“有用的”能量。在 $E_{in} > E_s$ 的条件下，这部分能量均可有效地用于提高被放大的入射激光脉冲的能量输出。因此，激光脉冲的能量放大应选择在 $E_{in} > E_s$ 的所谓“饱和放大条件”下工作。但是，上述分析完全忽略了激光脉冲在放大介质中传播时可能出现的能量损耗问题。如果也考虑到这一损耗，当 $E_{in} << E_s$ 时，式（3.7.8）将应改写为

$$E(l) = E_{in} + E_s \exp(g_0 - \gamma)l \tag{3.7.9}$$

此时，激光脉冲的输出能量 $E(l)$ 仍将随初始输入能量 E_{in} 加大而按较小的比例增大；但在 $E_{in} >> E_s$ 的“饱和放大条件”下工作时，激光脉冲的输出能量 $E(l')_{lim}$ 将为

$$E(l')_{lim} = E_{in} + E_s g_0 l' - E_s \exp(-\gamma l) \tag{3.7.10}$$

也就是说，当激光脉冲在放大介质中传播一段距离后，其能量已达到“饱和”而不能再进一步增大，进一步地加大传播距离甚至可因能量损耗而使输出能量降低。这是因为，激光脉冲的输出能量虽可随传播距离加大而以线性函数规律增大，但由于光学损耗却使其随传播距离加大而以指数函数规律降低。所以，当 $g_0 >> \gamma$ 时，激光脉冲的输出能量将有一个最大值。在实际工作中，激光脉冲能量放大所允许的最大程度并不是受上述因素的制约，而是要求考虑被放大介质材料本身的光学损伤的能量阈值 E_d。此外，还必须合理选择所用放大介质的有效光程长 l 以及不饱和增益系数 g_0，以免引起在放大介质中出现被放大的自发辐射（amplified spontaneous emission，ASE）和由于某些光学反馈（如介质输出端表面的光反射）而引起的寄生振荡（parasitic oscillation）等不希望出现的不良效应，而导致工作粒子的布居数反转密度 Δn 减小，从而使放大介质的不饱和增益降低。据此，激光脉冲放大所达到的最大能量 E_m 可根据下述经验公式予以定量地估计：

$$E_m = E_d (g_0 l)_m^2\, g_0^{-2} \tag{3.7.11}$$

式（3.7.11）表明，利用放大介质提高入射激光脉冲能量所允许的最大程度，会因不适当地增大所用介质的有效光程长 l 和不饱和增益系数 g_0 而降低。

最后，也指出，在脉冲能量放大过程中，特别是当被放大的激光脉冲

宽度为 ps、fs 数量级时，其激光脉冲的峰值功率往往可以达到足以在介质中引起一些非线性光学过程的水平，而这些非线性光学过程出现和消失的响应时间又往往可和被放大的激光脉冲宽度相比拟，因而这些可能出现的非线性光学效应将可能影响被放大的激光脉冲的特性参数。产生这些影响的原因，与其说是和激光脉冲能量放大的过程有关，不如说是激光脉冲能量被放大的必然后果。因此，在放大介质中增大激光脉冲能量时，这一非线性光学过程对激光脉冲的其他特性参数（如激光脉冲的波形、方向性、光谱分布等）的影响也不应忽视。

一种最常见的典型情况是，如果激光脉冲的宽度 τ_{p} 小于工作粒子被激发到呈现布居数反转的上能级的速率 w 的倒数，由于和脉冲前部分相互作用而通过受激辐射跃迁“消耗”掉的上能级布居数未能及时恢复，和该脉冲波形后部分相作用的放大介质将具有不同的布居数反转密度，从而，激光脉冲不同部分所受到的放大程度不同，导致通过放大介质的输出脉冲波形表现出一定的差异。激光脉冲振辐变换过程中出现的这种脉冲波形畸变，可基于描述在通过放大介质中光子流密度的关系式（3.7.4）进行分析。

为简化起见，仍将入射的激光脉冲波形采用矩形波描述。这样，当入射的激光脉冲的光子流密度 $I_0 << \frac{1}{\sigma\tau_{\mathrm{p}}}$ 时，根据式（3.7.4）可见，在 $t=\frac{l}{v}$ 的脉冲前沿和 $t=\tau_{\mathrm{p}}+\frac{l}{v}$ 的脉冲后沿，被放大的激光脉冲局部光子流密度均为

$$I\left(\frac{l}{v}\right)=I\left(\tau_{\mathrm{p}}+\frac{l}{v}\right)=I_0\left(\sigma\,\Delta n_0 l\right) \tag{3.7.12}$$

也就是说，这种光子流密度较低的激光脉冲通过放大介质而提高其脉冲能量时，脉冲的波形基本上不受影响。但是，当入射的激光脉冲光子流密度 $I_0 >> \frac{1}{\sigma\tau_{\mathrm{p}}}$ 时，被放大的激光脉冲前沿的局部光子流密度仍可用式（3.7.12）所示关系表述，而被放大的脉冲波形其他部分的局部光子流密度则应为在 $\frac{l}{v}\leqslant t\leqslant\frac{l}{v}+\tau_{\mathrm{p}}$ 不同瞬间的 $I(l')$。在图 3.7.2 中示出不同 $\sigma\,\Delta n_0 l$ 时，根据式（3.7.12）计算出在不同 $t-\frac{l}{v}$ 瞬间的光子流密度。由图 2.7.2 可见，在 $\sigma\,\Delta n_0 l$ 一定时，通过放大介质后的激光脉冲的局部光子流密度在其前沿和其他部

分不同，而且随 $t-\frac{l}{v}$ 的加大，脉冲前沿和末尾的光子流密度差别更加显著。这也就是说，这种初始光子流密度较高 $\left(I_0 >> \frac{1}{\sigma\tau_p}\right)$ 的激光脉冲通过放大介质而提高其脉冲能量时，其脉冲波形将发生畸变，而且随放大介质的小信号增益系数 $\sigma\Delta n_0$ 和有效光程长 l 增大，其脉冲前沿更加陡峭、峰值强度向前偏移，导致脉冲宽度被压缩变窄。

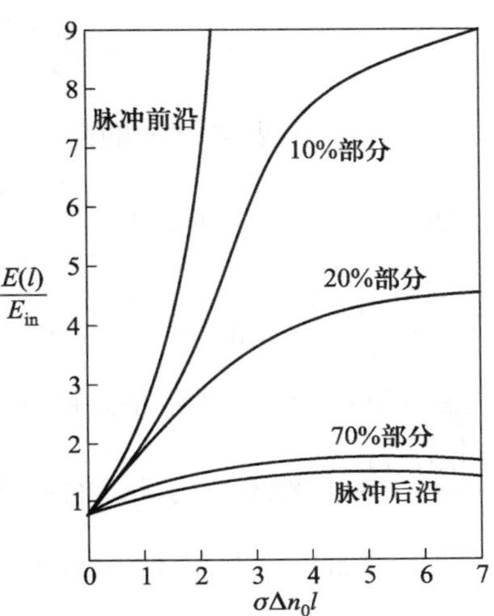

图 3.7.2　不同 $\sigma\Delta n_0 l$ 、不同 $t-\frac{l}{v}$ 瞬间的光子流密度

此外，当被放大的激光超短脉冲功率很高时，在高强度激光辐射场的作用下，往往可通过 Kerr 效应影响一些介质分子重新取向或电子云密度分布等，以致介质的折射率 n 将随光波的瞬时辐射场强度平均值 $\langle E\rangle$ 的变化而改变：

$$\Delta n = \lambda k\langle E\rangle^2 \tag{3.7.13}$$

式中，λ为入射光波长，K 为 Kerr 常数。这种非线性光学效应可因介质折射率和被放大的激光脉冲相作用的部位不同而不同，导致光波有不同的传播速度。例如，在非线性折射率 $n_2>1$ 的一般情况下，光强度较高的脉冲前沿将因折射率项增大而使传播速度相对地减慢，而光强度较弱的脉冲后沿则相对地加速，从而出现被称为“脉冲自变陡”（self-steeping of pulse）现象，其结果将压缩被放大的激光脉冲的脉冲宽度。这种随与之相互作用的光瞬时辐射场强度平均值$\langle E\rangle$而变化的折射率，也可使在这一介质中传播的光辐射场产生一定的相位偏移的所谓“相位自调制”现象。“相位自调制”引起的相位偏移 $\Delta\theta$ 可表示为

$$\Delta\theta(x,t) = \left(\frac{\boldsymbol{k}_0}{2n_0}\right) n_2\, x \left|E(o,t)^2\right| \tag{3.7.14}$$

式中，$\boldsymbol{k}_0$ 和 $E(o,t)$分别表示入射光脉冲的波矢量和电场振幅，n_2 为放大介质的非线性折射率，x 为光脉冲在介质中的传播距离。而和相位自调制相

对应的光脉冲频率 $\omega(t)$ 调制则是

$$\omega(t)=\omega_0-\frac{\partial(\Delta\theta)}{\partial t}=\omega_0-\left(\frac{\boldsymbol{k}_0}{2n_0}\right)n_2\,x\frac{\partial\left|E(o,t)^2\right|}{\partial t} \tag{3.7.15}$$

其中，ω_0 为入射光脉冲的频率。由式（3.7.15）可见，当激光脉冲在 $n_2>0$ 的放大介质中传播时，其 $\frac{\partial\left|E(o,t)^2\right|}{\partial t}>0$ 的脉冲前沿部分的频率将比 ω_0 小，而 $\frac{\partial\left|E(o,t)^2\right|}{\partial t}<0$ 的后沿部分的频率将大于 ω_0 而向高频侧偏移。这样被放大的激光脉冲的光谱谱带将分别向入射光频率 ω_0 的两侧展宽，展宽的范围将和 $\frac{\partial\left|E(o,t)^2\right|}{\partial t}$ 的绝对值有关，而各频率成分在两侧的分布将视入射激光脉冲的波形不同而异，从而影响被放大的激光超短脉冲的光谱频率分布（图 3.7.3）。

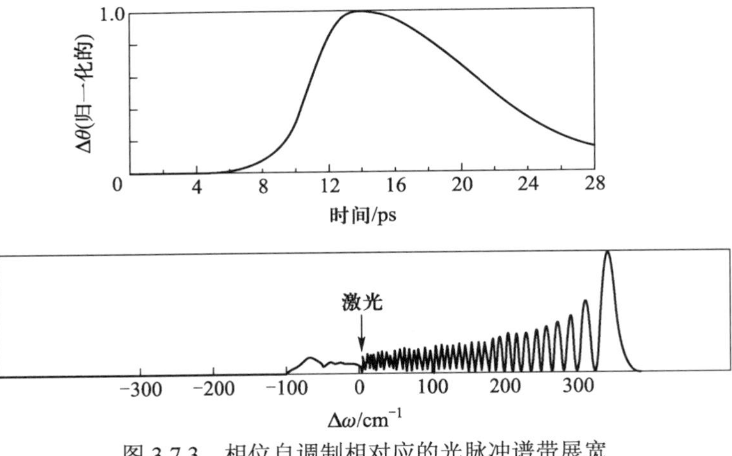

图 3.7.3　相位自调制相对应的光脉冲谱带展宽

因此，在对激光脉冲，特别是激光超短脉冲进行能量放大时，能量放大过程中对被放大脉冲特性参数的影响必须予以考虑，并对入射功率水平和介质的特性参数有所选择。

3.7.2　激光脉冲能量放大系统的原理结构设计

激光脉冲能量放大系统的原理结构大体上可分为行波式放大和注入式放大两大类。行波式放大是将被放大的激光脉冲以行波方式注入放大介质，最简单的原理结构设计是将用于产生被放大脉冲的激光光源和放大介质串接，使被放大脉冲在放大介质的增益达到最大值的瞬间通过，而两者之间的同步则借助于光学开关调节（图 3.7.4）。

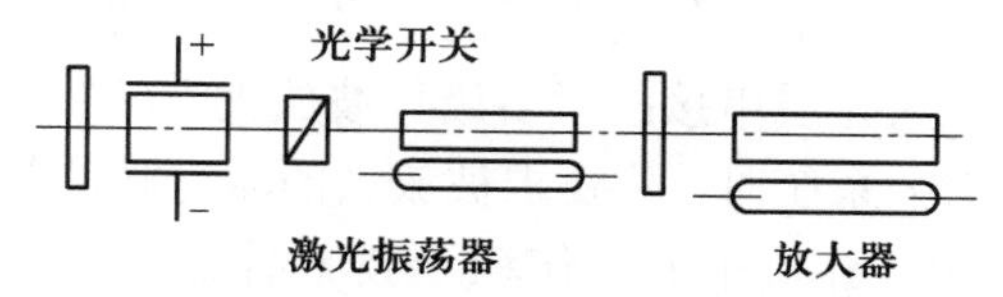

图 3.7.4　最简单的行波方式放大系统的原理结构设计

当模体积较小的 TEM_{00} 单模激光脉冲被放大时，为更好地提高对放大介质的空间利用效率，可采用所谓“偏振抽取腔”（polarex cavity）的结构设计，这种结构设计的一个特点是被放大的激光脉冲的产生和该激光脉冲放大都利用同一激活介质。在图 3.7.5 所示的结构设计中，要被放大的激光脉冲在进入激活介质进一步放大其脉冲能量之前，先经过四分之一波片转化其偏振方向（线偏振 → 圆偏振 → 线偏振）和凸面全反射镜 M_2 或扩束望远镜系统扩大激光光束截面，以在空间上可更充分地利用激活介质，从而提高能量放大效率。

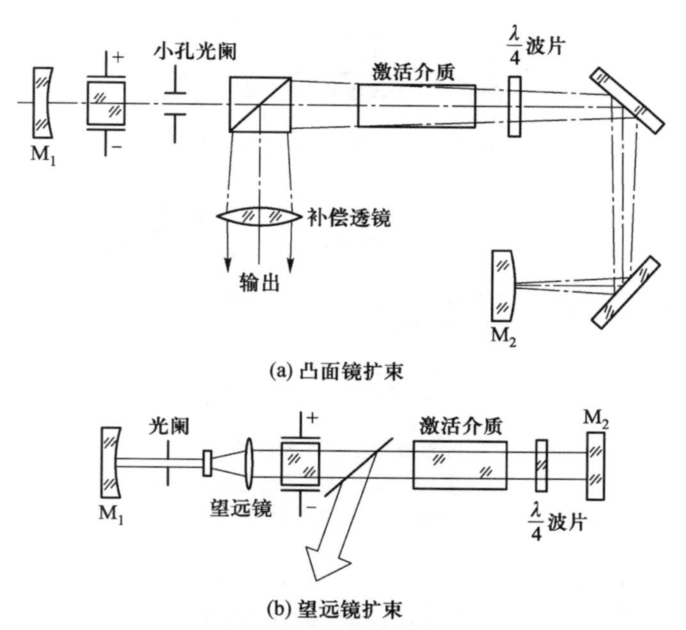

图 3.7.5　偏振抽取腔行波方式放大系统的原理结构设计

但是应当指出，无论采用简单的行波方式放大系统或偏振抽取腔行波方式放大系统，由于被放大的激光脉冲在放大介质中传播的有效光程长有限，以致难以产生光子流密度很高的激光脉冲输出。因此，在一些情况下，可采用从不同方向注入单一放大介质的“多程行波放大”（图 3.7.6）或连续通过一个以上放大介质串接的“多级行波放大”（图 3.7.7）结构设计。当采用多级行波放大系统时，除要求被放大的激光脉冲前后相继进入各放大介质的时间应和各介质中的工作粒子被激活而呈现最大增益的瞬间严格同步外，还应防止前一级放大介质接受到可能来自后一级放大介质的光学反馈而引发“自激振荡”，消耗放大介质中用于放大的存储能量，或导致光子流密度过高的累积而使放大介质损伤，因此，在各放大级之间应采取适当的可有效抑制这类有害光学反馈的“光学隔离”措施（见 3.7.3 小节）。

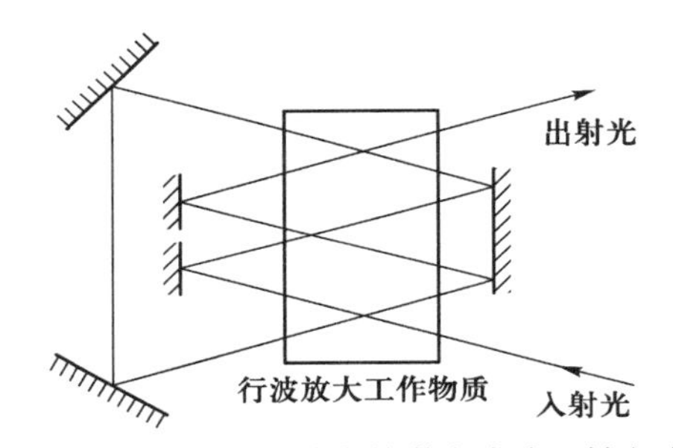

图 3.7.6 多程行波放大的激光脉冲入射光路

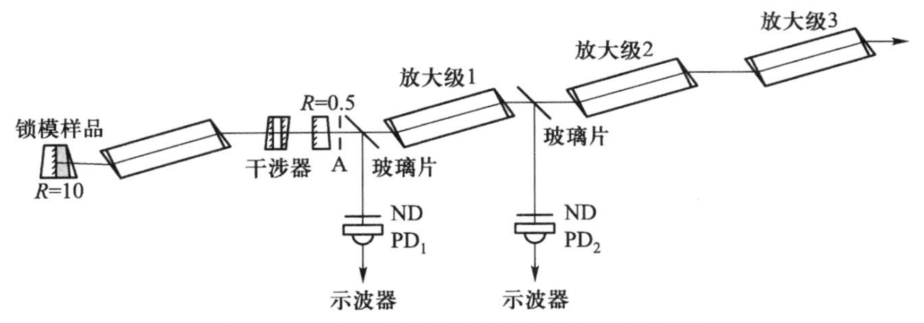

图 3.7.7 多级行波放大系统的原理结构设计

A—5 mm 光阑；PD—光二极管探测器；ND—中性滤光片

另一类激光脉冲放大系统是基于所谓的“注入放大”的工作原理而设计的。注入放大方法的实质是，使被放大的激光脉冲在有被激活工作介质的谐振腔内重新参与激光振荡，以提高其光子流密度。视这里的被放大的激光脉冲的来源不同，这类激光脉冲放大系统可进一步分为“外注入”和“自注入”等两种基本形式。在其原理结构设计如图 3.7.8（a）所示的外注入放大系统中，在其中的放大介质被激活而开始工作的瞬间，置于同一谐振腔的光学开关处于“关闭”状态，使布居数反转密度不断累积；当它累积到最佳值时，被放大的激光脉冲通过构成谐振腔的一个低透过率反射镜（$R \approx 95\%$）注入该谐振腔。与此同时，腔内的光学开关迅速“开启”，使注入的激光脉冲在谐振腔内进行振荡而多次往返通过放大介质，直到其光子流密度增大很多时，即经由$\frac{\lambda}{4}$波片组成的输出耦合单元，以具有选定偏振方向的高强度激光脉冲自腔中输出。应指出的是，当用于产生被放大的激光脉冲的谐振腔和用于脉冲放大的谐振腔的本征模相同时，在放大介质增益较低但注入的激光脉冲强度较高的条件下，该激光脉冲可直接在谐振腔振荡而以“再生”的方式进行放大，而且，放大后的激光脉冲和注入的激光脉冲具有相同的模式。若注入的激光脉冲和通过放大介质的激光振荡模式不相同，只有注入激光脉冲进行快速相位偏移，使其频率和通过放大介质的激光振荡的某一纵模相同时，它才可被有效地放大。由此可以设想，通过调节含有放大介质的谐振腔的特性，即可对被放大的激光脉冲的模式予以选择，包括获得单模激光脉冲输出。自注入激光脉冲放大系统的结构设计如图 3.7.8（b）所示。它在形式上和采用偏振抽取腔行波方式放大系统相似，即也是利用产生被放大激光脉冲的同一激活介质对该激光脉冲进行放大；但它和偏振抽取腔行波方式放大系统的区别在于，它不是将激活介质所产生的全部激光脉冲返回激活介质进行放大，而只是将其中的一部分重新返回激活介质，而且这部分激光脉冲在激活介质中的放大也不是以单程传播的行波方式进行，而是使之在激活介质中通过多次往返振荡而提高激光脉冲的光子流密度。此外，这种自注入放大系统的脉冲输出方式和 Q 调制激光器在技术上也有共同之处，只不过在这里是将光学开关分两步打开，或先在谐振腔的 Q 值较低时进行初步的激光振荡，并对此时形成的激光脉冲的模式进行选择；此后，才将光学开关完全开启，使具有选定模式的激光脉冲在 Q 值很高的谐振腔内进行振荡和放大，而获得其模式被选定的高功率激光脉冲输出。显然，这种自注入激光脉冲放大系统具有一系列优点，但开关的操作控制单元较复杂，而且，它要求在 Q 值不同的条件下进行激光振荡，从而所用的激活介质的工作粒子上能级寿命应较长，这就对激活介质的选择以及与此相关的激光波长范围带来相应的限制。因此，在时间分辨光谱测量的实践中，更常用的是行波式激光脉冲放大方法。

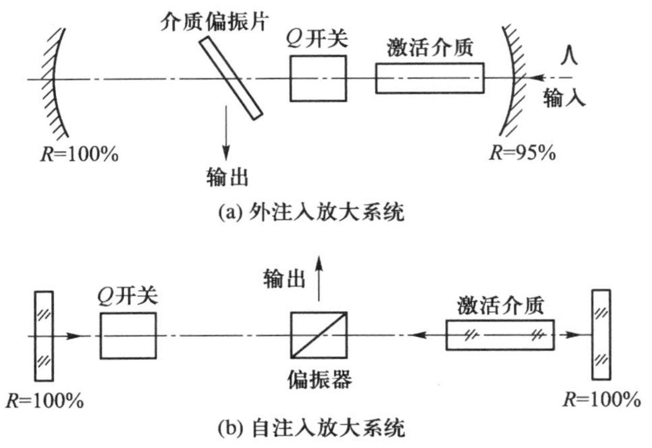

图 3.7.8 注入式放大系统的原理结构设计

3.7.3 激光脉冲能量放大方法中的几个技术考虑

1．放大介质选择

根据激光脉冲放大的原理，选用放大介质的一个重要考虑是，其工作粒子应具有和被放大激光脉冲频谱相匹配的能级结构。为此，一个最简单的选择是采用同一或同类用于产生激光脉冲的激活介质作为放大介质。但此时要考虑到：用做放大介质时，因其中激光脉冲的光子流密度更高，从而介质材料应具有更高的光学损伤阈值；当用于 ps 超短激光脉冲放大时，该放大介质则希望具有较低的非线性折射率，以避免一些非线性光学效应出现而影响被放大的激光超短脉冲的时间和光谱特性参数。此外，尚需以“最充分地利用放大介质中所储存的能量，使入射的激光脉冲能量放大到所要求的数值”为出发点，而对所用放大介质的几何尺寸有所选择。而且，放大介质垂直于入射激光脉冲传播方向的横截面应和入射激光脉冲光束的横截面相匹配。例如，在放大 TEM_{00} 单基模激光脉冲时，所用放大介质输入横截面和输出横截面的直径 d，应等于高斯光束在各相应位置处的光斑半径 $w(x)$ 的两倍，$w(x)$可用下式求出：

$$w(x)=w_0\sqrt{1+\left(\frac{\lambda x}{\pi w_0^2}\right)^2} \qquad (3.7.16)$$

式中，λ 为激光脉冲波长，w 为该高斯光束的束腰半径，x 为相对于光束束腰截面的间距。如果被放大的是多横模激光脉冲，所用放大介质的横截面直径d可根据入射光束的发散角（全角）θ作近似的估计：

$$d = \theta x \tag{3.7.17}$$

至于放大介质沿入射激光脉冲传播方向的有效长度l，正如在激光脉冲振幅变换过程的脉冲能量放大的分析中指出的那样，放大过程应在“饱和放大”的条件下工作。据此，最佳的有效光程长l应参照式（3.7.8）确定的$g_0 l$范围、根据放大介质的g_0大小进行选择。一般来说，最佳的$g_0 l$范围为$(g_0 l)_{\max} \approx 3 \sim 5$，为减少在放大介质中发生自发辐射放大（ASE）以及难以完全避免由外界因素引起的寄生振荡等导致介质中能量的无效消耗，g_0也不宜过大，这样即可确定放大介质中有效光程长的合理数值。

2．多级行波放大系统的级间匹配和光学隔离问题

多级行波放大是用于提高激光脉冲能量的最常用方法。为保证这种能量放大系统有效地工作，必须考虑各放大能级间在空间上和在时间上的匹配，以及光学隔离问题。

各放大级的放大介质在空间上彼此匹配是指，入射激光脉冲光束截面应和放大介质横切其轴线的截面大小相对应。之所以强调空间匹配的原因是，由于在进行多级行波放大过程中，各放大级的放大介质的激光脉冲光子流密度是依次逐级增大，为保证放大介质中光子能量都不超过它们的光学损伤阈值，各级放大介质的横截面积将相应地逐级增大。为充分利用放大介质中激活粒子的能量提高通过该介质的光子流密度，入射到放大介质中的激光脉冲也应相应地进行扩束。为此，通常采用的方法是利用望远镜（一般为伽利略望远镜）系统扩束。这一措施还可同时附带地改进光束的方向性；而且当望远镜有一定的失调量时，对各级放大介质引起的光波面畸变也可给予一定的补偿。但为减少望远镜系统中透镜表面反射造成的反射损耗，各透镜表面必须加镀光学增透膜。

时间匹配的要求是指被放大的激光脉冲应在各级放大介质的增益处于各自的最佳状态的瞬间通过。因此，要求各级放大介质的激发过程之间应保持一定的相对时间延迟。不过，当所用放大介质工作粒子的上能级寿命较长时，时间匹配的重要性将相对降低，有时在各放大级被同时激发也不会明显地影响放大效果。

各放大介质间的光学隔离是降低由于寄生振荡，从而减少介质中有用

能量无效损耗的重要措施。在实际的多级行波放大系统中，法拉第旋转隔离器可成功地抑制高能量多级行波放大过程中的光学反馈，而一些光学开关也可用于实现光学隔离。此时，光学开关不仅可用于消除各级放大介质间的光学反馈，如果将开关的开启持续时间予以适当的选择控制，还可对被放大的激光脉冲进行“整形”而压缩其脉冲宽度。但当采用可饱和有机染料开关进行光学隔离时，所用有机染料分子的荧光可能成为附加的光学反馈来源，从而不适宜用于高能量的激光脉冲放大系统，而电光开关在能量较高和光束直径较大的激光脉冲放大系统中的应用，则受所用开关材料的光学损伤阈值和晶体尺寸要求的限制。

但应指出的是，基于单纯的几何光学考虑，也可发展出一些简单方法有效地用于抑制各放大介质间的光学反馈，而无须使用任何光学开关，包括适用于对强光辐射场进行光学隔离的法拉第旋转隔离器。其中最简单的并在放大级数不多（1～2 级）的多级行波放大系统中较为普遍应用的方法是，人为地将相邻的两个放大级之间的光轴偏离 1°～3°（最佳偏离值需根据具体情况由实验测定），并在放大介质的端面加镀增透膜。另一种抑制光学反馈的简单方法是使被放大的激光脉冲沿 Brewster 角的方向入射。这一方法对线偏振的激光脉冲无疑十分有效，但此时放大介质的端面和光轴不相互垂直，使得难以方便而准确地进行调节。此外，将放大介质直接磨成 2°～3° 的斜端面也是一种既简化装置，又在技术上简单易行的抑制光学反馈的方法。因此，它具有更为广泛的实用价值。

3.8 激光脉冲的时间特性调制——脉冲宽度“压缩”

锁模激光技术虽为激光超短脉冲在时间分辨光谱方法中广泛的应用提供了可能性，但为更精确而有效地选择激发超快速分子过程，以及从探测所得的光谱信号强度随时间而变化的实验资料中获取正确的分子运动变化信息，所用具有足够能量和适当频率的激光脉冲应具有持续时间为 ps、fs 数量级的脉冲宽度。此外，对锁模激光脉冲强度随时间分布的波形间特性的了解也是定量分析一些快速分子过程所必要的。

在前面已提及，当利用一些非线性光学方法变换激光超短脉冲的光谱频率，或通过放大介质提高其单脉冲能量时，激光超短脉冲的脉冲宽度都可能出现畸变。事实上，在激光振荡的锁模过程中，使脉冲波形中不同部位的光波具有不同频率的“啁啾”（chirp）效应也是影响锁模所形成超短脉冲的脉冲波形的一个重要因素。负的啁啾效应可使光波的频率从脉冲波形的“前沿”到“末尾”不断递减，而正的啁啾效应则使光波的频率呈现相反的分布。不论在哪种情况下，同一脉冲波形中的高频和低频部分将在时间上出现相对的延迟，其结果将使脉冲宽度展宽而达不到理论极限值$\frac{1}{\Delta\nu}$。

为消除由于啁啾效应而导致的脉冲宽度展宽，E. B. Treacy[16]所提出的“双光栅对”方法是一种行之有效的措施。这一方法的基本思想是，一般锁模激光器所产生的超短脉冲的脉冲宽度通常受正的啁啾效应的影响，利用该激光系统中所用的某些光学元件的线性色散，以及激光脉冲的相位自调制等非线性光学效应，即可补偿由于啁啾效应引起的激光脉冲频率偏移。据此，一种最简单的做法是使相关的激光超短脉冲在一对平行放置的平面光栅间传播（参阅图 3.8.1），使平行入射的激光超短脉冲经过两次一级衍射后，仍以平行光束形式射出。这样，当光波频率不同时，它们的衍射角不同，从而产生的相位差也不相同，其结果将使脉冲中频率较高的光波部分比频率较低的光波部分有更短的光程，从而抵消频率“啁啾”所引起的光波不同部分间的相对时间延迟，以达到压缩激光超短脉冲宽度的效果，而脉冲宽度被压缩的程度将随光栅对的间距加大而增大。在典型的实验中，采用间距$d = 23$ m 的双光栅对时，可将激光超短脉冲的脉宽由100 ps 压缩到7 ps [17]。光栅-棱镜组合[18]也可达到类似脉宽压缩的效果。有趣的是，若将激光超短脉冲在被压缩前先经过某些过程而将该脉冲谱带予以“预展宽”，例如经过能量放大并聚焦到光学纤维中再通过上述“双光栅对”的方法而实行脉宽压缩时（参阅图 3.8.2），所产生的脉宽压缩可比压缩未经谱带预展宽的原始激光超短脉冲得到更好的压缩效果[19]。例如，采用这种脉冲谱带预展宽的“双光栅对”脉宽压缩方法曾获得脉冲宽度仅为 16 fs 的激光超短脉冲输出[20]。采用这类方法产生波长可调的 fs 激光超短脉冲也是可能的[3,21]。

---

[16] (a) Treacy E B. Appl. Phys. Lett.，1969,14: 112. (b) IEEE. J. Quantum Electronics,QE-5, 1969:454.
[17] Lehmberg R H, McMahon J M. Appl. Phys. Lett.,1976, 28: 204.
[18] Nikolaus B, Grischkowsky D. Appl. Phys. Lett., 1983, 43. 204.
[19] Shank C V, Fork R L, Yen R, Stolen R H, Tomlinson W J. Appl. Phys. Lett., 1982, 40: 761.
[20] Fujumoto J G, Wiener A, Ippen E P. Appl. Phys. Lett., 1984, 44: 832.
[21] Nikolaus B, Griochkowsky D. Appl. Phys. Lett., 1983, 42: 1.

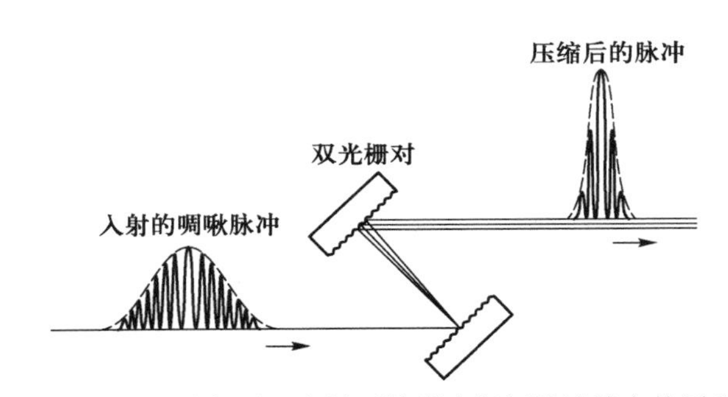

图 3.8.1 “双光栅对”方法压缩激光超短脉冲脉宽的原理

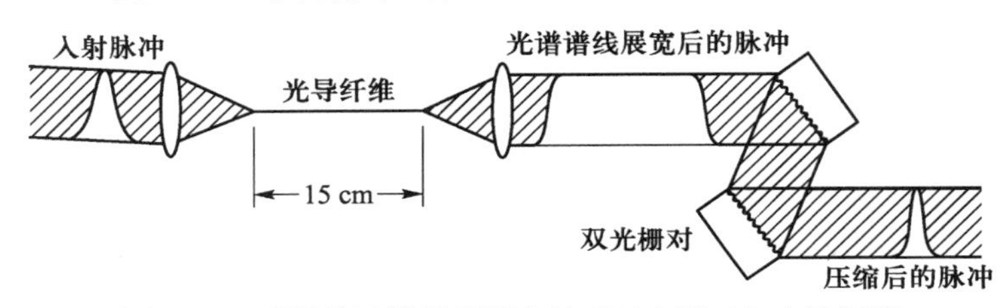

图 3.8.2 采用脉冲谱带予展宽的“双光栅对”方法压缩激光超短脉冲脉宽的原理装置示意图

最后，强调指出，在时间分辨光谱测量的实际工作中，特别是对激光脉冲的性能参数有特定的要求时，获得一套工作性能比较适用的锁模激光系统，并非轻而易举之事。这是因为，在锁模激光系统的许多参数（如激光增益介质特性、谐振腔参数、有关光学元件的色散以及非线性光学效应等）之间有复杂的关联，当一个参数变动时，往往也改变了另外的某些参数，从而难于获得激光脉冲同时具有宽度非常短暂，脉冲能量、重复频率以及平均功率都较高，而且稳定运转的超短激光脉冲序列输出。虽然随时间的推移，激光器件的设计已日臻完美，仪器商品化生产不断发展，但对时间分辨光谱的实验工作者来说，为使锁模激光光源可以比较理想运转和及时处理在使用过程中出现的各种问题，不能完全信赖生产厂家对相关激光器件性能的描绘，实验中的一些技术要求不可能完全依赖生产厂家的“售后服务”解决。因此，对锁模等过程的相关物理细节有一定量的了解和实际操作经验的累积是十分必要的。

第4章 微弱、瞬变光谱信号探测及数据处理

激光脉冲技术的发展，使人们有可能以高度的时间分辨率将分子激发到指定的量子状态。但是，为利用时间分辨光谱方法研究该激发态分子进一步随时间而变化的动态学行为和动力学规律，尚需解决的另一基本问题是，如何对表征该分子结构、状态的光谱信号予以实时而精确地跟踪监测。诚然，利用棱镜、光栅等光学色散元件可以把光谱信号中不同波长成分在空间上分开，也可用光探测器直接测出这些不同波长成分的光信号的强度；但在光谱的时间分辨测量中，信号强度通常都随时间快速变化，而且当分子过程衰变到最后时，相关的被测光谱信号强度将变得十分微弱。此时，对光信号测量的灵敏度及其时间响应特性的要求都将十分严格。在这一章中，将在简要地考查一些典型的光信号探测器的工作原理、主要技术特性的同时，对光谱信号时间分辨测量中的一些超快速、微弱光信号测量方法和恢复技术，以及脉冲光谱信号数据处理中的一些问题予以概述。

4.1 光信号探测器的基本特性参数及噪声

光信号探测通常是利用探测器将被测光信号转化为电信号，并检测电信号通过由外加偏压串接负载电阻组成的电学线路的电流特性变化而完成的。用于光信号测量的探测器主要有两种基本类型：其一是电热探测器（pyroelectric detector），它们是将所吸收的被测光信号能量转化为热，通过测量由被吸光信号热能所引起工作介质的性质参数变化（如导电参数），而推算被测光信号强度。这类光信号探测器对被测光信号波长的依赖关系不明显，而且它们的响应灵敏度一般都比较低。因此，在时间分辨光谱测量中，被更广泛采用的是另一类光信号探测器，即基于将光信号直接转化为电信号的某些光电效应而工作的三种基本类型光电探测器。其中包括基于入射光信号直接产生电压的光伏效应（photovoltaic effect）的光二极管探测器（photodiode detector）、通过测量随入射光信号强度而改变光敏材料的电导效应（photoconductive effect）而工作的光导探测器（photoconductive detector）和基于光电发射效应（photoemissive effect）而工作的光子发射探测器（photomultiplier detector）。这些光电探测器也可构成列阵组件形式，用于同时测量信号强度的空间分布。由于光电探测器的工作原理是，通过被测光信号和探测器中的光敏材料相互作用而使光敏材料释放出自由电子，因此，利用光电探测器可测量的光信号的光量子必须具有足够的能量，从而这类光信号探测器的探测灵敏度将明显地依赖被探测信号的波长。然而，这类光信号探测器的响应速度和灵敏度都可以很高，因而更适用于时间分辨光谱测量中的光信号探测。因此，下面将着重对这类光信号探测器的主要工作特性参数予以考查。

4.1.1　光信号探测器的基本特性参数

在具体考查各种形式的光电探测器之前，首先对通常用于表征光信号探测器工作性能的一些特性参数予以概述。这些特性参数包括功率响应特性（responsivity）、光谱响应特性（spectral response）、噪声当量功率（noise equivalent power，*NEP*）、比检测灵敏度（specific detectivity，D^*）、量子效率（quantum efficiency）和响应时间（response time）等。

① 功率响应特性 R_d 用于表征器件对光辐射能产生响应的灵敏度，采用输出信号和入射光信号之比表示。例如，器件输出的电流信号（单位为 A）或电压信号（单位为 V）的均方根和器件输入的光辐射功率（单位为 W）之比。光信号探测器的这一特性并不反映器件的噪声特性，而只反映出将电磁辐射能转化为电流或电压的效率。这一效率和入射光信号被吸收和被反射的程度有关，因而，它将随入射光信号波长的不同而可能有所差别。此外，功率响应特性也是外加偏压和环境温度的函数。

② 光谱响应特性是表征光信号探测器的功率响应特性和入射光信号波长函数关系的参数。光信号探测器在不同波长处的光谱响应特性通常采用“光谱响应曲线”定量描述。应注意，该曲线中只有最高的光谱响应特性是以绝对值标定，其他不同波长处的光谱响应特性则是以光谱响应特性的最高值为基准进行归一化的相对值表示。

③ 噪声当量功率是指使光信号探测器所产生的输出信号电压等于器件本身固有的噪声电压水平时所需要的入射光信号功率。它是决定光信号探测器最低可测出光信号强度，即检测灵敏度的主要因素。由于噪声和测量系统的带宽有关，所以噪声当量功率的定量表达式应明确地引入测量系统的带宽参数 Δf：

$$NEP = IA\frac{V_{\mathrm{N}}}{V_{\mathrm{s}}}\Delta f^{1/2} \tag{4.1.1}$$

式中，I 是被测光信号入射到面积为 A 的探测器光敏材料表面的辐照度；

V_N 和 V_s 分别是在测量带宽范围内的均方根噪声电压和信号电压。不难看出，*NEP* 越小，该探测器将在有噪声存在的环境中具有更好的检测微弱光信号的能力。

④ 比检测灵敏度是表征探测器光敏材料固有特性的特性参数。它表征光信号探测器可测量出的最低入射光子流密度。它的定义是

$$D^* = \frac{(A\Delta f)^{1/2}}{NEP} \tag{4.1.2}$$

其值可因被测光信号波长探测器工作条件（如环境温度、外加偏压等）的不同而异。为比较不同类型的光信号探测器，标定光电探测器对不同波长 λ 光信号的比检测灵敏度 D^*，通常是将被测光信号调制为频率为 f 的光脉冲，测量由探测器所产生并经由带宽为 Δf 放大系统的交流电信号输出，这样所得出的 D^*将是被测光信号波长 λ、所输出电信号的调制频率及其放大系统带宽 Δf 的函数。A 为光信号探测器面积。较高的探测器的比检测灵敏度 D^*意味着它适用于强度更为微弱的光信号检测。

⑤ 量子效率 Q 是光信号探测器的另一重要特性参数。它的定义是被测光子在探测器中所产生的可被计量“响应”的数目和入射到光敏材料表面的光子数目之比。例如，对基于光子发射而工作的光信号探测器来说，量子效率是光敏材料表面所发射的光电子数目和投射到该表面的被测信号光子数目之比。在以 p-n 结半导体材料作为光敏材料的光信号探测器中，在被测光信号作用下所产生的电子空穴对的数目除以入射信号光子数，即为该探测器的量子效率。光信号探测器量子效率 Q 的另一种常用的表示方法是借助于探测器的功率响应特性 R_d，即

$$Q = 100[R_d]h\nu = 100[R_d]\left(1.239\,5\lambda^{-1}\right) \tag{4.1.3}$$

式中，光信号探测器的量子效率 Q 用百分数表示；它的功率响应特性 R_d 的单位为 $A \cdot W^{-1}$；$h\nu$ 和 λ 分别为被测光信号的光量子能量和波长，波长的单位是 μm。

⑥ 响应时间是表征光信号探测器对被测光信号强度变化的响应快慢的一个重要参数。当被测光信号被调制为光脉冲形式时，它作用于探测器所产生的脉冲电信号的强度需经过一定的响应时间“上升”到相应的“峰值”，并由该“峰值”再下降而恢复到相应于光脉冲作用前的初始“零值”。为描述探测器对被测光信号强度变化的响应，分别将入射光脉冲产生的电信号强度由其最高值的 10%升高到 90%的时间称为“上升时间”，而在电

信号强度脉冲波形的后沿的强度由其最高值的 90%下降到 10%的时间称为“下降时间”或“衰变时间”。不过，同一光信号探测器的“上升时间”和“衰变时间”的长短，可能不见得完全一致。在脉冲光信号测量的实践中[1]，为标定光信号探测器的响应时间，所用脉冲光源的上升时间必须短于被标定的光信号探测器的上升时间（通常要求最少为探测器上升时间的 10%）。但要注意的是，探测器的上升时间诚然和光敏材料中所产生的电荷载流子的渡越时间（transit time）及器件本身所固有的电容 C、电阻 R 等有关，但所用测量系统的电学特性也影响响应时间的测量结果。减小该探测器所用负载电阻 R 可使响应加速，但较低的负载电阻会使探测器的检测灵敏度降低。因此，负载电阻 R 的选择要在两者之间作权衡兼顾（在一般情况下，R 选用 50 Ω 或更小）。此外，测量系统中电缆、示波器、记录仪等显示器件的电路电容也应维持在最低水平，以保持更小的 RC 时间常数。在这里应特别强调的一点是，探测器制造商所提供的响应时间的标称值，通常是在采用精心设计的测量系统电路，并在最大程度上排除各种“附加”的“额外”电阻、电容等因素条件下而测出的“理想”结果。因而在选用这些商品探测器时，对此应有充分的认知。

⑦ 响应线性是表征光信号探测器的响应和入射的被测光信号强度之间的函数关系的另一个重要的特性参数。它要求光信号探测器的输出在一定的被测光信号强度变化范围内为正比关系。通常是将在指定的输入光信号强度范围内偏离输入/输出线性关系的百分比定义为光信号探测器的响应线性。例如，当光信号强度在10^{-12}～10^{-4} $W\cdot cm^{-2}$内变化时，若其输入/输出线性关系的最大偏离为5%，则该探测器的响应线性被表述为：在输入强度变化 8 个数量级的范围内是 5%。响应线性范围的可被测量的光信号强度下限由该探测器的噪声水平决定，而范围的上限则取决于电信号输出达到饱和时所允许的光信号输入的最大强度。

4.1.2　光信号探测器的噪声

光信号探测器的工作特性主要由该探测器本身的工作原理、所用功能材料以及制作工艺等因素所决定。但伴随着被测光信号而出现的强度随时

[1] 在测量稳定的光信号时，它产生电信号强度上升到其最高的“稳定态值”的 63.2%［即 1 − exp(−1)］的“响应时间”称为“上升时间”，而产生电信号强度下降到最高的“稳定态值”的 36.8% 的时间称为“再生时间”。

间无规地改变[2]，以致不能用恒定的直流或以正弦函数变化的交流电流或电压等方式描述的噪声（noise）是影响光信号探测器工作特性的另一重要因素。诚然，干扰信号测量的噪声可由探测系统本身的机械振动、周围电场、磁场的干扰，甚至有关元部件连接不紧密、导线空间排布和“接地”不合理等原因产生。但在检测波长处于可见光和红外光谱区的光信号时，除被测信号光子（也包括背景光子）到达光信号探测器的光敏材料表面的速度起伏波动产生的光子噪声（photon noise）外，还有一些噪声是来自探测器本身，揭示这些噪声的来源及其特性将为改善长波光信号探测器的实际工作性能提供重要启示。

来自探测器本身的噪声主要有 Johnson 噪声（Johnson noise）、散弹噪声（shot noise）和闪烁噪声（flicker noise）等三种。

① Johnson 噪声又称“热噪声”，它是一种由探测器导电材料中进行无规运动的载流子（主要是电子）以及它们和材料中原子进行碰撞运动的无规热涨落而导致的电子学噪声。虽然载流子碰撞运动形成的微电流在一个较长时间间隔内的平均值等于零，但它们在短时间内的强度随时间的变化将表现为附加在信号源电阻 R 上的噪声电压。在热平衡条件下，这一噪声电压的均方值可写为

$$\overline{V}_{\mathrm{NR}}^{2} = 4k_{\mathrm{B}}RT\Delta f \tag{4.1.4}$$

式中：$k_{\mathrm{B}} = 1.38\times10^{-12}\ \mathrm{J}\cdot\mathrm{K}$，是玻耳兹曼常数；$T$ 是热力学温度（K）；R 是负载电阻（Ω）；Δf 是噪声测量系统的带宽（Hz）。由式（4.1.4）可见，将探测器冷却和采用较小的测量系统的带宽可降低探测器的 Johnson 噪声电压水平。虽然减小所用的负载电阻将减弱信号输出的强度，但这同时也有降低 Johnson 噪声电压水平的效果。

② 散弹噪声是由构成被测信号电流中电子密度分布的统计起伏所致。在真空管光信号探测器中，这一噪声起源于到达探测器光阴极电子流密度的波动；而在以半导体为光敏材料的光信号探测器中，则认为是载流子的产生和复合速率的无规变动的结果。对其平均强度为 $\langle I\rangle$ 的信号电流来说，在测量系统的放大带宽范围 Δf 内的散弹噪声可用均方电流 $\overline{i^2}$（而不是均方电压）表示：

$$\overline{i^2} = 2q\langle I\rangle\Delta f \tag{4.1.5}$$

[2] 噪声可用电压强度 V 或电流强度 I 描述。为简化叙述，在这里噪声只用电压强度表示。下同。

式中，$q=1.6\times10^{-19}$ C，q 是电荷量，I 的单位是 A，Δf 的单位是 Hz。显然，保持更小的电流中的直流成分和更小的放大系统带宽是降低散粒噪声的基本方法。

③ 闪烁噪声又称 $\frac{1}{f}$ 噪声或粉红噪声（pink noise），它是一种强度随被测信号的重复频率 f 增大而以 f^n（$n=0.8$～1.35）的函数规律降低，但产生机理目前尚未完全阐明的噪声。显然，这种噪声只是在调制频率 f 不高时出现，而在频率较高，例如在几千 Hz 的条件下工作时，可完全忽略不计。

基于上述分析可见，降低温度将有利于减小光信号探测器的噪声，但这仅对抑制热噪声有效，而且探测器冷却毕竟是一件麻烦且有时甚至不现实的措施。在实际工作中抑制噪声、改善信噪比的另一常用方法是采用窄带滤波，以缩小测量带宽 Δf 。但应注意，Δf 在理论上虽然可任意地减小，然而在实际上，Δf 可被减小的程度受到两个因素的制约。其一，当 Δf 被减小时，对被测光信号的重复稳定性的要求也随之提高；在另一方面，当增大电阻 R 和（或）电容 C 而减小带宽 Δf 时，也将随之增大测量系统的时间常数 RC。因此，在考虑缩小测量带宽的措施时，应同时兼顾信号重复频率的稳定性和测量系统的响应时间等因素。然而，即使合理地选定 RC，通常并不能完全满足微弱光信号检测的要求。此时，为改善光信号检测的信噪比，尚需求助于将在 4.3 节中讨论的“信号再生技术”。

4.2 光电探测器的类型

4.2.1 光电倍增管

光电倍增管（photomultiplier）是基于入射被测光信号光子和光阴极相互作用所发射光电子的光电效应而工作的一类最常用的光信号探测器。它由接受入射被测光信号光子的光阴极、可发射次级电子的“打拿”（dynode）极和输出电流信号的阳极等三个基本部分在真空管内所组成，典型结构如图 4.2.1（a）所示。

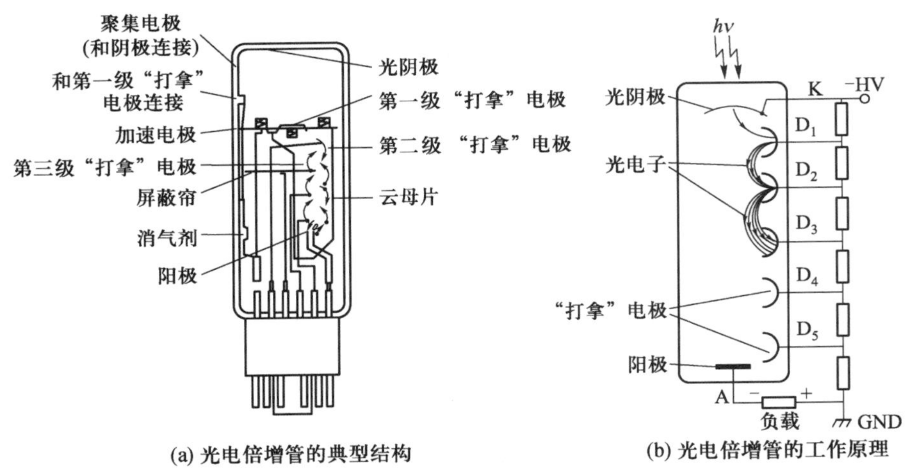

(a) 光电倍增管的典型结构 (b) 光电倍增管的工作原理

图 4.2.1 光电倍增管的典型结构和工作原理

当被测光信号光子通过光电倍增管“窗口”而投射到光阴极表面时，光阴极表面所发射的初级光电子经由一组在空间“串接”排列的“打拿”电极间的电场加速，借助于这些“打拿”电极的次级电子发射过程而被增殖（multiplication）后，被光电倍增管阳极捕获并以电流信号形式输出［参阅图 4.2.1（b）］。

根据被测光信号入射方向（输入窗口取向）和光阴极材料的透光特性不同，光电倍增管可分为被测光信号自“侧壁”入射的“侧窗式”和自“顶端”入射的“顶窗式”两种。“侧窗式”光电倍增管体积小巧、价格低廉而且工作电压不高，但在光阴极面积方面受到一定的限制。顶窗式光电倍增管的光阴极是将光敏材料直接喷镀在其顶部内壁而构成，故而光阴极面积可大一些，而且在内壁喷镀也可减少入射光衰减，更适用于微弱光信号的检测。选用光电倍增管作为光信号探测器时要考虑的技术特性参数应包括光阴极材料、光谱响应范围、工作电压及电流增益、电子渡越时间和阳极脉冲上升时间等。这些参数通常在商品生产厂家提供的技术说明资料中列出。

光电倍增管的光谱响应范围主要由它所用的光阴极材料的性质所决定。它所用的光阴极材料主要是电子发射功函数较低的碱金属混合物。一般的光阴极材料都可对可见光产生响应，其中某些材料的光谱响应范围还可扩展到近红外和紫外区。不过应注意的是，入射窗口材料的透光率往往是一些光电倍增管对紫外区光信号产生响应的最短波长的限制主要参数。此外也应注意，即使是采用同一种光阴极材料，它对其光谱响应范围内各个波长的光信号的响应也可能不同。因此，当比较用同一光电倍增管测量出的不同波长的光信号强度时，必须根据所用光电倍增管的光谱响应曲线对测量结果进行“波长修正”，以消除由于对不同波长光信号产生响应的灵敏度不同而造成的差异。

光电倍增管对入射光信号产生响应的灵敏程度，和它所用光阴极在光信号频率范围内发射初级光电子的量子效率 $\eta(\nu)$ 以及打拿电极组增殖光电子而提高的电流输出信号强度的增益因子 M 有关。当入射光信号强度为 P_o 时，光电倍增管的阳极电流输出 I_s 将为

$$I_s = \eta(\nu)\left(\frac{q}{h\nu}\right)P_o M \tag{4.2.1}$$

式中，q 是电子的电荷量；电流增益因子 M 是“打拿”电极数目 N 和它发射次级电子的量子效率 δ 的函数：

$$M = \delta^N \tag{4.2.2}$$

阳极输出电流信号强度以及由于这一输出电流信号强度起伏所形成的噪声强度决定的信噪比（signal-to-noise ratio, SNR），是限制光电倍增管所能检测出的入射光信号的最低极限强度 $P_{o,min}$ 的主要因素。诚然，电流输出强度起伏来源于被测光信号光子到达光电倍增管光阴极表面的随机性，然而光电倍增管的噪声也可由它自身的一些因素所引起，如光阴极发射初级电子和“打拿”电极发射次级电子概率的统计分布。此外，光电倍增管内部电子密度无规分布而形成的散弹噪声（shot noise）、电子在流动过程中发生“热骚动”而产生的 Johnson 噪声（或称热噪声）等也是引起光电倍增管的阳极输出电流强度起伏的一些因素。关于光电倍增管的噪声问题，已有系统而深入的讨论[3]。在这里，更感兴趣的则是和光电倍增管测量灵敏度有关的信噪比问题。若在进行信号测量的时间间隔内到达光电倍增管光阴极表面的光子数目平均值为 $\langle n_p \rangle$，那么，光子流自身的信噪比将为

$$SNR_p = \langle n_p \rangle^{1/2} \tag{4.2.3}$$

[3] (a) Eberhard E H. Appl. Optics, 1967, 6: 251. (b) Oliver C J,Pike E R. J. Phys. D Applied Phys., 1968, 1: 1459.

用这一光子流在光电子发射量子效率为η的光阴极所发射的初级光电子流的信噪比则是$SNR_{pe}=\left(\eta\left\langle n_p\right\rangle\right)^{1/2}$。这样，经过其量子效率为$\delta$的“打拿”电极组放大，被阳极捕获而形成的阳极电流的信噪比将可近似地表示为

$$SNR_a=\left(\eta\left\langle n_p\right\rangle\frac{\delta-1}{\delta}\right)^{1/2} \qquad (4.2.4)$$

当阳极电流经过电容为C_a的负载电阻R_a而输出时，如果 Johnson 噪声可忽略不计而只需考虑散弹噪声的影响时，阳极输出电流的最大信噪比将是

$$SNR_{a,max}=\left(2\eta R_a C_a\right)^{1/2}\left(I_0\right)^{1/2} \qquad (4.2.5)$$

式中，I_0是入射的被测光信号强度。据此，即可估算相关光电倍增管所能检测出的最弱光信号强度，即该光电倍增管的检测灵敏度。应指出的是，在光信号检测的实际工作中，并不一定都要选用信噪比更高的光电倍增管。这是因为，光信号检测系统的总的测量信噪比还和用于处理光电倍增管阳极输出电流信号的电子学电路系统有关，特别是在检测强度随时间而快速变化的微弱、瞬变光信号时，若为追求更高的光电倍增管信噪比而增大其负载电阻和电容［参阅式（4.2.5）］，其结果必然是使光电倍增管的时间响应降低。因此，在选用光电倍增管时，应同时考虑检测灵敏度和时间响应特性，对两者予以统筹兼顾。

光电倍增管的时间响应特性和负载电阻R_a和电容C_a所决定的输出电路的时间常数$\tau_a(=R_a\cdot C_a)$有关。当电路的时间常数并不构成光电倍增管的时间响应速率的限制因素时，光电倍增管的时间响应特性将取决于电子在各电极间的渡越时间的离散程度（transit-time dispersion），离散程度和电子从光阴极和“打拿”电极表面发射的空间部位、初始速率、电子传播方向以及电极间加速电场分布的均匀状况有关。因此，所用的电极材料、电极结构设计以及电极间的电压分布等将是影响光电倍增管的时间响应特性的重要因素。但应注意的是，对同一光电倍增管而言，其时间响应特性也可因入射光信号的光子能量（波长）不同而不同。因而，对光电倍增管时间响应特性的诸因素的影响难以在理论上用特定参数定量地分析和表征。在实际工作中，通常是基于光电倍增管中电子的渡越速率和渡越时间的离散程度之间有近似的比例关系的事实，将阳极电流脉冲的上升时间

Δt_r 作为表征光电倍增管时间响应特性的参数[4]。Δt_r 可方便地在实验中测出。实践经验也示明，通过合理地设计“打拿”电极的几何结构和空间排列方式、减少“打拿”电极数目、缩短其间距以及适当地提高其工作电压而加大电子在电极间的渡越速率和渡越时间的离散程度，将有助于改善光电倍增管的时间响应特性。然而在光阴极和第一级“打拿”电极间附加不同形式的聚焦栅极以控制电子的空间渡越轨迹的措施，对光电倍增管时间响应特性改善的效果更为显著。例如，采用外加磁场或电场聚焦而制成的所谓“交叉场”（cross field）光电倍增管的上升时间可被减少到约 30 ps，但这种外聚焦方法的一个问题是，它往往可使初级光电子发射在空间分布不均匀，同时也会使阳极输出电流的主脉冲后面出现附加的“子脉冲”，而使测量结果变得复杂。此外，外聚焦方法在减少阳极输出电流脉冲的上升时间的同时，却使光电倍增管的电流增益因子降低，以致在检测微弱光信号时，尚需另加电流信号放大级，这使得这类光电倍增管的造价昂贵，对它的广泛应用造成明显限制。

在介绍光电倍增管时间响应特性时，应特别注意的是近年来发展出的一种快速响应的新型光电倍增管。它是以“微通道板”（micro-channel plate, MCP）取代传统光电倍增管的“打拿”电极组合。这种“微通道板”是由数以百万计内径约为 10 μm、长度约为 0.5 mm 的玻璃毛细管并列熔结在一起而制成。其中每个玻璃毛细管的内壁敷以具有发射次级电子能力的材料层，毛细管的端面则镀有金属膜作为电极。微通道板的结构及工作原理如图 4.2.2 所示。

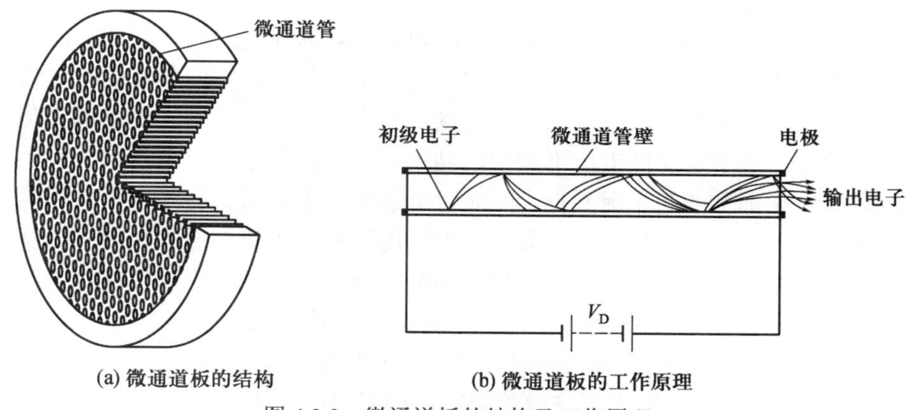

(a) 微通道板的结构　　(b) 微通道板的工作原理

图 4.2.2　微通道板的结构及工作原理

[4] Lytle F E. Anal. Chem. A,1974, 46: 545.

由图 4.2.2 可见，所谓的微通道板实际上是一种“电子倍增器”（electron multiplier）。当在微通道两端的薄膜电极上加上电压（通常约为 800 V）时，在各个微通道内部将出现电场梯度。此时，由一端入射到微通道内部并撞击其内壁的电子将在撞击处引起次级电子发射，次级电子发射将投射到微通道内壁的另一处，再次引起次级电子发射；如此撞击-发射反复向前推进的结果，将使通过微通道的电子数目持续不断地以“雪崩”方式增殖。一般来说，通过各个微通道的电流增益因子 M 可达到约 10^3。若将几个微通道板串接而使通过它们的电子发生级联式的增殖时，电流增益因子 M 可高达 10^5（二级串接）～10^7（三级串接）[5]。显然，这种电子增殖过程并不会引起电子渡越时间出现明显的离散，因而，采用微通道板的光电倍增管在保持和一般光电倍增管相近的电流增益因子 M 的同时，其阳极电流上升时间则可缩短到适用于微弱、瞬变脉冲光信号检测的 50～100 ps 数量级。

光电倍增管的暗电流是影响其工作特性的另一重要因素。这种暗电流可能是由光电倍增管所在工作环境中的宇宙射线或其他放射线源所产生，但主要的暗电流还是来自光电倍增管光阴极的热发射和管内各电极的边缘、尖端部位在高电压时发生的场发射。暗电流的影响主要是降低光电倍增管用于光信号检测时的信噪比，但在一方面它也可和电极的信号电流叠加而使某些“打拿”电极和（或）阳极表面电流饱和。因此，暗电流的抑制是利用光电倍增管进行光信号检测时必须考虑的问题之一。在这方面首先应指出的是，在光电倍增管的结构设计时，虽然已包含有一些降低暗电流的考虑，如尽可能地减小光阴极面积和外加隔离环境射线影响的金属罩等，但即使是同一厂家生产的同一型号的光电倍增管，它们各自的暗电流水平也可能各不相同。同时也应注意到，生产厂家所提供的光电倍增管暗电流数据，通常是在低电压下测量的结果。因此，在选用光电倍增管时不能只看厂家标称的暗电流数据，而应对所选的光电倍增管的暗电流进行具体的测试。在实际工作中，为降低光电倍增管的暗电流，通常采用的措施是将它冷却以抑制光阴极的热发射。但应注意的是，这一措施仅在降温到高于一定的冷却极限程度时才有效。例如，对采用 K-Cs-Sb 等“双碱”（bialkali）型光阴极的光电倍增管，其冷却极限温度约为−20 ℃；而“三碱”（trialkali）型光阴极的光电倍增管的冷却极限温度约为−180 ℃。实际上，

---

[5] 不过此时应注意，在串接中，两个相邻的微通道板之间应呈现一定的取向倾斜。否则，入射的电子可能和微通道内壁不发生撞击而使电子增殖。

将光电倍增管温度冷却到约−30 ℃时，降低暗电流的效果已不太显著。在这里应强调指出的一点是，在冷却光电倍增管时，降温速度不宜过快，以免在其玻璃壳体内产生热应力而使光电倍增管碎裂。同时，也应注意防止空气中的水分凝结在管壁和“管脚”处，否则，可引起光电倍增管发生“漏电”，反而会增大暗电流强度。此外也要考虑到，即使是已经过严格挑选的光电倍增管，在多次用于测量强度较高的光信号，或在有“漏光”存在的环境中放置数分钟后，均可使该光电倍增管的暗电流水平出现“永久性”的提高。但在完全避光的条件下和在较高的工作电压下放置一段时间，则可使光电倍增管的暗电流水平“暂时性”地降低。因此，在利用光电倍增管测量光信号前，将它在避光的条件下用较高的工作电压进行“预处理”，是一种值得推荐的操作程序。

最后应指出的是，光电倍增管的工作特性虽然由它自身的一系列结构参数所决定，但也受它的一些工作条件的影响，其中光电倍增管的工作电压以及各电极间的电压分布是值得特别重视的参数。这是因为，它们不仅直接影响光电倍增管的电流增益因子 M，同时也影响其电子渡越时间的离散程度。因此，光电倍增管必须采用高度稳定的高压电源，而且各电极间的电压分布也必须精心设计。诚然，商品光电倍增管制造厂家所提供技术资料中也包括“打拿”电极间电压分布链的设计数据，但这些设计数据都比较保守，因为它是必须考虑满足各种可能应用场合的不同需求的普适性设计。因此在进行特定的光信号测量时，例如，用于测量微弱、瞬变的光谱信号时，以生产厂家提供的技术数据基础而对电极间电压分布予以适当的调整，可望对光电倍增管的某些工作特性有明显的改进而更好地满足实际测量工作中的特殊要求。例如，生产厂家提供的“打拿”电极间电压分布链的设计数据，仅是保证光电倍增管的阳极电流 I_a 和通过电压分布链的电流 I_r 的比值适当（即 $\frac{I_r}{I_a} \geqslant 100$），以降低阳极电流 I_a 变化对“打拿”电极间电压分布产生的明显影响，从而使光电倍增管能在保持较好的工作特性参数的条件下稳定地工作。但是，当要求更高的检测灵敏度时，则可适当地减小光阴极和第一级“打拿”电极间的电位降以减小该光电倍增管的噪声；但在要求更好的时间响应特性时，则需稍许提高光阴极和第一级“打拿”电极间的电位降以减小该光电倍增管中电子渡越时间的离散程度。因此，在实际工作中，通常是将光阴极-聚焦电极和聚焦电极-第一级“打拿”电极间的电阻以及最后一级“打拿”电极的接地电阻改用微型可调电阻器，以便于根据光信号测量对光电倍增管的某一工作特性参数的要求，而对相应的电极间的电压分配进行合理调节。此外，最后几级“打拿”电极的分压电阻通常也采用和低感电容并联的方式连接，以消除在这些电极表面出现电流饱和的可能性，从而扩大光电倍增管工作的线性范围。作为参考，在图 4.2.3 中示出一种常用、廉价的 RCA-1P28 高灵敏度光电倍增管的“打拿”电极电压分配链的典型电路设计。

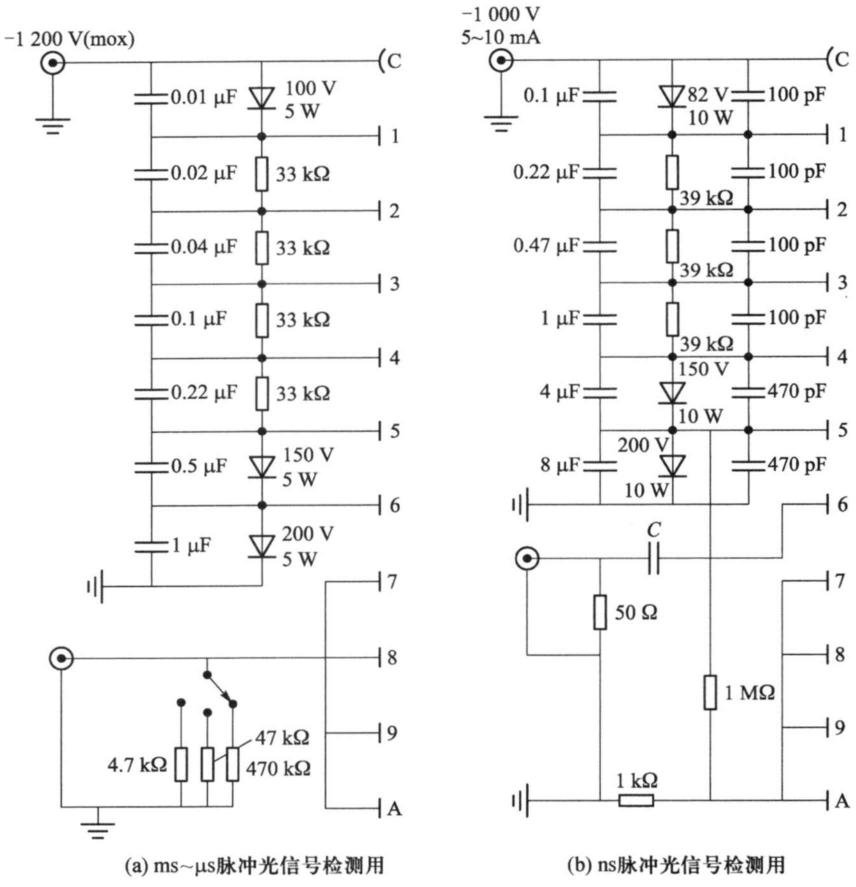

图 4.2.3 RCA-1P28 光电倍增管的“打拿”电极电压分配链的电路设计

4.2.2 光二极管及列阵式光探测器

光二极管（photodiode）是利用富于带正电电子空穴的 p 型和富于带

负电电子的 n 型材料组合的 p-n 半导体作为测量光信号的光敏材料而工作的一类光信号探测器。它的工作原理是，在没有外加电场时，n 型材料区的带负电的电子 e^-和 p 型材料区带正电的电子空穴 h^+可因浓度梯度而分别向 p 侧和 n 侧扩散，并在 p-n 结界面处构成 n → p 静电场的非导电性的“耗尽区”（depletion region），耗尽区将对电子和空穴的浓度扩散过程产生抑制。在电子和空穴的两种方向相反的浓度扩散过程达到平衡的条件下，耗尽区的电荷浓度 Q、电场 E 和电压分布 V 将如图 4.2.4 所示。当这种光敏材料表面吸收被测光信号中具有足够能量的光子时，该半导体光敏材料中的电子即可被激发而产生作为电荷载流子的自由流动的“电子–空穴对” e^--h^+，其中的电子 e^-可通过耗尽区向 n 型材料层一侧流动，空穴 h^+则通过耗尽区流向 p 型材料层一侧。这样即在半导体光敏材料中形成强度和被测光信号强度成比例的光电流（或电压），光电流（或电压）可通过外接电路而被测出。

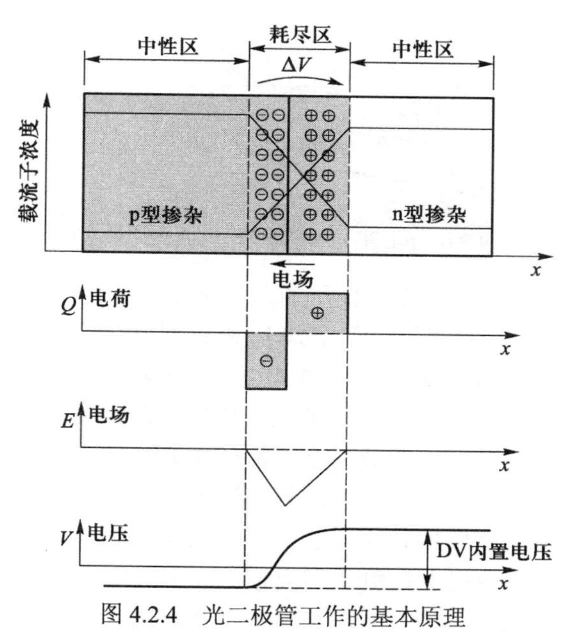

图 4.2.4 光二极管工作的基本原理

光二极管通常是在其 p-n 结两侧施加不同偏压的条件下工作（图 4.2.5）。p-n 半导体的电压–电流的特性曲线如图 4.2.6 所示。当施加正向偏压限制它的电流输出时，所产生的电压将正比于入射光强度（图 4.2.6 中第一象限曲线）。当施加反向偏压时，此时的半导体的暗电流也非常小；当有光信号入射时，正向电流也只有轻微的增加，反向电流的增大却很显著，而且电流的大小和入射光的强度成正比（图 4.2.6 中第三象限曲线）。这样，视所加偏压的正、反方向不同，光二极管可以以“光伏效应”（photovoltaic effect）和“光导效应”（photoconductive effect）等两种不同的方式工作。

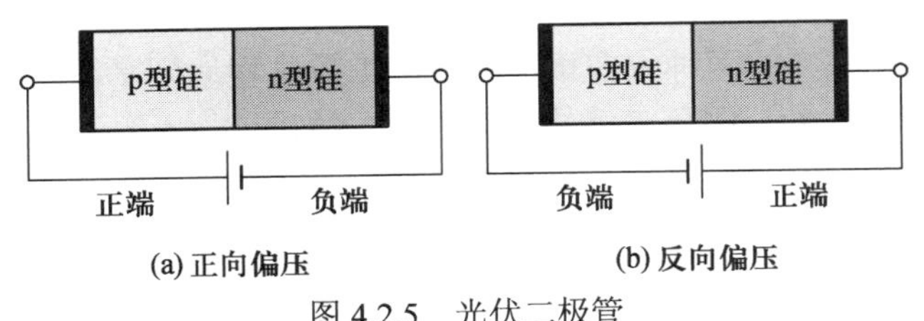

图 4.2.5　光伏二极管

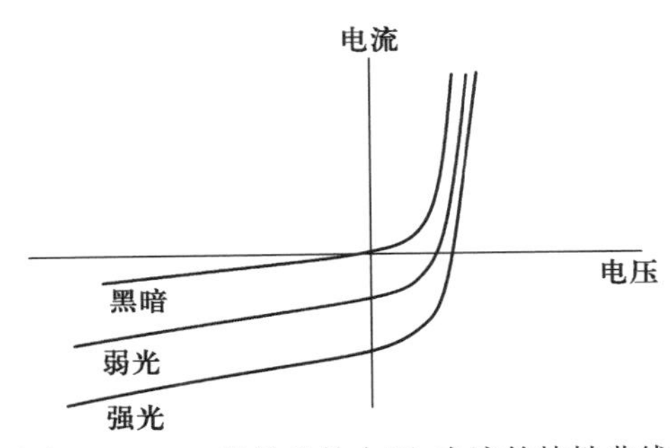

图 4.2.6　p-n 半导体的电压-电流的特性曲线

光伏二极管是在外加正向偏压的条件下工作。当在 p-n 结的两端施加正向偏压时，p 型材料层中的空穴 h^+和 n 型材料层中的电子 e^-将被推向 p-n 结界面而使电子和空穴距离减小，并使耗尽区压缩变窄、位垒降低。随着正向偏压加大，耗尽区可变得如此之薄，以致其电场不足以防止电荷载流子扩散，使电荷载流子扩散的电阻降低，其结果将使入射光信号激发产生的电荷载流子可穿过耗尽区扩散，产生一个可被测量的电压输出。这种光二极管的特点是它的暗电流很低，从而对入射光信号的响应灵敏度很高，适用于检测微弱光信号，但它对入射光信号的时间响应较慢，特别是它的输出电压和入射光功率之比只在较小的动态范围呈线性关系（参阅图 4.2.6 p-n 半导体的电压-电流的特性曲线的第一象限部分）。

光导二极管是在外加反向偏压的条件下工作。当在 p-n 结的两端施加反向偏压时，将使 p 区的空穴和 n 区的电子被从 p-n 结界面拉开而增大电子和空穴的间距，以致空间电荷区加宽、位垒增高，使载流子通过的阻力加大而对电流通过 p-n 结界面产生明显限制。随反向偏压加大，耗尽区的电场场强也随之提高，一旦电场强度超过临界值，p-n 结的耗尽区即被击穿，并有电流以齐纳击穿或“雪崩击穿”（avalanche breakdown）形式通过。此时，只要流过的电流并未达到过热而损伤半导体材料，电流流动将是非破坏性和可逆的；而且在入射光信号功率有高达 6 个数量级的变化时，它所产生的光电流和入射光功率之比仍可保持很好的线性关系。这类光二极管的另一重要特点是它对入射光信号的时间响应很快，但暗电流对它的检测灵敏度会造成一定限制。

光二极管所用的半导体光敏材料必须具有和被测光信号光子能量相对应的价带-导带能级间距的“带隙”（bandgap），以保证它可和被测光信号有效作用而产生必要的光电信号输出。在具有适当波长的入射光信号的作用下，光二极管所输出的电信号强度由所用光敏材料的量子效率 η 决定，η 是在光辐射作用下所产生的光生载流子数和入射信号光子数之比，并且是入射光信号波长 λ 的函数。表 4.2.1 中列出一些典型的用于光伏二极管和光导二极管的半导体光敏材料及其适用的光信号波长响应范围。

表 4.2.1　用于典型的光伏二极管和光导二极管的半导体光敏材料的波长响应范围

材料	二极管	波长响应范围/μm
Si	光伏二极管	0.19～1.1
Ge	光伏二极管	0.4～1.7
InGaAs	光伏二极管	0.8～2.60
PtSi	光伏二极管	1～5
InAs	光伏二极管	1～3.8
PbS	光伏二极管	<1.0～3.5
PbS	光导二极管	1.0～3.2
PbSe	光导二极管	1.5～5.2
InSb	光导二极管	1～6.7
HgCdTe	光导二极管	2～25

一些用于典型的光二极管的半导体光敏材料的量子效率、功率响应和入射光波长的函数关系在图 4.2.7 中示出。

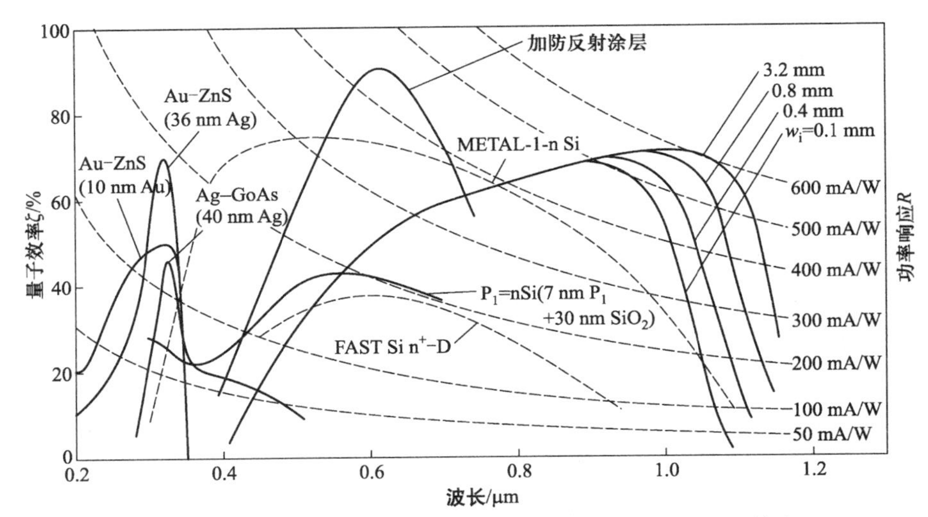

图 4.2.7　一些用于典型的光二极管的半导体光敏材料的量子效率、功率响应和入射光波长的函数关系

几种典型的光二极管的结构如图 4.2.8 所示。

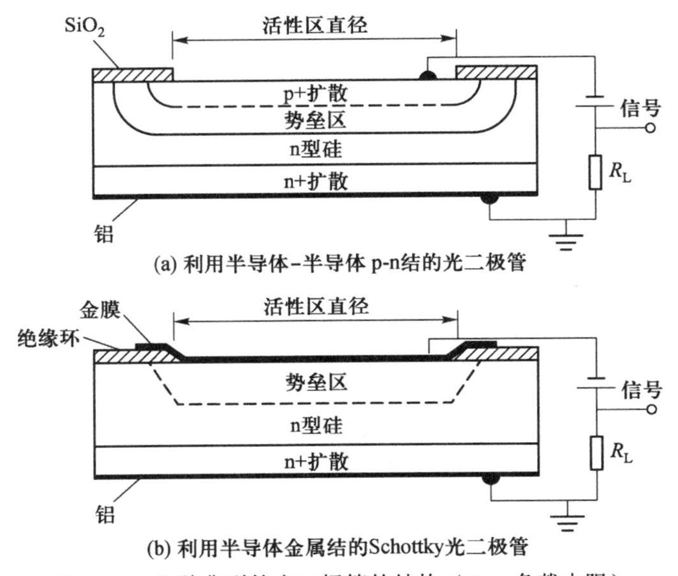

图 4.2.8　几种典型的光二极管的结构（R_L—负载电阻）

应指出，基于用半导体材料作为光敏材料的光信号探测器体积小巧的

特点，可以采用光二极管在空间排列组合而成的被称为光学多道分析器（optical multichannel analyzer）的列阵式光探测器（array detector），它可对光信号在 x-y 两维空间的强度分布同时进行检测。例如，光导硅靶摄像管（vidicon）就是以在其一侧表面刻蚀有有序排列的数以千百计的光导二极管的集成硅芯片作为光敏元件，其中每个作为“感光像元”（pixel）的光导二极管被在硅芯片另一侧扫描的电子束充电到相同的负电位。当这些像元在具有指定波长的入射光信号的作用下，产生的载流子增大其电导并使之放电后，它们在电子束的下次扫描过程中重新注入电子，被重新注入电子的电荷量和入射光信号强度成正比。这样，若含有不同波长成分 λ_i 的被测光信号在经过光学色散系统分光分解，并在空间沿和感光像元列阵平面相平行的方向（如 x 轴方向）展开而分别投射到沿 x 轴的各感光像元表面时，根据电子束扫描到相应像元位置上“读出”时所重新注入电子的电流强度，即对应于被测入射光信号在不同波长处的强度分布 $I(\lambda_i)$，并可用适当的电子学技术将多次测量的结果进行累积和处理（图 4.2.9）。但这种光导硅靶摄像管在光谱信号测量中的应用很快就被称为 Reticon 的硅光二极管列阵探测器，特别是“电荷耦合器件”（charge-coupled device，CCD）列阵式光探测器所代替。

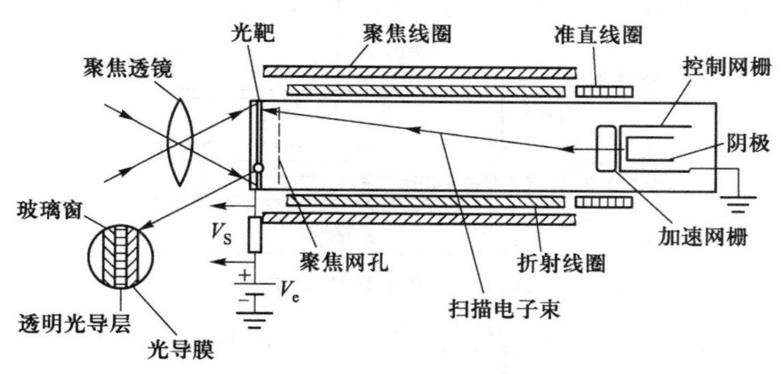

图 4.2.9　光导硅靶摄像管的原理结构示意图

在 Reticon 二极管列阵探测器中一般由其感光面积为 $0.025 \times 2.5\ \text{mm}^2$ 的 512 个或 1 024 个硅二极管像元以线性方式排列而成。这些硅二极管像元起初是被用电子学方法充电到一定水平，其后，部分电荷因吸收光信号光子放电而被中和，放电残留的电荷则用特殊设计的电路读出。每个光二极管中放电残留的电荷在相继通过电荷-电压转换-放大单元以及数模转换等处理后以脉冲高度形式显示，其和投射到各硅光二极管表面的被测光信号强度成比例。但应指出，硅光二极管的量子效率虽高，但它的监测信噪比往往令人不太满意。其原因是由于它吸收一个光子时所产生的光电荷数目变化和噪声水平相差不多，因而它难以在“单光子检测”(single-photon detection）的条件下工作。为克服这一困难，通常是将 Reticon 所产生的电子脉冲在由微通道板构成的图像增强管的磷光屏上转换为光信号，此时其光子增益可达到 10^3～10^4 数量级而满足测量要求。应附带指出，采用图像增强管附带产生的一个优点是，通过调控该增强管对外界被测光信号产生响应的高压电脉冲作用时间，即可调节探测器“开启-关闭”时间，从而对“选通”测量光信号时间间隔 Δt 进行控制。

直到 20 世纪 80 年代后，这种由硅光二极管线性列阵构成的 Reticon 探测器才被获得更为广泛的应用的 CCD 光信号探测器所取代。CCD 光信号探测器通常是在量子产率比较高，从而电子空穴产生的电荷易于累积的硼掺杂的 p 型硅光敏材料在基质材料上生长，并在外延层表面刻蚀形成被具有位垒功能的“通道截止”（channel stops）网栅分隔而以两维形式在空间紧密排列的感光像元所构成，其中每个感光像元都相当于一个被分隔开的“金属绝缘电容”（metal insulator capacitor，MIS）。由多个感光像元所组成的 CCD 光信号探测器的典型结构如图 4.2.10 所示。

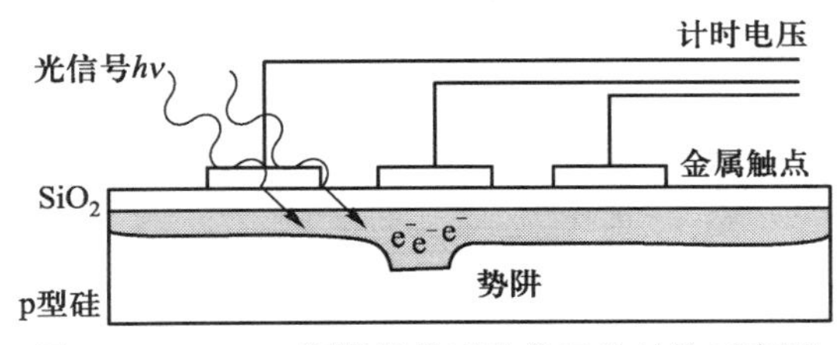

图 4.2.10 CCD 探测器的感光像元的结构示意图

CCD 探测器在入射光信号的作用下，每个感光像元可产生和该感光像元所吸收入射光信号强度成比例的电荷，通过“交替变换”各感光像元的计时脉冲电压，信号电荷即沿水平排列的各列像元和沿垂直排列的各行像元依次偏移，最后被处于边缘一端的单片放大器（on-chip amplifier）将各像元的信号电荷以输出电压形式读出，并以数位形式编码存储(图 4.2.11)。根据输出电压，即可得出被测光信号强度在两维空间的分布。

一般来说，CCD 探测器的光谱响应波长范围较为广阔（例如 0.2～1.1 μm），且具有较高的光能转换量子效率（QE）。特别是当 CCD 探测器的 p 基质层被用机械方法研磨进行“背面减薄”(back-thinning) 到约 0.5 μm，并在“背面入射”条件下工作时，其光能转换量子效率的提高尤为显著。典型的 CCD 探测器的光谱响应波长范围及其感光量子效率在图 4.2.12 中示出。

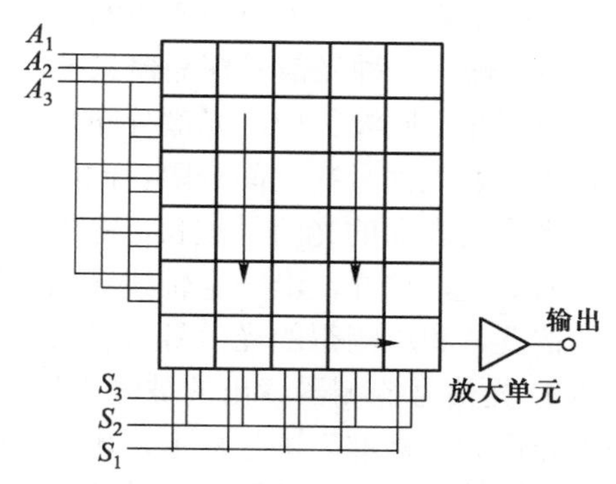

图 4.2.11　CCD 探测器中各感光像元间的电荷耦合和偏移过程示意图

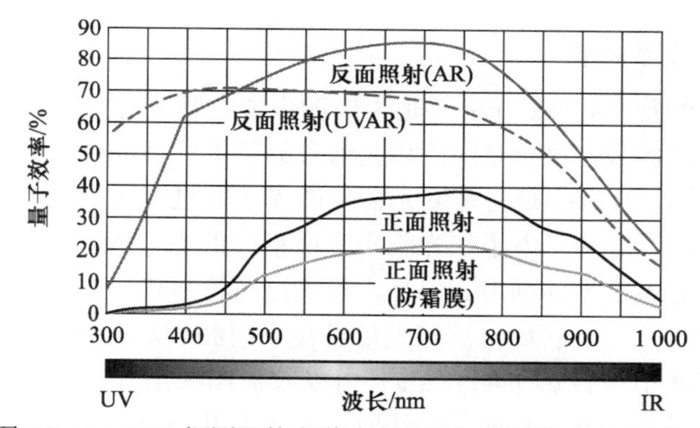

图 4.2.12　CCD 探测器的光谱响应波长范围及其感光量子效率

CCD 探测器测量的光谱分辨率原则上应由各感光像元的几何宽度所决定。而且，表征这种探测器的感光像元饱和信号电子数目和噪声电子数目之比的动态范围较大，测量噪声水平较低，因而它的检测灵敏度可达到在“单光子检测”条件下工作的要求。若以“集装箱方式”(on-chip pixel binning) [6]将各列（行）中各个感光像元的电荷经由一个独特像元读出，

[6] 例如，当不同波长 $\lambda_1,\lambda_2,\cdots,\lambda_i,\cdots,\lambda_n$ 的被测光信号水平方向分光分别作用于沿 x 轴分布的各个感光像元时，相应于和同一入射波长 λ_i 光信号作用并沿 y 轴分布的各行中各个感光像元中的信号电荷可被加和在一起而读出。

不仅使信号读出过程加速，还可随被“集装”的感光像元数目增多，使CCD探测器测量灵敏度的改善更为显著。不言而喻，CCD探测器中的各感光像元在空间的二维分布，将使它成为一种特别适合于检测光信号强度在 x-y 或时间-波长$(t-\lambda)$二维坐标分布的光信号探测器。但是，在采用光二极管列阵式CCD探测器时，一个必须考虑的问题是被测光信号的波长如何标定。这是因为，任何一种光信号探测器只能测量入射的光信号强度，而为测量光信号强度在不同波长处的光谱分布，则需利用光栅等光学色散单元将不同波长的入射光信号在空间分隔。此时，投射到在空间呈线性排列的探测器各感光像元表面的光信号波长，将随在空间固定的光栅衍射角的余弦函数关系而改变，这样，沿一定轴线（如 x 轴）以等间距均匀分布的各感光像元的位置，和所测得的光信号波长（或波数）并不是线性函数关系。因此，CCD光信号探测器读出的被测光信号的波长（或波数）坐标必须以参考物的光谱为“标准”进行标定，才可将波长坐标读数转换为对应于光信号真实光谱的波长（或波数）而被读出。

4.2.3 条纹摄像管

条纹摄像管（streak tube）是为检测微弱、瞬变光信号而特殊设计的一种光电探测器。这种探测器检测光信号的基本原理和普通光电倍增管的基本原理相同，它们都是将被测光信号的光子通过光阴极的光电效应转换成光电子，而用这些光电子在光阳极上所形成的光电流（或电压）信号的大小表征被测光信号的强度。但是，条纹摄像管和普通的光电倍增管有两个重要不同：其一是它可将被测光信号在不同波长λ_i、不同瞬间 t_i 的强度分布，在其光电子投影平面（x, y）内以纹影图像形式显示；其二是它的时间分辨率很高，能够对前后到达时间差仅为几个ps（10^{-12} s）的光电子分别检测。

条纹摄像管的工作原理是，将被测脉冲光谱信号 $I(\lambda_i,t)$ 中的不同波长λ_i成分在入射到条纹摄像管的光阴极之前由色散元件分光，而成为沿空间轴 x 的分布 $I(x_i,t)$，当它入射到条纹摄像管中时，通过不断增强“斜坡扫描电压”（sweep ramp voltage）的电场，将使各空间坐标为 x_i 的光谱信号 $I(x_i,t)$ 在不同瞬间 t_i 发射的光电子传播方向发生不同角度的偏折，并投射到空间轴 y 的不同部位。这样，通过条纹摄像管将入射脉冲光谱信号的时间 t 和空间轴 y 的变换，将不同波长λ_i成分的脉冲光谱信号在不同时间坐

标 t 的分布 $I(\lambda_i,t)$ 即可“转化”为不同 x 和 y 坐标的两维空间分布 $I(x, y)$，并在投影平面上以空间条纹图像形式显示。其中，在指定点（x_i, y_j）的条纹图像密度即和波长为 λ_i 的被测脉冲光谱信号在瞬间 t_j 的强度成正比（参阅图 4.2.13）。

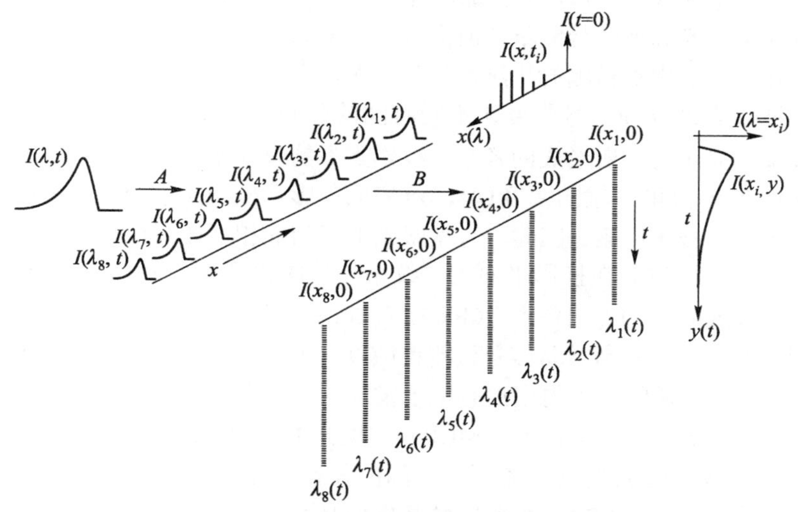

图 4.2.13　条纹摄像管的工作原理示意图

显然，不同波长 λ 信号的强度随时间 t 变化的三维“光斑轨迹”$I(\lambda_i,t_i)$ 显示的光谱分辨率（spectral resolution），应由被测脉冲光谱信号中各波长成分 $I(\lambda_i,t)$ 在入射之前被在空间（如 x 轴）分开的程度所决定。决定条纹摄像管测量不同波长成分信号强度随时间变化的时间分辨率（temporal resolution）的关键因素，在原理上和通常的光电倍增管相似，也是光电子的“渡越时间离散”（transit time spread）Δt_D，即从同时离开发射它们的光阴极（photocathode）到在阳极（anode）上收集到它们的传播时间差，它是决定该光电探测器能否将先后入射的两个光子在时间上区分开来的极限值。这一时间离散主要是由于光阴极发射光电子的初始速度的统计分布所引起：若光阴极发射的两个光电子在沿 z 轴方向传播的初始速度的差别为Δv_z，它所造成的渡越时间离散 Δt_D 和邻近光阴极发射表面的电场强度 E 成反比[7]：

[7] Bradley D J, New G H C. Proc. IEEE, 1974, 62: 313.

$$\Delta t_D \cong \frac{m\Delta v_z}{2eE} \tag{4.2.6}$$

式中，e 和 m 分别表示光电子的电荷和质量。条纹摄像管就是采取在紧靠光阴极发射光电子的电极表面处安装的栅网电极上施加强度为 E 的“抽取电场”（extraction field）的办法加速光电子发射，以达到压缩光电子速度离散而提高光脉冲信号测量的时间分辨率的目的。但应指出，采用上述措施诚然可明显提高检测光谱脉冲信号的时间分辨率，然而，条纹摄像管将不同波长光谱脉冲信号强度在不同时间的分布 $I(\lambda_i,t_i)$ 以在空间平面的投影 $I(x_i,y_i)$显示时，所形成的各个“纹影点”的尺寸不是无限小，因而每个纹影点在 x 轴和 y 轴的幅度$(\Delta x,\Delta y)$将成为影响检测光谱分辨率和时间分辨率的一个技术因素。因此，为克服光电子间的相互排斥而引起它们在传播时发散，以致其在投影平面上“纹影点”的幅度$(\Delta x,\Delta y)$展宽，通常还利用电场或磁场的“聚焦锥”（focusing cone）对传播过程中的光电子束进行聚焦准直。为提高微弱信号检测灵敏度，则需考虑提高传播的光电子流密度。为此，通常采用内壁涂有电子发射材料的薄壁玻璃管堆积而成的微通道板（microchannel plate，MCP）实现光电子流密度的增强[8]。在条纹摄像管中被增强的光电子在不同空间的投影密度，诚然可采用磷光屏显示，并采用硅二极管列阵的光学多道分析器（optical multichannel analyzer，OMA）测量，但更好的办法是采用 CCD 两维电荷耦合器件直接读出。这一读数方法显而易见的优点是灵敏度更高，并可避免在磷光屏-硅二极管组合中反复进行光电转换而引起的信号图像畸变和强度损失。基于上述原理和改善测量时间分辨率的考虑而设计的条纹摄像管的结构如图 4.2.14 所示。在这里，经过外加光学色散系统分光的不同波长λ_i并在不同瞬间 t_i 入射的光信号脉冲 $I(\lambda,t)$的光子流，经光阴极转化为光电子束。光电子束通过高压栅网电极加速、聚焦准直、偏折电场扫描以及经过适当的放大增强后而形成的两维纹影图 $I(x,y)$，即可在磷光屏上重新转化为以光学图像的形式显示，或投射到 CCD 二维列阵的光电检测单元直接“读出”。

这样，根据所选用的光阴极材料不同，利用基于上述原理而发展出的条纹摄像管，便可成功地将其处于紫外-近红外区范围内不同波长 λ 被测光谱信号的强度随时间 t 的变化，以不同颜色表征信号强度的“彩色光斑

---

[8] 当光电子在和它的传播方向呈一定夹角（约 7°）的薄壁玻璃管微通道中时，光电子数目将因在薄壁玻璃管微通道的外加电场（1～2 kV）作用下通过次级电子发射而增多，但光电子在传播过程中可能的发散则可因管径和折射角度的限制而降低，从而对渡越时间离散Δt_D的影响可忽略。

轨迹”在（x, y, I）三维空间图谱显示[9]。

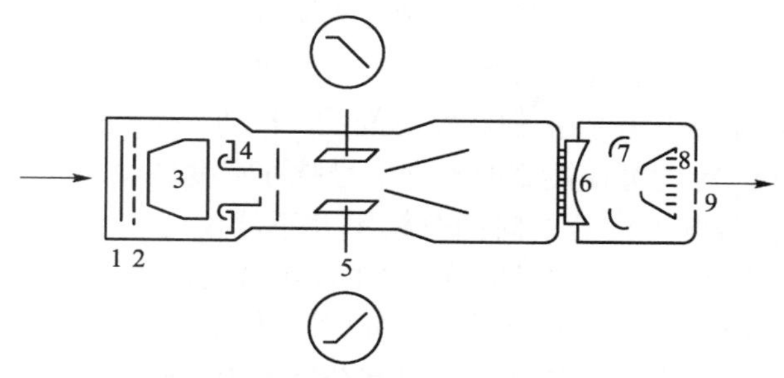

图 4.2.14　条纹摄像管的原理结构示意图

1—光阴极；2—高压栅极；3—聚焦锥；4—阳极；5—电压扫描偏转板；6—光学纤维输入耦合单元；7—聚焦锥；8—微通道板；9—光学纤维输出耦合单元

最后指出，条纹摄像管用于监测光谱信号的技术特性参数，在许多方面和其他类型的光电探测器相同。但是，为在实际工作中有效地利用这种独特的光脉冲信号探测器直接跟踪监测微弱的脉冲光谱信号随时间的快速变化过程，更具体地了解它的几个重要的技术参数及其影响因素是必要的。

1．时间分辨率

前已指出，条纹摄像管用于测量光脉冲信号的时间分辨率，在理论上，应由它本身的光电子渡越时间离散所产生的时间响应特性决定，它通常用它对持续时间无限短的δ脉冲信号的响应时所产生的脉冲在其二分之一峰值高度处的宽度（半高宽度）表示。但实际上，当条纹摄像管用于监测光谱信号时，由于用于激发样品的光脉冲的持续时间并不是无限短，而是具有一定的宽度，因而，被测的光谱信号本身实际上是在激发光脉冲的持续时间间隔 Δt_{p} 内形成。其次，当激发光脉冲通过样品时，由于光脉冲在样品中的转播速率为有限值（真空中的光速除以样品的折光指数），样品中不同部位的光子到达条纹摄像管光阴极表面的时间将因此而有所不同。而当被测光子经过光学系统入射到条纹摄像管的光阴极表面之前，即使是同一瞬间发射的同一波长的光子，也可因投射到衍射光栅表面的不同部位而在折射过程中出现光程差，从而到达光阴极表面的时间有所差别（Δt_{g}）。$\Delta t_{\mathrm{g}}=\dfrac{Dm\lambda}{cd}$，其中 D 为投射到光栅表面的光斑直径，m 和 d 代表光栅的衍

[9] 为监测在 200～750 nm 光谱范围内的光谱脉冲信号，光阴极可选用对紫外-近红外区光辐射敏感的多碱型 S-20 或 S-25 的光敏材料。若要求监测更长波段的光谱信号，也可采用其光谱敏感范围可延伸到 800～1 100 nm 范围的 S-1 型光阴极，不过它的敏感度要减弱 10～20 倍之多。

射级数和刻线间隔，c 为光速。此外，由于光栅对不同波长光波的衍射角度不同而产生的光程差，也将引起到达光阴极表面的时间差 Δt_{λ} 。此外，在测量重复激发的光谱信号脉冲时，由于激发光脉冲的波形“波动”（fluctuation）、斜坡电压扫描的触发时间的“抖动”等因素也可产生时间偏移Δt_j。Δt_{g} 和Δt_j 等均可使被测的光谱信号脉冲宽度展宽，因此，条纹摄像管测量光谱信号脉冲信号的时间分辨率并不能仅用它本身的时间响应特性Δt_D 度量，而需采用影响时间分辨率的各因素的均方根之和，即用“测量系统的时间响应特性”Δt_{sr}表征，并以其数值最大的时间展宽$\Delta \tau_i$作为决定条纹摄像管测量光谱信号脉冲的时间分辨率限制因素。

在典型的实验测量中，若所用的激发光脉冲的宽度Δt_{p} 小于 5 ps，由于样品的几何构型以及光谱信号传播光程差引起的光谱信号脉冲波形展宽Δt_{g} 和Δt_{λ}一般可忽略不计，因而，采用激光超短脉冲–条纹摄像管组合系统监测在单次激发条件下所产生的某一指定波长的光谱信号脉冲时的时间分辨率，可望达到条纹摄像管本身的响应时间的极限值。但在测量多次重复光谱信号、斜坡电压扫描的触发时间时“抖动”往往成为限制测量时间分辨率的主要因素。

2．光谱分辨率

激光超短脉冲–条纹摄像组合系统的光谱分辨率$\Delta\lambda$是指将不同波长的被测光信号分辨开来的能力，它取决于所用光学分光系统的特性。条纹摄像测量通常是将被测脉冲光谱信号中的不同波长成分通过棱镜或光栅衍射在空间上分开，使之沿某一空间轴（例如 x 轴）分布，然后经过狭缝光阑投射到条纹摄像管的光阴极。在实验测量中，所用分光系统一般是由色散元件、聚焦透镜和出、入口狭缝等部分组成。这些光学元件有 Littrow、Ebert 和 Crerny-Turner 等如图 4.2.15 所示的不同组合方式。

不论以何种方式排列组合，分光系统将两个相邻波长的光波在空间上分开的能力可用$\dfrac{\lambda}{\Delta\lambda}$表征，$\dfrac{\lambda}{\Delta\lambda}$正比于所用色散元件的角色散$\dfrac{\mathrm{d}\theta}{\mathrm{d}\lambda}$，并有：

$$\frac{\lambda}{\Delta\lambda}=W\frac{\mathrm{d}\theta}{\mathrm{d}\lambda}=\frac{W}{f}\frac{\mathrm{d}l}{\mathrm{d}\lambda} \tag{4.2.7}$$

式中，$\Delta\lambda$ 是由瑞利判据定义的可被分辨开来的两个相邻波长的最小差值；W 是垂直于入射光束的色散元件工作表面的有效几何宽度；f 是聚焦光学元件的焦长；$\mathrm{d}l$ 是波长为 λ_1 和 λ_2 的光波在入口狭缝处的投影光斑在出口狭缝处被分开的空间间距。考虑到光栅本身的分辨能力远小于 1 nm，而在

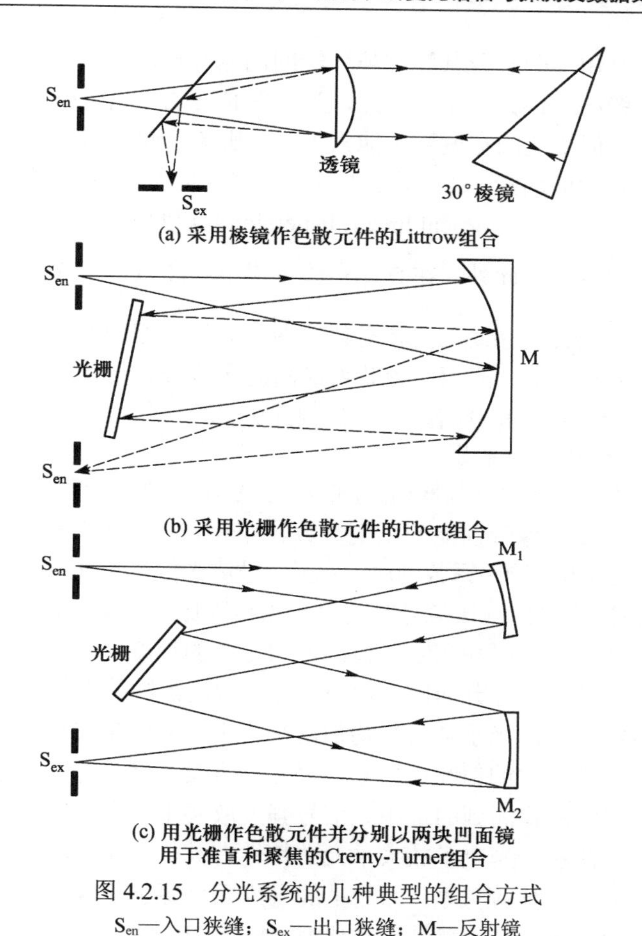

图 4.2.15 分光系统的几种典型的组合方式

S_{en}—入口狭缝；S_{ex}—出口狭缝；M—反射镜

变换极限条件下，脉冲宽度为 ps 数量级的激光超短脉冲的光谱谱线宽度也为 1 nm 左右。因此，激光超短脉冲-条纹摄像组合系统的光谱分辨能力将主要取决于入口狭缝的宽度 W。乍看起来，减小狭缝的宽度似乎有利于改善分光系统的光谱分辨本领，但在事实上，狭缝的宽度减小应有一个最小极限值，低于这一极限值时，投影光斑在狭缝处的宽度将由色散元件的衍射孔径所决定。将出口狭缝处的宽度减小到这一极限值以下时，也不能进一步改善分光系统的光谱分辨本领。因此，为将入射光信号中不同波长的成分在空间上分离，在理论上，应选择具有更高角色散和适当尺寸的色散元件，并将出、入口狭缝宽度调节到相应的极限值。但在实际工作中，特别是用于凝聚态介质中的有机（生物）大分子时，可被分辨的电子跃迁的谱线宽度是由该分子及其和环境分子间的相互作用所决定，而不是测量所用分光系统的光谱分辨率。因此，为获得必要的光信号强度，不妨适当地加宽狭缝。但狭缝的宽度又不能太大，以避免引起光谱谱线展宽而成为所测出谱带畸变的因素。在实际工作中，狭缝几何宽度 W 可选为所用分光系统的倒数线色散（reciprocal linear dispersion）除以所测谱带半高宽度 $\Delta\nu$ 的 10%，即 $\frac{0.1\Delta\nu}{D^{-1}}$。此外，在具体实验工作中应注意，当通过选用较小的入口狭缝宽度而提高系统的光谱分辨率时，为达到相同的光通量，必然减小入射光信号的 f 值。因而，为获得最高的光信号收集效率，应同时考虑光谱的分辨能力和时间分辨率，避免顾此失彼。

3．信噪比和噪声系数

和其他类型的光电探测器相同，信噪比（SNR）和噪声系数（noise-figure，NF）是表征条纹摄像管性能的重要参数。信噪比表征该探测器所能检测到的最小光信号强度；噪声系数则通常定义为被测光信号本身的“输入信噪比”$(\mathrm{SNR})_{\mathrm{input}}$ 和探测器检测该信号时的“输出信噪比”$(\mathrm{SNR})_{\mathrm{output}}$ 的比值，它表征探测器本身噪声附加到它所检测的信号中的程度。

在噪声呈随机统计分布的情况下，光电探测器测量光信号的理论信噪比正比于被测信号的光子数目平均值的平方根。但对条纹摄像管来说，它用于检测荧光信号时的信噪比问题，尚需结合具体情况作具体的分析[10]。这是因为，它所能检测到的最小光信号强度取决于多方面因素。被测光信号强度既和光阴极、光电子放大单元的特性有关，又和被测光信号波长及其脉冲宽度有密切依赖关系；而测量的噪声则来源于输入光信号的统计涨落、光电转换、放大过程特性的起伏波动暗电流干扰；斜坡电压扫描均一性及信号读出系统的稳定性也可能是产生测量噪声的因素。此外，条纹摄像管测量的噪声还来自于电极的热辐射和高压电场的场发射产生的暗电流、入射光子的统计分布和光电子发射过程（包括光电子放大过程的次级电子发射）的波动起伏。诚然，在条纹摄像管商品的设计中，为获得最佳的噪声特性，一般都通过降低光阴极和放大单元（如微通道板 MCP）的暗电流 N_{d}、提高光阴极的光电子发射量子产率 η 和光电子泊松分布的平均值 δ、压缩读出单元的积分时间 T、增大栅网电极的透射系数 β 和 MCP 中的微通道面积比 γ 等措施。不过，为增大栅网电极的透射系数而采用扩大

[10] Kinoshita K, Susuki Y. Noise Figure of Streak Tube with Microchannel Plate. Proc. SPIE,1980, 237: 159.

“网孔”截面时，会导致增加抽取高压电场的不均匀程度；而通过增加微通道管壁厚度而提高微通道面积比的可能性，则受到制备工艺的限制。但是在采用条纹摄像管商品监测脉冲光谱信号时，特别是在被测信号强度较弱，从而所用条纹摄像管的输出噪声的影响更明显的情况下，还必须注意努力改善整个测量系统的噪声系数。为此，采用将在 4.3.2 小节讨论的信号平均技术（signal averaging）是一个显而易见的有效措施。

4．条纹摄像管测量的动态范围

条纹摄像管的动态范围（*DR*）通常定义为，在被测光信号波形不出现畸变的条件下，条纹摄像管可测量的最高信号强度和可被检测出的最弱信号强度之比。在采用条纹摄像管实时监测光谱信号强度随时间的变化时，探测器的测量动态范围是一个必须考虑的技术特性参数。条纹摄像管在不出现信号畸变的情况下可测量的最高强度上限和它的光阴极的特性有关。其中，光阴极表面电荷堆积效应是影响它的可测强度上限的主要因素。为检测信噪比等于 1 所要求的入射光子数，通常定义为条纹摄像管可测最弱信号强度的下限，它可由输出信噪比$(\mathrm{SNR})_{\mathrm{output}}$和单个输入脉冲的光子数的 log-log 坐标作图求出。一般来说，这一下限通常为 50～100 个光子。不过，这一检测下限也可因入射光信号波长和它的脉冲宽度不同而有所差异。在实际工作中，条纹摄像管的测量动态范围通常采用不同入射光信号强度时的脉冲宽度变化标定，并以使脉冲宽度展宽 20%时的光强度作为上限。也有人建议采用下述方程所得的计算值表示：

$$DR = C\sigma(\lambda)\Delta t_{\mathrm{p}}^{2}Q^{-1} \tag{4.2.8}$$

式中，$\sigma(\lambda)$代表光阴极发射光电子的量子产率；Δt_{p}是入射光脉冲的宽度；Q表示光阴极的总电荷密度；C是和入射光波长有关的光阴极发射特性常数。不过，也有人认为，条纹摄像管的测量动态范围应和入射光脉冲的宽度Δt_{p}成正比，而不是如式（4.2.8）所示的平方函数关系[11]。如何在理论上定量标定条纹摄像管的测量动态范围问题，虽仍待进一步探讨，但已达到的一点共识是，条纹摄像管的测量动态范围可因所测光信号的脉冲宽度和系统的检测信噪比不同而异。一般来说，当被测光脉冲宽度为 100 ms 时，条纹摄像管的测量动态范围可高达10^5。但当入射光脉冲宽度为 ps 数量级时，其动态范围将减小到10^3数量级。

---

[11] Friedman W, Jackel S, Seka W. Proc. of the 15th International Congress on High Speed Photography and Photonics. Proc. SPIE, 1983,348: 211.

4.3 信号再生技术

在光信号的探测过程中，探测系统通常都会受到一些噪声干扰，特别是在检测微弱光信号时，噪声甚至可将被测信号完全“淹没”。因此，降低光信号探测过程中噪声干扰、提高信号-噪声的强度比是光信号探测中必须重视的一个问题。诚然，通过正确选择光信号探测器、采用防震、屏蔽、“接地”以及合理处理元部件连接和器件空间排布等措施，可望在很大程度上抑制噪声干扰，但能够从探测器输出的噪声背景中提取微弱被测信号的“信号再生技术”是光谱信号的时间分辨测量中常用，甚至是必要的措施。这些常用的信号再生技术包括锁相放大（lock-in amplification）、信号平均（signal averaging）和光子计数（photon counting）。

4.3.1 锁相放大

锁相放大是在相敏检测（phase-sensitive detection)方法的基础上发展出的一种信号再生技术。根据这一方法的基本原理，当频率为 ω_i 的输入脉冲信号 e_s 和频率为 ω_r 的参比脉冲信号 e_r 在具有信号乘法功能的单元（signal multiplier）混合时，若这两种信号都可用正弦函数描述，即

$$\left.\begin{aligned} e_i &= E_i\cos(\omega_i t+\phi_i) \\ e_r &= E_r\cos(\omega_r t+\phi_r) \end{aligned}\right\} \tag{4.3.1}$$

其输出信号 e_m 将为

$$\begin{aligned} e_m = &\frac{1}{2}E_iE_r\cos[(\omega_i+\omega_r)t+(\phi_i+\phi_r)]+ \\ &\frac{1}{2}E_iE_r\cos[(\omega_i-\omega_r)t+(\phi_i-\phi_r)] \end{aligned} \tag{4.3.2}$$

式中，E 、ϕ 分别表示信号的振幅和相位。当经过低通带滤波单元（low-pass filter）将其中的 $(\omega_i+\omega_r)$ 高频部分滤去，在输入脉冲信号和参比脉冲信号同步（即 $\omega_i=\omega_r$ ）而且两者相位固定（即 $\phi_i-\phi_r=\theta$ ，θ 为常数）的条件下，输出信号将是直流信号 e_0 ，且其强度和输入脉冲信号振幅 E_i 成正比，并在输入脉冲信号和参比脉冲信号的相位差 $\theta = 0°$ 或 $180°$ 时，e_0 的强度达到最大值：

$$e_0 = \frac{1}{2}E_i E_r \cos(\phi_i - \phi_r) = \frac{1}{2}E_i E_r \cos\theta \tag{4.3.3}$$

依同理，若输入的被测脉冲信号 e_i 中包括被测光信号 e_s 以及其振幅、频率和相位分别为 E_n 、 ω_n 和 ϕ_n 并可用正弦函数描述的噪声成分 e_n ，即

$$e_i = e_s + e_n = E_s \cos(\omega_s t + \phi_s) + E_n \cos(\omega_n t + \phi_n) \tag{4.3.4}$$

当这种输入脉冲信号和参比脉冲信号在乘法单元混合，并经低通滤波单元滤去其中的 $(\omega_s + \omega_r)$ 和 $(\omega_n + \omega_r)$ 高频成分后，此时的输出信号将为

$$e_0' = \frac{1}{2}E_s E_r \cos(\phi_s - \phi_r) + \frac{1}{2}E_s E_r \cos\left[(\omega_n - \omega_r) + (\phi_n - \phi_r)\right] \tag{4.3.5}$$

也就是说，除其强度和被测光信号 e_s 振幅成正比的直流成分外，还有其频率为 $(\omega_n - \omega_r)$ 的交流成分，该交流成分很容易通过“滤波”而将被测光信号 e_s 从噪声背景中分出，从而显著地改善测量信噪比。

在实际工作中，利用锁相放大信号再生技术改善测量信噪比的程度，通常用被测信号中的噪声带宽 Δf 和所用窄带滤波单元的等效噪声带宽 δf 之比表征，即

$$\text{改善程度} = \left(\frac{\Delta f}{\delta f}\right)^{\frac{1}{2}} \tag{4.3.6}$$

式中， $\delta f = \frac{1}{4RC}$ 。这样，当 $\Delta f = 10\ \text{kHz}$ 、系统的时间常数 $\tau = RC = 10\ \text{s}$ 时，利用锁相放大信号再生技术可将测量的信噪比改善 640 倍。但应注意，它和简单的窄带滤波方法一样，时间特性和稳定性的考虑有时将对这一技术改善信噪比的程度造成一定的限制。

目前已有多种根据上述原理而建造的用于改善测量信噪比的锁相放大器（lock-in amplifier）商品。尽管这些商品在设计上各有其巧妙之处，但它们都是由被测信号、参比信号和商品相敏检波等三个基本单元所组成，锁相放大器的结构原理在图 4.3.1 中示出。

应指出的是，当采用锁相放大技术进行信号再生时，要注意保证锁相放大系统是在输入信号未达到“过载”的条件下工作，否则将会引起一些非线性过程而导致产生虚假输出。为避免输入信号过载，通常采用的办法是将来自光探测器的信号输入到锁相放大单元之前，先经过所谓的“前置放大器”（pre-amplifier）进行“预处理”，以将其中的一部分噪声成分去除。

但是前置放大器自身也可产生噪声，所以应根据前置放大器的“噪声特性因子”(noise figure) F（即放大器的输出和输入信噪比的比值，其单位为dB)，对所用的前置放大器谨慎地进行选择。一般的商品放大器均附有该器件的噪声特性因子图，供选择其工作参数时参考。典型的噪声特性因子在图 4.3.2 中示出。

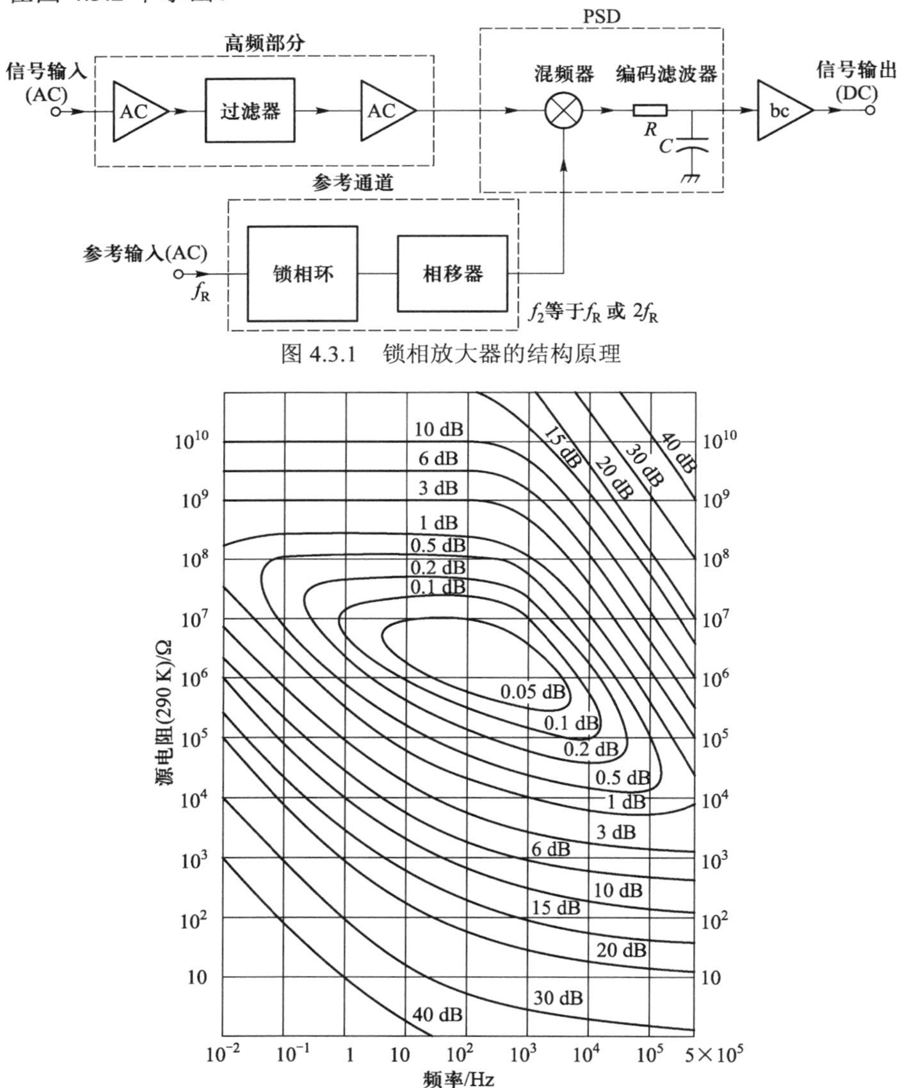

图 4.3.1 锁相放大器的结构原理

图 4.3.2 前置放大器的典型噪声特性因子图

4.3.2 信号平均

信号平均是从噪声中将被测信号再生的又一种常用的技术。这一技术是以对被测信号多次重复地取样测量为基础，通过将所得结果进行平均使其中随机出现的噪声成分相互抵消，从而改善测量的信噪比。为说明这一技术的工作原理，考查以时间间隔 Δt 在 $t+p\Delta t$ 的瞬间在“取样点” p 处测量由真实被测信号 $e_s(t)$ 和随机出现的噪声 $e_n(t)$ 所构成的输入信号 $e_i(t)$：

$$e_i(t)=e_s(t)+e_n(t) \tag{4.3.7}$$

令在第 k 次重复取样测量所得结果为

$$e(t_k+p\Delta t)=e_s(t_k+p\Delta t)+e_n(t_k+p\Delta t) \tag{4.3.8}$$

因真实被测信号在任一测量点的每次测得的结果均应相同，也就是说，$e_s(t)$ 的测量结果与取样点 t_k 无关，均等于 $e_s(p\Delta t)$；而随机出现的噪声的多次重复测量结果的平均值虽应趋近于零，但每次取样测量中的结果仍将是噪声的均方根值 ρ 。这样，每一次取样测量结果的信噪比应为

$$(SNR)_{m=1}=\frac{e_s(p\Delta t)}{\rho} \tag{4.3.9}$$

但在经过 m 次重复取样测量后，在 p 取样点各次测量结果的累加将是

$$\sum_{k=1}^{m}e(t_k+p\Delta t)=\sum_{k=1}^{m}e_s(p\Delta t)+\sum_{k=1}^{m}e_n(t_k+\Delta t) \tag{4.3.10}$$

由于真实被测信号的每次测得的结果均为恒定值 $e_s(p\Delta t)$，而随机噪声的均方根值将是每次测量结果的平方的开方根，故式（4.3.10）可改写为

$$\sum_{k=1}^{m}e(t_k+p\Delta t)=me_s(p\Delta t)+\left(m\rho^2\right)^{\frac{1}{2}} \tag{4.3.11}$$

这样，经过 m 次重复取样测量所得结果的信噪比将是

$$(SNR)_m=\frac{me_s(p\Delta t)}{(m\rho^2)^{\frac{1}{2}}}=m^{\frac{1}{2}}\ (SNR)_{m=1} \tag{4.3.12}$$

也就是说，由此可见，经过 m 次重复取样测量的平均结果的信噪比要比单次测量时提高 $\sqrt{m}$ 倍。而且随重复取样测量的次数增多，信噪比改进的效果更为显著。

不难设想，当采用信号平均技术改善信噪比时，被测信号必须能够多次反

复再现，而且被测信号的输入和取样测量的触发必须在时间上严格同步。此外，在各取样点的取样测量结果必须能以适当的方法在相应的“记忆”单元存储，以便进行加权处理；特别是当要求在更大程度上改善信噪比，从而增多取样测量次数时，对被测信号及整个测量系统的工作稳定性应有更高的要求。

为满足微弱信号测量的实际需求，目前已有一系列信号平均测量系统的商品问世。这些信号平均测量系统商品在原则上可分两大类，即多点同时取样的“信号平均器”（signal averager）和单点扫描取样的“选通积分器”（gated integrator）或被称为“Boxcar 平均器”。信号平均器是在每次重复测量中对被测信号的不同取样点同时进行取样测量。这种取样测量方式要求被测信号具有比较长的持续时间，它更常用于测量信号在不同取样点（即不同波长处）的频谱分布。但在时间分辨光谱信号的测量中，更令人感兴趣的还有由在时间上彼此同步的信号输入和取样触发等两个单元（通道）组成的 Boxcar 平均器（参阅图 4.3.3）。选通积分器不是在单次输入的被测信号脉冲的整个持续期间的不同“取样点” $t_1,t_2,\cdots,t_m$ 依次取样，并用瞬态记录仪收集和显示取样测量结果；而是在多次重复输入的被测信号中选定一个“取样点” t_i，在该处测量信号强度。此时，被测信号强度随时间的变化，可用将在多个不同取样点 $t_1,t_2,\cdots,t_m$ 重复输入的被测信号所测出的瞬间强度描述。具体来说，Boxcar 进行取样测量的方法是，首先用取样触发脉冲经过预先设定的时间延迟 t_i 的时基单元选通取样开关，并使该开关的接通状态持续一定的时间间隔 T_g（T_g 在数值上通常要比低通滤波单元的时间常数 RC 小得多）。在此开关接通的期间所检测到光信号，则以脉冲电压的形式而在用作为“记忆”单元的存储电容内存储。该存储电容因此充电而产生的电压增量 ΔV_i，和此期间测到的荧光信号强度平均值成正比。在这里应指出的是，Boxcar 取样测量时间 t_i 不仅可人为地选定，而且在所选定的同一取样点（如 t_m）处，可对重复输入的被测信号进行多次取样测量，并将每次测量结果以电压增量 ΔV_m 的形式不断地在存储电容内累积，使其中随机出现的噪声成分相互抵消，从而改善检测的信噪比。此时，若伴随着被测信号输入的是宽带噪声，而且在同一取样点处重复取样测量的次数接近或达到 $\dfrac{5RC}{T_g}$ 时，信噪比改善程度的理论值可达 $\sqrt{\dfrac{2RC}{T_g}}$ 倍。尤其是当选用更小的取样持续间隔 T_g 时，这种累积平均的效果更为显著。如果考虑到，Boxcar 的取样测量的时间分辨率并不是由所用光信号探测器的时间响应所决定，而取决于它所设定的取样开关的选通时间间隔 T_g。那么不难设想，Boxcar 脉冲取样方法的一个特点将是，选通时间间隔 T_g 越小、它的时间分辨率越高时，Boxcar 脉冲取样测量的信噪比也越高，因此，这种不要求必须采用快速响应的光信号探测方法，特别适用于其强度随时间快速改变的微弱、瞬变光信号检测。但由于取样所用的电脉冲本身的脉冲宽度的限制，Boxcar 脉冲取样测量的时间分辨率一般均限于 ns 数量级。

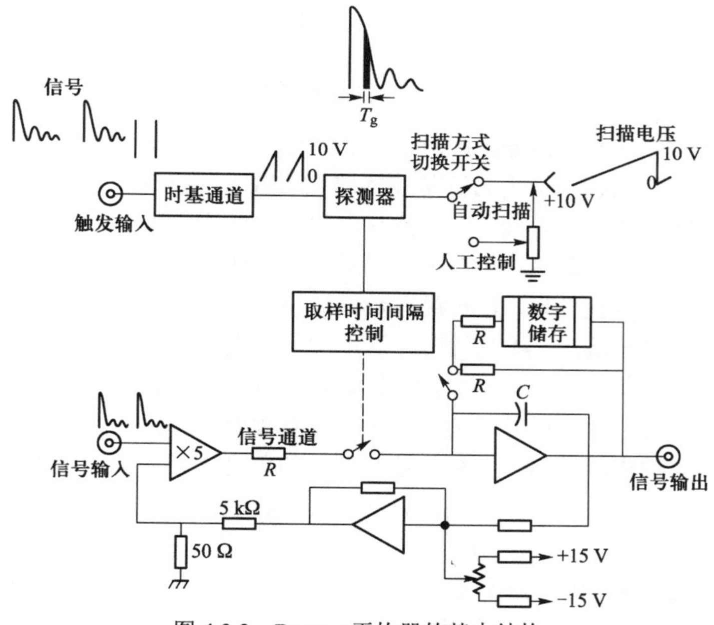

图 4.3.3　Boxcar 平均器的基本结构

4.3.3　光子计数

光子计数是基于记录探测器对单个光子响应而产生脉冲数目和入射的被测光信号强度成正比的基本概念而建立的一类光信号探测技术。采用这一技术的关键是，被计数的脉冲确实是由单个入射的信号光子所产生。为对被测光脉冲信号进行单光子计数，典型的原理设备如图 4.3.4 所示。

为进行单光子计数，其光信号探测器 D 在一些情况下可采用以 Geiger 计数器方式工作的雪崩光二极管（APD）[12]，但在更多情况下是采用光电

[12] 这种光二极管可由单个入射的光子在略高于其击穿电压的条件下触发其雪崩过程，且这一雪崩过程可因降低电压而在很短的时间间隔内中止。

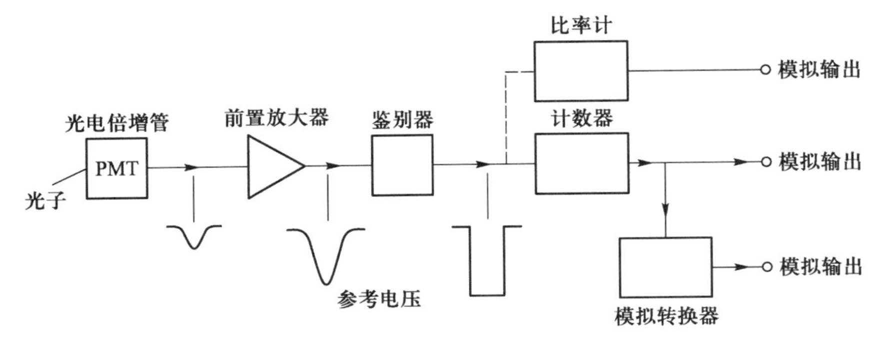

图 4.3.4 单光子计数原理设备

倍增管作为光信号探测器。此时，被测光信号在探测器中产生并输出的电脉冲信号首先经过低噪声的宽带前置放大器放大，被放大后的电脉冲进入脉冲高度甄别器进行甄别，而只使其中的那些峰值电压处于作为脉冲高度甄别器的甄别电平范围内的信号脉冲输出。这些通过甄别的电脉冲可被计数并直接进行数值处理，也可经过数模转换后以正比于脉冲计数速率的模拟电压信号形式输出。不言而喻，这里的甄别电平是根据单个信号光子所产生的电脉冲的峰值电压确定的。因此，其峰值电压低于或（和高于）这一参考电压的所有电脉冲（包括来源于和被测光信号共存且其强度无规地波动的噪声的电脉冲信号）将从被测信号的单光子脉冲的计数中剔除，从而，它在改善测量结果的信噪比方面，比锁相放大、信号平均等技术具有更为明显的效果。

目前已有多种单光子计数测量系统商品，但从中选用测量系统时首先需仔细选择所用的光信号探测器。当选用光电倍增管作为光信号探测元件时，光阴极发射光电子的量子效率 η 应更高，并在保证必要的电流增益的前提下，为防止光电流出现饱和，除第一级“打拿”电极以外的其他电极的电子发射效率都应该较低；而耦合输出的阳极电阻和分布电容均应较小，以避免出现不必要的输出电流信号脉冲展宽而降低时间分辨率。为减小阳极输出电流脉冲的波动幅度，该光电倍增管应选择在其工作电压-输出计数曲线的“坪区”起始处的工作电压下工作。此外，在一些情况下，其光阴极应能进行适当的冷却，以减少作为噪声成分的热离子发射。尤其应着重考虑的是光电倍增管本身具有足够高的时间分辨率，以保证相继到达光阴极表面的光子可在时间上分辨开来，避免各个光子所产生的电流脉冲输出在空间上重叠而出现“脉冲堆积”（pulse pile-up）现象，以致相继输入的一个以上的光子所产生的电流脉冲被作为“单个光子的电流脉冲”虚假计数，导致降低测量结果的精确度。因此也不难推想，单光子计数技术更适用于入射光子流密度不高的微弱光信号检测。

最后应切记的一点是，决不可将这里所谈的“光子计数”（或“单光子计数”）技术和第 6 章中重点讨论的“时间相关单光子计数”（time-correlated single photon counting，TCSPC）方法混淆。

4.4　微弱、瞬变超短脉冲信号的非线性光学方法测量

微弱、瞬变超短脉冲信号检测的核心技术问题是，如何测量指定波长的光信号强度随时间变化的波形 $I(t)$ 。前面所讨论的各种光信号探测器及信号再生技术在原则上虽可用于这类光信号的测量，但除价格昂贵、技术复杂的条纹摄像技术外，其他各种探测器的时间分辨率大部分难以达到 ps（10^{-12} s）数量级，因而它们在跟踪监测其持续时间更为短暂的超快速的分子过程时受到明显的限制。但在另一方面，激光超短脉冲的某些非线性光学过程恰可为脉冲信号随时间的变化的高时间分辨率测量提供一系列新的方法。这类方法的共同特点是，它们不是直接测量被测光信号强度随时间变化的全过程 $I(t)$，而是以“间接”方式获取有关光信号强度随时间变化的信息。其中一类方法是通过测量超短光脉冲相互作用的“相关函数”（correlation function），而对有关的脉冲波形 $I(t)$，特别是脉冲宽度 Δt 作出推断；另一类方法则是“取样”（sampling）测量脉冲过程中的一段时间间隔 Δt_i 内的信号平均强度 $\Delta I(t_i)$，通过将逐步依次“取样”的结果累加而给出被测光信号强度在不同时间 t_i 的分布规律。不论哪一类方法，它们测量脉冲强度随时间变化的时间分辨率和所用光信号探测系统的时间特性无关，而仅取决于所用取样脉冲的宽度 Δt_i，Δt_i 可达到 ps 甚至 fs 数量级。

4.4.1　激光超短脉冲宽度测量

用于激发或探测分子体系的激光超短脉冲波形 $I(t)$ 和脉冲宽度 Δt 是利用时间分辨光谱方法跟踪监测分子运动变化过程必须了解的基本实验

参数。目前，能够代替其时间分辨率为 ps 甚至 fs 数量级的光信号探测器测量激光超短脉冲波形 $I(t)$ 及其脉冲宽度的常用方法是，测量脉冲相互作用的相关函数 $G(\tau)$。为此，在实际工作中获得广泛应用的是在 20 世纪激光超短脉冲技术发展初期建立的所谓“双光子荧光”（two-photon fluorescence，TPF）和“二次谐波产生”（second harmonic generation，SHG）技术。

所谓“相关函数”，就是描述相互作用的脉冲波形的函数“逐点”相乘的积分。例如，波形为 $I(t)$ 和 $I'(t)$ 的两个脉冲相互作用的相关函数 $G(\tau)$ 即可写为

$$G(\tau)=\frac{1}{T}\int_{-\frac{\tau}{2}}^{\frac{\tau}{2}}I(t)I'(t+\tau)\mathrm{d}t \tag{4.4.1}$$

式中，T 为测量时间，τ 是两个相互作用的脉冲 $I(t)$ 和 $I'(t)$ 之间的相对时间延迟。彼此相同和不同脉冲之间的相互作用的 $G(t)$ 分别称为“自相关”(auto-correlation)函数和“互相关”（cross-correlation）函数。在最简单情况下，如果测量时间 T 远大于光脉冲的光波振荡频率 ω 的倒数，即 $\omega T>>1$ 时，由式（4.4.1）可得两个波形为 $I(t)$ 的光脉冲相互作用所产生的归一化二级自相关函数 $G^2(\tau)$，即

$$G^2(\tau)=\frac{\int I(t)I(t+\tau)\mathrm{d}t}{\int I^2(t)\mathrm{d}t}=\frac{\langle I(t)I(t+\tau)\rangle}{\langle I^2(t)\rangle} \tag{4.4.2}$$

式中，$\langle\ \rangle$ 表示在一个足够长的时间间隔内的平均值。更多脉冲相互作用所产生的归一化高级自相关函数可写为

$$G^n(\tau_1,\tau_2,\cdots,\tau_{n-1})=\frac{\langle I(t)I(t+\tau_1)I(t+\tau_2)\cdots I(t+\tau_{n-1})\rangle}{\langle I^n(t)\rangle} \tag{4.4.3}$$

由式（4.4.3）可见，在两个脉冲完全交盖即 $\tau=0$ 的情况下，其 $G^2(\tau)$ 最大；但随两个相互作用的脉冲之间的相对时间延迟 τ 加大，$G^2(t)$ 将逐步变小，以致 $\tau\to\infty$ 时而消失，但相关函数包络线的半宽 $\Delta\tau$ 则可作为脉冲持续时间 Δt 的量度，不过为正确地确定脉冲宽度，还需有关脉冲波形 $I(t)$ 的信息。在实际上，通常是通过测量相关函数的半宽 $\Delta\tau$ 而利用它和被测脉冲持续时间的比值 $\left(\frac{\Delta\tau}{\Delta t}\right)$ 求出 Δt。一些具有典型波形 $I(t)$ 的光脉冲的 Δt 和二级相关函数 $G^2(\tau)$ 的 $\Delta\tau$ 的定量关系在表 4.4.1 中列出。在该表中同时也给出相应

的脉冲谱带宽度 $\Delta\nu$，将被测脉冲带宽实验值和此理论估计值 $\Delta\nu$ 进行比较，将可为所求出的脉冲宽度 Δt 的合理性提供参考判据。

表 4.4.1　几种典型波形的脉冲的二级自相关函数 $G^2(\tau)$ 及其 $\Delta\tau$-Δt 的关系

脉冲波形	相互作用的脉冲波形 $I(t)$	$G^2(\tau)$	$\frac{\Delta\tau}{\Delta t}$	$\Delta\nu\Delta t$
正方形（square）	1 $\left(-\frac{\Delta t}{2}\leqslant t\leqslant\frac{\Delta t}{2}\right)$	$1-\left\|\frac{\tau}{\Delta t}\right\|$ $(-\Delta t\leqslant\tau\leqslant\Delta t)$	1	0.886
高斯型（Gaussian）	$\exp\left(-\frac{4\ln 2}{\Delta t^2}t^2\right)$	$\exp\left(-\frac{4\ln 2}{\Delta t^2}t^2\right)$	$\sqrt{2}$	0.441
单边指数型（sigle-sided exponential）	$\exp\left(-\frac{\ln 2}{\Delta t}t\right)$ $(t>0)$	$\exp\left(-\frac{2\ln 2}{\Delta\tau}\|\tau\|\right)$	2	0.11
双曲正割平方（squared hyperbolic secant）	$\mathrm{sech}^2\left(\frac{1.76t}{\Delta t}\right)$	$\frac{3\left[A\coth A-1\right]^*}{\sinh^2(A)}$	1.55	0.315

注：*中 $A=\frac{2.72\tau}{\Delta\tau}$。

1．激光超短脉冲波形的双光子荧光技术测量

双光子荧光是最早基于相关函数测量而发展出来的一种测量超短激光脉冲波形的技术[13]。这一技术是利用一些能够同时吸收两个光子 $2h\nu_e$ 而被激发产生其光子能量为 $h\nu_f$ 的荧光发射的有机染料分子工作的。这一技术所用的典型原理装置[14]在图 4.4.1 中示出。

在这里，用1:1 的光学分束器将被测激光超短脉冲分成强度彼此相等的两个“子脉冲”，使它们分别通过反射镜 R_1 和 R_2 以共线轨迹沿相反方向传播，并在具有良好透光的溶液液池中相互交盖；当液池中充有对激光超短脉冲频率 ν_e 透明、可同时吸收两个激光光子并被激发到可发射荧光的高能激发态的有机染料分子溶液时，这一染料分子溶液在两个入射子脉冲的空间交盖处即可同时吸收两个激光光子并产生“双光子荧光”。在入射子脉冲强度相同的条件下，所产生这种双光子荧光强度沿脉冲传播轴向的空

[13] Giordmaine J A, Rentzepis P M, Shapiro S L, Weecht K W. Appl. Phys. Lett., 1967, 11: 216.
[14] De Maria A J, Glenn W H, Brienza M J, Mack M E. Proc. IEEE, 1969, 57: 2.

间分布将正比于 $f(\tau)$：

$$f(\tau)=1+2G^2(\tau)+r_1(\tau) \tag{4.4.4}$$

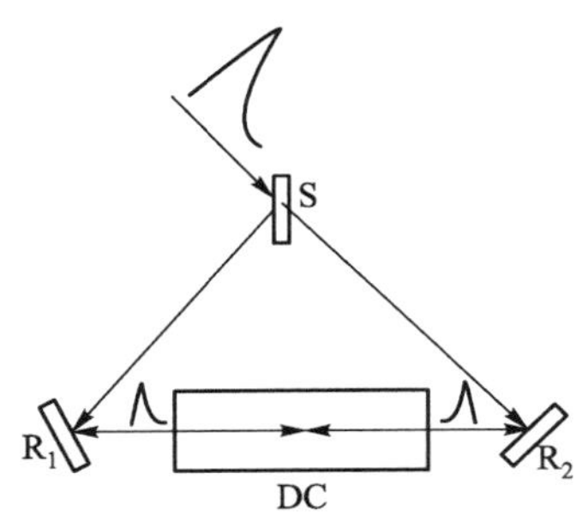

图 4.4.1　测量超短脉冲波形所用双光子荧光技术的原理设备

S—1∶1 光学分束器；R_1、R_2—反射镜；DC—双光子荧光染料溶液池

式中：$r_1(\tau)$ 是其强度快速“抖动”的附加外围成分，在一定时间间隔内的平均值将趋近于零；$G^2(t)$ 则正是波形为 $I(t)$ 的两个激光超短脉冲相互作用的二级自相关函数。两个相互作用的脉冲 $I(t)$ 和 $I'(t)$ 之间的相对时间延迟 τ 可由双光子荧光区长度 L 和激光超短脉冲在染料溶液介质中的传播速率 $\frac{c}{n}$ 求出，即 $\tau=\frac{nL}{c}$。式中，n 是染料溶液介质的折光指数，c 是真空中的光速。这样，根据这一自相关函数的半宽实验测定值，即可推测被测激光超短脉冲的波形 $I(t)$ 及脉冲宽度 Δt。

由上述可见，双光子荧光技术的明显优点是实验所用设备简单，操作也不复杂，而且只用单个入射脉冲即可获得自相关函数的完整信息。但这一技术测量精确度受到子脉冲间的强度匹配、光路准直、荧光测量技术等方面一系列因素的影响，它对背景较强环境中的弱信号测量的敏感度不高，特别是它难以提供有关被测脉冲波形的精确信息，因而使它的应用受到明显限制。

2．激光超短脉冲波形的二次谐波产生技术测量

利用二次谐波产生测量激光超短脉冲宽度的技术最初由 H. P. Weber[15] 提出。如图 4.4.2（a）所示，这一技术是将两个偏振方向相互正交的激光超短脉冲以共线方式入射到其空间取向可使这两个激光脉冲发生混频的非线性光学晶体（如 KDP），测量两个激光脉冲在不同相对时间延迟 τ 时

[15] Weber H P. J. Appl. Phys., 1967, 38: 2231.

所产生的二次谐波信号的积分强度 $f(\tau)$，即可直接测得二级自相关函数 $G^2(\tau)$。若在晶体中相互作用的两个激光脉冲是沿不同方向入射，而所产生的二次谐波信号是在第三个方向检测［图 4.4.2（b）］时，为便于光路的调节和准直，可采用数字控制的步进电机驱动器调节反射镜 R 而将两个脉冲的相对时间延时 τ 进行快速扫描，混频所产生的二次谐波信号即可直接用示波器显示。采用这种空间分离措施的明显优点是可消除被测量的二次谐波信号中的背景干扰。在这种“无背景”条件下所测得的二次谐波信号强度 $f(\tau)$ 为

$$f(\tau)=G^2(\tau)+r_2(\tau)$$

式中，$r_2(\tau)$ 是由相互作用的脉冲间相位干涉而产生的一些快速变化的干扰项，且其平均值为零；$G^2(\tau)$ 是相互作用的两个激光超短脉冲的二级自相关函数。

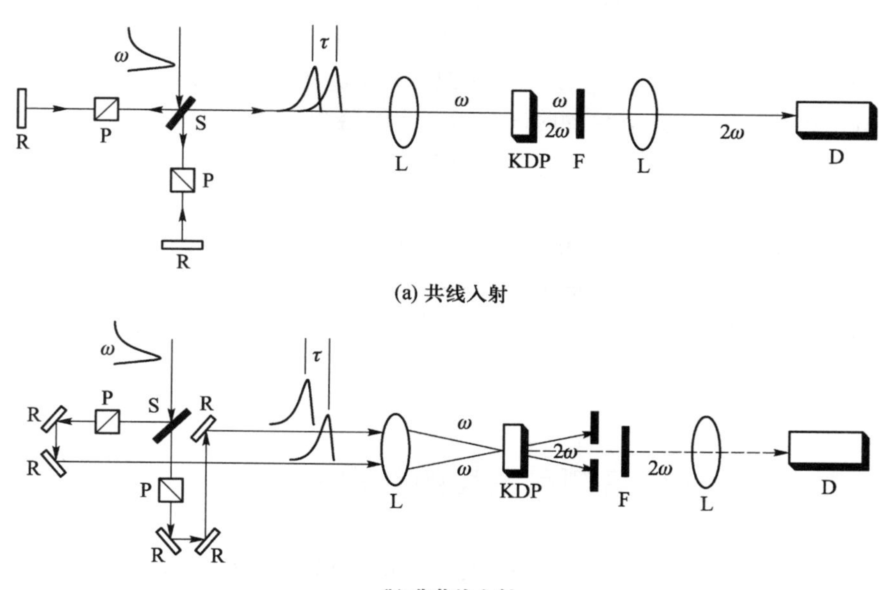

图 4.4.2　测量超短脉冲波形所用二次谐波产生技术的原理设备

R—全反射镜；S—1:1 光学分束器；P—偏振器；L—聚焦透镜；KDP—非线性光学晶体；F—滤光片（2ω 二次谐波透过）；D—光信号探测系统

应指出的是，由于在相位匹配的条件下，产生二次谐波的转化效率较高，

因而这一技术可用于强度较弱的激光超短脉冲测量，但是在实现相位匹配的色散介质将对所产生的二次谐波频率带宽造成一定的限制。此外，当相互作用的激光超短脉冲的偏振方向彼此正交时，为减少它们之间的光速不同的影响，对所用晶体介质在沿光束入射方向的厚度也应进行适当的选择，以免影响 $G^2(\tau)$ 测量的分辨率。

4.4.2 快速分子过程的高时间分辨跟踪监测

脉冲取样测量是跟踪监测各类光信号强度随时间的快速变化的一类巧妙方法。这类方法不是直接测量被测光信号强度随时间变化的全过程 $I(t)$，而是用多个脉冲作为“开启”某种光学开关的触发手段，并依次分别取样测量该分子过程光谱信号在某个瞬间 t_i 的强度 $I_\lambda(t_1),I_\lambda(t_2),\cdots,I_\lambda(t_n)$，光信号强度随时间变化的全过程则用在不同瞬间测量结果的综合予以描述。这一方法的工作原理虽然十分简单，但它有一个重要特点：它监测光信号随时间的变化过程的时间分辨率，不受所用光信号检测器的时间响应特性的局限，而只取决于所选择的取样开关处于开启状态的持续时间间隔 Δt_i。这就为以 ps 甚至 fs 的时间分辨率实时监测表征分子过程的电子吸收、荧光发射以及拉曼散射等光谱信号强度随时间的快速变化提供了广泛的可能性。事实上，继闪光光解光谱之后发展的各类用于跟踪监测快速分子过程的时间分辨光谱方法，如激发-探测双光束交叉（pump-probe cross beam）、频率上转换（frequency up-conversion）、诱导瞬态光栅（induced transient grating）技术等，都是在脉冲取样测量的基础上发展起来的。

4.5 脉冲光信号测量结果的数据处理

光谱的实验测量中，往往会有一些能引起实验观测结果畸变的因素。其中的一些干扰因素，诸如检测系统的工作特性、重复测量时的零点漂移和环境因素等，可通过恰当选择所用仪器单元和控制实验条件而事先人为地予以抑制。但在实时跟踪监测光谱信号随时间变化的时间分辨光谱测量时，测量方法本身就含有可导致实验直接观测结果发生畸变的来源，使之不能完全如实地反映有关分子的真实结构状态和运动变化规律。其中导致发生畸变最主要的来源是，分子体系的激发和继之被监测的脉冲光谱信号间的“卷积”（convolution）。在这一节中，将在简要地探讨对实验数据中所含有的一些由于所用实验方法、条件和技术等方面的局限而引入的系统误差进行修正的同时，主要探讨如何用指定波长的脉冲光信号衰变动力学曲线 $I_\lambda(t)$ 测量结果的“解卷积”（deconvolution）处理的问题。

4.5.1　基本考虑

由于在时间分辨光谱实验中所用的激发光脉冲的持续时间不可能是无限短，而必然具有一定的脉冲宽度 Δt_p，除非这一激发光脉冲宽度远小于该激发态分子的寿命。不难想象，当被早先到达样品的激发脉冲“前沿”光子所激发的分子开始发生弛豫时，样品中的其他分子仍在受到其后到达的激发脉冲光子的激发。在此瞬间所观测到的光谱信号强度（如荧光强度）$I(t_i)$，将和产生被测光谱信号的激发态分子在此瞬间的浓度有关。瞬间的浓度会因产生光谱信号的激发态分子衰变而减少，但此时仍有分子被激发而激发态分子浓度予以“补偿”。因此，实验中所观测到的光谱信号强度随时间的变化实际是分子被激发和激发态分子同时也进行弛豫的综合结果。或者说，在实验中所观测到的光谱信号强度随时间的变化的动力学规律 $I(t)$，应该是激发光脉冲波形函数 $E(t)$ 和该体系中产生的被测光谱信号相关的激发态分子浓度随时间变化的动力学函数 $F(t)$ 的“卷积”(convolution)：

$$I(t)=\int_0^\infty E(t-t')F(t')\mathrm{d}t' \qquad (4.5.1)$$

为说明为什么应该采用和怎样采用卷积积分概念表述激发光脉冲宽度 Δt_p 对时间分辨光谱信号强度随时间变化的动力学规律测量结果的影响，可将具有一定持续时间的激发光脉冲近似地看做由一系列强度为 $\varepsilon(t_i)$、脉冲宽度接近于零的 δ 光脉冲所组成，并将这种激发光脉冲在不同瞬间 t_i 作用于分子体系所产生的“脉冲响应”（impulse response）以 $F(t)$ 表示。这样，在实验中观测到一个 δ 光脉冲在 t_i 瞬间作用于分子体系所产生的信号 $I(t_i)$ 将为

$$I(t_i)=\varepsilon(t_i)F(t-t_i) \qquad (4.5.2)$$

这里脉冲响应改用 $F(t-t_i)$ 表示的理由是，在 δ 光脉冲作用于分子体系之前的 $t<t_i$ 期间，并没有产生任何脉冲响应。这样，当由 n 个在不同瞬间出

现的其脉冲宽度为 Δt_j 的“准δ光脉冲” $\varepsilon(t_j)$ 所组合而成的激发光脉冲作用于分子体系时，此时所观测到的响应 $I(t)$ 将等于各瞬间 t_j 的“准δ光脉冲”所产生的脉冲响应 $I(t_j)$ 的叠加，即

$$I(t_n)=\sum_{j=0}^{n}\varepsilon(t_j)\Delta t_j F(t-t_j),\quad (t>t_k) \tag{4.5.3}$$

若 Δt_j 非常小，则所观测到的响应随时间的变化可改写为

$$I(t)=\int_{-\infty}^{t}E(t')F(t-t')\mathrm{d}t' \tag{4.5.4}$$

如果考虑到所用检测单元对入射光信号的时间响应的影响，通常将式（4.5.4）中表征激发光强度在不同瞬间分布的脉冲波形函数 $E(t')$，用它和检测系统时间响应函数的卷积积分 $L(t')$ 代替。这样，式（4.5.4）将改写为

$$I(t)=\int_{-\infty}^{t}L(t')F(t-t')\mathrm{d}t' \tag{4.5.5}$$

或将积分变数改变而写为

$$I(t)=\int_{-\infty}^{t}L(t-t')F(t)\mathrm{d}t' \tag{4.5.6}$$

为方便起见，也可将上述卷积分写为下述形式：

$$I(t)=L(t)\otimes F(t) \tag{4.5.7}$$

这里所要讨论的时间分辨光谱信号测量的数据处理其实质就是，利用已知的“仪器响应函数” $L(t)$，对所观测到的光谱信号强度随时间而变化的动力学曲线 $I(t)$ 进行“解卷积”处理，从中求出描述该分子体系的有关分子随时间变化的真实动力学规律 $F(t)$。

4.5.2 实验测量结果修正

当利用解卷积方法获取相关分子过程的动力学规律 $F(t)$ 时，光谱信号强度随时间变化 $I(t)$ 以及仪器响应函数 $L(t)$ 都是由实验测出。这些实验参数在任一瞬间 t_i 的数值 $I(t_i)$ 和 $L(t_i)$，都含有和在该瞬间被检测到的光子数目 $N(t_i)$ 相关的误差。当被测量的光子数目呈泊松统计分布时，这一测量的标准误差 $\sigma(t_i)$ 将等于 $\sqrt{N(t)}$。

但在实际测量中，$I(t_i)$ 和 $L(t_i)$ 的测量结果还会含有一些由所用测量设备和实验技术原因所引起的附加误差。这些误差应在解卷积处理时尽可能地予以消除。为此，通常采用的方法是将引起误差的因素作为卷积

积分附加的变数。但应注意的是，视引起误差的因素性质的不同，引入卷积积分的附加项也各异，因此需采用不同的修正方法。例如，杂散光的干扰、测量系统“漏光”、样品中的杂质以及环境因素（如射频源）等，可以通过精心设计测量系统、仔细选择实验条件而事先予以消除。但有一些因素引起的畸变，如用做光信号探测器（如光电倍增管）本身的暗电流等所造成的背景噪声、被测光信号波长不同而使光信号探测器的时间响应不同的“色效应”引起 $I(t)$ 和 $L(t)$ 间的相对“零点时间漂移”（zero-time shift）等，则只能在实验数据处理时进行修正。下面分别讨论在数据处理时修正这些在测量中无法避免的因素所引起的实验结果畸变的方法。

1．背景噪声修正

检测任何光信号时，即使所有由于实验条件不理想而产生的任何“人为”噪声都可被完全排除，但仍然有伴随着测量过程出现的“固有”噪声和被测光信号混在一起。这些不可避免的固有噪声来自两个方面：其一，是由于被测信号的光子数目有限所造成的“散粒噪声（shot noise）和光子计数时的统计误差（statistical variation）。修正这些背景噪声的方法比较简单，即只要在测量开始之前和测量结束之后分别测定，或在测量进行过程中周期性地多次反复测定所用实验系统的背景噪声水平 B，并将它从被测光信号强度的实测结果 $I(t_i)$ 中扣除。此时，在假设背景噪声水平为恒定值的前提下，经过背景噪声修正后的光谱信号强度随时间的变化 $I_0(t)$ 将是

$$I_0(t)=I(t)-B \tag{4.5.8}$$

这一方法同样也适用于仪器响应函数 $L(t)$ 的测量结果的背景噪声修正。这样，经过消除背景噪声的卷积积分将改写为

$$I_0(t)=\int_{-\infty}^{t} L(t-t')F(t)\mathrm{d}t \tag{4.5.9}$$

或

$$I_0(t)=L(t)\otimes F(t) \tag{4.5.10}$$

诚然，背景噪声也可作为一个附加参数而引入未加背景噪声修正的卷积积分［式（4.5.5）或式（4.5.6）］进行处理，但这一方法未必比经过背景噪声修正后的光谱信号强度随时间的变化 $I_0(t)$ 更为优越，特别是当 $F(t)$是复杂函数时尤其如此。

2．脉冲波形的零点偏移修正

所用测量系统中某些光学元件的色效应往往可引起所测光信号的脉冲波形在时间坐标上出现零点偏移 Δt_0。也就是说，当采用光电倍增管作为光信号探测元件时，被测入射光子所产生的光电子在其中的渡越时间，可因光信号，特别是激发光和被测光谱信号的波长不同而异。在此情况下，即使通过调节光电倍增管的“打拿”电极间电压分布，而使相应于不同波长光信号的光电子密度在“打拿”电极间随时间分布的波形相同，但在相应于不同波长光信号的脉冲波形的零点 t_0 之间，仍会有相对偏移。即使不采用光电倍增管作为光信号监测元件，测量系统光路中的光栅等分光元件、光纤传输单元的色散作用，也可引起激发光脉冲和被测不同波长光信号脉冲波形的零点偏移 Δt_0。此外，当光谱信号要求多次重复测量时，每次所测得的脉冲波形的“零点”时间、某些元件的性能“抖动”也将成为造成各输出脉冲波形之间产生零点偏移 Δt_0 的附加因素。

修正测量激发光脉冲和被测光谱信号脉冲间的脉冲波形的零点偏移的常用方法是将这种零点偏移 Δt_0 作为一个附加的变量引入仪器响应函数。此时，需要处理的卷积积分将具有下述形式：

$$I_0(\lambda_s,t)=L(\lambda_{ex},t+\Delta t_0)\otimes F(\lambda_s,t) \tag{4.5.11}$$

式中，λ_{ex} 和 λ_s 分别表示测量该函数时的波长是激发光脉冲波长或被测光谱信号脉冲的波长范围。

根据同一原理，上述方法也可用于对多次重复测量时，由于测量系统性能“抖动”以及其他各种可能的因素所引起的零点偏移 Δt_0。

3．杂散光干扰的修正

时间分辨光谱信号测量的杂散光干扰主要来自于激发分子体系的激发光脉冲。为简化起见，假设杂散光可简单地用一定百分数 c 的激发光脉冲强度表示，即令 $cE(\lambda_{ex},t)$ 项代表通常来自激发光脉冲的杂散光部分。若所用光探测器的色效应严重，以致在 λ_s 和 λ_{ex} 两个波长处的仪器响应函数不相同时，即 $H(\lambda_{ex},t)\neq H(\lambda_s,t)$，杂散光干扰只能通过求解下述卷积积分而进行修正：

$$I_0(\lambda_s,t)=E(\lambda_{ex},t)\otimes F(\lambda_s,t)\otimes H(\lambda_s,t)+cE(\lambda_{ex},t)\otimes H(\lambda_{ex},t) \tag{4.5.12}$$

此时，需在 λ_s 和 λ_{ex} 两个不同波长处测出仪器的响应函数。如果光探测器的色效应不是很严重，而可认为它在激发光波长 λ_{ex} 和被测光谱信号波长 λ_s 处的仪器响应相同，$H(\lambda_{ex},t)=H(\lambda_s,t)$。此时，为修正杂散光干扰，只需考虑在被测光谱信号波长处的仪器响应，求解如下的卷积积分简化式即可：

$$I_0(\lambda_s,t)=L_0(\lambda_s,t)\otimes F(\lambda_s,t)+cL_0(\lambda_{ex},t) \tag{4.5.13}$$

不过，在这里要指出的是，在时间分辨光谱测量的实际工作中，一种因素所引起的测量结果畸变往往难以和另一种因素所引起的畸变严格地分辨开来。因此，能够成功地求解包含将某一因素影响作为附加修正参数的卷积积分，并不一定意味着这一引起畸变的因素确实在实验测量中存在；而某些可能引起畸变的因素的存在，它们所引起的畸变也未必一定能通过修正而成功地消除。所以，为能够通过时间分辨光谱测量获取相关分子过程的真实动力学规律，除在实验数据的解卷积处理中对实验数据认真地考虑进行背景噪声和零时间偏移的修正外，更重要的是，应早在实验测量过程中，尽可能地消除能引起测量结果畸变的各种可能因素，而不应完全寄希望于畸变的修正处理。

4.5.3　解卷积处理的数学方法

为获取描述该激发态分子过程的真实动力学规律 $F(t)$，现已发展出多种数学方法可用于对实验中观测到的光谱信号强度随时间变化的动力学曲线 $I(t)$ 进行“解卷积”处理。其中，非线性最小二乘方拟合是获得最广泛应用的一种方法。虽然也有人从它的物理含义或统计观点出发，对此方法提出一些疑义，但非线性最小二乘方拟合方法在实际应用中往往能提供最适用的分析结果，而且这一方法的准确性也可从一些通用的数学判据中得到支持。因此，在讨论时间分辨光谱测量结果的各种解卷积处理方法时，从这一方法开始。

1．方法概述

最小二乘方拟合方法的基本思想是，用一个设想的理论模型函数和实验测量结果进行拟合，通过最小二乘方分析，寻求定量表述该理论模型函数的一组参数，利用这些参数使理论模型函数 $Y(x_i)$ 能够最好地定量描述实验测量数据 $y(x_i)$ [16]。

为简要地说明这一方法的运算原理，考虑实验测量数据 $y(x_i)$ 和理论模型函数中的对应点 $Y(x_i)$ 之间的残差（residue）R_i：

[16] (a) Grinvald A, Steinberg I Z. Anal. Biochem., 1974, 59: 583-593. (b) Ware W R, Doemeny L J, Nemzek T L. J. Phys. Chem., 1973,77: 2038-2048. (c) Easter J H, De Toma R P,Brand L. Biophys. J., 1976,16: 571.

$$R_i = y(x_i) - Y(x_i) \tag{4.5.14}$$

用它的标准误差 σ_i 进行权重处理这一残差，可得权重残差（weighted residue) $R_{w,i}$ 值，即

$$R_{w,i} = w_i R_i = w_i[y(x_i) - Y(x_i)] = \frac{y(x_i) - (x_i)}{\sigma_i^2} \tag{4.5.15}$$

式中，w_i 是权重因子，它等于测量的标准误差 σ_i 平方的倒数。σ_i 可近似地用未经背景噪声校正的实测值 $y(x_i)$ 表示。从理论上说，能够完美地描述实验测量数据 $y(x_i)$ 理论模型函数 $Y(x_i)$，应该是各点的权重残差 $R_{w,i}$ 之和等于零。但在实际上，由于实验测量数据总是包含着噪声成分以及各种因素引起的畸变，即使所选用的理论模型函数能正确地描述实验结果，它们之间的权重残差 $R_{w,i}$ 之和也不可能满足这一要求。因此，最小二乘方近似分析的任务就是，通过调节理论模型函数 $Y(x_i)$ 中所包含的各可变参数的数值和实验测量数据 $y(x_i)$ 拟合，而求出一组可变参数的数值，使采用这些参数定量表述的理论模型函数和实验测量数据间的权重残差 $R_{w,i}$ 总和最小，从而得出对实验测量数据 $y(x_i)$ 能予以最佳定量描述的理论模型。

为进一步说明寻求最佳拟合参数的数学运算步骤，假设测量数据是围绕其真实值以高斯概率函数的形式无规分布，其概率密度 $p(x)$ 可写为

$$p(x) = \frac{1}{\sigma\sqrt{2\pi}} \exp\left(-\frac{x - \overline{x}}{2\sigma^2}\right) \tag{4.5.16}$$

式中：$\overline{x}$ 表示测量数据的平均值；σ 是标准误差，它等于 $\sqrt{[(x-\overline{x})^2]}$。而 x 值介于数值 a 和 b 之间的概率 $P(x)$ 将是

$$P(a < x < b) = \int_a^b p(x')\mathrm{d}x' \tag{4.5.17}$$

如果感兴趣的是测量结果 x_i 等于某一指定值 a 的概率 $p(a)$，只要在令 $\mathrm{d}a = 1$ 的条件下对式（4.5.17）在 $a \sim a + \mathrm{d}a$ 范围内积分，即可得出 $p(a) = P(x = a)$。而且只要测量结果的数据点足够稠密，这一关系即使在测量结果的分布并非连续函数的情况下也适用，此时只不过将在这一范围内的积分改为在此范围内的加和即可。

这样，当考查经多次测量围绕其平均值呈高斯分布的实验结果时，出现可以正确描述实验测量结果的理论模型函数的概率 P，将和所有各种测量结果出现概率的乘积成比例：

$$P \propto \prod_{i=n_1}^{n_2} \left\{ \exp\left[-\frac{1}{2}\left(\frac{y(x_i)-Y(x_i)}{\sigma_i} \right)^2 \right] \right\} \tag{4.5.18}$$

式中，n_1 和 n_2 表示所考查的理论模型函数和实验测量结果的数据范围。由式（4.5.18）可见，为增大可被指定的理论模型函数正确描述的实验测量结果出现的概率，或得出能更正确地描述实验测量结果所用理论模型函数的基本途径是减小其指数部分，而其正是权重残差 $R_{w,i}$ 的平方［参阅式（4.5.15）］，并通常被称为 χ^2（chi square）。如进一步假设标准误差可用指定点 i 的测量结果（例如，光子的数目）M_i 的平方根表示，可写出：

$$\chi^2 = \sum_{i=n_1}^{n_2} \frac{[y(x_i)-Y(x_i)]^2}{\sigma^2} = \sum_{i=n_1}^{n_2} w_i[y(x_i)-Y(x_i)]^2 \tag{4.5.19}$$

式中，w_i 是第 i 个数据点处 $y(x_i)$ 和 $Y(x_i)$ 间差值 R_i 的权重因子。在假设这差值的误差都是由测量误差所引起的条件下，w_i 是等于 $y(x_i)$ 测量的标准误差 σ 的平方的倒数。这样，借助于最小二乘方分析寻求能更正确地描述实验测量结果 $y(x_i)$ 的理论模型函数 $Y(x_i)$ 的数学运算，就是通过逐步调节 $Y(x_i)$ 而使 χ^2 最小。而一组能保证 χ^2 为最小值的 $Y(x_i)$，就是所寻求的能更正确地描述实验测量结果的理论模型函数。

为具体说明最小二乘方分析方法的具体数学运算，可将 $Y(x_i)$ 改写为函数形式，即 $Y(p_1, p_2, \cdots, p_m)$。此时，χ^2 可表示为

$$\chi^2 = \sum_{i=1}^{N} \frac{1}{w_i}[y(x)_i - Y(p_1, p_2, \cdots, p_m)]^2 \tag{4.5.20}$$

而 χ^2 为最小值的条件是

$$\frac{\partial \chi^2}{\partial p_k} = 0, \qquad k = 1, 2, \cdots, m \tag{4.5.21}$$

若理论模型函数是参数 p_i 的线性函数，这一方程组比较容易求解。其中，参数 p_i 可用通常的数值解、消去法、行列式或矩阵方法方便地求出。例如，在最简单的 $f = a_1 + a_2 x$ 的情况下，为求得达到最佳拟合时的参数 a_1 和 a_2，可写出

$$\chi^2 = \sum_{i=1}^{n} w_i[y_i - (a_1 + a_2 x_i)]^2 \tag{4.5.22}$$

为使 a_1 和 a_2 能同时满足

$$\left(\frac{\partial\chi^2}{\partial a_1}\right)_{a_2}=0,\quad \left(\frac{\partial\chi^2}{\partial a_2}\right)_{a_1}=0 \tag{4.5.23}$$

可写出含有两个未知量 a_1 和 a_2 的线性方程组。此线性方程组可很方便地用消去法、行列式或矩阵方法求解。求解所得的 a_1 和 a_2 即 χ^2 为最小值时的最佳拟合参数。但是，在利用最小二乘方拟合对时间分辨光谱信号的测量结果进行解卷积处理时，用于进行拟合的模型函数 $Y(x_i)$ 往往不是一个线性函数，即使在考查最简单的光谱信号衰变过程时，$Y(x_i)$ 也是一个单指数函数。在较复杂的情况下，实验中观测到的光谱信号衰变过程 $Y(x_i)$ 甚至需用几个指数函数项相加或相减的多指数函数的组合进行描述。此时，采用最小二乘方拟合并不能得出像处理上述线性函数时那样的闭合解，而必须采用非线性最小二乘方拟合方法。

非线性最小二乘方拟合方法的实质是，先采用一些近似数学处理方法将非线性函数 $Y(x_i)$ 予以“线性化”，然后采用最小二乘方分析方法将线性化后函数和实验测量结果拟合，通过寻求其 χ^2 值最小时的有关参数而得出能够最佳描述实验测量结果的理论模型函数。在实际的非线性最小二乘方分析方法的运算中，非线性理论模型函数的线性化通常是采用泰勒级数展开近似。

为说明这种采用泰勒级数展开的非线性最小二乘方分析方法的运算，首先对泰勒级数展开问题作一个简单的回顾。

在处理一维问题的最简单情况下，函数 $f(\boldsymbol{p})$ 的泰勒级数展开式为

$$f(\boldsymbol{p}+\delta\boldsymbol{p})=\sum_{k=0}^{\infty}\frac{f^{(k)}(\boldsymbol{p})}{k!}(\delta\boldsymbol{p})^k \tag{4.5.24}$$

式中，$f^{(k)}$ 是函数 $f(\boldsymbol{p})$ 的 $\boldsymbol{k}$ 级导数。在忽略高级非线性项时，其一级近似表达式可写为

$$f(\boldsymbol{p}+\delta\boldsymbol{p})=f(\boldsymbol{p})+\delta\boldsymbol{p}f'(\boldsymbol{p}) \tag{4.5.25}$$

其中，$\delta\boldsymbol{p}$ 可解释为参数 $\boldsymbol{p}$ 由第 n 次迭代计算到第 $n+1$ 次迭代计算中所用数值的增量。在用泰勒级数展开的高级近似处理多维问题时，采用矢量表述更为方便。因此，用 $\boldsymbol{p}$ 表述矢量函数 $p_1,p_2,\cdots,p_m$。当展开限在二级近似时，泰勒级数的展开式可写为

$$f(\boldsymbol{p}+\delta\boldsymbol{p})=f(\boldsymbol{p})+\nabla\boldsymbol{f}(\boldsymbol{p})\cdot\delta\boldsymbol{p}+\delta\boldsymbol{p}\cdot H(f)(\boldsymbol{p})\cdot\delta\boldsymbol{p}+o(|\delta\boldsymbol{p}|^2) \tag{4.5.26}$$

式中，$\nabla\boldsymbol{f}$ 是梯度矢量，即

$$\nabla \boldsymbol{f} = \left(\frac{\partial f}{\partial p_1}, \frac{\partial f}{\partial p_2}, \cdots, \frac{\partial f}{\partial p_m} \right) \tag{4.5.27}$$

$\boldsymbol{H}_{i,j}(f)$ 是黑塞（Hessian）矩阵，即

$$\boldsymbol{H}_{i,j}(f) = \frac{\partial^2 f}{\partial p_i \partial p_j}, \qquad i, j = 1, 2, \cdots, m \tag{4.5.28}$$

最后一项表示以下其余各项将比 δp 的平方项更快地收敛到零。和处理一维问题时相似，通过计算泰勒级数高级近似的展开式（4.5.24）中的“校正项” $\boldsymbol{\delta p}$ 和进行迭代计算求出 $\boldsymbol{p}_{n+1} = \boldsymbol{p} + \boldsymbol{\delta p}$（$n+1$ 表示在继第 n 次计算后的下一步计算），同样可望获得满足最佳描述实验结果的理论模型函数的所有参数 $\boldsymbol{p}$ 。其差别只在于，在处理多维问题时，这种非线性最小二乘方分析的每一步都包括一些矩阵运算而已。在这里，不拟赘述这些运算，而仅指出的一点是，虽然在用这种方法进行拟合的后期，当参数 $\boldsymbol{p}$ 接近其最佳值时，方程中的平方项可给出更为准确的参数值，但在进行拟合运算的早期，当参数 $\boldsymbol{p}$ 尚远离其最佳值时，每次迭代计算的结果会无规地分散在一个相当大的范围，为达到收敛尚需太多的循环迭代计算步骤。

因此，在实际工作中，特别是用于时间分辨荧光测量结果的解卷积处理时，广泛应用的是采用泰勒级数展开一级近似的理论模型函数。在这里，着重对这种非线性最小二乘方分析的方法予以简要考查。

令拟合用的理论模型函数 $Y(x_i)$ 写为 $Y(t_i, p_1, p_2, \cdots, p_m)$。根据式（4.5.25），通过用泰勒级数展开一级近似而“线性化”后的 $Y(x_i)$ 可写为

$$Y(x_i) = Y^0(x_i) + \sum_{j=1}^{l} \left[\frac{\partial Y^0(x_i)}{\partial a_j} \delta a_j \right] \tag{4.5.29}$$

式中，a_j 是拟合参数。χ^2 则可利用式（4.5.29）根据式（4.5.19）写为

$$\chi^2 = \sum_{i=1}^{n} \left[I_0(x_i) - Y^0(x_i) - \sum_{j=1}^{l} \frac{\partial Y^0(x_i)}{\partial (x_i)} \delta a_j \right]^2 [I(x_i)^{-1} \tag{4.5.30}$$

其满足条件［式（4.5.21）］的最小值 $\chi^2_{\min}$，则需进而通过线性最小二乘方拟合寻求。为此，可将用于拟合的参数 $a_1, a_2, \cdots, a_n$ 的初始值假定为

$$\left. \begin{aligned} a_1 &= q_1 + \delta a_1 \\ a_2 &= q_2 + \delta a_1 \\ &\vdots \\ a_p &= q_p + \delta a_p \end{aligned} \right\} \tag{4.5.31}$$

式中，δa_j 是用于对 q_j 进行修正的未知量，其值应足够小以适应可对函数 $Y(x_i)$ 进行泰勒级数展开的要求。这样，拟合函数 $Y(x_i)$ 的泰勒级数展开的一级近似［式（4.5.29）］可改写为

$$Y(x_i,a_1,a_2,\cdots,a_p)=Y(x_i,q_1,\cdots,q_p)+\sum_{j=1}^{p}d_{ji}\delta a_j \tag{4.5.32}$$

式中：

$$d_{ji}=\left(\frac{\partial Y}{\partial a_j}\right)_i=\left[\frac{\partial Y(x_i,a_1,\cdots,a_p)}{\partial a_j}\right]_{a_{k,(k\neq j)}}$$

根据式（4.5.21）的条件寻求 χ^2 最小值时，可得出 p 个含 p 个未知数 a_i 的联立方程：

$$\left.\begin{aligned}b_{11}\delta a_1+b_{12}\delta a_2+\cdots+b_{1p}\delta a_p&=c_1\\b_{21}\delta a_1+b_{22}\delta a_2+\cdots+b_{2p}\delta a_p&=c_2\\&\cdots\cdots\cdots\cdots\\b_{p1}\delta a_1+b_{p2}\delta a_2+\cdots+b_{pp}\delta a_p&=c_p\end{aligned}\right\} \tag{4.5.33}$$

式中：

$$b_{kl}=\sum w_i d_{ki}d_{li} \tag{4.5.34a}$$

$$c_k=\sum w_i d_{ki}R_i \tag{4.5.34b}$$

$$R_i=y_i-Y(x_1,q_1,q_2,\cdots,q_p)-\sum_{j=1}^{p}d_{ji}a_j \tag{4.5.34c}$$

求解此方程组而得出的 δa_i 可进一步作为新的猜想值 a_j 以用于下一步的重复计算，直到 χ^2 达到最小值为止。在这里仅指出，因此方程组中的系数是对称的，即 $b_{k1}=b_{1k}$，故而在这里只计算一半数目非对角矩阵元项即可。因此，这种以非线性函数“线性化”为基础的非线性最小二乘方分析，虽然要求进行导数计算，但它的迭代计算仍可比直接“搜索”方法收敛[17]更快。不过，它对双指数、多指数动力学过程的计算仍然比较烦琐。不过，借助于所谓的 Marquardt 运算方法，则可望进一步简化其迭代计算的步骤。这一方法的基本点是，令联立方程组［式（4.5.33）］的非对角矩阵元保持不变，并将其对角矩阵元重新定义为

$$b_{ii}=b_{ii}(1+\lambda),\qquad i=1,2,\cdots,p \tag{4.5.35}$$

[17] Marquardt D W. J. Soc. Ind. Appl. Math., 1963, 11: 43.

此时，同样是从拟合参数 a_i 的初始猜想值 $q_1,q_2,\cdots,q_p$ 开始进行 χ^2 的循环迭代计算以求解 δa_j 和 a_i。不过，在利用式（4.5.33）的关系计算初始猜想值时，首先是设 $\lambda=0.001$；在其后的迭代计算中的 λ 数值，则根据该计算步骤所引起的 χ^2 变化方向选择：如果这步计算的结果是使 χ^2 减小，即 $\chi^2_{(n-1)}>\chi^2_{(n)}$，则在下一步的计算中所用的 $\lambda_{(n)}$ 最好是前一步计算时所用 $\lambda_{(n-1)}$ 值的十分之一左右，即 $\lambda_{(n)}=0.1\lambda_{(n-1)}$。反之，当 $\chi^2_{(n-1)}<\chi^2_{(n)}$ 时，这一步计算所用的 λ 值显然是不合理的，应改用比前一步更大的 λ 值（一般是比原来所用的 $\lambda_{(n-1)}$ 大 10 倍）重新开始计算。依同法，根据每步计算是否导致 χ^2 不断地减小，而逐步调节（减小）每次计算所用的λ值。如此循环迭代计算直到所选用的 λ 趋近于零时，所得出的 χ^2 将是最小值，由此时的 a_{jj} 即可得出能正确描述实验测量结果的最佳理论模型函数 $Y(x_i)$。

不过应当指出，在采用最小二乘方分析方法对脉冲光谱信号强度随时间变化的时间分辨测量结果 $I(t)$ 进行解卷积处理时，有一些具体的问题必须考虑。其一，最小二乘方拟合方法通常引入一个重要假设，即认为权重因子 w_i 是常数。事实上，$y(x_i)$ 测量的标准误差平方 σ_i^2 并不是一个恒定值。因而这一假设将成为最小二乘方拟合的误差的一个重要来源。此外，它当采用 σ_i^2 的倒数表示 w_i 时，到拟合计算完成之前，它实际上仍是一个未知数。考虑到 w_i 常因 $y(x_i)$ 的测定值不同而不同，因而在实际工作中，有人建议直接采用 $y(x_i)$ 测定值的倒数表示 w_i。此时，χ^2 将可写为

$$\chi^2=\sum_{i=1}^{n}\left\{\frac{\left[I_0(x_i)-Y(x_i)\right]^2}{I(x_i)}\right\} \tag{4.5.36}$$

式中，$I(x_i)$ 和 $I_0(x_i)$ 分别表示脉冲光谱信号强度在瞬间 t_i 的实际测定值和经过背景噪声修正后的数值。这里的分母采用光谱信号强度的实际测定值而不采用其修正值的原因，是因为前者能更准确地反映实验测量结果的离散情况。此外，严格地说，在通过拟合进行解卷积处理时，也应考虑仪器响应函数 $L(t)$ 的实验测量误差。但实践证明，即使将这一误差忽略，仍可得到令人满意的拟合结果。应指出，这种以其拟合函数的解析式为基础的非线性最小二乘方分析方法，虽然在光谱信号强度的时间分辨实验测量结果的解卷积处理中获得广泛应用，但应注意，只有在泰勒级数展开可以作为非线性函数的合理近似，或它的高级展开项可以忽略时，上述处理方法

才能给出比较可信的结果。

2．畸变因素的修正

在通过非线性最小二乘方分析对脉冲光谱信号测量结果进行解卷积处理而寻求描述相关分子过程的动力学参数的最佳值时，显然，应在所采用拟合函数中引入一个附加的校正项而对实验测量结果中的系统误差予以修正，以保证在沿 x 轴和沿 y 轴与展开的独立变数都不含有系统误差。为此，必须对建立非线性最小二乘方分析方法时所引入的一些基本假设有所了解，并将不能满足这些假设的要求，从而影响分析所得结果可靠性的因素予以修正或完全排除。例如，根据该方法的基本原理可见，除被分析的数据点应该全部是实验中独立观测的结果，而且数据点的数目必须足够多，以保证统计处理的精确度外，所有实验数据（例如，在 y 轴方向的脉冲光谱信号强度）的不确定性必须是集中在非独立变数之中，而且这一不确定性是在围绕准确值呈高斯分布。因此，在分析数据时，应避免为改善数据质量而采用“光滑化”（smoothing）措施，以避免损失信息。此外，任意地把一些误差超过一定数值范围的数抛去的做法，也未必是提高数据处理质量的合理手段，因为这一范围极限的确定并没有令人信服的科学根据。不过，为提高数据处理质量，一个可行的办法是改变进行拟合的可变参数的初始值，而将拟合结果是否随所用参数初始值的不同而异作为判断拟合好坏的标志。此外，值得推荐的一个有效方法是，“分段”考查在不同数据点的分布范围内的拟合情况。具体的做法是，只选取一段时间间隔 $t_1 \sim t_2$（以数据点数 $n_1 \sim n_2$ 表示）内的光谱信号强度随时间变化的动力学曲线 $I(t)$ 进行解卷积处理。此时，式（4.5.19）将被改写为

$$\chi^2 = \sum_{i=n_1}^{n_2} \frac{[I_0(t_i) - Y(t_i)]^2}{I(t_i)} \tag{4.5.37}$$

式中，n_1 和 n_2 是被处理的一段 $I(t)$ 曲线的起始点和终止点的数标。这里的问题是怎样选择 n_1 和 n_2 才合理。显然，这里并不存在统一的严格标准。一般常用的经验选择是，以 $I(t)$ 的强度峰值 $I_{\max}(t)$ 处作为起始点 n_1，而其后的 $\frac{1}{10}$ 处作为终止点 n_2。不过，更为可取的方法是分别选取几个不同的段，如 $(n_1 \sim n_2)_1$，$(n_1 \sim n_2)_2$ ……且前后相连的两个线段之间有部分重叠。此时，对不同线段 $(n_1 \sim n_2)_1$ 处理所得的拟合参数是否相同，可作为拟合函数选择是否合理的判据。不过应当注意，当所用激发光脉冲不稳定时，可能使对

不同线段 $(n_1 \sim n_2)_i$ 处理所得的拟合参数难以完全相同。因此，此时应进行多次重复测量，并将对各次测量拟合所得的参数进行平均，而将脉冲不稳定的影响因素排除。这一“分段交叉”的方法，也可用于修正光学元件的色效应所引起的激发和信号脉冲波形的畸变，以及杂散光干扰引起的误差。因为这些因素引起的脉冲波形畸变主要出现在光脉冲波形的初始阶段，它往往导致某些在早期发生的超快速过程的信号被“淹没”。

3．检验拟合合理性的判据

在上述有关实验数据选择、系统误差修正以及排除影响分析结果可靠性的其他因素的基础上，虽可将时间分辨光谱信号测量结果 $I(t)$ 采用最小二乘方分析方法解卷积处理而得出相应的最佳拟合参数 $F(t)$，但尚待进一步回答的问题是，所得到的最佳拟合参数是否能准确地描述光谱信号强度随时间变化的真实动力学规律。为对此作出合理的判断，在这里，有必要简要回顾用非线性最小二乘方分析时间分辨光谱测量实际工作中，通常用于评价拟合好坏程度的一些判据。

（1）残差（residuals）或权重残差（weighted residuals）分布

直观地检验拟合合理性的一种常用方法是，考查在各瞬间 t_i 时波长为 λ 的光谱信号强度的实验测量结果 $I_\lambda(t_i)$ 和根据所得拟合参数而计算出的强度 $Y(t_i)$ 之间的残差 R_i [式（4.5.14）] 或权重残差 $R_{w,i}$ [式（4.5.15）] 随时间的分布。合理的拟合结果在不同瞬间 t_i 的残差 R_i 或权重残差 $R_{w,i}$ 均在其零值附近随机分布；否则，拟合结果并不合理。但在这里应指出的一点是，当残差 R_i 或权重残差 $R_{w,i}$ 随机分布的噪声水平出现大幅度抖动时，虽然表明实验测量结果中有“反常的噪声”成分存在，但噪声本身较大并不意味着拟合不好，因为拟合不好可因拟合所用的数据点较少所致。所以，在判断拟合的好坏程度时，更应重视的是，在残差 R_i 或权重残差 $R_{w,i}$ 分布中是否有畸变“区段”出现。例如，分布倾向于偏离零值意味着某些拟合参数值合理地偏小或偏高；而分布的缓慢周期性变换，则意味着理论模型函数中所用可变参数的数目太少，以致不能满足合理描述实验结果的要求。

此外，也应注意，虽然残差 R_i 或权重残差 $R_{w,i}$ 的分布都可作为拟合结果合理性的判据，但权重残差 $R_{w,i}$ 分布更为敏感。例如，当脉冲光谱信号强度在其发生衰变的后期，权重残差 $R_{w,i}$ 随机分布的离散将比残差 R_i 的分布更明显，这是因为权重残差 $R_{w,i}$ 可随信号强度 $I_\lambda(t_i)$ 减小而增大。尤其应当注意的是，当采用含有更多指数项的理论函数 $F(t)$ 拟合时，例如，用双指数动力学函数拟合以单指数动力学规律而衰变的过程，权重残差 $R_{w,i}$ 随机分布的离散将更为显著。这一特性诚然为拟合所用理论函数选择的合理性提供了更灵敏的判据，但在另一方面，仅考虑权重残差 $R_{w,i}$ 的分布，也可能将仅是由于一些干扰因素（例如，样品中的杂质）而使原本应以简单指数动力学规律描述的光谱信号强度随时间变化的过程，误判为应以更复杂的动力学规律描述。因此，除在实验测量中注意排除可能引起分子过程畸变的干扰因素外，还要采用更多的确定拟合的合理性的判据。

（2）χ^2 及其简约表示（reduced）χ_v^2

χ^2 是可在最小二乘方分析中直接寻求的数值，因此，它可用做检验拟合过程质量好坏程度的直接标志。由式（4.5.19）可见：

$$\chi^2 = \sum_{i=n_1}^{n_2} \frac{[y(x_i) - Y(x_i)]^2}{\sigma^2} = \sum_{i=n_1}^{n_2} w_i [y(x_i) - Y(x_i)]^2$$

χ^2 是各“数据点” i 的测量值 $y(x_i)$ 和理论预期值 $Y(x_i)$ 的平方误差与在该点所检测的标准误差 σ^2 之比的总和，在理想的情况下，两者之比趋近于 1，因而 χ^2 将趋近于所考查的“数据点”的数目 N，N 等于 $(n_2 - n_1 + 1)$。但更方便的是，用折合到单一“数据点”的简约形式 χ_v^2 作为比较的标准。在这里 χ_v^2 可定义为

$$\chi_v^2 = \frac{\chi^2}{v} \tag{4.5.38}$$

式中，$v = N - p$。这里的 p 是理论模型函数中所包含的可变参数的数目。由式（4.5.38）可见，当所考查的“数据点”的数目 N 相当大，以致 N>>P 时，那么，当 σ^2 的大小主要是由随机误差决定的理想情况下，即 $\chi^2 \to N$ 时，χ_v^2 将趋近于 1。这样，当用最小二乘方分析处理理论模型函数 $Y(x_i)$ 和实验测量结果 $y(x_i)$ 间的拟合问题时所得的 χ_v^2 相对于 1 的偏离越大，则该拟合结果越不合理。现在的问题是，究竟 χ_v^2 值是多大时，才认为是可被接受的合理拟合？寻求对此实际问题的回答的一个方法是，在给定的自由度 v 的条件下，从数学上分析出现仅由随机误差决定的 χ_v^2 的概率 P 入手。在这里不拟重复抄录可从标准的数学表中查到的 χ_v^2 出现概率 P，而仅列出一些分析不同自由度 v 和不同出现概率 P 时的 χ_v^2 预言值（表 4.5.1）。例如，当拟合包括 200 个数据点的实验测量结果时，若所用的理论模型函数中包

含的可变参数 p 很少，以致此时的自由度 ν 可近似地用 $\nu \approx N = 200$ 表示时，拟合所得的 χ_ν^2 等于 1.25，这意味着仅仅由于随机误差而产生这样大的 χ_ν^2 值的概率 P 仅是 1%。如果此时测量结果中不包含系统误差，即拟合的 χ_ν^2 中不包含测量的系统误差的影响，那么，出现 χ_ν^2 理想值的概率只是 1% 的事实说明，这种拟合的结果很差，是不合理的拟合。不过实践经验表明，测量系统误差通常可使拟合的最终 χ_ν^2 增大 10%～20%，所以，P 超过 0.2 的拟合结果（当 $\nu \geqslant 200$ 时，$\chi_\nu^2 \leqslant 1.08$），都可以认为是“可接受的”合理结果。

表 4.5.1 不同自由度 ν 和不同出现概率 P 时的 χ_ν^2 预言值

ν	P 值					
	0.2	0.1	0.05	0.02	0.01	0.001
10	1.344	1.599	1.831	2.116	2.321	2.959
20	1.252	1.421	1.571	1.751	1.878	2.266
50	1.163	1.263	1.350	1.452	1.523	1.733
100	1.117	1.185	1.243	1.311	1.358	1.494
200	1.083	1.131	1.170	1.216	1.247	1.338

最后应指出，χ_ν^2 虽被广泛地用做评估最小二乘方拟合质量的判据，但是，大量的实践经验也表明，当以 χ_ν^2 作为拟合质量的评价标准时，它所判定合理的拟合结果在用其他判据评价时，也可能认为这一拟合并不合理。因此，采用几种判据来评价拟合质量是更可取的做法。例如，“自相关函数”就是一种被最常采用的补充判据。

（3）自相关函数（auto-correlation function）

自相关函数 $C_r(j)$ 是由 Grinvald 和 Steinberg[18]提出的另一种直观检验拟合质量的判据。该函数是通过表征在数据点 n_i 和 n_{i+j} 处其误差之间的相互关联，以预测在某一数据点 i（或时间通道）的误差的正负号是否和另一数据点 j（或时间通道）的误差的正负号相同或相反。这一函数的定义是

$$C_r(j) = \frac{1}{N-j}\left(\sum_{i=n_1}^{n_1+m-1} R(t_i)R(t_{i+j})\right)\left(\frac{1}{N}\sum_{i=n_1}^{n_2}[R(t_i)]^2\right)^{-1} \qquad (4.5.39)$$

式中，$N = n_2 - n_1 + 1$，它表示所拟合的数据点的分布范围。其中，n_1 和 n_2

[18] Grinvald A, Steinberg I Z. Anal. Biochem., 1974, 59: 583-593.

表示在 t_i 和 t_{i+j} 瞬间所测数据的存储的“通道”位置，而 j 的上限是 $\frac{1}{2}N$。$R(t_j)$ 和 $R(t_{i+j})$ 则是在时间 t_i 和 t_{i+j} 的实测瞬间脉冲光谱信号强度 $I(t_i)$ 及 $I(t_{i+j})$ 与拟合所用理论模型函数计算值 $Y(t_i)$ 和 $Y(t_{i+j})$ 间的残差。由式（4.5.39）可见：当 $j=0$，即认为残差 $R(t_i)$ 和 $R(t_{i+j})$ 本身是各自自相关时，其自相关函数 $C_r(j=0)=1$；若 $j \neq 0$，则认为各瞬间残差各自在其相应的理论计算的强度平均值 $\bar{Y}(t_i)$ 和 $\bar{Y}(t_{i+j})$ 附近随机分布。而且，在相邻近的数据点处，其误差一般都具有相同的正负号，而在相距较远的数据点之间，其误差的正负号则相反。因此，若所考查的数据点的数目足够多，则 $C_r(j \neq 0)$ 仍将趋近于零。但由于 $N-j$ 是有限值，当拟合结果合理时，各瞬间的残差自相关函数 $C_r(j \neq 0)$ 将在其零值附近重复频率很高、振幅不大且有规律地振荡分布。如果这种振荡分布呈现无规结构，则表明拟合的结果不合理，或拟合过程虽合理，但实验测量结果 $I(t_i)$ 中尚包含有因某种因素而引起的畸变，该畸变尚未被消除。因此，在揭示拟合结果的合理性方面，自相关函数分布作为判据将比残差、权重残差作为判据时更灵敏。但自相关函数分布作为判据时的弱点是，它难以区别这种不合理的结果是由于拟合过程本身，还是由于实验测量结果的畸变所引起。

（4）其他判据

标准正规变量（standard normal variates）[19] Z 曾被建议作为拟合合理性的一种判据。这一变量的定义是

$$Z = \frac{\nu(\chi_\nu^2 - 1)}{\sqrt{2\nu}} \tag{4.5.40}$$

基于这一判据，在拟合合理时的 Z 值应为−3～+3。此时，它和在 N=256 的条件下，所得 $\chi_\nu^2 = 0.735 \sim 1.265$ 时的拟合质量相当。但应指出，采用这一判据时所遇到的问题和采用 χ_ν^2 值时一样，即拟合所得的 Z 值处于可接受的范围并不意味着拟合一定合理。因此，仅用它作为判据而评估拟合的合理性，并不是可取的做法。

Durbin-Watson 参数[20]是被建议采用的另一判据，它通常简写为 DW，并定义为

---

[19] Catterall T, Duddell J. Deconvolution and reconvolution of analytical signals. Bouchy M. E.N.S.I.C. Nancy, 1982, 445-459.

[20] (a) Durbin J, Watson G S.Biomatrika, 1950, 37: 409. (b) Durbin J,Watson G S.Biomatrika, 1951, 388: 159.

$$DW = \sum_{i=n_1+1}^{n_2} [R(t_i) - R(t_{i-1})]^2 \sum_{i=n_1}^{n_2} [R(t_i)]^{-2} \tag{4.5.41}$$

由式（4.5.41）不难看出，DW 参数和 $j=1$ 时的残差自相关函数相似，而拟合的合理性则根据 DW 参数的数值予以判别。但 DW 参数的数值大小和用于拟合的数据点以及所用拟合参数的数目有关。因而，处于其合理值范围之内的 DW 参数，并不能对拟合的合理性给出肯定的判断；只是在其值超过某一极限值 $DW(U)$时，才能肯定相应的拟合并不合理。换句话说，合理拟合的 DW 参数值必须小于此极限值。因此，关于 DW 参数作为拟合合理性判据的适用性往往被人怀疑。不过，一些实践表明，当用于拟合的数据点不少于 256 时，不小于 1.70、1.75 和 1.80 的 DW 参数仍可分别作为单指数、双指数和多指数函数拟合合理性的判据。其他被建议作为最小二乘方分析的拟合合理性判据的还有：残差均方根 RMS [21]、残差平均值 $\bar{R}$ 及标准变分 σ_r 等。其中，残差均方根 RMS 的定义是

$$RMS = \sqrt{\chi_v^2} \tag{4.5.42}$$

在最佳拟合时，其值等于 1。但它和 χ_v^2 一样，其表征合理拟合的 RMS 数值范围并没有统一的选择。残差平均值 $\bar{R}$ 和标准变分 σ_r 分别定义为

$$\bar{R} = \sum_{i=n_1}^{n_2} \frac{R(t_i)}{N} \tag{4.5.43}$$

和

$$\sigma_r = \left(\sum_{i=n_1}^{n_2} [R(t_i) - \bar{R}]^2 \right)^{\frac{1}{2}} (N-1)^{-\frac{1}{2}} \tag{4.5.44}$$

式中，$N = n_2 - n_1 + 1$。它表示所拟合的数据点的总数。在拟合合理的情况时，$\bar{R}$=0，而 σ_r 则趋近于 1。因此，拟合不合理的判据是 $\bar{R} \neq 0$ 和 $\sigma_r >> 1$。但是 $\bar{R}$ 和 σ_r 对拟合好坏的程度并不敏感，从而，它们在实际工作中并没有太多的实用价值。此外，也有人建议[22]考查表征残差分布特性的所谓“残差畸变度”（Skewness）SK 或“残差峰度”（Kurtosis）K 是否处于定量指标范围作为评估拟合合理性。将它们分别定义为

$$SK = \left[N \left(\sum_{i=n_1}^{n_2} [R(t_i) - \bar{R}]^2 \right)^{-3} \right]^{\frac{1}{2}} \left(\sum_{i=n_1}^{n_2} [R(t_i) - \bar{R}]^3 \right) \tag{4.5.45}$$

[21] Knight A E W, Selinge B K. Spectrochim. Acta, 1971, 27A:1223.
[22] Irvin D J G, Livinston A E. Comp. Phys. Commun., 1974,7: 95.

和

$$K=\left(N\sum_{i=n_1}^{n_2}[R(t_i)-\bar{R}]^4\right)\left(\sum_{i=n_1}^{n_2}[R(t_i)-\bar{R}]^2\right)^{-1} \tag{4.5.46}$$

在拟合合理的情况下，SK 应在其零值附近随机分布，其标准误差为 $\left(\frac{6}{N}\right)^{\frac{1}{2}}$；而 K 值则应等于 3，且其标准误差为 $\left(\frac{24}{N}\right)^{\frac{1}{2}}$。当实际拟合的残差分布超过上述定量指标时，即认为拟合不合理。不过应当注意，当数据分析的结果被用其他判据判定为不合理时，它们的 SK 和（或）K 值仍可处于它们的定量指标范围内；而当用 SK 和（或）K 判定为合理的拟合时，实际上也未必真正合理。因此，不论 SK 和 K 都不能独立地作为拟合合理性判据。

（5）综合分析法（global analysis）

在用时间分辨光谱方法研究激发态分子体系的动力学行为的许多情况下，要求对该体系在不同条件下（例如不同波长、不同偏振方向，甚至不同温度、不同 pH 等微观环境）的光谱信号的“上升”和衰变过程予以跟踪监测。前面所讨论的解卷积方法，仅是处理有关分子体系在一定的实验条件下、在单一指定的波长 λ 处所观测到的光谱信号强度随时间的变化过程 $I_\lambda(t)$。诚然，利用这些方法可以逐一分别处理在不同波长 $\lambda_i(i=1,2,\cdots,n)$、不同偏振或不同实验参数条件下所测得的光谱信号随时间的变化过程，但要取得探讨有关分子过程所需的全面实验资料，再将不同波长、不同偏振和不同参数下所得的结果加以综合，这显然是一件繁杂而费时费事的工作，而且出现误差的机会也相应地增多。因此，一个令人感兴趣的问题是，能否将在一次实验中所获得的在不同波长和（或）不同偏振方向的多维光谱信号综合在一起统一地处理。

在这方面，一个成功的尝试是所谓的矢量分析方法（vector analysis method）[23]。这一方法曾用于在垂直和平行两个不同偏振方向的荧光信号 $I_{/\!/}$ 和 $I_\perp$ 统一进行处理，分析该荧光的各向异性弛豫。但是，以非线性最小二乘方解卷积为基础和其他拟合方法相结合的所谓综合分析方法[24]，具有更

[23] Dale R E, Gilbert C W. IR Fluorescence Spectroscopy in Biochemistry and Biology. Dale R E, Cundall R B. New York: Plenum, 1983.

[24] (a) Janssens L D, Boens N, Ameloot M, De Schryver F C. J. Phys. Chem., 1990, 94: 3564-3576. (b) Beechem J M, Gratton E. Time-resolved Laser Spectroscopy in Biochemistry. Lakowicz. J R. Proceedings of S. P. I. E. : Bellingham. WA, 1988, vol. 909, 70. (c) Weidner R, Georghiou S. Time-resolved Laser Spectroscopy in Biochemistry Lakowicz J R. Proceedings of S. P. I. E. : Bellingham, WA, 1988, 909:402.

广泛的应用范围和实用价值。

所谓的综合分析方法实际上可以看做是非线性最小二乘方拟合方法应用的进一步扩展。这一方法的原理是，利用最小二乘方运算，通过选择适当的共用参数，同时对一组彼此不同但在物理上又有某种相互关联的光谱信号强度随时间变化的动力学曲线进行拟合，逐步寻求分析误差最小时的有关动力学参数。此时，方法的数学运算和处理测量所得的单一动力学曲线并无原则上的不同，其差别仅在于，这一综合分析方法是将拟合计算结果和一组（而不是单一的某一条）实验动力学曲线相比较，通过采用所谓的“矩阵扫描搜寻”（matrix mapping）方法而求出最佳的拟合参数。

为说明这一分析方法的具体实行步骤，考查一个典型二元混合物体系的荧光衰变情况。在这一体系中的两种分子的荧光谱带在某一波长范围内相互交盖，但它们的荧光强度衰变过程各自遵守彼此不同的单指数动力学规律。也就是说，在两个荧光谱带不发生交盖的波长处测量所得的 $I(t)$是只含有单一成分 i（i 为 1 或 2）的衰变过程，但在荧光谱带交盖区的任一波长处观测到的该体系的荧光衰变过程则需用双指数动力学模型描述：

$$I(t)=\alpha_1\exp\left(-\frac{t}{\tau_1}\right)+\alpha_2\exp\left(-\frac{t}{\tau_2}\right) \tag{4.5.47}$$

式中，α_1、τ_1和α_2、τ_2分别是两种分子各自的动力学参数。若荧光衰变动力学曲线是在荧光谱带交盖区的 n 个不同波长处测量，则这一组动力学曲线将包含彼此无相互关联的 $4n$ 个特征动力学参数α_i、τ_i。但是考虑到，在两种分子的荧光是各自独立地发射和衰变的简单情况下，可以假设各荧光衰变时间常数τ_1和τ_2不随荧光的测量波长不同而改变，此时，这组动力学曲线只需用$2n+2$个特征参变数描述即可。其中，包括$2n$个和波长有关的$\alpha_i(\lambda)$和 2 个和波长无关的τ_i值（即τ_1和τ_2）。此时，综合分析方法的任务就是通过和 n 条动力学曲线同时进行拟合而求得$2n+2$个特征动力学参数。

为此，首先将描述每条动力学曲线的一组特征参数$\alpha_1(\lambda_1)$、τ_1和$\alpha_2(\lambda_2)$、τ_2（“局部”参数），改写为可用于统一进行拟合运算的拟合参数g_j、g_k和g_l、g_m（“全局”参数）的形式。在假设各τ_i是和波长无关的独立变数的简单情况下，将第一条动力学曲线的特征参数改写为

$$[\alpha_1,\tau_1,\alpha_2,\tau_2]_1\rightarrow(g_1,g_2,g_3,g_4) \tag{4.5.48a}$$

对第二条动力学曲线则因τ_1和τ_2不随波长不同而改变，所以可写为

$$[\alpha_1,\tau_1,\alpha_2,\tau_2]_2\rightarrow(g_5,g_2,g_6,g_4) \tag{4.5.48b}$$

以此类推，第 n 条动力学曲线的拟合参数将是

$$[\alpha_1,\tau_1,\alpha_2,\tau_2]_n \rightarrow (g_{2n+1},g_2,g_{2n+2},g_4) \tag{4.5.48c}$$

同理，在只有一个特征参数（例如 τ_1）不随测量波长改变时，则上述式（4.5.48a）拟合参数中的 g_4 应改为 g_{2n+3}；在所有 τ_i 均随测量波长而变的一般情况下，拟合参数的通式将是$(g_{2n+1},g_{2n+2},g_{2n+3},g_{2n+4})$。在各动力学曲线需用多于 4 个的特征参数（如 $\alpha_1,\tau_1,\alpha_2,\tau_2,\cdots,\alpha_m,\tau_m$）描述的更复杂的情况下，其拟合参数$(g_1,g_2,\cdots)$也可依此法写出。然后，将相应于各条动力学曲线的拟合参数依次编入如下所示的“扫描矢量”$\boldsymbol{A}$:

$$\boldsymbol{A}=\begin{bmatrix} g_1 & g_5 & \cdots & g_{2n+1} \\ g_2 & g_2 & \cdots & g_2 \\ g_3 & g_6 & \cdots & g_{2n+2} \\ g_4 & g_4 & \cdots & g_4 \end{bmatrix} \tag{4.5.49}$$

而与之拟合的动力学方程即为

$$I_n(t)=g_{2n+1}\exp\left(-\frac{t}{g_2}\right)+g_{2n+2}\exp\left(-\frac{t}{g_4}\right) \tag{4.5.50}$$

最后，采用非线性最小二乘运算（如 Marquardt 方法）而求出误差最小时的各特征动力学参数 $\alpha_1,\tau_1,\alpha_2,\tau_2,\cdots,\alpha_m,\tau_m$。

应指出，在上述的典型事例中，所讨论的是通过统一处理不同波长处所测的荧光衰变动力学曲线而分析多指数荧光衰变过程。这种过程在用荧光光谱方法研究许多生物过程时，尤为常见。近年来，随着在分子水平上研究许多重要的生物过程的必要性日益引起人们的重视，这一需求就成为多指数荧光衰变综合分析方法发展的主要推动力。但不言而喻的是，这一方法可同样有效地用于综合分析在不同实验条件下测量所得的光谱信号衰变动力学曲线，例如，一组在不同温度、不同 pH 值或不同添加物（如激发能传递、电子转移的“给体”或“受体”分子）浓度时，某一波长的光谱信号随时间变化的动力学曲线，此时只不过是将不同波长改用不同实验条件作为可变参数而已。

最后，也强调指出，综合分析法的最突出的优点是，即使是处理被寻求的特征参数之间在数值相差不大的多指数衰变过程，有关的特征参数在原则上也可被较为精确地分辨和测定。但是，综合分析法所得结果的精确度和所用的理论衰变动力学函数 $F(t)$、测量系统响应函数 $L(t)$形式的选用，以及光谱信号强度随时间变化 $I(t)$测量的统计误差等参数有密切关系，所

以对分析所用的初始参数的选择，应格外予以重视。

4.5.4　实验数据处理中的几个实际问题

当采用时间分辨光谱方法研究激发态分子衰变过程时，在实际工作中通常会关心的问题是：实验测量所得光谱信号衰变动力学数据是否必须进行繁杂的解卷积处理？如果必须，选择哪一种解卷积方法更为合适？经过解卷积处理，其所得结果是否肯定能够正确反映客观实际情况？换言之，所关心的重点是，实验数据解卷积处理的必要性和可靠性的问题。

根据分子过程的时间分辨光谱的脉冲信号测量方法的原理，原则上可认为，当测量系统响应函数 $L(t)$ 的半宽相对于样品对激发脉冲响应函数 $I(t)$ 的半宽可以忽略不计时，对实验测量结果无须进行解卷积处理。但问题在于，实际上的 $L(t)$ 并不是其宽度为无穷小的δ脉冲，它的半宽毕竟是有限值；因此，必须考虑采用什么方法进行解卷积处理，可否省去解卷积处理的判据。

在实践经验的基础上，有人建议[25]，当测量系统的响应函数 $L(t)$ 的半宽约为 1.5 ns（通常用脉冲闪光灯作为激发光源的时间分辨荧光光谱仪商品的典型测量系统响应函数）时，分析其时间常数不小于 5 ns 的荧光衰变过程可无须进行解卷积处理。也有人认为[26]，对以单指数动力学规律衰变的过程而言，未经解卷积处理而直接分析光谱信号强度随时间变化的实验测量结果所得的动力学常数，其误差通常不会超过±5%。这些从实践经验中形成的概念，无疑可在人们的实际工作中作为参考。不过，此时应注意，正如前面曾指出的那样，这里的测量系统响应函数实际上是激发光脉冲宽度 $p(t)$ 和测量系统本身的响应函数 $h(t)$ 的卷积，即

$$L(t) = p(t) \otimes h(t)$$

特别是在采用光电倍增管作为光信号检测器时，由于它所输出主要电信号脉冲的同时，还往往伴随有后继的“附加”脉冲，以致实际的测量系统响应函数 $h(t)$ 有比激发光脉冲 $p(t)$ 更大的宽度。所以一般不应简单化地用激发光脉冲宽度作为取舍解卷积处理步骤的依据。正确的做法是，一定要实际测量所用实验系统的响应函数，尤其是在多指数衰变动力学函数中含有短寿命的快速成分时，更应如此。在另一方面，有大量的实验事实表明，通过适当的解卷积处理，即使在测量系统响应半宽大于所测的衰变时间常数 τ_i 的情况下，也可得出正确的动力学参数。因此认为，在一些脉冲光谱

[25] Delgado R, Tramer A, Munro I H. Chem. Phys., 1974, 5: 320.
[26] Shave L A, Love L J. Appl. Spectrosc., 1981, 29: 710.

信号衰变动力学的实验研究中，实验数据的解卷积处理是不应省略的必要的措施。

因此，一个相继而来的问题是，在现有多种解卷积方法中，除前面已详细说明过的非线性二乘方拟合外，还有相平面法（phase-plane method）、矩方法（moment method）、调制函数法（methods of modulating functions）、指数级数法（exponential series method）、拉普拉斯变换和傅里叶变换等。究竟应选用哪一种方法可得到更令人满意的分析结果呢？在选择解卷积方法时的一般考虑是：①所要研究的分子体系的复杂性，也就是说，要处理的问题是简单的单指数衰变，还是复杂的多指数弛豫。在后一种情况下，所用解卷积方法的“分辨本领”将是首先要考虑的一个因素。②其次，在满足“分辨本领”要求的前提下，要进一步考虑的问题是这些方法的复杂程度。其中包括：能否对零时间漂移、杂散光等引起实验误差的各种因素予以有效修正？对该方法所用的数学运算是否了解和熟悉？成熟的计算机计算程序是否容易获得？运算的设备要求和机时“成本”如何？

为此，应对各种方法的优缺点有所了解，并为选择解卷积方法作参考。然而，因篇幅所限，不再一一具体说明各方法的原理及其优缺点。但为建立一个初步概念，在表 4.5.2 中对几种主要解卷积方法的基本功能作出简要的归纳。

表 4.5.2　各种解卷积方法比较

-	矩方法	相平面法	拉普拉斯变换	傅里叶变换	非线性最小二乘方
多指数拟合	可以	不能	可以	可以	可以
其他类型的衰变函数	有限	可以	可以	可以	可以
复杂程度	简单	简单	中等	高	高
拟合收敛速度	快	非常快	中等	慢	慢
杂散光修正	可以	可以	可以	可以	可以
零时间漂移修正	可以	不能	可以	可以	可以
可否对衰变曲线的不同片段进行拟合	不能	可以	不能	可以	可以
截取时间修正要求	可以	无	有	有	无
统计不确定性	无	有	无	有	有

不过，在另一方面，已有一些系统实验研究结果表明，如果能对零时间漂移、杂散光干扰等可引起实验处理结果畸变的因素予以适当的修正，不论采用哪种方法，同样可得到令人满意的结果。一些采用解卷积方法分析单指数、双

指数荧光衰变动力学曲线的典型的比较[27]，在表 4.5.3 和表 4.5.4 中分别列出。

表 4.5.3　用不同解卷积方法分析单指数荧光衰变动力学曲线所得结果的比较

化合物	蒽	POPOP	蒽*	POPOP*	α-腈基萘	α-腈基苯
（溶剂）	（环己烷）	（环己烷）	（环己烷）	（环己烷）	（二甲氧乙烷）	（乙酸乙酯）
最小二乘方处理 [a]	5.28	1.5	5.26	1.13	9.69	11.80
χ^2	1.00	1.10	0.94	0.86	1.20	1.11
最小二乘方处理 [b]	5.28	1.12	5.45	1.12	9.62	11.76
χ^2	1.14	1.55	18.8	1.07	1.37	2.11
矩方法 [a]	5.29	1.12	5.48	1.10	9.63	11.77
χ^2	1.14	1.62	18.9	1.29	1.40	2.13
拉普拉斯变换 [a]	5.29	1.12	5.50	1.10	9.62	11.77
χ^2	1.14	1.61	19.1	1.31	1.40	2.13
拉普拉斯变换 [b]	5.25	1.15	5.19	0.98	9.37	11.58
χ^2	1.24	6.90	10.8	20.5	2.78	1.80
调制函数法 [a]	5.27	1.11	6.81	1.08	9.60	11.75
χ^2	1.14	1.71	24.7	2.25	1.43	2.17
指数级数法 [a]	5.30	1.17	5.26	1.17	9.65	11.81
χ^2	1.01	1.32	0.94	2.09	1.22	1.11
指数级数法 [b]	5.29	1.20	5.24	1.16	9.66	11.77
χ^2	1.14	3.81	24.9	3.15	1.83	2.13
傅里叶变换 [a]	5.30	1.15	5.44	1.15	9.80	11.85

[27] O'Connor D V, Ware W R, Andre J R. J. Phys. Chem., 1979, 83: 1333.

续表

化合物	蒽	POPOP	蒽*	POPOP*	α-腈基萘	α-腈基苯
χ^2	1.01	1.10	18.8	2.42	2.38	2.54
傅里叶变换[b]	5.25	1.07	6.00	1.09	9.51	11.71
χ^2	1.24	2.80	52.9	1.90	2.04	2.48

注：*表示荧光衰变曲线前沿有畸变。

a 表示数据分析是选用荧光峰值后的第 6 个通道以后的衰变曲线进行拟合。

b 表示数据分析是用荧光衰变的全部曲线进行拟合。

表 4.5.4 用不同解卷积方法分析双指数荧光衰变动力学曲线所得结果的比较

化合物（溶剂）	蒽+POPOP（环己烷）			蒽+POPOP*（环己烷）			α-腈基萘（二甲氧乙烷+乙酸乙酯）		
	τ_1/ns	τ_2/ns	R^{**}	τ_1/ns	τ_2/ns	R^{**}	τ_1/ns	τ_2/ns	R^{**}
最小二乘方[a]	1.14	5.29	0.70	1.14	5.27	0.70	10.05	10.76	0.58
χ^2	1.00			0.86			1.29		
最小二乘方[b]	1.09	5.27	0.70	1.27	5.35	0.68	6.84	11.06	0.11
χ^2	1.26			185			2.53		
矩方法[a]	1.21	5.40	0.72	1.26	5.33	0.68	7.04	11.06	0.11
χ^2	1.75			1.87			2.81		
拉普拉斯变换	1.12	5.35	0.72	1.29	5.37	0.69			
χ^2	1.44			1.88					
调制函数法[a]	1.09	5.29	0.71	1.34	5.63	0.71	9.06		
χ^2	1.31			3.55			4.44	11.64	0.57
指数级数法[a]	0.97	5.21	0.75	1.14	5.47	0.77			
χ^2	1.96								
指数级数法[b]	1.19	5.22	0.63	0.91	5.26	0.86			
χ^2	13.95			555					

注：*表示荧光衰变曲线前沿有畸变。

**表示 $R=\dfrac{\alpha_1}{\alpha_1+\alpha_2}$。

a 表示数据分析是选用荧光峰值后的第 6 个通道以后的衰变曲线进行拟合。

b 表示数据分析是用荧光衰变的全部曲线进行拟合。

看来，不论在分析简单的单指数荧光衰变过程或复杂的多指数动力学问题时，非线性最小二乘方处理都是一种比较理想并在实际工作中获得最广泛应用的方法。事实上，目前所有时间分辨荧光光谱的仪器商品所配备的解卷积的计算机运算程序也都是这一方法，只是不同商品所提供的运算程序完善程度有所不同而已。不过应指出，在一些特殊的情况时，采用其他特定的解卷积方法也有其优越之处。例如，在时间分辨荧光谱图（而不是荧光衰变动力学曲线）的解卷积中，简单易行的将是矩方法。

在这里要强调指出的是，不论采用哪一种非线性最小二乘方的运算程序，除非所研究的问题有特别要求，一般应只截取峰值以后的实测衰变动力学曲线用于进行拟合，而不包含其上升前沿部分和靠近其峰值处。这是因为，由激发脉冲引起的杂散光干扰在光谱信号衰变的早期阶段更为突出。在另一方面，如果将其峰值以后的实测衰变动力学曲线分段拟合，还可为校验拟合结果的合理性提供补充依据（在拟合正确合理时，用同一荧光衰变曲线的不同片段拟合所得的动力学参数 α_i 和 τ_i 的数值应相同）。

此外也应指出，在解卷积处理多指数衰变过程时，为确实保证衰变时间常数十分相近的两个过程确实可被分辨开来，为此，必须采用其他措施对所得分析结果作进一步校核。此时，一个值得推荐的方法是和解卷积处理相反的所谓“合成卷积”方法。这一方法是根据解卷积所得的特征动力学参数 α_i 和 τ_i 作出动力学函数 $F'(t)=\sum_{i=1}^{n}\alpha_i'\exp\left(-\frac{t}{\tau_i'}\right)$，并和适当的测量系统响应函数 $L(t)$进行卷积，进而将这一“合成”的荧光衰变动力学曲线 $\Gamma(t)$ 和实验测出的 $I(t)$ 相比较，判断两者是否吻合。在这里用于合成的测量系统响应函数 $L(t)$ 可由“空白”实验测定，或采用经实践检验过的经验式，例如[28]：

$$L_0(t)\propto 5.802t^2\exp(-0.4t) \tag{4.5.51}$$

或[29]

$$L_0(t)\propto \exp\left(-\frac{t}{0.66}\right)-\exp\left(-\frac{t}{0.55}\right) \tag{4.5.52}$$

式中，t 是测量用的数据点或数据通道的数。此外，在“合成”曲线中，

[28] McKinnon A E, Szabo A G, Moller D R. J. Phys. Chem., 1977, 81: 1654.
[29] Greer J M, Reed T W, Demas J N. Anal. Chem. , 1981, 53: 710.

也可加入一定的测量“噪声”成分，例如，加入高斯噪声，以改进其合理程度。只有在通过和上述“合成”动力学曲线的分析比较，并证实所用解卷积处理方法无误的条件下，才可确信从所得解卷积处理结果中获取的信息是正确无误的。即使如此，在处理三个指数以上的复杂荧光衰变过程时，为确信所得信息的正确性，从其他的实验事实中寻求补充证据仍是必要的。

最后，作为讨论时间分辨光谱的数据处理方法的总结，需指出：各种解卷积方法的发展为从实验处理结果中抽取有关激发态分子的各种衰变过程的动力学信息提供了可能性。计算机技术的发展和应用，诚然可使数据处理中的一些复杂、困难问题的解决变得更为简易可行，但为确信数据处理结果的正确性，仍需对所用方法的合理选择、所得数据的正确解释以及数据拟合技巧的巧妙运用等问题，给予应有的重视。

不过，实践经验表明，除非有特殊要求（例如，要求分辨几种性质十分相近，从而它们的激发态弛豫难以简单地分辨开来的分子过程），脉冲光谱信号衰变过程的动力学参数测量并非必须要求很高的精确度，例如，当感兴趣的仅是激发态分子的动力学一般行为以及环境对它们的宏观影响而测量所谓的分子荧光寿命τ_f时，±0.2 ns的测量误差已可认为相当满意。此外，也应注意，计算机技术及相关计算程序的发展，确实为脉冲光谱信号实验测量结果的解卷积处理，特别是复杂分子体系的处理提供了广泛的可能性。但是，一些号称可处理三个以上指数函数描述的动力学过程的计算机运算程序的准确性，值得人们进一步探讨。这是因为，利用$2n$ ($n \geqslant 3$)个可变参数$a_1,a_2,\cdots,a_n,\tau_1,\tau_2,\cdots,\tau_n$拟合一条用$n$个指数函数描述的动力学曲线$I(t)$，在数学上诚然完全可能完成运算，但在数学上所得出满足“最佳”拟合要求的$a_i\tau_i$组合可能不仅只有一个，从而难以从中选择出具有明确物理意义、可准确描述该特定分子过程的一组真实动力学参数。

时间分辨吸收光谱方法

第 5 章

时间分辨吸收光谱是基于被称为“闪光光解”（flash photolysis）法的基本思想而最早发展的一类研究分子结构、状态随时间变化的时间分辨光谱方法。这一方法用来鉴别分子结构、状态的原理和传统的吸收光谱方法相同，它们都是以分子对不同波长的光辐射吸收而产生的光谱为判据；时间分辨吸收光谱方法只不过是实时跟踪监测分子吸收光谱随时间的变化而已。这样，如果说传统的吸收光谱测量可以根据分子在特定的电子、振动和（或）转动状态对光辐射的吸收而获取吸光分子在平衡状态时的结构资料，那么，时间分辨吸收光谱测量则可提供离子、自由基以及高能激发态等各种不稳定分子的结构、状态及其随时间而变化的信息，为揭示一系列重要的化学、物理过程和生命现象中分子变化的微观动态学行为提供重要实验依据。

近年来，随着激光脉冲技术和微弱、瞬变光电信号检测技术的发展，以“激发-探测”（pump-probe）双脉冲技术为基础而建立的各种类型的时间分辨吸收光谱方法，已将跟踪监测分子吸收光谱随时间而变化的时间分辨率提高到 ns（10^{-9} s）、ps（10^{-12} s）甚至 fs（10^{-15} s）数量级，从而使人们能够在原子运动的水平上对化学键的生成或断裂的微观分子动态学行为直观地进行观测。

但应指出：时间分辨吸收光谱测量同样也具有通常的吸收光谱方法本身所固有的两个局限。其一是，它所观测的分子吸收都是由光辐射通过被测分子样品前、后的光强度 I_0 和 I_t 的对比 $\Delta I = I_0 - I_t$ 而得到的。这一光强度差值 ΔI 一般都比入射前和通过后的光强度 I_0 和 I_t 小很多。这就意味着，被测量的吸收光谱信号 ΔI 总是要从两个强度更高的“背景” I_0 和 I_t 中提取。尤其是必须在一个短暂的时间间隔内同时记录分子体系在特定波长范围内各个波长处的微弱吸收光信号 $\Delta I(\lambda_i,t)$，而且这些被测光信号的强度还随着时间不断衰减甚至完全消失。因此，时间分辨吸收光谱方法要求相当灵敏的检测手段和足够高的测量精确度。另一个局限是，除对为数不多的小分子外，吸收光谱测量所能提供的有关分子的信息的大部分都是由来自相关分子在它的电子、振动状态间发生跃迁所产生的光谱谱带。这种谱带通常都是由在一个较宽波长范围内稠密分布的各类跃迁谱线所构成，特别是那些处于溶液、固体表面以及生物介质中的有机大分子，它们所特有的电子-振动跃迁谱线不仅相互叠加，而且往往可被环境介质的连续吸收谱带“淹没”。

诚然，不能排除实时监测单纯由在振动-转动能级间跃迁所产生的吸收谱线随时间变化的可能性，但这些振动-转动吸收谱线基本上处于红外波段，而且信号也很微弱。因而在实际工作中，时间分辨吸收光谱测量更多的是集中跟踪监测处于可见光波段的、由密集电子-振动跃迁谱线堆砌而成的“无光谱结构”的连续谱带。因此，如何从谱带被展宽（甚至被畸变）而且无精细光谱结构的连续光谱谱带中获取有关分子结构、状态随时间的变化信息，将是运用时间分辨吸收光谱方法时必须考虑的另一重要课题。然而应提出的是，有一些基于时间分辨吸收光方法的基本原理而发展的“变种”技术，却可解决一些传统光谱方法不可能解决的问题。

这一章将概述各种时间分辨吸收光谱方法及一些典型的应用事例。但在具体探讨各种时间分辨光谱方法，及其具体技术和典型应用之前，先就分子吸收光谱的一些基本概念给予简要回顾。

5.1　分子吸收光谱的特征参数

5.1.1　分子吸收光谱的频率特性

分子对光辐射的吸收是由于分子从低能量子状态 m 被激发跃迁到另一个高能量子状态 n 的结果，被吸收光辐射的频率 ν_{mn} 取决于这两个量子状态间的能量差 $\Delta E = E_n - E_m$，因而，频率 ν_{mn} 可被作为表征吸光分子结构的基本光谱参数之一。一些分子（包括含有数以百计的有重要生物功能的大分子）吸收光辐射的频率，在原则上都可通过现代计算化学方法计算而得到。但在实际工作中，通常是利用实验事实中归纳出的各种类型分子的结构和它们的特征吸收频率间关联的半经验关系，预测分子吸收光辐射强度在不同频率处分布的吸收光谱谱图。例如，分子的电子吸收谱带可认为是由于该分子的被称为“发色团”的功能团中处于成键电子轨道σ、π和非成键电子轨道 n 的价电子在反成键电子轨道σ^*和π^*之间进行跃迁而产生（图 5.1.1）。其中，成键电子轨道π和非成键电子轨道电子 n 被激发到反成键电子轨道π^*的跃迁 $n \to \pi^*$、$\pi \to \pi^*$ 所吸收的光辐射频率一般处于便于探测的紫外-可见光波段；要求激发能较高的 $\sigma \to \sigma^*$ 电子跃迁以及由含有未共用电子对原子的发色团产生的 $n \to \sigma^*$ 跃迁，其吸收谱带 $\lambda_{\sigma\to\sigma^*}$ 和 $\lambda_{n\to\sigma^*}$ 则通常会偏移到 125～250 nm 的紫外区。此外，由于配位场引起含有 d 电子的金属有机络合物分子中的 d 电子轨道分裂（如$[Ti(OH_2)_6]^{3+}$中分裂为 e_g 和 t_{2g} 轨道）而引起的 $d \to d^*$ 电子跃迁，也在紫外-可见光波段产生光吸收；而在可见光波段出现光吸收谱带，则可能是配体 L（ligand）和中心金属 M 原子间发生电荷转移（charge transfer，CT）跃迁 LMCT 或 MLCT 所致。

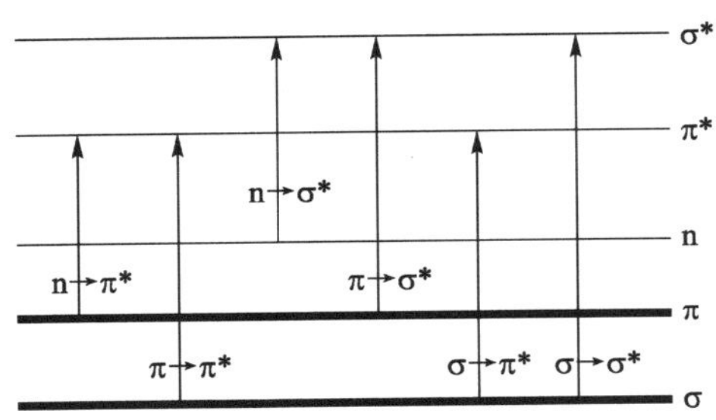

图 5.1.1　和有机化合物分子的电子吸收光谱相关的主要电子跃迁过程

周期性地改变核间距的原子振动状态和作为整体不断变换空间取向的分子转动能级间的跃迁，也可产生含有丰富分子结构信息的吸收谱带。处于一定电子状态的分子在其不同振动、转动能级间跃迁所产生的吸收谱带，通常是由一组密集地分布在红外甚至远红外波段、难以探测的狭窄谱线所组成。伴随着在不同电子状态间跃迁而发生的振动、转动吸收跃迁，将和“纯”电子跃迁的谱线形成含有电子-振动（vibronic）光谱结构的宽带吸收光谱谱图。视相关分子的结构以及该分子所处周围环境的不同，该宽带吸收光谱谱图中吸收光强度在不同频率处的分布也各异。作为典型事例，在图 5.1.2 中示出两种结构不同的同系物直链烯烃 $R(CH=CH)_nR$ 和稠环芳烃-萘、蒽等分子的电子-振动跃迁吸收光谱谱图。

应指出：电子-振动吸收谱带中吸收最强的峰值频率 ν_{max}，将随电子跃迁所引起相关分子的核间距的变化，并相对于不伴随着振动状态改变的“纯电子跃迁频率” $\nu_{0\to0}$ 向高频或低频侧发生偏移（Franck-Condon 原理）。因此，分子的电子-振动跃迁产生的吸收谱带不仅可因振动谱带结构而展宽，而且也将视分子在跃迁的初始和终止状态时分子结构的不同而导致在吸收谱带波形上出现差别。双原子分子中电子-振动跃迁产生的不对称吸收谱带的吸收峰值偏移在图 5.1.3 示出。

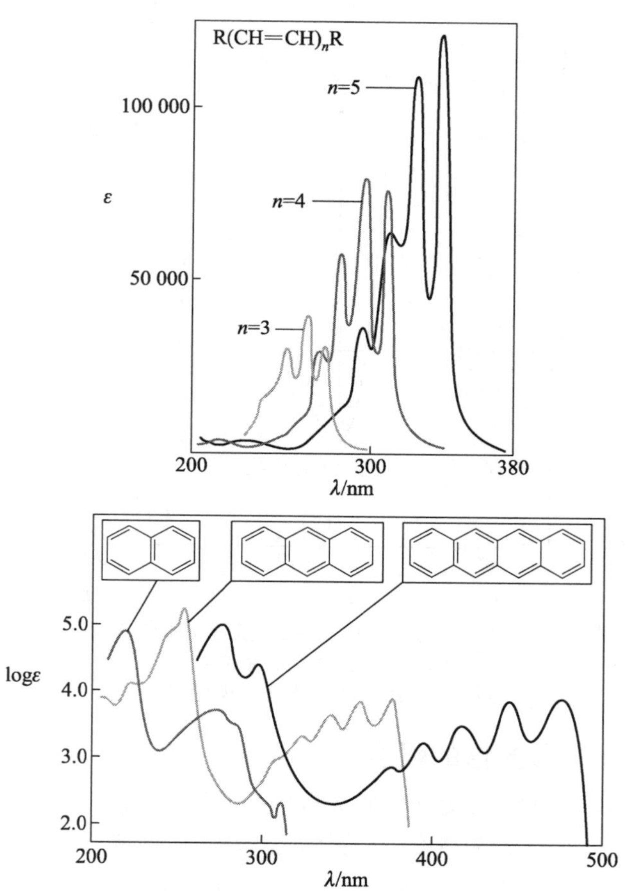

图 5.1.2　结构不同的分子的电子-振动吸收光谱谱图（谱图廓线上的"波浪起伏"为相关分子的振动光谱结构。分子的转动谱线精细结构在"波浪起伏"的振动谱带范围内呈难以分辨开的连续分布

与吸收峰值偏移相对应，电子-振动吸收谱带通常被假设为具有非对称的高斯包络线波形，并采用最大吸收强度 $I_{\max}$ 及这一强度的 $\frac{1}{2}$ 处的谱带宽度 H，即所谓的"半高宽度"作为特征参数的近似描述。但考虑到吸收谱带波形的不对称性，采用对数-正态（log-normal）分布函数 $\varepsilon(\tilde{\nu})$ 进行描

述似乎更为合理[1]。

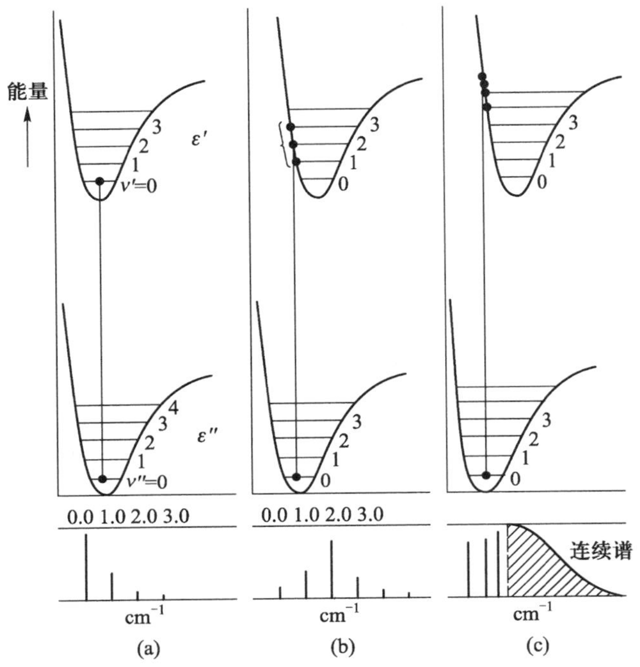

图 5.1.3　双原子分子的电子–振动跃迁中吸收峰值偏移：
（a）跃迁的初始状态ε''和终止状态ε'完全对称；（b）、（c）跃迁的终止状态ε'的核间距相对于初始状态ε''增大

5.1.2　分子吸收光谱的强度

分子在指定频率ν_{mn}处所吸收光辐射的强度$I(\nu_{mn})$，正比于该分子在相关能级m、n辐射跃迁的概率。在实际工作中，吸收光强度$I(\nu_{mn})$由测量可

[1] Aotcheson J. The Log-normal Distribution.[s.l.]: Cambridge University Press, 1957.

$$\varepsilon(\tilde{\nu})=\frac{\varepsilon_0 b}{\tilde{\nu}-a}\exp(-c^2)\exp\left\{-\frac{1}{2c^2}\left[\ln\left(\frac{\tilde{\nu}-a}{b}\right)\right]^2\right\},\qquad (\tilde{\nu}>a)$$

$$\varepsilon(\tilde{\nu})=0,\qquad (\tilde{\nu}\geqslant a)$$

式中，a、b和c常数是峰值位置$\tilde{\nu}_0$、峰高H和谱带不对称度ρ的函数：

$$a=\nu_0-H\left[\frac{\rho}{(\rho^2-1)}\right],\quad b=H\left[\frac{\rho}{(\rho^2-1)}\right]\exp(c^2),\quad c=\ln\frac{\rho}{\sqrt{2\ln(2b)}}$$

谱带面积A则由下式求出：

$$A=\varepsilon_0 H\left\{(2\pi)^{\frac{1}{2}}\left[\frac{\rho}{(\rho^2-1)}\right]c\exp\left(\frac{c^2}{2}\right)\right\}$$

被吸收频率 ν_{mn} 的光束在通过被测分子体系样品时的强度变化 $\mathrm{d}I(\nu_{mn})$而得出。在假设该分子体系的吸收系数 $k(\nu_{mn})$和入射的光束强度 $I_0(\nu_{mn})$无关（朗伯定律），并认为该分子体系所吸收的光强度 $I(\nu_{mn})$和能够吸收频率为 ν_{mn} 的光辐射的分子在样品中的浓度 c 成正比（比尔定律）的近似条件下，入射光在样品中传播经过 $\mathrm{d}x$ 距离后，由于分子吸收而引起的光束强度变化 $\mathrm{d}I(\nu_{mn})$可表示为

$$-\mathrm{d}I(\nu_{mn}) = k(\nu_{mn})cI(\nu_{mn})\mathrm{d}x \tag{5.1.1a}$$

或以积分形式表示为

$$I(\nu_{mn}) = I_0(\nu_{mn}) \times 10^{[-\varepsilon(\nu_{mn})cl]} \tag{5.1.1b}$$

式中：l 是光束在样品中传播的光程长，即样品池的厚度（通常以 cm 为单位）；c 是样品中的吸光分子浓度（mol/L）；$\varepsilon(\nu_{mn}) = \dfrac{k(\nu_{mn})}{2.303}$，通常称为该吸光分子的摩尔吸收系数或消光系数（extinction coefficient）；分子的摩尔吸收系数和相关分子的吸收跃迁过程有关，同时它也是吸光分子结构的函数。一些典型分子中的发色团的电子跃迁摩尔吸收系数在表 5.1.1 中列出。

表 5.1.1　一些典型的电子跃迁的摩尔吸收系数

电子跃迁类型	摩尔吸收系数 $\varepsilon(\nu_{mn})$ / （$\mathrm{L \cdot mol^{-1} \cdot cm^{-1}}$）
$\mathrm{n} \rightarrow \pi^*$	10～100
$\pi \rightarrow \pi^*$	10^3～10^4
电荷转移跃迁	$>10^4$

应注意的是，利用一般用商品吸收光谱仪器所记录的分子吸收光谱谱图，并不是用该吸光分子在不同波长 λ_i（或频率 ν_i）处的实际所吸收光强度的分布 $I_\mathrm{a}(\lambda)$ 或 $I_\mathrm{a}(\nu)$ 表述，而通常是用该分子体系在不同波长处的吸光度 A（absorbance）或光密度（optical density，OD）表述：

$$A\text{（或 OD）} = \varepsilon(\nu_{mn})cl = \lg\left[\frac{I_0(\nu_{mn})}{I_\mathrm{a}(\nu_{mn})}\right] \tag{5.1.2}$$

A 或 OD 是用吸收系数 $k(\nu_{mn})$ 或摩尔吸收系数 $\varepsilon(\nu_{mn})$ 表征的在一定测量条件下（包括吸光分子浓度 c 和有效吸光光程长 l）分子吸收的特性参数。式中吸收光强度的分布 $I_\mathrm{a}(\lambda)$ 可由探测光通过样品前、后的光强度差 $I_\mathrm{a}(\lambda) = I_0(\lambda) - I_t(\lambda)$ 求出。

和分子吸收光谱强度相关的另一常用的参数是正比于跃迁矩 $\mu(mn)^2$ 的量纲为一的“振子强度”（oscillator strength）f，它用单位分子浓度、单位光程长条件下的分子吸收谱带在谱图中的面积 $\int_0^\infty \varepsilon(\overline{\nu}_{mn})\mathrm{d}\overline{\nu}$ 表示：

$$f=\left(\frac{8\pi m_{\mathrm{e}}\overline{\nu}}{3he^2}\right)\mu(mn)^2 \cong 10^{-5}\left|er_{mn}\right|^2=4.33\times10^{-9}\int_0^\infty \varepsilon(\overline{\nu}_{mn})\mathrm{d}\overline{\nu} \quad (5.1.3)$$

式中，跃迁矩 $\mu(mn)=er_{mn}$，r 是跃迁偶极矩长度；m_{e} 是电子质量；$\overline{\nu}$ 代表频率 ν 的平均值。引入振子强度概念的一个优点是，可将实验测出的分子吸光强度直接和表征分子结构特性的某些物理量相关联。例如，利用振子强度 f 和跃迁偶极矩 $\mu(mn)$ 的关系，估算电子激发引起分子中有关电子间距的改变。此外，振子强度也可用于估计有关电子跃迁过程的禁戒程度：一般来说，$f=1$ 的电子跃迁过程是完全允许的；允许和部分允许的电子跃迁过程的振子强度 f 介于 $1\sim10^{-2}$ 和 $10^{-2}\sim10^{-4}$ 之间；自旋禁戒的电子跃迁过程的振子强度 f 在 $10^{-4}\sim10^{-6}$ 之间，甚至更小，这样，根据吸光强度测量即可推测相应电子跃迁过程的性质。

5.1.3 环境对电子吸收光谱的影响

描述分子吸收强度在不同波长 λ（或频率 ν）处分布 $I(\lambda_i)$ 的分子吸收光谱谱图，由分子的化学结构及相关跃迁过程的特性所决定。但在凝聚态介质中，吸光分子以及它们和周围介质间的各种“非专一性”（non-specific interaction）的离子-偶极、偶极-偶极相互作用和“专一性”（specific interaction）的氢键生成等，可使同一分子的吸收光谱谱图因实验测量条件不同而有所差异。例如，同一分子在溶液中、固体状态或吸附在固体表面或被束囊（vesicle，micelle）等“分子阱”（molecular cage）包围时，所测得的吸收光谱谱图往往和在气体状态时的不同，而且视溶剂分子、固体环境的不同，光谱谱带的位置可出现向长波侧的“红移”（bathochromic shift）或向短波侧的“蓝移”（hyposochromic shift）。此外，环境介质不仅可引起吸光分子的电子吸收谱带位置偏移，而且也可使电子吸收谱带波形出现畸变，这些谱带波形畸变往往是由环境介质分子的振动、转动状态的相互作用所致。

环境介质对吸光分子的电子-振动谱带结构的影响的最早理论分析，

是基于经典的 Onsager[2]反应场模型而建立的所谓 Kirkwood-Bauer-Magat（KBM）[3]关系式。根据这一经典理论，以处于由极性溶剂分子组成的球形“溶剂腔”中的双原子偶极子作为模型，认为极性溶剂分子环境引起偶极子振动频率的偏移 $\Delta\nu$ 可用下述定量关系描述：

$$\frac{\Delta\nu}{\nu_0}=\frac{\nu_0-\nu_s}{\nu_0}=C\frac{n^2-1}{2n^2+1} \tag{5.1.4}$$

式中，ν_0 和 ν_s 分别表示偶极子在空气中和在溶液中的振动频率，ε 是溶剂的折光指数，C 是和该偶极子的电学性质和所用单位因次有关的常数。但这一经典方程仅可用于描述没有专一性相互作用时的情况，而且其后以此为基础所做的一些改进实际上仅能对这一问题给出半定量表述。也就是说，目前有关环境介质对吸光分子的电子-振动吸收光谱谱图的影响的问题，仍值得进一步研究探索。

最后，在这里也应指出，为从环境介质对吸光分子的电子-振动光谱谱图影响中获取分子和周围环境相互作用的信息，通常都是将在不同环境中测得的光谱谱图和环境介质的特性（如极性）相关联。诚然，在将溶剂看做是连续介质的理想条件下，在理论上可用介电常数表征溶剂介质的极性；但在溶剂-溶质分子间可有氢键生成等专一性相互作用的实际情况下，则要求对溶剂介质极性有更具有普适性的定义和定量表达。为此，人们曾试图采用偶极矩、折光指数等物理量以及一系列经验参数表达溶剂介质特性。但作者认为，根据吡啶衍生物分子（图 5.1.4）在各种溶剂（包括非极性溶剂、质子化和非质子化极性溶剂）中的最长波电子吸收跃迁能而确定的 $E_T(30)$[4]经验参数更有其优越之处。

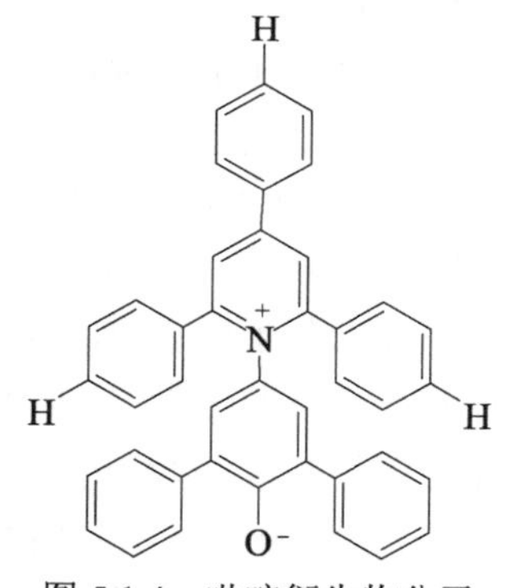

图 5.1.4　吡啶衍生物分子（pyridinium-N-phenoxide betaine）

5.1.4　吸收光谱实验测量中的几点技术考虑

分子吸收光谱的特征参数诚然由吸光分子本身的结构、状态所决定，而该

---

[2] Onsager L.J. Am. Chem. Soc., 1936, 58: 1486.

[3] (a) Kirkwood J G, Wes W, Edwards R T. J. Chem. Phys., 1937, 5:14. (b) Bauer E, Magat M. J. Physque Radium, 1938, 9:319.

[4] (a) Dimroth K, Reichardt C, Siepmann T, Bohlmann F. Liebigs Ann. Chem., 1963, 661: 1. (b) Reichardt C. Liebigs Ann. Chem., 1971, 752:64.

分子周围的环境介质也是影响其特征吸收光谱的一种关键因素。但是同一分子体系在相同环境介质中由实验测出的吸收光谱谱图也有可能有所不同，这也就意味着，测量分子吸收光谱的一些实验条件和技术的影响也应予以考虑。

前已指出，实验测出的吸收光谱谱图通常是用分子的吸光度 A（absorbance）或光密度 OD 在不同波长处的分布表示。吸光度 A（或 OD）是在假设比尔-朗伯定律适用的条件下，通过测量波长为 λ 的被吸收光束在透过吸光分子样品池前、后的强度 $I_0(\lambda)$ 和 $I_t(\lambda)$ 而求出［式（5.1.2）］。为得出正确的参数 A（或 OD），显然必须满足比尔-朗伯定律适用条件的要求，即要满足以下几点：

① 被吸收光束的初始入射光强度 $I_0(\lambda)$ 不宜过高，以免在吸光分子样品中发生可使被吸收光束强度等特性畸变的非线性光学效应，特别是当利用高功率激光超短脉冲激发分子体系的吸收光谱时，这一问题必须格外注意。

② 被测样品中的吸光分子浓度 c 不应太小，以避免光束传播方向因分子被激发而出现显著的吸光分子浓度差，以致难以将浓度 c 近似为常数简化处理。但吸光分子浓度 c 又应该足够低，以避免分子间的可能相互作用（如分子自身缔合）生成某种形式的络合物而观测到复杂化的吸收谱图。因此，在可保证足以进行准确测定分子的吸光度 A（或 OD）要求的前提下，根据入射光强度水平，选择尽可能低的吸光分子浓度 c 和尽可能短的光程长 l（较薄的样品池）更为可取。

③ 当利用入射光通过样品池前、后的强度 $I_0(\lambda)$ 和 $I_t(\lambda)$ 之差计算被测样品中吸光分子所吸收的光强度 $I_a(\lambda)$ 时，测量 $I_0(\lambda)$ 和 $I_t(\lambda)$ 的实验误差必须控制在允许的范围内。同时也必须考虑到，透过样品池的光强度 $I_t(\lambda)$ 不仅和被测样品的吸收有关，样品池的窗口、窗口材料-样品界面对光束的散射、反射以及样品中其他杂质分子的吸收等也可使光束强度造成“附加”损失。通过理论计算虽可对此进行一定的修正，但更为简便、可靠的方法是，从入射光中按严格比例分出一部分，并将它通过充有同一种纯溶剂和完全相同光学性质的另一样品池作为参比。事实上，目前用于吸收光谱谱图测量的商品仪器中都采用这一行之有效的技术设计。此时仍应仔细挑选光学特性参数尽可能“完全相同”的样品池，并注意选用在光谱测量的整个波长范围内“完全透明”，特别是和吸光分子之间没有各种专一性的物理、化学作用的溶剂。

上述几点在时间分辨吸收光谱的实验测量中必须认真注意。

5.2　时间分辨吸收光谱方法的原型——闪光光解

现代的各种时间分辨光谱方法实际上是在 Lord George Porter 所建立的“闪光光解”方法的基础上发展而来的。根据“闪光光解”的基本原理，“闪光光解”有两种工作方式：其一是在某一指定瞬间记录分子在不同波长处的吸收强度分布的光谱谱图，而监测不稳定分子在该瞬间的结构、状态的“闪光光谱技术”（flash spectroscopy）；另一种是以跟踪观测某一指定波长处吸收光信号强度随时间的变化而确定某种不稳定分子运动变化过程规律的“动力学光度测量技术”（kinetic spectrometry）。这两种方式的原理实验装置如图 5.2.1 所示。它们都是用一个放电闪光灯发射的闪光脉冲激发被研究样品中的分子，在实验中所用激发和探测光源以及样品吸收池的选择或设计也有许多共同之处，两者的区别仅在于监测被激发分子的方法、方式不同而已。

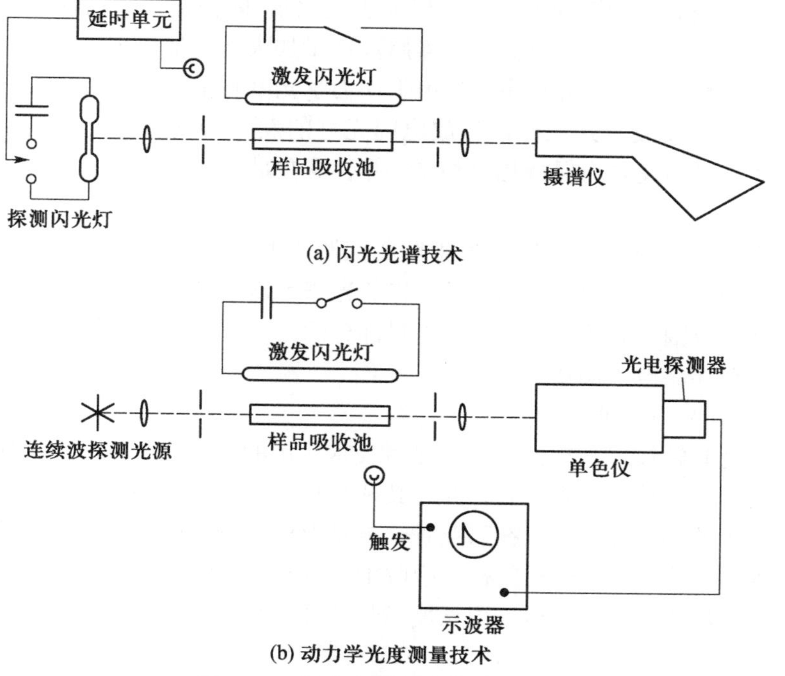

图 5.2.1　闪光光解方法的原理装置

5.2.1 通用设备单元及相关的技术考虑[5]

1．激发和探测光源

闪光光谱技术和动力学光度测量技术都是采用由封装在充以某种气体混合物，并装有一对放电电极的透明的玻璃或石英管而构成放电闪光灯，作为激发分子体系的脉冲光源。关于这种光源的结构、工作特性等在第3章3.1节中已有较为详细的讨论和描述。

在这里仅指出：对作为激发光源的放电闪光灯的基本要求是：它所产生的光脉冲的持续时间t_p必须不超过被激发分子处于被考查的不稳定状态的寿命τ，而且在该分子的特征吸收波长处具有足够的光强度，以保证用于激发不稳定状态的分子达到足以供准确检测的浓度，但激发引起分子体系的光密度变化一般不应超过0.8。

当探测方式不同时，对作为探测光源的放电闪光灯将有不同的要求：具体来说，作为瞬态吸收光谱谱图的探测光源时，放电闪光灯的脉冲持续时间t_p要求小于被测激发态分子的寿命；但在被监测的不稳定状态分子的特征波长处的强度不应太高，以保证满足比尔-朗伯定律适用性条件的要求；此外，有时也要注意到伴随着脉冲能量加大而可能出现的脉冲展宽，以免降低测量的时间分辨率。当用于动力学光度测量时，所用的探测光源虽然可以连续波方式工作，但放电闪光灯的发光强度应在大于不稳定状态寿命的时间间隔内保持相对稳定，并且需在足够宽的波长范围内呈均匀分布。

无论采用放电闪光灯作为激发或探测光源，最好都要附加滤光措施（如采用滤光片或滤光液层），以便将其光谱呈连续波分布的光脉冲中在所选定波长范围之外的“无用”光辐射部分除去，以保证样品的光化学稳定性和避免样品被“加热”。

2．样品吸收池

闪光光解技术和动力学光度测量技术所用的样品吸收池，通常都选用具有良好透光特性的石英管，并在其两端封以透明窗口构成。当用于研究液态分子的蒸气样品时，在石英管一端带有一支管“侧臂”以供样品冷冻脱气使用。选用长度较短的样品吸收池，有利于节约样品用量和提高透过探测光脉冲的光通量；但采用长度较长的样品吸收池时，可使要求与之空

[5] West M A. Creation and Detection of Excited States. New York: Marcel-Dekker, 1976.

间匹配的放电闪光灯的电极间距也随之加大，从而降低闪光灯制作的技术难度。此外，样品吸收池的外侧也可附加套管，用做控制样品温度的保温液或选择激发光波长的滤光液的流动空间；在两端窗口上也可附加狭缝光阑，用于对伴随着探测光通过样品的杂散光进行抑制。

为提高激发光能的利用效率，管状样品吸收池可和放电闪光灯管平行排列地安装在筒状聚光器内，后者的银或铝金属内壁为抛光的高反射率表面或喷镀有氧化镁漫反射介质。当该筒状聚光器为圆形横截面时，样品管和闪光灯的排列应尽可能紧靠聚光器的轴线；当使用椭圆横截面的聚光器时，样品管和闪光灯则应分别沿该椭圆筒的焦点轴线排列。在这里要注意的是，在安装或拆卸放电闪光灯和聚光器时，必须反复严格检查，并确信两者之间的绝缘无误。

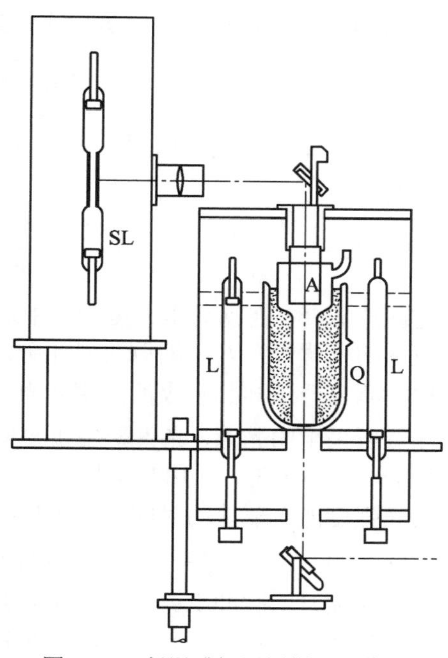

图 5.2.2　低温或恒温用样品吸收池设计及其放电闪光灯安装示意图
A—样品吸收池；Q—带石英窗口的杜瓦瓶；L—激发放电闪光灯；SL—探测放电闪光灯

最后应指出的是，当测量高温样品时，聚光器也可用置于管形加热炉中心孔内、其内壁镀有高反射层的加热炉管代替；但当对样品在低温下测量或保持恒温时，则需将样品吸收池垂直浸泡在杜瓦瓶内的制冷剂或恒温介质中，而用两支放电闪光灯沿两侧分别进行激发，而探测光则自顶端入射（图 5.2.2）。

5.2.2　动力学光度测量技术

在动力学光度测量中，所测量的参数是波长为 λ 的探测光通过被研究分子体系样品后的吸光度 A_λ 随时间的变化 ΔA_λ 。根据式（5.1.2），在不同瞬间 t_1、t_2 通过单位样品层厚度的吸光度变化 ΔA_λ 可写为

$$\Delta A_\lambda = A_\lambda(t_1) - A_\lambda(t_2) = \log\frac{I_{0\lambda}}{I_\lambda + \Delta I_\lambda} - \log\frac{I_{0\lambda}}{I_\lambda}$$

$$= -\log(1+\frac{\Delta I_\lambda}{I_\lambda}) \approx \frac{1}{2.3}\left(\frac{\Delta I_\lambda}{I_\lambda}\right) = \varepsilon_\lambda \Delta c \quad (5.2.1a)$$

式中：ε_λ 是样品中被测不稳定分子在波长 λ 处的摩尔吸收系数；Δc 是 t_1～t_2 时间间隔内的被测分子浓度的变化，即 $c(t_1)-c(t_2)$；$I_{0\lambda}$ 和 I_λ 分别表示透过单位样品层厚度前、后的波长为 λ 的探测光强度，它们和被测的电信号（如电压 V）强度成正比。这样式（5.2.1a）也可改写为

$$\Delta A_\lambda = \frac{1}{2.3}\left(\frac{\Delta V}{V}\right) \quad (5.2.1b)$$

典型的 $\varepsilon_\lambda = 3\times10^4\ \mathrm{mol\cdot L^{-1}\cdot cm^{-1}}$。若 Δc 为 $5\times10^{-8}\ \mathrm{mol\cdot L^{-1}}$，由式（5.2.1）可得：

$$\frac{\Delta I_\lambda}{I_\lambda} = \frac{\Delta V}{V} = 1.5\times10^{-3}$$

这就意味着，在动力学光度测量中通常所面临的一个技术问题是，怎样从较强的“背景”I_λ 中对强度是千分之几的信号变化 ΔI_λ 进行检测？为有效地检测出透过样品吸收池的探测光强度的微小变化 ΔI_λ，需对动力学光度测量所采用的光源、光束聚焦和波长选择用的单色器等光学单元方面进行考虑。具体来说，所用光源显然应在被测波长处具有适当的光强度 I_λ，且其光强度能在要求的时间间隔内保持恒定的输出（强度波动应小于 ΔI_λ）。实践表明，设计较好、制作仔细的平均功率为 200～500 W 的短弧长（放电区长度）的脉冲 Xe 灯一般都可满足要求。为将探测光有效地通过被测分子体系，并对波长为 λ 的透过部分进行检测，通常可根据样品吸收池的几何尺寸而采用适当聚焦系统（如单色器）将入射的探测光聚焦，图 5.2.3 所示为两种常用的探测光聚焦方式。

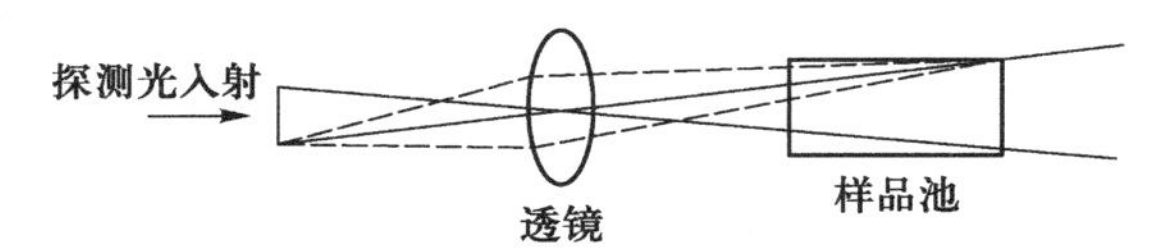

(a) 采用短焦长透镜在样品吸收池末端形成放大成像的聚焦照明方式

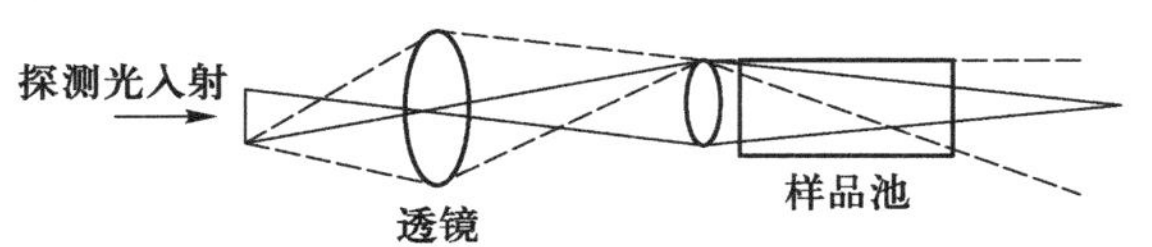

(b) 采用场透镜将偏轴光折射进入样品吸收池的聚焦照明方式

图 5.2.3 探测光聚焦“照明”样品吸收池的两种方式

在这里要注意的是，用于选择被测光信号波长的单色器入口狭缝和通过样品吸收池的被测探测光信号之间的几何光学匹配，以保证有足够的光通量。为此，首先应要求所用单色器的聚光能力（light gathering power）$LGP > 0.35$。所谓聚光能力，其定义是

$$LGP = \frac{h}{mf^2} \tag{5.2.2}$$

式中，h 是被“照明”的单色器入口狭缝高度（单位为 mm）；m 是线色散（单位为 $nm \cdot mm^{-1}$）；f 是菲涅耳（Fresnel）数。此外，对它的光谱分辨率和抑制杂散光的能力也应考虑。

用于检测特定波长被测光信号的元件通常都选择光电倍增管。对这种检测元件的基本要求是：它的光阴极的光谱响应的最敏感范围应和被测光信号波长相对应，而且被测光信号应沿垂直于光阴极表面的方向入射；时间响应足够快，而且具有足够高的检测灵敏度；光电倍增管中各“打拿”电极间的电压应合理选择，并使它在其线性工作电流范围内工作。此外，它的去耦合电容也应对低频和高频等两个极端输出波段同时兼顾。虽然简单的 1P28 型光电倍增管已可满足一般的测量需要，但它的光电倍增管电路仍应仔细设计，以保证足够快速的恢复时间和较强的杂散光脉冲干扰排除能力。光电倍增管的被测信号输出（一般为电压信号）通常可用示波器直接显示（典型的动力学光度测量的波形如图 5.2.4 所示），选用示波器时主要考虑的性能参数是它的灵敏度、带宽和“书写”速率。在一般情况下，示波器垂直轴（Y 轴）灵敏度达到几毫伏，精确度即可达到 3%左右。示波器的带宽由测量要求的时间分辨率决定：当时间分辨率为毫秒数量级时，选用带宽为 1～5 MHz 的示波器即可，但当测量的时间分辨率要求为微秒数量级时，示波器的带宽至少应达到 150 MHz 以上，而且扫描的空间范围应能满足“书写”速率的要求。此外，所用的示波器也应具有“外触发”和“延时扫描”等两种不同的功能。“外触发”是用于将激发光脉冲的一部分用于触发示波器扫描（为防止闪光灯的放电脉冲干扰）为提供触发通道；“延时扫描”是利用示波器作为延时单元，对样品被激发后不同瞬间的光电倍增管输出信号进行逐步显示。

不过要注意，当要求根据示波器显示的轨迹而分析有关分子过程的动力学规律时，分析的精确度和示波器的“时基”（time base）有关，时基应能精确到 $< 3\%$ 为宜，并在每次测量前均应及时地对时基进行校核。应指

出的是，近年来发展出的多点瞬态信号记录器（transient recorder）可用于取代示波器，此时，被测电压时间信号曲线$V(t)$可以数字形式记录，这样可直接输入计算机和动力学理论模型进行拟合。

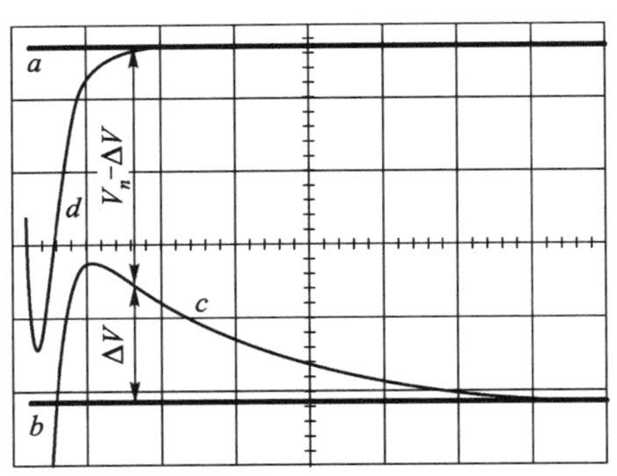

图 5.2.4 典型的动力学光度测量结果的示波器显示
曲线 a —无探测光脉冲入射；曲线 b —探测光脉冲通过未被激发的样品 $I_{0\lambda}(t)$；
曲线 c —探测光脉冲通过被激发的样品产生的瞬态吸收曲线 $I_{\lambda}(t)$；
曲线 d —激发光脉冲的杂散光

5.2.3 闪光光谱测量技术

闪光光谱测量是用于记录处于不稳定状态的分子瞬态吸收光谱谱图，从而确定该分子在指定瞬间处于该状态时的结构。当然，综合不同瞬间所记录的谱图，同样也可取得被激发分子的结构、状态随时间而变化的动力学信息。

前已指出，闪光光谱技术和动力学光度测量都是采用放电闪光灯作为样品的探测光源。但由于闪光光谱是测量某一指定瞬间t_i被激发的样品在一个波长范围内不同波长处的被吸收的光强度，因而，它所用的探测光光源和动力学光度测量所用的探测光光源的不同之处是，它输出的光脉冲应在所要求的波长范围内具有必要的光强度，而且光强度应在相应的波长范围内呈均匀、连续分布。这样的探测光源通常是选用放电电极间距较短（如约 5 cm）、内径较小（如约 3 mm）并在临界阻尼放电条件下工作的厚壁脉冲放电石英闪光灯。由于这种脉冲放电石英灯的放电电流密度较高和压力对发光谱带的展宽作用明显，它所输出的光脉冲宽度通常都比较大，从而对闪光光谱测量的时间分辨率造成一定的限制。闪光光谱测量技术和动力学光度测量的另一个重要的不同是，它的探测光脉冲和激发光脉冲间必须准确地实现时间延迟。为此，为使探测光脉冲是在激发光脉冲开始后，并经过时间延迟 Δt 后的不同指定瞬间入射，发射探测光脉冲的放电闪光灯可用经过延时脉冲发生器或将外加延时电路控制的激发光脉冲的一部分用于快速光二极管输出的电脉冲触发。

闪光光谱测量和动力学光度测量的样品吸收池及光学聚焦系统的结构考虑也类似。它们都可同样地采用图 5.2.3 所示的双透镜系统，使探测光有效地通过样品吸收池，并以和分光系统的入射光阑相匹配的角度向该入口狭缝投射。从理论上看，分光系统的入口狭缝应调节到一个适当的宽度，一方面可保证分光系统达到一定的光谱分辨率，而另一方面又可维持进入分光系统的光信号具有一定的光强度。但在实际上，由于探测光信号的入射强度一般都保持在较高水平，而有机分子的吸收谱带一般均较宽，所以，特别是凝聚态有机分子的瞬态吸收谱，无须对分光系统的入口狭缝宽度做过多的考虑，通常只需在入口处外加一个狭缝光阑用于抑制杂散光即可。至于分光系统本身，除根据被记录光谱结构要求而选择必要的光谱分辨率外，还要考虑的是系统的线色散 m 以及和菲涅耳数 f 平方成正比的曝光速率，两者是相互制约的参数。高速分光系统通常具有较小的线色散，而线色散较大的系统的曝光速率则较低。因此，需在两者间作折中调和。探测光经过分光系统而产生的吸收光谱谱图在多维列阵式光信号检测器发展和被应用以前，早期的闪光光谱一般均采用在相应的波长范围内敏感的照相干板记录。这种谱图记录方法虽然有一系列明显的缺点，但它也曾用于得出一系列有意义的重要实验结果。

最后应强调指出，为获得正确的闪光光谱谱图，必须在实验中注意下述几个问题：其一是必须仔细调节各设备单元，以保证在分光系统出口的焦平面可产生具有足够强度的清晰图像，并对激发光脉冲造成的杂散光水平予以抑制。而为获得一组可反映分子体系真实状态的瞬态吸收光谱谱图，在合理选择所用实验系统的同时，还应用时间响应足够快的光电倍增管检查激发和探测光脉冲的波形，以及它们之间的时间延迟“零点时间”的调节是否满足要求。当然，在每次测量前，还必须注意对这些参数一一逐个检查复核。而在摄取不同瞬间的瞬态吸收光谱谱图过程中，探测光脉冲的时间延迟不应该是顺序逐步加大，合理的做法是随机选用延迟时间间隔，以便将可能的系统误差排除。此外，每次瞬态吸收光谱谱图摄取之前，应记录被测分子体系处于被激发前的初始状态时的谱图，以便在每次瞬态吸收光谱谱图摄取之后，和它们在光谱摄取前的数值作对比。此外，还应随时检查探测光和杂散光强度，为可能的光强度变化影响校正提供依据。

此外，也应注意到，为从所记录的各瞬态吸收光谱谱图中正确地获取有关分子结构、状态及相应的运动变化过程信息，必须仔细比较各个瞬态吸收谱图。为此，要特别留意：不同延时条件下所记录的某一（些）瞬态吸收谱带强度随时间的变化（增强或减弱）是否受该样品已被激发次数的影响，在一般情况下，最好用浓度较低的新鲜配制样品在激发光强度较弱的条件下进行观测对比。

虽然在脉冲激光技术被引用到闪光光谱测量之前的早期工作中，闪光光谱测量的时间分辨率难于精确地定量确定，而且也受到激发光，特别是探测光脉冲宽度的限制，一般难以超过μs（10^{-6} s）数量级。但它的一些开创性的应用已为分子科学的发展提供了大量的有重要启发性的科学数据。

5.2.4 应用示例

早期的闪光光谱测量技术主要是应用于研究其电子吸收呈现明显谱带结构的小分子参与的气相光化学反应，通过记录在反应过程中所生成的自由基以及电子激发三重态等介稳定的中间产物的瞬态吸收谱图，进而推测相关化学反应过程的微观机理。其中最著名的实验是，利用闪光光解方法，人们首次在 $Cl_2 + O_2$ 混合物的气相光化学反应中观察到有 $ClO^{\bullet}$ 自由基生成[6]（参阅第 1 章的 1.2 节）。一些芳香烃分子在溶液中的不稳定电子激发三重态随时间而衰变的吸收光谱谱图则在图 5.2.5 中示出。

应指出的是，在多原子分子，特别是这些分子在液相、固相进行的光化学过程中，其中间产物的瞬态吸收通常都是在一个较宽波长范围内连续分布的“无结构”光谱谱带，许多有关分子结构的特征信息无法显示。此时，为确定该光化学过程中出现的各种不稳定中间物分子的形态及其结构，往往只能借助于该宽带瞬态吸收谱带的衰变情况，或在不同实验条件下的动力学光度测量的结果而予以推测。例如，根据有顺磁性粒子、氧分子或含有碘、金属离子等“重原子”的化合物共存时瞬态吸收衰变加速，而推论的瞬态吸收谱带很可能来源于处于电子激发三重态的介稳态分子；而加入自由基捕获剂引起衰变加速的瞬态吸收谱带很可能就是含有未成

[6] (a) Porter G.Discussion Faraday Soc., 1950, 9: 60. (b) Porter G, Wraight F F. Ibid, 1953,14:23.

对电子的自由基。即使如此，仅利用以放电闪光灯作为激发和探测光源的早期的闪光光解方法（包括闪光光谱和动力学光度测量技术），已为判断许多光化学、光生物学过程中的中间产物分子形态（如甲苯自由基的化学转化、盐水光解的 Cl 释放、卟啉催化的光解水制氢）提供重要实验依据。作为典型，以在光化学和光生物学过程中有重要意义的一种有机分子-醌在不同环境条件下的激发态行为为例予以概述。

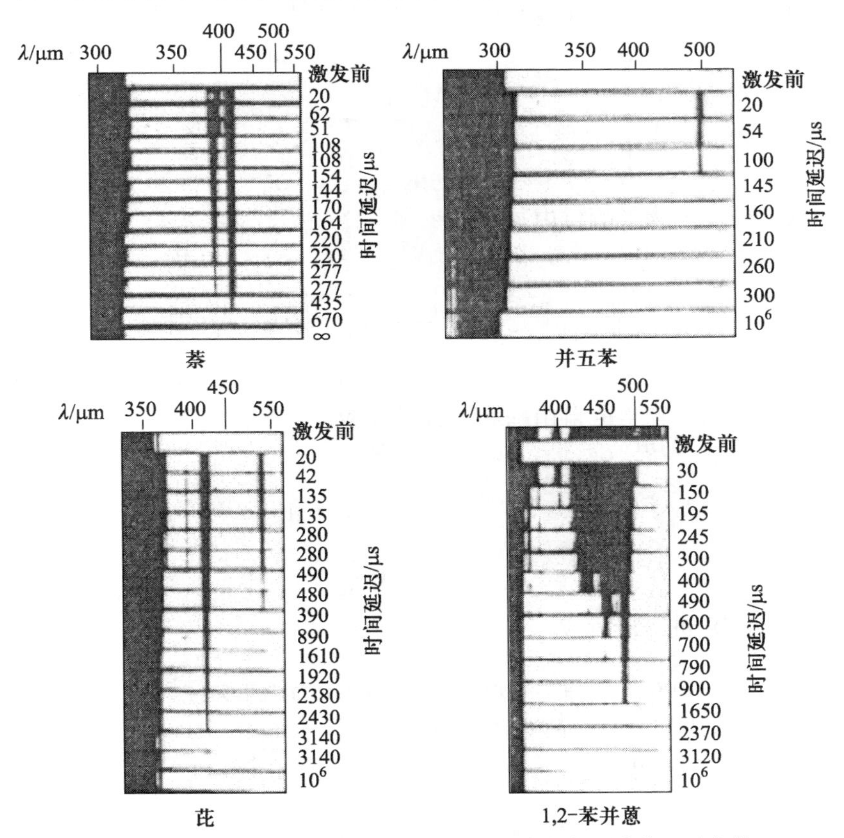

图 5.2.5　一些芳香烃分子在溶液中的不稳定电子激发三重态的吸收光谱谱图随时间而衰变的情况

众所周知，醌分子吸收光辐射被激发而处于能够和其他分子（如溶剂 RH）发生化学反应的活泼状态时，若有氧分子 O_2 共存，它即可表现出“光敏化”（photosensitization）功能，加速氧分子 O_2 和其他分子 RH 发生化学反应。基于宏观动力学研究和反应过程中生成的稳定产物的化学分析，曾设想这里加速反应的机理可能是：

（a）光激发

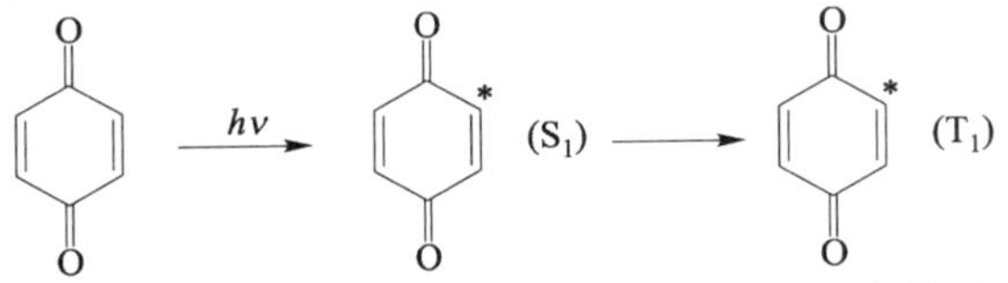

（b）和其他分子 RH 发生化学反应，并生成中间产物半醌自由基

$(S_1, T_1) + RH \longrightarrow \cdot + R^{\bullet}$

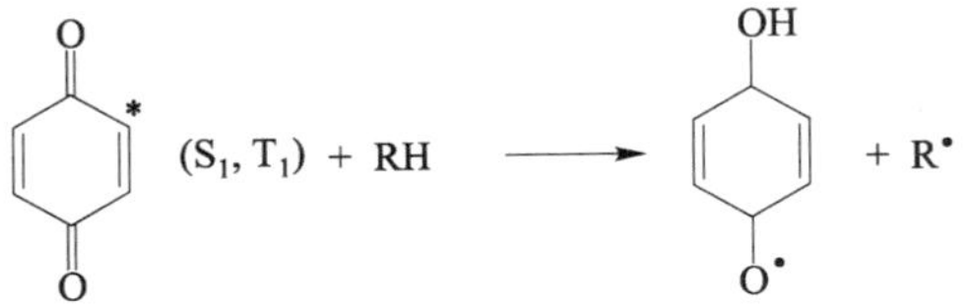

（c）中间产物半醌自由基消失

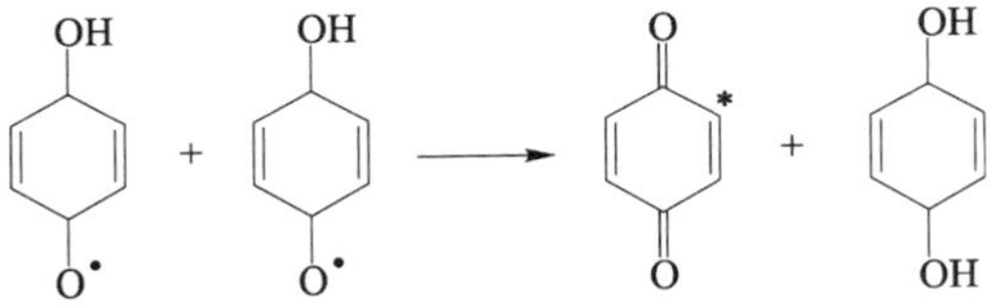

（d）中间产物半醌自由基和氧分子反应

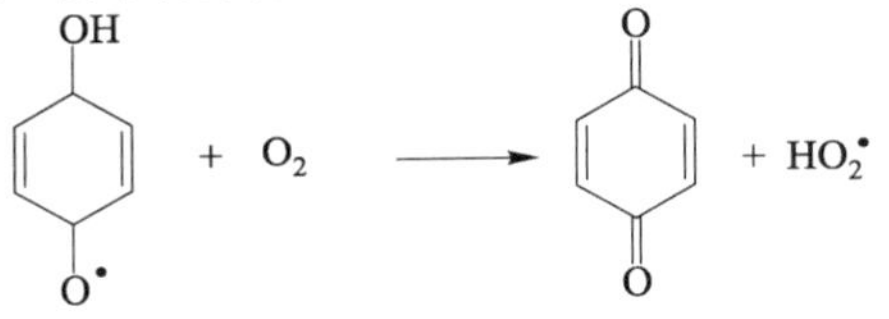

$+ O_2 \longrightarrow + HO_2^{\bullet}$

（e）$HO_2^{\bullet}$ 进一步反应

$HO_2^{\bullet} + RH \longrightarrow$ RH的氧化反应产物

（f）生成中间产物半醌自由基离子

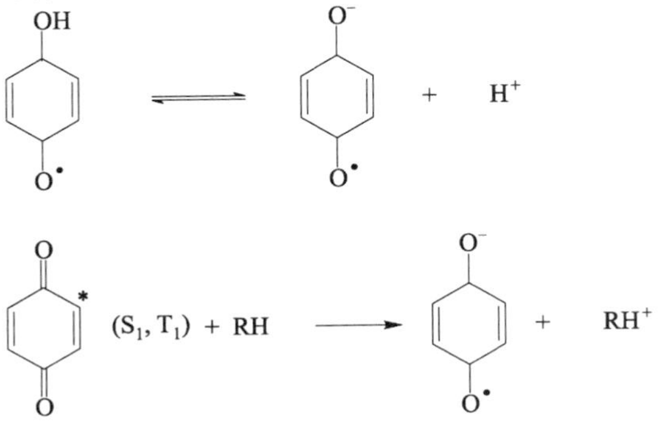

$\rightleftharpoons + H^+$

$(S_1, T_1) + RH \longrightarrow + RH^+$

（g）此外还可能有

$$RH^+ \longrightarrow R+H^+$$

显然，为证实上述设想的反应机理，关键是能否确证其中相关的各个不稳定中间产物，即醌的电子激发态、半醌自由基及其离子生成。为此，G. Porter 等[7]首先进行了实验探索。他们用普通的闪光光解方法研究蒽醌在有机溶剂中的光化学行为时发现，所观察到的一些瞬态吸收谱带的强度和它们的光敏作用能力之间有清晰的对应关系。为进一步了解醌类分子在和氧分子发生作用之前的可能形态，他们以化学上更为稳定的四甲基对苯醌（duroquinone，又名杜醌）为对象摄取在无氧条件下不同溶剂中的瞬态吸收谱图。典型的结果如图 5.2.6 所示。

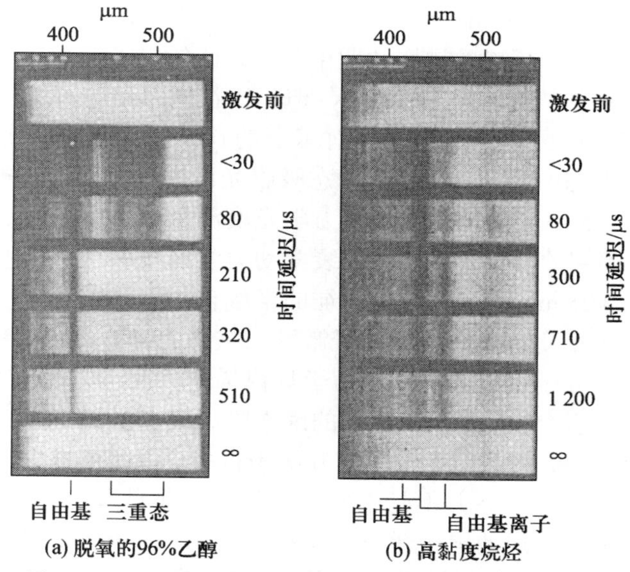

图 5.2.6　四甲基对苯醌在脱氧的 96%乙醇和高黏度烷烃溶液中的瞬态吸收谱图[7]

由图 5.2.6 可见：当四甲基对苯醌被激发后，至少可产生其峰值波长位于 410 nm、430 nm 和 490 nm 附近的三个瞬态吸收谱带，这些谱带的峰值位置和强度可因所用溶剂不同而异。其中，410 nm 和 430 nm 瞬态吸收的强度随溶液 pH 的变化而变得十分明显。具体来说，在强酸性溶液中只有峰值波长为 410 nm 的瞬态吸收谱带出现，但在强碱性溶液

[7] Bridge N K, Porter G. Proc. Royal Soc., A1958: 244,259,276.

中，则观测到峰值波长为 430 nm 的瞬态吸收谱带。据此可推论，这两个瞬态吸收谱带分别来自酸性和碱性的不稳定中间产物，并可分别归属于半醌自由基及其离子。这一谱带归属的合理性已从和早先用其他方法制备的半醌自由基的静态吸收光谱的比较中得到证实。至于伴随着这两个瞬态吸收而出现的另一峰值波长为 490 nm 的瞬态吸收谱带，可以推想是和四甲基对苯醌分子的电中性电子激发三重态有关。但为确证这一推想还需要进一步的实验证据，不过一个有趣的发现是，四甲基对苯醌分子在低温（−78℃）烷烃基质（matrix）中只有峰值波长位于 490 nm 的瞬态吸收谱带，而没有 410 nm 和 430 nm 处的短波瞬态吸收谱带出现，这正好说明，导致半醌自由基及其离子的双分子反应过程可在低温基质中被抑止，这同时也就排除了长波瞬态吸收谱带是由半醌自由基或其离子产生的可能性。后者的谱图和四甲基对苯醌的电子激发三重态的吸收谱图相一致，且其寿命虽小于 1 s，但仍比在室温下的测量值长得多的事实使人们有理由相信，四甲基对苯醌的长波瞬态吸收谱带是由它的电子激发三重态产生。上述基于瞬态吸收光谱谱图所得出的推论，可从图 5.2.7 所示的电子激发三重态动力学光度测量结果中得到进一步的证实。正如所预期的那样，瞬态吸收衰变动力学曲线和理论模型拟合的结果表明，由 405 nm 瞬态吸收所表征的半醌自由基是以双分子过程的二级动力学规律衰变，然而表征电子激发三重态的 490 nm 的瞬态吸收衰变曲线则用单分子过程的一级动力学规律描述。进一步分析这些衰变动力学曲线还发现，电子激发三重态的瞬态吸收衰变虽比半醌自由基的衰变过程明显得快，但却比后者的上升缓慢得多。由此可推出一个重要结论，即电子激发三重态并不是半醌自由基的“前身”，半醌自由基只能是直接来自最初生成的电子激发一重态醌分子。这就不难理解，为什么电子激发三重态瞬态吸收衰变遵守单分子过程的一级动力学规律。另一有趣的发现是，醌的自由基离子并不是在激发光脉冲作用期间出现，而是伴随着快速出现的半醌自由基缓慢衰变而逐步生成。由此可得出另一重要结论，电子激发态的醌分子不是首先进行电荷转移生成自由基离子，而是从其他分子中夺取氢原子。

由上述讨论可见：即使是时间分辨率仅为μs 数量级，并被称为闪光光解的传统时间分辨光谱方法的应用，不仅可以确定一些化学反应过程中所出现的介稳分子形态，而且也可定量地确定它们的转化步骤及相关过程的动力学参数。当然，为进一步在更微观的水平上揭示分子过程的细节，尚待进一步提高测量的时间分辨率。

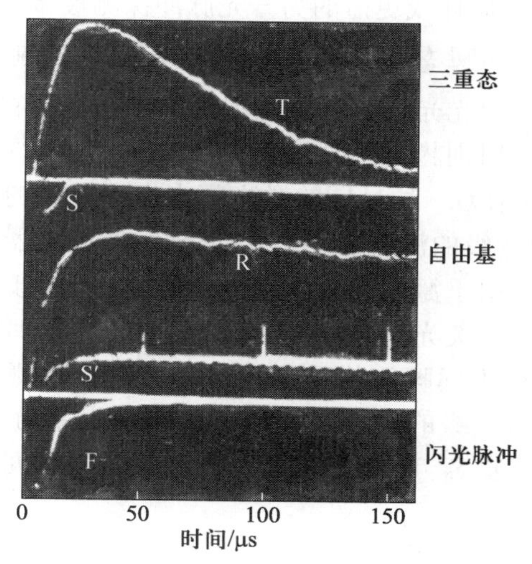

图 5.2.7　四甲基对苯醌（duroquinone）在石蜡溶液中的 490 nm 电子激发三重态 T 的衰变及其 405 nm 半醌自由基 R 的生成动力学曲线
T—电子激发三重态，R—半醌自由基，F—激发光脉冲，
S、S′—激发光脉冲的杂散光

5.3　激光闪光光解-激发-探测双脉冲时间分辨吸收光谱方法

虽然早在闪光光解方法发展的初期，通过改善储能电容、放电触发及放电管几何尺寸参数等，已将这一方法的时间分辨率从 ms（10^{-3} s）提高到 μs（10^{-6} s）的水平。但当要求进一步压缩放电闪光灯所输出光脉冲的脉冲宽度时，所输出光脉冲的脉冲能量已难以满足激发足够数量被测分子的要求。因此采用持续时间更为短暂但具有足够强度的激光脉冲作光源是闪光光解方法发展的必然趋势。

激光闪光光解（laser flash photolysis）方法是以应用“激发-探测（pump-probe）激光双脉冲”技术为基础而发展的。这一新方法在原理上和采用脉冲放电闪光灯的传统闪光光解方法并无不同：它们都是利用一个脉冲宽度Δt_p小于所测量分子过程的持续时间τ的光脉冲激发（或”抽运”）样品，继之以和Δt_p同样或更短的另一光脉冲探测被激发分子在指定瞬间t_i或随时间而变化的瞬态吸收谱图。随着采用Q调制巨脉冲激光器作为激发光源，激光闪光光解方法测量的时间分辨率已由μs 提高到 ns，而锁模激光器的应用则将时间分辨率提高到 ps（10^{-12} s）甚至≤fs 数量级[8]。图 5.3.1 所示为一种早期的激光闪光光解方法的经典设计。其中脉冲宽度为 ns 数量级的激光脉冲由Q调制固体激光器产生，所输出的激光脉冲的一部分用于激发被测样品，而另一部分用于激发某种适当选择的荧光体产生宽带荧光短脉冲，后者在经过一定的时间延迟后可用于对激发样品分子在不同瞬间的吸收光谱谱图进行探测。作为典型的结果，在寿命为 ns 数量级的电子激发一重态 S_1 苯并菲分子（triphenylene）弛豫到电子激发三重态 T_1 过程中，所测出在不同瞬间的吸收光谱谱图如图 5.3.2 所示。

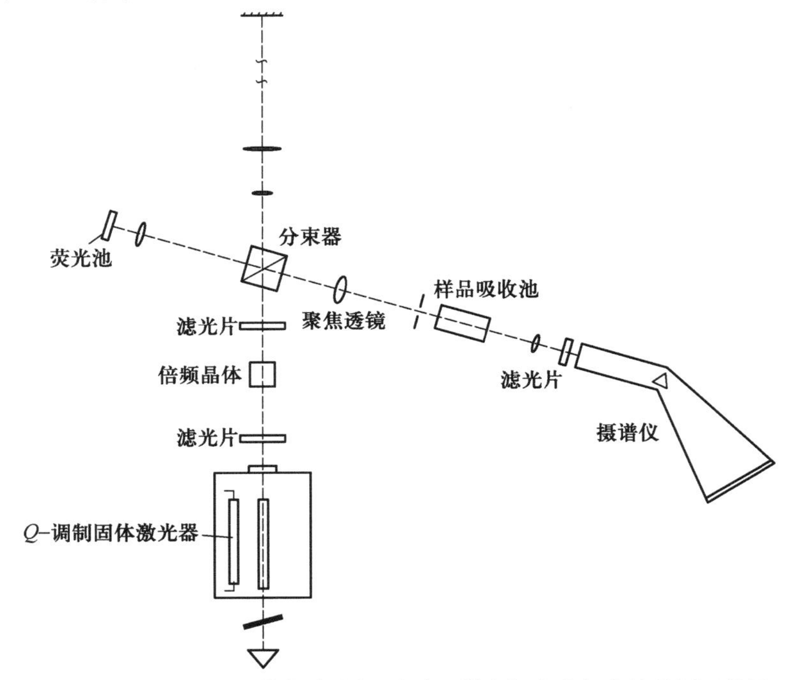

图 5.3.1 ns 数量级“激发-探测双脉冲”激光闪光光解方法的原理装置

[8] (a) Porter G, Topp M.Nature, 1968, 220: 1228. (b) Novak J R, Windsor M W. J. Chem. Phys., 1967, 47: 3075.

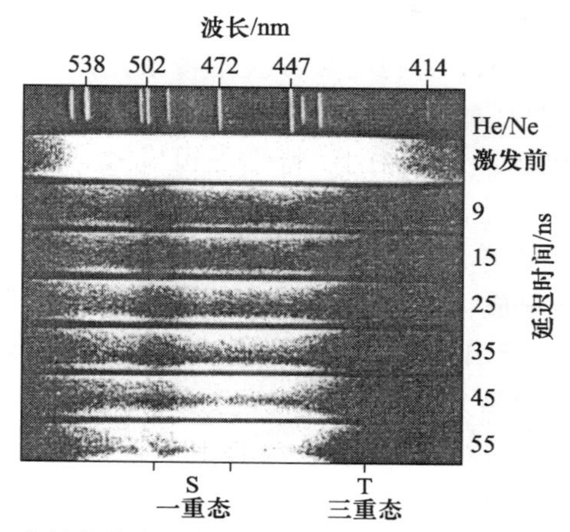

图 5.3.2　苯并菲的电子激发一重态 S_1 在不同瞬间的吸收谱图[8]

不难设想，这种以应用激发-探测双脉冲技术为基础的激光闪光光解方法的成功运用，必须合理解决的具体技术问题是，怎样准确控制激发和探测脉冲在时间上同步。也就是说，它们之间的时间延迟的误差不超过所用激发和探测脉冲的脉冲宽度。此外也需考虑，当用于摄取被激发分子体系的瞬态吸收谱图时，如何使作为探测光脉冲的光强度可在一个较宽波长范围内以连续谱形式均匀分布？

5.3.1　样品选择激发用的光脉冲

用做激光闪光光解的激发光源的脉冲激光器应能在指定的波长处产生具有一定脉冲宽度并具有一定能量和稳定波形的激光脉冲，而且所产生的激光脉冲可以单一脉冲或具有一定重复频率的序列形式输出。一般来说，在时间分辨率为 ns 数量级的时间分辨吸收光谱的实际测量工作中，通常可采用闪光灯抽运的 Q 调制固体激光器或脉冲放电激发的气体激光器作为激发光源。当时间分辨吸收测量的时间分辨率为 ps 数量级时，获得广泛应用的激发光源只能是可以单一脉冲和以频率高达几 MHz 的重复脉冲输出超短脉冲的锁模激光器。所选择作为激发光源的脉冲激光器必须考虑的共同问题是，用于激发的激光脉冲波长必须和被激发的分子体系的吸收谱带相匹配。而且，具有适当波长的激光脉冲还应具有一定的光子密度，或者说应具有相应能量，以满足将足够浓度的被测分子激发到指定量子状态的要求。因此，在实际工作中还必须采用相应的激光脉冲技术。例如，当所用的激光器不能直接产生具有所要求波长的激光脉冲输出时，需利用频移技术将激光器输出脉冲的波长偏移到样品分子相应的吸收谱带范围（参阅第 3 章 3.6 节）。又如，当脉冲激光器所输出的单脉冲能量很小，特别是锁模激光器所输出的激光超短脉冲的单脉冲能量很小（如 nJ 数量级），因此，还需要借助于“脉冲能量放大系统”而增大单脉冲能量（参阅第 3 章 3.7 节）。但在这里要特别留意，在脉冲能量放大系统中的激光脉冲功率一定不可超过为避免高功率激光辐射场可能引发的非线性光学效应而确定激光脉冲能量的最高允许值，特别是当激光脉冲的脉冲宽度为 ps 数量级时，尤应注意（当脉宽约为 1 ps 的激光脉冲的能量仅为1×10^{-6} J 左右时，该激光脉冲的功率已高达 1 MW 左右）。

5.3.2 瞬态吸收探测用的激光脉冲

在时间分辨率要求不太高的动力学光度测量中，虽然可采用类似于传统的闪光光解方法所用的放电闪光灯（例如脉冲放电的 Xe 弧灯）作为探测光源，但为得到时间分辨率 ns 或 ps 数量级的瞬态吸收光谱谱图，则必须采用脉冲宽度为 ns 或 ps 数量级的光脉冲摄取。而且所用的探测光脉冲还必须具有足以满足获得吸收光谱信号检测所要求的脉冲能量，且其强度需在一定的波长范围内均匀分布。若还需借助于“信号平均”技术而改善检测的信噪比，则探测光脉冲还应能在一定时间间隔内以必要的重复频率稳定地输出。显然，一般的脉冲放电闪光灯难以满足这种脉冲探测光源的要求。

在 ns 或 ps 数量级的时间分辨吸收光谱谱图测量的实际工作中，最初采用的脉冲探测光源中是由 Q 调制固体激光器输出的高强度激光脉冲聚焦而“光击穿”某些气体所产生的连续谱光脉冲。但这些连续谱光脉冲的持续时间并不是很短，例如“光击穿”O_2和 Ar 所产生的连续谱光脉冲的持续时间分别是 30 ns 和 200 ns，而“光击穿”Xe 产生的连续谱光脉冲的宽度约为 1 000 ns。此外，气体被“光击穿”而产生的连续谱中，往往含有高强度的离子谱线，这将干扰瞬态吸收光谱谱图的摄取。因此，一些荧光体被激发而产生的脉宽为 ns 数量级的宽带荧光曾被成功地选用为摄取瞬态吸收光谱谱图的探测光脉冲光源。一些可用于产生宽带荧光探测光脉冲的分子体系在表 5.3.1 中列出。不难设想，脉冲强度更高、脉宽更窄的宽带有机染料激光脉冲显然比分子荧光更适用于瞬态吸收探测。但是，染料激光脉冲的波长范围通常都小于同一染料分子的荧光谱带宽度，从而使它的应用范围受到一定的限制。

表 5.3.1　可用于产生宽带荧光探测光脉冲的分子体系

分子体系	溶剂	荧光峰值波长/nm	荧光带宽波长范围/nm
对三联苯	环己烷	340	315～390
2,5-二苯基噻唑	乙醇	360	335～440
1, 1′, 4, 4′-四苯基丁二烯	环己烷	455	390～580
2-氨基-7-硝基芴	苯	520	452～650
2-氨基-7-硝基芴	异丙醇（294 K）	690	500～1 000
4-甲氨基-4′-硝基芴	异丁醇（298 K）	720	530～1 100

一种更为方便地用于摄取时间分辨率为 ps 和 fs 数量级的瞬态吸收光谱谱图的探测光源是，利用高强度超短激光脉冲和某些物质的相位自调制、受激拉曼散射等非线性光学作用产生的“白光”超短光脉冲。典型的情况是，当将锁模玻璃激光器输出的脉冲能量为 mJ 数量级的单一激光超短脉冲聚焦到充满 H_2O 或 D_2O 的液池中时，即可产生其持续时间和入射激光超短脉冲脉宽相近、波长可从 380 nm 延伸到 800 nm，甚至更长波长范围的宽带连续谱“白光”超短脉冲[9]。该“白光”脉冲不仅具有高度的方向性和偏振特性，而且其强度在整个谱带范围内呈无谱线结构的“平滑”分布[10]。此外，四氯化碳等其他液体也可作为“白光”超短脉冲的工作介质[11]。例如，将波长为 694.3 nm、脉冲能量为 100 mJ、脉冲宽度为 28 ps 的锁模红宝石激光器超短激光脉冲聚焦到磷酸（phosphoric acid）60%的水溶液，特别是焦磷酸（poly-phosphoric acid）中时，即可产生波长范围为 350～950 nm 的“白光”超短脉冲。此时，所要求的工作介质中的光程长可短到约 2 cm。“白光”超短脉冲也可利用高功率激光超短脉冲作用于一些 $KNiF_3$、PrF_3 等晶体材料或 BK-7 玻璃而产生，但“白光”的波长范围受相关材料的吸收光谱范围的限制。有趣的是，光学纤维也可作为工作介质而产生“白光”超短脉冲。此时，将功率不太高（1～10 kW）的有机染

[9] (a) Busch B, Jones R P, Rentzepis P M. Chem. Phys. Lett., 1973, 18: 178. (b) Alfano R R, Shapiro S L. Chem. Phys. Lett., 1970, 24: 592.

[10] Sharma D K, Yip R W, Williams D F, Sugamori S E, Bradley L L T. Chem. Phys. Lett., 1976, 41: 460.

[11] Magde D, Windsor M W. Chem. Phys. Lett., 1974, 27: 31.

料激光脉冲耦合到直径为 μm 数量级的石英光导纤维中时，可望在广阔的波长范围内获得持续时间为 ns 数量级的“宽带”连续谱光脉冲[12]（参阅表 5.3.2），所产生的连续谱光脉冲的波长范围和入射脉冲光强度成比例。不难设想，若将用于激发光脉冲的一部分转化为宽带连续谱光脉冲作为探测光脉冲来探测被激发光脉冲激发的样品时，通过适当选择光纤参数，即可在采用激发和探测光脉冲同轴入射的光路设计而简化激发探测系统的同时，通过调节光纤长度而控制激发和探测光脉冲之间的相对时间延迟。

表 5.3.2 染料激光脉冲在石英光导纤维中产生的宽带连续谱光脉冲输出

染料激光体系	连续谱光脉冲输出的波长范围/nm
Pilot 386 的 DMF 溶液	392～537
香豆素 120 的甲醇溶液	434～614
荧光素钠的甲醇溶液	534～648
罗丹明 6 G 的甲醇溶液	534～648

5.3.3 激发和探测光脉冲间的时间同步和相对时间延迟

为使分子体系的激发和探测脉冲在时间上准确地达到同步，最简单和最直接的办法是，将同一激光器输出的同一激光脉冲“一分为二”，分别用于样品分子体系的激发和探测，进而采取一定的措施使它们在时间上进行相对延迟。不言而喻，此时实现时间同步的调控精确度至少应和最小的激光脉冲宽度（即测量的时间分辨率）为同一数量级。

在早期采用激光器和脉冲放电闪光灯分别作为激发和探测光源的时间分辨吸收测量中，通常是采电子学线路控制这两种光源的触发时间，而使输出激发和探测光脉冲分别在不同的指定瞬间到达被测样品中的某一空间部位。但电子学延时线路会在时间上出现抖动，这就使得这种时间延迟技术的精确度明显降低。然而，当以同一台高能激光器（包括由它抽运的另一激光器，如染料激光器）作为产生激发和探测脉冲的光源时，可通过精确地调节其中某一激光的传播光程长 l 的方法实现激发和探测激光脉冲之间的时间延迟。这种光学延时技术中的时间延迟量 Δt 应正比于激发和

[12] Lin C L, Stolen R H. Appl. Phys. Lett., 1976, 28:217.

探测光脉冲传播的光程差 Δl，并有 $\Delta t = \dfrac{\Delta l}{c}$ 函数关系。式中，c 是在传播介质（如空气）中的光速。典型的光路原理设计如图 5.3.3 所示。

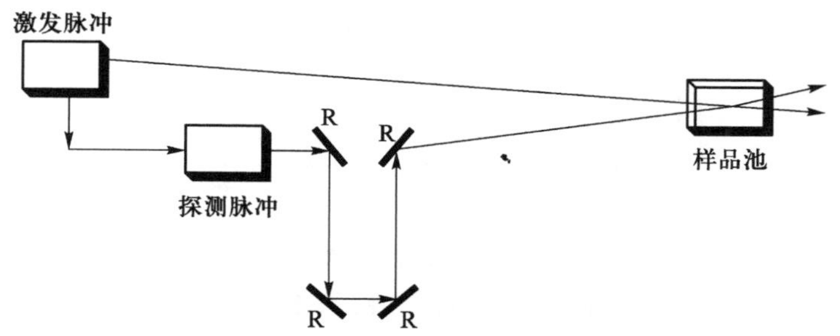

图 5.3.3　激发和探测光脉冲间的光学时间延迟的光路
R—全反射镜

不难看出，光学时间延迟的精确度将因 Δl 由光程调节的精确度保证，例如，1 mm 光程长误差所引起的延时误差仅约为 3 ps。但是也应看到：当要求延时范围约为 100 ns 时，其光程长差则要求大于 30 m。最方便地产生如此之长的光路差的方法显然是采用多个反射面组合而将脉冲传播的光路"折叠"。在这种 n 次"折叠"的光路中，两个相邻的光程长最小变量只能以 $n\Delta l$ 的增量改变，从而延时只能用不连续地以 $n\Delta l$ 为增量的"步进"方式进行调节。虽然如此，光学延时的一个突出的优点是，在一些持续时间短暂（例如约 10 ps）的分子吸收过程的 ps 时间分辨测量中，各探测光脉冲间的光学延时可借助于 M. Topp 和 P. M. Rentzepis 等首先提出的[13]"阶梯光栅"（echelon）技术实现。阶梯光栅由一组精密抛光的厚度相等、折射率相同、两面严格平行的透明石英或玻璃薄片错列堆砌而成。当其强度沿横截面均匀分布的探测光脉冲通过阶梯光栅时［图 5.3.4（a）］，该光脉冲即被"分割"为时间间隔 Δt 很小但强度递减的一组"子脉冲"。这样根据不同 Δt 的各子脉冲的强度改变即对样品在经过很小但非常精确的时间延迟后的瞬态吸收进行探测。但应注意，当一般探测光脉冲含有不同波长的光谱成分时，该探测光脉冲通过阶梯光栅介质时将受到群速度色散效应的影响，此时采用图 5.3.4（b）所示的反射式阶梯光栅更有可取之处，而且此时脉冲强度通过介质的损耗也可避免，各子脉冲的强度更均匀一致。

---

[13] Topp M R, Rentzepis P M. Chem. Phys. Lett., 1971, 9: 1.

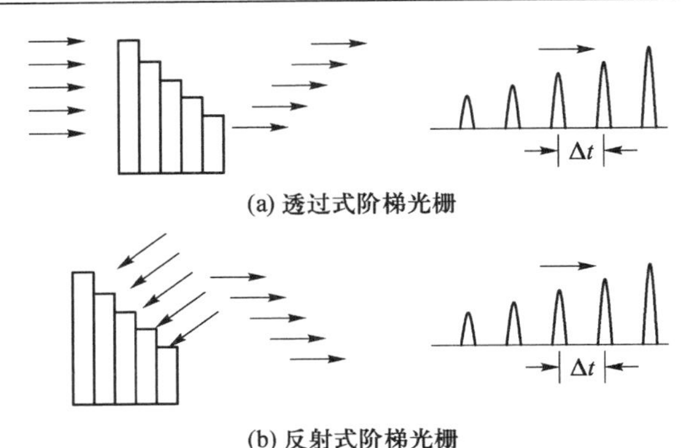

图 5.3.4 阶梯光栅延时技术

5.3.4 激发和探测光路设计

运用激发-探测双脉冲技术测量分子体系在特定瞬间的吸收强度或在不同波长处吸收强度分布的谱图时，经过相对时间延迟的两个光脉冲的传播轨迹应先后在被激发分子体系的特定空间交会。为此，通常采用小孔光阑或光导管调节入射的光脉冲光束横截面，并根据样品池设计的不同而以三种组合方式入射。

最经典的光路设计是将激发光脉冲和探测光沿相互垂直方向入射并在样品中相交（图 5.3.5）。这种光路设计方式的优点是光路简单，调节也很容易，同时也利于从被探测光信号中排除激发脉冲的杂散光干扰。尤其是当探测光脉冲强度可在激发光脉冲传播方向的更大区域内均匀分布时，采用图 5.3.5（b）所示的正交光路，将可直接监测被激发分子吸收在激发光脉冲传播经过探测光脉冲径向幅度期间随时间变化；若将宽带探测光脉冲透过样品池后，经棱镜或光栅等光学色散元件将其中不同波长的成分展开，利用这一光路设计即可记录分子在不同波长处的吸收强度 $I(\lambda_i)$ 在此期间随时间变化的三维谱图 $I(\lambda_i, t_i)$ [14]。

第二种光路设计是，利用透过式（或反射式）阶梯光栅延时分束器，将探测光脉冲光波分解为一组延时不同的子脉冲，子脉冲通过全反射的双色光学分束器后，沿原先激发光脉冲传播方向“共线”平行入射（图 5.3.6）。这种光路设计显然不受样品池的尺寸和形状的局限。但采用透过式阶梯光栅将对光强度或多或少地有一定影响，此外所用光路需仔

[14] Malley M. Picosecond Laser Techniques. Craetion and Detection of Excited State. Marcel Dekker, 1974.

细地分步调节。

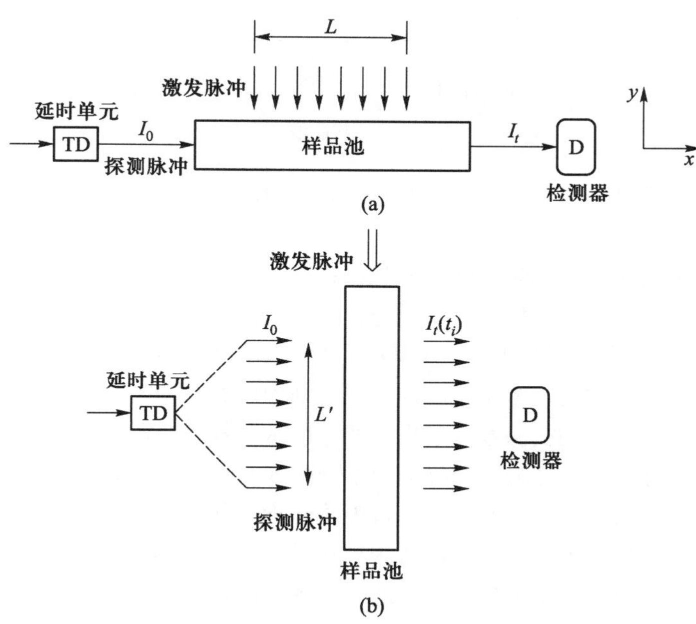

图 5.3.5　正交入射的激发–探测双脉冲光路设计
L—激发光脉冲沿探测光脉冲传播方向 x 的光束截面幅度；
L'—探测光脉冲沿激发光脉冲传播方向 y 的光束截面幅度

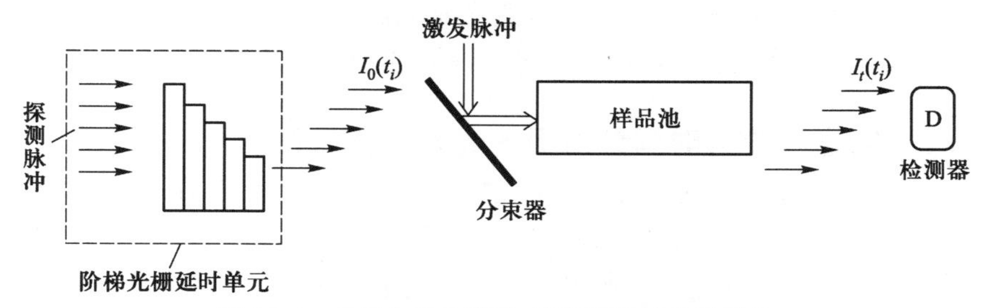

图 5.3.6　共线入射的激发–探测双脉冲光路设计

第三种光路设计是前两种光路设计的折中方案，即将激发和探测光脉冲的入射传播光径以一定的角度相互在样品的适当部位交叉会集（图 5.3.7）。显然，这种光路设计可以调和上述正交与共线入射等光路设计各自的缺陷，然而也导致它们的一部分优点丧失。

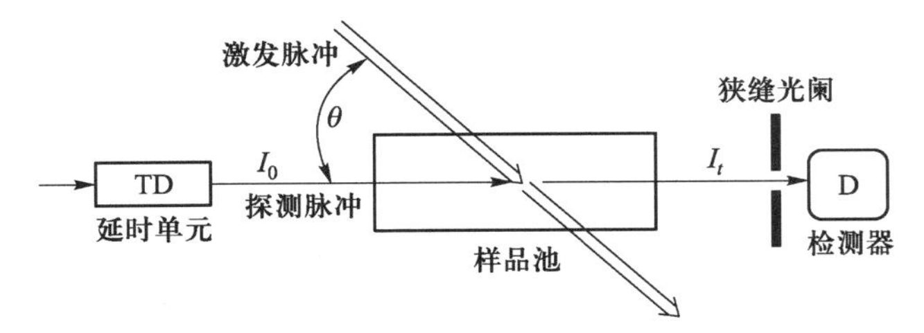

图 5.3.7 交叉入射的激发-探测双脉冲光路设计

最后应指出，不论采用哪一种光路设计，必须给予重视的一个问题是激发光脉冲在样品中的聚焦程度。因为样品中被激发的被测不稳定分子的浓度和激发光脉冲光子密度的空间分布 $I_{ex}(x)$ 有关，且随它和样品相互作用的体积增大而降低。因此，激发光脉冲在样品池中的聚焦应当适度。过度的聚焦会使沿激发光光程的被激发分子出现明显的浓度梯度，激发分子浓度分布的空间不均匀性将明显影响以二级动力学规律（而不是一级动力学规律[15]）衰变的分子过程的测量结果。为避免过度聚焦而引起的浓度梯度的影响，在适当选择激发光脉冲入射到样品池所用聚焦透镜的焦长的同时，探测光信号检测系统（如单色器、摄谱仪等）应选用更狭小的入口狭缝宽度，并降低该处探测光信号的聚焦程度，以使被检测的光信号仅来自探测光束横截面中的一个狭小部分而减小径向浓度梯度的影响；而轴向浓度梯度可通过适当减小被测分子的初始浓度而降低。此外，过度的聚焦也可能在样品溶剂中或其中的固体杂质上产生“热透镜”效应，以致溶剂局部过热甚至蒸发而形成“气穴”（cavitation），导致出现表观的长寿命吸收等假象而使结果分析复杂化。

5.3.5 瞬态吸收的时间分辨吸收光谱的信号检测

在时间分辨率为 ns、ps 甚至更高数量级的激发-探测双脉冲时间分辨吸收光谱测量方法中的信号检测问题，在原则上看起来和传统的闪光光解方法并无不同，无非是要求所用光信号检测系统的时间响应更快、激发和探测脉冲间的时间延迟更为精确。但在事实上，随着被测光信号的强度更微弱，它随时间的变化更迅速，在检测吸收光谱信号时总会带来一些具体的技术问题要求予以专门考虑。

首先，在采用激光脉冲的时间分辨吸收光谱的信号测量中，被激发分子体系在指定瞬间 t_i 和指定波长 λ_i 处的瞬态吸收 $I_a(\lambda_i,t_i)$ 是由测量通过样品

[15] 一级动力学过程的速率常数和浓度无关，二级动力学过程的速率常数则是浓度的函数。

前、后的强度更高的探测光强度 $I_0(\lambda_i,t_i)$ 和 $I_t(\lambda_i,t_i)$ 之差而得出。为从两个高强度光脉冲强度差中更准确地得出微弱的被测的光吸收强度 $I_a(\lambda_i,t_i)$，通常需将相同强度的光脉冲反复激发和探测样品的多次测量结果进行平均化处理而提高检测的信噪比。此时，每次测量中光脉冲的强度波动 $\Delta I_0(\lambda_i,t_i)$，显然应明显地小于被测的最弱的光吸收强度 $I_{a,\min}(\lambda_i,t_i)$，从而对激光光源输出的稳定性提出了很高的要求。为排除入射的探测光强度 $I_0(\lambda_i,t_i)$ 波动对 $I_a(\lambda_i,t_i)$ 测量的影响，提高瞬态吸收的灵敏度，简单易行的方法是参照测量分子静态吸收光谱所采用的“双光路”设计原理，同时测量探测光脉冲在同一瞬间 t_i 通过样品池前、后的光强度 $I_0(\lambda_i,t_i)$ 和 $I_t(\lambda_i,t_i)$，并以某一指定的 $I_0(\lambda_i,t_i)$ 为基准作归一化处理。为此可有两种设计方案，其一是将探测光脉冲通过柱形透镜在样品池中聚焦为矩形截面的光束，而激发光脉冲只在该矩形截面的一端通过，这样利用空间位置不同的两个光阑 a、b 而测量有和没有激发光脉冲通过的探测光脉冲矩形面积两端的强度，即 $I_0(\lambda_i,t_i)$ 和 $I_t(\lambda_i,t_i)$。另一种方案是，以两块柱形透镜将激发和探测光脉冲在样品池中聚焦成为截面为矩形且其对称轴在空间光束相互呈十字交盖的光束，此时的 $I_0(\lambda_i,t_i)$ 和 $I_t(\lambda_i,t_i)$ 同样是利用用空间位置不同的两个光阑 a、b 而测量激发和探测光脉冲不发生交盖的区域和交盖区的光强度而得出（图 5.3.8）。

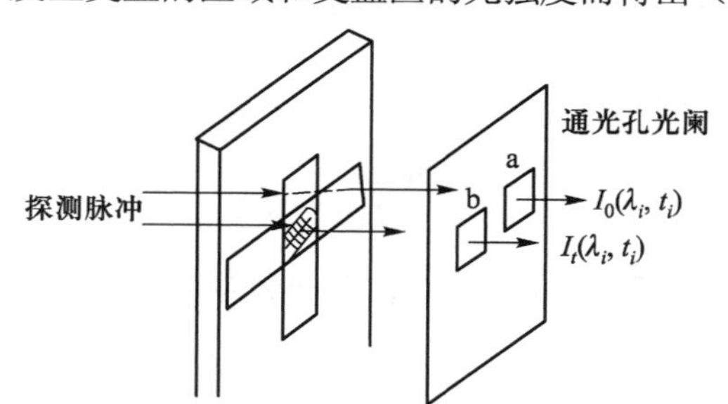

图 5.3.8　瞬态吸收的双光束测量光路设计

此外，为更准确地测出微弱的被测的光吸收强度 $I_a(\lambda_i,t_i)$，还必须降低杂散光对分子体系吸收测量的明显干扰。造成严重干扰的杂散光主要来自其时间特性和被测的瞬态吸收随时间的变化几乎一致的被激发样品分子及其中杂质分子所产生的荧光辐射。从理论上看，荧光干扰可利用荧光衰变动力学曲线将荧光“贡献”从样品瞬态吸收随时间变化的实验测量所得的表观结果中扣除。但在实际上荧光衰变动力学往往可因“荧光再吸收”等诸多因素而复杂化，从理论的荧光衰变动力学进行上述修正并不能给出准确可靠的结果。诚然，通过精心而巧妙地设计的测量系统光路，包括在检测器入口狭缝前加置光阑，也可减弱荧光辐射干扰。但基于激光探测脉冲的传播方向性，简单地增大探测脉冲自样品池出口到检测系统入口狭缝的间距，即可将非相干性的荧光强度明显减弱，甚至降低到可完全忽略不计的程度。

其次，在时间分辨率优于 ns、ps 数量级的超快速瞬态吸收信号测量中，除采用条纹摄像系统外（见 4.3.3 小节），通常测光电信号探测器的时间响应往往难以满足实时监测微小的光信号强度随时间快速变化的要求。因而，此时的信号测量的时间分辨率可利用探测光脉冲的脉冲宽度 $\Delta t_{\mathrm{probe}}$ 调节控制。具体来说，就是以探测光脉冲“取样”（sampling）在不同瞬间 t_i 测量被激发样品在探测光脉冲作用期间 $\Delta t_{\mathrm{probe}}$ 的光强度的平均值 $\Delta\bar{I}(t_i)$。通过时间延迟而依次测量不同时间片段 t_i 的瞬间强度的平均值 $\Delta\bar{I}(t_i)$，即可得出光信号强度随时间变化的分布，其时间分辨率取决于探测光脉冲的脉冲宽度 $\Delta t_{\mathrm{probe}}$。

显然，当采用作为延时单元的阶梯光栅将探测脉冲“分割”为其脉冲宽度为 ps 数量级，并在不同瞬间依次通过被测样品的一组“子脉冲”进行取样测量时，此时瞬态吸收测量的时间分辨率将可达到由子脉冲的脉冲宽度所决定的 ps 数量级，而所用的整个探测光脉冲的宽度则决定实时监测瞬态吸收信号强度随时间快速变化的总的时间范围。这一原理方法对超快速时间分辨吸收动力学光度测量和瞬态吸收光谱谱图记录都适用，只不过在摄取瞬态吸收光谱谱图时，需将探测光脉冲的各波长成分沿垂直于激发光脉冲入射方向在空间上展开而已。

5.3.6　典型的激发-探测双脉冲时间分辨吸收测量系统

综合上述有关激发-探测双脉冲时间分辨吸收测量中的一些技术考虑，在这一小节中列举一些典型的测量系统原理设计。

一种以采用单一激光超短脉冲的超快速激发-探测双脉冲动力学光度测量系统的典型原理设计在图 5.3.9 示出[16]。其中由有机染料锁模的 Nd^{3+}玻璃固体激光系统输出的激光超短脉冲，用 Pockels 光开关选出的单一脉冲经过脉冲能量放大和 KDP 晶体倍频后，其波长为 530 nm 的激光超短脉冲能量约为 3 mJ。这一超短脉冲的一部分作为激发脉冲直接进入样品池激发被测分子体系；另一部分则通过反射镜组合调节传播光路长度后进

[16] Netzel T L, Renzepis P M. Chem. Phys. Lett., 1974, 29: 337.

入频率转换单元（如长度约 20 cm 并充满辛醇的液池），以产生波长在较宽光谱范围内连续分布的探测光脉冲，后者经毛玻璃漫反射后通过由抛光的玻璃或石英片堆砌而成的阶梯光栅而形成延时不同的“子脉冲组”。“子脉冲组”进一步分成两部分，分别作为强度为$I_0(\lambda_j,t_i)$的“参比”光脉冲和强度将随样品吸收而改变的探测光脉冲$I_t(\lambda_i,t_i)$，两者以适当的夹角入射，并在样品的适当空间部位相聚。通过样品池的这两类光脉冲经光学望远镜单元准直后将被聚焦进入分光光度系统的入口狭缝，并被光二极管列阵光电探测器检测和用光学多道分析器或计算机显示和处理。

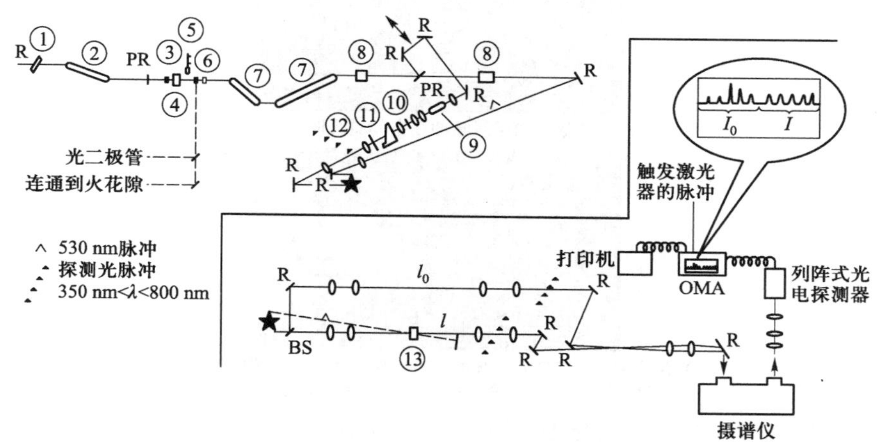

图 5.3.9 采用阶梯光栅延时的双光路的超快速激发-探测双脉冲动力学光度测量系统的原理设计[16]

①—锁模染料；②—固体激光工作物质；③—方解石起偏器；④—Pockels 池；⑤—可移动的 90°偏振转动器；⑥—位置固定的 90°偏振转动器；⑦—激光放大单元；⑧—激光倍频单元；⑨—探测光脉冲波长转换单元；⑩—毛玻璃光束漫反射体；⑪—阶梯光栅；⑫—垂直偏振器；⑬—样品池。R—全反射镜；PR—部分反射镜；BS—分束器；OMA—光学多道分析器

在图 5.3.10 所示为利用上述系统的光学多道分析器所输出的示波器信号波形。其中图 5.3.10（a）所示为时间延迟不同的各个探测光子脉冲$I_t(\lambda_i,t_i)$（图右侧）及其参比子脉冲$I_0(\lambda_j,t_i)$（图左侧）的强度分布；图 5.3.10（b）所示为激发脉冲和探测脉冲在空间重合，即两者之间的相对时间延迟$t=0$的情形；图 5.3.10（c）所示为时间延迟不同的各个探测光脉冲$I_t(\lambda_i,t_i)$通过被激发样品以后，不同延时的探测光子脉冲在特征吸收波长处的强度分布（图右侧）及参比光束$I_0(\lambda_j,t_i)$（图左侧）的强度分布。

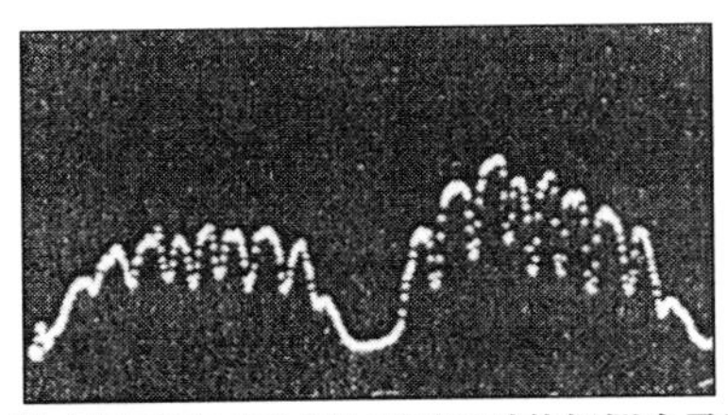

(a) 阶梯光栅延时而形成的不同延时的探测光子脉冲(右侧)及其参比子脉冲(左侧)的强度

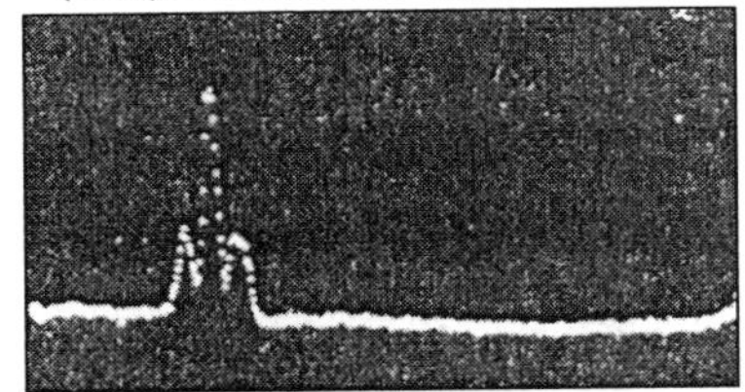

(b) 激发脉冲和探测脉冲在空间重合时的情形

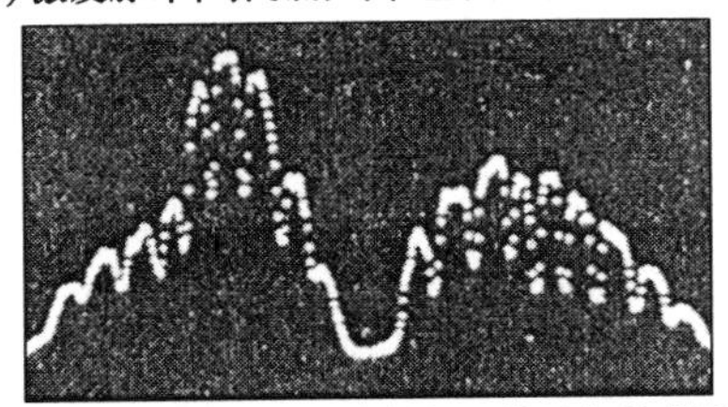

(c) 不同延时的探测光子脉冲在特征吸收波长处的强度分布(图右侧)及参比光束$I_0(\lambda_j, t_i)$(图左侧)的强度分布[16]

图 5.3.10 采用阶梯光栅延时的双光路的超快速激发-探测双脉冲动力学光度测量系统的光学多道分析器所输出的示波器信号波形

激发-探测双脉冲动力学光度测量系统也可采用激光超短脉冲序列作为光源。其中的激发和探测脉冲间的时间延迟，可通过计算机控制的步进电机调节安装在特制移动平台上的光学反射镜组的空间位置而实现；被超短脉冲序列多次重复激发的被测光信号则采用光电增管-锁相放大器组合系统检测[17]（图 5.3.11）。由于锁相放大可将测量信号中的直流成分抑止，当激发光的调制频率很高时（如约 10 MHz），其检测灵敏度可达到散弹噪声所限定的极限值。若将激发光和探测光分别采用不同的射频(RF)实行“多重调制”(multiple modulation）[18]而将光信号“编码”、使检测器仅对某一指定的调制频率的光信号敏感，那么，在不同于激发光和探测光重复频率处检测光信号，即同时

[17] （a）Waldeck D, Cross A J, MaDonald D B, Fleming G R. J. Chem. Phys., 1981, 74: 3381. （b）Andor L, Lorinczer A C, Siemion J D Smith D, Rice S A. Rev. Sci., Instrument, 1984, 55:64.

[18] （a）Bado P, Dupuy C, Magde D, Wilson K R, Malley M M. J. Chem. Phys., 1984, 80: 3531.（b）Andor L, Lorinczer A C, Siemion J D, Smith D, Rice S A. Rev. Sci., Instrument, 1984, 55:64.

可将和探测光重复频率一致的荧光干扰信号排除。事实上，采用同步抽运染料激光器输出的超短脉冲序列作为光源的这种多次重复激发的超快速激发-探测双脉冲动力学光度测量系统，其检测灵敏度已足以满足分析速率常数相差不大的多指数衰变动力学过程的要求[19]。

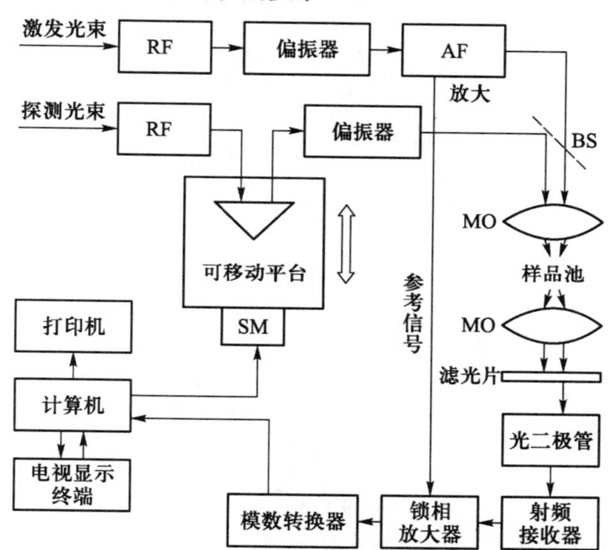

图 5.3.11　采用以激光超短脉冲序列作为光源的多重调制的超快速激发-探测双脉冲动力学光度测量系统的一种典型设计原理[17]
BS—光学分束器；MO—显微物镜；AF—音频调制器；
RF—射频调制器（10 MHz、25 MHz、14.25 MHz）；
SM—微机控制的步进电机

一种典型超快速激发-探测双脉冲技术用于测量瞬态吸收光谱谱图的实验系统的设计原理在图 5.3.12 中示出。这一实验系统和用于动力学光度测量的系统并没有原则上的不同，只不过需采用强度在一个较宽光谱范围呈均匀连续分布的探测光脉冲，而通过样品后的探测光脉冲需经过光学色散元件分光后，用列阵式光电探测器记录不同波长的光强度而已。不同瞬间的瞬态吸收光谱谱图则通过适当的时间延迟技术来记录。当然，采用锁模激光器所输出的超短脉冲序列进行样品的多次重复激发和探测将可有效地提高测量信噪比，而采用双光路设计则可由 $I_0(\lambda_i,t_i)-I_t(\lambda_i,t_i)$ 直接得出瞬态吸收光谱谱图 $I_a(\lambda_i,t_i)$ [20]。

[19] Sundstrom V,　Gillobo T. Appl. Phys., 1983, B31: 235.
[20] Hilinski E F, Milton S, Rentzepis P M. J. Amer. Chem. Soc., 1983, 105: 5193.

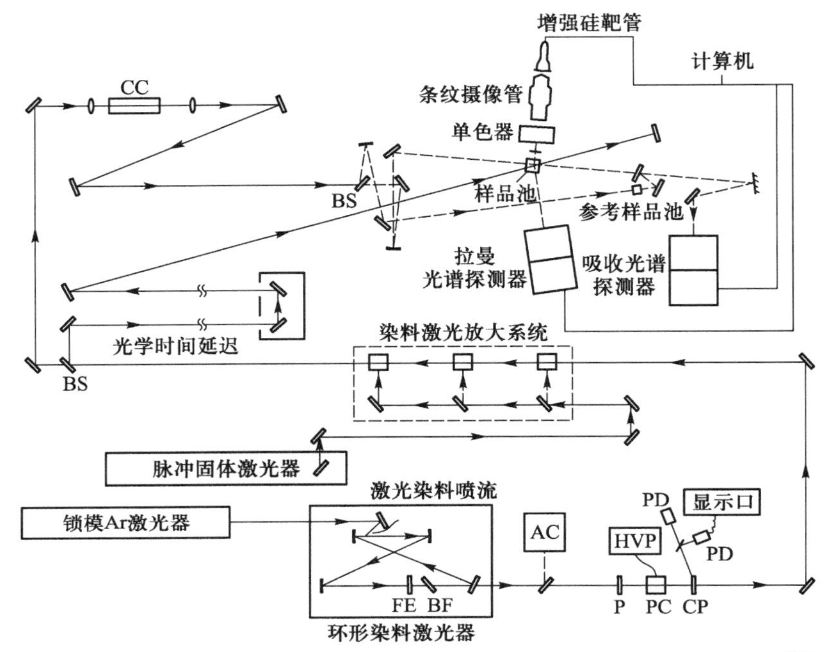

图 5.3.12 采用参比光路的超快速瞬态吸收光谱谱图记录装置的设计原理[20]
FE—精密调节的标准具；BF—双折射滤光片；AC—自相关脉宽测量单元；
P—偏振器；PC—Pockels 池（用于单一脉冲选取）；CP—交叉偏振器；
HVP—高压电脉冲发生器；PD—光二极管；BS—光学分束器；
CC—连续谱脉冲发生器

5.4 ns 激发-探测双脉冲时间分辨吸收光谱的典型应用实例——醌类分子的电子激发三重态行为

激发-探测双脉冲激光闪光光解方法以 ns（10^{-9} s）数量级的时间分辨率跟踪、监测分子过程已有大量成功的实验报道。其中，揭示电子激发三重态 T_1 醌类分子转化的微观机理，就是这类方法早期应用的典型事例之一。如 5.2.4 小节所述，早先利用传统的闪光光解方法研究在生物学过程中有重要作用的醌类分子的模型化合物四甲基对苯醌的激发态时即已发现，醌类分子在光辐射的激发作用下，除可以生成其特征吸收峰值波长分别位于 410 nm 和 430 nm 的半醌自由基和自由基离子外，还生成特征吸收峰值波长位于 490 nm 附近的电子激发三重态 T_1。但为获得电子激发三重态醌类分子的进一步转化的信息，则要求更高的时间分辨率。事实上，利用 ns 激发-探测双脉冲时间分辨吸收光谱测量 T_1 态醌类分子衍生物的瞬态吸收时即可发现，其衰变速率随苯环上含有斥电子性的取代基（如甲基、甲氧基等）的数目增多而减慢，表 5.4.1 中列出了典型的测量结果。

表 5.4.1　电子激发三重态苯醌类分子在溶剂中的衰变速率　单位：ns

苯醌类分子	乙醇	乙醇:水（1:1）	水
苯醌	<10	<10	<10
甲基苯醌	<10	<10	300
对-二甲基苯醌	<10	30	320
邻-二甲基苯醌	45	600	1 200
三甲基苯醌	450	2 400	1 900
四甲基对苯醌（杜醌）	9 000	7 700	2 900

有趣的是，测量只有 3 个斥电子性取代基的植醌分子（PQ）的瞬态吸收光谱谱图的结果表明，除有可归因于 T_1 态半醌自由基和自由基离子的 418 nm 和 435 nm 的稳定的色原烯醇（chromenol）以及二氢苯呋喃分子的吸收谱带外，至少还观测到其峰值波长在 420 nm、490 nm、510 nm 和 590 nm 处的 4 个短寿命吸收谱带，其中峰值波长在 420 nm 处的吸收谱带 PQ_{420} 的衰变可用时间常数约为 100 ns 的一级动力学规律描述。虽然仅根据这些瞬态吸收光谱数据难以确定产生这一吸收谱带的分子结构，但根据 PQ_{420} 的衰变速率不受 O_2、萘等添加物分子影响的事实，可以排除它来源于电子激发三重态的可能性，并进而假设它可能是电子激发态的植醌 PQ_T 快速转化而生成的“双自由基”：

$$(PQ_T) \xrightarrow{<10\ ns} (PQ_{420})$$

490 nm 和 510 nm 瞬态吸收和 420 nm 吸收的出现速率相同，但 510 nm 瞬态吸收的衰变速率和溶剂的性质、溶液的酸碱度无关，而 490 nm 瞬态吸收的衰变则随溶液的碱性增高而加速。据此可推测，它们是由 PQ_{420} 分子转化而生成在 490 nm 和 510 nm 处可吸收光辐射的立体异构体 PQ_{490} 和 PQ_{510}：

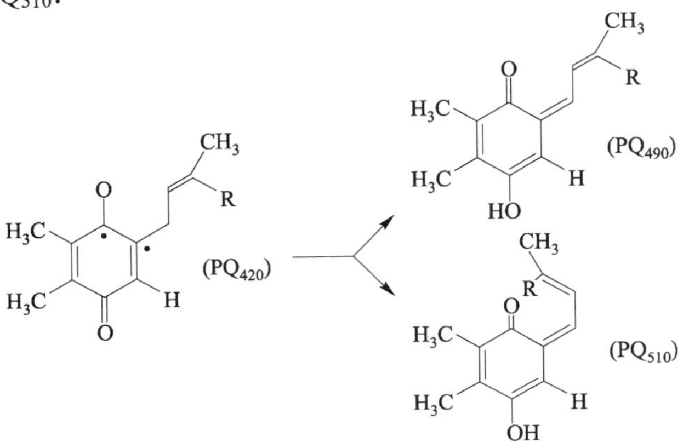

(PQ_{420}) → (PQ_{490}) + (PQ_{510})

其中 PQ_{510} 可进一步发生异构化而生成稳定的色原烯醇：

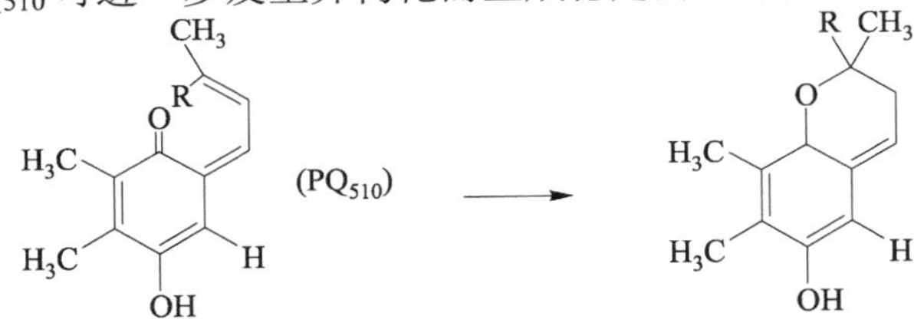

(PQ_{510}) →

而 PQ_{490} 则可从醇类溶剂分子 ROH 中夺取一个氢原子而生成稳定的呋喃衍生物分子：

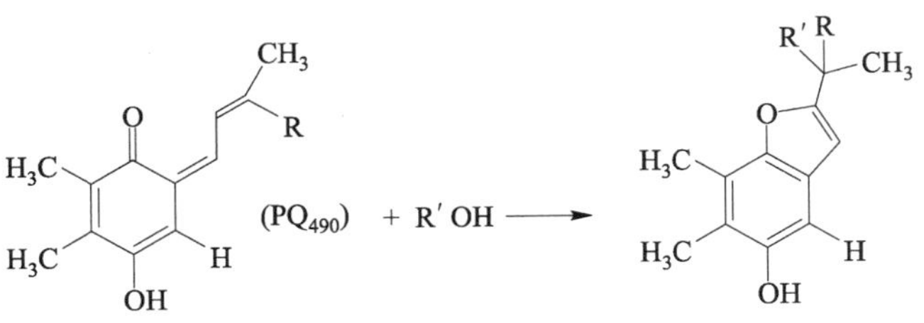

(PQ_{490}) + R′OH →

考虑到 PQ_{490} 的衰变和溶液的酸碱度有关，而且在 590 nm 处的瞬态吸收也因溶液的酸碱度不同而异，所以也可进一步设想，590 nm 处的瞬态吸收可能是来源于由 PQ_{490} 生成的具有碱性结构的阴离子，阴离子的浓度和其“母体” PQ_{490} 的浓度有酸碱平衡关系：

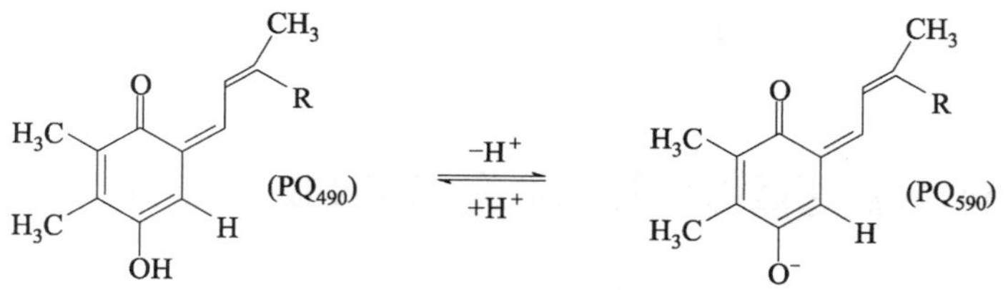

$$(PQ_{490}) \underset{+H^+}{\overset{-H^+}{\rightleftharpoons}} (PQ_{590})$$

这样，在适当波长的光辐射激发下，植醌分子 PQ 在醇溶液中的动力学行为可用下述步骤描述：

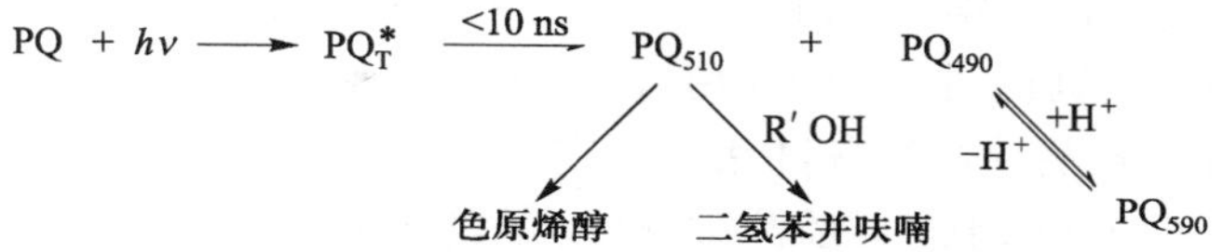

$$PQ + h\nu \longrightarrow PQ_T^* \xrightarrow{<10\ ns} PQ_{510} + PQ_{490}$$

$$PQ_{510} \longrightarrow 色原烯醇;\quad PQ_{510} \xrightarrow{R'OH} 二氢苯并呋喃;\quad PQ_{490} \underset{-H^+}{\overset{+H^+}{\rightleftharpoons}} PQ_{590}$$

诚然，上述关于电子激发三重态的植醌分子 PQ_T 的弛豫机理的推论，并不能直接和它们在一些生物过程（如植物的光合作用过程）中的作用关联起来，然而它毕竟可对了解问题提供重要的启示。例如，基于 PQ 可有效地被激发为电子激发一重态 PQ_{420}，而且 PQ_{420} 衰变生成的“双自由基”可生成一对 PQ_{490} 和 PQ_{510} 的事实，可以设想，在光合作用器官中，植醌分子将可有效地淬灭被光激发的叶绿素分子，而在整个光合作用过程中两个植醌分子应以“成对”的方式参与。

从上述应用事例可清楚地看出，时间分辨率为 ns 数量级的激发-探测双脉冲激光闪光光解瞬态吸收测量技术怎样用于揭示分子过程的微观步骤。同时也告诉人们，这一技术在实际上能提供什么样的信息和能在多大程度上解决人们所希望能够解决的问题。当然可以预期，这一技术的应用也不是仅局限于揭示用传统时间分辨吸收光谱方法难以观测的有机化合物，特别是在气相和溶液中分子的电子激发三重态 T_1 及其分子异构体、各种不稳定同质或非同质分子缔合物（excimer 和 exciplex）等的瞬态吸收光谱谱图，而且它也可用于研究包括这些不稳定中间物参与的分子内和（或）分子间激发能传递、电荷转移等物理过程，直接观测具有重要意义的卟啉、吲哚、嘌呤等分子的各种光生物学过程机理。在这里，不可能而且也没有必要一一列举不断涌现的 ns 数量级瞬态吸收的激发-探测双脉冲技术的各种应用具体事例，仅指出，如果这一瞬态吸收测量方法的时间分辨率提高到 ps 数量级，将可望通过对分子体系测量方法的巧妙设计，更进一步展示激发-探测双脉冲时间分辨吸收光谱方法的诱人应用潜力。

5.5 ps、fs 激发-探测双脉冲时间分辨吸收光谱的典型应用

正如在第 1 章 1.2 节中已简要提到那样，ps、fs 数量级脉冲激光技术的发展，已使现代的激发-探测双脉冲时间分辨吸收光谱技术成功地在原子运动的水平实时观测化学反应过程中化学键断裂和生成的微观图景。这里将以几个典型的实例说明，即使仅用持续时间为 ps 数量级的激光超短脉冲直接监测样品被另一超短脉冲激发后在某一特征瞬态吸收波长处的透过率变化，已可成功用于实时监测激发分子在不同量子状态间的各种运动变化过程的微观动态学规律。这一节将简要地考查 ps 激发-探测双脉冲时间分辨吸收光谱的一些早期的典型应用实例。

5.5.1 激发态分子在不同电子状态间的内转换——$S_n \to S_{n-1}$、$T_n \to T_{n-1}$、系间蹿跃等无辐射跃迁过程

时间分辨率为 ps 数量级的激发-探测双脉冲时间分辨吸收光谱的一些早期典型应用是，直接利用锁模钕玻璃激光器输出的波长为 1.06 μm 的基频超短脉冲跟踪监测 Eastman-9760、Eastman-9860 等有机染料分子溶液被激发后的透过率随时间的衰变，并测出它们的 S_1 电子激发态寿命分别为 8～25 ps[21]和 6 ps[22]。利用类似的时间分辨吸收测量方法，也曾成功地用于考查溶剂对电子激发态分子内转换过程的影响，典型的测量结果是，发现第二电子激发一重态 S_2 的甲苯酚紫（cresyl violet）在黏度 $\eta = 5.8\times10^{-4}$ Pa·s 的甲醇中向第一电子激发一重态 S_1 进行内转换的无辐射弛豫时间约为 30 ps，但这一 $S_2 \to S_1$ 内转换的时间常数在黏度 $\eta = 1.99\times10^{-2}$ Pa·s 的乙烯二醇中将增大约一倍，即约为 56 ps[23]；在观察溶剂对其他分子内转换过程体系中的影响时，也曾获得类似的结果。例如，采用持续时间仅为 0.5 ps 的锁模连续波染料激光器输出的超短激光脉冲监测 S_1 电子激发态的孔雀绿（malachite green）分子在不同黏度溶剂中的吸收光信号衰变过程时发现[24]，这种三苯甲烷染料的 S_1 电子激发态分子在低黏度的甲醇中

[21] Shelton J W, Armstrong J A. IEEE J. QE, 1967, 7: 696.

[22] (a)Scarlet R I, Figueira J F, Mahr H. Appl. Phys. Lett., 1968, 13: 71. (b) Malley M M, Rentzepis P M. Chem. Phys. Lett., 1969, 3:354. (c) Topp M R, Rentzepis P M, Jones R P. J. Appl. Phys., 1971, 42: 3415.

[23] Lin C, Dienes. Opt. Commun., 1973, 9: 21.

[24] Ippen E P, Shank C V, Bergman A. Chem. Phys. Lett., 1976, 38: 611.

是以时间常数 $\tau = 2.1\ \text{ps}$ 的单指数函数动力学规律衰变，但在高黏度的其他溶剂中时，S_1 电子激发态的衰变动力学规律 $R(t)$需用以下双指数函数描述：

$$R(t) = \exp\left(-\frac{t}{\tau_s}\right) + a\exp\left(-\frac{t}{\tau_l}\right)$$

也就是说，孔雀绿分子虽有一部分是以衰变时间常数 τ_s 较短的单指数函数形式的动力学规律而快速衰变，但另外一部分的衰变动力学规律仍是单指数函数，却具有更长的时间常数 τ_l。这是由于这一分子的初始快速衰变过程的时间常数 τ_s 和基于荧光量子产率等参数而计算出的 S_1 电子激发态分子的寿命相近，而缓慢的衰变过程的时间常数 τ_l 和溶剂黏度的 $\eta^{1/3}$ 成比例。所以可设想，S_1 电子激发态分子是首先弛豫到它的电子基态的高能振动激发态 $S_1\nu_n \rightarrow S_0\nu_m (m > n)$，继之，它的振动能进一步以缓慢的速率弛豫，通过分子内部的振动能转移到能量较低的振动态 $S_0\nu_m \rightarrow S_0\nu_q (m >> q)$，并在振动能级间建立新的热平衡分布。

时间分辨率为 ps 数量级的激发-探测双脉冲时间分辨吸收光谱方法用于研究电子激发态分子的系间蹿跃 $S_1 \rightarrow T_1$ 过程的典型事例是，用波长为 354.5 nm 的激光超短脉冲激发不同溶剂中的二苯甲酮和硝基萘等分子，并用另一激光超短脉冲在 530 nm 波长处监测电子激发三重态 T_1 的生成[25]。结果发现，二苯甲酮在苯和乙醇溶液中生成电子激发三重态 T_1 的时间常数分别是 (30 ± 5) ps 和 (16.5 ± 3) ps；但在正庚烷中，三重态的生成的时间常数缩短到 (8 ± 2) ps。考虑到，电子激发态分子的系间蹿跃 $S_1 \rightarrow T_1$ 原则上可能通过两条不同的途径实现，即 S_1 电子激发态的分子 $S_1\nu_n$ 首先弛豫到该电子激发态的低能振动态 $S_1\nu_m$，即 $S_1\nu_n \rightarrow S_1\nu_m$（$n>m$）继而向电子激发三重态 T_1 蹿跃，即 $S_1\nu_m \rightarrow S_1\nu_j$；或者，$S_1$ 电子激发态的分子首先进行蹿跃到的另一高振动能的电子激发三重态，即 $S_1\nu_n \rightarrow T_1\nu_i$，后者再进行振动弛豫而将“过剩”的振动能释放出：$T_1\nu_i \rightarrow T_1\nu_j$（$i>j$）。显然，为推断 $S_1 \rightarrow T_1$ 系间蹿跃机理，尚需电子激发态分子随时间演化进程的资料。为此，利用波长在一个较宽光谱范围内连续分布的 ps“白光”超短脉冲，曾成功地用于记录八乙基卟啉-氯化锡-络合物 $(OEP)SnCl_2$ 的吸收光谱谱图随时间的变化（图 5.5.1）[26]。由图 5.5.1 可见，在样品分子被激发后，随着 470 nm

---

[25] (a) Hochstrasser R M, Lutz H, Scott G W. Chem. Phys. Lett., 1974, 24: 162. (b) Anderson R W, Hochstrasser R M, Lutz H, Scott G W. Chem. Phys. Lett., 1974, 28: 153.

[26] Magde D, Windsor M W, Holten D, Gouterman M.Chem. Phys. Lett., 1974, 29: 183.

处的 S_1 的瞬态吸收在约 500 ps 的期间完全衰变，代之在 430 nm 处出现电子激发三重态 T_1 的卟啉分子吸收。这一吸收光谱谱图随时间的变化直接示明，卟啉分子首先被激发到 S_1 电子激发态，继之向电子激发三重态 T_1 进行系间蹿跃 $S_1 \rightarrow T_1$。这一技术用于测量其他一些芳烃、花青染料分子、有机金属络合物分子等体系时，可记录到类似的时间分辨瞬态吸收光谱谱图。但由于电子吸收谱带是在一个宽阔波长范围内连续分布，从而无法提供为推测影响电子激发态的各种无辐射跃迁过程的各种因素的进一步信息。

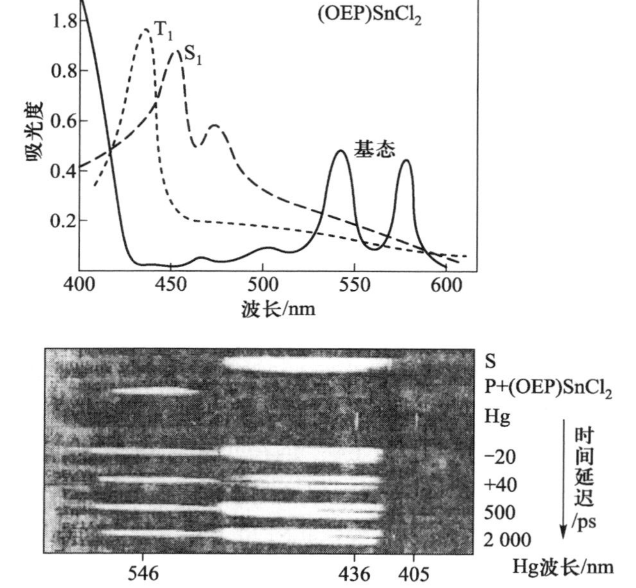

图 5.5.1　用波长为 530 nm 的激光超短脉冲在室温下激发溶于 1,2-二氯乙烷中的八乙基卟啉-氯化锡-络合物(OEP)$SnCl_2$ 和用“白光”超短脉冲在激发后的不同瞬间探测被激发样品的瞬态吸收光谱谱图[26]

S—“白光”探测光脉冲；P+(OEP)$SnCl_2$—激发光脉冲+卟啉样品溶液；Hg—波长标定用的汞蒸气谱线

5.5.2　分子空间取向弛豫

为揭示分子，特别一些分子在和生命活动直接相关的过程中的独特行为的奥秘，了解分子在流动性介质中不断地改变其空间取向的分子转动过程的微观图景，是受到人们重视的探讨课题之一。以 ps 激发-探测双脉冲时间分辨吸收光谱方法为基础而发展出的瞬态光学 Kerr 效应和诱导光二色性等瞬态各向异性随时间演变过程的测量，便是实时监测分子转动过程的一类有效方法。这些方法是以具有特定偏振特性的高强度激光超短脉冲对分子体系实行“微扰”，使之呈现瞬态各向异性。继之，根据被激光超短脉冲微扰的分子体系在不同时间延迟瞬间的透射率 $T(t)$，对它的瞬态光学 Kerr 效应或诱导光二色（induced dichroism）的衰变过程进行监测。显然，这些方法所用实验装置和一般用于测量瞬态吸收的 ps 激发-探测双脉冲时间分辨吸收光谱方法并无原则上的不同，只不过此时是将样品置于偏振方向相互正交的一对光学偏振元件之间，并要求用于激发和探测的两个激光超短脉冲具有一定的偏振特性而已。一种典型的实验装置原理设计如图 5.5.2 所示。其中，激发和探测的两个激光脉冲的偏振方向的夹角 α 选定为 45°，而在不同延时瞬间 t 所测出的探测光脉冲的透射率 $T(t)$ 和分子体系瞬态各向异性特性之间的关联，则分别根据该分子体系通过光学 Kerr 效应或诱导光二色性产生各向异性的理论模型拟合而求出。

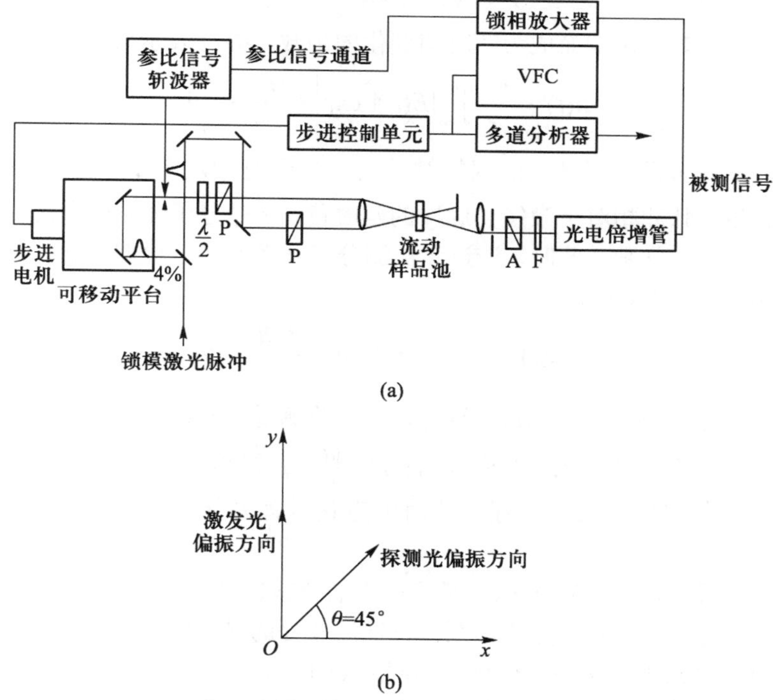

图 5.5.2　实时跟踪监测表征分子转动过程的 ps 激发-探测双脉冲时间分辨吸收光谱测量瞬态各向异性衰变用实验装置的原理设计

P—起偏器；A—检偏器；VFC—电压-频率转换器；F—滤光片

基于诱导产生的瞬态光学 Kerr 效应的弛豫现象而研究分子转动过程的基本依据是[27]，当具有特定偏振方向的高强度激光超短脉冲作用于被研究的分子体系时，由于光辐射场的电场和分子的偶极相互作用，分子体系将呈现垂直和平行于激光超短脉冲偏振方向的折射率 $n_{\perp}$ 和 $n_{//}$ 各不相同的双折射状态，其结果将使随后通过这一被诱导产生双折射的分子体系的探测光脉冲在垂直和平行于激光超短脉冲偏振方向的强度分量之间出现一定的相位差 $\Delta\theta(t)$，$\Delta\theta(t)$ 是分子空间取向、光电场诱导的分子电子云畸变以及分子间相互作用等因素的函数。在激发和探测光辐射场的偏振方向夹角 $\alpha=45°$ 的条件下，$\Delta\theta(t)$ 和两个不同偏振光辐射的折射率之差 $n_{//}-n_{\perp}=\Delta n$ 呈线性函数关系：

$$\Delta\theta(t)=\frac{2\pi}{\lambda}\left(n_{//}-n_{\perp}\right)l \qquad (5.5.1)$$

式中，λ 为探测光脉冲在真空中的波长；l 是该探测光脉冲在分子体系中传播的距离。由式（5.5.1）可见，$\Delta n(t)$ 将因分子转动引起相关空间位置和取向偏移等的影响而成为随时间变化的函数，并可表示为

$$\Delta n(t)=\frac{n_2}{2\tau}\int_{-\infty}^{\infty}\left|E(t')\right|^2\exp\left[-\frac{(t-t')}{\tau}\right]\mathrm{d}t' \qquad (5.5.2)$$

式中，n_2 是被测分子体系的双折射系数，$E(t')$ 是激发光脉冲的电场强度，t' 是探测光脉冲相对于激发光脉冲的延时量，τ 是分子体系的瞬态各向异性衰变的时间常数。此时，透过该被测分子体系并经过检偏器的探测光脉冲的积分强度 $I_T(t)$ 为

$$I_T(t)=\int_{-\infty}^{\infty}I_{\mathrm{p}}(t+t')\sin^2\left[\frac{\Delta\theta(t)}{2}\right]\mathrm{d}t \qquad (5.5.3)$$

式中，I_{p} 是探测光脉冲强度。这样，实时监测受到不同延时的激发光脉冲微扰后的探测光脉冲透射光强度 $I_T(t)$，即可获得基于光学 Kerr 效应而产生的瞬态各向异性衰变过程，从而可望获得有关分子转动过程的动态学信息。

不难看出，基于光学 Kerr 效应产生的瞬态各向异性衰变而研究分子转动过程的方法，与基于分子体系在特征波长处的光吸收现象改变的一般时间分辨吸收光谱方法的一个重大不同之处在于，它并不要求所采用的激发和探测光脉冲具有特定的波长，只要求它们具有优良的偏振特性，而且希

[27] Duguay M A, Hansen J W.Appl. Phys. Lett., 1969, 15: 192.

望被测样品的分子浓度较高、激发光脉冲在所允许的范围内应具有更高的光强度。但是应当指出，分子体系通过光学Kerr效应而产生的各向异性是分子空间取向、电子云畸变以及分子间相互作用等多种因素作用的结果，这些因素对分子在光电场作用下产生各向异性的相对重要性将视分子性质不同而异。例如，分子空间取向、电子云畸变以及分子间相互作用对二硫化碳（CS_2）分子的光学Kerr效应的贡献分别是50%、10%和40%。因此，在实验中测出的瞬态各向异性衰变时间常数τ，通常并不见得必定等于分子空间取向弛豫的时间常数τ_r，而需对τ和影响它的诸因素之间的关系作进一步的定量分析。虽然如此，基于光学Kerr效应诱导的瞬态各向异性对探测光脉冲透过强度随时间变化的测量，已对一些分子（包括某些液晶分子）的空间取向弛豫过程进行了广泛研究，在测定它们的转动弛豫时间常数的同时，进一步探讨分子转动和介质相变、黏度系数以及温度的依赖关系；某些瞬态双折射衰变偏离单指数函数动力学规律的行为则为人们探讨分子间相互作用提供新的线索。

基于诱导光二色性衰变和瞬态光学Kerr效应而研究分子转动过程的方法相似[28]，它们同样都是用具有特定偏振特性的两个光脉冲分别用于激发产生和探测被研究分子体系的各向异性随时间的变化。但和瞬态光学Kerr效应不同的是，在分子体系中诱导光二色性的各向异性是由于跃迁矩平行于激发光脉冲偏振方向的分子优先吸收辐射场能量被激发，而导致处于基态分子和激发态分子的空间取向不同。这一方法虽然也同样是跟踪监测被激发分子体系对探测光脉冲在平行和垂直于激发光偏振方向的透射强度($I_{/\!/}-I_{\perp}$)的不同随时间的变化。然而，它要求所采用的激发和探测光脉冲的强度不必足够高，而且吸光分子的浓度也可以比较低，从而分子间相互作用对转动过程的复杂化影响因素可被排除。但是它们的波长必须处于分子体系的吸收谱带范围。诱导光二色性衰变方法的一个典型应用是测量溶液介质浓度对罗丹明6G（Rhodamine 6G）染料分子的转动弛豫过程的影响[29]。图5.5.3示出该染料分子的转动弛豫时间常数τ_r和不同溶剂黏度η的函数关系。

由图5.5.3可见，罗丹明6G分子在生成氢键能力不同的氯仿、甲酰胺以及由甲醇到辛醇等各种溶剂中的转动弛豫时间τ_r和溶剂黏度η的关系，可用德拜-斯托克斯-爱因斯坦模型所示的下述线性函数关系描述：

---

[28] Eisenthal K B, Drexhage K H. J. Chem. Phys., 1969, 51: 5720.
[29] 莊东荣, Eisenthal K B.Chem. Phys. Lett., 1971, 11: 368.

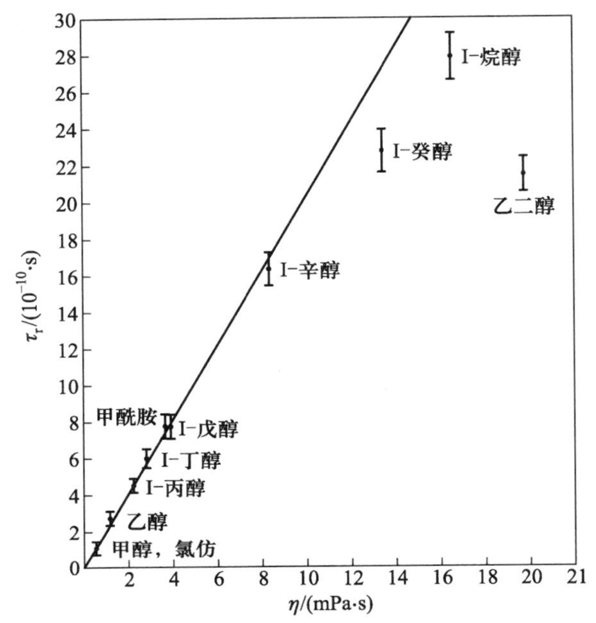

图 5.5.3　罗丹明 6G 染料分子的转动弛豫时间常数τ_r和不同溶剂黏度η的函数关系[29]

$$\tau_r = \frac{\eta V_r}{k_B T} \tag{5.5.4}$$

式中，V_r代表进行转动的分子的流体力学体积。这一事实表明，溶剂分子和该染料分子间生成氢键的能力并不影响染料分子的转动，其原因可能是，这些溶剂-溶质分子间所生成的氢键具有一定程度的“柔软可变性”，或氢键络合物具有不断生成并不断裂的动态结构。但当采用癸醇和十一烷醇作溶剂时，罗丹明 6G 分子的转动弛豫时间将偏离式（5.5.4）所示的线性函数关系，其原因可能是由于这些溶剂分子的体积远远大于染料分子的体积，因而这种染料分子溶液不能再作为连续介质处理。至于罗丹明 6G 染料分子在乙二醇中的转动弛豫时间τ_r明显地小于德拜-斯托克斯-爱因斯坦模型的理论预期值的原因，则可能是溶剂-溶质分子生成稳定的氢键络合物，从而明显增大染料分子的转动体积 V_r 的必然后果。仅从这一简单的实验结果即可看出，基于诱导光二色性衰变过程的时间分辨测量方法的应用将为研究某些分子间相互作用提供有益的启示。

最后介绍另一种和上述各种监测分子各向异性衰变过程方法不同的

可用于研究分子微观运动的有趣方法。这一方法虽然也是利用 ps 激发–探测双脉冲技术，但其中一个激光超短脉冲是利用其本身的空间相干特性而使与之相作用的分子体系呈现在空间周期性分布的“激光诱导瞬态光栅”（laser-induced transient grating）现象，另一探测激光超短脉冲则用于跟踪监测在该分子体系样品中这一“诱导光栅”所产生的散射光强度 $I_d(t)$。$I_d(t)$ 随时间 t 的衰变过程可用下述动力学方程描述：

$$I_d(t)=I_0^3\left\{\alpha\exp\left[\left(-\frac{1}{\tau_s}\right)t\right]+\beta\exp\left[-\left(\frac{1}{\tau_s}+\frac{1}{\tau_r}\right)t\right]\right\}^2 \tag{5.5.5}$$

式中，I_0 为入射的激发激光超短脉冲光强度；τ_s 和 τ_r 分别表示分子处于电子激发一重态时的荧光寿命和分子转动弛豫时间常数。图 5.5.4 示出这种激光诱导瞬态光栅方法所用的典型实验装置和罗丹明 6G 染料分子在甲醇溶剂中转动弛豫的测量结果[30]。用这一方法所测出的转动弛豫时间常数，和用其他方法所得的结果基本上一致。不过应强调指出的一点是，这一方法的一个重要特点是在“无背景条件”下进行光信号测量，因而可望具有更高的检测灵敏度。

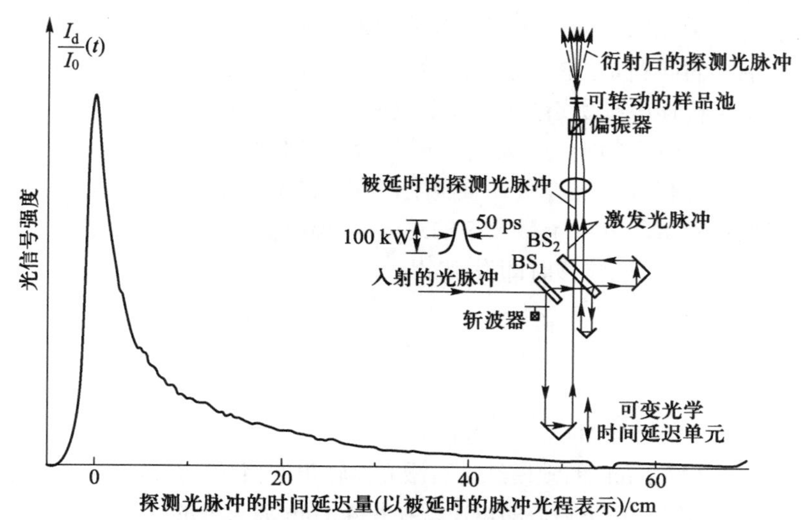

图 5.5.4　激光诱导瞬态光栅方法所用的典型实验装置的原理设计及典型的实验测量结果[30]（罗丹明 6G 染料分子在甲醇溶剂中的浓度约为 10^{-4} mol/L）
BS—光学分束器

[30] Phillion D W, Kuizenga D, Siegman A E. Appl. Phys. Lett., 1975, 27: 85.

5.5.3 分子内和分子间的电子转移

基于实时测量分子体系在特征波长范围内吸收强度随时间变化的 ps 激发-探测双脉冲时间分辨吸收光谱方法的另一个重要应用是，直接监测在同一激发态分子内部或在不同分子间进行电子转移的微观步骤。在外界辐射场作用下所生成的电子激发态分子 D^*，将它的一个电子转移给邻近的另一分子 A：$D^* + A \longrightarrow D^+ + A^-$。虽然早在 20 世纪 60 年代，人们已广泛地接受关于“电荷转移复合物”$(D^+ \cdots A^-)$ 的生成是在不同分子间甚至同一分子中的不同基团间进行电子转移过程中间步骤的设想：

$$DA^* \longrightarrow (D^+ \cdots A^-) \longrightarrow D^+A^-$$

$$D^* + A \longrightarrow (D^+ \cdots A^-) \longrightarrow D^+ + A^-$$

并据以发展出一些有关电子转移过程的理论分析。但这些设想主要是基于处于原始稳定状态的反应物和最终生成的稳定状态产物的静态光谱等测量结果进行推论，而缺乏直接的实验证据。诚然，监测电子激发态分子 D^*所发射的荧光随时间的淬灭，曾被用做实时跟踪这一过程的一种手段。但这种手段的问题是，电子激发态分子 D^*所发射的荧光的猝灭并不见得都是由于发生转移电子所造成的，而且转移电子的电子激发态分子 D^*也不见得都具有发射荧光的能力。显然，时间分辨吸收光谱测量将是不受这些因素限制的一种有效研究方法。事实上，在早期利用 ps 激发-探测双脉冲时间分辨吸收光谱研究电子激发态的蒽分子 An 向电子基态的 N,N－二乙基苯胺 EDA 间的电子转移时即发现[31]：

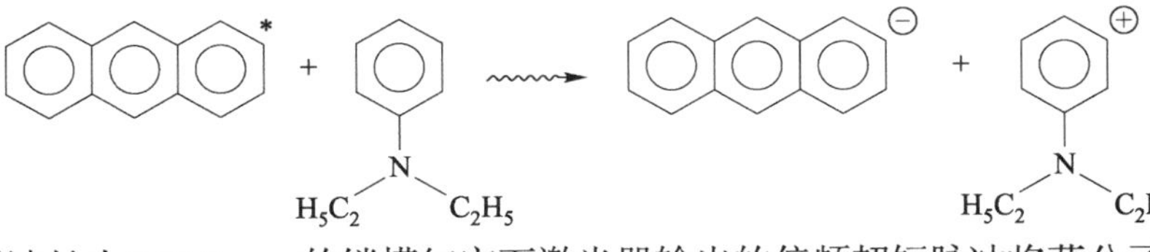

当用波长为 347.2 nm 的锁模红宝石激光器输出的倍频超短脉冲将蒽分子 An 激发到电子激发一重态后，即可出现在 694.3 nm 波长处的瞬态吸收。当受体分子 EDA 的浓度超过 3 mol/L 或在纯 EDA 中时，由于给体分子 An^*被受体分子完全包围，这一瞬态吸收随时间的变化，可用与时间无关的速率常数

[31] (a) 莊东荣, Eisenthal K B.J. Chem. Phys., 1973, 59: 2140. (b) 莊东荣, Eisenthal K B.J. Chem. Phys., 1975, 62:2213.

$k \approx 10^{11}\ s^{-1}$ 表征的单指数动力学规律描述。但在给体分子 An^*浓度介于 0.1~1.0 mol/L 之间的己烷溶液中，瞬态吸收动力学曲线则需用扩散控制的动力学方程[32]拟合（参阅图 5.5.5），并从拟合中可求出两个动力学参数：一个参数是给体分子 An^*和受体分子 EDA 间发生电子转移而生成时的最小分子间距 $R = 0.8$ nm；另一个参数是当给体分子和受体分子 EDA 以 $R = 0.8$ nm 的平均间距在空间呈平衡分布时的双分子过程速率常数 $k = 10^{11}\ L \cdot mol^{-1} \cdot s^{-1}$。

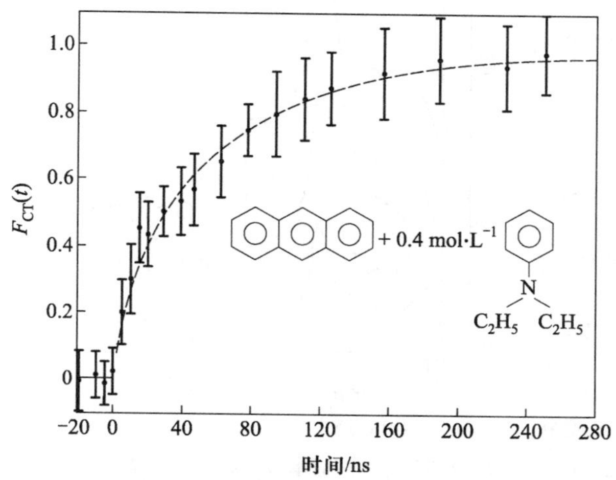

图 5.5.5 蒽（An）和二乙基苯胺（EDA）在己烷溶液中进行分子间电子转移生成过渡态中间物 $[An^- \cdots EDA^+]$ 的浓度 $F_{CT}(t)$随时间的变化以及它和扩散控制的动力学理论曲线（图中虚线）的拟合比较[32]

根据上述实验观测可以推导出一个重要结论：在 694.3 nm 波长处的瞬态吸收是来自给体分子 An^*和受体分子 EDA 分子间相互作用所生成的“电荷转移复合物”$(An^+ \cdots EDA^-)$。当给体分子 An^*和受体分子 EDA 紧密接触时，“电荷转移复合物”可直接而迅速地生成；但当两者之间的间距较大时，在一些双分子过程的早期阶段（例如在短于约 10^{-11} s 的期间），相互作用的两个分子间的相对扩散问题必须考虑。

有趣的是，ps 数量级时间分辨吸收光谱的应用还可直接检测电子转移过程中不稳定中间物的生成，甚至取得有关该中间产物的分子形态及其结构的信息。典型的示例是 α－芘－$(CH_2)_n$－甲基苯胺在不同溶剂中进行分子

[32] Noyes R M. Effect of diffusion rates on chemical kinetics. Progress in Reaction Kinetics. Pergamon Press, 1961:131-160.

内的电子转移。图 5.5.6 示出这一分子体系在被 ps 激光超短脉冲激发后的不同瞬间，采用宽带超短脉冲作为探测手段，其吸收光谱谱图随时间的变化。

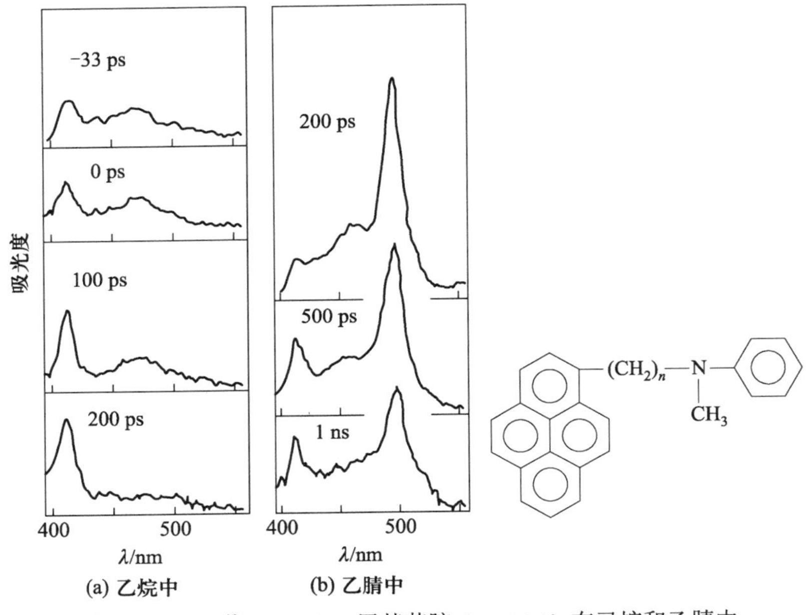

图 5.5.6 α－芘－$(CH_2)_n$－甲基苯胺（$n=1,2,3$）在己烷和乙腈中进行分子内电子转移的时间分辨吸收光谱谱图[32]

该谱图清楚地表明，当这一分子在乙腈溶液中被激发后，首先有峰值在约 500 nm 附近的吸收谱带出现，并可解释为由于生成电子激发一重态的分子内电荷转移复合物$^1(D^+\cdots A^-)$所致；但随时间的推移，伴随着这一谱带的逐步衰减，逐渐增大峰值约 400 nm 的吸收谱带强度，这可认为是分子内电荷转移复合物电子激发一重态向电子激发三重态$^3(D^+\cdots A^-)$进行系间蹿跃$^1(D^+\cdots A^-) \rightsquigarrow {}^3(D^+\cdots A^-)$的结果。有趣的是，连接α－芘基和甲基苯胺基的链长不同的分子的系间蹿跃速率常数k_{isc}随连接α－芘基和甲基苯胺基的链长—$(CH_2)_n$—增长而减小：当$n=1,2,3$时，k_{isc}分别为$2\times10^8 s^{-1}$、$<4\times10^7 s^{-1}$和$3\times10^7 s^{-1}$。在这里应注意，如果认为在$n=1$时k_{isc}最大的原因是，由于作为电子给体 D 的α－芘基和作为电子受体 A 的甲基苯氨基之间的链长最短，从而 D 和 A 的间距最小，那么在$n=2,3$时，k_{isc}虽因链长增大而有减小的趋势，但减小程度的差别并不显著的事实，则可能

是由于链长加大也同时导致分子链发生折叠，结果反而减小了 D 和 A 的间距。此外还发现，虽然类似的分子内电荷转移复合物电子激发一重态向电子激发三重态 $^3(D^+\cdots A^-)$ 的系间蹿跃的过程在非极性的己烷溶剂中也可观察到，但此时的系间蹿跃过程速率 k_{isc} 却接近于 $2.5\times10^{10}\ s^{-1}$。也就是说，它比在乙腈等极性溶剂中快得多。这些事实说明，ps 激发-探测双脉冲时间分辨吸收光谱的应用，不仅直接示明电子转移过程中有“电荷转移复合物”$(D^+\cdots A^-)$ 生成作为中间步骤，而且也为探讨分子构型、环境介质因素对电子转移等一类超快速分子过程的影响提供重要的实验依据。

ps 激发-探测时间分辨吸收光谱方法也可同样地用于揭示分子间电子转移过程的微观机理。图 5.5.7 示出用此方法所记录的四氯苯醌（Chlorinal，CHL）和萘分子（Naphthalene，NAP）在不同乙腈溶液中进行分子间电子转移的过程中不同瞬间所记录的瞬态吸收光谱谱图[33]。

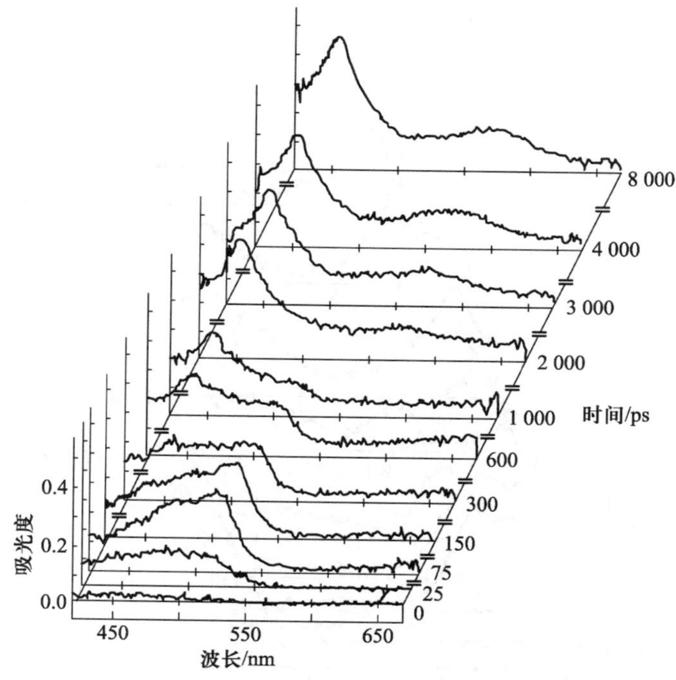

图 5.5.7　0.027 mol/L 四氯苯醌/0.078 mol/L 萘混合物的乙腈溶液在不同瞬间的瞬态吸收光谱谱图[33]（激发光脉冲波长为 355 nm）

[33] Hilinski E F, Milton S V, Rentzepis P M. J. Amer. Chem. Soc., 1983, 105: 5193.

由图 5.5.7 可见，当四氯苯醌吸收波长为 355 nm 的激发光脉冲而被激发到相应的电子一重激发态 S_1 后，其峰值位于约 510 nm 处的电子激发三重态 CHL^*（T_1）吸收将继之随时间而不断增强。但在经过约 1 000 ps 之后，将有吸收峰位于约 450 nm 的负离子 CHL^-出现；与此同时也不断生成吸收峰位于约 570 nm 萘分子二聚体的正离子。在考查四氯苯醌和 9, 10–二氢菲（9, 10-dihydrophenanthrene，DPH）或茚（indene）等芳烃分子间的电子转移过程时，在不同瞬间也可观测到类似的瞬态吸收光谱谱图（图 5.5.8）。

据此可设想，这些分子间的电子转移步骤可用下述机理描述：

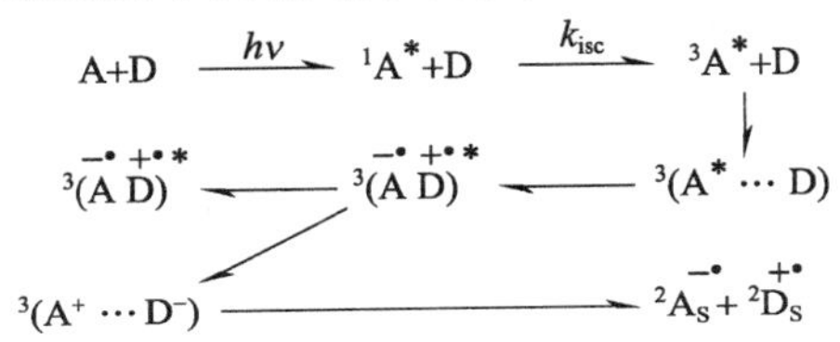

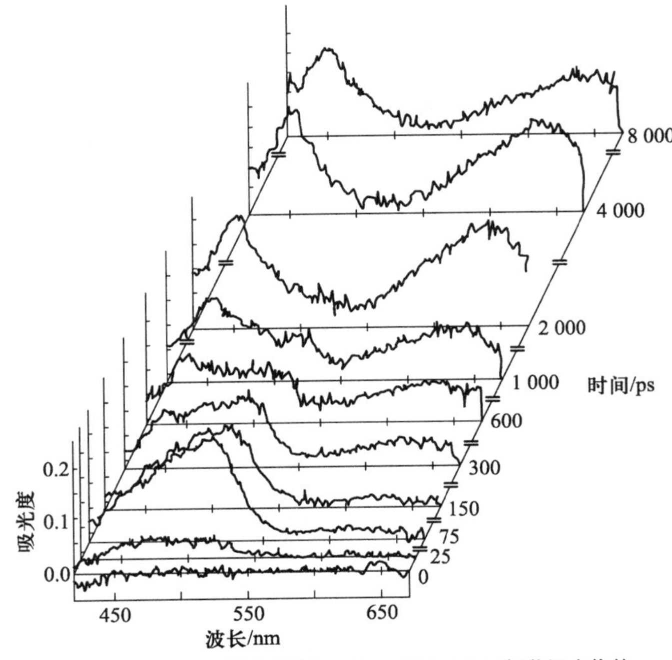

（a）0.027 mol/L 四氯苯醌/0.080 mol/L 9, 10–二氢菲混合物的乙腈溶液在不同瞬间的瞬态吸收光谱谱图

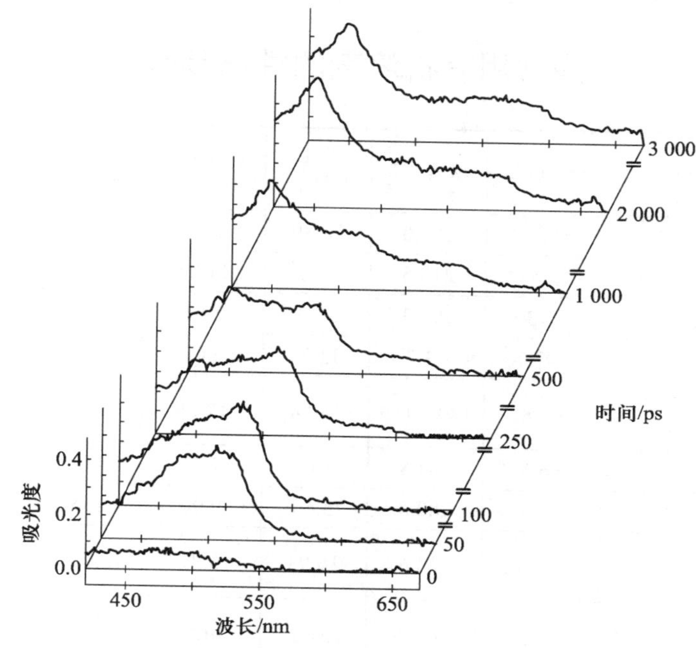

（b）0.029 mol/L 四氯苯醌/0.086 mol/L 芘混合物的
乙腈溶液在不同瞬间的瞬态吸收光谱谱图

图 5.5.8　瞬态吸收光谱谱图（激发光脉冲波长为 355 nm）

仅仅是上述一些早期应用的典型事例，已清楚地展示出 ps 激发-探测双脉冲时间分辨吸收光谱方法在深入研讨一些分子过程的微观动态学步骤方面的功能。其后实验资料则进一步示明，时间分辨吸收光谱测量也是为在分子水平上揭示相关的生命活动过程微观机理的有效途径之一。例如，实时监测视觉传感过程中的视蛋白（opsin）、视紫质（rhodopsin）等色素-蛋白复合物的分子在光辐射作用下的结构变换的微观图景[34]，阐明血红素（hemoglobin，Hb）和氧、一氧化碳分子间络合生成 HbO_2、HbCo 以及这些络合物分子的解离[35]，阐明脱氧核糖核酸（deoxyribonucleic acid，DNA）-吖啶等色素分子的相互作用[36]等动态学行为，特别是在揭示光合作用这一地球上最重要生命活动过程中，“捕光天线”所吸收的太阳能是如何被高速和几乎无损耗地传递到能将其转化为化学能的“反应中心”，并在那里高效地进行电子转移过程的奥秘。

[34] (a) Busch G E, Appleburry M L, Lamola A A, Rentzepis P M. Proc. Nat. Acad. Sci. USA, 1972, 69: 2802. (b) Bensasson R, Land E J, Truscoutt T G. Nature, 1975, 258: 768. (c) Kaufmann K J, Rentzepis P M, Stoeckenius W, Lewis A. Biochem. Biophys. Res. Commun., 1976, 68: 1109.

[35] Shank C V, Ippen E P, Bersohn R. Science, 1976, 193: 50.

[36] Shapiro S L, Campillo A J, Kollman V H, Goad W B. Opt. Commun., 1975, 15: 308.

附录 5.1 一些常用有机溶剂的性质参数

序号	溶剂	凝固点/℃	沸点/℃	介电常数 ε	偶极矩μ/（10^{30}C·m）	折光指数 n_D^{20}	$E_T(30)$/（kcal·mol）
1	水	0.0	100.0	78.39	6.07	1.333 0	63.1
2	甲酰胺	2.5	210.5	111.0*	11.24	1.447 5	56.6
3	1,2-乙二醇	−13	197.3	37.3	7.61	1.431 8	56.3
4	甲醇	−97.7	64.7	32.70	5.67	1.328 4	55.3
5	甲基甲酰胺	−3.8	180～185	182.4	12.88	1.431 9	54.1
6	二甘醇	−6.5	244.8	31.69*	7.71	1.447 5	53.8
7	三甘醇	−4.3	288.0	23.69*	9.97	1.456 1	53.5
8	2-甲氧基乙醇	−85.1	124.6	16.93	6.81	1.402 1	52.3
9	N-甲基乙酰胺	30.6	206.7	191.3*	14.65	1.428 6（28℃）	52.0
10	乙醇	−114.1	78.3	24.55	5.77	1.361 4	51.9
11	2-乙醇胺	10.5	171.0	37.72	7.57	1.453 9	51.8
12	醋酸	16.7	117.9	6.15*	5.60	1.371 9	−51.2[i]
13	苯甲醇	−15.3	205.5	13.1*	5.54	1.540 4	50.8
14	正丙醇	−126.2	97.2	20.33	5.54	1.385 6	50.7
15	正丁醇	−88.6	117.7	17.51	5.84	1.399 3	50.2
16	异丁醇	−108	107.7	17.93	5.97	1.395 9	49.0
17	2-丙醇	−88.0	82.3	19.92	5.54	1.377 2	48.6
18	仲丁醇	−114.7	99.6	16.56	5.54	1.397 2	47.1
19	异丁醇	−117.2	130.5	14.7	6.07	1.407 1	47.0
20	环己醇	25.2	161.1	15.0	6.20	1.464 8（25℃）	46.9
21	丙烯碳酸酯	−48.8	241.7	65.1	16.7	1.420 9	46.6

续表

序号	溶剂	凝固点/℃	沸点/℃	介电常数 ε	偶极矩 μ/(10^{30}C · m)	折光指数 n_D^{20}	$E_T(30)$/(kcal · mol)
22	仲戊醇		119.0	13.82（22℃）	5.54	1.408 4	46.5
23	硝基甲烷	−28.6	101.2	35.87（30℃）	11.88	1.381 2	46.3
24	乙腈	−43.8	81.6	37.5*	11.48	1.344 1	46.0
25	戊醇	−75	115.3	13.02（22℃）	5.47	1.410 3	45.7
26	二甲基亚砜	18.5	189.0	46.68	13.0	1.478 3	45.0
27	苯胺	−5.98	184.4	6.89*	5.04	1.586 3	44.3
28	四氢噻吩	28.5	287.3	43.3（30℃）	16.05	1.482 0（30℃）	44.0
29	醋酸酐	−73.1	140.0	20.7（19℃）	9.41	1.390 4	43.9
30	叔丁醇	25.8	82.4	12.47	5.54	1.387 7	43.9
31	N,N−二甲基甲酰胺	−61	152.3	37.0	12.88	1.426 9（25℃）	43.8
32	N,N−二甲基乙酰胺	−20	166.1	37.78	12.41	1.438 4	43.7
33	丙腈	−92.8	97.4	27.2*	11.91	1.365 8	43.7
34	1−甲基−2−吡咯烷酮	−24.4	204.0−204.8	32.0	13.64	1.470 0	42.2
35	丙酮	−94.7	56.3	20.70	9.54	1.358 7	42.2

续表

序号	溶剂	凝固点/℃	沸点/℃	介电常数 ε	偶极矩 μ/ (10^{30}C · m)	折光指数 n_D^{20}	$E_T(30)$/ (kcal · mol)
36	硝基苯	5.8	210.8	34.82	13.44	1.550 0（25℃）	42.0
37	苯基腈	−12.8	191.1	25.20	13.51	1.528 2	42.0
38	1,2−二氨基乙烷	11.3	117.3	12.9	6.34	1.456 8	42.0
39	1,2−二氯乙烷	−35.7	83.5	10.36	6.20	1.444 8	41.9
40	叔戊酮	−8.8	102.0	5.82	5.7	1.404 9	41.9
41	2−丁酮	−86.7	79.6	18.51*	9.21	1.378 8	41.3
42	苯乙酮	19.6	202.0	17.39	9.87	1.534 2	41.3
43	1,1−二氯甲烷	−95.1	39.8	8.93	5.17	1.424 2	41.1
44	1,1,3,3−四甲基脲	−1.2	175.2	23.45[a]	11.58	1.449 3（25℃）	41.0
45	六甲基磷酰胺	7.2	235	29.6	18.48	1.458 4	40.9
46	环己酮	−32.1	155.7	18.3*	10.04	1.451 0	40.8
47	吡啶	−41.6	115.3	12.4（21℃）	7.91	1.510 2	40.2
48	醋酸甲酯	−98.1	56.3	6.68	5.37	1.361 4	40.0
49	4−甲基−2−戊酮	−84.0	116.5	13.11*		1.395 7	39.4
50	1,1−二氯乙烷	−97.0	57.3	10.0（18℃）	6.61	1.416 4	39.4
51	喹啉	−14.9	237.1	9.00	7.27	1.627 3	39.4
52	3−戊酮	−38.9	102.0	17.00*	9.41	1.392 3	39.3
53	氯仿	−63.6	61.2	4.81*	3.84	1.442 9（25℃）	39.1
54	三甘醇二甲醚		222	7.5		1.423 3	38.9

续表

序号	溶剂	凝固点/℃	沸点/℃	介电常数 ε	偶极矩 μ/(10^{30}C·m)	折光指数 n_D^{20}	$E_T(30)$/(kcal·mol)
55	乙二醇二甲醚		159.8		6.57	1.409 7	38.6
56	1,2-二甲氧基乙烷	−58	85[p]	7.20	5.70	1.379 6	38.2
57	1,2-二氯苯	−17.0	180.5	9.93	7.57	1.551 5	38.1
58	乙酸乙酯	−84.0	77.1	6.02	6.27	1.372 4	38.1
59	氟苯	−42.2	84.7	5.42	4.90	1.468 4（15℃）	38.1
60	碘苯	−31.3	188.3	4.63*	4.64	1.620 0	37.9
61	氯苯	−45.6	131.7	5.62	5.14	1.524 8	37.5
62	溴苯	−30.8	155.9	5.40	5.17	1.557 1（25℃）	37.5
63	四氢呋喃	−108.5	66	7.58	5.84	1.407 2	37.4
64	苯甲醚	−37.5	153.8	4.33	4.17	1.517 0	37.2
65	苯乙醚	−29.5	170.0	4.22*	4.54	1.507 4	36.4
66	1,1,1-三氯乙烷	−30.0	74.0	7.53*	5.24	1.437 9	36.2
67	1,4-二恶烷	11.8	101.3	2.21	1.50	1.422 4	36.0
68	三氯乙烷	−86.4	87.2	3.42（16℃）	2.7	1.476 7（21℃）	35.9
69	哌啶	−10.5	106.4	5.8*	3.97	1.452 5	35.5
70	二苯醚	26.9	258.3	3.69*	3.87	1.576 3（30℃）	35.3（30℃）
71	乙醚	−116.3	34.6	4.34*	4.34	1.352 4	34.6
72	苯	5.5	80.1	2.28	0.0	1.501 1	34.5
73	二异丙醚	−85.5	68.3	3.88	4.20	1.368 1	34.0
74	甲苯	−95.0	110.6	2.38	1.43	1.496 9	33.9
75	二正丁醚	−95.2	142.2	3.08*	3.94	1.399 2	33.4

续表

序号	溶剂	凝固点/℃	沸点/℃	介电常数 ε	偶极矩 μ/（10^{30}C·m）	折光指数 n_D^{20}	$E_T(30)$/（kcal·mol）
76	三乙基酰胺	−114.7	89.5	2.42	2.90	1.401 0	33.3
77	1,3,5-三甲基苯	−44.7	164.7	2.28*	0.0	1.499 4	33.1
78	二硫化碳	−111.6	46.2	2.64*	0.0	1.628 0	32.6
79	四氯化碳	−23.0	76.8	2.24*	0.0	1.457 4（25℃）	32.5
80	四氯乙烯	−22.4	121.2	2.30	0.0	1.505 7	31.9
81	环己烷	6.5	80.7	2.02*	0.0	1.426 2	31.2
82	正己烷	−95.3	68.7	1.88	0.0	1.374 9	30.9

注：介电常数 ε 除注明外为25℃时的测定值；偶极矩的单位是C·m, 1 Debye= 10^{-18} esu= 3.336×10^{-30} C·m; *表示−20℃。

时间分辨荧光光谱方法

第6章

时间分辨荧光光谱方法是基于跟踪监测激发态分子进行辐射弛豫所发射的荧光随时间的变化，研究分子状态、结构的微观动态学行为的另一种常用方法。它和传统的荧光光谱方法相比，共同之处在于，它们都是根据分子体系的荧光发射强度在不同波长处分布的荧光谱图来判断有关发射分子的结构和状态。但时间分辨荧光光谱方法的特点主要是考查荧光发射的各种特性参数随时间的变化及其影响因素。而和第 5 章所述同样是用于研究激发态分子结构、状态和动态学行为的时间分辨吸收光谱方法相比，时间分辨荧光光谱测量光谱信号的时间分辨率同样都可达到 ns（10^{-9} s）甚至 ps（10^{-12} s）的水平，但时间分辨荧光光谱只用于研究具有荧光发射能力的激发态分子。而且，它所检测的不是叠加在高强度探测光背景上的吸收强度微小变化，而是将分子体系在某一瞬间所发射的荧光信号在“零背景”的条件下进行监测。因而，它比时间分辨吸收光谱方法具有更高的检测灵敏度。

时间分辨荧光光谱方法研究激发态分子所根据的分子荧光的特征参数主要是，在指定波长处荧光强度随时间衰变的动力学过程（decay kinetics）、在不同波长处荧光强度分布随时间变化的时间分辨荧光发射谱图（time-resolved emission spectra，TRES），以及荧光偏振的各向异性随时间弛豫的步骤（anisotropy relaxation）。跟踪监测这些荧光的特征参数的技术可分为三大类：实时监测、脉冲取样和时间相关单光子计数。其中，荧光强度随时间变化过程的实时监测是其他两种时间分辨荧光光谱方法的基础。本章将主要考查在指定波长处的荧光强度随时间变化动力学的测量技术，并对时间分辨荧光发射谱图和各向异性弛豫测量中的一些独特考虑予以概述。此外，相位偏移方法也可被用于荧光衰变的时间常数测量，但不是对衰变动力学过程直接跟踪监测，因此在这里不作详细介绍。但为便于探讨时间分辨荧光光谱参数测量的技术、方法及其典型应用，先就分子辐射跃迁所产生的荧光光谱的一些基本名词、概念予以简要回顾。

6.1 分子荧光光谱的几个基本特性参数

诚然，从 19 世纪中叶赫胥黎（J. F. W. Herschel）[1]研究奎宁（quinine）

---

[1] Herschel J F W. Phil.Trans. R. Soc. London, 1845, 135: 143-145.

化合物的发光现象以来，到 20 世纪初，人们已认识到分子体系特别是分子在溶液中所发射的荧光的一些共同特性。例如，当分子体系吸收波长 λ_{abs} 的光辐射被激发到某一电子激发态以后，处于该电子激发态的分子所发射的荧光通常都在其波长 λ_f 比所吸收的激发光波长 λ_{abs} 更长的光谱波段（斯托克斯偏移[2]）。又如，分子体系所发射的荧光波长 λ_f 一般都不会因激发该分子体系的光辐射波长 λ_{abs} 不同而异。换言之，不论分子被激发到哪一个能量更高的电子激发态，尤其是在溶液中时，它的荧光一般都是由处于能量最低的电子激发态发射（Kasha 定律[3]）；而且，当分子的核构型不因电子激发而发生明显变化时，分子体系所发射的荧光的谱带形状和它被从基态 S_0 激发到最低的电子激发态 S_1 的吸收谱带呈镜对称关系。但是，为从分子的荧光发射谱图的测量中获取有关分子的结构、状态及其和环境介质的分子间相互作用的信息，显然还需要从更进一步深入了解荧光光谱的基本特性及其影响因素开始。

6.1.1 分子荧光的频率特性

从理论上说，分子在不同的两个量子状态间进行辐射跃迁所吸收或发射的荧光的频率，都是由相关的量子状态间的能量差所决定。根据量子力学的不确定原理，任一分子状态的能量不确定量 $\Delta\varepsilon$ 将导致和该跃迁过程相对应的光辐射场频率 ν_i 并不是单一的数值，而是在一定的范围 $\Delta\nu$ 内分布，从而相应的荧光谱线将具有“自然线宽”的宽度。如果考虑到由于分子在空间运动而引起的多普勒效应以及分子间的相互碰撞等，辐射跃迁所发射的荧光“谱线”宽度将进一步展宽。这样，在分子振动状态也随之改变的不同电子-振动状态间跃迁（$n,\nu \to n',\nu'$）的过程中所发射的荧光光谱，将是由一组被展宽的电子-振动荧光谱线紧密排列而成；若参与跃迁的两个振动能级间的能量差很小，尤其是和周围的其他分子（如溶剂介质分子）有较强的碰撞、络合等相互作用时，多原子分子荧光光谱将表现为由一系列彼此交盖的荧光“谱线”综合而成的“无振动结构”的“准连续”宽带谱图。其中，在指定波长 λ_i 或频率 ν_i 处所产生的荧光辐射的强度 $I(\nu_i)$ 是正比于相关量子状态间的跃迁概率或耦合相关状态的矩阵元 $|H'_{nk}(0)|$ 的平方；而在不同电子-振动状态间跃迁（$n,\nu \to n',\nu'$）所发射荧

[2] Stokes G G. Phil.Trans. R. Soc. London,1852, 142: 463-562.
[3] Kasha M. Disc. Faraday Soc., 1950, 9: 14-19.

光的强度在不同频率ν_i处的分布，即荧光谱带形状将取决于表征相关电子状态的振动波函数之间的相互交盖情况的所谓Franck-Condon因子，而且只是在其振动波函数具有最大程度交盖的两电子状态间的辐射跃迁才可达到由跃迁选择定则所允许的最大值。换句话说，在一个较宽频率范围内连续分布的荧光宽带中，不同频率处的荧光强度分布将受 Franck-Condon因子调制，其峰值荧光强度将在其振动波函数具有最大程度交盖的电子-振动状态间辐射跃迁的波长处λ_{max}出现，其他电子-振动跃迁过程所发射的较弱的荧光成分则在此峰值λ_{max}的两侧分布 （通常为非对称分布）。因此，表征荧光强度在不同频率ν_i处分布的荧光谱带形状$I(\nu_i)$，显然是一个和发射荧光的分子结构直接相关的荧光特性的基本参数。

作为典型实例，在图 6.1.1 中示出 4-甲基-7-二甲氨基香豆素在乙醇溶剂中的荧光光谱谱图[4]，荧光光谱谱图中的振动结构只能在“消除外界因素微扰”的特殊实验，如“基质隔离”（matrix isolation）或“超声射流冷却”（supersonic cooling jet）的条件下测出。图 6.1.2 示出这一分子在 He“超声射流”（supersonic jet）中测出的显示其振动结构的高分辨荧光光谱图[5]。

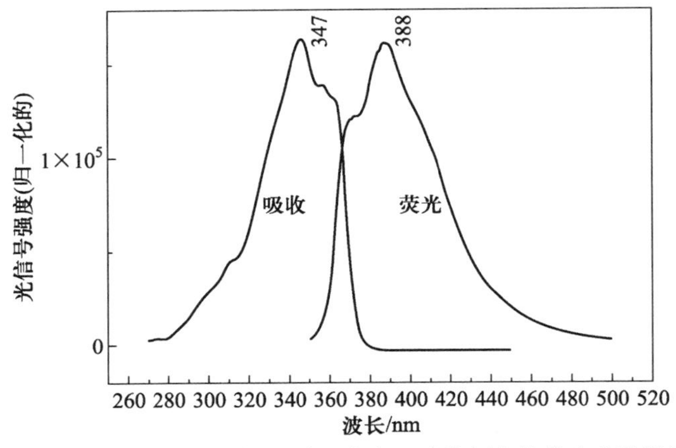

图 6.1.1　4-甲基-7-二甲氨基香豆素在乙醇溶剂中的荧光光谱谱图[4]

应指出：虽然分子在通常实验条件下都呈现“无振动结构”的连续荧光谱带，但分析这种其强度在一个较宽频率范围内连续分布的荧光宽带谱

[4] 郭础，冯扬波. J. Chem. Soc. Faraday Trans. I., 1987, 83: 2533.

[5] Taylor A G, Bouwman W G, Jones A C, 郭础, Philips D. Chem. Phys. Lett., 1988, 145:71.

图，仍可获得有关分子结构的重要信息。例如，“镜对称”特征的荧光谱带的出现将意味着：①该分子的高电子激发态 $S_{n\geq 1}$ 衰变以及振动激发能弛豫 $\nu_{m>n} \rightarrow \nu_n$ 的过程必然比它的最低电子激发态 S_1 的荧光发射过程快（Kasha 定律）；②该分子的电子激发并不引起它的核构型发生明显改变，而仅改变分子在这两个状态时的振动能级分布。又如，考查荧光峰值波长 $\tilde{\nu}_{max}^{fl}$ 相对于激发它的吸收峰值波长 $\tilde{\nu}_{max}^{abs}$ 的斯托克斯偏移 $\Delta\nu_{Stokes}$，即 $\tilde{\nu}_{max}^{absl} - \tilde{\nu}_{max}^{fl}$，以及这种斯托克斯偏移和溶剂极性的依赖关系，即可根据 Lippert-Mataga 关系式[6]（推导此关系式的基本假设是：溶质分子可视为处于球形溶剂腔中心的点偶极子，电子激发引起溶质分子体积的改变可忽略不计）估算分子在发光的电子激发态时的偶极矩 $\Delta\mu$，并进而获得电子激发态分子和环境介质相互作用的信息。

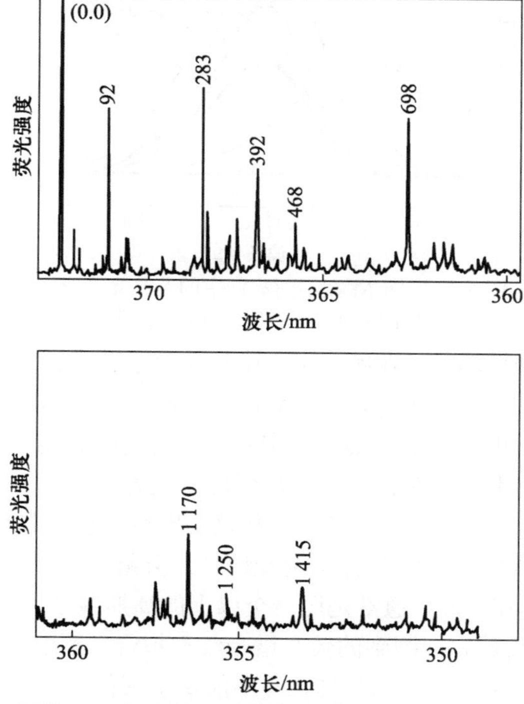

图 6.1.2　4-甲基-7-二甲氨基香豆素在 He 超声射流中的荧光光谱谱图[5]

[6] (a) Lippert E Z. Electrochemie, 1957,61: 962. (b) Mataga N, Kaifu Y, Koizumi. Bull. Chem. Soc. Japan., 1956, 29: 465.

$$\Delta\tilde{\nu}=\frac{2\Delta\mu^2}{hca_0^3}\left(\frac{\varepsilon-1}{2\varepsilon-1}-\frac{n^2-1}{2n^2-1}\right) \tag{6.1.1}$$

式中，h 是普朗克常量，c 代表光速，此外，基于在溶剂等环境介质中荧光峰值波长偏移及振动谱带线型的畸变，也可望获取发光的电子激发态分子和环境介质的相互作用的资料。例如，根据一种 DCM（4-dicyanomethylene-2-methyl-6-p-dimethyl-aminostyryl-4H-pyran）高效激光染料分子在不同极性溶剂中的荧光谱带线型的畸变（图 6.1.3），曾推论所谓“扭变形分子内电荷转移态”（TICT 态）生成的可能性[7]。这一推论已被在其后的大量的实验研究所证实。

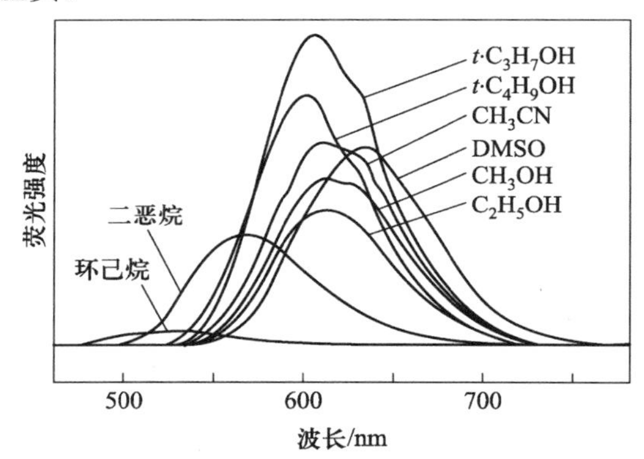

图 6.1.3 DCM 在不同溶剂中的荧光光谱谱图[7]
（DCM 浓度为 $1.4\times10^{-4}\sim1.6\times10^{-4}$ mol/L）

最后，应强调的是，在实际工作中涉及分子荧光谱带的线型时，通常采用荧光强度的最大值 I_{max} 和它所处的波长 λ_{max}（峰值波长）以及峰值 I_{max} 半高处的谱带宽度 $\Delta\lambda$ 表征。然而，实验所观测到的荧光谱带，其强度往往并不是以 I_{max} 为中心的对称分布，甚至可表现为无规则的波形，或在一个谱带的一侧出现凸起的“肩部”。为从这类畸变的荧光谱带中获得进一步的信息，一个常用的方法是将该荧光谱带“分解”，考查该谱带是否由几个“成分”叠加在一起。通常是用一个以上的高斯线型（Gaussian contour）或 log-normal 函数和观测到的荧光谱带线型拟合。不过，此时应注意，这种拟合完全是一个纯数学的处理，并不能赋予其任何物理含义。甚至同一荧光谱带有时用不同数目的“成分”都可达到数学上的满意拟合。所以可以认为，虽可用设计完美的计算机程序在个人计算机上方便地完成谱带线

[7] 张兴康，马纫兰，郭础，等. J. Photochemistry, 1985, 29: 397-404.

型拟合，但含有三个以上成分的拟合所得结果未必是可信的事实。此外，任何在数学上达到的满意拟合，最好再采用另外的实验进行校核，例如和激发该分子产生某一波长的荧光所要求的激发光波长分布范围的“荧光激发谱”的测量结果进行对比。

也应附带指出，在通常的实际工作中，分子的荧光激发谱的测量有时可作为一种和荧光光谱相互补充的光谱研究方法。荧光激发谱图和激发这些发光分子（或能级）的吸收谱带应完全对应，也就是说，如果在所考虑的分子体系中只从一种分子的 S_1 电子激发态产生荧光发射，那么该分子的荧光激发谱应和它从电子基态 S_0 激发到电子激发一重态 S_1 的电子吸收光谱相同。同样，当有一种以上的发光分子（或同一分子的不同能级）能发射相同的荧光时，该荧光激发谱将是激发这些发光分子（或能级）的吸收谱带叠加的结果。因此，荧光激发谱不仅可用于确切地鉴别产生某一波长的荧光辐射的“根源”，根据荧光激发谱和吸收谱带是否对应，也可独立地用于研究一些分子间的相互作用过程，例如激发态分子缔合物生成、分子间的激发能传递等分子过程的微观步骤。

6.1.2　分子荧光的偏振特性

根据光和物质相互作用的理论，分子在辐射跃迁过程中自外界吸收或向外界发射的光辐射的电场偏振方向，必须和该分子自身的电偶极跃迁矩的空间取向一致。因此，当被偏振光辐射激发的分子在发射荧光之前，由于某种原因（例如，该激发态分子在空间发生转动）而使它的跃迁偶极矩取向发生改变时，所观测到的荧光相对于激发光辐射场的偏振方向将有所偏移。因此，偏振方向作为荧光的另一重要特性参数，监测它随时间的变化，即可获得由于分子构型改变、在流动环境介质中的转动扩散以及相关分子间的无辐射激发能传递、键合（binding）、缔合（association）等导致发光分子的跃迁偶极矩空间取向变化的各种微观动态学过程的重要信息。

1．荧光偏振的表征方法

荧光的偏振特性通常采用偏振度（polarization）P 或各向异性（anisotropy）r 表征。偏振度 P 的定义是荧光辐射的偏振分量 p 与包括偏振分量 p、非偏振分量 n 之和的荧光总强度的比值：

$$P=\frac{p}{p+n} \tag{6.1.2}$$

根据图 6.1.4 所示的模型，当沿 x 轴观测时，若令 $I_{//}$和 $I_{\perp}$分别表示观测到的平行于和垂直于某一轴（如 z 轴）的荧光强度，则偏振分量 p 等于其偏振面平行于和垂直于激发光偏振方向的两个荧光分量的强度差 $I_{//}-I_{\perp}$，而非偏振分量 n 等于 $2I_{\perp}$。此时偏振度将为

$$P=\frac{I_{//}-I_{\perp}}{I_{//}+I_{\perp}} \tag{6.1.3}$$

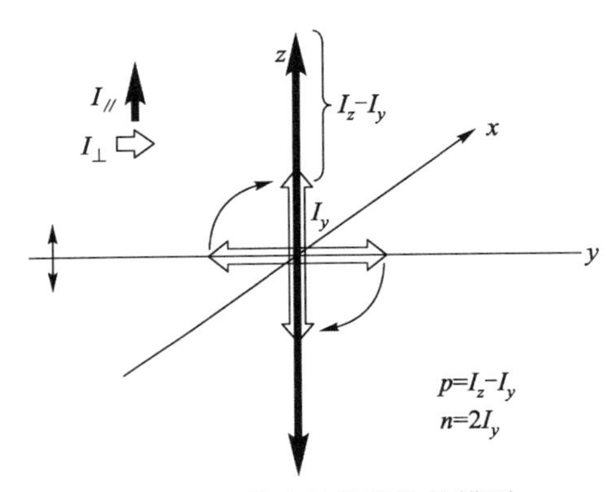

图 6.1.4　荧光的偏振特性模型

荧光的各向异性 r 则定义为荧光总强度 $I(I=I_x+I_y+I_z=I_{//}+2I_{\perp})$ 归一化的荧光偏振分量 p（$p=I_{//}-I_{\perp}$），即

$$r=\frac{I_{//}-I_{\perp}}{I_{//}+2I_{\perp}} \tag{6.1.4}$$

不难表明，偏振度 P 和各向异性 r 在数值上有下述关系：

$$P=\frac{3r}{2+r} \tag{6.1.5}$$

$$r=\frac{2P}{3-P} \tag{6.1.6}$$

在实际工作中，各向异性 r 是更为广泛用于表征分子荧光的偏振特性的参数。这是因为，对一个由多种发光分子组成的体系来说，该分子体系所发射的荧光的平均偏振度 $\overline{P}$ 和各组分的偏振度 P_i 之间是较为复杂函数关系[8]：

[8] Weber G. Biochem. J., 1952, 51: 145.

$$\left(\frac{1}{\overline{P}}-\frac{1}{3}\right)^{-1}=\sum_i f_i\left(\frac{1}{P_i}-\frac{1}{3}\right)^{-1} \tag{6.1.7}$$

若采用偏振度 P 表示，即使是球形分子，它的荧光去偏振过程也要求采用相当复杂的动力学函数关系描述。然而，当采用各向异性 r 时，该分子体系所发射的荧光的偏振特性则可简单地用各组分的各向异性 r_i 的代数和表示：

$$\overline{r}=f_i r_i \tag{6.1.8}$$

式中，f_i 是各组分的含量百分比。尤其是当考查分子的偏振方向随时间而衰变的去偏振（depolarization）现象时，该过程的动力学规律可简单地用各向异性 r 的单指数衰变函数描述：

$$r(t)=r(t=0)\exp\left(-\frac{\tau_{\mathrm{R}}}{t}\right) \tag{6.1.9}$$

式中，τ_{R} 是表征发光分子的荧光去偏振过程的时间常数。当有一种以上的去偏振过程时，荧光的各向异性则是表征引起去偏振程度的各种过程的“去偏振因子”d_i 的乘积（Soleillet 定理[9]）：

$$r=\prod_i d_i \tag{6.1.10}$$

因此，在下面的讨论中主要采用各向异性 r 作为表征荧光偏振特性的参数。当然，所得的一些定量关系式也可改换为用偏振度 P 表述。

2．荧光偏振特性的定量分析

当用电场沿特定方向偏振的光辐射作用于其辐射跃迁矩的空间取向和这一光辐射偏振方向完全一致的分子体系时，若该电子激发态分子的辐射跃迁矩取向在发射荧光之前并未发生任何改变，那么它所发射的荧光的电场偏振方向必然和激发它的激发光的偏振方向完全一致。从而，荧光的各向异性 r（或偏振度 P）将等于 1。但在实际上，除非是晶体或特殊制备的样品，被激发的样品一般都是辐射跃迁矩在空间无规取向的各向同性（isotropic）分子体系。此时，在偏振光激发的作用下，只有辐射跃迁矩的空间取向和激发光电场偏振方向平行的那一部分分子可被有选择地激发。当这些被激发的发光分子在发射荧光前的辐射跃迁矩取向通过某种分子中或分子间过程而发生变化时，实际上观测到该分子体系所发射的荧光的各向异性（和偏振度），将是这些被选择激发的分子在不同空间方向荧光

[9] Soleillet P. Ann. Phys. Biol. Med., 1929, 12: 23−97.

的偏振特性的平均值。因此，当用偏振光激发各向同性分子体系时，必须考虑和分析激发的选择性以及可能的辐射跃迁矩重新取向对荧光偏振特性的影响。

首先考查一种最简单的情况，即被激发的分子发射荧光之前，其偶极子空间取向固定而不发生改变。为简化讨论，将分子吸收光辐射被激发时和激发态分子发射荧光时的状态分别用“吸收偶极子”$\boldsymbol{D}_a$和“发光偶极子”$\boldsymbol{D}_e$表征，各个偶极子是用从一端位于笛卡儿坐标系的原点延伸的箭头表示，它们的长度正比于该偶极子的电场强度，而$\boldsymbol{D}_a$和$\boldsymbol{D}_e$的延伸方向则与激发光和荧光的辐射场偏振方向一致。根据这一模型，一个在空间呈各向同性分布的分子和 z 轴及 x 轴的夹角分别为θ和φ的偶极子 $\boldsymbol{D}$ 可标示在图 6.1.5 中。

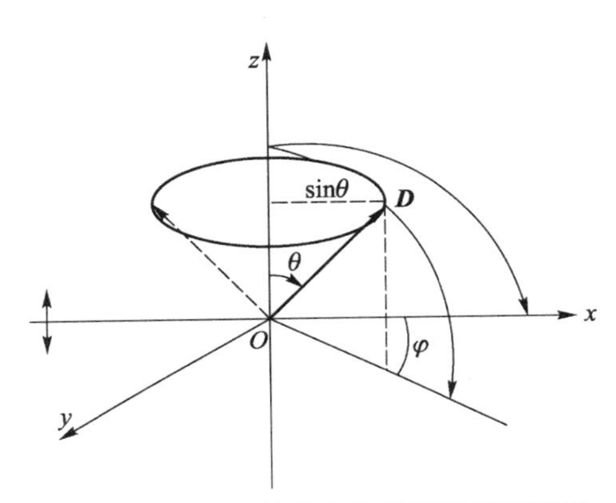

图 6.1.5　各向同性分布的分子偶极子模型

当分子被沿 z 轴方向偏振并沿 x 轴方向传播的电场强度为 E 的光波激发时，该偶极子将发生振幅为 $E\cos\theta$ 的振荡。如果它在产生荧光辐射前未改变其空间取向，即发光偶极子 $\boldsymbol{D}_e$和吸收偶极子 $\boldsymbol{D}_a$的空间取向彼此相同时，那么该由于偶极子振荡所发射的荧光辐射场的电场强度 E 在 z 轴及 x 轴方向的投影将分别为

$$\left.\begin{aligned}E_z &= E\cos\theta\cos\theta \\ E_x &= E\cos\theta\sin\theta\cos\varphi\end{aligned}\right\} \tag{6.1.11}$$

因为荧光的强度和它的电场强度的平方成正比，以及荧光是以原点为顶点、夹角为θ围绕 z 轴的锥体对称分布，从而在 z 轴及 x 轴方向观测到的

荧光强度将分别为

$$I_z = C\int_{\Omega}|E_z|^2 \mathrm{d}\Omega = C|E|^2 \int_0^{2\pi}\mathrm{d}\varphi\int_0^{\pi}\cos^4\theta\sin\theta\mathrm{d}\theta = C|E|^2\frac{2\pi}{5} \tag{6.1.12a}$$

$$I_x = C\int_{\Omega}|E_z|^2 \mathrm{d}\Omega = C|E^2|\int_0^{2\pi}\cos^2\varphi\mathrm{d}\varphi\int_0^{\pi}\cos\theta\sin^3\theta\mathrm{d}\theta = C|E|^2\frac{2\pi}{15} \tag{6.1.12b}$$

这样，根据荧光各向异性的定义可见，该分子体系的平均荧光各向异性将是

$$r = \frac{I_{//}-I_{\perp}}{I_{//}+2I_{\perp}} = \frac{I_z - I_x}{I_z + 2I_x} = \frac{2}{5} \tag{6.1.13}$$

其中，$I_{//}$和 $I_{\perp}$的强度比即为$I_z : I_x = 3:1$。由上述分析也不难看出，各向同性分子体系的荧光各向异性将随着θ的增大而逐步降低，当$\theta = 90°$，即当分子取向完全垂直于激发光偏振方向（即平行于 x 轴方向）时，所观测到的将只是$I_x = I_y$，即$r = 0$的非偏振荧光辐射。因此，式（6.1.12a）中所给出的$\frac{2}{5}$通常被认为是，用偏振光在吸收和发射跃迁矩方向相同的条件下激发一个各向同性分子体系时，由于光激发的选择性（photoselection）而引起荧光偏振降低，该分子体系的荧光各向异性所能达到的最大极限值，后者通常用 r_0 表示。

但在实际上，各向同性分子体系分子的吸收和发射偶极子的空间取向往往并不相同，这是因为，发光的激发态分子在发射荧光之前，由于某种原因（例如，发生转动）而可能导致它的空间取向改变。为分析这种吸收和发射偶极子的空间取向不一致的情况，可假设分子在被激发后直到发射荧光之前，发射偶极子的空间取向转动了一个角度ξ，使该发射偶极子 $\boldsymbol{D}_e$ 的空间取向将在一个以吸收偶极子 $\boldsymbol{D}_a$ 取向(θ,φ)为轴、顶角为ξ的锥角内分布。为简化这种发光偶极子 $\boldsymbol{D}_e$ 和吸收偶极子 $\boldsymbol{D}_a$ 的空间取向彼此不同时的荧光各向异性的讨论，引入一个仍以 O 为原点但各轴取向转一个角度的新的坐标系 $Ox'y'z'$，其 z'轴方向和吸收偶极子 $\boldsymbol{D}_a$ 取向（θ, φ）重合（图 6.1.6）。

由此，可写出到发光偶极子 $\boldsymbol{D}_e$ 的电场强度在 z 轴和 x 轴的强度分量分别为

$$\begin{aligned} D_e^z &= D_{x'}\cos(x',z) + D_{y'}\cos(y',z) + D_{z'}\cos(z',z) \\ &= \boldsymbol{D}_e(-\sin\xi\cos\eta\sin\theta + \cos\xi\cos\theta) \end{aligned} \tag{6.1.14a}$$

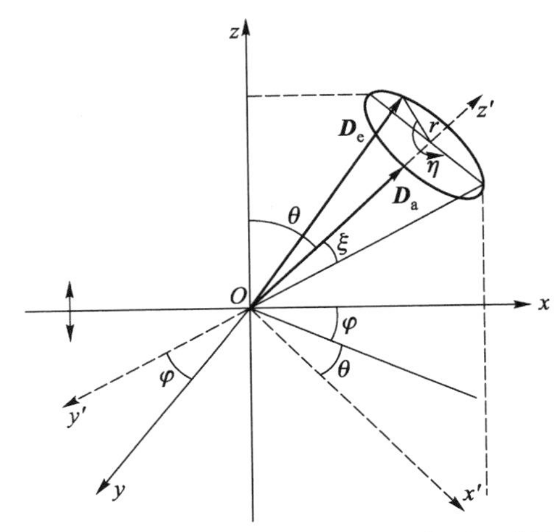

图 6.1.6 荧光发射偶极子和吸收偶极子空间取向不一致的荧光偏振模型

$$D_e^x = D_{x'}\cos(x',x) + D_{y'}\cos(y',x) + D_{z'}\cos(z',x)$$
$$= \boldsymbol{D}_e(\sin\xi\cos\eta\cos\theta\cos\varphi + \sin\xi\sin\eta\sin\varphi + \cos\xi\sin\theta\cos\varphi) \quad (6.1.14b)$$

同样，沿 y 轴方向观察到的荧光在 x 轴和 z 轴方向的强度将为

$$I_z(\Omega) = C|E|^2\cos^2\theta\overline{\cos^2(D_e z)}^{\eta}$$
$$= C|E|^2\cos^2\theta\left(\cos^2\theta\cos^2\xi + \frac{1}{2}\sin^2\theta\sin^2\xi\right) \quad (6.1.15a)$$

$$I_x(\Omega) = C|E|^2\cos^2\theta\overline{\cos^2(D_e x)}^{\eta}$$
$$= C|E|^2\cos^2\theta\left(\frac{1}{2}\cos^2\theta\cos^2\varphi\sin^2\xi + \frac{1}{2}\sin^2\varphi\sin^2\xi + \sin^2\theta\cos^2\varphi\cos^2\xi\right) \quad (6.1.15b)$$

式中上有横线的余弦函数表示对 η 角求平均。进一步对 θ 和 φ 角积分可得

$$I_z = C|E|^2\left(\cos^2\xi + \frac{1}{3}\sin^2\xi\right) \quad (6.1.16a)$$

$$I_x = C|E|^2\left(\frac{1}{3}\cos^2\xi + \frac{2}{3}\sin^2\xi\right) \quad (6.1.16b)$$

从而

$$r = \frac{I_z - I_x}{I_z + 2I_x} = \frac{3\cos^2\xi - 1}{5} = \frac{2}{5}\frac{3\cos^2\xi - 1}{2} \quad (6.1.17)$$

或

$$r = \frac{I_{/\!/} - I_{\perp}}{I_{/\!/} + 2I_{\perp}} = r_0\frac{3\cos^2\xi - 1}{2} \quad (6.1.18)$$

当分子的激发光和荧光辐射的偏振方向不同时，分子体系的荧光各向异性将进一步减小，而各向异性降低的程度是相对于它在激发时的跃迁矩偏移角ξ的函数［参阅式（6.1.18）］。在表 6.1.1 中列出不同ξ时的偏振度 P 和 r 值。由表 6.1.1 中所列数值可见，当荧光发射跃迁矩没有发生偏移时，正如可期的那样，该分子体系的荧光各向异性将仅由和光激发选择性相关的去偏振因子极限值$\frac{2}{5}$所决定，且随偏移角ξ 增大而降低。但有趣的是，当ξ 等于$\arccos\sqrt{\frac{1}{3}}$，即 54.7° 时，所观察到的荧光各向异性竟是$r=0$的非偏振光辐射，而当偏移 90° 时荧光各向异性还可以是负值。

表 6.1.1　激发光和荧光偏振方向夹角ξ不同时的荧光各向异性 r 和荧光偏振度 P

$\xi(0)$	r	P
0.0	0.40	0.500（即$\frac{1}{2}$）
45.0	0.10	0.143（约$\frac{1}{7}$）
54.7	0.00	0.00
90.0	−0.20	−0.333（约$-\frac{1}{3}$）

根据上述荧光各向异性 r 的模型分析可见，各向同性分子体系在偏振光激发下所产生的荧光偏振特性可反映分子的辐射跃迁矩空间取向。因此，测量荧光各向异性及其随时间的变化将为人们研究分子在介质中和界面上的空间取向及其转动过程提供独特而有效的方法。

但是要指出，在上述模型分析中，和分子体系相互作用的光辐射场波长并未作为一个参数予以考虑。然而，在实际分子体系中观测到的荧光各向异性，也可因所用激发和（或）所观测的荧光波长不同而异。一般来说，在一些情况下，分子荧光偏振特性随荧光波长不同而不同的一个最简单的可能原因是，该发光电子激发态分子在发射荧光的同时，发生某种形式的衰变。例如，和环境介质相互作用而发生“溶剂弛豫”。又如，体系中的其他分子和发光激发态分子间通过碰撞而以无辐射方式发生激发能传递时，也可导致长波荧光的各向异性降低。当然，前一因素只有在溶剂弛豫和荧光发射过程的速率可相比拟时才较重要，而激发能传递一般要求分子间距小于等于 4 nm。也就是说，只有当激发态“给体”分子或其他“受体”

分子浓度较高时才需考虑。此外，在不同激发波长处观测到的荧光各向异性 r 不同，特别是在某些波长范围中出现各向异性突变的可能原因是，该分子有一种以上的不同电子激发态，但它们都通过同一最低电子激发态产生荧光发射。因此，分析荧光各向异性对所用激发波长或（和）荧光观测波长的依赖关系，还可望进一步获得一些有关发光分子的激发机理以及它和环境介质的相互作用的信息。

3．荧光偏振特性和分子性质的关系：Perrin 关系式

Perrin 关系式[10]是通过荧光各向异性测量而研究发光分子转动的基础。这一关系式通常写为

$$\frac{r_0}{r}=1+\frac{\tau_f}{\theta} \tag{6.1.19}$$

这一关系式也可采用荧光偏振度 P 表述：

$$\left(\frac{1}{P}-\frac{1}{3}\right)=\left(\frac{1}{P_0}-\frac{1}{3}\right)\left(1+\frac{\tau_f RT}{\eta V}\right) \tag{6.1.20}$$

式（6.1.19）中的 θ 称为分子转动相关时间（rotational correlation time），它是介质黏度 η（单位为 mPa·s）、分子体积 V、气体常数 R[8.314 J/（mol·K）]、温度 T（K）以及电子激发态的荧光寿命 τ_f 的函数：

$$\theta=\frac{\eta V}{RT} \tag{6.1.21}$$

在分子的转动体积为球形的简单情况下，θ 和该分子的转动扩散系数 D 的关系是

$$\theta=\frac{1}{6D} \tag{6.1.22}$$

Perrin 关系式是基于一个基本物理思想而导出的。这一思想就是，如果激发态分子体系的荧光各向异性以单指数函数的动力学规律衰变（例如，该分子体系是被持续时间为 $\Delta t(\Delta t\to 0)$ 的δ光脉冲激发时所出现的情况），将有

$$r(t)=r_0\exp^{\left(-\frac{t}{\theta}\right)} \tag{6.1.23}$$

那么，通常用连续光脉冲激发时所测出的荧光各向异性将是其平均值 r，即

[10] (a) Perrin F.Phys. Radium V. Ser. 6, 1926, 7: 390. (b) Perrin F. Ann. Phys. Ser. 10, 1929, 12: 390.

$$r = \frac{\int_0^\infty I(t)r(t)\mathrm{d}t}{\int_0^\infty I(t)\mathrm{d}t} \tag{6.1.24}$$

若将式（6.1.23）代入式（6.1.24），即可得到Perrin关系式[式（6.1.19）]。

进一步考虑和分子转动相关时间相关的诸物理因素，式（6.1.19）可改写为描述荧光各向异性和可通过实验测量的发光电子激发态分子的寿命τ_f、转动体积 V 以及环境介质的温度 T 和黏度η 等宏观参数的关系式：

$$\frac{r_0}{r} = 1 + \frac{RT\tau_\mathrm{f}}{\eta V} \tag{6.1.25}$$

据式（6.1.25）可见，如果通过调节实验条件（例如采用适当的荧光猝灭剂，如 O_2 分子）改变激发态荧光寿命τ_f，考查在不同τ_f时实验所得的$\frac{1}{r}$，那么根据Perrin关系式可直接求出发光激发态分子的τ_f和转动相关时间θ。同样，若该发光激发态的寿命已知，由实验所得的$\frac{1}{r}$和$\frac{T}{\eta}$的线性关系[式（6.1.25）]的斜率$\frac{R\tau_\mathrm{f}}{r_0 V}$，即可计算出该发光分子的转动体积 V。

但是应指出，将实验中所观测到的线性函数关系外延到y轴所得的截距r_0^{app}，诚然可合理地作为式（6.1.25）中的r_0而从斜率中求解θ 和 V，但这一外延所得的表观值r_0^{app}通常都小于该发光分子的各向异性的实际极限值$r_0 = 0.4$（该极限值可在分子无转动的条件下测得，如在低温玻璃态溶液中进行测量）。与此同时，也可能发现，这一直线向$\frac{T}{\eta}$增大方向（例如由于η减小）或向τ_f增大方向外延时，会出现“向下弯曲”的偏离。出现这些畸变现象的原因往往是由于有其他的荧光“去偏振”（depolarization）过程发生所致。例如，发光分子的基团可进行某种形式的“分子内旋转”，如和蛋白质链相键连的发色团的“片段运动”（segmental motion）。不过也应指出，随τ或$\frac{T}{\eta}$增大，$\frac{1}{r} \sim \tau_\mathrm{f}$线性关系有时也可出现偏离而“向上弯曲”。其原因可能是发光激发态分子的转动体积“膨胀”，或分子形状偏离Perrin关系式关于“圆球体积”的假设。因此，无论是基于 Perrin 关系式研究在静态条件下所测量的荧光各向异性，或根据实测结果对这一关系的偏离，都可获得有关激发态分子转动运动的重要信息。事实上，在时间分辨荧光光谱方法发展之前的一个相当长的期间，关于蛋白质和 DNA 分子及其片段转动、发色团键合（binding）、分子缔合（association）等重要信息，正是通过实验测量的荧光各向异性，巧妙利用该关系式而获得的。虽然在以后涉及的时间分辨荧光光谱应用的章节中，对这些问题也会有所探讨。不过，对通过研究荧光偏振特性而获取分子结构及其动态过程有兴趣的读者，可进一步参阅一些有关的文献综述[11]。

6.1.3 分子荧光的时间特性及荧光量子产率

1．分子的荧光寿命 τ_f

分子体系荧光随时间变化的时间特性，通常用激发态所发射的荧光强度 $I(t)$衰变的时间常数，即通常所说的荧光寿命 τ_f 来表征。它实际上是发射荧光的分子被激发到相应的电子激发态后，在该激发态停留时间的平均值$\langle t\rangle$为

$$\langle t\rangle=\frac{\int_0^t tI(t)\mathrm{d}t}{\int_0^t I(t)\mathrm{d}t} \tag{6.1.26}$$

当发射荧光的激发态分子简单地以速率常数分别为 k_r 和 k_{nr} 的辐射和各种无辐射弛豫过程衰变时，即

$$-\frac{\mathrm{d}[A^*]}{\mathrm{d}t}=k_r[A^*]+k_{nr}[A^*] \tag{6.1.27a}$$

或

$$[A^*]=[A^*]_0\exp\left(-\frac{t}{k_r+k_{nr}}\right) \tag{6.1.27b}$$

正比于激发态分子浓度$[A^*]$的荧光强度（$I(t)=k_r[A^*]$）随时间的变化将是

$$I(t)=I_0\exp\left(-\frac{t}{k_r+k_{nr}}\right) \tag{6.1.28}$$

[11] Kawski A. Fluorescence Anisotopy: Theory and Applications of Rotational Depolarization Crit. Rev. Anal. Chem., 1993, 23: 459.

式中，$[A^*]_0$ 和 I_0 分别表示发光激发态分子 A^* 和它所发射荧光强度 I 的初始值。利用式（6.1.27）代入式（6.1.26），不难得出

$$\langle t\rangle=\frac{\int_0^t tI_0\exp\left(-\frac{t}{k_r+k_{nr}}\right)dt}{\int_0^t I_0\exp\left(-\frac{t}{k_r+k_{nr}}\right)dt}=\frac{1}{k_r+k_{nr}} \tag{6.1.29}$$

或

$$\tau_f=\frac{1}{k_r+k_{nr}} \tag{6.1.30}$$

也就是说，当发光的电子激发态浓度是以简单的单指数函数形式随时间衰变时，荧光寿命 τ_f 等于导致该电子激发态分子衰变的各过程的速率常数之和的倒数，并相当于发光激发态分子浓度$[A^*]$或该分子体系所发射的荧光强度 I 衰减 e^{-1} 时所要求的时间间隔［参阅式（6.1.28）］。

由式（6.1.30）可见，荧光寿命 τ_f 作为表征分子荧光的时间特性的参数，它和发射荧光的激发态分子的辐射跃迁以及各种无辐射跃迁过程的速率常数有关。从而，通过测量分子的荧光寿命将可望获得有关分子过程，包括激发态分子的自发辐射跃迁和各种无辐射跃迁过程的重要信息。

从原则上说，决定分子荧光寿命的各参数，即 k_r 和 k_{nr} 等，均可通过理论计算而得到（参阅第 2 章）。但在实际上，更可靠的结果还是通过实验测量而获得。不过应注意的是，荧光寿命的实验测量看来似乎比较简单，只不过是需要在荧光衰变过程中实时监测不同瞬间的强度变化。但这种测量在实际上是跟踪测量微弱（光探测器的检测灵敏度极限）、瞬变（时间分辨率为 10^{-9}～10^{-12} s 数量级）的荧光信号，而且，荧光衰变过程在许多情况下并不能用简单的动力学函数描述。因此，精确地测量和分析荧光衰变过程尚有一系列技术和理论问题需要巧妙而成功地解决，而这一点正是本章要探讨的主要问题之一。

在进一步详细探讨如何精确测量荧光寿命之前，这里将引入一个和分子的荧光寿命有密切关系的分子荧光的参数，即荧光量子产率。

2．分子的荧光量子产率 ϕ_f

荧光量子产率 ϕ_f 是一个分子体系中激发分子所吸收的光子数目和该体系中激发态分子以荧光形式重新释放出的光子数目之比。根据荧光量子产率 ϕ_f 的定义，不难看出，它的数值应等于发光激发态分子的荧光发射及

各种无辐射弛豫过程的速率 $k_r + k_{nr}$ 和荧光发射过程速率 k_r 之比。这样，可将荧光量子产率ϕ_f定量地表示为

$$\phi_f = \frac{k_r}{k_r + k_{nr}} \tag{6.1.31}$$

和式（6.1.30）相比较可见，荧光量子产率 ϕ_f 和荧光寿命 τ_f 的关系是

$$\phi_f = k_r \tau_f \tag{6.1.32}$$

在理论上，荧光量子产率虽可根据在静态实验中直接测量激发分子体系所吸收和所重新发射的光子数目而确定，但在实际上，荧光量子产率的测量是一个复杂而棘手的工作。这不仅是由于分子的荧光是向空间各个方向发射，从而难于“无损耗”地收集所发射的全部荧光光子，而且荧光光子在从样品中逸出到外部空间的传输过程中，也难免被样品“自吸收”而造成损失。此外，为测量荧光光子数目的绝对值，修正收集光子的几何光学因素以及溶剂介质折射率对荧光光子空间分布的影响，也必须予以考虑。诚然，用内壁涂有全反射层的“积分球”改善光子收集效率，或用理论方法校正“自吸收”损耗、折射率影响等，采用这些措施可望提高测量结果的准确度，然而却显著地增加了技术上的复杂性，以致难以成为“常规”的实用方法。因此，通常在实际工作中都是沿用 Vavilov 所建议的方法[12]，即通过和荧光量子产率已准确得知的分子在严格相同的实验条件下所测出的荧光强度相比较，换算出被测分子体系的荧光量子产率，而不是直接测量样品的荧光量子产率的绝对值。

Vavilov 方法的原理十分简单：令被测分子体系在波长为 λ_a、强度为 $I_0(\lambda_a)$的激发光作用下，所吸收的激发光强度 $I_a(\lambda_a)$表示为激发光强度 $I_0(\lambda_a)$ 和该分子体系在波长λ_a 处的吸收率 $A(\lambda_a)$的乘积。若将该分子体系在波长λ_e处所发射的荧光强度表示为 $I_e(\lambda_e)$，则被测分子体系的荧光量子产率 ϕ_f 将为

$$\phi_f = \frac{I_e(\lambda_e)}{I_a(\lambda_a)} = \frac{I_e(\lambda_e)}{I_0(\lambda_a)A(\lambda_a)} \tag{6.1.33}$$

同样，对于其荧光量子产率已知为 ϕ_f^r 的参比物也可写出：

$$\phi_f^r = \frac{I_e^r(\lambda_{e'})}{I_a^r(\lambda_a)} = \frac{I_e^r(\lambda_{e'})}{I_0(\lambda_a)A^r(\lambda_a)} \tag{6.1.34}$$

[12] (a) Vavilov S I. Z. Phys., 1924, 22: 266. (b) Vavilov S I. Z. Phys., 1925, 31: 750. (c) Vavilov S I. Z. Phys., 1927, 42: 311.

比较式（6.1.33）和式（6.1.34）可得

$$\phi_f = \frac{I_e(\lambda_e)}{I_e^r(\lambda_{e'})} \frac{A^r(\lambda_a)}{A(\lambda_a)} \phi_f^r \tag{6.1.35}$$

由式（6.1.35）可见，若被测样品和参比物在其吸收波长处的吸收率已知，测量它们在各自的荧光发射波长处的荧光强度 $I_e(\lambda_e)$ 和 $I_{e'}^r(\lambda_{e'})$，便可由参比物的荧光量子产率已知值 ϕ_f^r 而求出被测样品的荧光量子产率 ϕ_f[13]。

比较法测量荧光量子产率的原理虽然十分简单，但在实际利用上述关系式时必须注意：式中所用的荧光强度需以光子数目作为计量；如果强度不是在单一波长处测量时，$I_e(\lambda_e)$ 和 $I_{e'}^r(\lambda_{e'})$ 应采用测量波长范围内的强度积分或平均值；当被测样品和参比物的荧光测量波长不同时，光探测器对不同波长光信号响应不同的所谓“色效应”影响必须予以修正，而且测量的光学几何因素等也应保持一致。尤其是参比物的合理选择更是影响测量结果的可靠性和准确度的关键因素。

作为采用比较法测量荧光量子产率的标准参比物，人们曾采用喷涂在固体表面的无荧光氧化镁涂层或硅胶溶液（如 Du Pont 公司出品的 Ludox）。此时，所测量的不是参比物的荧光信号，而是它们对激发光的散射强度 $I_s(\lambda_a)$，散射强度等于激发光强度和参比物对波长为 λ_a 的光波的散射率 $R_s(\lambda_a)$，即

$$I_s(\lambda_a) = I_0(\lambda_a) R_s(\lambda_a) \tag{6.1.36}$$

此时，计算荧光量子产率的关系式（6.1.35）可改写为下述形式：

$$\phi_f = \frac{I_e(\lambda_e)}{I_e^r(\lambda_{e'})} \frac{R_s(\lambda_a)}{A(\lambda_a)} \tag{6.1.37}$$

不过氧化镁涂层的散射率与涂层厚度以及制备方法有关，而且它的散射作用往往并不是严格遵守描述光波在平面表面散射的朗伯（Lamber）余弦定律，特别是当入射光波波长处于紫外区时，其散射率可随使用时间加长而迅速降低。这些都导致引入测量误差，一般来说，采用这类参比物时的荧光量子产率测量误差可高达 5%～10%。Ludox 硅胶溶液虽具有良好的光散射特性，但新制备的溶液的工作性能并不稳定，通常均需“老化”2～3 个星期。此外，该硅胶溶液在波长小于 300 nm 的紫外光作用下，仍可能吸

[13] 目前认为最可靠的具体操作方法可参阅：Williams A T R, Winfield S A, Miller J N. Analyst, 1983, 108: 1067.

收激发光并发射荧光，尤其是这种吸收和硅胶浓度之间并不存在严格的线性关系，从而增加了$I_s(\lambda_a)$测量的复杂化因素。因此，在实际工作中更广泛的是选用某些有机物分子作为参比物。

不言而喻，可被选用的有机物分子的荧光量子产率应已被比较准确地测定，而且荧光量子产率和激发波长无关。在理想的情况下，该分子的荧光谱带应不和激发它的电子吸收谱带相互交盖，但和被测分子的电子吸收和荧光发射的波长范围尽可能的一致。此外，该化合物应易于得到且易于提纯，并能够和被测分子溶于相同的溶剂而制成有足够光化学稳定性的溶液。此外，为降低样品本身的“自吸收”、介质折射和浓度猝灭的概率，该参比物在最高吸光强度波长λ_a^{max}处的光密度应以小于0.05为宜。不难看出，当所选用的参比物分子能满足这些要求时，许多导致精确测量荧光强度技术复杂化的因素将可被忽略不计，从而简化测量结果的处理。在实际工作中获得广泛应用的一些参比物在表6.1.2中列出。

表 6.1.2 测量荧光量子产率常用的参比物

溶剂	量子产率 ϕ_f	荧光波长 λ_a/nm	参考资料
甲醇	0.54	600～650	J. Phys. Chem., 1979, 83: 696
乙醇+ 0.01% HCl	1.00	600～650	J. Phys. Chem., 1980, 84: 1871
0.1 mol/L H_2SO_4	0.54	400～600	J. Phys. Chem., 1961, 65: 229
0.1 mol/L NaOH	0.79	500～600	J. Am. Chem. Soc., 1945: 1099
0.1 mol/L H_2SO_4	0.58	400～550	J. Lumin., 1992, 51: 269-274
0.1 mol/L H_2SO_4	0.83	400～550	J. Lumin., 1992, 51: 269-274
0.1 mol/L H_2SO_4	0.45	400～550	J. Lumin., 1992, 51: 269-274
0.1 mol/L H_2SO_4	0.45	400～550	J. Lumin., 1992, 51: 269-274
乙醚	0.32	600～750	Trans. Faraday Soc., 1957, 53: 646-655
在甲苯中的1%吡啶	0.30	660～750	J. Chem. Phys., 1971, 55: 4131
水, pH 为 7.2, 25℃	0.14	300～380	J. Phys. Chem., 1970, 74: 4480
0.1 mol/L H_2SO_4	0.60	315～480	J. Phys. Chem., 1968, 72: 2680
乙醇	0.27	360～480	J. Phys. Chem., 1961, 65: 229
环己烷	0.90	400～500	J. Phys. Chem., 1983, 87: 83

最后附带指出，荧光量子产率诚然也可用其他不同方法测定，但它们

多数是在特定的场合应用，所以此处不拟一一赘述，有兴趣的读者可参阅有关实验手册[14]。

6.1.4　分子荧光的猝灭现象——Stern-Volmer 方程

除发光激发态分子自身的辐射跃迁和“内转换”、“系间蹿跃”等“分子内过程”（intra-molecular processes）外，激发态分子和体系中共存的其他分子（包括溶剂、环境介质等）的“分子间相互作用”（intermolcular interaction），通常也可导致荧光衰变过程加速、荧光强度降低。这种由于分子间相互作用而使荧光衰变过程加速、荧光强度降低的分子过程，通常统称为“荧光猝灭”（fluorescence quenching）。能通过和发光激发态分子 M^* 相互作用而导致荧光猝灭的分子，统称为“猝灭剂”（quencher），以 Q 表示。

导致荧光猝灭的分子间相互作用过程一般包括：

- M^* 和其他分子生成“碰撞络合物”（encounter complex）$[M^* \cdots Q]$：

$$M^* + Q \xrightarrow{k_c} [M^* \cdots Q]$$

或和未激发的基态分子 M 生成“激发态同体二聚体”（excited dimer，通常写为 excimer）：

$$M^* + M \xrightarrow{k_c} [M^* \cdots M]$$

或和其他猝灭剂分子 Q 生成“激发态异体缔合物”（excited complex，通常写为 exciplex）：

$$M^* + Q \xrightarrow{k_c} [M^* \cdots Q]$$

- M^* 向其他分子进行激发能传递：

$$M^* + Q \xrightarrow{k_{ET}} M + Q^*$$

- M^* 向其他分子进行电子转移：

$$M^* + Q \xrightarrow{k_{eT}} M^+ + Q^-$$

- 此外，M^* 和含有相对原子质量较大的原子（如氯、溴、碘和金属离子等）的猝灭剂分子相互作用，通过加速荧光激发态分子自身的系间蹿跃的所谓“重原子效应”（heavy-atom effect），也是导致荧光猝灭的一种机理。

---

[14] (a) Lakowicz J R. Principles of Fluorescence Spectroscopy. 2nd ed.New York: Kluwer Academic/Plenum Press, 1999. (b) Scaiano J C. Handbook of Organic Photochemistry. [s. l.]: CRC Press, 1989.

1. Stern-Volmer 方程

分子荧光的猝灭特性通常用以下的 Stern-Volmer 方程描述[15]：

$$\frac{I_0}{I}=1+K_{\mathrm{SV}}[\mathrm{Q}] \tag{6.1.38}$$

式中：I 和 I_0 分别表示有和没有猝灭剂分子 Q 存在时的荧光强度；[Q]是猝灭剂分子浓度；K_{SV} 称为 Stern-Volmer 常数，其物理意义不难从分析上述分子间猝灭过程存在时的荧光衰变动力学规律中认知。在典型的情况下，当有上述分子间过程导致发光激发态分子 M^*的荧光猝灭时，M^*的浓度随时间的变化可用下式描述：

$$\frac{\mathrm{d}[\mathrm{M}^*]}{\mathrm{d}t}=w(t)-k_{\mathrm{r}}[\mathrm{M}^*]-(k_{\mathrm{ic}}+k_{\mathrm{isc}})[\mathrm{M}^*]-k_{\mathrm{q}}[\mathrm{M}^*][\mathrm{Q}] \tag{6.1.39}$$

在稳定态近似的条件下，即 $\frac{\mathrm{d}[\mathrm{M}^*]}{\mathrm{d}t}=0$ 时，可得

$$[\mathrm{M}^*]=\frac{w(t)}{k_{\mathrm{r}}+k_{\mathrm{ic}}+k_{\mathrm{isc}}+k_{\mathrm{q}}[\mathrm{Q}]} \tag{6.1.40}$$

此时的荧光强度 $I=k_{\mathrm{r}}[\mathrm{M}^*]$ 将为

$$I=k_{\mathrm{r}}[\mathrm{M}^*]=\frac{k_{\mathrm{r}}w(t)}{k_{\mathrm{r}}+k_{\mathrm{ic}}+k_{\mathrm{isc}}+k_{\mathrm{q}}[\mathrm{Q}]} \tag{6.1.41}$$

显然，在没有猝灭剂分子存在时的荧光强度 I_0 应是

$$I_0=\frac{k_{\mathrm{r}}w(t)}{k_{\mathrm{r}}+k_{\mathrm{ic}}+k_{\mathrm{isc}}} \tag{6.1.42}$$

由式（6.1.41）和式（6.1.42）可见：

$$\frac{I_0}{I}=1+\frac{1}{k_{\mathrm{r}}+k_{\mathrm{nr}}}k_{\mathrm{q}}[\mathrm{Q}]=1+\tau_0 k_{\mathrm{q}}[\mathrm{Q}] \tag{6.1.43}$$

比较式（6.1.38）和式（6.1.43）：

$$K_{\mathrm{SV}}=\tau_0 k_{\mathrm{q}} \tag{6.1.44}$$

式中，τ_0 为发光激发态分子在没有荧光猝灭时本身所固有的荧光寿命，$\tau_0=\frac{1}{k_{\mathrm{r}}+k_{\mathrm{nr}}}$；$k_{\mathrm{q}}$ 是荧光猝灭速率常数，其值和发光激发态分子 M^*以及猝灭剂分子的性质有关，而且也是猝灭作用机理的函数。例如，当假设荧光

[15] Stern O, Volmer M. Z. Phys., 1919, 20: 183.

猝灭速率仅是由 M^*和 Q 间分子碰撞过程所控制时，k_q 可由分子间的碰撞概率 Z_{M^*Q} 进行估算，而 Z_{M^*Q} 为

$$Z_{M^*Q} = k_c[M^*][Q] \tag{6.1.45}$$

k_c 是扩散控制双分子过程的速率常数，并可用 Smoluchowski 方程作近似估计：

$$k_c = \frac{4\pi RDN}{1\,000} = \frac{4\pi N}{1\,000}\rho(R_M + R_Q)(D_M + D_Q) \tag{6.1.46}$$

式中，N 是阿伏加德罗常数，ρ代表通过碰撞而发生猝灭的概率 $(1 \geqslant \rho \geqslant 0)$；$R_M$、$D_M$ 和 R_Q、D_Q 分别表示发光激发态分子 M^*和猝灭剂分子 Q 的碰撞半径和扩散系数。扩散系数 D 可根据分子半径 R 和溶剂黏度η用以下斯托克斯–爱因斯坦公式求出：

$$D = \frac{kT}{6\pi\eta R} \tag{6.1.47}$$

这样，式（6.1.45）可进一步改写为

$$k_q = \frac{2RT\rho}{3\,000\eta}\frac{R_M + R_Q}{R_M R_Q} \tag{6.1.48}$$

此时，k_q 的典型数值是 $10^{10}M^{-1} \cdot s^{-1}$ 数量级。

应当指出，由于准确测量荧光强度的复杂性，特别是当猝灭剂分子 Q 在发光分子 M 的荧光发射的波长范围内有吸收作用时，以荧光强度作为特征参数的 Stern-Volmer 方程[式（6.1.38）]并不是定量描述荧光猝灭过程的最佳表达式。不过，根据式（6.1.39）所表达的$[M^*]$浓度随时间变化的动力学规律，在持续时间为无限短的所谓δ脉冲激发条件下，不难得出

$$\begin{aligned}[M^*] &= [M]_0 \exp[-(k_r + k_{nr} + k_q[Q])t] \\ &= [M]_0 \exp\left(-\frac{t}{\tau}\right)\end{aligned} \tag{6.1.49}$$

式中，$[M]_0$ 为被δ脉冲激发而产生的发光激发态分子在 $t = 0$ 时的初始浓度，τ 是发光激发态分子在有荧光猝灭时的荧光寿命，$\tau = \dfrac{1}{k_r + k_{nr} + k_q[Q]}$。考虑到发光激发态分子在没有荧光猝灭时的荧光寿命 $\tau_0 = \dfrac{1}{k_r + k_{nr}}$，Stern-Volmer 方程也可写为另一种表达方式：

$$\frac{\tau_0}{\tau}=1+\tau_0 k_q[Q]=1+K_{SV}[Q] \tag{6.1.50}$$

它和式（6.1.38）相同，并同样示明，荧光猝灭引起分子体系荧光特性参数的变化和猝灭剂分子浓度呈线性函数关系。

此外也应指出，虽然 Stern-Volmer 方程在很多情况下可满意地描述分子体系的荧光衰变过程，但在实际工作中有时也会发现对这一理论预言产生偏离，典型的情况是随猝灭剂分子浓度增大，$\left(\frac{I_0}{I}\right)\sim[Q]$ 或 $\left(\frac{\tau_0}{\tau}\right)\sim[Q]$ 直线“向上”弯曲。这种偏离并不是说明 Stern-Volmer 方程在原理上有什么不妥之处，而是表明在实际情况下该方程有时过于简化。从而，在讨论这些分子体系的荧光猝灭的实际情况时，还有一些如下所述的具体复杂因素必须予以考虑。

2．静态猝灭

导致偏离 Stern-Volmer 线性关系的可能的原因之一是“静态猝灭”（static quenching）。这种荧光猝灭是由于发光分子 M 在未被激发之前即和猝灭剂分子 Q 相互作用而生成不能发射荧光的缔合物[M···Q]所引起。令没有猝灭剂分子存在时的发光分子的总浓度为 $[M]_0$，缔合过程 $M+Q\xleftrightarrow{K_{eq}}[M\cdots Q]$ 的平衡常数 K_{eq} 为

$$K_{eq}=\frac{[M\cdots Q]}{[M]\ [Q]} \tag{6.1.51}$$

其中，$[M\cdots Q]=[M]_0-[M]$。由此不难得出

$$\frac{[M]_0}{[M]}=1+K_{eq}[Q] \tag{6.1.52}$$

因为在有能发生缔合的猝灭剂分子存在时，发光激发态分子所发射的荧光强度 I 应正比于未被缔合的“自由态”分子 [M] 的浓度，而在没有猝灭剂分子共存时的荧光强度将正比于 $[M]_0$。这样，由式（6.1.52）可得

$$\frac{I_0}{I}=\frac{[M]_0}{[M]}=1+K_{eq}[Q] \tag{6.1.53}$$

也就是说，当分子体系的荧光猝灭是通过静态猝灭机理发生时，猝灭剂分子浓度对有和没有猝灭剂存在时的荧光强度比（不是和基态缔合物生成无关的荧光寿命的比值）的影响，与通过和发光激发态分子 M^* 相作用而引起的“动态猝灭”（dynamic quenching）的 Stern-Volmer 方程在形式上完全

相同，其差别仅在于，此时所观测到的特征常数 K_{SV} 在数值上等于发光激发态分子和猝灭剂分子在电子基态时发生缔合的平衡常数 K_{eq}：

$$K_{SV}\,(\text{静态}) = K_{eq} \tag{6.1.54}$$

基于上述分析可见，如果发光激发态分子的荧光在被“动态猝灭”的同时，有一部分发光分子 $f[M]_0$ 在被激发前已和猝灭剂分子生成不发光的基态缔合物，此时的荧光猝灭将应采用下式描述：

$$\begin{aligned}\frac{I_0}{I} &= \left(\frac{I_0}{I}\right)_{\text{static}}\left(\frac{I_0}{I}\right)_{\text{dynamic}} \\ &= (1+K_{eq}[Q])(1+\tau_0 k_q[Q]) \\ &= 1+(K_{eq}+\tau_0 k_q)[Q]+K_{eq}\tau_0 k_q[Q]^2\end{aligned} \tag{6.1.55}$$

将式（6.1.55）和描述动态猝灭的 Stern-Volmer 方程式（6.1.38）相比较，不难看出 $\frac{I_0}{I}$ 在较高的猝灭剂分子浓度[Q]时，将大于式（6.1.38）的预期值。而式中的各个参数 K_{eq}、τ_0 和 k_q，则可由 $\left(\frac{I_0}{I}-1\right)\frac{1}{[Q]}$ 和[Q]的线性关系的斜率和截距求出：

$$\left(\frac{I_0}{I}-1\right)\frac{1}{[Q]} = (K_{eq}+\tau_0 k_q)+K_{eq}\tau_0 k_q[Q] \tag{6.1.56}$$

因此，发生静态猝灭是在一些情况下偏离 Stern-Volmer 方程所示线性关系的可能原因之一。

3．瞬时效应

导致偏离 Stern-Volmer 方程所示线性关系的另一个可能原因是，在发光激发态分子 M^*和猝灭剂分子 Q 间的“双分子过程”所引起的荧光猝灭过程中，不能简单地将发光激发态分子 M^*浓度随时间变化的实际过程中的 $k_q[Q]$ 视为和时间无关的常数，而将荧光衰变过程用单指数衰变动力学规律描述。这是因为，Q 对 M^*的猝灭速率并不必然正比于它们之间发生碰撞的概率，而往往是受导致它们之间发生碰撞的扩散速率的控制。从而，采用扩散控制的双分子化学反应速度的理论模型描述荧光猝灭过程，可能比用简单地考虑分子间的碰撞的方法更切合实际。根据扩散控制的双分子过程的理论模型，双分子反应过程的速率常数应该是时间的函数[16]：

[16] Noyes R M. Effects of Diffusion Rates on Chemical Kinetics.Porter G. Progress in Reaction Kinetics. Vol. 1. London: Pergamon, 1961: 129–159.

$$k(t)=4\pi D_{MQ}R'N'\left(1+\frac{R'}{\sqrt{\pi D_{MQ}t}}\right) \tag{6.1.57}$$

式中：D_{MQ}表示相互作用的M^*和Q两种分子间相互扩散的扩散系数，其值等于各分子自身的扩散系数D_M和D_Q之和；R'是M和Q相互作用的有效半径，其值等于$R\left(1+\dfrac{D_{MQ}}{\kappa R}\right)^{-1}$；$\kappa$是分子在$R$和$R+dR$范围内相互作用的微观速率常数；$N'$是以mmol为单位的阿伏加德罗常数。基于这一考虑，Q对发光激发态分子猝灭的双分子速率常数k应采用这一双分子反应速率常数$k(t)$表示。这样，发光激发态分子M^*的浓度随时间的变化应写为

$$[M^*]=[M^*]_0\exp\left[\frac{-t}{\tau_0}-4\pi D_{MQ}R'N'[Q]t\left(1+\frac{2R'}{\sqrt{\pi D_{MQ}t}}\right)\right] \tag{6.1.58a}$$

或

$$[M^*]=[M^*]_0\exp(-at-2b\sqrt{t}) \tag{6.1.58b}$$

式中：

$$\left.\begin{aligned}a&=\left(\frac{1}{\tau_0}+4\pi D_{MQ}N'R'[Q]\right)\\ b&=4R'^2N'[Q]\sqrt{\pi D_{MQ}}\\ \frac{1}{\tau_0}&=k_r+k_{nr}\end{aligned}\right\} \tag{6.1.58c}$$

在有荧光猝灭时，发光激发态分子所发射荧光的衰变动力学方程为

$$\begin{aligned}I(t)&=I_0\exp\left[-\frac{t}{\tau_0}-4\pi D_{MQ}N'R'[Q]t\left(1+\frac{2R'}{\sqrt{\pi D_{MQ}t}}\right)\right]\\&=I_0\exp(-at-2bt^{1/2})\end{aligned} \tag{6.1.59}$$

在稳定态条件下，有和没有猝灭时的荧光强度比$\dfrac{I_0}{I}$与猝灭剂分子浓度[Q]的关系是

$$\frac{I_0}{I}=(1+4\pi R'D_{MQ}N'[Q]\tau_0)Y^{-1} \tag{6.1.60a}$$

其中：

$$Y = 1 - \left(\frac{b}{\sqrt{a}}\right)\sqrt{\pi}\exp\left(\frac{b^2}{a}\right)\mathrm{erfc}\left(\frac{b}{\sqrt{a}}\right) \tag{6.1.60b}$$

$$\mathrm{erfc}(x) = \frac{2}{\sqrt{\pi}}\int_x^{\infty}\exp(-u^2)\mathrm{d}u \tag{6.1.60c}$$

由式（6.1.60a）～式（6.1.60c）可见，当 D_{MQ} 比较小，以致 $\frac{R'}{\sqrt{\pi D_{MQ} t}}$ 项不可忽略时，这一“瞬时项”将导致在有荧光猝灭时的荧光衰变动力学不能采用单指数函数描述，从而也导致偏离 Stern-Volmer 方程所示的线性关系。显然，考查环境介质黏度对荧光猝灭的影响，将为判定瞬时效应的影响提供一定的参考依据。

6.2　荧光强度测量的影响因素修正

在分子体系的荧光光谱、偏振和时间特性的实验研究中，一个共同的问题是如何正确地测量它在不同频率范围、不同偏振方向或不同时间间隔内的荧光强度。这一问题之所以提出，是因为在分子荧光特性的实验测量中，总会遇到一些复杂化因素。这些因素虽不影响发光激发态分子本身的性质及其动态学行为，但却影响发光激发态分子所产生的荧光强度的定量检测，以致所得实验测量结果不能准确地反映被测分子体系所发射荧光的真实情况，从而导致对实验结果的错误解释。因此，在这一节中将对几个主要的影响因素予以简要考查，其中包括自吸收效应、几何光学影响，特别是光栅响应的修正问题。

6.2.1　自吸收效应

如果分子的吸收和荧光发射光谱在某个波长范围有所交盖，当波长处于这一交盖区的荧光从该分子样品中逸出到外界空间时，即可被处于传播方向的未被激发的基态分子所吸收。发生这种自吸收（self-absorption）的结果，将减弱荧光在该波长处的真实强度。此外，这种自吸收也会影响荧光量子产率和荧光衰变过程的动力学曲线测量。例如，在测量荧光强度时，若样品所发射的荧光光子在该体系介质中传播的过程中被同种的基态分子所吸收的概率为 α ，则荧光光子自该分子体系中逸出的概率将为 $(1-\alpha)$ ，且 $\alpha \leqslant 1$ 。此时实验测出的荧光强度 $I_{\mathrm{M}}^{\exp}$ 将小于荧光的真实强度值 I_{M} ，且等于

$$I_{\mathrm{M}}^{\exp} = I_{\mathrm{M}}(1-\alpha)[1+\alpha I_{\mathrm{M}}+\alpha^{2} I_{\mathrm{M}}^{2}+\cdots+\alpha^{n} I_{\mathrm{M}}^{n}] \approx I_{\mathrm{M}} \frac{(1-\alpha)}{(1-\alpha I_{\mathrm{M}})} \tag{6.2.1}$$

式中，括号内各项为初始激发的分子所发射的和经过 $1,2,\cdots,n$ 次吸收、再辐射的光子数目。显然，此时的荧光衰变动力学规律将需采用更复杂的指数函数描述。若仍按一般的指数函数处理，所得到的 τ_{f} 值肯定不是真实的荧光寿命。诚然，这种自吸收效应可以通过理论分析而进行校正，但实际工作中更方便而有效的方法是从实验技术上着手解决。一个显而易见的做法是采用“表面激发”方式，使荧光只在样品表面产生而不是来自样品内部（图 6.2.1），从而将自吸收的可能性降到最低。当然可被这种方式激发的分子的数目将比“体相”激发时少，以致可被测量的荧光信号的强度减弱。此时，为降低这一因素的影响，可适当地提高样品浓度或选用高灵敏度的检测系统，如采用光子计数检测技术。

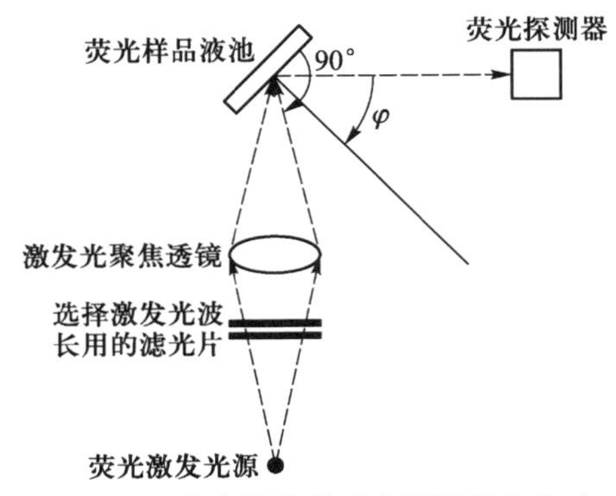

图 6.2.1　荧光样品的“表面激发”方式

如果样品量足够多，也可采用液体射流技术，使样品通过细孔喷管以纤细射流液柱方式流出。此时附带来的一个好处是可以消除液池壁的影响。不过此时应注意探测系统和样品液柱之间的空间耦合、并适当选择它们的间距。

6.2.2 几何光学因素考虑

在测量分子体系的荧光特性时，实际上所检测的仅是从样品中“逸出”的那部分荧光。这部分荧光的光子密度分布和在样品内部的真实分布情况可能并不相同。这是因为，除样品的自吸收外，还可能由一些样品几何光学因素所引起，其中包括荧光光子逸出介质表面时所发生的光折射。为说明此点，考查点光源 S 所发射的荧光在其折射率分别为 n_i 和 n_o 两种介质中的强度分布（图 6.2.2）。

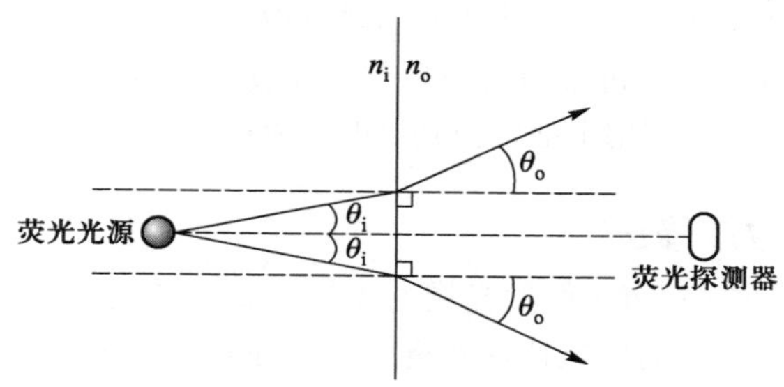

图 6.2.2　荧光通过 n_i 和 n_o 两种介质的界面时的折射现象

令该光源在单位时间内向顶角为 $2\theta_i$ 的锥体空间发射的光子数目为 N，当 θ_i 较小从而 $\sin\theta_i \approx \theta_i$ 成立的条件下，在折射率为 n_i 的介质中的光强度 I_i 应为

$$I_i \cong \frac{4N_i}{\theta_i^2} \tag{6.2.2}$$

但在折射率为 n_o 的介质中，由于在两种介质间的界面上发生光折射，同样多的光子数 N_i 将在更大的立体角 θ_o 内分布。在 $\sin\theta_o \approx \theta_o$ 的近似条件下，在这一介质中的光强度 I_o 将可表示为

$$I_o \approx \frac{4N_i}{\theta_o^2}$$

利用 Small 定律，不难得出：

$$I_o = I_i\left(\frac{n_o^2}{n_i^2}\right) \tag{6.2.3}$$

这样，处于 $n_o = 1$ 的空气介质中的探测器所检测的荧光强度 I_o 将是分子样品内部实际荧光强度 I_i 的 $\frac{1}{n_i^2}$。因此，样品内部实际荧光强度 I_i 需从实验中

所测出的荧光强度进行折射率校正而得出。

应指出的是，仅利用关系式（6.2.3）即可进行满意的校正，而得出该分子体系的真实荧光强度 I_i。但在实际工作中，还应考虑到荧光在样品界面的内反射（internal reflection）的影响，特别是当样品中的荧光投射到样品界面的入射角等于临界角时，这种效应将十分严重，其结果将使发光激发态分子被样品本身所“俘获”（trapping）而不能从中“逸出”。这种内反射效应也和发光分子样品本身的折射率 n_i 有关。例如：当发光分子样品在方形样品池中时，若样品的折射率为 1.5，被“俘获”荧光将占样品内荧光的 24%，而当样品的折射率 $n_i = 2.0$ 时，将有约 60%的荧光被样品本身所“俘获”。为减少这种内反射效应，可采用池壁具有一定散射能力并具有非对称构型的样品池设计。当然，采用上面曾提到过的射流技术，更有其可取之处。

6.2.3 光栅效应修正

由于通常用做分光元件的光栅对不同偏振的入射光信号的衍射效率不同，因此，在荧光的偏振特性测量时，这种光栅效应必须从直接测量的结果中予以消除。

1．光栅的 G 因子

在说明校正光栅衍射的选择性对荧光信号强度测量影响的各种方法之前，首先区分两种表征光辐射场偏振方向的方法：第一种方法是以所用激发光辐射场的偏振方向作基准，并用符号//和⊥分别表征偏振方向与它呈平行和垂直的荧光辐射；另一种方法是用实验室坐标系作基准，所观测到的荧光的偏振方向用检测荧光时所用偏振器的方向标出，并用下标 V 和 H 分别表示垂直和水平方向偏振的光辐射场。而且，在习惯上是把将表示激发光偏振方向的下标写在前面，随后写出所观测的荧光的偏振方向。例如，I_{VH} 是表示在实验室坐标的垂直方向偏振的激发光作用下，所观测到的样品荧光的水平偏振强度分量（参阅图 6.2.3）。

为校正光栅衍射选择性对荧光测量结果的影响，通常采用“光栅 G 因子”参数，这一参数的定义是，所用光栅对垂直 V 和水平 H 偏振的入射光的衍射效率之比。若令所用光栅对垂直 V 和水平 H 偏振的入射光的衍射效率分别用 S_V、S_H 表示，光栅 G 因子将等于

$$G = \frac{S_V}{S_H} \tag{6.2.4}$$

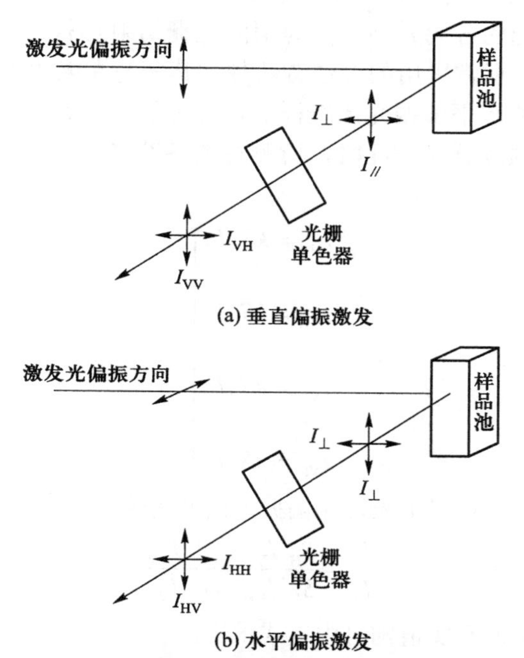

图 6.2.3　消除光栅的衍射选择性影响的 L 形光路

其值可用图 6.2.3 所示的 L 形光路测出。其方法是采用水平偏振光激发样品，并用偏振器（检偏器）分别测量在垂直和水平方向偏振的荧光信号强度分量。此时，所测得的各荧光信号强度分量的结果将分别是

$$\left.\begin{aligned} I_{HV} &= kS_V I_{\perp} \\ I_{HH} &= kS_H I_{\perp} \end{aligned}\right\} \tag{6.2.5}$$

式中 k 代表考虑修正样品的荧光量子产率以及其他和荧光偏振特性无关的仪器参数影响的比例常数。根据光栅 G 因子的定义式（6.2.4）可见，它就是采用水平偏振光激发样品时，而在垂直和水平方向偏振的荧光信号强度的比值：

$$G = \frac{I_{HV}}{I_{HH}} \tag{6.2.6}$$

2．荧光偏振特性测量中的光栅效应修正

在测量荧光的各向异性时，为消除光栅衍射选择性对不同偏振的荧光强度的影响，通常采用的方法有两种。其一是在采用上述的 L 形光路时，采用垂直和水平偏振光激发样品，而分别测量在垂直和水平方向偏振的荧光信号强度分量。此时，所测得的各荧光信号强度分量的结果将分别是

$$\left.\begin{aligned} I_{\mathrm{HV}} &= kS_{\mathrm{V}}I_{\perp} \\ I_{\mathrm{HH}} &= kS_{\mathrm{H}}I_{\perp} \\ I_{\mathrm{VV}} &= kS_{\mathrm{V}}I_{/\!/} \\ I_{\mathrm{VH}} &= kS_{\mathrm{H}}I_{\perp} \end{aligned}\right\} \tag{6.2.7}$$

平行和垂直偏振（相对于激发光偏振方向）的荧光强度分量应为

$$\frac{I_{/\!/}}{I_{\perp}} = \frac{S_{\mathrm{H}}}{S_{\mathrm{V}}}\frac{I_{\mathrm{VV}}}{I_{\mathrm{VH}}} = \frac{1}{G}\frac{I_{\mathrm{VV}}}{I_{\mathrm{VH}}} \tag{6.2.8}$$

而荧光各向异性的真实值则可由下式求出：

$$r = \frac{I_{/\!/} - I_{\perp}}{I_{/\!/} + 2I_{\perp}} = \frac{I_{\mathrm{VV}} - GI_{\mathrm{VH}}}{I_{\mathrm{VV}} + 2GI_{\mathrm{VH}}} \tag{6.2.9}$$

在这里的 G 因子可直接用在水平偏振光激发样品时所测量到的 I_{HV} 和 I_{HH} 求出[参阅式（6.2.6）]。

另一种消除光栅的衍射选择性影响的方法是采用 T 形光路。沿垂直于激发光传播方向 z 轴的两侧即 x 轴和 y 轴方向同时测量平行于和垂直于发光偏振方向的荧光强度的相对值（图 6.2.4）。

此时，如果放置在垂直于激发光传播方向两侧的垂直和平行偏振的“检偏器”的偏振方向保持不变，利用“起偏器”调节激发光的偏振方向而使样品分别被垂直和平行偏振光激发，并将所测出的平行和垂直偏振荧光强度 $I_{/\!/}$ 和 $I_{\perp}$ 相对于激发光强度的比例系数分别以 $G_{/\!/}$和 $G_{\perp}$ 表示，那么，在用垂直偏振的激发光激发时，在平行和垂直通道测出的荧光信号的相对强度 R_{V} 为

$$R_{\mathrm{V}} = \frac{G_{/\!/}I_{/\!/}}{G_{\perp}I_{\perp}} \tag{6.2.10}$$

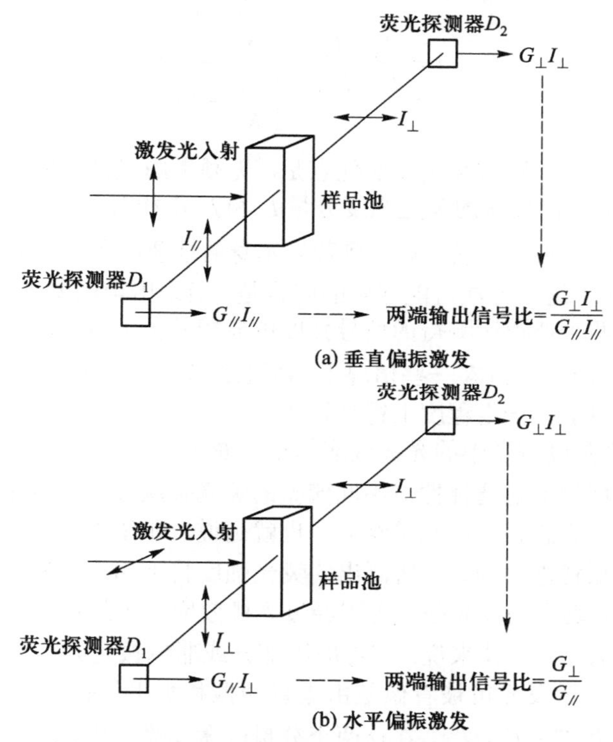

图 6.2.4　消除光栅的衍射选择性影响的 T 形光路

而在用水平偏振的激发光激发时，在两个通道测出的都是和激发光偏振方向相垂直的荧光强度，此时有：

$$R_H=\frac{G_{//}}{G_\perp}\frac{I_\perp}{I_\perp}=\frac{G_{//}}{G_\perp} \tag{6.2.11}$$

这样：

$$\frac{I_{//}}{I_\perp}=\frac{R_V}{R_H} \tag{6.2.12}$$

也就是说，不论是用垂直或水平偏振光激发样品以及 G 值大小如何，沿平行和垂直两个检测通道测量所得的荧光强度相对值 R_V 和 R_H 的比值，即等于相对于激发光偏振方向的平行和垂直而偏振的荧光强度比，而无须考虑光路中光栅的衍射特性的影响。此时的荧光的各向异性也可直接利用下式求出：

$$r=\frac{I_{/\!/}-I_{\perp}}{I_{/\!/}+2I_{\perp}}=\frac{\left(\dfrac{R_{\mathrm{V}}}{R_{\mathrm{H}}}-1\right)}{\left(\dfrac{R_{\mathrm{V}}}{R_{\mathrm{H}}}+2\right)} \tag{6.2.13}$$

显然，利用 T 形光路测量荧光的优点是，无须考虑光栅效应的修正。更重要的是，它的不同偏振的荧光强度分量 $I_{/\!/}$ 和 $I_{\perp}$ 由相对值 R_{V} 和 R_{H} 计算，从而荧光的激发光波长、强度对被测荧光本身的性质的各种可能影响均可忽略不计。当然，这一方法可能遇到的问题是，当采用全偏振光激发样品时，平行和垂直两个通道所测得的信号强度可能相差很大，从而增大 R_{V}、R_{H} 相对值的测量误差。不过在一些情况下，通过适当地选择所用的激发光波长，这一问题仍可能在一定程度上得到解决。

3．荧光强度测量中的光栅效应修正：魔术角

既然光栅的衍射选择性对不同偏振的荧光强度分量的测量有影响，它也必然影响荧光总强度的测量结果。也就是说，即使激发光强度相同，但当荧光的偏振特性不同时，所测出的荧光强度将不相同。为修正这一光栅效应的影响，真实的荧光强度可用经过光栅效应修正的不同偏振的荧光强度分量之和表示。具体来说，在考虑用部分或非偏振光 I^{e} 激发分子样品的一般情况下，激发光可被看做是由垂直偏振和水平偏振的两个分量 $I_{\mathrm{V}}^{\mathrm{e}}$ 和 $I_{\mathrm{H}}^{\mathrm{e}}$ 所构成，即 $I^{\mathrm{e}}=I_{\mathrm{V}}^{\mathrm{e}}+I_{\mathrm{H}}^{\mathrm{e}}$。在这两个分量的激发光作用下，沿激发光传播方向成夹角 α 方向所观测到的样品荧光在不同偏振方向的分量将分别是

$$\left.\begin{aligned}
I_{\mathrm{VV}}(\alpha)&=\frac{1}{3}kI_{\mathrm{V}}^{\mathrm{e}}(1+2r)S_{\mathrm{V}}\\
I_{\mathrm{VH}}(\alpha)&=\frac{1}{3}kI_{\mathrm{V}}^{\mathrm{e}}(1-r)S_{\mathrm{H}}\\
I_{\mathrm{HV}}(\alpha)&=\frac{1}{3}kI_{\mathrm{H}}^{\mathrm{e}}(1-r)S_{\mathrm{V}}\\
I_{\mathrm{HH}}(\alpha)&=\frac{1}{3}kI_{\mathrm{H}}^{\mathrm{e}}(1-r+3r\cos^{2}\alpha)S_{\mathrm{H}}
\end{aligned}\right\} \tag{6.2.14}$$

式中，k 是激发光强度和所产生的荧光强度 $(I_{/\!/}+2I_{\perp})$ 间的比例常数，r 是荧光的各向异性。由此可得在强度为 I^{e} 的激发光作用下，所测出的荧光总强度 $I^{\mathrm{f}}(\alpha)$ 应为

$$I^{\mathrm{f}}(\alpha)=I_{\mathrm{VV}}(\alpha)+I_{\mathrm{VH}}(\alpha)+I_{\mathrm{HV}}(\alpha)+I_{\mathrm{HH}}(\alpha)=\frac{1}{3}kI^{\mathrm{e}}(S_{\mathrm{V}}+S_{\mathrm{H}}) \tag{6.2.15}$$

也就是说，所测出的荧光总强度和所用激发光强度、所用设备系统的光栅特性成正比，而和荧光偏振特性无关。但这里要求分别测量不同偏振光激发时的不同偏振方向的荧光强度分量，这不仅使测量工作复杂化，而且也增大了引入误差的机会。

在实际工作中，为消除光栅对不同偏振的入射光的衍射效率不同对荧光总强度测量的影响，普遍采用的一个简单而巧妙的方法是，R. D. Spencer 和 G. Weber 所提出的“魔术角”技术。它是检测通过偏振方向相对于垂直轴呈“魔术角”（magic angle）$\varphi=\arccos\sqrt{\frac{1}{3}}=54.75^\circ$ 的检偏器，即其各向异性 $r=0$ 条件下的荧光强度。为说明其原理，先考查只用垂直偏振光激发的简单情况。此时沿 α 角所测出通过其偏振方向为 φ 夹角检偏器的荧光强度应为 $I_\varphi^{\mathrm{V}}(\alpha)$，即

$$I_\varphi^{\mathrm{V}}(\alpha)=(E_{\mathrm{VV}}\cos\varphi)^2+(E_{\mathrm{VH}}\sin\varphi^2) \tag{6.2.16}$$

当 $\varphi=54.75^\circ$ 时：

$$I_\varphi^{\mathrm{V}}(\alpha)=\frac{1}{3}[I_{\mathrm{VV}}(\alpha)+2I_{\mathrm{VH}}(\alpha)]=\frac{1}{3}kI_{\mathrm{e}}^{\mathrm{V}} \tag{6.2.17}$$

式中，k 是荧光强度 I_φ 和激发它的光强度 I^{e} 的比例常数。此时光栅色散元件衍射效率对入射光波偏振的选择性可写为

$$S_\varphi=S_{\mathrm{V}}\cos^2\varphi+S_{\mathrm{H}}\sin^2\varphi=\frac{1}{3}(S_{\mathrm{r}}+2S_{\mathrm{H}})=\frac{1}{3}S_{\mathrm{H}}(G+2) \tag{6.2.18}$$

这样，实际检测出的荧光总强度将为

$$D_\varphi^{\mathrm{V}}(\alpha)=S_\varphi I_{\mathrm{e}}^{\mathrm{V}}(\alpha)=\frac{1}{9}kI_{\mathrm{e}}^{\mathrm{V}}S_{\mathrm{H}}(G+2) \tag{6.2.19}$$

它和荧光的各向异性无关，并和荧光的真实强度成比例，而且其数值不因观测方向 α 的不同而异。在更为一般的情况下（例如，对激发光不另加起偏器而限定其偏振方向时），依同理可检测出的荧光强度为

$$D_\varphi(\alpha)=S_\varphi[I_\varphi^{\mathrm{V}}(\alpha)+I_\varphi^{\mathrm{H}}(\alpha)] \tag{6.2.20}$$

其中，$I_\varphi^{\mathrm{V}}(\alpha)$ 如式（6.2.17）所示，水平偏振激发光分量所激发的荧光强度 $I_\varphi^{\mathrm{H}}(\alpha)$ 则可写为

$$I_\varphi^{\mathrm{H}}(\alpha)=(E_{\mathrm{HV}}\cos\varphi)^2+(E_{\mathrm{HH}}\sin\varphi)^2 \tag{6.2.21}$$

当 $\varphi=54.75^\circ$ 或 $\varphi=125.25^\circ$ 时，均可有

$$I_{\varphi}^{\mathrm{H}}(\alpha)=\frac{1}{3}[I_{\mathrm{HV}}(\alpha)+2I_{\mathrm{HH}}(\alpha)]$$
$$=\frac{1}{3}kI_{\mathrm{e}}^{\mathrm{H}}[1-r(1-2\cos^2\alpha)] \tag{6.2.22}$$

这里应注意的一点是，当用非偏振光激发荧光时，其水平偏振激发光分量所激发的荧光强度 $I_{\varphi}^{\mathrm{H}}(\alpha)$，只有当 $\alpha=\arccos\left(\frac{1}{\sqrt{2}}\right)=45^\circ$ 或 135° 时，才和荧光的各向异性无关：

$$I_{\varphi}^{\mathrm{H}}(45^\circ)=1/3kI_{\mathrm{e}}^{\mathrm{H}} \tag{6.2.23}$$

在这样的条件下，可写出：

$$D_{\varphi}^{\mathrm{V}}(45^\circ)=\frac{1}{9}k(I_{\mathrm{e}}^{\mathrm{V}}+I_{\mathrm{e}}^{\mathrm{H}})S_{\mathrm{H}}(G+2) \tag{6.2.24}$$

因此，为使所测出的荧光强度不受荧光本身的偏振特性影响，被测量的荧光不仅应通过偏振方向相对于垂直轴呈“魔术角”的检偏器，而且沿相对于荧光传播方向呈 45° 或 135° 的方向检测。

基于上述分析，不难得出，当激发光和被检测的荧光偏振方向不同时，所测出的荧光强度及消除其中偏振效应的条件在表 6.2.1 中列出。

表 6.2.1　消除光栅衍射效应的各种方法

激发光偏振特性	荧光强度测量结果	被测荧光的偏振方向 φ[1]	相对于荧光传播方向的观察角 α	其他
垂直偏振光	$\frac{1}{9}kI_{\mathrm{e}}^{\mathrm{V}}S_{\mathrm{H}}(G+2)$	$\arccos\sqrt{\frac{1}{3}}$	任意值	—
非偏振光	$\frac{1}{9}kI_{\mathrm{e}}^{0}[1-r(1-\cos^2\alpha)]S_{\mathrm{H}}(G+2)$	$\arccos\sqrt{\frac{1}{3}}$	45°或 135°	—
非偏振光	$\frac{1}{3}kI_{\mathrm{e}}^{\mathrm{H}}S_{\varphi}[(F+1)+r(F-1)]$[2]	$\arccos\sqrt{\frac{2}{3}}$	90°	$F=1$
$\arccos\sqrt{\frac{2}{3}}$	$\frac{1}{9}kI_{\mathrm{e}}^{\mathrm{H}}S_{\mathrm{H}}[(2FG+2F+G-1)+r(4FG-2F-G-1)]$	无偏振	90°	$F=1$ $G=1$
$\arccos\sqrt{\frac{1}{3}}$	$\frac{1}{9}kI_{\mathrm{e}}^{\mathrm{H}}S_{\mathrm{V}}[(F+2)+2r(F-1)]$	垂直偏振	90°	$F=1$

注：① 激发光和被测荧光的偏振方向 φ 由偏振器确定。
② $F=I_{\mathrm{V}}/I_{\mathrm{H}}$。

最后应当指出的是，在荧光强度测量系统中除光谱色散元件对不同偏振的入射光的衍射效率不同外，在一些情况下，光电探测器对入射光信号的影响也可能因光信号的偏振方向不同而有差别（如 RCA2020 光电倍增管）。因此在实际工作中，有时还需对光电检测器本身对偏振光的响应特性有所考虑。

6.3　分子荧光过程的实时监测

实时监测是一种在原理上最简单的监测分子体系的荧光过程的方法。它是在分子体系被一个光脉冲激发后，用另一光脉冲触发荧光信号检测系统，直接对激发态分子所发射荧光信号强度随时间的变化进行监测。利用这一方法监测荧光衰变过程的基本要求是：所用激发光脉冲的持续时间和检测器的响应时间必须短于该荧光衰变过程的持续时间；此外，荧光信号的检测必须和分子体系的激发在时间上保持严格同步。这两点基本要求将是决定这一方法的应用范围的主要限制因素。

早期的用于实时监测荧光衰变过程的测量系统，通常都是采用脉冲放电闪光灯作为激发光源（参阅第 3 章 3.1 节），被激发样品在某一指定波长 λ_f 处所发射的荧光信号由分光系统（通常为单色仪）选出；该荧光信号的衰变过程则采用经过适当时间延迟的高增益的快速光电倍增管-示波器组合检测（图 6.3.1）。

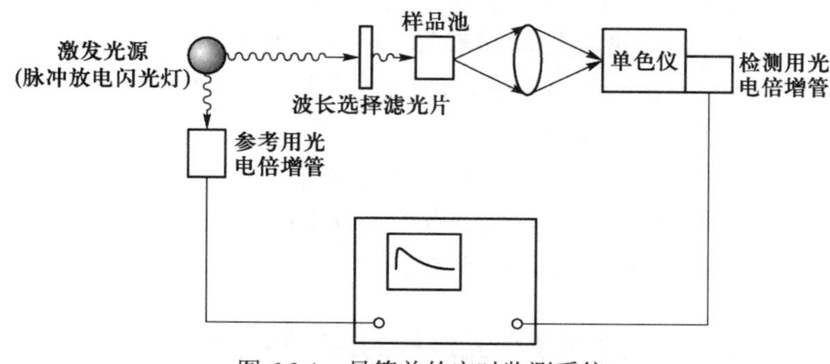

图 6.3.1　最简单的实时监测系统

这种实时监测方法的主要技术问题是，脉冲放电闪光灯虽可在较宽的波长范围内产生激发光脉冲，但当要求激发光脉冲的宽度小于 ns（10^{-9} s）

时，其脉冲能量难以达到有效激发样品的要求。其次，荧光信号检测的时间分辨率也受到用做荧光信号检测器的光电倍增管的检测时间响应的限制，通常仅能达到 ns 数量级。用做信号显示单元的示波器，因受它的信号响应上升时间 t_r 的局限（t_r 取决于扫描高频截止频率 f_c：$t_r \geqslant \frac{1}{3} f_c$），即使是典型的 250 MHz 快速扫描示波器，它所能达到的最高时间分辨率也不过 1.3 ns 而已。此外，为使被测信号在快速扫描示波器屏幕扫描轨迹成像达到足够的强度，还要求被测信号必须具有相当高的重复率。诚然，采用存储示波器可以以 2 000～2 500 cm · μm^{-1} 的扫描速率重复扫描而将被测微弱信号进行累积，但它的存储系统通常并非严格的线性，其动态范围仅是（5～10）倍，而且显示的精确度也较低（满刻度时的误差为 2%～5%）。特别是在多次重复扫描的累积过程中，由于电子“泄漏”可使噪声增强，检测信噪比降低。因此在相当长的期间内，采用脉冲放电灯-光电倍增管示波器组合的实时监测方法，并未能成为荧光时间分辨测量的一种有效手段，特别是在研究快速分子过程时，尤其如此。

20 世纪七八十年代以来，随着激光超短脉冲和微弱瞬变信号检测技术的发展，特别是“条纹摄像”（streakscope）技术的出现[17]，为实时监测荧光衰变过程提供了广泛的可能性：采用激光超短脉冲使人们可以在紫外到红外光谱波段的任一波长处以持续时间为 ps（10^{-12} s）甚至更短光脉冲激发分子体系，而其激发的方式可以是单次或多次重复进行，多次激发的重复率可高达几十兆赫。采用条纹摄像技术实时监测荧光强度随时间的变化过程的最大优点是，可使人们能够以 ps 的时间分辨率同时显示在不同瞬间 t_i、不同波长 λ_i 处的荧光强度随时间变化的“时间分辨荧光谱图”（time-resolved emission spectra，TRES）$I(\lambda_i, t_i)$。然而这一方法所用的实验设备较为昂贵，测量操作也较为复杂。

关于条纹摄像技术的工作原理及其技术特性等问题，在第 4 章 4.2.3 小节中已有详细介绍，在这里仅就有关条纹摄像技术用于荧光过程的实时测量中的几个基本技术考虑予以概述。

6.3.1 条纹摄像技术用于荧光过程的实时测量的几个基本技术考虑

采用条纹摄像管实时监测荧光过程可有两种工作方式。其中一种工作

[17] (a) Bradley D J, Higgins J F, Key M H. Appl. Phys. Lett., 1970, 16: 53. (b) Fanchenko S D, Frolov B A. Sov. Phys. JETP Lett., 1972, 16: 101.

方式是“单次测量”（single-shot），即用一个超短激光脉冲激发分子体系，并将它发射的荧光经过光学色散系统分光后，聚焦到条纹摄像管的光阴极使之转化为光电子，当光阴极所发射的光电子流穿行通过偏折电极间的空间时，触发斜坡扫描电压，使光电子流沿垂直于传播方向偏折，并按光电子流通过偏折电场的前后顺序、以不同偏折角度的扫描轨迹显示或直接用二维列阵光电探测器读出。另一种工作方式是“同步扫描”（synchroscan），即采用重复输出的超短激光脉冲“序列”、持续而反复不断地激发分子体系，并将每次激发所产生的荧光光电子在条纹摄像管中扫描的空间轨迹，在显示屏上或直接在二维列阵光电探测器中叠加累积，直到所累积的信号强度达到所要求的检测信噪比之后再读出。和单次测量工作方式相比较，同步扫描测量在技术上虽然比较复杂，但它的明显优点是具有较高的检测信噪比，而且特别适用于既可避免基态分子被全部激发而出现“基态抽空”（depletion）或“基态漂白”（bleaching），又可防止激发态分子浓度过高而在出现“激发态湮灭”（annihilation）现象的“弱激发”条件下工作。它可避免导致所观测到的激发态分子动力学过程畸变，从而得出错误的实验信息。但是，不论采用单次测量或同步扫描方式工作，所用条纹摄像测量系统都相似，其原理装置如图 6.3.2 所示。只不过两者在扫描触发、信号处理方面有所不同而已。

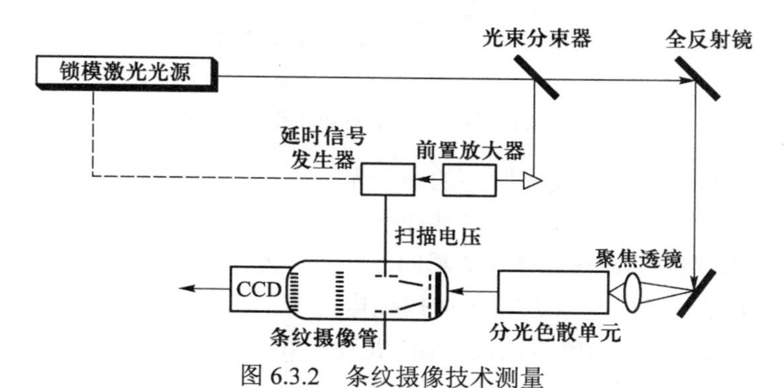

图 6.3.2　条纹摄像技术测量

1．扫描触发

利用条纹摄像技术跟踪监测荧光过程的关键技术问题之一是，如何保证被测荧光信号的发射和触发条纹摄像管的斜坡电压扫描在时间上严格同步。在理想的情况下，两者之间时间同步应准确到小于相应条纹摄像管本身的渡越离散时间Δt_d；否则，斜坡电压扫描的抖动将成为检测时间分辨率的限制因素。为实现荧光发射和条纹摄像管扫描在时间上的严格匹配，可以将用做激发光源的锁模激光的电脉冲信号同时用于触发条纹摄像管的斜坡电压扫描，并通过调节两者之间的相对时间延时而实现时间同步。但由于产生电脉冲信号的时间抖动较大，而且延时调节精确度不高，以及所产生的电脉冲信号的脉冲宽度有限（通常为 ns 数量级），所以在更多的情况下，条纹摄像管是选用光脉冲触发，即从用于激发样品的激光脉冲中分出一部分，经过适当的时间延迟后，用于打开“选通开关”，通过选通开关控制斜坡扫描触发。为此常用的选通开关包括“雪崩二极管”（avalanche transistor）、微波三极管（microwave triode）或及掺铬-砷化镓光导开关等。所用的典型触发电路在图 6.3.3 中示出。

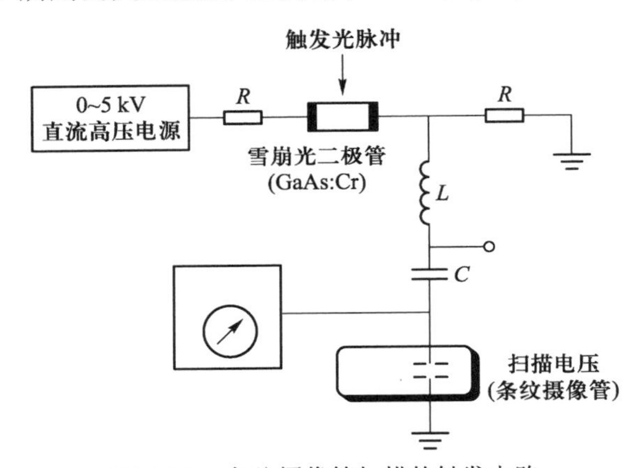

图 6.3.3　条纹摄像管扫描的触发电路

在这里，当取自激发光脉冲的部分光信号作用于光导开关时，在由光脉冲产生的“电子空穴对”将开关导通的瞬间，直流电源即可向偏折电极施加斜坡扫描电压。所施加斜坡扫描电压的波形由 *RCL* 电路决定，它通常应具有一个比较陡峭的上升前沿，在达到最高点后，电压逐步降低。理想的斜坡扫描电压波形如图 6.3.4 所示。

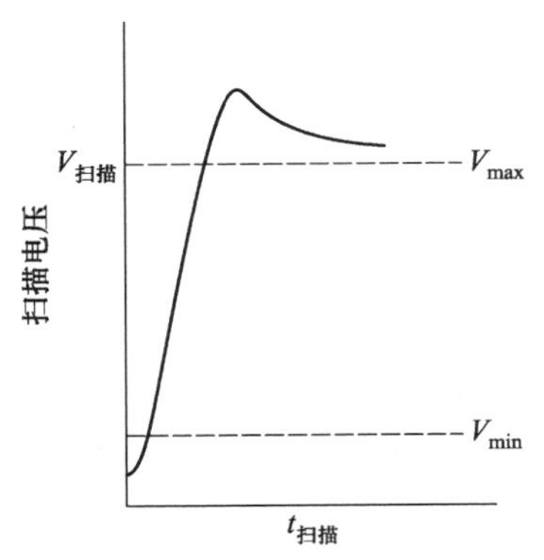

图 6.3.4　条纹摄像管的斜坡扫描电压波形

不难设想，在理想的情况下，斜坡扫描电压上升幅度应该是时间的线性函数。

否则，条纹摄像管中通过偏折扫描的光电子在空间的轨迹Δy并不能和它的传播时间间隔Δt保持正比关系。此外，扫描电压的非线性也导致光电子空间轨迹在显示屏Δy_i处的光斑密度不能真实地反映在Δt_i瞬间的光信号强度。在实际上，扫描电压和时间的线性关系仅可在从$V_{\min}$到$V_{\max}$的有限的电压范围内近似地保持（偏差应<20%）。因此，在精细的实验测量中，应及时地标定扫描电压的线性范围。通常采用标定的方法是用由一组厚度为d、两面严格平行的透明石英或玻璃薄片错列堆砌而成的“阶梯光栅”（echelon）作标定元件。此时，当一个强度随时间分布已知的光脉冲透过阶梯光栅时，透过第n层反射率为R的透明的石英或玻璃薄片的阶梯光栅的每个“子脉冲”的强度将为

$$I_{n+1} = I_n R^2$$

通过比较子脉冲的强度的计算值和实测测量结果，即可确定$V_{\min}$和$V_{\max}$的线性扫描范围[18]。若在此范围内的$V \sim t$直线的斜率$\mathrm{d}V/\mathrm{d}t$已知，那么根据轨迹扫描允许的空间范围y（如显示屏或列阵探测器截面的有效直径D），即可求出扫描速率v_s：

$$v_s = \frac{D}{(V_{\max} - V_{\min})}\left\langle \frac{\mathrm{d}V}{\mathrm{d}t} \right\rangle$$

典型的条纹摄像管的扫描速率介于$10^9 \sim 10^{10}\ \mathrm{cm \cdot s^{-1}}$之间，最快的满屏幕扫描时间为0.2～1 ns，此时，所要求的扫描电压约为2 kV。而以$V_{\min}$作为扫描起点的空间位置，则用外加直流偏移电压V_{offset}的方法予以调节。

在考虑条纹摄像管的扫描时，应注意的另外一点是，当所施加的斜坡电压达到最高幅度V_{top}后，随着电压的回落，通过偏折板电极的光电子的传播方向将向相反方向偏折。显然，在回落的电压不低于扫描电压的最高值$V_{\max}$时，这种通常所说的“回扫描”（fly-back）现象并不会对被测光信号在$V_{\max} \sim V_{\min}$间的线性扫描产生影响。但当$V_{\mathrm{top}} < V_{\max}$时，光电子“回扫描”的结果将和正向扫描的轨迹叠加；特别是在同步扫描测量时，“回扫描”问题将使测量结果受到严重歪曲。因此，在选择实际的实验测量的条件时，应结合荧光过程的衰变时间和条纹摄像管扫描的重复频率作综合考

[18] 采用其衰变动力学可用严格的单指数函数描述的染料分子荧光作为测量用的脉冲光源，此时作为脉冲的理论光强度将为$I = I_0 \exp(-t/T)$。根据$I_{n+1}=I_n R^2$,可得$T=2(\Delta t)^{-1}\ln R$。这一信号光源的优点是，测量光强度不是由阶梯光栅的子脉冲所限定的几个点，而是将连续测量不断随时间减弱的荧光强度和单指数衰变函数作比较，从而有更高的精确度。[Schiller N H, Tsuchiya Y, Inuzuka E, Suzuki Y, Kinoshita K, Kamiya K, Ida H, Alfano R R. Optical Spectra, 1980, 14: 55.]

虑，将“回扫描”的可能性尽可能地予以排除。

2．信号平均

利用条纹摄像管监测由激光超短脉冲激发的荧光信号时，被测荧光信号的强度通常都很低。例如，在实际工作中，最常用的激发光源是锁模Nd^{3+}YAG 激光系统所输出的超短激光脉冲的二次谐波，该激发脉冲的波长是 530 nm，脉冲宽度通常小于 2 ps，经过放大而达到的单个脉冲的能量约为μJ 数量级，此时每个脉冲的光子数约为2.7×10^{12}个。如果假设分子体系在此波长处的吸光度为 0.1，而发射荧光的量子产率$\varphi_f=0.1$，那么，在这一激发超短光脉冲作用下，该分子体系将吸收约5.4×10^{11}个激发光子，而所发射的荧光光子数目将约为5.4×10^{10}。在测量这一荧光脉冲时，通常是利用透镜聚焦收集。收集的立体角约为 1 mRad，此时将可收集到5.4×10^{6}个荧光光子。如考虑到收集的荧光光子进一步在分光和滤光过程中可有大量（约 90%）的光子损失，那么，此时可入射到条纹摄像管光阴极而被检测的荧光光子数目约为5.4×10^{5}个。如荧光寿命为 100 ps，而条纹摄像管测量的时间通道宽度为 10 ps，那么在此时间间隔内实际到达光阴极的荧光光子数目最多也不超过5.4×10^{4}个光子。这样，条纹摄像管测量这些光子的输入信噪比SNR_{input}将是被测光子数目的平方根，即 200 左右。若所用条纹摄像管的噪声因子约是 10，则它的输出信号的信噪比SNR_{output}将约为 20。如果考虑到将这些荧光光子产生的光电子耦合到 CCD 检测单元而读出的过程，还可导致约 80%的信号损失。那么不难看出，当采用条纹摄像管以单次工作方式测量时，上述荧光脉冲的信噪比仅约为 4。在这样小的测量信噪比的条件下，很难将被测信号从噪声背景中分离出。因此，必须考虑测量信噪比改善的问题。在检测微弱信号时，提高测量信噪比的简便而有效的方法是利用信号平均技术。若采用这一措施，在上述的典型实验条件下，将 100 次的测量结果进行平均，即可将信噪比提高 10 倍，从而，这一微弱的荧光过程即可被准确地监测。因此，一个显而易见的结论是，在采用条纹摄像管实时监测荧光过程时，同步扫描是更为可取的工作方式。

利用条纹摄像管以同步扫描方式监测荧光过程时，可直接采用锁模激光器输出的超短脉冲“序列”多次重复地激发样品。此时，单个脉冲的能量仅为 nJ（10^{-9} J）数量级，从而每个超短脉冲所激发的荧光光子可能只有 10～10^{2}个到达条纹摄像管的光阴极，以致它所产生的光信号可能完全被噪声淹没。然而，如果利用超短脉冲输出激发样品的重复频率高达几十兆赫（典型的重复频率为 76 MHz 和 82 MHz）的特点，将同步扫描结果进行累积和平均，即可将测量荧光过程信噪比提高约 10^4 倍之多，而使监测和鉴别动力学规律的要求得到较好的满足。

但是，在同步扫描条件下监测荧光过程时必须考虑分子荧光的衰变时间 $\Delta t_{\mathrm{decay}}$ 和样品重复激发的时间周期 ΔT_{tg} ，ΔT_{tg} 和激发脉冲的重复频率成反比。在激光超短脉冲的重复频率为 82 MHz 的典型情况下，$\Delta T_{\mathrm{tg}} \approx 12\ \mathrm{ns}$ 。在这样的重复激发条件下，若荧光寿命 τ_{f} 约为 10 ns，那么当由一个脉冲激发所产生的荧光强度从最高值衰变到它的 $\exp(-1)$ 左右时，样品即受到相继而来的另一个脉冲的激发，其结果将使荧光强度随时间的变化呈现锯齿状分布（参阅图 6.3.5）。

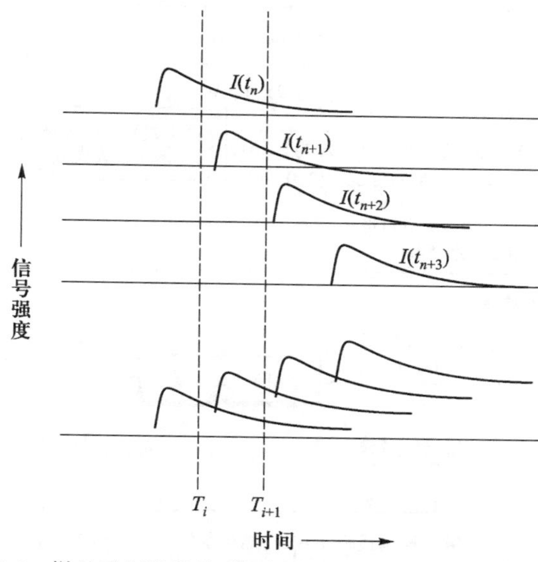

图 6.3.5 样品重复激发的时间周期 ΔT_{tg} 小于分子荧光衰变时间 $\Delta t_{\mathrm{decay}}$ 的荧光强度随时间变化的测量结果

此时，为从荧光强度变化的动力学曲线获得可靠的动力学参数，必须经过复杂的数学方法处理[19]。但更为简便和可靠的做法是适当提高激发脉冲能量，采用重复频率较低的脉冲激发。在 6.3.2 小节中，将介绍一种这样的低重复频率激发的条纹摄像测量装置。

[19] Sakai J, Hirayama S. J. Lumin., 1988, 39: 145.

6.3.2 典型的条纹摄像测量实验装置

图 6.3.6 示出具有 20 世纪 90 年代末期水平的这类实验装置的设计。其中，用于激发样品的超短脉冲光源系统是由三个基本单元组合而成，它包括：用于产生激光超短脉冲的锁模 Ti:Sapphire 激光器、提高用于激发样品的超短激光脉冲能量和调节脉冲重复输出频率的 Ti:Sapphire 激光放大器，以及调制激发超短激光脉冲波长的光参量放大器（optical parametric amplifier，OPA）。

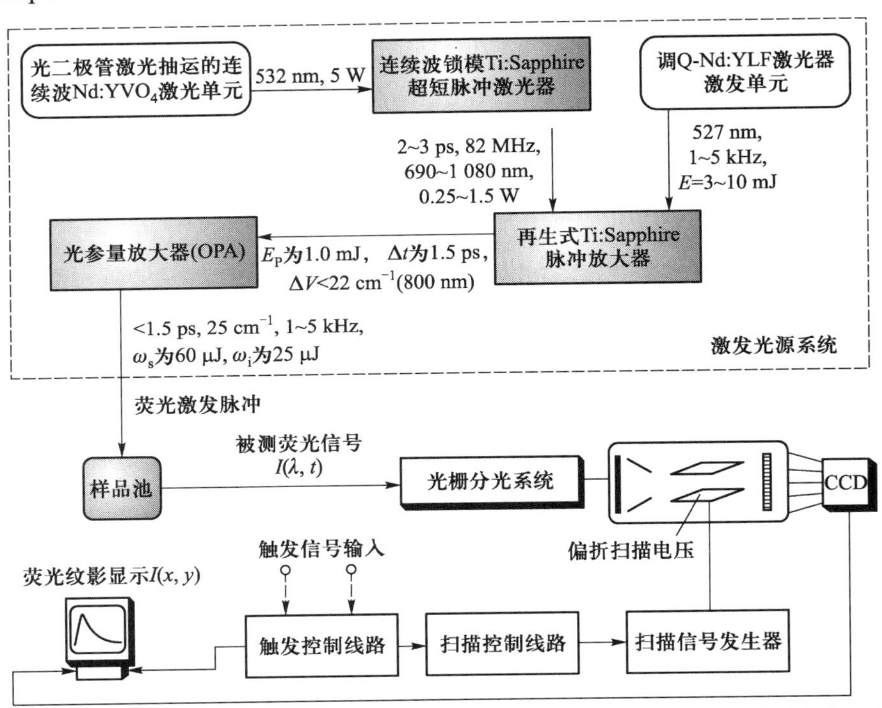

图 6.3.6 采用超短激光脉冲激发和条纹摄像技术实时监测荧光衰变过程的典型实验装置

其中，用于产生激光超短脉冲的锁模 Ti:Sapphire 激光器是采用由光纤耦合半导体激光器集束组合抽运的 $Nd:YVO_4$ 激光器作为激发光源。它所输出的 532 nm 连续波激光则是用置于谐振腔内的三硼酸锂（lithium triborate，LBO）晶体作为工作介质、在非临界相位匹配条件下通过“静态多轴模倍频”（quiet multiaxial mode doubling）产生。被此激发光源所激发折叠腔 Ti:Sapphire 激光器所产生的激光脉冲的模式锁定（mode locking），是采用以 82 MHz 的再生射频信号驱动的声光调制器（acousto-optic modulator，AOM）作为锁模工作单元。因此，它所输出的垂直偏振的 TEM_{00} 基模激光超短脉冲的重复频率也是 82 MHz，其中单个超短激光脉冲的脉宽则为小于 2 ps（通过调节群速度色散，也可产生脉宽为小于 80 fs 的超短激光脉冲输出），光束发散度（全角）小于 0.6 mrad。这种由 Ti:Sapphire 激光工作介质所产生的脉宽为 fs 的超短激光脉冲的波长可用棱镜–狭缝光阑组合系统在 690～1 080 nm 范围内连续调制，但只是在 720～850 nm 波长范围内的任一选定波长处的脉冲平均功率才可到 1.0～1.5 W 最佳值，且其波动范围（稳定性）<5%。用于进一步提高由 Ti:Sapphire 锁模激光器输出的“超短激光脉冲序列”中单个脉冲的能量的激光放大器，同样是采用 Ti:Sappire 作为工作介质，脉冲能量的放大过程则采用“再生放大”方式。具体来说，放大系统的工作介质是采用 Kr 闪光灯抽运的声光 Q 调制掺钕氟化钇锂（Nd:YLF）激光器输出，并经过用 LBO 晶体腔内倍频所产生的 527 nm 二次谐波脉冲激发。该二次谐波脉冲的脉宽约 250 ns，单脉冲的能量视脉冲重复频率的不同而不同，在典型的重复频率为 1 kHz 时，脉冲能量约为 10 mJ，当重复频率提高到 5 kHz 和 10 kHz 时，脉冲能量降低到 4～3 mJ。再生放大过程中的脉冲精确同步是由适当的延时信号发生器调控，而被放大的超短激光脉冲在进行放大之前和之后，它们的脉宽均分别通过衍射光栅的“啁啾效应”（chirping）的作用予以适当展宽和压缩，以提高脉冲放大的效率。一般来说，经过此再生放大系统往返 3～4 次，单个超短激光脉冲的能量即可被放大到约 1 mJ。而这些经过能量放大的超短激光脉冲输出的重复频率，则由激发 Ti:Sapphire 放大工作介质的 Nd:YLF 激光器的 527 nm 二次谐波脉冲的输出重复频率决定，它通常为 1 kHz。

用于调谐由上述再生放大器所输出的超短激光脉冲的波长的光参量放大系统，是用β–硼酸钡（BBO）晶体作为非线性增益介质（nonlinear gain medium），以其波长可在 750～840 nm 范围调谐的任一选定频率为 ω_p 的超短激光脉冲作为“抽运脉冲”，和这一脉冲在 BBO 晶体中进行非线性参量混频，以产生频率 ω_s 和 ω_i 的“信号”（signal）和“闲置”（idle）脉冲所要求的所谓“种子”（seed）脉冲，则从由一部分高功率超短激光脉冲和某些固体材料的非线性光学作用而产生的“白光”中获得。通过“温度调谐” BBO 的“相位匹配”条件，以改变 $\omega_p \rightarrow \omega_s + \omega_i$ 光波耦合增益，即可对用于样品激发的“信号”（或“闲置”）脉冲的波长进行选择。这种光参量放大系统可成功地获得脉宽≤1.5 ps、单脉冲能量为 25～60 μJ（激发脉冲能量为 1 mJ 时)、波长可在 0.3～100 μm 范围内调制，并以 1 kHz 的重复频率（视再生放大阶段用于激发放大介质的脉冲重复频率不同而不同）输出的超短激光脉冲用于激发分子体系。

用于监测被激光超短脉冲激发而产生的荧光信号，通常采用以同步扫描方式工作的条纹摄像管（如 Hamamatsu C4334 型）。该条纹摄像管是采用光谱响应从紫外（200 nm）到近红外（800 nm）的 S-20 型光阴极，通过其高压栅极和光电子聚焦等压缩渡越时间离散等措施，可保证条纹摄像管本身的时间分辨率维持在约 5 ps 的水平。而扫描电路则允许扫描时间（全屏）可在 1～50 ms 范围内选定，其最高重复扫描速率可达到 2 MHz，不过它的扫描触发的抖动（jitter）范围通常约为±10 ps，以致该条纹摄像管检测的时间分辨率最高只能达到 15 ps（实际检测的时间分辨率以约 50 ps 评估为宜）。这种条纹摄像管通常都附加由直径 4～12 μm、内壁涂有光阴极材料的毛细管堆砌而成的“微通道板型”光电倍增器，将信号光电子流放大（约 10^4 倍），而由它形成的“纹影”图像则在磷光屏上显示。“纹影”图像经光纤耦合到 512 像元 × 512 像元 CCD 光探测器中以“光子计数”（photon counting）或模拟积分方式读出（其中单个像元的面积为 $24\times24\ \mu m^2$ 饱和电荷密度为 3.5×10^5 电子·像元$^{-1}$）。光子计数读出方式可有效抑制噪声、提高检测信噪比。但是这种同步扫描条纹摄像管的检测“动态范围”仅为 300 左右，使它在一些情况下的应用受到明显限制。

6.4 荧光衰变过程的脉冲取样测量

脉冲取样测量是监测荧光随时间的变化过程的另一类技术。这类技术不是直接跟踪监测一个荧光信号的强度随时间衰变 $I(t)$的全过程，而是用多个脉冲重复激发样品，而是依次在一定波长 λ_i 处取样测量每次激发样品在 t_i 瞬间所产生的荧光的强度 $I_\lambda(t_1),I_\lambda(t_2),\cdots,I_\lambda(t_n)$，并用在不同瞬间的测量结果对荧光随时间变化的全过程予以综合描述。其基本原理如图 6.4.1 所示。

不难看出，这类技术和上述实时监测技术的一个重要不同之处是，它监测荧光强度随时间变化过程的时间分辨率，不是由它所用光信号检测器的时间响应特性决定，而是取决于每次取样测量所用的脉冲宽度 Δt_i。

图 6.4.2 示出用于荧光脉冲取样测量的实验系统的一般原理。其中，

视荧光激发所要求的激发强度、每次激发的持续时间以及激发重复频率的不同，激发光源可选用放电闪光灯或脉冲激光器，而荧光信号则通常选用光电倍增管检测。为准确地使被测荧光脉冲的发射和信号检测在时间上匹配，一般是将激发光源输出的同一光脉冲分割为两部分，分别用于激发样品和触发检测系统，两者之间的同步则通过延时信号发生器或改变光信号传播光程而进行调节。根据调节脉冲同步的方式不同，荧光的取样测量方法可以分为电子学取样测量和光学取样测量两大类。电子学取样测量方法主要用于以 ns（10^{-9} s）数量级的时间分辨率监测荧光衰变过程；在要求时间分辨率更高的实验测量中，则采用光脉冲触发检测系统的光学取样测量方法。

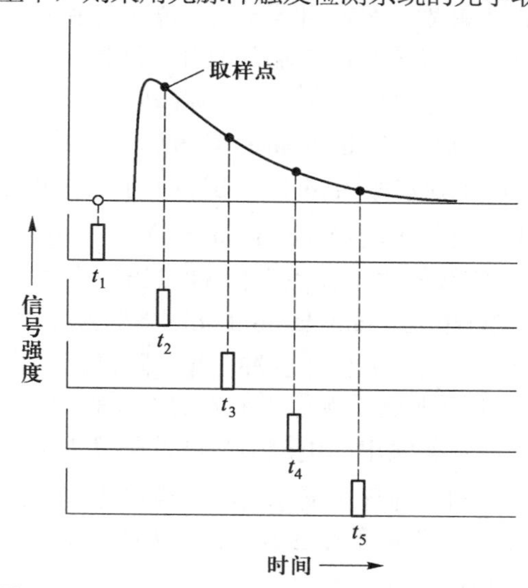

图 6.4.1　脉冲取样测量荧光衰变过程的基本原理

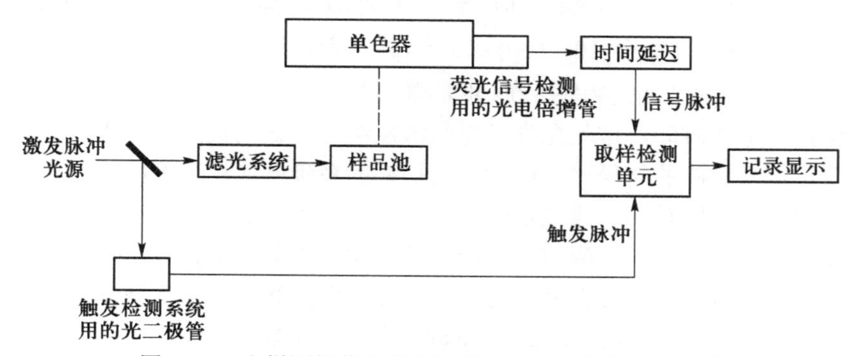

图 6.4.2　取样测量荧光衰变过程的实验系统的一般原理

6.4.1 电子学取样测量

在取样测量方法监测荧光衰变过程的早期实验中，通常是用"选通光电倍增管"（strobe photomultiplier）或"取样示波器"（sampling oscilloscope）直接作为脉冲取样手段。前者是在用做荧光信号检测器的光电倍增管的"打拿"电极链（dynode chain）上施加一个瞬时脉冲电压，利用该光电倍增管在达到的高增益的一瞬间 Δt_i，以较高的检测灵敏度测量荧光在 Δt_i 瞬间的信号强度。具体来说，即通过被以行波方式在不同瞬间 $\Delta t_1, \Delta t_2, \cdots, \Delta t_n$ 施加脉冲电压的光电倍增管，"逐点"检测在被重复激发以脉冲形式输入的被测荧光在不同瞬间的强度。当被测荧光信号以光电探测器输出的光电流脉冲信号形式 V_{f} 输入取样示波器[参阅图 6.4.3（a）]时，它可以"内触发"方式或用外加脉冲以"外触发"方式驱动表征荧光信号强度的快速扫描线性"时基"（time-base）V_{f} 和慢速扫描发生器（slow-sweep generator）的电压 V_{s}［分别如图 6.4.3（b）中的实线和虚线所示］开始扫描。当两者在超快速模拟比较器（comparator）中的电压幅度相等时[见图 6.4.3（b）中虚线和实线的"交叉点"]，即给出一个"选通"（gating）脉冲用于触发取样-保持单元（sample-hold unit，S/H），检测由荧光探测光电倍增管在此瞬间所输出的电流信号脉冲强度。随慢速扫描发生器的扫描电压 V_{s} 不断增高，即相应于选通测量瞬间 t_i 的不断推移，将依次在不同 V_i 时测得探测光电倍增管所输出的电流信号脉冲强度 $I_{\mathrm{e}}(V_i)$、以 V_i 作时间轴在该示波器的屏幕上相继地逐一显示。由于模拟比较器的输出电压幅度和时间成比例，从而示波器屏幕所显示的波形 $I_{\mathrm{e}}(V)$ 将对应于被测荧光信号在不同瞬间的强度 $I(t)$。

通常用于荧光探测的取样示波器响应的上升时间一般可达 $(0.3\sim1.0)\times10^{-9}$ s 甚至 $(10\sim100)\times10^{-12}$ s，从而可用于对持续时间为 ns 乃至 ps 数量级的荧光过程进行脉冲取样监测。而且其扫描轨迹可在磷光屏上保持一定的时间，这就允许对样品激发频率较低的荧光信号重复取样，以改进信号检测的信噪比。但示波器扫描的精确度（满刻度的 2%～5%）较差和动态范围较小（线性范围约 10），使这种早期的电子学取样技术在荧光过程测量实验中的应用受到严重的限制，特别是在监测强度较弱的快速荧光衰变过程时，已被采用将电子学脉冲取样和信号平均技术（signal averaging）相结合而发展出的 Boxcar"选通积分器"（gated intergrator）技术所代替。前已指出（参阅第 4 章 4.3.2 小节），Boxcar 的取样测量的时间分辨率并不是由所用光信号探测器的快速时间响应决定，而取决于它所设定的取样开关的选通时间间隔 T_g，而且它的时间分辨率越高，测量的信噪比也越高，从而更适用于微弱的荧光衰变过程跟踪监测。但是，Boxcar 取样测量的时间分辨率由取样所用电脉冲本身的脉冲宽度限制，因而它的时间分辨率一般局限于 ns（10^{-9} s）数量级。

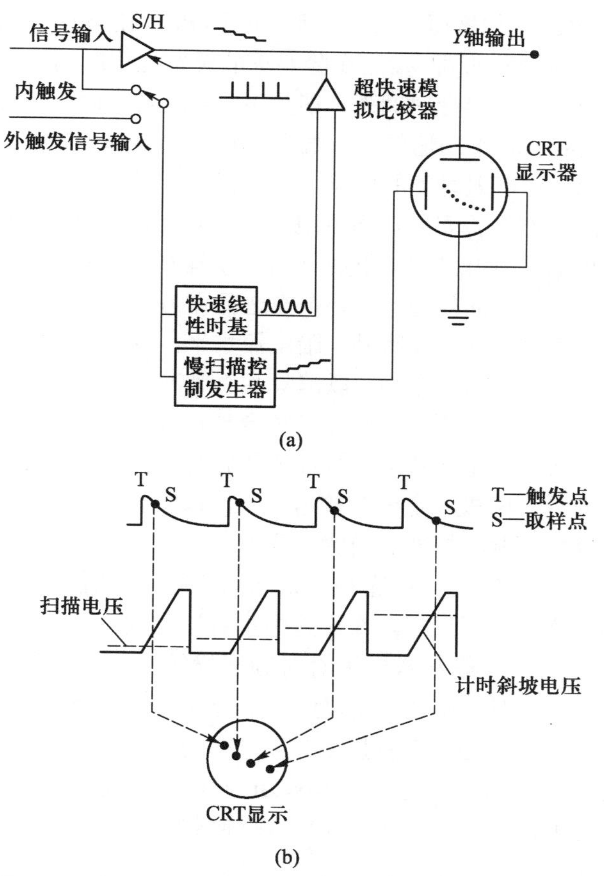

图 6.4.3　电子学取样监测荧光衰变过程的工作原理示意图

此外也应指出，为保证采用 Boxcar 平均器对微弱、瞬变光信号检测达到较高的灵敏度，还必须考虑一些技术细节。首先，一定要保证这种单点重复取样测量的稳定性，即在下一次测量的充电发生以前，前一次取样测量所产生的电压增量应保持恒定不变。但在实际上，由于不可避免的“漏电”现象会或多或少地发生，从而已充电的电压增量 ΔV 总会小于理论值：

$\Delta V < \sum_{i}^{n} V_i$ 有所降低，致使信号强度测量的精确度降低。为避免这一因素的影响，通常采用的方法是另加一定的数值反馈，以便对此电压增量损耗予以补偿，或将模拟存储电容改用数值存储器代替。后一措施不仅提高测量的准确度、扩展其应用功能，而且还可同时提高检测的速率。其次，应注意所用 Boxcar 平均器所固有的“死时间”(dead time)，以确保被测荧光信号输入和取样触发的同步。当实验要求的触发延迟时间小于所用 Boxcar 平均器的“死时间”（“死时间”一般为 40 ns 左右）时，应在光电倍增管的输出端和 Boxcar 平均器的输入端之间加入一个辅助延时单元，以抵消这一“死时间”对延迟时间的影响。这一辅助延时单元可用商品时间延迟线，不过实际工作经验表明，简单地用 10 m 左右的同轴电缆代替商品时间延迟线即可取得良好结果。然而选用电缆延时，要注意电缆放置方式可能产生“分布”电容的问题。此外，在选择作为光信号探测器的光电倍增管时，要综合考虑它的增益特性、暗电流水平，以及光阴极的光谱和时间响应及其量子效率等特性参数，以消除由于脉冲反射而引起的一些反常效应或引入的误差等复杂因素。此时必须合理设计它的“打拿”电极链的电压分配线路，同时要注意光电倍增管和其后所用各仪器单元间连接电缆的阻抗匹配，而且光阴极一定要有接地电阻，以防止 Boxcar 的输入单元被偶然出现的高压电脉冲烧毁。当然也要考虑，如果光电倍增管输出信号很微弱（例如，<1 mV）时，在它和 Boxcar 平均器之间增加一个低噪声宽带前置放大器是必要的。最后，在实践中也曾注意到，虽然在 Boxcar 平均器商品的设计中，一般都考虑了对射频干扰的结构屏蔽和附加滤波等问题，但在实际应用时，往往会发现这些措施并不能完全满足隔离射频干扰的要求。特别是当采用可产生强烈射频干扰的激光器作为激发光源时，这一问题尤为突出。因此，在采用 Boxcar 时，必须注意防止外界任何可能的干扰，在必要时，应将 Boxcar 放置在特制的电磁屏蔽室内工作。

6.4.2 光学取样测量

光学取样测量的基本思想和电子学取样测量方法相同。只不过它是利用高功率激光脉冲和某些介质相互作用所产生的一些非线性光学效应作为取样用的“光开关”代替电子学脉冲取样而已。目前用做脉冲取样监测荧光衰变过程的光学取样开关主要有两种，它们是基于光学诱导瞬态双折射效应的“光学 Kerr 开关”（参阅第 3 章 3.3.4 小节）和利用非线性光学混频过程的“频率上转换”技术。这些脉冲取样技术的共同特点是取样测量的时间分辨率很高，在一般情况下即可达 ps 甚至更高的数量级。

1．光学 Kerr 开关取样

光学 Kerr 开关是最初用于光学脉冲取样监测荧光衰变过程的一种技术。所谓光学 Kerr 开关，是由置于一对其偏振方向相互正交的偏振器之间的工作介质（光学 Kerr 池）所构成（详见第 3 章 3.3.4 小节）。在没有取样激光脉冲作用于工作介质时，经过第一个偏振器（起偏器）进入的光信号，虽可通过 Kerr 介质投射到第二个偏振器（检偏器），但由于它在此时的偏振方向和检偏器的特征偏振方向正交，该输入光波将被检偏器阻隔而不能通过。但当有用做取样脉冲的高强度的线偏振激光脉冲作用于 Kerr 介质时，如果取样激光脉冲 $I_s(t)$ 的强度足够高，以致所产生的诱导双折射能使入射荧光信号 $I_f(t)$ 的偏振方向旋转 90° 时，便可使该入射荧光信号通过其偏振方向和入射起偏器的偏振方向相互垂直的检偏器而输出。此时，脉冲取样的频率将由光学开关的开启频率所决定，开启频率仅受激光超短脉冲的重复频率的控制。应指出的是，当采用光学 Kerr 开关进行脉冲取样测量时，所测量的仅是在该开关开启期间 Δt_i 所透过的荧光信号的积分强度 $I_f(t_i)$。因而，其时间分辨率和所用光信号探测器的时间响应特性无关，而仅取决于该 Kerr 介质呈现瞬态双折射现象的选通持续时间 Δt_i，Δt_i 是所用取样激光脉冲宽度 Δt_p 和用做 Kerr 介质的液体态分子的瞬态双折射弛豫的时间常数 τ_R 的函数。在取样激光脉冲宽度 Δt_p 小于瞬态双折射弛豫的时间 τ_r 的情况下，τ_r 将是测量时间分辨率的限制因素。例如，当采用已知其 τ_r 为(2.0 ± 0.3)ps 的 CS_2 作为 Kerr 介质时，利用光学开关取样测量的最高时间分辨率不能超过 2.0 ps[20]。

这种简单的光学脉冲取样技术的一种典型工作方式如图 6.4.4 所示。此时取样激光脉冲沿垂直于荧光信号传播方向入射到工作介质，这样，入射的荧光脉冲信号强度沿取样脉冲在介质传播方向的变化，就是该荧光脉冲信号强度以取样脉冲光程为时间坐标的衰变过程，而测量的时间分辨率则取决于取样脉冲的宽度。如果将通过该开关的荧光信号的不同成分的波长经过色散元件分辨开来，此时采用“光二极管列阵”（photodiode array）探测器，即可记录描述不同波长荧光脉冲信号强度随时间变化的时间分辨

[20] Ippen E P, Shank C V. Appl. Phys. Lett.,1975, 26: 92.

荧光光谱谱图[21]。

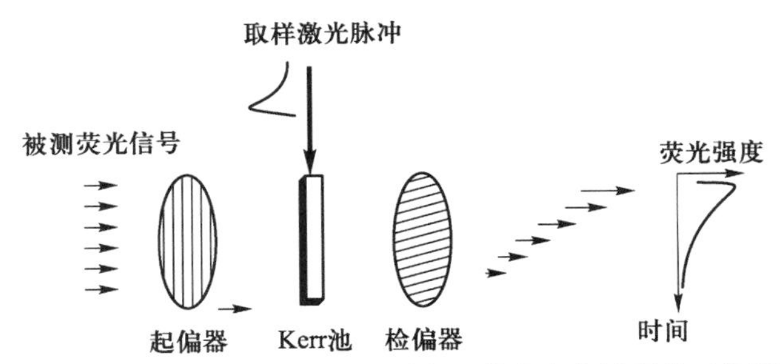

图 6.4.4 行波光学 Kerr 开关取样监测荧光衰变过程的工作原理

另一种光学脉冲取样技术的方案是[22]，采用 “阶梯光栅”（echelon）将同一被测荧光信号在空间分割为光程不同的部分，并对每个部分产生不同的时间延迟。若将该荧光脉冲和取样激光脉冲在空间相互交盖，并一起通过 CS_2 光学 Kerr 介质[23]（图 6.4.5）时，利用光二极管列阵探测器便可在取样激光脉冲的持续时间间隔内，测量单次发射的荧光信号在不同瞬间的强度。此时，测量的时间分辨率将取决于所用阶梯光栅由其阶梯厚度 Δd 所决定的光程差值，$\Delta l = \dfrac{\Delta d}{c}$，其中 c 是光速。这种光学脉冲取样技术的时间分辨率一般可达到 ps 数量级。

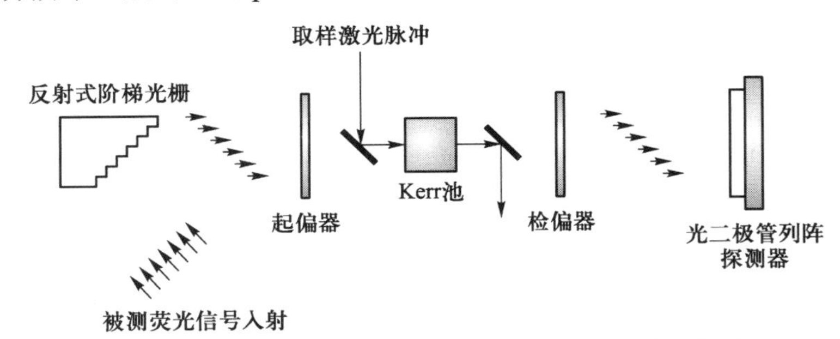

图 6.4.5 采用“阶梯光栅”的光学脉冲取样技术的工作原理

但应指出，不论采用哪种光学 Kerr 开关取样监测荧光衰变过程的技术，它们的一个共同缺点是开关的“漏光”问题。也就是说，在该开关尚未被取样激光脉冲选通而呈闭锁状态时，投射到该开关的荧光信号仍可能

[21] Malley M M, Rentzepis P M.Chem. Phys. Lett., 1970, 7: 57.
[22] Topp M R, Rentzepis P M, Jones R P. Chem. Phys. Lett., 1971, 9: 1.
[23] Porter G, Reid E S, Tredwell C J. Chem. Phys. Lett., 1974, 29: 469.

会有一部分透过检偏器而漏出。这样构成信号测量的背景噪声将导致检测信噪比降低。例如，当采用起偏器-检偏器组合系统的消光比为 10^{-5} 的 CS_2 光 Kerr 开关时，即使在取样激光脉冲的峰值功率作用的瞬间，检测信噪比也难以达到 10:1，从而对其监测微弱荧光的衰变过程造成很大限制。此外，由于通常采用的 Kerr 介质对<400 nm 的光辐射一般都有较强的吸收，所以，光学 Kerr 开关取样测量技术并不适用于短波长范围的荧光衰变过程监测。

2．频率上转换（up-conversion）技术

“频率上转换”（up-conversion）是 G. Porter 等[24]基于非线性光学“和频”（sum frequency）效应（参阅第 3 章 3.6.1 小节）而建立的另一种光学脉冲取样测量荧光衰变过程的方法。它的工作原理是采用频率为 ω_s 的取样激光脉冲在非线性晶体（如碘酸锂）内和频率为 ω_f 的被测荧光进行非线性光学混频，$\omega_s + \omega_f \to \omega_{s+f}$。混频所产生的频率为 ω_{s+f} 的和频光信号的功率 $P(\omega_{s+f})$ 和取样脉冲及荧光信号的功率 $P(\omega_s)$、$P(\omega_f)$ 成正比。这样，当测量取样脉冲和荧光信号脉冲间的相对时间延迟不同时，所产生的和频光信号的功率 $P(\omega_{s+f},t)$，即对应于被测荧光信号强度在不同瞬间的强度分布 $I(\omega_{s+f},t)$。

“频率上转换”这种光学脉冲取样测量技术的最大特点是，由于和频频率 ω_{s+f} 处的光信号只是在被测荧光和取样激光脉冲相互作用的短暂时间间隔 Δt_i 内产生，因此，荧光信号检测的时间分辨率和所用光信号检测器的时间响应特性无关，仅由取样激光脉冲的脉冲宽度 Δt_p 所决定。也就是说，当采用 ps 激光超短脉冲取样时，其时间分辨率可达<10^{-13} s 的数量级。此外，这里所测量的光信号是在比荧光和取样脉冲频率更高的和频频率 ω_{s+f} 处出现，因而，这种脉冲取样实际是可在没有其他光信号干扰的“零背景”的频率下测量光信号强度，从而它可具有很高的检测信噪比。其次，在更高频率处测量被测荧光信号的事实也提供了一种可能性，这就是，它可将处于一般检测器的光谱响应不灵敏的长波荧光信号“转移”到检测器的光谱响应灵敏的短波波段进行检测，从而扩大荧光信号可被检测的波长范围，并提高检测灵敏度。

有趣的是，即使被监测的荧光衰变的整个过程的持续时间和取样激光脉冲的宽度可相比拟，通过适当地时间延迟而逐点取样测量和频光信号输出，同样可以求出该荧光脉冲在不同瞬间的强度分布波形 $I_f(t)$，即荧光强

[24] Bedard G S, Doust T, Porter G. Chem. Phys., 1981, 61: 17.

度随时间变化的函数关系。这是因为，和频信号的脉冲波形 $I(\omega_{s+f},t)$ 显然应该是由两个相互作用的入射光脉冲的波形 $I(\omega_f,t)$ 和 $I(\omega_s,t)$ 的“卷积”（convolution）：

$$I(\omega_{f+s},t)=\int_{-\infty}^{\infty}I(\omega_f,t)I(\omega_s,t-t')\mathrm{d}t' \quad (6.4.1)$$

式中，t'代表 ω_f 和 ω_s 光脉冲间的相对时间延迟。这样，若所用的取样激光脉冲的波形 $I(\omega_s,t)$ 已知，那么通过测量不同时间延迟 t' 时输出的和频信号波形 $I(\omega_{s+f},t)$，利用上述关系不难得出被测荧光信号的脉冲波形 $I(\omega_f,t)$。尤其是当被测的荧光信号是由取样激光脉冲的一部分激发样品时，若有关分子的荧光衰变过程可用动力学函数 $F(t')$描述，则被测荧光信号的波形将可写为

$$I(\omega_f,t)=\int_{-\infty}^{\infty}F(t')I(\omega_s,t-t')\mathrm{d}t' \quad (6.4.2)$$

代入式（6.4.1）可得和频信号强度随时间延迟量 t'的变化将等于

$$I(\omega_{f+s},t)=\int_{-\infty}^{\infty}F(t')I(\omega_s,t-t')\mathrm{d}t' \quad (6.4.3)$$

式中，$I(\omega_s,t-t')$ 是取样激光脉冲的自相关（auto-correlation）函数，可从实验中方便地求出。这样，利用它对实验测出的 $I(\omega_{s+f},t)$ 进行解卷积（deconvolution）处理（参阅第 4 章 4.5.3 小节），即得出描述被测荧光衰变过程的动力学规律 $F(t)$。因此，频率上转换技术取样监测成为目前以 fs 的时间分辨率监测微弱、瞬变超快速分子过程的方法的最佳选择。

图 6.4.6 示出一种用于监测荧光衰变过程的频率上转换装置的典型光路设计。在这里，为便于使取样激光脉冲能够准确地在指定的瞬间和被测荧光脉冲在混频晶体内相互作用，它们采用同一高强度的激光超短脉冲产生。即将入射的同一激光超短脉冲分为两部分：其中一部分直接用于激发荧光样品以产生被监测的荧光信号 $I_f(t)$；另一部分 $I_s(t)$则用做取样脉冲，通过调节光学延时单元使它们之间实现时间同步。为保证高频率上转换过程的有效性，提高检测灵敏度，必须合理地选择混频晶体、设计理想的光脉冲相互作用的长度，特别是要使相互作用的各光波间实现最佳的相位匹配。此外，这一取样检测方法的检测信噪比和灵敏度还可进一步提高，典型的做法是将被测荧光信号采用“光学斩波”（optical chopping）–“前置放大”（pre-amplification）组合处理（参阅图 6.4.6 所示的光路）。

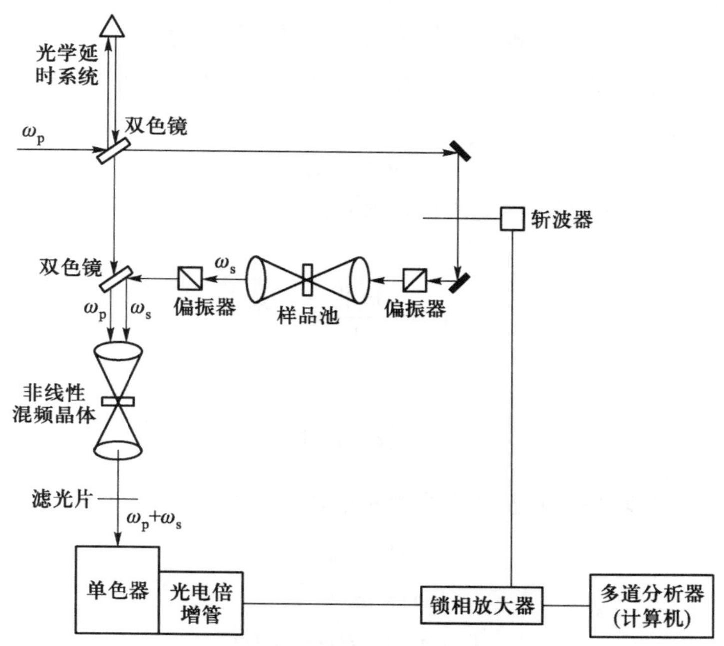

图 6.4.6　一种采用“频率上转换”光学取样技术的典型的荧光衰变过程的典型光路设计

但是应当指出，频率上转换是目前虽已成为时间分辨率<ps 的一种有效重复取样测量技术，但对所用激光光源的长期稳定性问题，仍需在实际工作中给予足够的重视。

6.5　荧光过程的时间相关单光子计数测量

6.5.1　基本原理

时间相关单光子计数是监测荧光强度随时间变化的一种最常用技术。它和实时监测或取样测量技术的不同之处在于，它不是直接跟踪或取样测量某一指定波长 λ_f 处的荧光脉冲在不同瞬间的强度，而是测量重复发射的多个相同荧光脉冲中被在不同瞬间检测到“第一个荧光光子”的概率。为说明其基本原理，令样品在被脉冲激发后它所发射的荧光中能到达用于检测它的光电倍增管光阴极表面的荧光光子平均数目为 Z_i，又令该光阴极表面发射光电子的量子产率为 q，那么，由这些荧光光子所产生的光电子数目的平均值将为

$$m_i = qZ_i \tag{6.5.1}$$

如果在一定时间间隔内由光阴极发射 l 个光电子的概率 $P_l(i)$ 由泊松统计分布所决定：

$$P_l(i) = \frac{(m_i)^l}{l!}\exp^{(-m_i)} \tag{6.5.2}$$

而且

$$\sum_{l=0}^{\infty} P_l(i) = 1$$

也就是说，发射 $l=0$ 和 $l=1$ 个光电子的概率将分别为

$$P_0(i) = \exp^{(-m_i)} \tag{6.5.3a}$$

$$P_1(i) = m_i \exp^{(-m_i)} \tag{6.5.3b}$$

$$\begin{aligned} P_{l>1}(i) &= 1 - P_0(i) - P_1(i) \\ &= 1 - (1 + m_i)\exp^{(-m_i)} \end{aligned} \tag{6.5.3c}$$

若样品被相继激发 N_{E} 次，那么，在每次激发后到达光电倍增管光阴极表面的荧光光子所产生的阳极脉冲总数 N_{A} 将等于

$$N_{\mathrm{A}} = N_{\mathrm{E}}[P_1(i) + P_{l>1}(i)] \tag{6.5.4}$$

若 $m_i << 1$，则可根据式（6.5.3b）和式（6.5.3c）将式（6.5.4）中的 $P_1(i)$ 和 $P_{l>1}(i)$ 简化为

$$P_1(i) \approx m_i$$

$$P_{l>1}(i) \approx m_i^2 << m_i$$

此时，阳极脉冲总数 N_{A} 可根据式（6.5.1）而近似地表示为

$$N_{\mathrm{A}} \approx N_{\mathrm{E}} m_i = N_{\mathrm{E}} q Z_i \tag{6.5.5}$$

如果只考虑在 Z_i 个荧光光子中第一个被检测到的荧光光子所产生的阳极脉冲总数，并令其为 N_i，那么，N_i 和所有到达光阴极表面的荧光光子所产生的阳极脉冲数目 N_{A} 之间有下述关系：

$$N_i = N_{\mathrm{A}}\left[1 - \frac{1}{N_{\mathrm{E}}}\sum_{j=1}^{i-1} N_j\right] \tag{6.5.6}$$

若令实际上被检测出的阳极脉冲数目为 N_D，则可得到

$$N_D \geqslant \sum_{j=1}^{i-1} N_j \tag{6.5.7}$$

显然此时 $N_E >> N_D$，并在满足下述要求的条件下：

$$\frac{N_D}{N_E} = f_D << 1 \tag{6.5.8}$$

将有

$$N_i = N_A \tag{6.5.9}$$

由此可以得出一重要结论，即当多次重复激发样品时，如果能满足 $m_i << 1$ 和 $Z_i\ f_D << 1$ 的条件，那么，检测样品在瞬间 t_i 发射并被首先检测出的第一个荧光光子的数目 N_i，将和该样品被激发后在瞬间 t_i 发射并到达探测器的荧光光子数目平均值成比例。换言之，通过测量样品被激发后在不同瞬间发射单个荧光光子的概率 $N(t_i)$，即可得到该样品所发射的全部荧光光子在不同瞬间的密度分布 $Z_i(t)$，从而直接获得该样品所发射的荧光强度随时间而变化的动力学规律 $I(t)$。利用时间相关单光子计数[25]（time-correlated single-photon counting，TCSPC）监测荧光衰变过程的技术，即是根据这一原理而建立的。

6.5.2　测量方法

为测量在某一瞬间被检测到第一个光子的概率，并将不同瞬间检测到的第一个光子数目分别累积计数。首先要求对荧光样品采用重复发射的光脉冲多次反复激发，而且每次激发的作用持续时间应相当短暂，也就是说，激发脉冲应具有尽可能窄的脉冲宽度 Δt_p。此时，每一个荧光光子 i 从发射到被检测到的飞越时间 t_i 借助于时幅转换器标定，而在各个不同瞬间 t_i 检测到的荧光光子累积计数则采用多道分析法记录。典型的测量系统的原理设计如图 6.5.1 所示。

其中，激发光源可采用高重复频率的脉冲放电闪光灯，它所产生激发光脉冲的波长可在从紫外到红外的光谱范围内连续分布。但光脉冲的脉冲宽度则受到所产生的光脉冲强度要求的限制，通常为 ns 数量级。当要求激发光脉冲的持续瞬间更为短暂时，能产生高重复频率（一般为几十 MHz）

[25] 应注意，这里的“时间相关单光子计数”和一般光信号检测用的“单光子计数”是完全不同的两种技术。

超短脉冲（一般为 ps 数量级）的“锁模”（mode-locked）激光器是激发光源的理想选择。

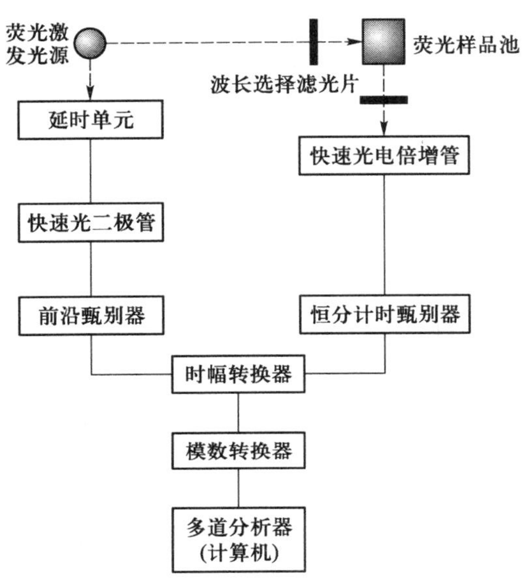

图 6.5.1　监测荧光过程用的时间相关单光子计数方法的原理

当样品被这类光脉冲重复激发时，每个激发脉冲所产生的荧光光子分别在两个不同的方向检测：在一个方向是用“信号”（或“起始”）光电倍增管检测荧光脉冲信号（不一定是单个光子），并检测到光脉冲信号，经过脉冲幅度甄别后，仅使幅度相当于单个光子的脉冲进入时幅转换器，触发其“斜坡扫描电压”（ramp voltage）使之开始扫描，直到在另一个方向用“参考”（或“终止”）光电倍增管检测到，并从经过脉冲幅度甄别的荧光脉冲信号进入时幅转换器时终止。此时时幅转换器即输出一个电压脉冲，该电压脉冲即可用于对所检测到的单个光子进行“计时”和“计数”。因为时幅转换器输出的每一个电压脉冲都代表一个光子，而该脉冲的电压幅度则与这一荧光光子被检测到的时间（相对于“终止”脉冲）成正比。这样，当样品被激发脉冲重复激发时，如果把通过时幅转换器输出，并根据其脉冲幅度不同而分别储存在不同通道（“地址”）的各个电压脉冲计数，即得出在不同瞬间被检测到的单个荧光光子的数目随时间的分布，以便定量地反映荧光强度随时间变化的动力学规律。

6.5.3　方法特点

基于上述时间相关单光子计数方法的工作原理不难看出，这一方法具有几个突出的特点：

① 它要求准确地确定它的光信号探测器检测第一个荧光光子的到达时间。因此，所用的光信号探测器的“渡越时间离散” δt（transit time spread）应尽可能地小。荧光样品的激发脉冲强度以及由它激发产生的被测荧光信号的强度应尽可能地弱，以消除前后相继到达的两个光子所产生的光电流信号“重叠”。只有在这样的条件下，才能满足 $m_i \ll 1$ 和 $f_D \ll 1$ 的要求，而使荧光光子在时间上和空间上彼此分离，便于检测单个的光子。与此同时，发光激发态分子的浓度较低也可避免分子间的相互作用而产生“淹灭（annihilation）效应”，从而减少荧光的动力学测量实验结果解释中的不确定因素。

② 时间相关单光子计数方法所监测的是单个荧光光子在某一指定瞬间被检测到的概率，而不是直接测量各个瞬间的荧光强度。因此，和其他荧光测量方法不同，这种方法的测量准确与否并不受所用激发光脉冲强度随时间而“波动”的影响，而是取决于确定检测到“第一个光子”的计时精确度。在这里，影响计时精确度的计时时间漂移，主要和产生“触发”和“终止”脉冲信号的激发光脉冲波形“抖动”有关。因此，它对激发光源的主要要求，不是技术上比较复杂的在功率方面的长期稳定性，而是降低输出脉冲波形“抖动”，以及它对准确计时的影响也将随该激发光脉冲的脉冲宽度变窄而减弱。因此，它可明显降低高时间分辨测量中的短脉冲光源的功率稳定性的需求。

③ 此外，时间相关单光子计数方法也具有和采用一般单光子计数技术的其他荧光测量方法同样的优点，即通过信号幅度鉴别（discrimination）而抑制噪声，以改善测量“信号-噪声比”（signal-to-noise ratio，SNR）从而，它将具有很高的检测灵敏度。因此，时间相关单光子计数测量在荧光随时间变化过程的时间分辨实时监测的实践中，成为一种获得最为广泛应用的技术。

6.5.4　测量系统和设备单元

如图 6.5.1 所示，时间相关单光子计数的测量系统主要由激发光源、信号鉴别、计时计数三个部分所组成。其他的一些信号放大、脉冲计数速率计等附加的电子学单元，是用于改善实验系统的某些工作性能及对工作过程实行监测的辅助设备。这些设备单元已有一系列精心设计的商品（包括数据分析的计算机程序）。但为使组合而成的整个仪器系统在最佳的条件下运转、提供准确可靠的实验测量结果，还必须根据实验测量要求仔细调节各设备单元的最佳工作状态、选择合理的实验条件和正确标定实际特性参数。因篇幅所限，在这里仅简要地对几个关键测量设备单元的一些技术问题予以概述。

高频脉冲放电闪光灯是一种最简单，从而在时间相关单光子计数方法中获得最广泛应用的激发光源，已发展出一些高频脉冲放电闪光灯在可见光波段所输出的光脉冲宽度可小于 10^{-10} s，且重复频率应不少于几 kHz，甚至可高达几百 MHz。但是，即使是结构设计合理、制作精细的商品脉冲放电闪光灯，由于电极材料的溅射、伴随着放电过程而产生的射频电磁辐射“泄漏”、作为放电储能电容一部分的“分布电容”以及放电气体中杂质的混入（如真空泵中油蒸气反向扩散）也会导致放电工作不稳定、输出的光脉冲波形畸变、出现附加的“拖尾”。因此，价格十分昂贵，而且恒温、防震和防尘等操作条件要求严苛的锁模激光器，特别是它和染料激光单元、“光参量振荡”（optical parametric oscillation，OPO）等激光脉冲波长转换系统相结合（参阅第 3 章 3.6.3 小节）的超短激光脉冲系统，仍因它的输出脉冲波形具有很好的长期稳定性、脉冲输出重复频率高达约 100 MHz 以及脉冲的宽度可小到 10^{-12} s 甚至 10^{-14} s 数量级等特点而成为样品激发光源的理想选择。

光电倍增管是时间相关单光子计数方法中常用的光信号探测器，这一影响整个实验测量系统的技术特性及其应用范围的关键器件，在参考信号通道虽可选用通常的快速光信号探测器（例如 RCA1P28 型光电倍增管）产生“终止”触发光脉冲，但检测被测荧光信号通道的探测器时，对所用光电倍增管的技术性能要求相当苛刻，从而必须经过仔细而严格的选择。此时，在考虑它的光谱响应范围、暗电流水平、使用寿命长短等一般共同的要求的同时，由于这里是用于检测由单个光子所产生的光电流信号，所以必须要求光电倍增管具有足够高的光电流增益，以保证时间相关单光子计数测量所要求的灵敏度。而且更要考虑它的光电子渡越时间的离散范围 Δt_T，Δt_T 决定光电倍增管能否将前后相继到达的单个光子所产生光电流脉冲分开的时间分辨率。Δt_T 虽可根据理论分析评估，但在实际工作中，光电倍增管的渡越时间离散通常用其阳极电流的上升时间近似地表示，并以此作为选择光电倍增管的依据。不过，由于不同波长光子所产生的光电子速率不同，而导致其输出脉冲波形和入射光子波长有关的 PMT“色效应”（color effect），也应作为可影响光电子渡越时间的离散的一个重要技术特性参数。此外，在选用光电倍增管时也要考虑到：它们的某些性能参数之间是相互矛盾的事实。例如，为提高光电倍增管增益而增多“打拿”（dynode）电极级数时，同时也增大了渡越时间的离散程度；当采用聚焦措施而减小渡越时间的离散时，将提高该光电倍增管的价格。因此，在选择光电倍增管时，必须在各特性参数的性能指标要求方面折中考虑。同时也应注意到，光电倍增管的技术特性诚然主要由它的结构设计、材料选择等参数所决定，然而使用它们的工作条件也是影响其性能的重要因素。因此，除正确地选择光电倍增管的性能参数外，选择适当的工作条件，也是在实际工作中应予以注意的事项。例如，在一些光电倍增管中，由于在其光阴极和第一级“打拿”电极间的光反馈效应，可使该光电倍增管的主响应峰之后有附加的通常被称为“峰后脉冲”的附加峰值出现，这需仔细调整“打拿”电极间的电压分配情况而予以消除。最后也应指出，在时间相关单光子检测方面的一个新进展是紧密而平行地排列的一组直径为 4～12 μm 的“微通道”所构成的 “微通道板”（micro-channel plate）光电倍增管（简称 MCP-PMT）的出现。由于其中光电子的倍增过程是通过它们在微通道的管壁折返运行而实现，从而光电子的渡越时间离散、色效应等影响 PMT 时间分辨率的因素得到显著的改善，使这种光电探测器能在保持高灵敏度的同时，所输出电流信号脉冲的宽度将明显变窄（约 10 倍，典型的脉冲宽度约为 15 ps），并可减小被测光信号的波长、入射方向对输出脉冲波形的影响，并对“峰后脉冲”的产生进行有效抑制。然而，它的输出电流非常小（约 100 nA），从而对被测光信号的线性响应的动态范围也很小；此外，它的使用寿命有限，价格昂贵。因而，除非是和脉冲宽度为<10 ps 的超短脉冲激发光源联用，在时间相关单光子计数测量中选用普通的光电倍增管仍较合理。

脉冲幅度甄别单元的功能是，保证只是具有相应于单个光子产生脉冲幅度的光电倍增管输出电流信号才能进入时幅转换器作为计时触发信号，用于对单个光子计时和计数。此外，它也可对无规出现的背景噪声予以抑制。时间相关单光子计数测量中所用的脉冲幅度甄别器可分为前沿甄别器

（leading-edge discriminator，LED）、差分甄别器（differential discriminator）和恒分计时甄别器（constant fraction timing discriminator，CFTD）等三种（图 6.5.2）。不论采用根据哪一种原理工作的甄别器，在实际操作中应予以重视的一个共同的关键问题是甄别电平的选择。诚然，在脉冲强度较高而且比较稳定的触发通道中，所用甄别器的甄别电平选择并不十分严苛，一般可设置在能使甄别器输出维持不变的甄别电平范围 V_i～V_f 的 $\frac{1}{3}$ 处，即 $V_i+\frac{1}{3}(V_f-V_i)$。但是，在信号通道中的脉冲幅度，除荧光信号的贡献外，还包含应予以消除的检测器暗电流以及可能的射频干扰成分。因而甄别器的甄别电平必须合理选择。如果选用的甄别电平较高，诚然可能排除由于暗电流产生的低强度脉冲，甚至由于射频干扰产生的“假”脉冲的影响，但此时由单个荧光光子所产生的信号也可能被抑制。而且，由多个荧光光子产生的脉冲信号则优先通过甄别器，其结果将使得最后测出的荧光衰变动力学曲线向短时间一侧偏移。为合理地选择信号通道中的甄别器的甄别电平，首先应寻求保持甄别器输出基本上不受甄别电平影响的电平范围。如果在这种甄别电平的“坪区”观察不到，则需利用荧光寿命确切已知的化合物分子作样品，在不同的甄别电平的条件下，分别测量其荧光衰变动力学曲线，并求出荧光寿命的数值。根据所得数值和该化合物的确切已知的荧光寿命值吻合的程度，作为最佳甄别电平范围选择的依据。另一种合理选择甄别电平的方法是，在不同甄别电平条件下测量所用实验系统的仪器响应函数 $L(t)$，并以该函数的宽度开始变窄时的甄别电平作为可被选用的甄别电平的最大允许值。不过用此法所选择出的甄别电平，最好再通过测量其荧光寿命已知的化合物的荧光衰变动力学曲线的方法作进一步的校核。关于甄别器的结构目前已有许多设计。例如，经过精心设计的恒分计时甄别器的计时误差可小至 ps 数量级。在实际工作中，一些厂家生产的标准甄别器商品，都可较好地满足荧光衰变过程的时间相关单光子计数测量要求。但应注意，有些商品甄别器有不同的名称。例如，前沿甄别器有时也被称为快速或 100 MHz 甄别器。所以，选择和评估以时间相关单光子计数测量为基础的时间分辨荧光光谱装置时，更重要的是考虑所用元件的技术性能指标，而不是它的生产厂家的商标和商品名称。

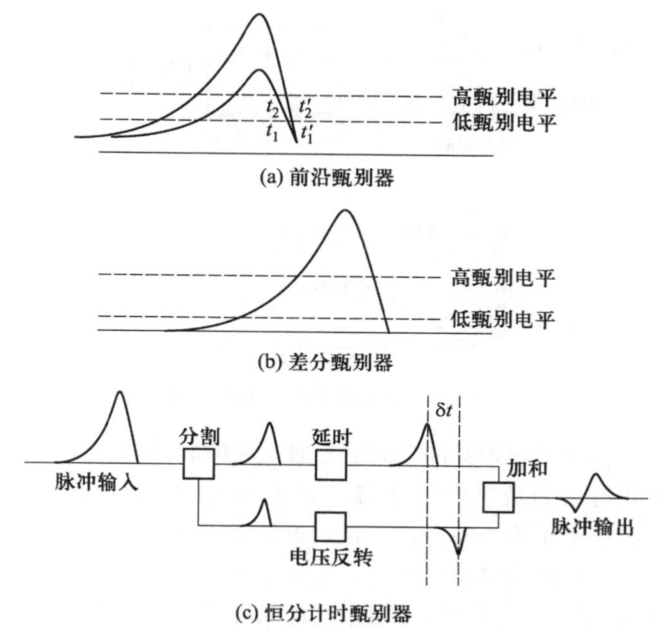

图 6.5.2　几种脉冲幅度甄别器的工作原理

“延时单元”（delay line）是任一时间相关单光子计数测量系统必不可少的一个组成部分。它的主要功能是调节时幅转换器-多道分析器的组合系统，使被测荧光信号的衰变曲线储存在多道分析器中的最佳通道范围。其次，延时单元的另一重要应用是，可用来调节触发通道和信号通道的脉冲分别输入时幅转换器的时间及先后次序，使时幅转换器也可以以“反向”的方式工作。时间相关单光子计数测量系统所用的延时单元已有制成标准插件的商品。这些标准延时单元的延时增量可以是 0.5 ns 或 1.0 ns。但应注意的是，虽然，有些商品标准延时插件给出的标称延时精度为±100 ps，然而当用它标定时幅转换器-多道分析器组合系统时，该延时线的实际延时精度尚需通过实验进一步测定其实际值。在一般的实际工作中，延时单元通常可用 50 Ω 的同轴电缆（例如 RG58C/U 型）代替。同轴电缆还可以同时发挥高频截止滤波器的功能，并可对光电倍增管受到射频干扰引起的振荡有所抑制。当要求更大的延时范围时，可加长这些延时电缆。不过，此时一定要注意仔细焊接和卷绕，而且应采取有效的射频屏蔽。

时幅转换器（time-to-amplitude converter，TAC）是用于对样品产生的单个荧光光子计时和计数的关键设备单元。其工作原理如图 6.5.3 所示。

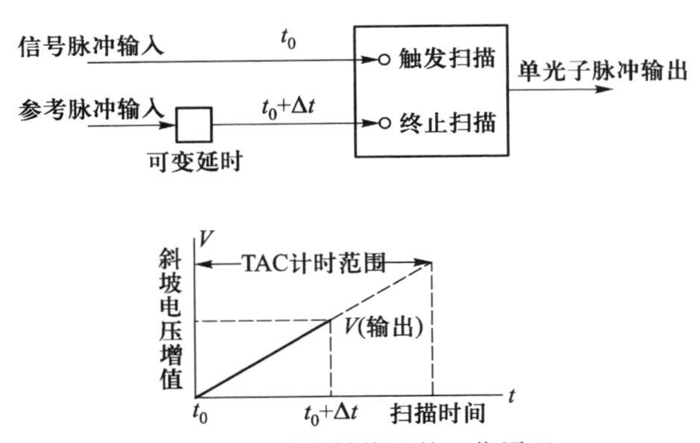

图 6.5.3　时幅转换器的工作原理

它用一个称为“起始脉冲”的信号触发时幅转换器的计时电容起始充电，并开始进行“斜坡电压” 扫描，随着充电时间延长，计时电容的充电量增大，斜坡电压将不断升高，直到被其后输入的“参考脉冲”终止为止。此时所达到的斜坡电压幅度将正比于它的充电时间，即起始和终止脉冲之间的时间间隔，从而，它可用来对起始脉冲相对于终止脉冲“计时”。若重复进行上述过程，时幅转换器所输出的“计时”脉冲数目即可用于对起始脉冲“计数”。这样，如用样品的一个荧光脉冲中的一个被信号光电倍增管检测到的光子作为起始脉冲信号，而同一荧光脉冲中的其他光子（不必是单个光子）被用做终止参考信号时，上述时幅转换器即可用于对荧光光子计时和计数，给出单个荧光光子在不同瞬间的分布。显然，时幅转换器的计数速率将取决于计时电容放电的恢复时间；而它的“计时范围”将受斜坡电压扫描的线性范围的限制（通常的线性范围为 50 ns～80 μs，它可根据测量的实际要求进行选择）。这种非线性行为一般发生在电容充电的初期，从而会使荧光衰变曲线的“初期”出现“振荡”现象。因此，在用直接影响信号脉冲计时准确度的时幅转换器时，一定要检查并确定它的非线性时间范围，设法避免在非线性时间范围采集测量数据。

检测时幅转换器线性工作特性的最简便方法是，直接用示波器监测延时不同的信号脉冲输入时该时幅转换器的输出脉冲幅度，当该时幅转换器是在线性条件下工作时，其输出脉冲幅度应和信号脉冲延时呈严格的线性关系。在这里应特别注意的一点是，虽然有些仪器商品标称的工作性能“尽善尽美”，但在事实上，任何一种时幅转换器商品都会在一定的时间范围内表现出非线性，其好坏仅在于非线性区的大小而已。应指出的是，时幅转换器也可以几个通道时幅转换单元联用的所谓的“多元时幅转换器”的方式工作（图 6.5.4）[26]。这些通道的斜坡电压扫描均可由同一起始脉冲触发，但不同通道的电压扫描则用不同延时的脉冲予以终止。这样，在每一次激发样品时，可对该样品在不同瞬间发射的荧光光子进行检测，从而降低出现脉冲堆积的可能性，缩短荧光衰变动力学曲线的数据采集时间，同时也可对样品在不同波长处所发射的光子分别计时和计数，而得出不同波长的荧光衰变动力学曲线，简化时间分辨荧光发射谱图的测量方法。

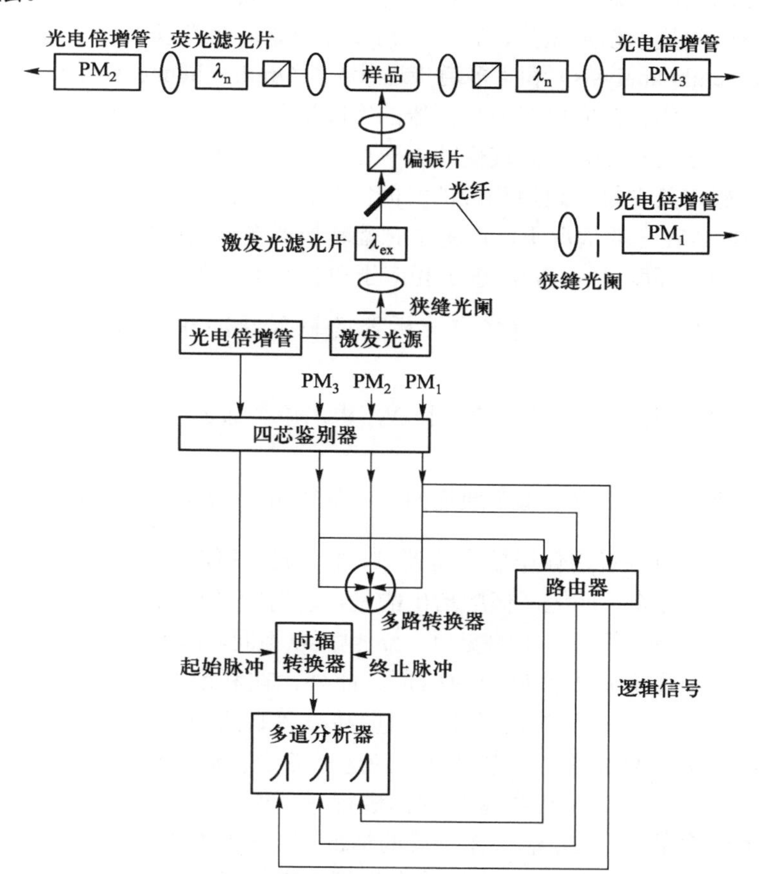

图 6.5.4　多元时幅转换器的典型设计

[26] Birch D J S, Imhof R E, 郭础. J. Photochem. Photobiol., A.- Chemistry, 1988, 42: 223–231.

多道分析器（multi-channel analyzer，MCA）是用于存储时幅转换器输出脉冲计数的设备单元。它可将同一波长但发射时间不同，或同一发射时间但波长不同的荧光光子，根据其发射时间或发射波长的不同而在它的不同“记忆单元”（通道）中存储。一般商品化的多道分析器都是由模数变换、数据存储通道、数据输入接口、数据输出接口和高、低电平甄别单元等几个基本部分组成。此外，也往往附有数据显示荧光屏，用于监测数据存储过程及存储结果。为便于实际应用，一些商品化的多道分析器通常还具有“预设置累积时间”(preset time)、“预设置累积计数”(preset counts)、可变显示范围、对数显示、“数值零点补偿”（digital zero offset)、内设定时、死时间显示以及积分、相加、相减等功能，并可以“脉冲高度分析”（pulse-height analysis）和“多道步进计数”（multi-chennel scaling）等两种不同方式工作。在应用多道分析器的实际工作中，特别是当用以“脉冲高度分析”方式而存储荧光衰变动力学曲线的测量结果时，一个关键的技术问题是标定其中每个通道相应的时间间隔，或者说，标定它的“通道宽度”Δt。为此，在一般情况下，可先由时幅转换器在给定的电压扫描时间 t(ns) 输出脉冲的幅度 V_{TAC}(V)，求出相应于单位时间（如 1 ns）的脉冲幅度，即 $\Delta V=\dfrac{V_{\text{TAC}}}{t_{\text{TAC}}}$。然后，用多道分析器的输入脉冲和输出脉冲的幅度比 $\left(\dfrac{V_{\text{input}}}{V_{\text{output}}}\right)$ 和多道分析器的通道数目 N，求出单个通道的“转换增益”ΔG。由此不难得出，相应于每个通道的时间间隔Δt 应等于 $\dfrac{\Delta G}{\Delta V}$。若所用时幅转换器的计时范围采用偏压放大器调节，由上式求得的Δt 需考虑偏压放大器的增益ΔG 的修正问题。但应指出的是，若时幅转换器和（或）多道分析器所设定的参数等有微小的变动，Δt 也可以不同，因而这一方法仅能对多道分析器的通道宽度作近似的标定。此外，在利用多道分析器存储荧光衰变过程的时间相关单光子计数测量易被忽略的问题是，为得到足够准确的测量荧光衰变的动力学曲线，应选用多少存储通道。实践经验表明，当该荧光衰变是以单指数函数规律进行时，所采用的通道数目应能存储该荧光寿命的 20～30 倍。在一般的情况下，500 个左右的通道即可满足这一要求。但当荧光以复杂的动力学规律衰变时，储存测量结果所需要的通道数目难以明确地作出抉择。此时值得推荐的一种做法是，通过对不同的时间标度监测该衰变过程所得结果进行比较，并根据各次测量结果相互吻合的程度予以选择。

6.5.5　几点具体的实验技术考虑

基于上述讨论不难看出，时间相关单光子计数的工作原理本身，决定了它是一种能以很高信噪比和足够的时间分辨率监测荧光强度随时间变化的灵敏方法。为采用这一技术，已有性能完善的设备单元、合理设计的成套仪器、巧妙编写的操作控制和数据处理的计算机程序可供选用。但是，为对荧光过程进行准确的监测并取得可靠的实验数据，除要求激发光脉冲的波形稳定、电子学线路常数无抖动以及精确多道分析器的通道宽度标定外，在具体的测量过程中，还有一些实验技术问题必须予以适当的考虑。其中包括，怎样有效地消除脉冲堆积效应和正确地测量仪器响应函数，如何降低测量误差和确定时间分辨率等。

1．脉冲堆积效应及其修正

在采用时间相关单光子计数方法监测某一波长 λ 的荧光强度随时间的变化 $I_\lambda(t)$ 时，其测量结果诚然可因所用实验设备本身的某些原因而出现一定的误差。但是，进行测量时所用的实验技术条件选择不当，也是构成测量结果畸变的因素。其中，“脉冲堆积”（pulse pile-up）是一个必须认真考虑并小心避免的问题。

所谓脉冲堆积是到达光信号探测器并被检测的不是单独一个荧光光子，而是有一个以上的光子几乎同时到达，以致在所用时幅转换器对一个荧光光子计时的斜坡电压扫描在“终止”脉冲输入之前，即有额外的另一个荧光光子的信号脉冲进入时幅转换器，使前一个荧光光子信号的斜坡电压扫描提前终止，从而使时幅转换器只对第一个荧光信号脉冲提前进行计时和计数。其结果将使“早期”的脉冲计数概率增大，从而导致表观的动力学曲线“变陡峭”，歪曲真实的荧光过程，给出错误的动力学规律。

在原则上，脉冲堆积效应可用“脉冲甄别”（pulse discrimination）或“能量甄别”（energy discrimination）方法修正。并且一般认为[27]，当被测荧光过程的衰变时间常数较小时，采用能量甄别方法更为合理。但在衰变较慢（τ>80 ns）的情况下，则宜采用脉冲甄别法。

所谓脉冲甄别法是指监测在一个光子进行斜坡电压扫描的时间间隔

[27] (a) Harris C M, Sellinger H K. Aust. J. Chem., 1979, 32: 2111. (b) Williamson J A, Kendall-Tobias M W. Anal. Chem., 1988, 60: 2198.

内输入该时幅转换器的荧光信号脉冲数目，并利用后一个输入的信号脉冲阻止前一个输入的信号脉冲通过时幅转换器所产生的输出脉冲在多道分析器内积累计数。为此，一种巧妙做法是，将由“终止”光电倍增管产出的一个信号脉冲 I_s 分为 a 和 b 两个部分。由其中一部分信号脉冲 I_s^a 直接输入时幅转换器用于触发斜坡电压扫描；而通过另一通道的另一部分信号脉冲 I_s^b，则在经过一定的时间延时后才输入时幅转换器，其相对 I_s^a 脉冲输入时间的时间延迟量 $\Delta t_{ss}=t_s^b-t_s^a$ 是几乎可以但又不完全能够使该时幅转换器的斜坡电压扫描终止（因为触发脉冲输入时幅转换器后，通常需经过一定滞后时间后才能触发其斜坡电压扫描）。在另一方面，来自“起始”光电倍增管的触发脉冲 I_t 则在其终止信号的“STOP”端输入时幅转换器，但其输入时间相对于未经延时的信号脉冲 I_s^a 的输入时间有一定的时间延迟 $\Delta t_{st}=t_t-t_s^a$，其时间延迟量则恰好等于该时幅转换器的计时范围。这样，如果来自起始光电倍增管的触发脉冲 I_t 和来自终止光电倍增管的一部分信号脉冲 I_s^a 均可由时幅转换器的“STOP”端输入，而其输出信号则由以“相加”（ADD）方式工作的多道分析器采集。经过一段时间后（例如 10 s），切断来自“起始”光电倍增管的触发脉冲输入，但此时的时幅转换器输出信号是用以“相减”（SUBSTRACT）方式工作的多道分析器采集。如此反复切换、交替地采集数据，直至多道分析器中所累积的脉冲计数达到所要求的数量为止。此时所累积的脉冲计数中已将有脉冲堆积的计数扣除。但应指出，这种测量方式往往难于可靠地完成，其主要原因是对计时准确性的苛刻要求难以满足。诚然，已有商品化的 “脉冲堆积监视器”（pile-up inspector）出现，但对其工作的有效程度仍存在争议。

利用能量甄别修正脉冲堆积效应的基本依据是，假设单个光子在一定的光电倍增管中所产生的阳极脉冲应具有某一恒定的幅度。如果用足够好的单光子分辨率的光电倍增管（如 RCA8850、C31034），单个光子和多个光子所产生的阳极脉冲应能够彼此在时间上很好地分开（至少不出现明显的相互重叠），那么，通过脉冲幅度鉴别将可使由多个光子所产生的幅度更高的脉冲不能进入多道分析器累积计数。在典型的基于能量甄别原理而监测脉冲堆积现象的实验系统中，通常还包括其衰减时间为μs 数量级的前置放大器、频谱放大器和计时单通道分析器。这样，当有一个以上的光子被光电倍增管检测到时，由其“打拿”（dynode）电极形成的多个电子脉冲经前置放大器在衰减期内转化为单一的脉冲，并被整形后进入单道分析器进行甄别，仅使其中幅度处于由单光子脉冲幅度所确定的某一幅度范围（“选通窗口”）的脉冲可以通过，而多个光子的脉冲将被抑止。但应指出，有时双光子脉冲的幅度也有可能处于这一选通窗口范围内而通过，因此，这一抑制脉冲堆积效应的方法并不是尽善尽美。尤其是由于所用前置放大器的衰减时间必须比较长（约 50 μs），以致这一方法在样品激发的重复频率较高时的应用受到限制。

消除脉冲堆积效应也可从所用测量系统方面入手。为此，在原则上直截了当的做法是采用多元光信号探测器和组合电子线路。例如，采用多节点（multi-node）或微通道板（MCP）型光电倍增管作为光信号探测器，利用它们的各个光阴极分别检测一个荧光脉冲中在不同瞬间的可被“发觉”的第一个光子[28]，并在多道分析器的不同通道中分别存储[29]。显然，这样的测量系统将很复杂，而且价格昂贵，尤其是它仅能部分地解决脉冲堆积问题。因此，在一般情况下，它并不是一个可取的方法。

一种在实际工作中避免脉冲堆积效应的简单而且很可能也是最有效的方法是，选用单光子分辨率足够好的光电倍增管检测荧光信号，通过降低所用激发光脉冲强度，使单光子计数在光电子数目的平均值 m_i<<1 的条件下工作，降低荧光脉冲计数率，$F_D=\dfrac{N_D}{N_E}$。此时，可根据所希望达到的误差范围而选择允许的 F_D 数值。理论分析已示明[30]，F_D 一般可选用 0.05。但是大量的实践证明，此时仍会出现明显的脉冲堆积。因此，在一般情况下，F_D 保持在 0.01～0.02 的范围较合适，若样品的激发重复率很高，采用 F_D=0.005 甚至 0.002 更为可取。但是降低计数率 F_D 的一个后果必然是加长数据采集时间，这不仅提高对测量系统的长期工作稳定性的要求，而且也对它用于测量某些在化学上不稳定的分子，特别是生物分子方面的应用范围造成限制。

2．仪器响应函数测量

在已消除可导致测量结果畸变的脉冲堆积效应等因素的条件下，由于用于激发样品的光脉冲总是具有一定的持续时间，当荧光分子体系被脉冲宽度 τ_p 和被测荧光的衰变时间 τ_f 相近的光脉冲激发时，其中一部分分子被

---

[28] (a) Koyama K, Faltowitz D. Hamamatsu Technical Information. ET-o3. 1987:1-18. (b) Howorth J R, Wolcox D.Proc. SPIE, 1995, 2388: 356.

[29] (a) Birch D J S, Holmes A S, Imhof R E, Nadolski B Z, Cooper J C. Proc. SPIE, 1988, 909 (8): 356. (b) Birch D J S, Mcloskey D, Sanderson A, Suhling K, Holmes A S. J. Fluoresc., 1994, 4: 91. (c) Erdman R, Becker W, Ortmann U, Enderlein J. Proc. SPIE, 1995, 2388:330.

[30] Yguerabide J. Methods Enzymology, 1972, 6: 498.

脉冲“后沿”光子激发，样品中被该脉冲“前沿”光子所激发到的发光激发态分子已开始弛豫回到基态，而且它们还可被激发脉冲“后沿”光子再次激发。如果考虑到光信号探测器对到达其阴极表面的光子产生响应也要求一定的时间，那么，实验中观测到的荧光强度随时间变化的动力学曲线$I(\lambda_{em},t)$实际上并不能直接反映真实的荧光衰变动力学规律 $F(\lambda_{em},t)$，而是$F(\lambda_{em},t)$和激发光脉冲波形 $E(\lambda_{ex},t)$以及综合表征所用激发光脉冲宽度和光信号探测器时间响应特性 $H(\lambda_{em},t)$“卷积”（convolution）结果：

$$\begin{aligned} I(\lambda_{em},t) &= E(\lambda_{ex},t)\otimes H(\lambda_{em},t)\otimes F(\lambda_{em},t) \\ &= L(\lambda,t)\otimes F(\lambda_{em},t) \end{aligned} \tag{6.5.10}$$

式中：

$$L(\lambda,t)=E(\lambda_{ex},t)\otimes H(\lambda_{em},t) \tag{6.5.11}$$

并被称为该测量系统的仪器响应函数。这样，为从荧光衰变动力学曲线的实际实验测量结果中获得该分子体系的荧光过程的真实动力学规律，应将测量结果进行解卷积处理而将测量仪器响应的影响消除。

一种确定解卷积处理消除测量仪器响应函数的方法是借助于标准参比物。对所用参比物的要求是，其荧光激发的峰值波长 λ_{ex}^{R} 比被测样品的激发波长λ_{ex}短，并可在样品的激发波长λ_{ex}和荧光发射波长λ_{em}处都可同样地产生荧光发射，而且它们的衰变动力学规律 $G(\lambda,t)$是和波长无关的函数，即 $G^{R}(\lambda_{em},t)$ 和 $G^{R}(\lambda_{ex},t)$ 完全一样。这样，在荧光激发波长λ_{ex}和荧光发射波长λ_{em} 处激发参比物所观测到它的衰变动力学曲线将是如下所示的卷积函数：

$$\left.\begin{aligned} I^{R}(\lambda_{ex},t) &= E(\lambda_{ex},t)\otimes G^{R}(\lambda_{ex},t)\otimes H(\lambda_{ex},t) \\ I^{R}(\lambda_{em},t) &= E(\lambda_{ex},t)\otimes G^{R}(\lambda_{em},t)\otimes H(\lambda_{em},t) \end{aligned}\right\} \tag{6.5.12}$$

式中，$E(\lambda_{ex},t)$、$E(\lambda_{em},t)$和 $H(\lambda_{ex},t)$、$H(\lambda_{em},t)$分别代表激发光脉冲和光信号探测器的时间响应在波长为λ_{em}、λ_{ex} 时的波形函数；$G^{R}(\lambda_{ex},t)$和 $G^{R}(\lambda_{em},t)$则分别表示描述波长为λ_{em}和λ_{ex}处的参比物荧光强度随时间变化的动力学规律。同样，被测样品的荧光在波长为λ_{ex} 的激发光脉冲 $E(\lambda_{ex},t)$的作用下，波长为λ_{em} 的荧光的衰变动力学曲线将是

$$I^{f}(\lambda_{em},t)=E(\lambda_{ex},t)\otimes F(\lambda_{em},t)\otimes H(\lambda_{em},t) \tag{6.5.13}$$

其中，$F(\lambda_{em},t)$是要求解的描述样品分子的荧光强度随时间变化的真实动力学规律。由于该分子体系不会在波长λ_{ex} 处发射荧光，此时在波长λ_{ex} 处所

测得的光信号强度随时间的变化脉冲波形将仅是激发光脉冲和在此波长处的仪器响应的卷积 $L(\lambda_{ex},t)$：

$$L(\lambda_{ex},t)=E(\lambda_{ex},t)\otimes H(\lambda_{ex},t) \tag{6.5.14}$$

如果将实验测得的样品分子在波长λ_{em} 的荧光过程动力学曲线 $I^{f}(\lambda_{em},t)$ 和参比物在波长λ_{ex} 处的荧光过程动力学曲线 $I^{R}(\lambda_{ex},t)$ 进行卷积（convolution），即可得出：

$$I^{f}(\lambda_{em},t)\otimes I^{R}(\lambda_{ex},t)=E(\lambda_{ex},t)\otimes F(\lambda_{em},t)\otimes H(\lambda_{em},t)\otimes E(\lambda_{ex},t)\otimes G^{R}(\lambda_{ex},t)\otimes H(\lambda_{ex},t)$$

利用式（6.5.14），上式可改写为

$$I^{f}(\lambda_{em},t)\otimes I^{R}(\lambda_{ex},t)=L(\lambda_{ex},t)\otimes F(\lambda_{em},t)\otimes E(\lambda_{ex},t)\otimes G^{R}(\lambda_{ex},t)\otimes H(\lambda_{em},t)$$

由于参比物的荧光过程动力学规律和波长无关，若将上式中的 $G^{R}(\lambda_{ex},t)$ 改写为 $G^{R}(\lambda_{em},t)$，并利用式（6.5.12）所示的关系，上式可进一步改写为

$$I^{f}(\lambda_{em},t)\otimes I^{R}(\lambda_{ex},t)=L(\lambda_{ex},t)\otimes F(\lambda_{em},t)\otimes I^{R}(\lambda_{em},t) \tag{6.5.15}$$

这样，利用已知的 $L(\lambda_{ex},t)$和 $I^{R}(\lambda_{em},t)$，对实验测得的 $I^{f}(\lambda_{em},t)$ 和 $I^{R}(\lambda_{ex},t)$ 的卷积积分 $I^{f}(\lambda_{em},t)\otimes I^{R}(\lambda_{ex},t)$ 进行解卷积处理，即可直接得出被测分子体系在波长λ_{em} 处的荧光强度随时间变化的真实动力学规律 $F(\lambda_{em},t)$。

采用这种方法处理时间分辨测量所得的荧光过程动力学曲线，虽然可排除仪器响应 $L(\lambda,t)$的影响，并在不引入任何人为假设的条件下，得出分子体系的荧光强度随时间变化的真实动力学规律。但其缺点也是显而易见的。首先，所用的参比物的荧光发射谱带应非常宽，而且它的荧光衰变动力学规律必须和荧光波长无关。但是能满足这一要求的化合物目前报道的还不多。诚然，为扩展参比物的荧光波长范围，也可选用两种或两种以上的分子的混合物，但此时却增加了需要处理卷积积分数目，从而数据处理的误差也将大得多。所以，这种对时间分辨荧光测量的实验结果进行处理的方法在理论上看来似乎准确可靠。然而在实际采用时，这种做法不仅需要复杂的数学处理，而且不见得一定能够收到预期的效果。因此，为消除仪器响应的影响，在实际工作中更广泛采用的方法是，通过实验直接测量仪器响应函数 $L(\lambda,t)$，而利用式（6.5.11）所示的卷积积分关系对所测出的荧光过程动力学曲线 $I(\lambda,t)$进行解卷积处理。关于求解卷积积分的各种具体的数学处理方法，已在第 4 章的 4.5 节中进行了详

细讨论。在这里仅考查为求解卷积积分所要求的仪器响应函数 $L(\lambda, t)$的实验测量方法。

一种测量仪器响应函数 $L(\lambda,t)$的方法是选用荧光过程的真实动力学规律 $G^{R}(\lambda_{em},t)$ 确切已知的分子体系作为参比，用以对它的由实验测出的荧光衰变动力学曲线 $I^{R}(\lambda_{em},t)$ 解卷积，从而求出仪器响应函数 $L(\lambda, t)$。这一方法的弱点是，在许多情况下，难以找到荧光发射的波长范围和被测分子的荧光谱带尽可能相近且其衰变动力学规律 $G^{R}(\lambda_{em},t)$ 确切已知的适当分子体系作为参比物。

因此，在实际工作中，更普遍的做法是直接测量仪器响应函数 $L(\lambda,t)$。为此，通常采用的方法是，利用某种不产生荧光的散射体替代被测荧光样品，而将在同样的实验条件下直接测量激发光脉冲的散射光信号的波形作为仪器响应函数。这里所用的散射体通常是硫酸钡或商品名称为 Ludox 的硅胶在水中的悬浮液，它们也可用新鲜牛奶代替。此外，铝箔、银箔、“打毛”的石英表面以及氧化镁涂层等的散射表面也可用于测量仪器响应函数。但不论是利用哪一种散射体，用它们所测出的仪器响应函数，实际上是激发光脉冲波形 $E(\lambda_{ex},t)$和所用光信号探测器在散射光波长处（通常是所用激发光脉冲的波长λ_{ex}）的时间响应函数 $H(\lambda_{ex}, t)$的卷积 $L(\lambda_{ex}, t)$。因此，这种测量只有采用“色效应”尽可能小的光信号探测器时，用测出的仪器响应函数 $L(\lambda_{ex}, t)$代替所要求的 $L(\lambda_{em}, t)$才是合理的近似。此外，所用测量系统的几何光学参数也应尽可能和测量荧光衰变动力学曲线所用实验系统的保持一致。同时，对散射体本身是否也可能产生荧光而干扰分子体系的荧光检测的可能性也应予以考虑。因此，用于测量仪器响应函数的激发光脉冲波长λ_{ex}一般都选择处于散射体可能产生吸收的波长范围之外，而且它的波长则应和被测荧光波长处于同一光谱区。

实践经验表明，在无须选用标准荧光参比物或某种散射体的情况下，只需在一次荧光时间分辨测量的实验中，采用两个色效应较小的光电倍增管作为光信号探测器，同时在激发光和荧光信号波长处分别测量它们的动力学曲线。其中，在荧光激发光波长处所测出的 $I^{ex}(\lambda_{ex},t)$ 即可用做仪器响应函数，而对在荧光信号波长λ_{em} 处测出的荧光动力学曲线 $I^{f}(\lambda_{em},t)$ 进行解卷积处理。这样，即可方便而准确地得出正确描述分子荧光过程的动力学规律。特别是当激发光和荧光信号波长比较靠近时，所得结果尤其令人满意。

3．测量误差分析

时间相关单光子计数是通过测量重复发射的荧光信号而确定荧光光子在指定瞬间 t_i 出现的概率。因此，一个自然而然提出的问题是，为降低实验测量误差，在多道分析器的相应于时间 t_i 的第 i 个通道中，至少要累积多少光子计数才能保证所进行的测量能达到所要求的准确度。要回答这个问题，可从测量误差的一般分析入手。光子计数的误差在理论上由光子发射的统计性质所决定。如果在一定时间间隔（通道）内观察到任何数目的光子的概率可用泊松分布描述，通道 i 中所累积光子计数的平均值为 $\overline{n}_i$，则它的均方根（标准误差 σ_i）$\sqrt{\overline{n}_i}$ 即为其噪声。从而，其信噪比 $\frac{S}{N}=\frac{\overline{n}_i}{\sqrt{\overline{n}_i}}=\sqrt{\overline{n}_i}$。在理论上，当单通道光子计数的标准误差已给定时，最低要求的光子累积数目 $N_i^{\min}$ 可利用上式方便地作出估计。例如，如果要求在 i 通道中的光子计数误差小于 5%，此时测量的信噪比将应高于 $\frac{1}{0.05}$。根据上述关系可知，该通道中所累积的光子计数数目 N_i 应不少于 400 个。但是，在这里值得提醒的一点是，多道分析器的一个通道在一定时间间隔内所累积的光子计数是荧光和噪声脉冲的总和 N_i^{total}。因此，在每个通道中所累积的光子计数数目显然更要多得多（例如 100 倍于 $N_i^{\min}$）。实际经验表明，当该荧光衰变过程动力学规律可用单指数函数描述时，$N_{\min}$ 至少应为 3×10^4 个，而当要求准确监测多指数、非指数的衰变过程时（如荧光各向异性弛豫过程），$N_{\min}$ 应为 10^5～10^6 的数量级。

为近似估算实际测量的误差，必须从多道分析器的一个通道所累积的光子计数 N_i^{total} 中把噪声扣除，而求出实际累积的荧光光子的计数。测量系统的噪声主要由所用检测荧光信号的光电倍增管暗电流所决定，它通常被近似地视为一个可从实验中测定的恒定常数 B。最方便的测量噪声 B 的方法是，在监测荧光衰变过程时，将用于累积不同瞬间荧光光子计数的多道分析器中的最初几个通道（一般为 10～20 个）用于积累暗电流计数 B。这样，荧光光子的真实计数 $N_i=N_i^{\text{total}}-B$。据此即可对实际测量误差作出估计。

最后需指出的是：增加荧光光子的累积计数，诚然可减少测量误差；但这要求更加多次地激发样品、加长数据采集时间，从而对激发光源和电子测量系统的稳定性提出更高要求。因此在实际工作中，应在测量结果的准确度要求和实验系统工作稳定性要求之间折中处理。

4．时间分辨率

在时间相关单光子计数的实际测量中，人们关心的另一个重要参数是测量的时间分辨率，它是确定所用的实验系统可否用于测量某一荧光过程的判据。然而问题在于，某一时间相关单光子计数系统的时间分辨率如何定义。一种意见认为，应将该系统的仪器响应函数 $L(\lambda, t)$半宽的某一分数作为其时间分辨率的定量指标。例如，M. A. West[31]提出，在监测单指数荧光衰变过程时，所用测量系统的时间分辨率确定为它的仪器响应函数的十分之一，而在监测双指数荧光衰变过程时，则应以响应函数的五分之一作为其时间分辨率。A. Grinward[32]和 L. E. Cramer[33]等则建议，时间相关单光子计数测量系统的时间分辨率可用其仪器响应函数的十五分之一。在另一方面，H. E. Zimmerman[34]等则认为，时间相关单光子计数测量系统的时间分辨率应该在实验中具体测定，并建议其实验测定方法是，利用该测量系统对所用激发光脉冲的波形 $E(t)$进行两次测量，它们之间的时间间隔则和通常采集一条完整荧光衰变动力学曲线的数据所需时间为同一数量级。然后，用一次测量所得的激发光脉冲波形对另一次所得结果进行“解卷积”处理。如此重复几次所得的“衰变时间常数”即可定义为该测量系统的时间分辨率。显然，可靠的结果只能在所用激发脉冲具有较高的稳定性和重复性而且“解卷积”方法更精确的条件下获得。

应当指出：不论采用上述哪一种方法定义时间相关单光子计数测量系统的时间分辨率，即使其结果可将其时间分辨率估计为 ps 数量级。若所用测量系统并未经精心调试，使其处于最佳工作状态，测定小于 500 ps 的荧光寿命也是不大可能的。即使对测量结果的背景噪声、电子学元件波动等干扰因素进行了严格的修正，也难以改进测量结果的可信度，特别是测量多指数荧光衰变时，尤其如此。然而，在实验中有时也发现，经重复验证确有寿命小于 100 ps 的荧光成分存在。但为确证有相应于这一短寿命荧光的发光分子存在，尚需从其他的独立的实验中获得有力支持。虽然如此，直到目前为止，时间相关单光子计数在分子荧光过程的时间分辨研究中，仍是测量结果最可靠因而也获得最广泛应用的一种有效方法。

作为采用时间相关单光子计数技术测量荧光衰变动力学规律的典型实验结果，不同的氨基苯取代卟啉分子在苯溶液中的荧光衰变动力学曲线

---

[31] West M A. Photochemistry. Bryce-Smith D .London: The Chem. Soc., 1979, 10:40.
[32] Grinward A. Anal. Biochem., 1976, 75: 260.
[33] Cramer L E. Spears K G. J. Am. Chem Soc., 1978, 100: 221.
[34] Zimmerman H E, Culter J P. Chem. Commun., 1978, 49: 1186.

如图 6.5.5 所示[35]。

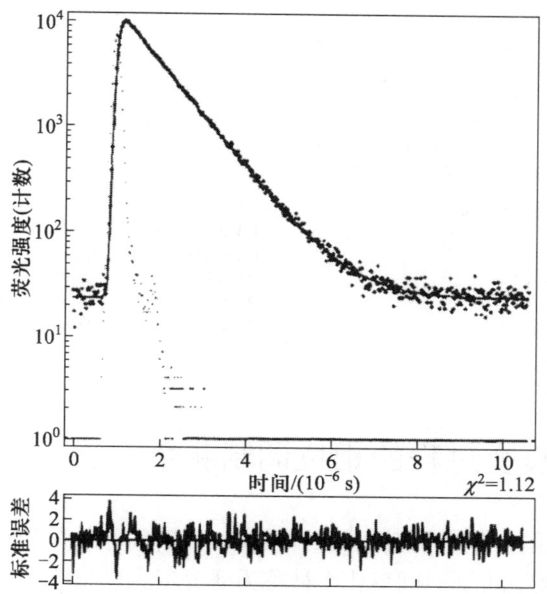

图 6.5.5　氨基苯取代卟啉 PAOOO 在溶液中的荧光衰变动力学曲线及其非线性二乘方法拟合结果[35]（点和实线）。所用闪光灯激发光脉冲波形（420 nm）如虚线所示

表 6.5.1 中列出利用所测出的仪器响应通过非线性二乘方法拟合而求出的荧光寿命 τ_f。由表 6.5.1 所列数据可见，仅是由于氨基苯取代基的数量、取代位置的不同，而在引起其荧光衰变的时间常数上的微小差别也可被显示出来。这说明所用测量技术的时间分辨率可达到 0.05 ns。

表 6.5.1　氨基苯取代卟啉在苯溶液中的荧光寿命[35]

卟啉	荧光波长/nm	分子对称性	寿命 τ_f（χ^2）/ns
PAOOO	660	C_{2v}	8.48（1.12）
PAAOO	680	C_{2v}	8.71（1.28）
PAOAO	680	C_{2h}	8.86（1.31）
PAAAO	680	C_{2v}	8.77（1.32）
PAAAA	660	D_{4h}	9.65（1.26）

[35] Birch D J S, Imhof R E, 郭础. J. of Photochem.and Photobiol., A.- Chemistry, 1988, 42: 223 – 231.

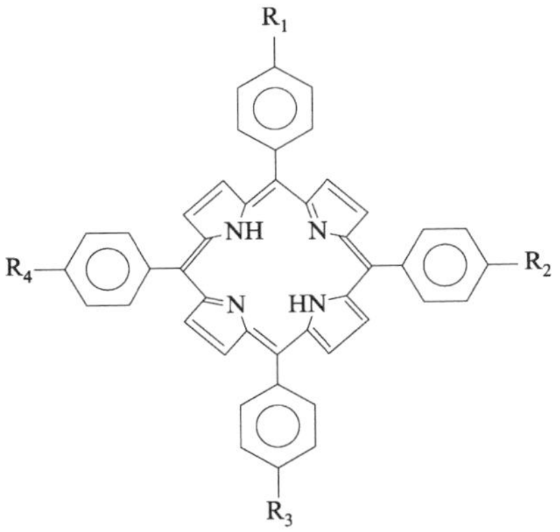

PAOOO	R_1=NH_2,	R_2=R_3=R_4=H
PAAOO	R_1=R_2=NH_2,	R_3=R_4=H
PAOAO	R_1=R_3=NH_2,	R_2=R_4=H
PAAAO	R_1=R_2=R_3=NH_2,	R_4=H
PAAAA	R_1=R_2=R_3=R_4=NH_2	

6.6 荧光衰变过程的相位调制测量方法

和前面讨论过的实时监测、脉冲取样以及时间相关单光子计数等三种通过直接测量荧光强度随时间变化而被称为研究荧光过程的“时域”方法不同，“相位调制”（phase modulation）是研究荧光过程的被称为“频域”的另一种方法。这一方法并不是用光脉冲激发样品而直接跟踪监测分子体系所发射的荧光随时间的变化 $I_f(t)$；而是测量采用其强度被连续调制的连续光波激发分子体系所发射并被以相同频率调制的荧光强度或荧光的光波相位（phase）偏移，进而推算荧光寿命τ_f这一表征该荧光衰变过程的时间常数。

相位调制法（或相位偏移法）用于确定激发态分子的荧光衰变参数的基本原理是基于激发态分子的发光过程相对于它被激发生成过程之间的时间滞后现象而建立的[36]。具体来说，它是采用振幅（强度）被以一定频率f周期性地调制的连续光波激发分子体系，此时激发态分子体系所发射的荧光也将以同一函数形式被调制。但由于被激发的分子处于发射荧光的高能量子状态的时间是有限的，因而该分子体系所发射的荧光将相对于激发光的光波之间在时间上出现一定的滞后，使它们在相位上产生一定的相角偏移ϕ；同时，激发光和荧光平均强度与被调制而出现的交变成分的强度之比也有所差异（降低），出现所谓的强度“解调制”（demodulation），

[36] (a) Wood R W.Proc. Roy. Soc. London A., 1921, 99: 362-371. (b) Lakowicz J R, Gryczynski I. Frequency-Domain fluorescence Spectroscopy.Lakowicz J R. Topics in Fluorescence Spectroscopy, Vol. 1. Techniques.New York: Plenum Press. 1991, 293-355.

通常用解调制因子 m 表示（图 6.6.1）。这样，通过定量测量荧光相对它的激发光波的相位偏移的相角或它们的强度解调制现象，可望获得有关激发态分子发光时间特性的信息。

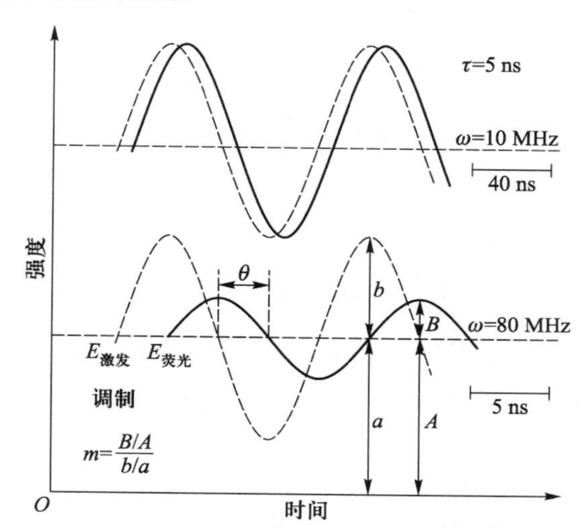

图 6.6.1　荧光（实线）相对于激发光波（虚线）的相位偏移相角 θ 和强度解调制程度（解调制因子 m）。设 $\tau_f = 5$ ns，调制频率 $\omega = 10$ MHz（上图）和 80 MHz（下图）

为说明分子的荧光时间特性和它的相位偏移相角 θ 及解调制因子 m 之间的定量关系，考查分子体系在其强度以正弦函数调制的连续光波激发时的荧光发射情况。令 $E(t)$表示以正弦函数调制的连续光波的波形为

$$E(t) = a + b\cos(\omega t) \tag{6.6.1}$$

其中，a 表示被调制的激发光的平均强度，b 是该激发光强度被调制而改变的幅度（参阅图 6.6.1），它们的比值表示激发光的调制程度，即 $M_{ex} = \dfrac{b}{a}$，M_{ex} 通常被称为激发光调制因子；$\omega = 2\pi f$ 表示激发光调制的角频率，其中 f 为调制频率。在最简单的情况下，即当发光激发态分子 D^*是以单指数函数的动力学规律衰变时，可写出发光激发态分子浓度随时间变化的动力学规律：

$$\frac{d[D^*]}{dt} = E(t) - k[D^*] \tag{6.6.2}$$

因一级常微分方程 $\dfrac{dy}{dt} + p(t)y = q(t)$ 用积分因子法求解时，其解是

$$s(t)y = \int q(x)s(x)\mathrm{d}x + c$$

或

$$s(t) = \exp\left[\int p(t)\mathrm{d}t\right]$$

这样，在$t=0$时、$[\mathrm{D}^*]=0$的边界条件下，由式（6.6.2）可得

$$[\mathrm{D}^*] = \exp(-kt)\int_0^t \exp(kt)E(t)\mathrm{d}t \tag{6.6.3}$$

因实验中观察到的强度和发光激发态分子浓度$[\mathrm{D}^*]$成比例，故荧光强度随时间而变化的波形$I(t)$将可写为

$$I(t) = K[\mathrm{D}^*(t)] = K\exp(-kt)\int_0^t \exp(kt)E(t)\mathrm{d}t \tag{6.6.4}$$

式中：K是使方程两侧完全吻合的比例常数，通常可设$K=1$；k是发光激发态分子衰变的时间常数，即荧光寿命τ的倒数，$k=\dfrac{1}{\tau}$。这样，将式(6.6.1)代入式（6.6.4）可得

$$I(t) = a\exp(-kt)\int_{x=0}^{x=t} [\exp(kt)][1+M\cos(\omega t)]\mathrm{d}x = I_1 + I_2 \tag{6.6.5}$$

其中

$$I_1 = a\exp(-kt)\int_0^t \exp(kx)\mathrm{d}x \tag{6.6.6a}$$

$$I_2 = aM\exp(-kt)\int_0^t \exp(kt)\cos(\omega t)\mathrm{d}x \tag{6.6.6b}$$

I_1是阶跃激发（step excitation）条件下的瞬态解：

$$I_1 = a[1-\exp(-kt)] \tag{6.6.7}$$

而I_2则可利用下述关系

$$\int \exp(ax)\cos(bx)\mathrm{d}x = \frac{\exp(ax)(a\cos bx + b\sin bx)}{a^2+b^2}$$

而写为

$$I_2 = aM\exp(-kt)\left(\left.\frac{\exp(kt)(k\cos\omega t + \omega\sin\omega t)}{(k^2+\omega^2)}\right|_0^t\right)$$

$$= aM\exp(-kt)\left(\frac{\exp(kt)(k\cos\omega t + \omega\sin\omega t) - k}{(k^2+\omega^2)}\right) \tag{6.6.8a}$$

若令

$$\frac{\omega}{\sqrt{k^2+\omega^2}}=\sin\theta,\qquad \frac{k}{\sqrt{k^2+\omega^2}}=\cos\theta \tag{6.6.8b}$$

利用关系

$$\cos(x-y)=\cos(x)\cos(y)-\sin(x)\sin(y)$$

I_2 可进一步改写为

$$I_2=\frac{aM}{\sqrt{k^2+\omega^2}}[\cos(\omega t-\theta)-\frac{k}{\sqrt{k^2+\omega^2}}\exp(-kt)] \tag{6.6.8c}$$

这样，将式（6.6.7）和式（6.6.8）代入式（6.6.5），即可得出在正弦函数调制的连续光波激发下，分子体系所发射的荧光强度随时间变化的规律为

$$I(t)=a\left\{1-\exp\left(-\frac{t}{\tau}\right)+mM\left[\cos(\omega t-\theta)+m\exp\left(-\frac{t}{\tau}\right)\right]\right\} \tag{6.6.9}$$

式中，m 是荧光的解调制因子，并有

$$m=\frac{1}{\sqrt{1+\omega^2\tau^2}} \tag{6.6.10}$$

式（6.6.9）中的各项可分为两组：前两项可看做描述在激发光波的恒定平均强度作用下荧光强度随时间的变化；后一方括号中的各项则表述由于激发光波调制而使所产生的荧光随之也被调制的部分，以及它随时间的衰变的动力学规律。方括号中的各项也表明，这部分被调制的荧光相对于被以函数 $\cos(\omega t)$ 调制的激发光波有一定的相位偏移相角 θ 。而且根据其定义[即式（6.6.8b）]可见，这一相位偏移的相角 θ 和荧光衰变间常数 k 或荧光寿命 τ 有下述定量关系：

$$\theta=\arctan\left(\frac{\omega}{k}\right)=\arctan(\omega\tau) \tag{6.6.11}$$

式（6.6.10）中发光分子的荧光寿命 τ 和荧光的解调制因子 m 之间的定量函数关系如图 6.6.2 所示。作为比较，该图同时也给出荧光寿命为 τ 的荧光和它的相位偏移相角 θ 的函数关系。

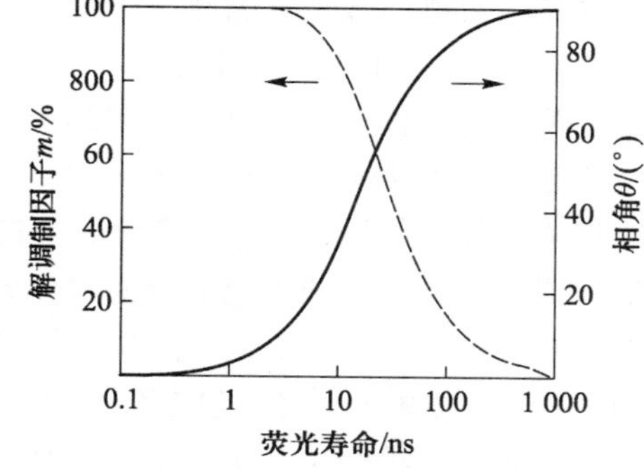

图 6.6.2　荧光寿命 τ 和相位偏移相角 θ 、解调制因子 m 的函数关系

基于上述分析可见，当激发光被已知频率的正弦波调制时，不论是通过测量荧光相对于激发光的相位偏移相角 θ 或解调制因子 m ，都可计

算出该发光分子的荧光寿命 τ。例如：在所用的激发光用频率 $f=\frac{\omega}{2\pi}=10\ \text{MHz}$ 的正弦波调制时，若测得 $\phi=32.14°$ 或 $m=4\%$，则表明相应的荧光寿命应为 10 ns；同样，若用相位调制法测量其衰变时间常数为 100 ns 的荧光时，所测出的 θ 和 m 值应分别为 80.95° 和15%。

但有两点应当注意。首先，根据上述相位调制法测量荧光寿命的基本原理不难看出，以一定频率调制的激发光源只适合于对其数值为相应一定范围内的荧光寿命的准确测定。这是因为，根据式（6.6.10）和式（6.6.11）所示的数学关系可见，当调制频率 ω 一定时，θ 和 m 的数值仅对在某一范围内的 τ 值变化才比较敏感。若超出这一范围，τ 值虽有显著的不同，但 θ 和 m 的数值并无明显的差异，从而难以准确鉴别。例如：在调制频率为 10 MHz 时，当被测的荧光寿命由 100 ps 增大到 200 ps，相应的 θ 值仅由 0.18° 增大到 0.36°；但当被测荧光寿命由 1 μs 增大到 5 μs 时，相应的 θ 值仅由 89.1° 增大到 89.8°。在后一情况下出现的这样小的 θ 差值，实际上很难准确鉴别。因此，为能精确地用相位偏移法测量荧光寿命，必须选择适当的调制频率，以使 θ 和 m 的数值处于对荧光寿命变化敏感的范围。一般来说，大多数有机分子的荧光寿命在10 ns 左右，测量它们所需的调制频率应介于 2～200 MHz 之间；测量约 100 ps 的荧光寿命则要求调制频率高于 2 000 MHz；若测量 1～10 μs 的长寿命荧光时，激发光调制频率为 10 kHz～1 MHz 即可。实践经验虽然示明，相位偏移法测量荧光寿命的最佳调制频率 ω 应和被测荧光寿命 τ 的倒数相近，然而，荧光寿命在这里恰是无法事前得知的待测的数值。因此，在实际工作中，通常是预先估计一个荧光寿命预期值，并据以选择调制频率，用选定的调制频率测试荧光寿命；继之，修正荧光寿命预期值，再修改调制频率，继续测量荧光寿命，直到荧光寿命的数值处于 θ 和 m 数值敏感区为止。另一点值得注意的是，这里所测定的相位偏移和解调制因子，它所表征的仅是分子体系所发射的荧光的表观整体特性。只有一种发光成分而且该成分所发射的荧光是以单指数动力学规律衰变时，所测出的 τ_θ 和 τ_m 才彼此相等，它们才是该发光分子的真实荧光寿命数值。如果分子体系包含有不同的发光成分，或同一种发光分子可以不同动力学规律衰变时，通过测定相位偏移和（或）解调制因子所得的荧光寿命 τ_θ 和（或）τ_m，仅是表征各发光成分和（或）不同发光过程以不同权重综合贡献的矢量之和，而且视各荧光成分在相位偏移和解调制因子方面的权重不同，所求出的 τ_θ 和 τ_m 可能是不同的数值。计算出的 τ_θ 通常都比 τ_m 的计算值小，但它们都大于构成这一复杂衰变过程的各荧光分量 $i, j, \cdots$ 的荧光寿命 $\tau_i, \tau_j, \cdots$ 的实际值。因此，为利用相位调制法研究复杂的荧光过程中各荧光分量的实际荧光寿命，尚需对它们和实验测出的表观 τ_θ 和 τ_m 值之间的函数关系做进一步的定量分析。也就是说，需将该分子体系在一定频率 ω 调制的激发光作用下，在指定波长 λ 处所测出的相角 θ 和荧光解调制因子 m 另行定义，并通过和描述该复杂分子过程的理论模型进行拟合[37]，以求出描述各成分的最佳的动力学参数。为此，通常采用的理论模型是将分子体系的荧光强度随时间的变化 $I(t)$ 用一组单指数项的加和描述，即

$$I(t) = \sum_i \alpha_i \exp\left(-\frac{t}{\tau_i}\right) \tag{6.6.12}$$

而所观测到的荧光强度随时间的变化 $I(t)$ 的实验结果则用它的正弦和余弦转换表述，并以下述关系所定义的量 N_ω 和 D_ω 作为参数：

$$N_\omega = \frac{\int_0^\infty I(t)\sin\omega t \mathrm{d}t}{\int_0^\infty I(t)\mathrm{d}t} \tag{6.6.13}$$

$$D_\omega = \frac{\int_0^\infty I(t)\cos\omega t \mathrm{d}t}{\int_0^\infty I(t)\mathrm{d}t} \tag{6.6.14}$$

将式（6.6.12）代入可得

$$N_\omega = \frac{\sum_{i=1}^{n} \frac{\alpha_i \omega \tau_i^2}{1+\omega^2\tau_i^2}}{\sum_{i=1}^{n} \alpha_i \tau_i} \tag{6.6.15}$$

$$D_\omega = \frac{\sum_{i=1}^{n} \frac{\alpha_i \omega \tau_i}{1+\omega^2\tau_i^2}}{\sum_{i=1}^{n} \alpha_i \tau_i} \tag{6.6.16}$$

此时，在指定波长 λ 处所测出的相角的偏移和荧光解调制因子分别定义为

[37] (a) Gratton E. Appl. Spectrosc. Rev., 1984, 20: 55–106. (b) Bright F V, Betts T A, Litwiler K S. Anal. Chem., 1990, 21: 389–405.

$$\theta_{\omega} = \arctan \frac{N_{\omega}}{D_{\omega}} \tag{6.6.17}$$

$$m_{\omega} = (N_{\omega}^2 + D_{\omega}^2)^{\frac{1}{2}} \tag{6.6.18}$$

这样，通过变换α_i和τ_i而用不同的N_{ω}和D_{ω}对实验所测出的θ_{ω}或m_{ω}拟合，即可得出在该波长λ处各种可能的荧光成分所占的比重α_i和荧光寿命τ_i的最佳数值。

从理论上说，为提高采用这一方法分析复杂的荧光衰变过程的精确度，可利用在几个不同调制频率ω条件下所测出的N_{ω}和D_{ω}进行拟合。例如，为准确确定双指数荧光衰变过程的荧光寿命τ_1和τ_2，一般认为至少应在20～30个调制频率处进行测量。不过，当荧光过程动力学规律更复杂时，即使采用更多的调制频率，所得定量分析结果的准确度仍值得商榷。其原因并非由于上述原理分析有什么不完善之处，而是由于在采用更多的（例如，$n>10$）调制频率ω_i进行测量时，其中总会有一些频率和最佳调制频率ω_{opt}范围相差较大，以致在这些调制频率条件下所测出的荧光相角θ_{ω}和解调制因子m_{ω}难以用于准确地计算荧光寿命的数值。

上述用于测量分子荧光衰变时间常数的相位调制方法，在原则上也可用于研究在6.7节中将讨论的荧光各向异性弛豫问题。此时，通过测量在某一荧光波长λ处偏振垂直于和平行于激发光偏振方向的荧光分量的相角$\theta_{//}$和$\theta_{\perp}$，则可利用下述关系通过拟合而分别求出N_i和D_i等参数[38]：

$$\tan(\theta_{\perp} - \theta_{//}) = \tan \Delta_c = \frac{D_{//}N_{\perp} - D_{\perp}N_{//}}{N_{//}N_{\perp} - D_{//}D_{\perp}} \tag{6.6.19}$$

如果荧光强度是以单指数函数规律衰变，而且它的各向异性弛豫动力学$r(t)$仍可用下述关系描述：

$$r(t) = r_0 \exp\left(-\frac{\tau_{\text{r}}}{t}\right) \tag{6.6.20}$$

$N_{//}$和$D_{//}$等参数和各向异性弛豫动力学常数τ_{r}将分别有下述关系：

---

[38] (a) Lakowicz J R, Laczko G, Cherek H, Gratton E, Limkeman M. Biophys. J., 1984, 46: 463–477. (b) Gratton E, Limkeman M, Lakowicz J R, Maliwal B C, Cherek H, Laczko G. Biophys. J., 1984, 46: 479–486.

$$\left.\begin{aligned} N_{/\!/} &= \frac{\omega}{3\left(\omega^2+\dfrac{1}{\tau^2}\right)} + \frac{2r_0\omega}{3\left[\omega^2+\left(\dfrac{1}{\tau}+\dfrac{1}{\tau_r}\right)^2\right]} \\ D_{/\!/} &= \frac{1/\tau}{3\left(\omega^2+\dfrac{1}{\tau^2}\right)} + \frac{2r_0\left(\dfrac{1}{\tau}+\dfrac{1}{\tau_R}\right)}{3\left[\omega^2+\left(\dfrac{1}{\tau}+\dfrac{1}{\tau_r}\right)^2\right]} \end{aligned}\right\} \qquad (6.6.21)$$

$N_\perp$ 和 $D_\perp$ 也可用类似于式（6.6.21）的关系式表达，只不过式（6.6.21）中的 $2r_0$ 项改用 $-r_0$ 项表示而已。这样，利用这些关系即可得出荧光各向异性弛豫过程的时间常数 τ_r。但应注意的是，当采用更为复杂的荧光强度衰变或各向异性弛豫的动力学表达式计算时，往往也得出和采用单指数衰变模型时无明显差别的拟合结果，这表明，相位调制法并不适用于准确地确定荧光各向异性弛豫过程的动力学规律及相关的参数。

最后指出，相位调制是早在直接监测荧光过程的各种“时域”方法之前就已在实际中获得应用，而且从理论上说，即使在噪声水平较高的情况下，这一方法测量荧光衰变过程动力学参数的精确度仍可望达到 ps 数量级。但是，在一个相当长的时期内，由于光波调制的频率范围有限，相位调制测量方法所能测量的仅是表征单指数函数动力学规律描述的荧光寿命的平均值，致使这一方法的实际应用受到相当的限制。直到 20 世纪 80 年代初期，随着可变调制光波频率技术的发展，相位调制测量方法的应用才重新引起人们的注意。目前，荧光衰变过程的相位调制测量虽然也可用于处理复杂的多指数荧光衰变过程，甚至测量分子荧光的去偏振过程分子荧光的时间分辨谱图。但由于它并不能直接提供分子荧光衰变过程的实时图景，而仅仅是从实验测量结果中推导荧光衰变过程的动力学参数，因此，不拟在本章中就此类测量的实验技术、设备以及相关的技术作进一步概述。

6.7　荧光衰变过程测量及荧光发射光谱谱图应用

监测分子在指定波长 λ_i 处所发射的荧光强度随时间的变化 $I_{\lambda_i}(t)$，是获取相关发光激发态分子的结构、状态随时间变化的重要手段。它通常是据此求出荧光衰变过程的时间常数 k_f，即荧光寿命 $\tau_f = \frac{1}{k_f}$，并进而推导该发光激发态分子自身内部以及和其他分子相互作用发生的激发能重新分配、电子转移等形形色色的无辐射跃迁过程的微观动态学信息。但应指出，只有在相关的发光激发态分子自身的结构、状态没有发生改变的前提下，测量某一指定波长 λ_i 处所发射强度随时间的变化 $I_{\lambda_i}(t)$ 才能正确地反映该特定结构、状态发光激发态分子的动态学行为；否则，在同一波长处所测出的荧光强度变化也可能是由于相关发光激发态分子的结构、状态发生变化的结果。因此，激发态发光分子的动态学行为必须用表现荧光在不同波长处的强度随时间变化的时间分辨荧光发射谱图（time-resolved emission spectrum，TRES）$I(\lambda,t)$ 描述。虽然如此，跟踪监测在特定波长处的荧光强度衰变 $I_\lambda(t)$，仍是考查荧光发射的各种特性参数随时间的变化及其影响因素的常用方法。

6.7.1 荧光强度衰变测量及典型应用

荧光衰变速率取决于发光激发态分子自身的辐射和无辐射跃迁以及和其他分子（包括所处的环境介质）的相互作用过程。了解相关激发态分子行为的最直接的途径是正确测量荧光衰变速率 k_f。在这里，不拟重复列举大量通过荧光寿命 $\tau_f(=k_f^{-1})$ 的实验测量而研究相关发光激发态分子的辐射的资料，而仅以通过测量 7-氨基取代的香豆素分子在不同溶剂中的荧光寿命 τ_f 为例，探讨分子基团伴随着激发态分子发生分子内电子转移进行内旋转而生成“扭变型分子内电子转移状态”（即 TICT 状态）的可能性。在图 6.7.1 中示出几种不同结构的氨基取代的香豆素分子在极性、非极性溶剂中的荧光寿命 τ_f 的测量结果[4]。

由图 6.7.1 可见，各香豆素衍生物分子被激发到电子激发一重态 S_1 后，在非极性溶剂中，该激发态分子的荧光衰变时间常数 τ_f 随溶剂介电常数 ε 的增大而有所加大，但在可和香豆素分子生成氢键的醇类溶剂中，其荧光寿命 τ_f 将随溶剂介电常数 ε 的增大而明显地降低。有趣的是，在不能参与生成氢键的其他极性溶剂中，荧光衰变时间常数 τ_f 随溶剂介电常数增大而降低的只是那些 7-氨基取代基可自由“转动”的香豆素分子，而且这种降低的趋势将随溶剂黏度加大而有所缓和（参阅表 6.7.1 所列数据）。

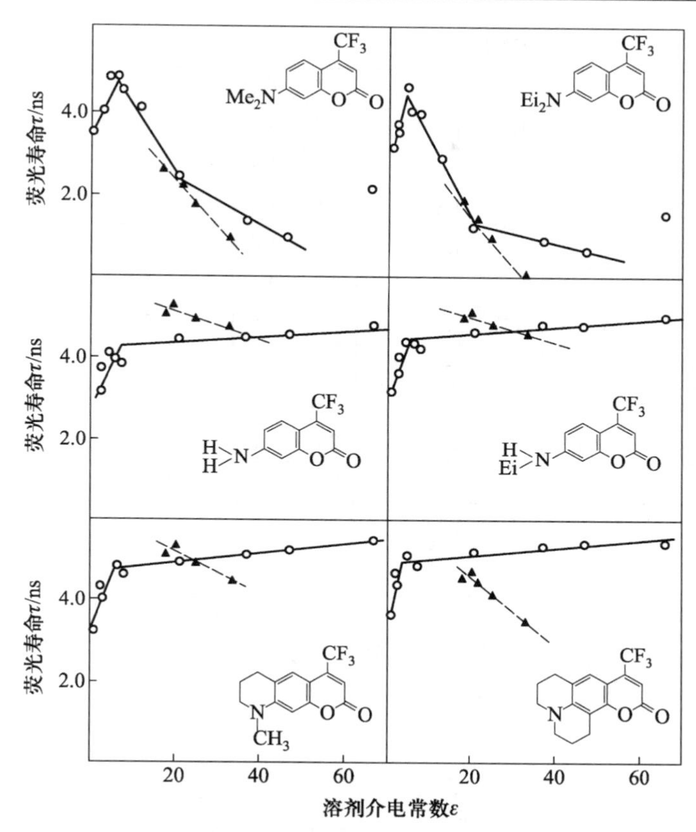

图 6.7.1　7-氨基取代的香豆素分子在极性、非极性溶剂中的荧光寿命 τ_f [4]

▲—在具有可生成氢键络合物能力的醇类溶剂中的测量结果

表 6.7.1　7-氨基香豆素衍生物分子在不同介电常数 ε 的溶剂中的荧光寿命 τ_f [4]

溶剂	氨基香豆素 τ_f/ns										
	I	IV*	III	IV	V*	VI	VII	VIII	IX	X	ε^*
环己烷	—	—	3.2	3.2	2.2	3.5	2.3	3.3	3.6	—	2.02
苯	3.2	2.9	3.7	3.5	—	4.0	—	4.0	4.4	—	2.27
1, 4-二恶烷	3.8	—	4.1	3.7	2.8	—	2.9	4.3	4.7	—	2.21
四氢呋喃	3.9	—	4.3	3.9	2.8	4.5	3.0	4.6	4.9	3.1	7.58
醋酸乙酯	4.0	—	4.4	4.1	2.8	4.8	2.8	4.8	5.0	—	0.62
氯仿	4.1	—	4.4	4.6	—	4.8	—	4.8	5.1	—	4.81

续表

溶剂	氨基香豆素 τ_f/ns										
	Ⅰ	Ⅳ*	Ⅲ	Ⅳ	Ⅴ*	Ⅵ	Ⅶ	Ⅷ	Ⅸ	Ⅹ	ε^*
丙酮	4.5	3.3	4.7	1.3	2.9	2.4	3.1	4.9	5.2	3.2	20.7
二甲基乙酰胺	4.5	—	4.8	0.9	2.9	1.4	3.2	5.1	5.3	3.6	36.71
二甲基亚砜	4.6	—	4.8	0.7	3.1	1.0	—	5.2	5.4	3.8	46.68
正丁醇	5.1	—	5.0	1.9	3.2	2.6	3.6	5.1	4.6	—	17.51
异丙醇	5.3	3.7	5.1	—	3.3	3.0	3.6	5.3	4.8	3.7	19.92
正丙醇	—	—	—	1.4	—	2.3	—	—	4.5	—	20.33
乙醇	5.0	—	4.8	1.0	3.0	1.8	3.8	4.9	4.2	4.1	24.58
甲醇	4.8	—	4.6	0.5	2.0	1.0	3.0	4.5	3.5	4.4	32.70
乙二醇	4.3	—	—	1.0	2.9	1.2	2.5	—	3.4	4.7	37.7

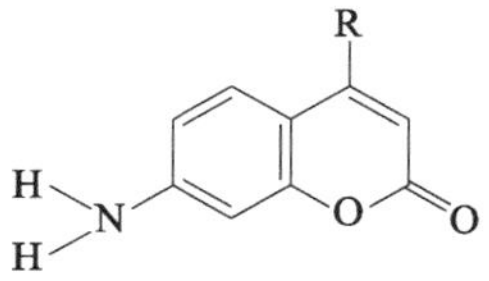

Ⅰ，Ⅱ 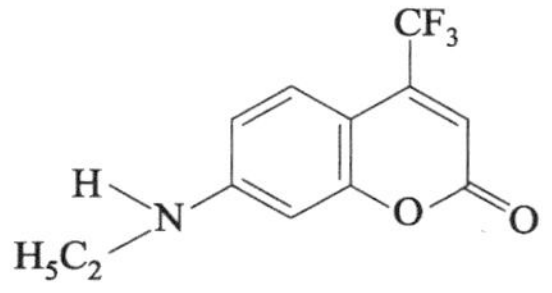　　Ⅲ

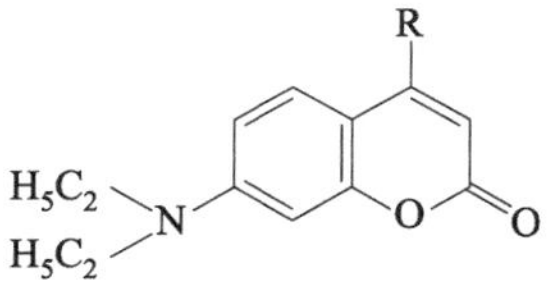

Ⅳ，Ⅴ 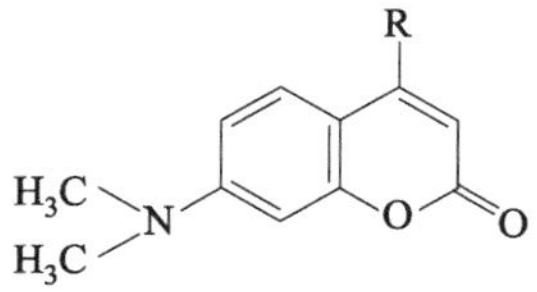　　Ⅵ，Ⅶ

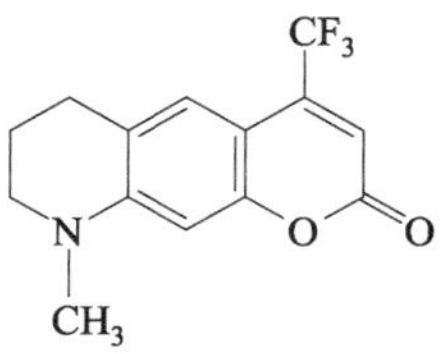

Ⅷ 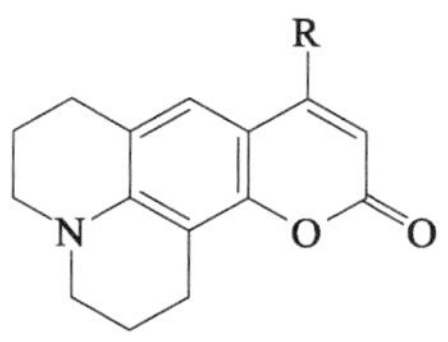　　Ⅸ，Ⅹ

Ⅰ，Ⅳ，Ⅵ，Ⅸ　R=CF_3

Ⅱ，Ⅴ，Ⅷ，Ⅹ　R=CH_3

究其原因，很可能就是[4,39]，这些香豆素分子被激发到电子激发一重

[39] (a) Jones II G, Jackson W R, Helpern A M. Chem. Phys. Lett., 1980, 72: 391. (b) Jones II G, Jackson W R, Choi Chal-yoo. J. Phys. Chem., 1985, 89: 294.

态 S_1 的 “局部激发态”（locally excited state，LE）时，它可在极性溶剂作用下转化（intramolecular charge transfer state，ICT）；ICT 伴随着具有给电子能力的氨基取代基基团的“自由转动”可进一步发生分子内电子转移，而生成和苯并吡喃环共平面、位能更低的“扭变型”分子内电荷转移状态（twisted intramolecular charge transfer，TICT）分子：

LE　　　　ICT　　　　TICT

由于 ICT 和 TICT 状态间转化可能要求“克服”的位能能垒不高，以致它们的荧光谱带可以明显地相互交盖；此时虽然至少可有两种激发态分子同时发射荧光，但因它们之间也可以快速地进行可逆转化，当转化速率大于激发态分子自身的荧光发射速率时，实验中观测到的荧光衰变过程仍可用单指数动力学函数描述。实验中观测到的衰变时间常数 τ 并不是激发态分子 i 自身的荧光寿命 $\tau_f^{(i)}$，而是各种激发态分子的荧光寿命的函数（参阅第 2 章 2.8.2 小节）。因此，溶剂的极性不同，将导致各发光的激发态分子的相对成分不同，以致这里所测出的荧光衰变时间常数 τ 各异。关于溶剂极性对香豆素分子 ICT 状态生成的决定性作用已在超声射流冷却的振动分辨的荧光光谱实验中得到证明[5]。至于有关香豆素分子的 ICT $\leftrightarrow$ TICT 间的相互转化的推论，尚待相关分子体系的荧光光谱谱图随时间演变的直接跟踪监测进一步证实。

6.7.2　时间分辨荧光发射光谱谱图测量及典型应用

在发光激发态分子辐射弛豫过程中，若发光激发态分子的结构、能量状态能随之发生变化，所发射荧光强度在各频率处的分布将在不同瞬间形成不同的瞬态荧光光谱谱图。一般来说，通常在用连续光激发条件下所记录的积分荧光光谱谱图，实质上就是分子体系在不同瞬间所发射的瞬态荧光光谱谱图的叠加，因而，它并不能提供发光激发态分子在辐射弛豫过程的各瞬间可能出现的各种结构、状态的资料；至于在某一指定波长处所测定的荧光强度随时间变化的衰变动力学曲线（或荧光寿命），只能提供结构、能量状态在衰变过程中未发生变化的条件下激发态分子浓度（而不是分子的结构、状态）随时间变化的动力学规律。为通过发光激发态分子的辐射弛豫过程监测，全面而确切地获取该分子的结构、状态随时间变化的动态学资料，显然应当是考查描述荧光强度在波长和时间两个相互垂直的坐标中分布的三维时间分辨荧光光谱谱图 $I(\lambda,t)$。其中：在波长轴 λ 的某一波长 λ_m 处和强度轴 I_f 构成的平面内示出该波长 m 的荧光强度在不同瞬间的强度衰变动力学曲线，$G_i(\lambda_m,t)\equiv I(\lambda_m,t_1),I(\lambda_m t_2),\cdots,I(\lambda_m t_n)$；而在时间轴 t 的某一瞬间 t_j 处和强度轴 I_f 构成的平面内示出该瞬间的荧光强度在不同波长处的分布，$S_j(\lambda,t_j)\equiv I(\lambda_1,t_j),I(\lambda_2,t_j),\cdots,I(\lambda_n,t_j)$。典型的时间分辨荧光发射光谱谱图如图 6.7.2 所示。

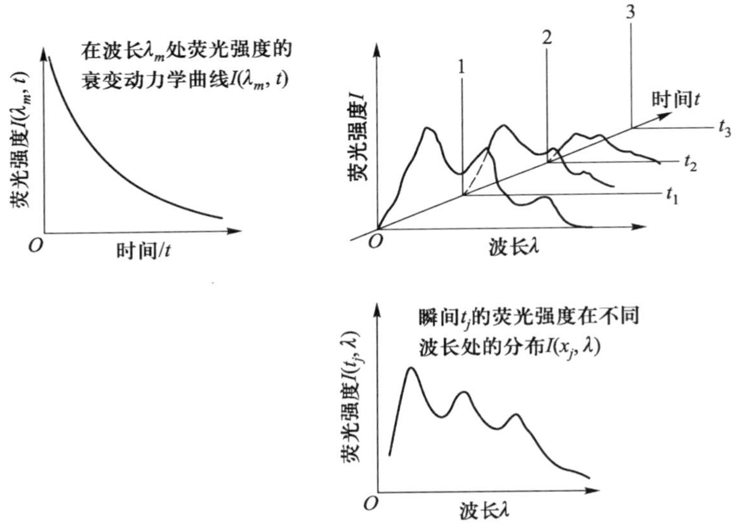

图 6.7.2　时间分辨荧光发射光谱谱图

不难设想，发光激发态分子的时间分辨荧光发射光谱谱图的测量，最简单的方法无疑是采用条纹摄像技术直接记录各波长处的荧光强度分布随时间的变化。但也可采用上述的各种测量荧光在不同波长范围 $\Delta\lambda_i$ 内的衰变动力学曲线 $I(\Delta\lambda_i,t)$，或发光激发态分子在某一瞬间 Δt_j 所发射的荧光在不同波长 λ 处的强度分布 $I(\lambda,\Delta t_j)$ 的瞬态谱图叠加而获得时间分辨荧光发射光谱谱图。这样，前面所讨论的各种监测荧光衰变过程的技术，在原则上都可用于记录时间分辨荧光发射光谱谱图（包括用不能直接显示荧光衰变过程的动力学曲线的相位偏移测量方法）。但应注意的是，为避免一些可能的复杂化因素造成的影响，样品分子体系应采用强度尽可能低的光脉冲激发。此时，被激发样品在不同波长处所发射的荧光强度将相当微弱，因而要求检测技术具有很高的灵敏度。显然，时间相关单光子计数技术将是一种最佳的选择。

利用时间相关单光子计数技术获取时间分辨荧光发射光谱谱图所采用的一个具体的技术方案是，首先确定测量某一瞬间荧光发射光谱谱图的“时间窗口”，即采集该瞬间荧光发射光谱谱图的时间间隔 δt 。具体做法是，使实验测量系统仍以和通常的采集某一波长的荧光衰变动力学曲线相同的方式工作。但此时作为荧光光子的计时单元的时幅转换器 TAC 所输出的脉冲信号，不再是根据脉冲高度的不同而分别进入多道分析器 MCA 的不同通道，而是只进入一个具有两个可变甄别电平的信号通道。这相当于一个只能对其电压介于高甄别电平 V_U 和低甄别电平 V_L 之间的输入脉冲进行处理的甄别器，并将通过这一信号通道处理的脉冲经过数模转换后予以存储。这样，通过这一通道选择甄别电平 V_U 和 V_L，即可将只是在样品被激发后的某一选定的瞬间 $\Delta t_i+\frac{1}{2}\delta t$ 所发射的荧光光子计数。其中， Δt_i 和时幅转换器输出的脉冲高度有下述对应关系： $\Delta t_i \propto \left[V_L+\frac{1}{2}\left(V_U-V_L\right)\right]$。时间窗口 δt 和 (V_U-V_L) 成比例。当调节这一选定通道的甄别电平 V_U 和 V_L 而将荧光光子计数的瞬间及其时间窗口确定后，将系统中多通道分析器的各通道的计数全部清除，并将整个时间相关单光子计数测量系统切换为以“多道步进计数”方式工作来采集不同波长的荧光在此瞬间的强度。此时多通道分析器中各通道的“逐步推进”的步骤必须和荧光波长选择的单色器的波长扫描严格同步，以保证此时每一通道所累积的脉冲计数和相应波长的荧光在这一瞬间的强度准确地成正比，从而得出分子体系在此瞬间的荧光发射光谱谱图 $I(\lambda, t_i)$ 。依同样方法，逐步变换瞬态荧光发射光谱谱图的采集时间 $\Delta t_i+\frac{1}{2}\delta t$ ，即可得出描述分子体系荧光强度在不同波长处分布随时间变化的时间分辨荧光发射光谱谱图。不难设想，用这一方法所得出的时间分辨荧光发射光谱谱图是由宽度为 δt 的矩形直方图（histogram）片段排列而构成，其中的每个片段的宽度和均对应于一定的光谱扫描的波长增量 $\Delta\lambda$ 。因此，所得的荧光发射光谱谱图的光谱分辨率主要由所用单色器的出口狭缝宽度和波长扫描速率所决定，但多道分析器中各通道的“驻留时间”（dwell time）也是影响光谱分辨率的一个因素。不言而喻，在测量过程中，由 “内部”或“外加”的定时时钟控制的频道步进切换时间和数据采集的起始时间之间也应保持严格同步。此外，检测系统的光谱响应特性对光谱分辨率的影响也应考虑。最后应附带说明的一点是，由于多道分析器的通道数目毕竟有限，当荧光发射光谱的波长范围较大时，光谱的谱图可采用分段存储措施，即当多道分析器的各通道对一定波长范围内的脉冲累积之后，迅速将累积的脉冲分布谱图转移到另一存储系统（如附加的计算机），使多道分析器的各通道又可用于对另一波段的光谱脉冲进行累积计数。这样可以在用更多的通道数目的条件下，扩大荧光发射光谱谱图的波长扫描范围，从而保持较高的光谱分辨率。至于用这一方法所得出的时间分辨荧光发射光谱谱图的时间分辨率，则和用于激发样品的光脉冲宽度（更确切地说，是所用测量系统的仪器响应函数）以及瞬态荧光发射光谱谱图测量时间延迟量 Δt 有关。Δt 用激发光脉冲宽度峰值和所用时间窗口 δt 中数据点的时间间隔表示，并在实际工作中用下述方法求出。首先使荧光发射光谱的测量系统以“脉冲波形分析”的方式工作，以测出某一波长的荧光衰变动力学曲线及相应的激发脉冲宽度（或仪器响应函数）的峰值位置，然后使测量系统的多道分析器以“步进计数”的方式工作，通过选择其中单通道计数的甄别电平 V_U 和 V_L 确定测量的时间窗口位置及其宽度，即可求出它们之间的相对时间延迟。当相对时间延迟较小时，所测出的荧光强度是真实的荧光强度和激发脉冲宽度（或仪器响应函数）的卷积，从而所测出的荧光发射光谱的时间分辨率将取决于激发脉冲宽度（或仪器响应函数）。只有当相对时间延迟较大时，才可得出和激发脉冲宽度或仪器响应函数无关、时间分辨率较高的荧光发射光谱谱图。

获取分子体系的时间分辨荧光发射光谱谱图的另一种方法是，分别在不同波长 $\lambda_i = \lambda_1, \lambda_2, \cdots, \lambda_n$ 处监测样品在多个波长 λ_i 处的荧光衰变过程，$G_i(\lambda_i, t) \equiv I(\lambda_i, t_1), I(\lambda_i, t_2), \cdots, I(\lambda_i, t_n)$，进而通过对激发光脉冲波形或仪器响应函数进行解卷积处理，并从所采集的荧光衰变动力学曲线 $G(\lambda_i, t)$ 而求出各波长荧光衰变的动力学参数 $\alpha(\lambda_i)$、$\tau(\lambda_i)$。利用这些动力学参数即可进一步计算出 t_j 瞬间的荧光强度在各波长处的分布，即分子体系在 t_j 瞬间的荧光发射光谱谱图，$S_j(\lambda, t_j) \equiv I(\lambda_1, t_j), I(\lambda_2, t_j), \cdots, I(\lambda_n, t_j)$。将各瞬间的荧光发射光谱谱图对激发光强度和积分荧光强度归一化后，即可“拼合”而间接地得出分子体系在不同瞬间的荧光发射光谱谱图。显然，上述通过计算而间接地推导的荧光发射光谱谱图方法不仅要求在不同的荧光波长处测量荧光强度的衰变动力学曲线 $I(\lambda_i, t)$，并对实验测量结果中杂散光干扰、光电信号探测器的色效应引起的“零点飘移”而引入的误差进行修正；而且在一般情况下，尚需对每一条测出的衰变动力学曲线利用已知的激发光脉冲波形或仪器响应函数进行解卷积处理。在这里需要指出的是，当用于计算某一瞬间的荧光发射光谱谱图而将各波长处的荧光衰变动力学曲线进行解卷积处理时，所用的动力学理论模型必须准确得知。然而，特别是对一些复杂的分子过程来说，寻求定量描述这些过程的动力学模型恰是有待时间分辨荧光发射光谱谱图研究来获得的信息。因此，在实际的解卷积处理中，通常只能是首先用傅里叶变换、最小二乘方等简单方法求解卷积积分，选出适当的指数级数展开等简化动力学理论模型，进而和实验结果拟合以求出计算所需的参数 $\alpha(\lambda_i)$ 和 $\tau(\lambda_i)$ 。此外，为最终获得描述分子体系所发射的荧光强度在不同波长处的分布随时间变化的时间分辨荧光发射光谱谱图 $I(\lambda,t)$ ，尚需对计算所得在不同瞬间的荧光发射光谱谱图 $S(\lambda,t_i)$ 相对于激发光强度和积分荧光发射光谱 $F(\lambda)$ 中的强度归一化。在归一化计算中，荧光波长 λ 改用波数 $\tilde{\nu}$ 更为方便。这样，描述归一化后的荧光衰变动力学曲线的函数 $G^0(\lambda_i,t)$ 可由下式表示：

$$G^0(\tilde{\nu}_i,t)=\frac{G(\tilde{\nu}_i,t)F(\tilde{\nu}_i)}{\int_0^\infty G(\tilde{\nu}_i,t)\mathrm{d}t} \tag{6.7.1}$$

此时，即可利用拟合求出的 $\alpha(\lambda_i)$ 和 $\tau(\lambda_i)$ 描述在不同波长处的归一化荧光衰变动力学曲线的函数 $G^0(\tilde{\nu}_i,t)$ ，求出在选定瞬间 t_i 和选定波长 λ_i 处的荧光强度 $G(\lambda_i,t_i)$ ，进而集合各 $G(\lambda_i,t_i)$ 而绘制出该分子体系的时间分辨荧光发射光谱谱图 $I(\lambda,t)$ 。但应注意，因为用于计算的荧光衰变动力学曲线的波长 λ_i 数目有限，这种由计算而获得的荧光发射光谱谱图难以达到较高的光谱分辨率。

采用直接的实验测量和间接的理论计算获得的分子体系的时间分辨荧光发射光谱谱图 $I(\lambda,t)$ 虽然相类似，但应指出，直接实验测量方法存在的一个严重问题是难以完全排除测量仪器响应的影响，以致不适用于对一些分子过程的定量分析。然而，通过计算而间接地推导的荧光发射光谱谱图方法，虽然可排除一些实验因素干扰、仪器响应卷积等影响，但方法本身是一项繁杂、费时的工作，而且所得结果中仍含有由于引入一系列近似假设而带来的不确定因素。因此，在实际工作中究竟选用哪一种方法采集时间分辨荧光发射光谱谱图，首先应考虑的问题是，利用时间分辨荧光发射光谱谱图希望取得什么信息。一般来说，当时间分辨荧光发射光谱谱图主要是用于了解过程中各个可能出现的中间产物所发射的特征荧光谱带，从而为制订进一步进行深入的定量研究方案提供依据时，直接的实验测量是采集时间分辨荧光发射光谱谱图的一种值得推荐的方法。

根据时间分辨荧光发射光谱谱图能够显示被测分子体系荧光强度在不同波长处分布随时间变化的特点，不难设想，这一方法可用于对激发态分子参与的许多分子间过程进行直接的跟踪监测。在这方面的一个典型应用是，研究电子激发态分子 A^*和它的基态分子 A 形成同质激发态二聚体（excited dimer，简称为 excimer），即 $A^* + A \longrightarrow [A^*A]$，或和其他的基态分子 B 生成异质激发态复合物（excited complex，简称为 exciplex），即 $A^* + B \longrightarrow [A^*B]$ 的过程。在这类双分子过程发生时，通常可在分子 A^* 有固有的荧光谱带的长波一侧出现由激发态二聚体$[A^*A]$或激发态复合物$[A^*B]$的荧光谱带，它们的荧光寿命和其母体A^*有所差别。诚然，通过测量积分荧光光谱$F(\lambda)$或在 A^*固有的荧光谱带和“新生”的各自荧光谱带内适当波长处的荧光寿命，也能判别激发态二聚体$[A^*A]$或激发态复合物$[A^*B]$的生成，如图 6.7.3 所示，但积分荧光光谱只给出分子体系在各瞬间的荧光谱带$S_j(\lambda,t_j)$的叠加，而不能显示分子体系不断变化的微观图景。然而，时间分辨荧光光谱测量则可通过该分子体系在过程的各个瞬间的荧光光谱谱图而直接表明相关分子间一步一步的相互作用微观步骤。

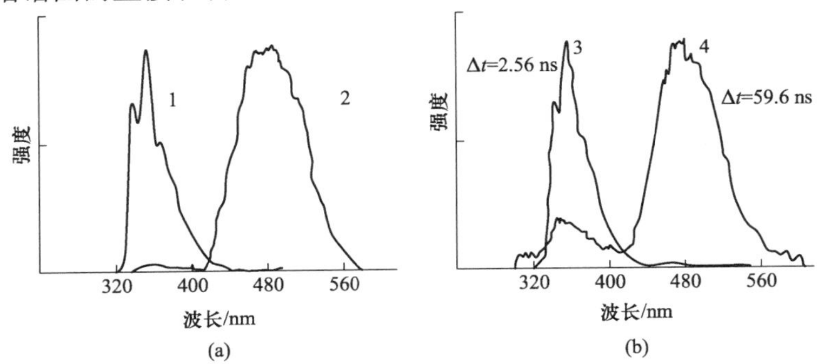

图 6.7.3 （a）1, 4-二氰基萘和 2, 5-二甲基-2, 4-己二烯在环己烷的脱氧溶液中的积分荧光光谱谱图和（b）时间分辨荧光发射光谱谱图

1—单体 1, 4-二氰基萘的荧光光谱谱带；2—1, 4-二氰基萘和 2, 5-二甲基-2, 4-己二烯生成的激发态复合物的荧光光谱谱带；3—在混合物分子体系被激发后 $\Delta t = 2.56$ ns 时，以时间窗口 $\delta t = 8.32$ ns 所采集的瞬态荧光发射光谱谱图 $S(\lambda,t_i)$；4—在混合物分子体系被激发后 $\Delta t = 57.6$ ns 时，以时间窗口 $\delta t = 19.34$ ns 所采集的瞬态荧光发射光谱谱图 $S(\lambda,t_i)$

和这种分子间过程相类似，一些高分子侧链上的芳香烃基团很容易彼此间相互作用而生成多种分子内激发态复合物[A^*A]或[A^*B]，使得这些高分子的荧光衰变过程变得非常复杂。此时，若采用传统的方法在不同波长处测量荧光衰变的动力学曲线，即使采用多指数动力学函数描述这些动力学曲线也难以对它们的激发态行为进行精确的定量分析。在这里，时间分辨荧光发射光谱谱图测量则正可揭示出这些激发态大分子在不同瞬间的分子构型及空间构象变化。例如，通过测量乙烯萘-丙烯酸甲酯共聚高分子的时间分辨荧光发射光谱谱图发现，导致这一高分子化合物荧光衰变过程复杂化的原因，并不是由于该分子有荧光谱带相互交盖的多个基团发光激发态共存所引起，而是因为它的两个发光激发态系团间能够相互转换，并可在其间进行“分子内的激发能迁移”（intramolecuar energy migration）所致。此外，时间分辨荧光发射光谱测量也可望有效地用于扩散控制的双分子过程的实时监测。在这种双分子过程中，由于参与过程的分子间的扩散速率小于它们之间的相互作用速率，从而产生浓度梯度，使出现过程速率常数 k 成为时间函数的“瞬时效应”，以致该过程的动力学方程只能在引入某些简化假设的条件下才能合理地解析。如果所考查的双分子过程可在正、反方向可逆进行时，所引入的某些假设往往并不是在整个过程中完全成立，此时，过程的处理将变得更为复杂，分子的衰变过程更不能用简单的指数函数描述。显然，这类分子过程随时间而演化的真实图景正可通过记录不同瞬间的时间分辨荧光发射光谱谱图的方法获得。在这里，无须一一列举时间分辨荧光发射光谱测量在快速分子过程分子动态学研究中的各种可能应用，但值得强调指出，这一方法是监测伴随着激发态分子构型转换的电荷转移、电子-振动激发能弛豫等分子内和分子间过程最为有效而可靠的手段。此外，它也将是研究激发态分子和它周围介质相互作用而引起的“溶剂弛豫过程”（solvent relaxation）等微观快速分子动态学过程的有效方法，这将为研究蛋白质等生物大分子和微观局部环境的相互作用提供重要信息。

6.8　荧光各向异性弛豫及应用

取决于发光分子空间取向的分子荧光偏振特性显然和进行转动的分子的体积、形状以及它和周围环境介质的相互作用密切相关。基于分子荧光偏振特性随时间变化的测量，可望获得只从指定波长处的荧光强度衰变或不同瞬间的时间分辨荧光光谱谱图中难以得到的有关分子运动变化的重要信息。分子在处于发光激发态期间是否在空间可以任意地转动？分子的转动将会受到某些环境因素的限制吗？激发态分子的转动是以单一的速率进行，还是具有速率不同的几种转动方式？转动速率的不同是因为分子具有不同空间取向的转动轴，还是由于分子作为统一整体的转动和它内部的“基团”或“片段”各以不同速率转动所致？显然，这些信息对于凝聚态介质中激发态分子的行为，特别是在分子水平上了解许多生命活动过程的微观机理均有重要价值。

但分子荧光偏振特性随时间变化的研究，并不是直接考查偏振面平行于和垂直于其激发光偏振方向的荧光分量随时间的变化$I_{//}(t)$和$I_{\perp}(t)$，而是分析由偏振荧光分量测量结果计算出的所谓荧光的各向异性弛豫$r(t)$，即

$$r(t)=\frac{I_{//}(t)-I_{\perp}(t)}{I_{//}(t)+2I_{\perp}(t)} \tag{6.8.1}$$

荧光各向异性弛豫过程的测量，实际上就是测量两个不同偏振方向的荧光强度随时间的变化。因此，上述各种荧光强度衰变过程的测量方法在原则上同样适用于测量荧光各向异性弛豫过程，只不过在实验技术及测量结果处理方法方面有更高的要求而已。这也正是为什么人们虽然早已意识到荧光各向异性弛豫过程测量的重要性，但只有在20世纪70年代以后才可能对这一现象进行定量研究的缘故。

6.8.1 一般理论描述

荧光各向异性弛豫主要是分子处于发光激发态期间发生转动的结果。当分子的转动是以单一的速率而不断地改变发光辐射跃迁矩的空间取向，而且它所发射的荧光是以单指数函数的动力学规律衰变的最简单情况下，其偏振面平行于和垂直于它的激发光偏振方向的荧光分量$I_{//}(t)$和$I_{\perp}(t)$随时间变化的过程可用下述关系描述：

$$\left.\begin{aligned}I_{//}(t)&=\exp\left(-\frac{t}{\tau_{\mathrm{f}}}\right)\left[1+2r_0\exp\left(-\frac{t}{\tau_{\mathrm{r}}}\right)\right]\\ I_{\perp}(t)&=\exp\left(-\frac{t}{\tau_{\mathrm{f}}}\right)\left[1-r_0\exp\left(-\frac{t}{\tau_{\mathrm{r}}}\right)\right]\end{aligned}\right\} \tag{6.8.2}$$

根据式（6.8.1），描述各向异性弛豫过程的动力学函数表达式可写为

$$r(t) = r_0 \exp\left(-\frac{t}{\tau_r}\right) \tag{6.8.3}$$

式中：τ_r 是和分子转动弛豫有关的相关时间常数；r_0 是 $t = 0$，即分子的发光跃迁矩和吸收跃迁矩的空间取向相同时，该分子体系的荧光各向异性的极限值，并有 $r_0 = \frac{2}{5}$（见 6.1.2 小节）而荧光总强度随时间的变化 $I_0(t)$ 将为

$$I_0(t) = I_{/\!/}(t) + 2I_{\perp}(t) = 3\exp\left(-\frac{t}{\tau_f}\right) \tag{6.8.4}$$

式中，τ_f 是分子的荧光寿命。

式（6.8.2）和式（6.8.3）清楚地表明，荧光各向异性弛豫和荧光总强度的衰变是两个互不相关并各自用转动弛豫相关时间 τ_r 和荧光寿命 τ_f 分别表征的独立分子过程。事实上，除非和荧光各向异性弛豫相关的分子转动可引起影响激发态分子弛豫的某些因素变化（如微观环境改变），似乎没有充分理由去认为这两个过程之间有什么必然的关联，因而在实验中它们可被分别测出。比较式（6.8.2）还可看出，偏振方向和激发光偏振相平行的荧光分量强度 $I_{/\!/}(t)$ 在荧光发射期间，总是大于其偏振方向和激发光偏振相垂直的荧光分量 $I_{\perp}(t)$，而且在 $t = 0$ 荧光最初开始发射时，由于 $r = r_0 = \frac{2}{5}$，$I_{/\!/}(t)$ 的强度将是 $I_{\perp}(t)$ 的 3 倍。只是随着激发态分子的弛豫以及由于分子转动而引起其辐射跃迁矩的空间取向改变，$I_{/\!/}(t)$ 和 $I_{\perp}(t)$ 之差才随时间而不断减小；当尚未发生辐射弛豫而仍处于发光激发态的分子的辐射跃迁矩空间取向因分子自身转动逐渐呈现统计平衡分布时，两者将趋向于一致。

由式（6.8.2）和式（6.8.3）也可看出，当通过 $I_{/\!/}(t)$ 和 $I_{\perp}(t)$ 测量而确定分子的转动弛豫相关时间常数 τ_r 时，如果 $\tau_r >> \tau_f$，即相对于荧光衰变过程而言，发光分子的转动扩散过程很缓慢时，则在荧光衰变的整个过程中，分子体系的荧光各向异性将无明显改变，所求出的 $r(t)$ 实际上近似于它的极限值 r_0。在 $\tau_r << \tau_f$ 的相反情况下，此时 $I_{/\!/}(t)$ 和 $I_{\perp}(t)$ 将仅和 τ_r 有关，从而可以通过荧光偏振测量而确定 τ_r 的数值。但是，只是在短于 τ_f 的短暂时间间隔内，$I_{/\!/} - I_{\perp}$ 才不等于零。而在 $t > \tau_r$ 期间发射的荧光光子，已对分子体系的荧光各向异性无贡献可言。因此，$r(t)$ 只能通过在 $t \leqslant \tau_r$ 的期间

测量 $I_{//}(t)$ 和 $I_{\perp}(t)$ 而得出。显然，最适合于通过测量 $I_{//}(t)$ 和 $I_{\perp}(t)$ 而确定 τ_{r} 的条件是，其值应和分子的荧光寿命大致相等，即 $\tau_{\mathrm{r}} \approx \tau_{\mathrm{f}}$。因此，为通过分子体系的荧光各向异性测量而获取有关分子转动的重要信息，所采用的实验方法必须具有很高的时间分辨率以及一些独特的技术考虑。在具体探讨这些方法和技术问题之前，先对影响荧光各向异性弛豫的一些因素予以简要考查。

6.8.2 影响荧光各向异性弛豫过程动力学规律的一些因素

从理论上说，当分子的转动可用单指数动力学函数描述时，一旦其转动时间常数被确定，即可根据德拜-斯托克斯-爱因斯坦的分子转动流体力学理论而探讨相关分子在介质中的转动运动特性。例如：利用已知的微观环境的介质黏度η推算分子在发生转动时的实际“转动体积”V，或反之，根据推算出的分子“转动体积”探讨其和环境介质的相互作用及其微观黏度η；判断分子的转动过程是在介质分子间无摩擦的“滑动”条件下进行，还是在有介质分子附着的“黏附”情况下工作。而实际上，视发光分子的大小、形状以及所处的局部环境的不同，实验中确定的荧光各向异性弛豫过程虽然在一定条件下仍可用单指数函数[式（6.8.4）]描述，但荧光各向异性弛豫过程的实际情况要复杂得多。分析引起各向异性弛豫过程复杂化的诸因素，将为研究某些重要的分子动态学过程提供重要线索。为此，将对引起各向异性弛豫过程复杂化的诸因素予以概述。

1. 分子几何形状的影响

分子的几何形状是影响分子转动，从而影响分子荧光各向异性弛豫过程的一个重要因素。不难设想，当分子具有非球形的几何形状时，分子在空间将具有不同的转动轴，而围绕不同的转动轴的转动速率也可能各异。例如，二萘嵌苯（perylene）是一种扁平的盘形分子。当它围绕着垂直于分子平面的中心轴作“同平面内”（in-plane）转动时，并不会对周围介质分子的空间位置产生明显的扰动，从而可具有较快的转动速率；但当分子围绕着处于分子平面内的某一轴线作“非平面内”（out-of-plane） 转动时，它必然同时使周围介质分子发生空间位移，因此而造成的运动阻力将使分子的转动速率明显地降低。这样分子的转动运动本身即呈现各向异性，其结果将使荧光各向异性弛豫过程复杂化，偏离单指数函数动力学规律。对其他具有不对称几何形状的有机大分子来说，情况也与此类似。诚然，体积较小的不对称分子在溶液中转动时，其荧光各向异性弛豫过程往往仍可近似地用单指数函数描述，但这不能作为否定关于“分子几何形状是影响分子荧光各向异性弛豫过程的一个重要因素”的推论。这是因为，这类不对称的小分子在不同方向转动的时间常数间并不会出现超过数量级的差别，以致在实验中难以将它们予以区别。事实上，有关不同构型分子的转动扩散以及它们的荧光各向异性弛豫问题已有不少的理论研究。虽然这些研究所得结论并不完全相同[40]，但一个比较一致的共同看法是[41]，不同几何构型分子的荧光各向异性弛豫过程的动力学可用下述的多指数函数描述：

$$r(t)=r_0\sum_{i=1}^{5}\rho_i\exp\left(-\frac{t}{\tau_{ri}}\right) \tag{6.8.5a}$$

或

$$r(t)=\sum_{j}r_{0j}\exp\left(-\frac{t}{\tau_{rj}}\right) \tag{6.8.5b}$$

式中，$r_0=\sum_j r_{0j}$。指数前因子 ρ_i 和转动时间常数 τ_{ri} 既与该不对称分子围绕不同分子轴的转动速率有关，同时也是该发光分子的吸收和荧光辐射跃迁矩相对于分子转动轴取向的复杂函数。应指出的是，式（6.8.5）中的指数项数目最多可达到 5 个。但实际上，即使是扁长形的分子的各向异性弛豫，最多只需用 3 个可被分辨的指数项描述[42]。而对溶液中的较小的分子来说，在实验中要求用一般的荧光衰变测量方法将其速率相差 10 倍左右的两个转动过程分辨开来，这也是一项较困难的任务。此外也应指出，非球形分子转动的理论分析通常都假设该过程可用流体力学描述，即认为转动速率是由流体介质的黏度阻力所决定。但这一论断对于小分子在溶液中的转动未必适合。因为此时的转动可在“滑动”的条件下进行，特别是当转动并不引起周围介质分子产生明显位移，或未和介质分子生成氢键时，尤其如此。在这些情况下，虽然在实验中有时仍可观测到多指数型的荧光各向异性弛豫，但此时的指数前因子 ρ_i 和转动时间常数 τ_{ri} 的数值并不能等同于流体力学中通用的转动运动相关参数，在实际工作中，可引用一个

[40] (a) Lombardi J R, et.al. J. Chem. Phys., 1966,　44: 3882. (b) Tao T.Biopolymers, 1969, 8: 609.(c) Chuang T J, Eisenthal K B. J. Chem. Phys., 1972, 57: 5094.
[41] Belford G, Belford R L, Weber G. Proc. Natl .Acad Sci. USA., 1972, 69: 1392.
[42] Small E W, Isenberg I. Biopolymers, 1977, 16: 1907.

谐函数平均相关时间常数（harmonic mean correlation time）τ_{H}[43]来表征处理非球形分子的荧光各向异性弛豫。这里的τ_{H}的定义是

$$\frac{1}{\tau_{\mathrm{H}}}=\frac{\sum_i r_{0i}/\tau_i}{\sum_i r_{0i}}=\frac{1}{r_0}\sum_i \frac{r_{0i}}{\tau_i} \tag{6.8.6}$$

2．环境因素的影响

发光分子所处的局部环境是影响其荧光各向异性弛豫过程的另一重要因素。即使发光分子具有对称的几何形状，其转动过程也可因受到周围环境因素的制约而导致荧光各向异性弛豫过程变得十分复杂。例如，由于周围的介质分子的空间排列，而使发光分子只能围绕着一定方向的分子轴在特定空间转动时，该分子所发射荧光的各向异性并不能弛豫到零，而只能达到某一有限值r_∞。一个典型的事例是，辐射跃迁矩的空间取向和它的长轴一致的 1, 6–二苯基—1, 3, 5–己三烯（1, 6-diphenyl-1, 3, 5-hexatriene，DPH）。这一分子在其长轴方向的形状几乎是对称的，所以可以预期，它围绕分子长轴转动的速率将比其他转动更快，所引起的辐射跃迁矩的改变也将是各向同性、荧光的平行$I_{//}$和垂直分量$I_{\perp}$弛豫具有相同的速率。只有能使分子长轴方向、辐射跃迁矩取向改变的那种分子转动才可引起荧光去偏振，并导致荧光各向异性弛豫。因此，DPH 在溶液中的荧光各向异性弛豫过程将遵守单指数动力学规律。但是，当 DPH 和生物分子膜表面结合后，由于该分子的转动角范围受到膜表面的空间制约，它的荧光各向异性弛豫过程将变得很复杂[44]。此时的荧光各向异性并不能弛豫到零（$r(t)\neq 0$），而是衰变到一个需用下述动力学规律描述的极限值（$r(t)\to r_\infty$）：

$$r(t)=(r_0-r_\infty)\exp\left(-\frac{t}{\tau_{\mathrm{r}}}\right)+r_\infty \tag{6.8.7}$$

在这一简化模型中，荧光的各向异性由其初始值r_0弛豫到有限值r_∞的过程仍可被近似地假设为遵守单指数动力学规律。对这种转动受到局部环境制约的分子荧光的各向异性弛豫过程的更严格而详细的分析，很可能还

[43] Steiner R F. Lakowicz J R.In fluorescence spectroscopy. Vol 2.Principle. New York: Plenum Press, 1–52.

[44] (a) Weatch W R, Stryer L. J. Mol. Biol., 1977, 117: 1109. (b) Chen L A, Dale R E, Roth S, Brand L. J. Boil. Chem., 1977, 252: 2163. (c) Kawato S, Kinosita K, Ikegami A. Biochemistry, 1978, 17: 5026. (d) Hildenbrand K, Nicolau C. Biochem. Biophys. Acta., 1979, 553: 365.

需要推导出更为复杂的理论模型[45]，但在这类分子体系的实验测量中，还没有发现有一个以上的转动时间常数。

关于在这一简化模型中出现有限值 r_∞ 的原因，有一种看法是认为周围介质分子的存在对发光分子的转动构成一定的位垒，使发光分子转动超过一定角度 θ_c 时受到一定的制约，这一转动极限角 θ_c 和各向异性有限值 r_∞ 间的定量关系可表示为

$$r_\infty = r_0\left[\frac{1}{2}\cos\theta_c\left(1+\cos\theta_c\right)\right]^2 \tag{6.8.8}$$

但转动位垒究竟是否存在，这一问题还未能在实验中予以证实。另一种关于出现各向异性有限值 r_∞ 的原因的解释是，认为其和发光分子本身的某些参数有关，并可写为

$$r_\infty = r_0\left\langle\frac{3\cos^2\theta-1}{2}\right\rangle^2 \tag{6.8.9}$$

式中，$\langle\ \rangle$ 表示对所有分子求平均，θ 是分子的荧光辐射跃迁矩相对于吸收跃迁矩的偏移。显然，决定其转动受环境因素制约的发光分子的荧光各向异性弛豫某些特性的微观机理尚待进一步探索。

环境导致发光分子荧光各向异性弛豫过程复杂化的另一个重要的途径是，通过它们之间的不同相互作用而使发光分子具有不同的转动方式。为简化起见，假设发光分子既可“独立”地存在于环境介质之中，又可和环境分子相互作用而生成“溶质-溶剂”缔合物。令“独立”的发光分子以及它和介质的缔合物所发射的荧光的荧光寿命为 τ_1 和 τ_2，此时所观测到的荧光总强度将以双指数动力学规律衰变：

$$I_0(t) = \alpha_1\exp\left(-\frac{t}{\tau_1}\right)+\alpha_2\exp\left(-\frac{t}{\tau_2}\right) \tag{6.8.10}$$

这样，若将 i 成分的荧光在任一瞬间 t 对荧光总强度的贡献表示为 f_i，即

$$f_i = \frac{I_i(t)}{I_0(t)} = \frac{1}{I_0(t)}\alpha_i\exp\left(-\frac{t}{\tau_i}\right) \tag{6.8.11}$$

根据荧光各向异性的可加性，可得处于该介质中分子的荧光各向异性平均值，即

[45] (a) Kinosita K, Kawato S, Ikegami A. Biophys. J., 1977, 20: 289. (b) Kinosita K, Kawato S, Ikegami A. Biophys. J., 1982, 37: 461. (c) Komura S, Ohta Y, Kawato S. J. Phys. Soc, Jpn., 1990, 59: 2584.

$$r(t)=\sum_{i=1}^{n} f_i r_i(t)$$

$$=\frac{r_1(t)\alpha_1 \exp\left(-\frac{t}{\tau_1}\right)+r_2(t)\alpha_2 \exp\left(-\frac{t}{\tau_2}\right)}{\alpha_1 \exp\left(-\frac{t}{\tau_1}\right)+\alpha_2 \exp\left(-\frac{t}{\tau_2}\right)} \quad (6.8.12)$$

由式(6.8.12)可见，当分子的荧光衰变不因介质存在而受到影响的简单情况下，即 $\tau_1 \approx \tau_2$ 时，若荧光各向异性弛豫速率也很快，以至可认为 $r_1(t) \to 0$，那么，根据式(6.7.12)，此时观测到的荧光各向异性弛豫可采用下式描述：

$$r(t)=\frac{\alpha_2}{\alpha_1+\alpha_2} r_2(t) \exp\left(-\frac{t}{\tau_2}\right) \quad (6.8.13)$$

也就是说，荧光各向异性弛豫遵守单指数衰变动力学规律，且和快速弛豫的荧光成分的各向异性 $r_1(t)$无关。但在较为复杂的情况下，例如$\tau_1 \neq \tau_2$ 或 $r_1(t) \neq 0$ 时，荧光的各向异性弛豫过程将和分子的两种转动弛豫时间常数有关，而且也是随时间而变化的各荧光强度的函数。此时可能出现的一种有趣的情景是，其 $r(t)$不是像通常出现那样随时间而减小，而是出现随时间增大的趋势。典型的实例是当某些溶剂中溶入一些有机大分子（如蛋白质）时，当它们和溶剂结合成缔合物并在建立“分子单体$\leftrightarrow$溶剂缔合物”的平衡过程中，起初大量分子可在溶液中自由转动，从而其$r(t)$将很小，然而随着和溶剂分子不断结合而生成转动缓慢的缔合物，$r(t)$将出现随时间而增大的趋势。

3．分子内转动的影响

可引起荧光各向异性弛豫过程复杂化的另一个原因是，伴随着发光分子自身的转动，它自身骨架的片段或外接的侧链基团也发生旋转。这种附带发生的“分子内旋转”的严格理论分析，虽可对分子荧光各向异性弛豫过程的影响问题作出一些推论，并推导出各种动力学表达式[46]；但在许多情况下，若假设分子作为统一整体在空间的转动和该分子的骨架片段或侧链基团的内部旋转互不相关，这种包含有“分子内旋转”的分子荧光各向异性弛豫过程可用下述动力学方程描述：

[46] (a) Wallach D. J. Chem. Phys., 1967,47: 5258-5268. (b) Gottlie T Ta, Wahl P. J. Chem. Phys., 1963, 60: 849-856. (c) Lapari G, Szabo A. Biophys. J., 1980, 30: 489-506.

$$r(t)=r_0\left[\alpha\exp\left(-\frac{t}{\tau_{seg}}\right)+(1-\alpha)\right]\exp\left(-\frac{t}{\tau_r}\right) \tag{6.8.14}$$

式中，τ_r 和 τ_{seg} 分别表示分子的整体转动和各种分子内旋转的时间常数。这种情况可看做和分子转动受到局部环境制约时的荧光各向异性弛豫过程相类似，即由于分子内旋转，可使荧光各向异性快速弛豫到极限值，$r_0 \to r_\infty = r_0(1-\alpha)$；而分子整体的转动则可使荧光各向异性进一步继续弛豫到 $r_\infty \to 0$ 为止。这样，分子内旋转的影响只不过是使荧光各向异性弛豫表现为一种多指数衰变过程而已。但为观察到这种多指数衰变过程，分子内旋转必须受到一定的制约，以使得 $\alpha<1$。如果分子的"骨架片段"或"侧链外接基团"可完全自由旋转，此时的 $\alpha=1$，荧光各向异性弛豫过程仍可用单指数函数动力学规律［式（6.8.15）］描述：

$$r(t)=r_0\exp\left(-\frac{t}{\tau_\theta}\right) \tag{6.8.15}$$

由式（6.8.14）可见，式（6.8.15）中的表观荧光各向异性弛豫时间常数 τ_θ 和分子的整体转动以及各种分子内旋转的时间常数 τ_r 和 τ_{seg} 的关系是

$$\frac{1}{\tau_\theta}=\frac{1}{\tau_r}+\frac{1}{\tau_{seg}} \tag{6.8.16}$$

也就是说，这一表观的荧光各向异性弛豫时间常数 τ_θ 应小于没有分子内旋转时的分子转动弛豫时间常数 τ_r。据此，$\tau_\theta<\tau_r$ 可以作为有无分子内转动的一个实验判据。

在实际工作中，为分析荧光各向异性弛豫的时间分辨测量结果，人们通常是将实验测量数据和由几个指数项相加的动力学函数进行拟合。为此所用的最简单的动力学函数如下所示：

$$r(t)=r_0\left[f_s\exp\left(-\frac{t}{\tau_s}\right)+f_L\exp\left(-\frac{t}{\tau_L}\right)\right] \tag{6.8.17}$$

式中，下标 s 和 L 分别表示短寿命和长寿命分量；f_i 是 i 分量的所作贡献的百分比。将式(6.8.17)和式(6.8.14)相比较可得：

$$\left.\begin{aligned}&f_s=\alpha, \quad f_L=(1-\alpha)\\&\tau_s^{-1}=\tau_{seg}^{-1}+\tau_r^{-1}, \quad \tau_L^{-1}=\tau_r^{-1}\end{aligned}\right\} \tag{6.7.18}$$

也就是说，长寿命的转动时间常数 τ_L 可认为和整个分子的转动时间常数 τ_r 相对应；然而长寿命的转动时间常数 τ_s 并不等同于分子的骨架片段或侧链

外接基团分子内旋转的分子内旋转时间常数 τ_{seg} 。只有当 $\tau_{\text{seg}} << \tau_{\text{r}}$ ，即分子内旋转虽然受到环境制约，但它的速率仍很快，并远远大于整个分子的转动时，$\tau_{\text{s}} = \tau_{\text{seg}}$ 的关系才成立。

综合上述影响分子荧光各向异性弛豫的诸因素分析，不难看出，考查分子的荧光各向异性弛豫将为研究有机大分子，特别是蛋白质、DNA 等生物大分子在不同环境中的结构、存在形态及其动态学行为提供重要信息。在具体探讨分子荧光各向异性弛豫的各种应用可能性之前，在 6.8.3 小节中将对这一实验研究所涉及的一些方法和技术考虑予以简要回顾。

6.8.3 荧光各向异性弛豫过程的测量方法及一些技术考虑

前已指出，荧光各向异性弛豫过程的测量，其实质就是测量其偏振面分别和它的激发光偏振方向彼此平行和相互垂直的两个荧光强度分量随时间的变化，即 $I_{/\!/}(t)$ 和 $I_{\perp}(t)$ 。因此，如果对被测荧光信号的偏振方向有所选择，前面所探讨的各种荧光衰变动力学曲线的方法，应该也同样适用于荧光各向异性弛豫过程的测定。但在实际工作中，获得更为广泛应用的是能直观地显示荧光衰变动力学曲线轨迹（参阅图 6.8.1）的实时监测、取样测量以及时间相关单光子计数等“时域”方法。在这里，将重点探讨这些“时域”方法用于测量荧光各向异性弛豫过程及分析测量结果时应考虑的一些基本问题。

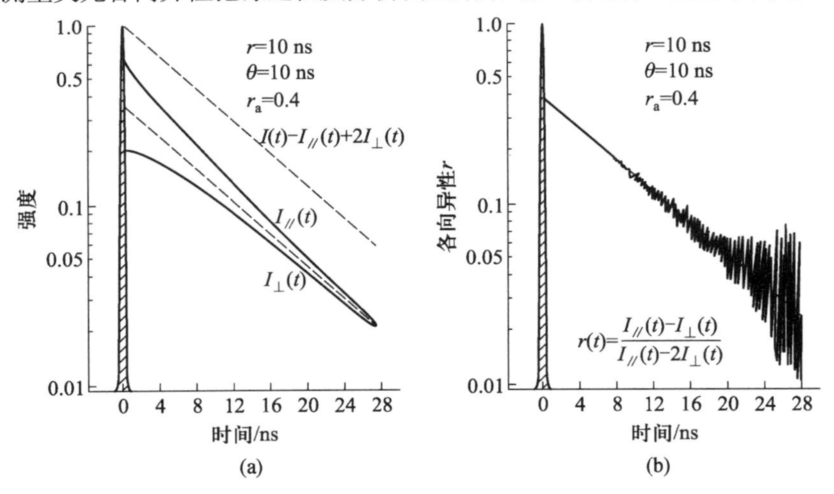

图 6.8.1 （a）不同偏振的荧光 $I_{/\!/}(t)$、$I_{\perp}(t)$ 衰变动力学曲线和（b）荧光各向异性弛豫 $r(t)$的动力学曲线

---- 一摩角

1．荧光各向异性弛豫过程的测量中的几个注意事项

荧光各向异性弛豫 $r(t)$ 是由偏振面和激发光偏振方向彼此平行和相互垂直的两荧光分量强度随时间的变化 $I_{//}(t)$ 和 $I_{\perp}(t)$ 导出。因此，这两个变量应在严格相同的实验条件下测出。采用可在同时采集 $I_{//}(t)$ 和 $I_{\perp}(t)$ 信号强度（甚至包括用于参比的激发光信号强度的 T 形光路测量系统（参阅图 6.2.4）无疑是一种合理的选择。但在分别测量 $I_{//}(t)$ 和 $I_{\perp}(t)$ 的情况下，在满足荧光强度衰变测量的灵敏度要求的同时，所用实验系统（包括激发光强度）必须在整个测量过程中保持高度稳定性，以保证在不同时间分别测出的 $I_{//}(t)$ 和 $I_{\perp}(t)$ 完全等同于在同样实验条件下所测得的结果。即使如此，还需要将分别测出的 $I_{//}(t)$ 和 $I_{\perp}(t)$ 强度归一化，以及通过它们的衰变动力学曲线的“前沿匹配”（leading-edge matching）或“尾端匹配”（tail matching）而消除时间坐标偏移。

在荧光各向异性弛豫过程的测量中，必须考虑的另一个具有普遍性的问题是，怎样校正光栅衍射选择性对不同偏振入射荧光信号的响应不同的所谓“光栅 G 因子”。这一 G 因子通常可通过测量所用光栅对垂直 V 和水平 H 偏振的入射光的衍射效率之比而计算（参阅 6.2.3 小节），G 因子对荧光各向异性弛豫 $r(t)$ 测量的影响在原则上也可用同样方法在相关的数据处理中予以消除。通过数据处理修正 G 因子的方法之一是“尾端匹配法”。该方法的基本思想是，在理论上说，不同偏振入射荧光信号的衰变动力学曲线 $I_{//}(t)$ 和 $I_{\perp}(t)$ 的“尾端”应相互接近，并最后在 $r(t\to\infty)=0$ 处完全重合。两者在尾端不能重合的原因是，光栅等色散元件对不同偏振入射光信号的响应不同。这样，通过将直接测出的实验数据进行处理，使 $I_{//}(t)$ 和 $I_{\perp}(t)$ 荧光衰变动力学曲线的“尾端”重合时，经过处理的 $I_{//}(t)$ 和 $I_{\perp}(t)$ 中的 G 因子影响即被人为地消除。但是应当指出，这一方法虽很简单，但不论是 $I_{//}(t)$ 或 $I_{\perp}(t)$ 的荧光衰变动力学曲线，其“尾端”通常都会因信号强度变得很微弱而产生较大的测量误差（参阅图 6.8.1），从而在这里的“匹配”将难以达到足够的精确度。尤其是当发光分子的空间转动受到某种环境因素制约或有较快速的分子内旋转时，此时的荧光各向异性并不能最终衰变到 $r(t)=0$ 。在这些情况下，“尾端匹配法”的合理性将令人怀疑。通过数据处理修正 G 因子的另一方法是 “前沿匹配法”。这一方法的思想出发点和上述“尾端匹配法”相类似，只不过它是以荧光各向异性的初始值 $r(t=0)$ 应等于理论极限值 $r_0\left(=\dfrac{2}{5}\right)$ 作为荧光衰变动力学曲线 $I_{//}(t)$ 和 $I_{\perp}(t)$

重合的依据而已。根据这一设想，如果其他导致 $r(t=0)$ 偏离极限值 r_0 的各种可能性可以排除，那么可将实验直接测出的 $I_{//}(t)$ 和 $I_{\perp}(t)$ 外延至 $t=0$。若用此时所得的外延值 $I_{//}(t=0)$ 和 $I_{\perp}(t=0)$ 求出的 $r(t=0)\neq\frac{2}{5}$，即可用做 $I_{//}(t)$ 和 $I_{\perp}(t)$ 测量中有 G 因子影响的证明，而将 $I_{//}(t)$ 和 $I_{\perp}(t)$ 荧光衰变动力学曲线的前沿进行匹配，则可将其作为消除 G 因子影响的一种方法。但应指出，这一方虽然不是测量误差最大的荧光衰变动力学曲线“尾端”实行匹配，然而采用时间相关单光子计数等“时域”方法测量荧光衰变动力学曲线时，所测出的曲线“前沿”部分往往是和激发光脉冲发生严重“卷积”的区域。尤其是这一方法赖以提出的前提，即认为 $r(t=0)$ 时应等于 $\frac{2}{5}$，比尾端匹配法的前提假设 $r(t\to\infty)=0$ 更为不可靠，因为在实际工作中往往难以确定相关分子体系的 r_0 必定是等于荧光各向异性的理论极限值 $\frac{2}{5}$。第三种通过数据处理修正 G 因子的方法是，通过在“魔术角”取向而消除光栅衍射选择性的条件下实验测出的荧光总强度 $I(t)$ 和在引入适当的修正因子 G' 后的式（6.8.4）进行拟合：

$$I_0(t)=I_{//}(t)+2G'I_{\perp}(t)=3\exp\left(-\frac{t}{\tau_{\mathrm{f}}}\right) \tag{6.8.19}$$

在 τ_{f} 和通过取向而消除光栅衍射选择性条件下实验测出的荧光寿命相等，在此条件下拟合所得的修正因子 G' 即为可用于修正 $I_{//}(t)$ 和 $I_{\perp}(t)$ 测量结果的 G 因子。当然，任一通过数据处理修正 G 因子的方法各有优缺点。因而在实际工作中，一种值得推荐的做法是，同时采用各种方法处理，通过比较而选用其中重复再现性最好的方法。

不言而喻，荧光各向异性弛豫的实验研究中的信号检测准确性及所测结果的真实可靠程度是必须关心的另一重要问题。为提高检测准确性，决定各向异性弛豫 $r(t)$ 的不同偏振荧光分量强度的绝对值 $I_{//}(t)$ 和 $I_{\perp}(t)$ 应较大，而且它们之间也应有尽可能大的差值。为此，较为可取的做法是采集荧光衰变过程“早期”的数据。然而，在非 δ 脉冲激发的通常条件下，荧光衰变动力学曲线的这一部分恰好是所测出的荧光信号和测量系统响应函数 $L(t)$ 发生“卷积”的最严重区域。诚然，采用脉宽远明显小于荧光衰变时间常数的激光超短脉冲激发样品，虽可避免“卷积”问题的干扰，而且激光系统输出的超短脉冲也具有良好的偏振特性，但由于实验测量系统的光路中某些光学元件的表面散射，往往会使激光超短脉冲产生一些不同偏振的成分，从而导致样品的激发选择性降低。因此，在激发光进入样品体系前，必须引入“滤波”用的偏振器而对激发光的偏振特性实行选择控制。此外，为提高信号检测的准确性，采用激光超短脉冲激发样品，则可能附带产生的另一个问题是，它的功率密度很高，可能引起对偏振荧光衰变过程有干扰的某些非线性光学效应。例如，当激发光脉冲功率密度大于 $10\ MW\cdot cm^{-2}$ 时，往往会引发分子体系发生受激发射；而降低激发光强度，则可导致降低发光分子浓度，虽可避免分子间相互作用（如分子间激发能传递、激发态分子湮灭）对荧光衰变过程的干扰，但也明显降低被测荧光强度。因而灵敏度更高的时间相关单光子计数技术将是应优先考虑采用的信号检测方法。当然，在一些情况下，为提高实验的精确性，还应修正背景光对不同偏振荧光强度的实验值的影响，在这方面，采用基于“频率上转换”非线性光学效应而建立的“零背景”脉冲取样测量，显然是更值得推荐的一类方法。但是，不论采用哪种测量技术，在一般情况下，荧光各向异性弛豫过程的定量分析必须将实验测量结果进行解卷积处理。

2．分析荧光各向异性弛豫过程的一些考虑

最直接分析荧光各向异性弛豫过程的方法是，将由实验直接测量结果 $I_{/\!/}(t)$、$I_{\perp}(t)$ 而导出的 $r_m(t_k)$ 和某个所选定的荧光各向异性弛豫过程动力学函数的理论表达式进行拟合：

$$r_m(t_k)=\frac{N_{/\!/}(t_k)-GN_{\perp}(t_k)}{N_{/\!/}(t_k)+2GN_{\perp}(t_k)}=\frac{D_m(t_k)}{S_m(t_k)} \tag{6.8.20}$$

式中：G 是校正光栅衍射选择性对荧光测量结果的影响的“光栅 G 因子”；$N_{/\!/}(t_k)$ 和 $N_{\perp}(t_k)$ 分别表示不同偏振方向的真实荧光强度和测量系统响应函数 $L(t_k)$ 的“卷积”。若假设 $L(t_k)$ 和测量系统中偏振光学元件的取向无关，用于和实验测出荧光各向异性弛豫过程的动力学曲线拟合的理论动力学函数可采用它和测量系统响应函数 $L(t_k)$ 的卷积积分 $r_{\mathrm{c}}(t_k)$ 描述：

$$r_{\mathrm{c}}(t_k)=\sum_{t=0}^{t=t_k}L(t_k)r(t-t_k)\Delta t \tag{6.8.21}$$

最佳拟合的判据是均方误差 χ_R^2 趋近于它的最小值：

$$\chi_R^2=\frac{1}{\nu}\sum_{k=1}^{n}\frac{1}{\sigma_{Rk}^2}\left[r_m(t_k)-r_{\mathrm{c}}(t_k)\right]^2 \tag{6.8.22}$$

式中，ν 是自由度数目。权重因子 σ_{Rk}^2 由下式求出：

$$\sigma_{Rk}^2 = r_m^2(t_k)\left(\frac{\sigma_{Sk}^2}{S_m^2(t_k)} + \frac{\sigma_{Dk}^2}{D_m^2(t_k)} + \frac{2\sigma_{SDk}^2}{S_m(t_k)D_m(t_k)}\right) \tag{6.8.23}$$

其中：

$$\left.\begin{aligned} \sigma_{Dk}^2 &= N_{//}(t_k) + G^2 N_{\perp}(t_k) \\ \sigma_{Sk}^2 &= N_{//}(t_k) + 4G^2 N_{\perp}(t_k) \\ \sigma_{SDk}^2 &= \sigma_{Sk}^2 + 2G\sigma_{Dk}^2 \end{aligned}\right\} \tag{6.8.24}$$

但应注意，在采用上述方法分析荧光各向异性弛豫过程时，测量噪声并不会因是采用两个信号强度差而减少；与此相反，在所有测量中的噪声会影响最终结果。尤其是，因为除法运算和卷积运算不能互换，利用含除法运算的式（6.8.20）所计算的 $r_m(t_k)$，并不能如实地反映描述分子过程真实动力学规律的脉冲响应函数 $r(t)$ 和测量系统响应函数 $L(t_k)$ 的卷积。因而，即使荧光各向异性以单指数函数规律弛豫时，由式（6.8.20）所求出 $r_m(t_k)$，特别是曲线“上升”的前沿部分，往往会呈现反常的线性。此外，表观的 $r_m(t_k \to 0)$ 也通常小于理论上的极限值 $r_0 = \frac{2}{5}$ [47]。

为解决这些问题，荧光各向异性弛豫曾采用将实验测得的不同偏振荧光强度分量的加和项 $S_m(t_k) = N_{//}(t_k) + 2GN_{\perp}(t_k)$ 和相差项 $D_m(t_k) = N_{//}(t_k) - GN_{\perp}(t_k)$ 分别进行处理的方法[48]。这样，首先将加和项与某一荧光总强度衰变动力学的理论模型 $S_c(t) = \sum_{i=1}^{n} \alpha_i \exp\left(-\frac{t}{\tau_f}\right)$ 拟合。此时，选用如式（6.8.24）所示的 σ_{Sk}^2，并以 χ_R^2 作为拟合优劣程度的判据：

$$\chi_R^2 = \frac{1}{\nu}\sum_{k=1}^{n}\frac{1}{\sigma_{Sk}^2}\left[S_m(t_k) - S_c(t_k)\right]^2 \tag{6.8.25a}$$

即可求出相关的荧光衰变的动力学参数 α_i 和 τ_{fi}。继之，依同样方法，利用

$$\chi_R^2 = \frac{1}{\nu}\sum_{k=1}^{n}\frac{1}{\sigma_{Dk}^2}\left[D_m(t_k) - D_c(t_k)\right]^2 \tag{6.8.25b}$$

将相差项 $D_m(t_k)$ 和理论模型 $D_c(t)$ 拟合。在假设 $D_c(t)$ 是以单指数函数规律

[47] Papenhuijzen J, Visser A J W G. Biophys. Chem., 1983, 17: 57.
[48] (a) Dale R E, Chen L A, Brand L. J. Am. Chem. Soc., 1977, 252: 7500. (b) Wahl P.Biophys. Chem., 1979, 10: 91.

衰变，且其特征时间小于荧光衰变和分子转动弛豫时间常数 τ_f、τ_r 的条件下，可由

$$D_\mathrm{c}(t)=S_\mathrm{c}(t)r(t)=k\exp\left[-\left(\frac{1}{\tau_\mathrm{f}}+\frac{1}{\tau_\mathrm{r}}\right)\right] \tag{6.8.26}$$

而得出动力学参数 α_i 和 τ_{fi} 外，也可得出时间常数 τ_r。式中，k 是常数。这一方法虽然可省去 $S_m(t_k)$ 和 $D_m(t_k)$ 的除法运算，但仍需引入测量系统响应函数 $L(t_k)$ 以及和被测荧光偏振方向无关的假设。

现在看来，值得推荐的是荧光各向异性弛豫过程的全局综合分析方法[49]。这一方法不需要计算 $r_m(t_k)$ 或 $D_m(t_k)$，而是同时分析平行和垂直偏振的荧光衰变曲线[参阅式（6.8.2）和式（6.8.4）]：

$$\left.\begin{aligned}I_{/\!/}(t)&=\frac{1}{3}I_0(t)\left[1+2r(t)\right]\\I_\perp(t)&=\frac{1}{3}I_0(t)\left[1-r(t)\right]\end{aligned}\right\} \tag{6.8.27}$$

和测量系统响应函数 $L(t_k)$ 卷积的不同偏振的荧光强度的计算值分别用 $N_{/\!/}^\mathrm{c}(t_k)$ 和 $N_\perp^\mathrm{c}(t_k)$ 表示，但和上述方法不同，这里所用的 $L(t_k)$ 是认为随荧光偏振方向不同而异：

$$\left.\begin{aligned}N_{/\!/}^\mathrm{c}(t_k)&=\sum_{i=0}^{t=t_k}L_{/\!/}(t_k)I_{/\!/}(t-t_k)\Delta t\\N_\perp^\mathrm{c}(t_k)&=\sum_{i=0}^{t=t_k}L_\perp(t_k)I_\perp(t-t_k)\Delta t\end{aligned}\right\} \tag{6.8.28}$$

利用计算值和判据

$$\chi_R^2=\frac{1}{\nu}\sum_{t=0}^{t=t_k}\frac{1}{\sigma_{/\!/k}^2}\left[N_{/\!/}(t_k)-N_{/\!/}^\mathrm{c}(t_k)\right]^2+\frac{1}{\nu}\sum_{t=0}^{t=t_k}\frac{1}{\sigma_{\perp k}^2}\left[N_\perp(t_k)-N_\perp^\mathrm{c}(t_k)\right]^2 \tag{6.8.29}$$

分别和相应的实验值 $N_{/\!/}(t_k)$ 和 $N_\perp(t_k)$ 拟合。式中，权重因子 $\sigma_{/\!/k}^2(t_k)$ 和 $\sigma_{\perp k}^2(t_k)$ 分别等于相应的荧光强度实验值，即

$$\left.\begin{aligned}\sigma_{/\!/k}^2&=N_{/\!/}(t_k)\\\sigma_{\perp k}^2&=N_\perp(t_k)\end{aligned}\right\} \tag{6.8.30}$$

[49] Gilbert C W. Time-resolved Fluorescence Spectroscopy in Biochemistry. Cundall R B, Dale R E. New York: Plenum Press, 1983: 605. (c) Beechem J M, Brand L. Photochem. Photobiol., 1986, 44: 323. (d) Vos K, Hoek A, Visser A J W G. Eur. J. Biochem., 1987, 165: 55. (e) Crutzen M, Ameloot M, Boens N, Negri R M, De Schryver F C. J. Phys. Chem., 1993, 97: 8133.

这样，当 $\chi_R^2 \to \left(\chi_R^2\right)_{\min}$ 达到最佳拟合时，即可同时得出和实验结果最吻合的荧光强度衰变 $I(t)$ 和荧光各向异性弛豫 $r(t)$ 动力学参数。

最后应补充说明两点。其一是偏振光强度衰变过程测量中的背景光信号影响的校正。这可通过简单地测量空白样品，并直接从相应的样品偏振光强度中扣除而予以解决：

$$
\begin{aligned}
I_{//}(t_k) &= I_{//}(t_k)_{\text{样品}} - I_{//}(t_k)_{\text{空白}} \\
I_{\perp}(t_k) &= I_{\perp}(t_k)_{\text{样品}} - I_{\perp}(t_k)_{\text{空白}}
\end{aligned}
\tag{6.8.31}
$$

当然，在背景光信号很弱的情况下，这一校正可完全忽略。另一是关于偏振光强度衰变计算用的 G 因子问题。这一数值可用通常方法测定，但平行和垂直偏振光强度应在相同的激发条件下测出：

$$
G = \frac{1-r}{1+2r}\frac{\sum N_{//}(t_k)}{\sum N_{\perp}(t_k)} \tag{6.8.32}
$$

3．相位调制法在测量荧光各向异性弛豫过程中的应用

根据上述理论分析利用脉冲取样、实时监测和时间相关单光子计数技术等所谓的“时域”方法测量不同偏振方向的荧光衰变动力学曲线 $I_{//}(t)$ 和 $I_{\perp}(t)$，可直接获得荧光各向异性弛豫过程 $r(t)$ 的资料，一个引起兴趣的问题是，用于测量分子荧光寿命的相位偏移技术可否用于测量发光分子的荧光各向异性弛豫 $r(t)$。

相位调制法虽然不能直接给出分子荧光衰变的动力学曲线，但基于这一“频域”方法的基本原理不难看出，如果用强度被以正弦函数调制的连续光波激发样品，而分别测量不同偏振方向的荧光分量的相位偏移 $\theta_{//}$ 和 $\theta_{\perp}$，同样也可求出表征该荧光的各向异性弛豫过程的时间常数 τ_{r}。事实上，基于这一原理已建立了一种用于研究荧光各向异性弛豫过程的“差分偏振相位荧光光度法”（differential polarized phase fluorometry，DPF）。在这一方法中，样品是采用一个垂直偏振且其强度被以正弦函数调制的连续光波激发样品，所发射荧光的两个不同偏振方向分量的相位偏移 $\theta_{//}$ 和 $\theta_{\perp}$ 分别用两个光信号探测器（通常为光电倍增管）同时检测。所测出的相位差 $\Delta = \theta_{\perp} - \theta_{//}$ 可根据式（6.6.19）～式（6.6.21）所示的关系表示为

$$
\tan\Delta = \frac{2R\tau\omega\tau r_0}{\frac{1}{9}m_0\left(1+\omega^2\tau^2\right) + \frac{2}{3}R\tau(2+r_0) + \left(2R\tau\right)^2} \tag{6.8.33}
$$

式中：

$$m_0 = \frac{(1+2r_0)}{(1-r_0)}$$

由式（6.8.33）可见，$\tan\Delta$ 和发光分子的转动速率 $R=(6\tau_r)^{-1}$、激发光调制频率 ω、荧光寿命 τ 和它的各向异性初始值 r_0 有关；当 $2R$ 或 $(3\tau_r)^{-1}$ 等于荧光寿命 τ 时，$\tan\Delta$ 将达到极大值 $\tan\Delta_{max}$：

$$\tan\Delta_{max} = \frac{3\omega\tau r_0}{(2+r_0)+2\left[m_0\left(1+\omega^2\tau^2\right)\right]^{-\frac{1}{2}}} \tag{6.8.34}$$

它是和发光分子转动速率 R 无关的参数。如果因为所处的微观环境对分子的转动造成某种限制，以致该分子的荧光的各向异性最终不能衰变到 $r(t\to\infty)=0$，而只能达到某一有限值 $r(t\to\infty)=r_\infty$ 时，依同理可写出：

$$\tan\Delta'' = \frac{2R\tau\omega\tau\left(r_0-r_\infty\right)}{\frac{1}{9}m_0\left(1+\omega^2\tau^2\right)+\frac{S}{3}(2R\tau)+m_\infty\left(2R\tau\right)^2} \tag{6.8.35}$$

或

$$\tan\Delta''_{max} = \frac{3\omega\tau\left(r_0-r_\infty\right)}{S+2\left[m_0 m_\infty\left(1+\omega^2\tau^2\right)\right]^{\frac{1}{2}}} \tag{6.8.36}$$

式中，$m_\infty = \frac{(1+2r_\infty)}{(1-r_\infty)}$，$S=2+r_0-r_\infty(4r_0-1)$。由上述关系式可见，当发光分子的转动不受任何制约时，若已知激发光的调制频率 ω，利用差分偏振相位荧光光度法测量相角差 Δ''，在原则上即可求出发光分子转动过程的特征参数 R。但在实际上，因为式（6.8.33）的待求变数 R 并不是单值解（除非其中的一个解小于或等于零），为确定 R 值，还必须利用其他的实验测量结果从各个数值解中进行选择。例如，参照稳态荧光测量所得的荧光偏振度 P 而利用 Perrin 关系式求出的 τ_r，或考查各 R 值解对温度的依赖关系进行分析。如果发光分子的转动受到某种因素的制约，利用式（6.8.34）求解 R 值的问题将更为复杂。此时求解所得的 R 值不仅不是单值解，而且其相角差 Δ'' 是另一未知数 r_∞ 的函数，从而还需另外测量荧光在稳定态条件下的各向异性 r 以确定 r_∞ 值。

比较式（6.8.34）和式（6.8.36）可见，受制约的分子转动和分子不受制约的自由转动时的最大相角差与分子转动本身的速率无关。分子自由转动的最大相角差 Δ_{max} 的数值可用已知的 ω、τ 和 r_0 根据式（6.8.34）进行计算，然而由式（6.8.36）求出的受到制约时分子转动的最大相角差 Δ'' 一般要比自由转动时的小。因而，$\Delta_{max} > \Delta''_{max}$ 可作为发光分子转动是否受到制约的判据。此外，当发光分子的转动为各向异性时，其最大相角差也小于自由转动分子的最大相角差 Δ_{max}，只不过此时的差值一般不会超过 $(\Delta_{max} - \Delta''_{max})$ 的 25%。因此，相对于分子不受制约的自由转动时的最大相角差的差别，也可对发光分子转动是否各向异性或是否受到制约进行推测。

但是应当注意，不论发光分子转动或各向异性是否受到某种制约，当它的 $(2R)^{-1}$ 或 $3\tau_r$ 和它的荧光寿命 τ_f 有明显的差别时，差分偏振相位荧光光度法所测出的相角差 Δ（或 Δ'）均将趋近于零。也就是说，和荧光衰变过程的各种“时域”测量技术相类似，这一“频域”方法更适用于测量转动弛豫时间 τ_r 和它的荧光寿命 τ_f 相似的分子体系。此外也应指出，差分偏振相位荧光光度法中所用的上述各个定量关系式的合理性，都是以发光分子的荧光各向异性弛豫过程可用单指数动力学函数描述作为前提条件。对于需用更复杂的动力学函数描述的荧光各向异性弛豫过程，差分偏振相位荧光光度法的应用尚待进一步的探索。但是，考虑到相位偏移测量荧光衰变过程时具有数据采集速度快的突出优点，差分偏振相位荧光光度法用于发光分子的荧光各向异性弛豫过程的测量，仍引起人们的兴趣，而且这一测量方法的时间分辨率已达到 ps 数量级。

6.8.4 荧光各向异性弛豫过程测量方法的一些应用实例

基于影响荧光各向异性弛豫过程动力学规律的一些因素的分析，不难设想，球形分子的荧光各向异性通常以单指数函数动力学规律衰变，而多指数函数动力学规律进行的荧光各向异性弛豫，则往往是由于分子的非对称性，导致具有不同取向转动轴、分子的片段或基团各自独立地进行转动所致。因此，和利用激发-探测双脉冲技术时间分辨吸收光谱相似（参阅第 5 章 5.5.2 小节），荧光去偏振现象测量同样是用于研究各种分子（包括分子金属络合物），特别是和生命活动相关的生物体系分子形状、转动过程的一种重要方法。

荧光各向异性弛豫过程测量的一个重要应用是，利用“荧光探针”分子探测细胞膜或胶束（micelle）、类囊体（vesicle）等人工膜的微观黏度（microvescosity）。为此而通常采用的“荧光探针”是在矿物油中的荧光平行分

量 $I_{//}$和垂直分量 $I_{\perp}$ 的弛豫速率相同而且和温度无关的[50]DPH 分子（图 6.8.2）。

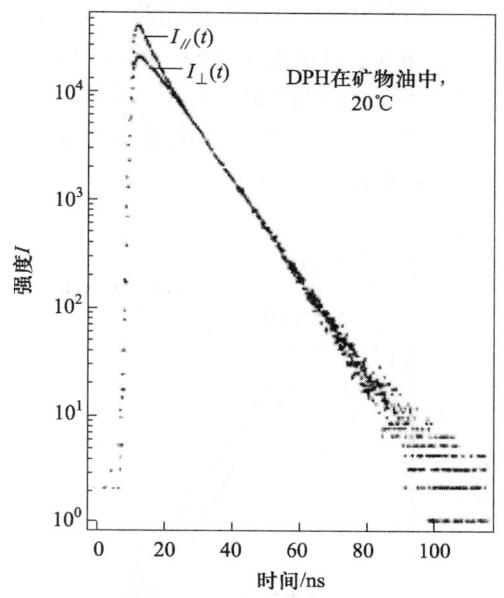

图 6.8.2　DPH 的荧光平行分量 $I_{//}$ 和垂直分量 $I_{\perp}$ 在矿物油中的衰变动力学曲线。两者的荧光强度衰变速率相同，并最后衰变到荧光强度为零[50]

利用 DPH 作为“荧光探针”分子探测细胞膜或人工膜的微观黏度的基本思想是[51]，在假设“荧光探针”分子可在已知黏度的溶液中以自由的分子形态转动的前提下，分别测量和比较 DPH 在该溶液中和结合到膜上时的荧光各向异性 r，进而估计膜的微观黏度。作为典型的测量结果，图 6.8.3 示出 DPH 的荧光平行分量 $I_{//}$ 和垂直分量 $I_{\perp}$ 在双豆蔻酰磷脂酰胆碱（dimyristoylphophatidyl-choline，DMPC）类囊体中的衰变动力学曲线[52]。由图 6.8.3 可见，DPH 的荧光平行分量 $I_{//}$ 和垂直分量 $I_{\perp}$ 与类囊体中的荧光强度衰变速率不同，而且最后并不衰变到荧光强度为零。只有当温度超过在该类囊体的相变温度，DPH 的转动受到限制而变弱时，荧光各向异性极限 r_{∞} 才出现衰变到零的趋势（图 6.8.4）。其原因可能是，当在较低温度的条件下，处于类囊体中的棒状的 DPH 分子的转动受到限制，致使只能围

[50] Dale R E, Chen L A, Brand L.J. Am. Chem. Soc., 1977, 99: 7500.
[51] Shinitzky M, Barenholz Y. Biochim. Biophys. Acta, 1978, 515: 367.
[52] Hildenbrand K, Nicolau C. Biochim. Biophys. Acta, 1979, 553: 365.

绕着它的长轴进行转动。此外，根据荧光各向异性极限 r_∞ 是否趋近于零，类似的测量也可用于判断添加物分子对磷脂膜（phospholipids）等人工类囊体流动性的影响。图 6.8.5 中示出胆固醇（cholesterol）对 DPH 在 DPPH 类囊体中的偏振荧光衰变过程的测量结果[53]。由图 6.8.5 可见，随胆固醇含量增大，DPH 的荧光各向异性不再弛豫到零，这表明胆固醇的存在使 DPH 的转动受到一定的限制。

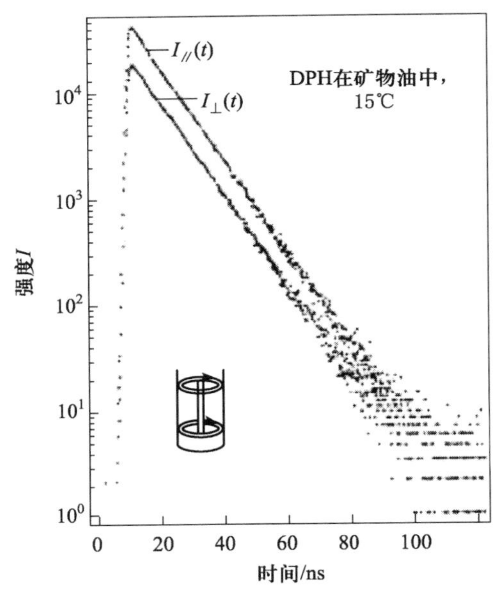

图 6.8.3　DPH 的荧光平行分量 $I_{//}$ 和垂直分量 $I_\perp$ 在 DMPC 类囊体中的衰变动力学曲线[52]

蛋白质的荧光各向异性弛豫过程测量的另一个重要应用是用于探测蛋白质的动态结构。肝醇脱氢酶（liver alcohol dehydrogenase，LADH）的荧光各向异性弛豫测量便是典型的事例之一。这种脱氢酶是一种总相对分子质量约为 8.0×10^4、含有两个色氨酸（trypotophan）残基的相同亚单位的二聚体。其中色氨酸残基（trp-15）暴露在亚单位的外侧并和周围溶剂分子直接接触，而另一个色氨酸残基（trp-314）则隐闭在亚单位的内部。当后者被用处于它的吸收谱带长一波侧的 300 nm 的光选择激发后，激发

[53] Kawato S, Kinosita K, Ikegami A. Biochemistry, 1978, 17: 5026.

所产生的 trp-314 色氨酸荧光各向异性弛豫过程如图 6.8.6 所示[54]。这一荧光各向异性弛豫过程和水合球体的相同，两者均可用相关时间常数τ_r约为 33 ns 的单指数动力学规律描述，表明这一色氨酸残基是被牢固地结合在 LADH 蛋白质基质内部。而这一色氨酸荧光各向异性弛豫的相关时间常数τ_r随该分子的荧光激发波长λ_{ex}不同而各异的原因，则可能是由于荧光发射分子的跃迁矩取向因荧光激发波长不同而有所不同。因而据此可推论，LADH 是半轴长分别是 11 nm 和 6 nm 的扁长椭圆形的蛋白质。

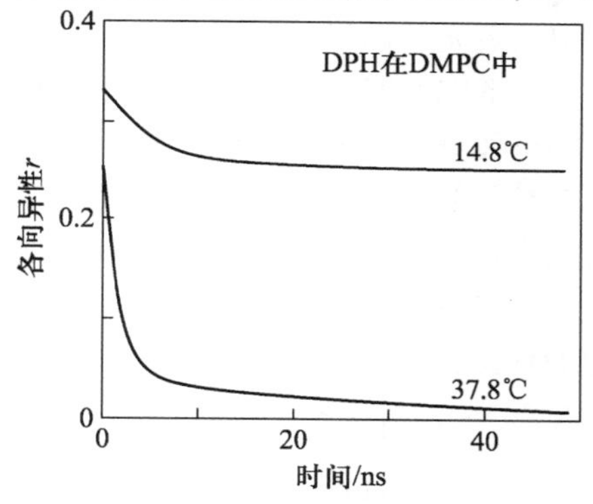

图 6.8.4　DPH 的荧光平行分量$I_{//}$和垂直分量$I_{\perp}$在 DMPC 类囊体中不同温度下的衰变动力学曲线[52]

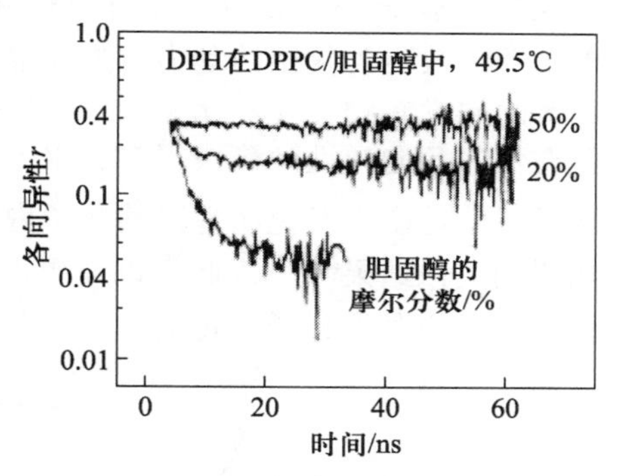

图 6.8.5　DPH 在不同胆固醇含量的 DPPH 囊体中 49.5℃时的荧光各向异性弛豫动力学曲线[53]（DPPC 类囊体的相变温度约为 37℃）

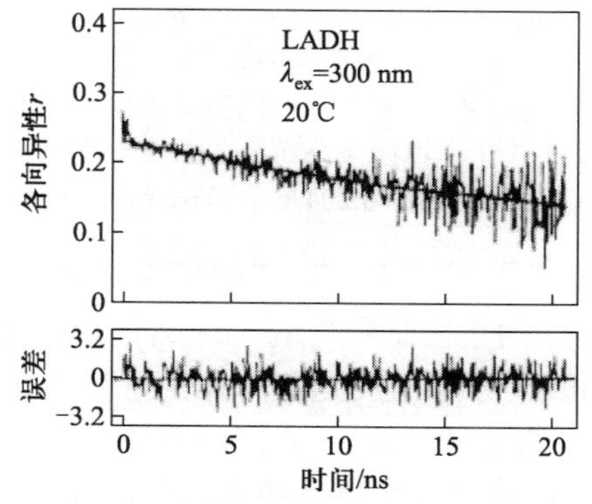

图 6.8.6　在波长$\lambda_{ex}=300$ nm 处激发的 trp-314 色氨酸荧光的各向异性弛豫动力学曲线，其起始荧光各向异性$r(0)=0.22$

[54] Ross J A, Schmidt C J, Brand L. Biochemistry, 1981, 20: 4369.

值得注意的是，虽然 trp-314 色氨酸是和 LADH 蛋白质一起转动，但是，其起始荧光各向异性 $r(0)=0.22$，此数值比在这一波长处激发的色氨酸的荧光各向异性要小一些。其原因很可能是色氨酸分子在这里仍可进行“分子内转动”，而导致荧光各向异性在小于测量的时间分辨率的时间间隔内有所丧失。事实上，在其他蛋白质中，荧光分子基质的“固有的”或“外加的”片段转动确实也表现得较为明显。例如，一种在脂质-水界面上能催化磷脂发生水解的磷脂酶 A_2(phospholipase A_2)中含有一个可发射荧光的色氨酸残基 trp-3，该残基在磷脂酶 A_2 中的荧光各向异性弛豫就需采用比单指数函数更为复杂的动力学规律描述[55]（图 6.8.7）。其中，弛豫过程的相关时间常数较长（约 6.5 ns）的部分和总体分子的转动时间常数相近；但在荧光各向异性弛豫快得多、相关时间常数较短（<50 ps）的部分，则很可能就是由于发色团片段的分子内转动之故。在其他许多蛋白质中也可观测到类似结果[56]。因此可以设想，蛋白质基质的“固有”或“外加”发色团片段的发生分子内转动是一个普遍的现象。

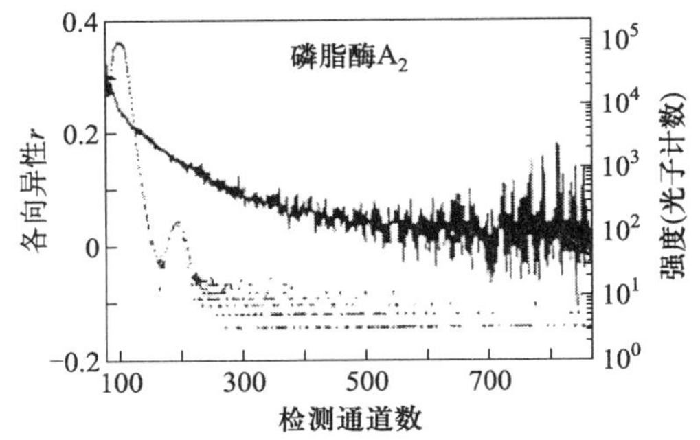

图 6.8.7 色氨酸残基 trp-3 在磷脂酶 A_2 中的荧光各向异性弛豫动力学曲线[55]。横坐标的每个通道相当于 30 ps 。荧光各向异性弛豫动力学的参数是：

$$r_{01}=0.104, r_{02}=0.204, \tau_1<50\ \text{ps}, \tau_2\approx 6.5\ \text{ns}$$

荧光各向异性弛豫更引起人们兴趣的应用是揭示蛋白质片段的分子内运动微观图景。典型的事例是和丹酰（dansyl）-赖氨酸相结合的免疫球蛋白（immunoglobulin）分子的荧光各向异性弛豫过程的测量。已知免疫球蛋白是 Y 形的蛋白质分子。这一 Y 形蛋白质分子的两支顶部可以和抗原黏合，并构成和蛋白质分子整体转动无关而自行独立转动的 F_{ab} 片段，

[55] Vincent M, Deveer A M, Haas G H, Verheij H M, Gallay J. Eur. J. Biochem., 1993, 215: 531.

[56] (a) Bouhss A, Vincent M, Munier H, Gilles A M, Takahashi M, Barzo O, Danchin A, Gallay J. Eur. J. Biochem., 1996, 237:619. (b) Rischel C, Thyberg P, Rigler R, Poulsen F M. J . Mol. Biol., 1996, 257: 877.

其底部则是可和血浆膜上的受体（receptor）接合的 F_c 区（图 6.8.8）。

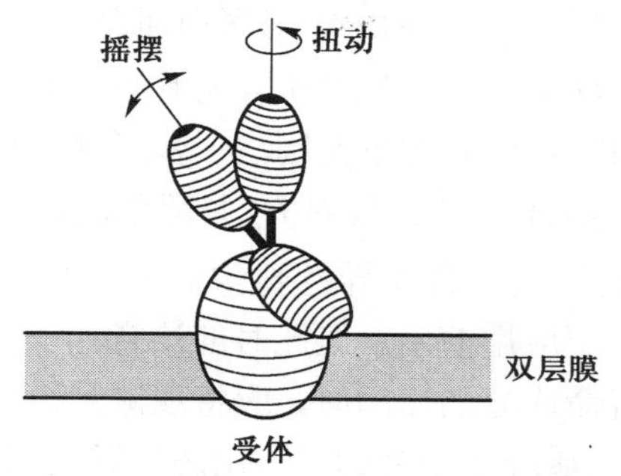

图 6.8.8　和血浆膜上的受体连接的免疫球蛋白 IgE 的分子模型
（其顶部 F_{ab} 片段的运动如箭头所示）

免疫球蛋白在它的抗原部位和丹酰-赖氨酸黏合在一起的 IgE 自身在溶液中的荧光各向异性弛豫过程，除表现出和该蛋白质分子转动有关的其值为 128 ns 的相关时间常数 τ_r 外，也还有一个相关时间常数 τ_r=48 ns 的快速弛豫成分。但当 IgE 通过 F_c 和血浆膜上的受体相结合以后，它的荧光各向异性弛豫过程需用相关时间常数 τ_r 分别为 438 ns 和 34 ns 的多指数衰变动力学规律描述[57]（图 6.8.9）。

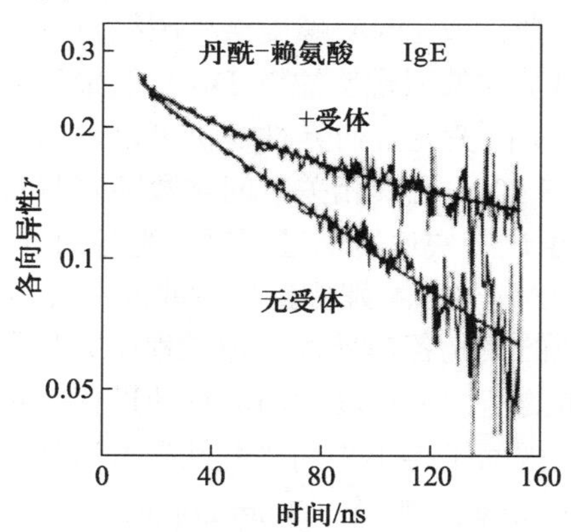

图 6.8.9　免疫球蛋白在其抗原部位和丹酰-赖氨酸黏合在一起的 IgE
以及它和血浆膜上的受体相结合后荧光各向异性弛豫的动力学曲线[57]

如果将这两种情况下观测到的 128 ns 和 438 ns 长寿命荧光各向异性弛豫，分别由和赖氨酸相结合的免疫球蛋白 IgE 以及 IgE 和血浆膜上受体的

[57] Holowka D, Wensel T, Baird B. Biochemistry, 1990, 29: 4607.

结合体的整体转动所决定，那么，荧光各向异性弛豫的短寿命部分将是由它们分子内部的片段运动，特别是Y形蛋白质分子的两支顶部的F_{ab}片段独立地进行分子内转动所引起。在两种情况下的短寿命相关时间常数τ_r的数值相近（即48 ns和34 ns）的事实则进一步说明，IgE免疫球蛋白中可和血浆膜上的受体相结合的F_c片段对F_{ab}片段的转动并不构成限制因素。这一事例只不过是通过荧光各向异性弛豫测量而探讨蛋白质片段的分子内运动微观图景的一个应用演示。但此时应注意的一点是，当分析荧光各向异性弛豫出现短寿命成分的原因时，应将观测到快速衰变的其他可能性（如，和一些未与蛋白质分子结合的“自由态”发色团所发射的荧光混杂）完全排除。

荧光各向异性弛豫过程测量同样也可广泛地用于研究核酸分子的结构和它的转动状态[58]。例如，在早期实验中即观测到和溴化乙啶（ethidium bromide，EB）相结合的脱氧核糖核酸EB-DNA呈现荧光各向异性弛豫反常的现象，其原因即被认为是由于溴化乙啶在和它相结合的DNA螺旋结构中以一定的锥角进行分子内转动所致[59]。其后的实验也同样表明，和DNA相结合的荧光探针分子的荧光各向异性的弛豫加速并需用非指数函数动力学规律描述的原因，很可能就是因为这些探针分子围绕着DNA螺旋结构的短轴发生弯曲，或DNA螺旋结构围绕自身的长轴发生扭转所引起。但在含有较少碱基对的双螺旋短链DNA低聚体的情况下，可发现这种DNA相结合的EB的荧光各向异性，仍可以是以单指数函数动力学规律而发生弛豫（图6.8.10），且其相关时间常数随碱基对数目减少而线性地降低（图6.8.11）。至于这些快速转动过程对荧光各向异性过程贡献的大小，则和它们的跃迁矩相对于DNA螺旋结构的取向有关系。

此外，和蛋白质的荧光各向异性弛豫过程研究相同，这一方法也可用于研究DNA分子中的基团和片段的局部移动过程。不过，由于天然的碱基并不能发射荧光，因而不得不采用“变性”方法使之产生荧光发射。一个典型的事例是采用2-氨基嘌呤（2-aminopurine，2AP）[60]，含有2-AP作为中心碱基对的DNA 7-mer的荧光各向异性弛豫过程如图6.8.12所

---

[58] Schurr J M, Fijimoto B B, Wu P, Song L. Fluoresence studies of Nucleic Acids: Dynamics, Rigidities and Structures. Lakowicz J R. In fluoresence spectroscopy.Vol 3. Biochemical applications. New York: Plenum Press, 1992, 137–229.

[59] Wahl P, Paoletti J, Le Pecq J B. Proc. Natl. Acad. Sci. USA, 1970, 65: 417.

[60] Wu P, Li H, Nordlund T M, Rigler R. Proc. SPIE, 1990, 1204: 262.

示[61]，其中约 60%的荧光各向异性弛豫过程的相关时间常数约为 83 ps。类似的方法也广泛地用于考查配位基团对 DNA 柔韧性的影响，以及阳离子影响 DNA 性质等问题。尽管有关的理论分析尚有待发展，但通过荧光各向异性弛豫测量而探讨有关 DNA 结构及其动态学过程，近年来正成为一个引起普遍关注的研究领域。

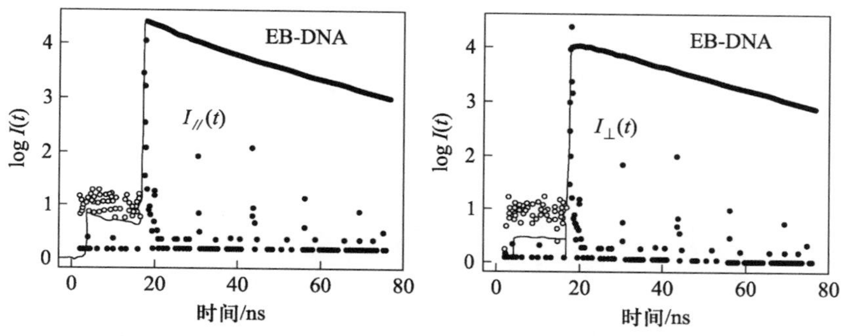

图 6.8.10 和含 29 个碱基对的双螺旋 DNA 结合的 EB 分的不同偏振荧光强度的衰变过程[59]

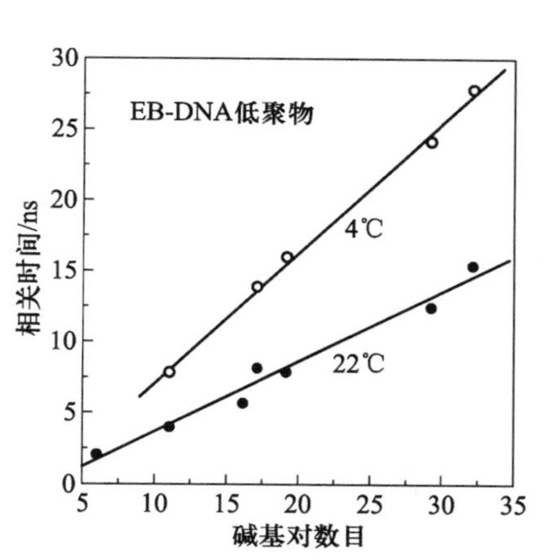

图 6.8.11 和双螺旋 DNA 结合的 EB 分子的转动相关时间和低聚体 DNA 分子片段大小的函数关系

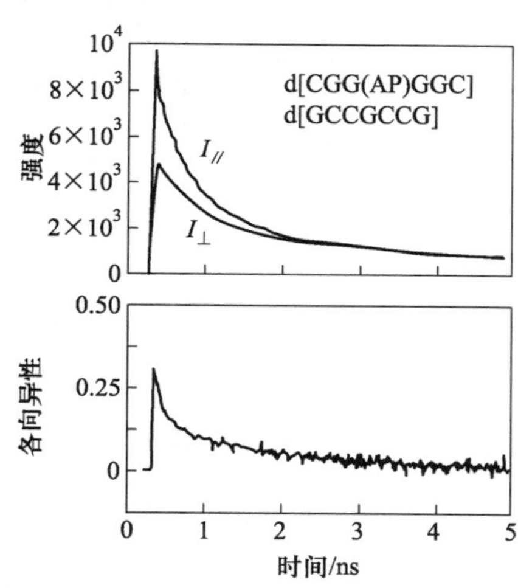

图 6.8.12 d[CGG(AP)-GGC]-[GCCGCCG] 在 50 mmol/L tris-HCl 和 0.15 mol/L NaCl 中，4℃的不同偏振荧光衰变 $I_{//}$、$I_{\perp}$ 和荧光各向异性 $r(t)$ 弛豫过程的时间分辨测量结果[60]

[61] Guest C R, Hochstrasser R A, Sowers L C, Millar D P. Biochemistry, 1991, 30: 3271.

时间分辨拉曼光谱方法

第 7 章

随着波长可调的激光脉冲技术以及微弱、瞬变光信号检测方法的发展，分子对入射光的非弹性散射而引起频率偏移的拉曼（Raman）散射光谱的测量，已成为获取其寿命为 ns 和 ps 数量级的瞬态分子的高分辨率振动光谱谱图的有效方法。这一方法和前面所讨论的时间分辨电子吸收和（或）荧光发射光谱方法的最大不同是，它可在原子运动的水平上提供分子振动、转动结构、状态的宝贵资料，而后者在电子吸收和荧光发射光谱中往往被呈连续或准连续分布的“无结构”的谱带所“淹没”。诚然，通过采用“基质隔离”（matrix isolation）或“超声射流冷却”（supersonic jet cooling）等技术而消除导致电子跃迁光谱谱带展宽的分子间相互作用，也可获得不稳定分子的瞬态振动、转动光谱的高分辨率谱图。但这一措施并不能广泛地用于考查在不同介质，特别是水溶液中分子的行为和结构。

时间分辨拉曼光谱测量的重要优点是：利用这一方法所测出的由宽度很窄光谱谱线构成的拉曼散射光谱谱图，使人们对各种被测不稳定分子的存在形态及精细结构以各自独特而专一的“指纹”形式确定；而且散射光谱的信号强度和被测不稳定分子的瞬时浓度和入射的激发光强度呈线性函数关系，使人们易于对实验测量结果进行定量处理。尤其是通过选择激发光波长的入射光在被激发的复杂分子体系中某一特定组分的电子跃迁吸收光谱的谱带范围作用于组成复杂的分子体系时，可对分子体系中指定组分的拉曼散射有选择地激发。此外，拉曼散射光谱谱图的实验测量和直接测量以振动跃迁为基础的红外吸收光谱方法不同，它对分子体系所处的环境介质以及被测分子体系样品的光学均匀性并没有特殊的要求。因此，时间分辨拉曼散射光谱测量日益成为人们研究分子体系，特别是对了解生命过程有重要意义的生物学大分子的结构及其随时间运动变化的动态学行为的方便而有效的手段之一。

但是，基于自发的拉曼散射机理而测量其散射光谱谱图的方法具有一个根本性的弱点是，它所产生散射光信号的效率很低，而且在许多情况下，所产生的微弱散射光信号往往伴随有很强的荧光背景。因而，如何在拉曼散射光谱谱图测量中提高被测散射光信号强度以及对荧光背景的抑制，将是必须解决的关键技术问题之一。

在这一章中，将从简要回顾分子拉曼散射的基本原理描述出发，进而考查拉曼散射光谱谱图的测量的基本技术，并概述从所测的拉曼光谱信号中抽取分子结构信息的基本方法。在此基础上，围绕着拉曼散射光谱谱图的时间分辨测量中的若干技术问题进行探讨。最后介绍时间分辨拉曼散射光谱谱图测量的几个典型应用实例。

7.1 拉曼散射的产生原理及特性——经典理论描述

时间分辨拉曼光谱测量作为一种可完全突破电子吸收和荧光光谱方法的局限、在原子运动水平上直接跟踪监测分子结构和状态随时间变化的微观图景的新手段，虽然也是以“激发-探测双脉冲技术”为基础，但它不是直接跟踪监测分子体系在不同电子（及其相关的振动和转动）能级间的跃迁的吸收和荧光发射过程，而是实时监测光辐射作用于分子体系时发生的拉曼散射（Raman scattering）。

所谓的拉曼散射，是 1930 年诺贝尔物理学奖获得者、印度科学家 C. V. Raman（1888—1970）在 1923 年首次观测到，并在 1928 年被确认的一种独特的非弹性光散射现象[1]。通过这种散射，分子体系可在引起入射光的一小部分改变原来传播方向的同时，也使入射光的频率发生偏移[2]。这种非弹性光散射现象实质上是光和物质相互作用时发生的一种双光子非线性光学过程。在该过程中，当一个频率为 ν_0 的入射光辐射场和物质分子相互作用时，伴随着分子由某一初始的振动（或振动-转动）能级跃迁到另一振动（或振动-转动）能级，入射光的辐射场将以不同频率光子的形式偏离入射方向进行散射。为便于形象地表述拉曼散射这一非线性光学过程，通常将该过程假想为，参与这一过程的分子首先被频率为 ν_0 的入射光辐射场激发到如图 7.1.1 中水平虚线所示的某一虚拟高能振动或振动-转动状态（也可以是实际存在的电子激发能级）；继之，在极短的时间间隔（约 10^{-14} s）内，该分子返回到低能状态并散射出不同于入射光辐射场频率

[1] 最初 C. V. Raman 在 1923 年用望远镜的透镜系统将太阳光中的紫光部分聚焦到散射液体中时，用肉眼观测到，除入射的紫光外，还有绿光散射。这一现象曾被 A. Smekal（1923）、H. A. Kramers 和 W. Heisenberg（1925）、E. Schrodinger（1926）、P. A. M. Dirac（1927）等讨论过。但只是在 Compton 关于 X 光散射的实验之后，拉曼光散射效应才被确认，C. V. Raman 因此于 1930 年获得诺贝尔物理学奖。

[2] 拉曼散射和只改变入射光传播方向而不改变其频率的弹性（elastic）散射，即所谓物质粒子尺寸小于入射光波长 λ 时出现的瑞利散射（Rayleigh scattering）或物质粒子尺寸大于入射光波长 λ 时出现的米散射（Mie scattering）不同，拉曼散射是一种非弹性（inelastic）光学散射过程。它在改变入射光传播方向的同时，也引起入射光频率偏移。但它又和另一种仅可引起频率有 0.1～1 cm^{-1} 偏移的所谓布里渊非弹性散射（Brillouin scattering）不同，拉曼散射所引起的入射光频率偏移甚至可高达约 4 000 cm^{-1}。

ν_r 的光辐射，两者的频率差 $\Delta\nu=\nu_0\pm\nu_r$ 和分子的初始 i 和终止 f 振动（或转动）能级的能量差 $\Delta\varepsilon_{\nu,r}$ 成比例。而视跃迁的能级能量差 $\Delta\varepsilon_{\nu,r}$ 不同，其中小于和大于入射光频率 ν_0 的拉曼散射光信号分别被称为斯托克斯（Stokes）和反斯托克斯（anti-Stokes）散射。拉曼散射光谱测量就是根据所测出的拉曼散射频率偏移量 $\Delta\nu$，获取有关分子的结构、状态的信息。

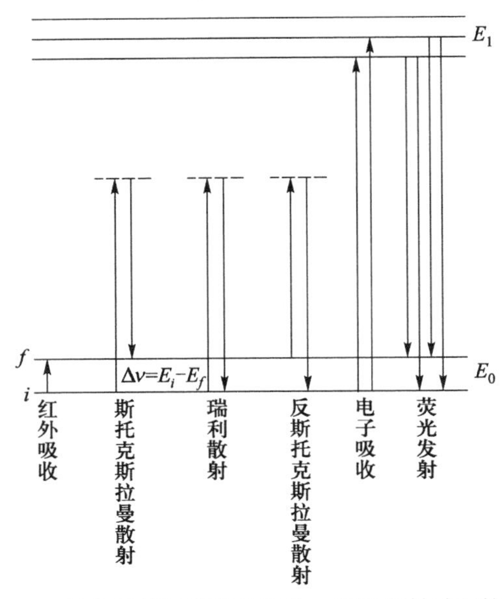

图 7.1.1　拉曼散射过程和光吸收、荧光发射过程的比较

7.1.1　拉曼散射的产生原理

为理解时间分辨拉曼光谱方法的原理及其各种应用的可能性，首先从定量地说明拉曼效应入手。根据电磁辐射经典理论，拉曼散射被看做是分子被入射光辐射电场极化所形成的诱导偶极子（induced dipole）振荡产生光辐射的过程。这一经典描述虽不能将拉曼散射的各种特性和分子结构参数直接关联，但它仍可为了解拉曼散射过程及其散射光特性提供基础，而且由此而得出的重要结论也无须因引入量子力学概念而作出原则上的修正。因此，关于拉曼散射的讨论，将从拉曼效应的经典理论描述开始。

根据经典理论，分子在入射光辐射的作用下所引发的诱导偶极子振荡的振幅，即诱导偶极矩矢量 $\boldsymbol{P}$ 和入射光辐射场电场强度 $\boldsymbol{E}$ 的准确定量关系，可用下述级数表示：

$$\boldsymbol{P}=\boldsymbol{P}^{(1)}+\boldsymbol{P}^{(2)}+\boldsymbol{P}^{(3)}+\cdots \tag{7.1.1}$$

式中：

$$\left.\begin{aligned}\boldsymbol{P}^{(1)}&=\alpha\cdot\boldsymbol{E}\\ \boldsymbol{P}^{(2)}&=\tfrac{1}{2}\beta\cdot\boldsymbol{E}^{2}\\ \boldsymbol{P}^{(3)}&=\tfrac{1}{6}\gamma\cdot\boldsymbol{E}^{3}\\ &\cdots\cdots\cdots\cdots\end{aligned}\right\} \tag{7.1.2}$$

其中，比例常数α通常被称为分子的极化率（polarizability），它是一个二阶张量，其典型值约为$10^{-40}\mathrm{m}^2\cdot\mathrm{CV}^{-1}$；$\beta$和$\gamma$通常被分别称为超极化率（hyperpolarizability）和二级超极化率（2nd-order hyperpolarizability），它们各自是三阶和四阶张量，其典型的数值分别是$\beta\approx10^{-50}\mathrm{m}^3\cdot\mathrm{CV}^{-2}$和$\gamma\approx10^{-61}\mathrm{m}^4\cdot\mathrm{CV}^{-3}$。这些高次项的极化率虽然和一系列非线性拉曼散射现象有关，但它们比一般的分子极化率α小得多，从而，它们的作用只有在入射光辐射场电场强度$\boldsymbol{E}$相当高的条件下才予以考虑。

为简化问题的讨论，在这里将主要考虑光辐射电场强度$\boldsymbol{E}$不太高的一般情况。此时，可近似地认为，诱导偶极矩矢量$\boldsymbol{P}$的大小将正比于入射光辐射场电场强度$\boldsymbol{E}$：

$$\boldsymbol{P}=\alpha\cdot\boldsymbol{E} \tag{7.1.3}$$

其中，入射光辐射场电场强度$\boldsymbol{E}$随时间t以频率$\omega(=2\pi\nu_0)$进行周期性变化，$\boldsymbol{E}=\boldsymbol{E}_0\cos\omega_0 t$，$\boldsymbol{E}_0$是光辐射场的最大振幅；而关联诱导偶极矩矢量$\boldsymbol{P}$和入射光辐射场电场强度$\boldsymbol{E}$的分子极化率$\alpha$的数值则是分子中随分子振动而变化的原子核位置$Q_i(i=k,l,\cdots)$的函数。在分子振动的核位移不大的情况下，分子极化率张量在相互垂直的ρ和σ偏振方向的分量可用下述泰勒级数展开式近似地表示：

$$\alpha_{\rho\sigma}=(\alpha_{\rho\sigma})_0+\left(\frac{\partial\alpha_{\rho\sigma}}{\partial Q_k}\right)_0 Q_k+\frac{1}{2}\sum_{k,l}\left(\frac{\partial^2\alpha_{\rho\sigma}}{\partial Q_k\partial Q_l}\right)_0 Q_kQ_l+\cdots \tag{7.1.4}$$

式中，$(\alpha_{\rho\sigma})_0$是核处于平衡位置时的分子极化率张量；导数$\left(\dfrac{\partial\alpha_{\rho\sigma}}{\partial Q}\right)_0$是分子极化率张量随核位置改变的变化率，其下标“0”是该导数在平衡态时的数值，$Q_k,Q_l,\cdots$是描述核$k,l,\cdots$位置的坐标。在略去含Q高于一次幂的项的情况下，若假设坐标随时间t的变化可用经典简谐振动描述时：

$$Q_k = Q_k^0 \cos\omega_k t$$

略去高次项，式（7.1.4）可被近似地写为

$$\alpha_{\rho\sigma} = (\alpha_{\rho\sigma})_0 + \left(\frac{\partial\alpha_{\rho\sigma}}{\partial Q_k}\right)_0 Q_k^0 \cos\omega_k t + \cdots \tag{7.1.5}$$

式中，ω_i 是 i 分子振动模式的振动频率。将式（7.1.5）代入式（7.1.3），对于含有 $3N-6$ 个简正坐标的多原子分子，即可得出其诱导偶极矩矢量和分子极化率以及入射光辐射参数的定量关系表达式：

$$\boldsymbol{P} = (\alpha_{\rho\sigma})_0 \boldsymbol{E}_0 \cos\omega_0 t + \sum_{k=1}^{3N-6}\left(\frac{\partial\alpha_{\rho\sigma}}{\partial Q_k}\right)_0 Q_k^0 \boldsymbol{E}_0 (\cos\omega_0 t)(\cos\omega_k t)$$

若考虑到 $\cos\theta\times\cos\phi = \frac{1}{2}\left[\cos(\theta+\phi)+\cos(\theta-\phi)\right]$，上式可进一步改写为

$$\boldsymbol{P} = (\alpha_{\rho\sigma})_0 \boldsymbol{E}_0 \cos\omega_0 t + \frac{1}{2}\sum_{k=1}^{3N-6} \boldsymbol{E}_0 Q_k^0 \left(\frac{\partial\alpha_{\rho\sigma}}{\partial Q_i}\right)_0 \left[\cos(\omega_0+\omega_k)t + \cos(\omega_0-\omega_k)t\right] \tag{7.1.6a}$$

或

$$\boldsymbol{P} = \boldsymbol{P}_0(\omega_0)\cos\omega_0 t + \frac{1}{2}\sum_{k}^{3N-6} \boldsymbol{P}_0(\omega_0+\omega_k)\cos(\omega_0+\omega_k)t + \frac{1}{2}\sum_{k}^{3N-6} \boldsymbol{P}_0(\omega_0-\omega_k)\cos(\omega_0-\omega_k)t \tag{7.1.6b}$$

式中

$$\left.\begin{aligned} \boldsymbol{P}_0(\omega_0) &= (\alpha_{\rho\sigma})_0 \boldsymbol{E}_0 \\ \boldsymbol{P}_0(\omega_0+\omega_k) &= \boldsymbol{E}_0 Q_k^0 \left(\frac{\partial\alpha_{\rho\sigma}}{\partial Q_k}\right) \\ \boldsymbol{P}_0(\omega_0-\omega_k) &= \boldsymbol{E}_0 Q_k^0 \left(\frac{\partial\alpha_{\rho\sigma}}{\partial Q_k}\right) \end{aligned}\right\} \tag{7.1.7}$$

由式（7.1.6）可见，入射光在分子中引发的诱导偶极矩矢量 $\boldsymbol{P}$ 可以以 ω_0、$(\omega_0+\omega_k)$ 和 $(\omega_0-\omega_k)$ 等三种频率而周期性地变化，而这些诱导偶极矩进行振荡的结果将产生三种频率不同的光辐射。其中以和入射光辐射频率 ω_0 相同频率振荡的诱导偶极矩所产生的光辐射，即是只引起入射光传播方向改变而不改变其频率的瑞利（Rayleigh）散射。而含有 $(\omega_0\pm\omega)$ 的第二和第三项则表明，由分子中电子运动将入射光辐射电场和分子中核振动耦

合、光辐射振荡频率 ω_0 可对频率为 ω_k 的核振动进行调制，被调制后的诱导偶极矩振荡将分别产生既改变入射光传播方向，又改变其频率而在高频侧 $(\omega_0+\omega_k)$ 出现的反斯托克斯拉曼散射和在低频侧 $(\omega_0-\omega_k)$ 出现的斯托克斯拉曼散射。

在这里，应注意的一点是，这些拉曼散射发生的频率偏移 $\Delta\omega=|\omega_0-\omega_k|$ 和入射光的频率 ω_0 无关，它根据能量守恒要求，只取决于分子参与产生这一散射过程的初始 i 和终止 f 状态的能量差值，$h\Delta\omega=\dfrac{(E_f-E_i)}{2\pi}$。

由式（7.1.6）也可看出，产生瑞利散射的可能性和分子振动是否引起它本身的极化率改变无关，它的光强度只取决于分子极化率张量的平衡值 α_0。然而，不论是斯托克斯或反斯托克斯拉曼散射，发生这类散射的必要条件是，偶极矩至少有一个分量在平衡位置时对核坐标的导数不等于零：

$$\left(\frac{\partial\alpha_{\rho\sigma}}{\partial Q_k}\right)_0\neq 0 \tag{7.1.8}$$

也就是说，在入射光辐射场作用下，只有分子的振动可引起它的极化率张量 $\alpha_{\rho\sigma}$ 改变，在此条件下，才可对入射光产生拉曼散射（即关于拉曼散射的 Placzek 极化率理论）。据此，也可以推导出用于判定拉曼散射能否发生的所谓“选择定则”（selection rule）。

7.1.2　拉曼散射的光强度及偏振特性

入射光作用于分子体系所产生的拉曼散射光强度，可用电磁辐射的经典理论描述。根据这一理论，当分子在外加电场作用下产生的诱导偶极矩矢量 $\boldsymbol{P}$ 以周频率 $\omega(=2\pi\nu)$ 进行振荡时，将产生其电场振荡方向及振荡频率和该偶极子相同的光辐射。ω 和引发它们的外加电场的振荡频率 ω_0 以及分子中某些原子核的振动频率 ω_k 有关。而它在自由空间以极坐标表示的某一点 (r,θ,ϕ) 所产生的光辐射电场强度 $\boldsymbol{E}$ 和磁场强度 $\boldsymbol{H}$（参阅图 7.1.2），则可用电磁辐射的经典理论的标准方法得出：

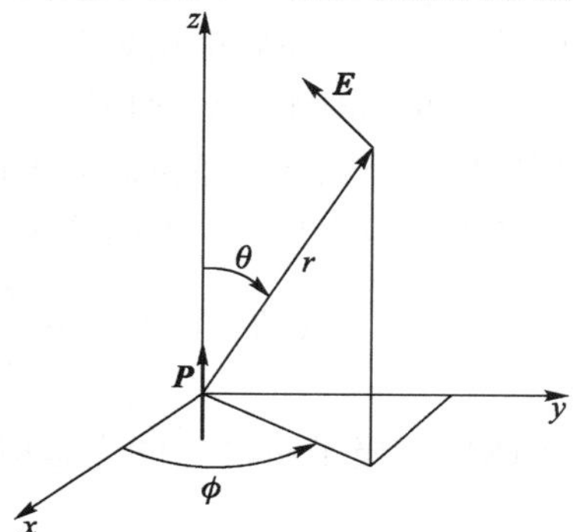

图 7.1.2　诱导偶极矩空间取向的极坐标系

$$\left.\begin{aligned} \boldsymbol{E} &= \frac{-\omega^2 \boldsymbol{P} \sin\theta \cdot \boldsymbol{i}}{4\pi\varepsilon_0 c^2 r} \\ \boldsymbol{H} &= \frac{-\omega^2 \boldsymbol{P} \sin\theta \cdot \boldsymbol{j}}{4\pi c r} \end{aligned}\right\} \tag{7.1.9}$$

式中：诱导偶极矩矢量$\boldsymbol{P} = \boldsymbol{P}_0 \cos\left[\omega\left(t - \frac{r}{c}\right)\right]$，$\boldsymbol{P}_0$是进行振荡的偶极子的振幅；$c$为光辐射传播速度；$\varepsilon_0$是自由空间的电容率；$\theta$和$r$表示空间某点相对于偶极子取向的夹角和及其到中心的距离；$\boldsymbol{i}$和$\boldsymbol{j}$分别表示沿电场$\boldsymbol{E}$和磁场$\boldsymbol{H}$方向的单位矢量。由式（7.1.9）可见，偶极子振荡产生的光辐射的电场强度矢量$\boldsymbol{E}$和磁场强度矢量$\boldsymbol{E}$的最大值，都在垂直于该偶极矩的平面（即x-y平面）内对称地分布。但磁场矢量的取向和这一x-y平面平行，而电场矢量则和诱导偶极矩有相同的取向（即z轴方向）。

根据电磁辐射的经典理论，由偶极子振荡所产生的光辐射场沿传播方向每单位时间通过单位面积的能量流，将由电场强度矢量$\boldsymbol{E}$和磁场强度矢量$\boldsymbol{H}$的矢量积$\boldsymbol{E} \times \boldsymbol{H} = \boldsymbol{\varphi}$即波印廷矢量决定。利用式（7.1.9）可得波印廷矢量的瞬时值φ和平均值$\overline{\varphi}$：

$$\left.\begin{aligned} \varphi &= \frac{\omega^4 \boldsymbol{P}^2 \sin^2\theta \cdot \boldsymbol{k}}{16\pi^2 \varepsilon_0 r^2 c^3} \\ \overline{\varphi} &= \frac{\omega^4 \boldsymbol{P}_0^2 \sin^2\theta \cdot \boldsymbol{k}}{32\pi^2 \varepsilon_0 r^2 c^3} \end{aligned}\right\} \tag{7.1.10}$$

式中，$\boldsymbol{k}$代表沿波印廷矢量指向轴方向的单位矢量。式（7.1.10）表明，相应的波印廷矢量将随诱导偶极矩的平方及其振荡频率ω的四次方而变化，而且也是相对于诱导偶极矩中心的空间位置r和θ的函数。据此，可以计算出偶极子振荡在单位时间内通过和该偶极子中心相距r处（r和诱导偶极子方向呈夹角θ）的面积$\mathrm{d}A$的光辐射平均功率$\mathrm{d}\varPhi$：

$$\mathrm{d}\varPhi = |\overline{\varphi}|\mathrm{d}A = \frac{\omega^4 \boldsymbol{P}_0^2 \sin^2\theta \cdot \mathrm{d}A}{32\pi^2 \varepsilon_0 r^2 c^3} = \frac{\omega^4 \boldsymbol{P}_0^2 \sin^2\theta \cdot \mathrm{d}\Omega}{32\pi^2 \varepsilon_0 c^3} \tag{7.1.11}$$

而诱导偶极子所产生的光辐射总功率$\varPhi$可通过积分立体角$\mathrm{d}\Omega\left(= \frac{\mathrm{d}A}{r^2}\right)$而求出，即

$$\varPhi = \frac{\omega^4 \boldsymbol{P}_0^2}{32\pi^2 \varepsilon_0 c^3} \int \sin^2\theta \mathrm{d}\Omega$$

令 $\mathrm{d}\Omega = \sin\theta \cdot \mathrm{d}\theta \cdot \mathrm{d}\phi$，由上式即可得出：

$$\Phi = \frac{\omega^4 \boldsymbol{P}_0^2}{32\pi^2\varepsilon_0 c^3}\int_0^{2\pi}\int_0^{\pi}\sin^3\theta\mathrm{d}\theta\mathrm{d}\phi = \frac{\omega^4 \boldsymbol{P}_0^2}{12\pi\varepsilon_0 c^3} \tag{7.1.12}$$

这样，由式（7.1.11）即得出诱导偶极子在沿某一特定方向 θ 产生的光辐射功率或强度 I：

$$I = \frac{\mathrm{d}\Phi}{\mathrm{d}\Omega} = \frac{\omega^4 \boldsymbol{P}_0^2 \sin^2\theta}{32\pi^2\varepsilon_0 c^3} = \frac{\pi^2 c\tilde{\nu}^4 \boldsymbol{P}_0^2 \sin^2\theta}{2\varepsilon_0} \tag{7.1.13}$$

式中，$\tilde{\nu}$ 是波数，并有 $\tilde{\nu} = c\nu = \lambda^{-1}$。

在考查分子体系的拉曼散射光强度时，必须根据被激发分子的空间取向不同而考虑拉曼散射的偏振现象。具体来说，当以沿某一特定方向（如 z 轴方向）振荡的光辐射电场 E_z 作用于分子体系时，由于分子的空间取向不同，被激发分子所产生的诱导偶极矩 $\boldsymbol{P}$ 的极化率张量在不同方向可具有不同的分量。诱导偶极矩 $\boldsymbol{P}$ 在各空间方向的分量 $\boldsymbol{P}_x$、$\boldsymbol{P}_y$ 或 $\boldsymbol{P}_z$ 和作用于分子体系的入射光辐射的电场在所有的三个不同方向振荡的电场分量 $\boldsymbol{E}_x$、$\boldsymbol{E}_y$ 和 $\boldsymbol{E}_z$ 有关，而且也和分子极化率 α 在 x、y、z 不同方向的分量成比例：

$$\left.\begin{aligned}\boldsymbol{P}_x &= \alpha_{xx}\boldsymbol{E}_x + \alpha_{xy}\boldsymbol{E}_y + \alpha_{xz}\boldsymbol{E}_z\\ \boldsymbol{P}_y &= \alpha_{yx}\boldsymbol{E}_x + \alpha_{yy}\boldsymbol{E}_y + \alpha_{yz}\boldsymbol{E}_z\\ \boldsymbol{P}_z &= \alpha_{zx}\boldsymbol{E}_x + \alpha_{zy}\boldsymbol{E}_y + \alpha_{zz}\boldsymbol{E}_z\end{aligned}\right\} \tag{7.1.14a}$$

式中，$\alpha_{\rho\sigma}$ 是关联入射光辐射电场分量和诱导偶极矩在相互垂直的 ρ（$\rho=x, y, z$）和 σ（$\sigma = x, y, z$）方向分量的参数，并通常被称为极化率张量的分量。若将入射光辐射电场分量和诱导偶极矩分量写为列矩阵 $\boldsymbol{P}$ 和 $\boldsymbol{E}$，$\alpha_{\rho\sigma}$ 即可作为方矩阵的元素：

$$\begin{bmatrix}\boldsymbol{P}_x\\ \boldsymbol{P}_y\\ \boldsymbol{P}_z\end{bmatrix} = \begin{bmatrix}\alpha_{xx} & \alpha_{xy} & \alpha_{xz}\\ \alpha_{yx} & \alpha_{yy} & \alpha_{yz}\\ \alpha_{zx} & \alpha_{zy} & \alpha_{zz}\end{bmatrix}\begin{bmatrix}\boldsymbol{E}_x\\ \boldsymbol{E}_y\\ \boldsymbol{E}_z\end{bmatrix} \tag{7.1.14b}$$

或

$$\boldsymbol{P} = \boldsymbol{\alpha} \cdot \boldsymbol{E} \tag{7.1.14c}$$

其中

$$\boldsymbol{\alpha} = \begin{bmatrix}\alpha_{xx} & \alpha_{xy} & \alpha_{xz}\\ \alpha_{yx} & \alpha_{yy} & \alpha_{yz}\\ \alpha_{zx} & \alpha_{zy} & \alpha_{zz}\end{bmatrix} \tag{7.1.14d}$$

几种典型情况在图 7.1.3 中示出。

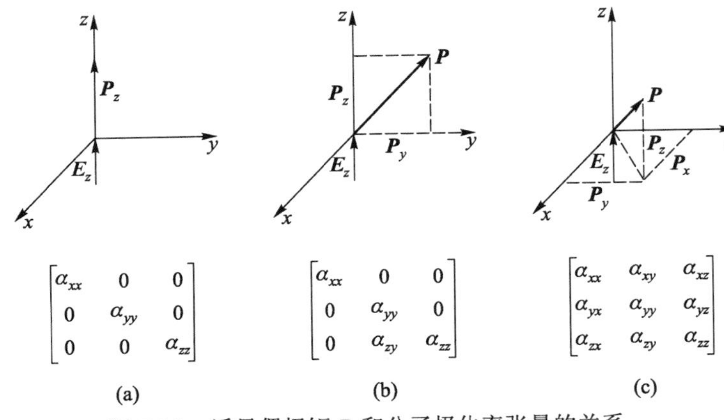

图 7.1.3 诱导偶极矩 $\boldsymbol{P}$ 和分子极化率张量的关系：
（a）$\alpha_{xy}=\alpha_{xz}=\alpha_{yz}=0$；（b）$\alpha_{xy}=\alpha_{xz}=0$；（c）所有 $\alpha_{\rho\sigma}\neq 0$

由图 7.1.3 可见：当以沿 z 轴传播的入射光作用于各向异性分子体系时，若 α_{xz} 和 α_{yz} 等于零，$\boldsymbol{P}_x$ 和 $\boldsymbol{P}_y$ 也将等于零；若此时 $\alpha_{zz}\neq 0$，则所产生的唯一诱导偶极矩将和入射光辐射电场分量具有相同取向，即 $\boldsymbol{P}_z$；而在其他的情况下，诱导偶极矩 $\boldsymbol{P}$ 的取向都和入射光辐射的振荡方向不一致。

但应指出，极化率张量的分量实际上是对称的，即 $\alpha_{xy}=\alpha_{yx}$，$\alpha_{xz}=\alpha_{zx}$ 和 $\alpha_{yz}=\alpha_{zy}$（因而，在实际上通常只需考虑 6 个不同的分量）。这种对称的张量分量的一个重要特性是，它们可以通过选择以方程 $\alpha_{xx}x^2+\alpha_{yy}y^2+\alpha_{zz}z^2+2\alpha_{xy}xy+2\alpha_{yz}yz+2\alpha_{zx}zx=1$ 描述，并利用被称为极化率椭球的坐标系 (x,y,z) 而使 $\alpha_{xy}=\alpha_{yz}=\alpha_{zx}=0$。此时，式（7.1.14d）所示的极化率张量矩阵 $\boldsymbol{\alpha}$ 即可简化为

$$\boldsymbol{\alpha}=\begin{bmatrix}\alpha_{xx} & 0 & 0\\ 0 & \alpha_{yy} & 0\\ 0 & 0 & \alpha_{zz}\end{bmatrix} \tag{7.1.15a}$$

而式（7.1.14a）可改写为

$$\left.\begin{aligned}\boldsymbol{P}_x&=\alpha_{xx}\boldsymbol{E}_x\\ \boldsymbol{P}_y&=\alpha_{yy}\boldsymbol{E}_y\\ \boldsymbol{P}_z&=\alpha_{zz}\boldsymbol{E}_z\end{aligned}\right\} \tag{7.1.15b}$$

此时，分子中所产生的各诱导偶极矩的取向将和相应的入射光辐射电场分

量的振荡方向相重合。

但在实际的液相或气相分子体系中，分子都是处于空间取向不固定的无规运动状态。为考虑它在外加电场作用下所产生的诱导偶极矩，必须对各分子相对于电场的取向求平均。由于一个可自由地改变其空间取向的诱导偶极矩所产生的散射功率将取决于该偶极矩的平方的平均值[式（7.1.12)]，将需要把固定于对转动系统坐标 x',y',z' 的诱导偶极矩张量的平方（而不是诱导偶极矩本身）对一组在空间固定的坐标系 x,y,z 的所有取向求平均。由于在数学上已证明，在原点相同但其空间取向不同的两个直角坐标系(x,y,z)和（x',y',z'）中，张量的各分量间的关系是

$$\alpha_{xy}=\sum_{x'y'}\alpha_{x'y'}\cos(xx')\cos(yy') \tag{7.1.16}$$

式中，$\cos(xx')$、$\cos(yy')$分别为 x 和x'、y 和 y'轴间的夹角的余弦。即可得出：

$$\left.\begin{aligned}&\bar{\alpha}_{xx}^2=\bar{\alpha}_{yy}^2=\bar{\alpha}_{zz}^2=\frac{45a^2+4\gamma^2}{45}\\&\bar{\alpha}_{yx}^2=\bar{\alpha}_{yz}^2=\bar{\alpha}_{zx}^2=\frac{\gamma^2}{15}\\&\bar{\alpha}_{xx}\bar{\alpha}_{yy}=\bar{\alpha}_{yy}\bar{\alpha}_{zz}=\bar{\alpha}_{xx}\bar{\alpha}_{zz}=\frac{45a^2-2\gamma^2}{45}\end{aligned}\right\} \tag{7.1.17}$$

式中，其值不因坐标系转动而改变的极化率张量的组合 a 和γ分别称为分子的平均极化率α 和各向异性γ：

$$\alpha=\frac{1}{3}\left(\alpha_{xx}+\alpha_{yy}+\alpha_{zz}\right) \tag{7.1.18a}$$

$$\begin{aligned}\gamma^2=\frac{1}{2}[&(\alpha_{xx}-\alpha_{yy})^2+(\alpha_{yy}-\alpha_{zz})^2+(\alpha_{zz}-\alpha_{xx})^2+\\&6(\alpha_{xy}^2+\alpha_{yz}^2+\alpha_{zx}^2)]\end{aligned} \tag{7.1.18b}$$

在坐标轴和极化率椭球主轴相重合的特殊条件下，α 和γ可分别写为

$$\alpha=\frac{1}{3}\left(\alpha_{xx}+\alpha_{yy}+\alpha_{zz}\right) \tag{7.1.19a}$$

$$\begin{aligned}\gamma^2=\frac{1}{2}[&(\alpha_{xx}-\alpha_{yy})^2+(\alpha_{yy}-\alpha_{zz})^2+(\alpha_{zz}-\alpha_{xx})^2+\\&6(\alpha_{xy}^2+\alpha_{yz}^2+\alpha_{zy}^2)]\end{aligned} \tag{7.1.19b}$$

在了解分子极化率$\alpha_{\rho\sigma}$的空间取向的基础上，即可对分子体系的拉曼散射强度进行具体分析。

作为用于说明问题的简化模型，首先考虑一空间取向固定不变的分子的拉曼散射强度。设该分子位于固定在空间的直角坐标系x, y, z的原点，这一坐标系同时也作为分子极化率张量各分量的参考系。根据式（7.1.6）所示，分子在入射光辐射作用下所产生的诱导偶极矩在各方向的分量可写为

$$\left.\begin{aligned}\boldsymbol{P}_{x0}(\omega_0 \pm \omega_k) &= \left[\left(\alpha'_{xx}\right)_k \boldsymbol{E}_{x0} + \left(\alpha'_{xy}\right)_k \boldsymbol{E}_{y0} + \left(\alpha'_{xz}\right)_k \boldsymbol{E}_{z0}\right] Q_k^0 \\ \boldsymbol{P}_{y0}(\omega_0 \pm \omega_k) &= \left[\left(\alpha'_{yx}\right)_k \boldsymbol{E}_{x0} + \left(\alpha'_{yy}\right)_k \boldsymbol{E}_{y0} + \left(\alpha'_{yz}\right)_k \boldsymbol{E}_{z0}\right] Q_k^0 \\ \boldsymbol{P}_{z0}(\omega_0 \pm \omega_k) &= \left[\left(\alpha'_{zx}\right)_k \boldsymbol{E}_{x0} + \left(\alpha'_{zy}\right)_k \boldsymbol{E}_{y0} + \left(\alpha'_{zz}\right)_k \boldsymbol{E}_{z0}\right] Q_k^0\end{aligned}\right\} \quad (7.1.20)$$

式中：

$$\left(\alpha'_{\rho\sigma}\right)_k = \left(\frac{\partial \alpha_{\rho\sigma}}{\partial Q_k}\right)_0$$

为说明其电场矢量在不同方向振荡的入射光作用于分子所产生的拉曼散射的偏振特性，将包含入射光传播和观测散射光方向的平面称为散射平面，并用左上角的⊥（或//）和右下角的⊥（或//）分别标出表示入射光和散射电场矢量相对于散射平面的取向。

这样，当$\boldsymbol{E}_x = \boldsymbol{E}_z = 0$而$\boldsymbol{E}_y \neq 0$的$xy$平面内偏振的入射光沿坐标轴$z$作用于该分子，而在沿垂直于入射光传播方向（如在$x$轴方向）观测其拉曼散射的光强度时（参阅图 7.1.4），根据式（7.1.20），此时诱导偶极矩所产生的散射的振幅分量将分别是$\boldsymbol{P}_{y0}(\omega_0 \pm \omega_k) = (\alpha'_{yy})_k \boldsymbol{E}_{y0}$和$\boldsymbol{P}_{z0}(\omega_0 \pm \omega_k) = (\alpha'_{zy})_k \boldsymbol{E}_{y0}$。但因该光散射的功率和强度相对于该偶极矩的轴的分布是对称的，从而观测到的光散射强度可根据式（7.1.11）、式（7.1.13）而得出。

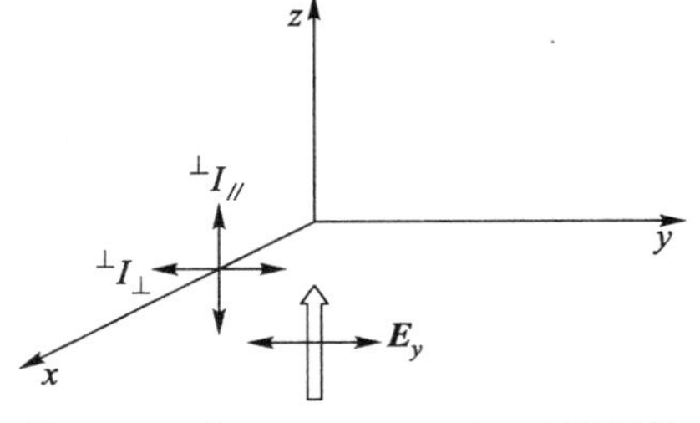

图 7.1.4　在$\boldsymbol{E}_x = \boldsymbol{E}_z = 0, \boldsymbol{E}_y \neq 0$偏振的入射光作用下，沿垂直于入射光传播方向观测到的拉曼散射强度${}^{\perp}I_{\perp}$和${}^{\perp}I_{//}$

$$
\left.\begin{aligned}
{}^{\perp}I_{\perp}\left(\frac{\pi}{2}\right) &= \frac{{}^{\perp}\mathrm{d}\varPhi_{\perp}\left(\frac{\pi}{2}\right)}{\mathrm{d}\varOmega} = \frac{1}{32\pi^2\varepsilon_0 c^3}(\omega_0 \pm \omega_k)^4 \left(\alpha'_{yy}\right)_k^2 Q_{k0}^2 \boldsymbol{E}_{y0}^2 \\
{}^{\perp}I_{/\!/}\left(\frac{\pi}{2}\right) &= \frac{{}^{\perp}\mathrm{d}\varPhi_{/\!/}\left(\frac{\pi}{2}\right)}{\mathrm{d}\varOmega} = \frac{1}{32\pi^2\varepsilon_0 c^3}(\omega_0 \pm \omega_k)^4 \left(\alpha'_{zy}\right)_k^2 Q_{k0}^2 \boldsymbol{E}_{y0}^2 \\
{}^{\perp}I\left(\frac{\pi}{2}\right) &= \frac{{}^{\perp}\mathrm{d}\varPhi\left(\frac{\pi}{2}\right)}{\mathrm{d}\varOmega} = \frac{{}^{\perp}\mathrm{d}\varPhi_{\perp}\left(\frac{\pi}{2}\right) + {}^{\perp}\mathrm{d}\varPhi_{/\!/}\left(\frac{\pi}{2}\right)}{\mathrm{d}\varOmega} \\
&= \frac{1}{32\pi^2\varepsilon_0 c^3}(\omega_0 \pm \omega_k)^4 \left[\left(\alpha'_{yy}\right)_k^2 + \left(\alpha'_{zy}\right)_k^2\right] Q_{k0}^2 \boldsymbol{E}_{y0}^2
\end{aligned}\right\} \quad (7.1.21)
$$

依同理，当 $\boldsymbol{E}_y = \boldsymbol{E}_z = 0$ 而 $\boldsymbol{E}_x \neq 0$ 的 x–y 平面内偏振的入射光沿坐标轴 z 作用于该分子，而在沿垂直于入射光传播方向（如在 x 轴方向）观测其拉曼散射的光强度时，观测到的拉曼散射的光强度可写为

$$
\left.\begin{aligned}
{}^{/\!/}I_{\perp}\left(\frac{\pi}{2}\right) &= \frac{{}^{\perp}\mathrm{d}\varPhi_{\perp}\left(\frac{\pi}{2}\right)}{\mathrm{d}\varOmega} = \frac{1}{32\pi^2\varepsilon_0 c^3}(\omega_0 \pm \omega_k)^4 \left(\alpha'_{yz}\right)_k^2 Q_{k0}^2 \boldsymbol{E}_{y0}^2 \\
{}^{/\!/}I_{/\!/}\left(\frac{\pi}{2}\right) &= \frac{{}^{\perp}\mathrm{d}\varPhi_{/\!/}\left(\frac{\pi}{2}\right)}{\mathrm{d}\varOmega} = \frac{1}{32\pi^2\varepsilon_0 c^3}(\omega_0 \pm \omega_k)^4 \left(\alpha'_{zx}\right)_k^2 Q_{k0}^2 \boldsymbol{E}_{y0}^2 \\
{}^{\perp}I\left(\frac{\pi}{2}\right) &= \frac{{}^{\perp}\mathrm{d}\varPhi\left(\frac{\pi}{2}\right)}{\mathrm{d}\varOmega} = \frac{{}^{\perp}\mathrm{d}\varPhi_{\perp}\left(\frac{\pi}{2}\right) + {}^{\perp}\mathrm{d}\varPhi_{/\!/}\left(\frac{\pi}{2}\right)}{\mathrm{d}\varOmega} \\
&= \frac{1}{32\pi^2\varepsilon_0 c^3}(\omega_0 \pm \omega_k)^4 \left[\left(\alpha'_{yz}\right)_k^2 + \left(\alpha'_{zx}\right)_k^2\right] Q_{k0}^2 \boldsymbol{E}_{y0}^2
\end{aligned}\right\} \quad (7.1.22)
$$

但在探讨实际的液相或气相分子体系的拉曼散射方向特性时，由于其分子都是处于空间取向并不固定的无规运动状态，此时在外加电场作用下所产生拉曼散射的强度需通过对所有分子在各自的取向时所产生的拉曼散射的功率和强度求平均。为此，需将已求出的极化率平均值 $\bar{\alpha}$ 代入式（7.1.22），并乘以阿伏加德罗常数 N 而得出。若将极化率各分量平方的空间平均值用对应于第 k 个振动模式的其值不因坐标系转动而改变的极化率张量的组合 α 和 γ 极化率张量的不变量 $(\alpha')_k$ 和 $(\gamma')_k$ 表示[式（7.1.17）和式（7.1.18）]，拉曼散射的强度即可被分别写为

$$\left.\begin{aligned}
{}^{\perp}I_{\perp}\left(\frac{\pi}{2}\right)&=\frac{{}^{\perp}\mathrm{d}\varPhi_{\perp}\left(\frac{\pi}{2}\right)}{\mathrm{d}\varOmega}=\frac{N}{32\pi^{2}\varepsilon_{0}c^{3}}(\omega_{0}\pm\omega_{k})^{4}\left[\frac{45(a')_{k}^{2}+4(\gamma')^{2}}{45}\right]Q_{k0}^{2}\boldsymbol{E}_{y0}^{2}\\
{}^{\perp}I_{/\!/}\left(\frac{\pi}{2}\right)&=\frac{{}^{\perp}\mathrm{d}\varPhi_{/\!/}\left(\frac{\pi}{2}\right)}{\mathrm{d}\varOmega}=\frac{N}{32\pi^{2}\varepsilon_{0}c^{3}}(\omega_{0}\pm\omega_{k})^{4}\left[\frac{(\gamma')_{k}^{2}}{15}\right]Q_{k0}^{2}\boldsymbol{E}_{y0}^{2}\\
{}^{\perp}I\left(\frac{\pi}{2}\right)&=\frac{{}^{\perp}\mathrm{d}\varPhi\left(\frac{\pi}{2}\right)}{\mathrm{d}\varOmega}=\frac{{}^{\perp}\mathrm{d}\varPhi_{\perp}\left(\frac{\pi}{2}\right)+{}^{\perp}\mathrm{d}\varPhi_{/\!/}\left(\frac{\pi}{2}\right)}{\mathrm{d}\varOmega}\\
&=\frac{N}{32\pi^{2}\varepsilon_{0}c^{3}}(\omega_{0}\pm\omega_{k})^{4}\left[\frac{45(a')_{k}^{2}+7(\gamma)_{k}^{2}}{45}\right]Q_{k0}^{2}\boldsymbol{E}_{y0}^{2}
\end{aligned}\right\}\tag{7.1.23}$$

和

$$\left.\begin{aligned}
{}^{/\!/}I_{\perp}\left(\frac{\pi}{2}\right)&=\frac{{}^{\perp}\mathrm{d}\varPhi_{\perp}\left(\frac{\pi}{2}\right)}{\mathrm{d}\varOmega}=\frac{N}{32\pi^{2}\varepsilon_{0}c^{3}}(\omega_{0}\pm\omega_{k})^{4}\left[\frac{(\gamma')_{k}^{2}}{15}\right]Q_{k0}^{2}\boldsymbol{E}_{y0}^{2}\\
{}^{/\!/}I_{/\!/}\left(\frac{\pi}{2}\right)&=\frac{{}^{\perp}\mathrm{d}\varPhi_{/\!/}\left(\frac{\pi}{2}\right)}{\mathrm{d}\varOmega}=\frac{N}{32\pi^{2}\varepsilon_{0}c^{3}}(\omega_{0}\pm\omega_{k})^{4}\left[\frac{(\gamma')_{k}^{2}}{15}\right]Q_{k0}^{2}\boldsymbol{E}_{y0}^{2}\\
{}^{\perp}I\left(\frac{\pi}{2}\right)&=\frac{{}^{\perp}\mathrm{d}\varPhi\left(\frac{\pi}{2}\right)}{\mathrm{d}\varOmega}=\frac{{}^{\perp}\mathrm{d}\varPhi_{\perp}\left(\frac{\pi}{2}\right)+{}^{\perp}\mathrm{d}\varPhi_{/\!/}\left(\frac{\pi}{2}\right)}{\mathrm{d}\varOmega}\\
&=\frac{N}{32\pi^{2}\varepsilon_{0}c^{3}}(\omega_{0}\pm\omega_{k})^{4}\left[\frac{2(\gamma')_{k}^{2}}{15}\right]Q_{k0}^{2}\boldsymbol{E}_{y0}^{2}
\end{aligned}\right\}\tag{7.1.24}$$

在实际工作中，通常引入“退偏比”（depolarization ratio）的概念。它的定义是其光电矢量垂直于和平行于散射平面的强度之比，并以 ρ 表示。例如，在入射光散射光电矢量垂直于和平行于散射平面时所得出的退偏比分别为

$$\left.\begin{aligned}
\rho_{\perp}(\theta)&=\frac{{}^{\perp}I_{/\!/}(\theta)}{{}^{\perp}I_{\perp}(\theta)}\\
\rho_{/\!/}(\theta)&=\frac{{}^{/\!/}I_{\perp}(\theta)}{{}^{/\!/}I_{/\!/}(\theta)}
\end{aligned}\right\}\tag{7.1.25}$$

在激发光沿 z 轴入射、而沿 x 轴或 y 轴方向时，所观测到拉曼散射退偏比

的典型情况如图 7.1.5 所示。

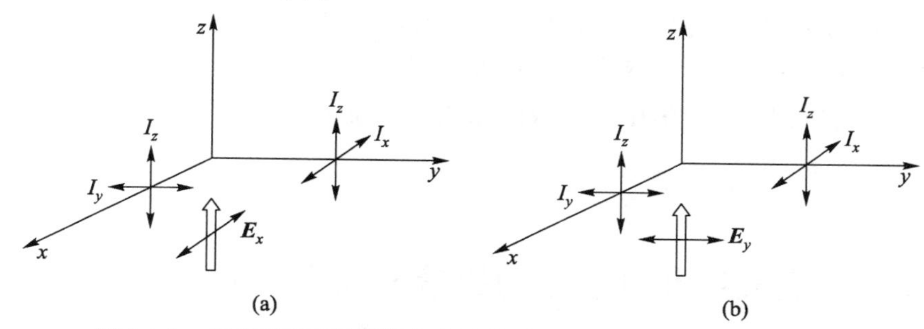

图 7.1.5　在不同平面偏振的入射光作用下，沿不同的垂直于入射光传播方向观测拉曼散射的退偏比：

（a）在散射平面 x−z 内沿 x 轴观测，$\rho_{/\!/}\left(\dfrac{\pi}{2}\right)=\dfrac{I_y}{I_z}$，在散射平面 y−z 内沿 y 轴观测，$\rho_{\perp}\left(\dfrac{\pi}{2}\right)=\dfrac{I_z}{I_x}$；（b）在散射平面 x−z 内沿 x 轴观测，$\rho_{\perp}\left(\dfrac{\pi}{2}\right)=\dfrac{I_z}{I_y}$，在散射平面 y−z 内沿 y 轴观测，$\rho_{/\!/}\left(\dfrac{\pi}{2}\right)=\dfrac{I_x}{I_z}$

利用上述关系不难得出：

$$\left.\begin{aligned}\rho_{\perp}\left(\frac{\pi}{2}\right)&=\frac{3(\gamma')_k^2}{45(a')_k^2+4(\gamma')_k^2}\\ \rho_{/\!/}\left(\frac{\pi}{2}\right)&=1\end{aligned}\right\}\tag{7.1.26}$$

依同理，当其电场可用沿两个相互垂直的坐标振荡（如 $\boldsymbol{E}_x$ 和 $\boldsymbol{E}_y$），并沿 z 轴方向的自然光作用于分子体系时（参阅图 7.1.6），沿 x 轴或 y 轴观测到的拉曼散射的退偏比 $\rho_n(\theta)$ 将是

$$\rho_n(\theta)=\frac{{}^nI_{/\!/}(\theta)}{{}^nI_{\perp}(\theta)}\tag{7.1.27}$$

$$\rho_n\left(\frac{\pi}{2}\right)=\frac{6(\gamma')_k^2}{45(a')_k^2+7(\gamma')_k^2}\tag{7.1.28}$$

在正常情况下，液相或气相分子体系的拉曼散射退偏比的数值介

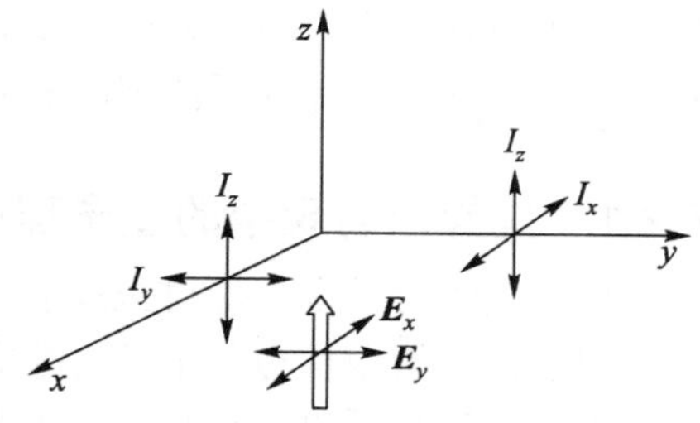

图 7.1.6　在入射的自然光作用下，沿不同的垂直于入射光传播方向观测拉曼散射的退偏比：

在散射平面 x−z 内沿 x 轴观测，$\rho_n\left(\dfrac{\pi}{2}\right)=\dfrac{I_z}{I_y}$；

在散射平面 y−z 内，沿 y 轴观测，$\rho_n\left(\dfrac{\pi}{2}\right)=\dfrac{I_z}{I_x}$

于 0～1 之间，其中 $\rho=0$ 的拉曼散射被认为是“全偏振”（full polarization）的，$\rho<1$ 是“部分偏振”（partial polarization）的。但是拉曼散射的频率接近于该分子的电子吸收带时，也可观测到 $\rho>1$ 的反常情况。当 $\rho\to\infty$ 时，出现所谓的“逆偏振”（inverse polarization）的拉曼散射。

7.2 拉曼散射和分子振动的量子理论分析

根据拉曼散射的经典理论描述，当用于激发拉曼散射的频率 ω_0 远离该分子的电子跃迁谱带的频率范围，且分子参与拉曼散射的初始振动能级 i 和终止振动能级 f 都属于它的电子基态时，该分子产生的拉曼散射强度将随电子基态的分子极化率与核振动坐标的变化而变化。这一 Placzek 化学键极化率理论[3]，诚然可用于对拉曼散射信号强度和分子在电子基态时的结构、性质等参数的定量关系进行关联；但在实际的拉曼散射过程中，初始振动能级 i、终止振动能级 f 和某一“虚拟”的电子-振动（vibronic）激发态间的跃迁对分子散射也有贡献，此时的拉曼散射强度和分子参数关系的分析，在原则上需采用量子力学方法进行处理[4]。

拉曼散射的量子力学分析，不仅可得出和经典理论分析相同的结论，尤其重要的是，它可以把拉曼散射过程和分子能级、波函数等性质参数直接关联起来，进一步探讨影响拉曼散射光谱参数的诸因素，给出清楚的解释，其中包括对人们所熟知的拉曼共振增强（resonance enhancement）效应等在经典理论范畴内无法理解的问题。

7.2.1 拉曼散射现象的量子理论描述

采用量子力学方法探讨拉曼散射现象时，它是将光辐射场视为和分子体系相互作用的微扰源，并将被微扰的分子体系和与它相互作用的光辐射场作为统一的体系进行处理。根据量子力学理论，一个处于 i 状态分子未受外界微扰的波函数可写为

$$\psi_i^{(0)}=\phi_i\exp(-\mathrm{i}\omega_i t) \tag{7.2.1}$$

[3] Placzek G. Handbuch der Radiologie. Marx Akademische Verlagsgesell-schaft, Leipzig,1934, 6: 205.
[4] Long D, A Raman Spectroscopy.London: McGraw-Hill, 1977.

式中：ϕ_i 是该分子的和时间无关的波函数，ω_i 代表该状态的能量，$\exp(\mathrm{i}\omega_i t)$ 或 $\exp(\mathrm{i}\delta_i)$ 是该波函数的相位因子。当分子受到外界微扰时，其波函数可表示为不同微扰级别 0,1,2,⋯ 的波函数的叠加：

$$\psi_i' = \psi_i^{(0)} + \psi_i^{(1)} + \psi_i^{(2)} + \cdots \tag{7.2.2}$$

该分子从这一初始能级 m 跃迁到终止能级 n 的电偶级跃迁矩 $\boldsymbol{P}_{nm}$ 将是

$$\boldsymbol{P}_{nm} = \left\langle \psi_n \middle| \boldsymbol{P} \middle| \psi_m \right\rangle \tag{7.2.3}$$

式中，$\boldsymbol{P}$ 是由分子的电荷 e_i 和它的位置矢量 $\boldsymbol{r}_i$ 所决定的电偶极矩算符：

$$\boldsymbol{P} = \sum_i e_i \boldsymbol{r}_i \tag{7.2.4}$$

将式（7.2.2）所给出的微扰波函数 ψ_n' 和 ψ_m' 的展开式代入式（7.2.3），可得到在形式上和经典理论处理中描述诱导偶极矩［式（7.1.1）］相似的电偶级跃迁矩表达式：

$$\boldsymbol{P}_{nm} = \boldsymbol{P}_{nm}^{(0)} + \boldsymbol{P}_{nm}^{(1)} + \boldsymbol{P}_{nm}^{(2)} + \cdots \tag{7.2.5}$$

式中：

$$\boldsymbol{P}_{nm}^{(0)} = \left\langle \psi_n^{(0)} \middle| \boldsymbol{P} \middle| \psi_m^{(0)} \right\rangle \tag{7.2.6a}$$

$$\boldsymbol{P}_{nm}^{(1)} = \left\langle \psi_n^{(1)} \middle| \boldsymbol{P} \middle| \psi_m^{(0)} \right\rangle + \left\langle \psi_n^{(0)} \middle| \boldsymbol{P} \middle| \psi_m^{(1)} \right\rangle \tag{7.2.6b}$$

$$\boldsymbol{P}_{nm}^{(2)} = \left\langle \psi_n^{(1)} \middle| \boldsymbol{P} \middle| \psi_m^{(1)} \right\rangle + \left\langle \psi_n^{(2)} \middle| \boldsymbol{P} \middle| \psi_m^{(0)} \right\rangle + \left\langle \psi_n^{(0)} \middle| \boldsymbol{P} \middle| \psi_m^{(2)} \right\rangle \tag{7.2.6c}$$

…………

其中，根据和时间相关的微扰理论，一级微扰的分子波函数 $\psi_m^{(1)}$ 和 $\psi_n^{(1)}$ 分别可写为

$$\left.\begin{aligned} \psi_m^{(1)} &= \sum_r a_{mr} \psi_r^{(0)} \\ \psi_n^{(1)} &= \sum_r a_{nr} \psi_r^{(0)} \end{aligned}\right\} \tag{7.2.7}$$

式中，$\sum$ 是对除 m（或 n）以外的所有态 r 求和；$\boldsymbol{P}_{nm}^{(0)}$ 是未受微扰的能级 m 到能级 n 间直接跃迁的电偶级跃迁矩；$\boldsymbol{P}_{nm}^{(1)}$ 是与瑞利和拉曼散射过程相关的一级偶级跃迁矩，$\boldsymbol{P}_{nm}^{(2)}$ 是与超瑞利和超拉曼散射过程相关的二级偶级跃迁矩，余类推。现在要进一步讨论的是和拉曼散射过程相关的一级偶级跃

迁矩 $\boldsymbol{P}_{nm}^{(1)}$。

当分子体系的微扰是来自频率为 ω_0 的外界光辐射场时，其电场矢量 $\boldsymbol{E}$ 的时间函数关系可写为

$$\boldsymbol{E} = E_0 \exp(-\mathrm{i}\omega_0 t) + E_0^* \exp(-\mathrm{i}\omega_0 t) \tag{7.2.8}$$

式中，E_0 和 E_0^* 分别是电场振幅及其共轭复数。在分子的空间范围内电场强度 $\boldsymbol{E}$ 不变的近似条件下，可将 $\boldsymbol{E}$ 在分子的空间范围内的变化、磁偶极和电四极项的微扰忽略不计时，电场对分子体系微扰的哈密顿 H 将只包括电偶极项 $\boldsymbol{H}_p$，即

$$H = \boldsymbol{H}_p = -\boldsymbol{P} \cdot \boldsymbol{E} \tag{7.2.9}$$

式中，$\boldsymbol{P}$ 是式（7.2.4）所定义的电偶极矩算符。据此可得 a_{mr} 为

$$a_{mr} = \frac{1}{\hbar} P_{rm} \left\{ \frac{E_0^* \exp\left[\mathrm{i}(\omega_{rm} + \omega_0)t\right]}{(\omega_{rm} + \omega_0)} + \frac{E_0 \exp\left[\mathrm{i}(\omega_{rm} - \omega_0)t\right]}{(\omega_{rm} - \omega_0)} \right\} \tag{7.2.10a}$$

和

$$a_{nr}^* = \frac{1}{\hbar} P_{nr} \left\{ \frac{E_0 \exp\left[-\mathrm{i}(\omega_{rn} + \omega_0)t\right]}{(\omega_{rn} + \omega_0)} + \frac{E_0^* \exp\left[-\mathrm{i}(\omega_{rn} - \omega_0)t\right]}{(\omega_{rn} - \omega_0)} \right\} \tag{7.2.10b}$$

式中：

$$\omega_{rm} = \omega_r - \omega_m$$

$$\boldsymbol{P}_{rm} = \left\langle \psi_r \middle| \boldsymbol{P} \middle| \psi_m \right\rangle$$

这样，将式（7.2.7）、式（7.2.10）代入式（7.2.6b），即可得出一级跃迁矩 $\boldsymbol{P}_{nm}^{(1)}$：

$$\boldsymbol{P}_{nm}^{(1)} = \frac{1}{\hbar}\sum_r \left[\frac{(\boldsymbol{P}_{nr} \cdot E_0)\boldsymbol{P}_{rm}}{(\omega_{rn} + \omega_0)} + \frac{\boldsymbol{P}_{nr}(\boldsymbol{P}_{rm} \cdot E_0)}{(\omega_{rm} - \omega_0)} \right] \exp\left[-\mathrm{i}(\omega_0 - \omega_{nm})t\right] +$$

$$\frac{1}{\hbar}\sum_r \left[\frac{(\boldsymbol{P}_{nr} \cdot E_0^*)\boldsymbol{P}_{rm}}{(\omega_{rn} - \omega_0)} + \frac{\boldsymbol{P}_{nr}(\boldsymbol{P}_{rm} \cdot E_0^*)}{(\omega_{rm} + \omega_0)} \right] \exp\left[\mathrm{i}(\omega_0 + \omega_{mn})t\right] \tag{7.2.11}$$

在 $\omega_0 > \omega_{nm}$ 的条件下，和式（7.2.11）中第一项相对应的跃迁矩为

$$\boldsymbol{P}_{nm}^{(1)} = \tilde{P}_{0,nm}^{(1)} \exp\left[-\mathrm{i}(\omega_0 - \omega_{nm})t\right] + \tilde{P}_{0,nm}^{(1)*} \exp\left[-\mathrm{i}(\omega_0 - \omega_{nm})t\right] \tag{7.2.12}$$

式中：

$$\boldsymbol{P}_{0,\,nm}^{(1)} = \frac{1}{\hbar}\sum\left[\frac{\left(P_{nr}\cdot E_0\right)P_{rm}}{\omega_{rn}+\omega_0}+\frac{P_{nr}\left(P_{rm}\cdot E_0\right)}{\omega_{rm}-\omega_0}\right] \tag{7.2.13}$$

$P_0^{(1)*}$ 是 $P_0^{(1)}$ 的共轭复数。由此可以得出和经典理论分析相同的结论，即在外加电场的作用下，当 $\omega_{nm}=0$ 时，跃迁矩 $\boldsymbol{P}_{0,nm}^{(1)}$ 将产生和外加电场频率 ω_0 相同的瑞利散射；而当 $\omega_{nm}>0$ 和 $\omega_{nm}<0$ 时，跃迁矩 $\boldsymbol{P}_{0,\,nm}^{(1)}$ 将导致产生频率分别为 $\omega_0\mp\omega_{nm}$ 的斯托克斯拉曼散射以及反斯托克斯拉曼散射。

此外，还可看到，拉曼散射的量子力学分析可得出不仅和经典理论分析相同的结论，而且还示明，和拉曼散射密切相关的跃迁极化率分量总是包含有和状态 r 有关的 P_{rm} 和 P_{nr} 的乘积项。这样，为使分子产生拉曼散射的散射张量的分量不等于零，除初始状态 $\boldsymbol{m}$ 和终止状态 $\boldsymbol{n}$ 外，必定还要求分子有一个中间状态 $\boldsymbol{r}$ 参与，而且这一状态和初始状态 $\boldsymbol{m}$ 及终止状态 $\boldsymbol{n}$ 间的偶极跃迁矩应为非零值。也就是说，拉曼散射并不是在分子的初始状态和终止状态间简单地直接进行，而是必须有第三个中间状态参与。然而尤其重要的是，正如在下面将要看到的那样，拉曼散射的量子力学分析可以把拉曼散射密切相关的跃迁极化率和参与该跃迁过程的分子能级、波函数等性质参数直接关联起来，使人们可以进一步探讨影响拉曼散射的频率和强度等光谱参数。

7.2.2　拉曼散射的频率特性——非简谐振动和费米共振现象

在量子力学的水平上考查多原子分子的拉曼散射光谱特性时，可根据玻恩-奥本海默近似，将和拉曼散射直接相关的分子中一对原子间围绕它们的平衡位置进行周期性地改变其核间距的振动运动，用描述在指定电子状态时的核运动薛定谔方程处理：

$$\left(\frac{-\hbar^2}{2\mu}\right)\frac{\mathrm{d}^2\psi_\upsilon(Q)}{\mathrm{d}Q^2}+V(Q)\psi_\upsilon(Q)=E(Q)\phi_\upsilon(Q) \tag{7.2.14}$$

式中：$Q=Q_i-Q_0$ 是由于振动而使振子质心相对于其平衡位置 Q_0 产生的位移；$V(Q)$ 是位移等于 Q 时的体系位能，在一维简谐振子近似的情况下，$V(Q)=\frac{1}{2}kQ^2$，其中 k 是力常数。R 和振子的折合质量 μ 以及振动频率 ω (s^{-1}) 有下述关系：

$$\omega = \sqrt{\frac{k}{\mu}} \tag{7.2.15}$$

在$Q \to \infty$，$\psi_\upsilon(Q) \to 0$的边界条件下，采用幂级数法求解而得出在不同振动状态的振子振动能量E_υ为

$$E_\upsilon = \left(\upsilon + \frac{1}{2}\right)\hbar\omega \tag{7.2.16}$$

式中，υ是表征振动状态的振动量子数。振动量子数不同的各振动状态的波函数ψ_υ则为

$$\psi_\upsilon(x) = N_\upsilon H_\upsilon(y)\exp\left(\frac{-y^2}{2}\right) \tag{7.2.17}$$

其中，$N_\upsilon = \left(\frac{1}{2^\upsilon \upsilon!}\sqrt{\frac{\alpha}{\pi}}\right)^{\frac{1}{2}}$，是归一化常数，$\upsilon = 0,1,2,\cdots$；$y = \sqrt{\alpha}Q$；$H_\upsilon(y)$称为埃尔米特多项式，它的典型数值如下所示：

$$H_0(y) = 1$$
$$H_1(y) = 2y$$
$$H_2(y) = 4y^2 - 2$$
$$H_3(y) = 8y^3 - 12y$$
$$H_4(y) = 16y^4 - 48y^2 + 12$$
$$H_5(y) = 32y^5 - 160y^3 + 120y$$
$$H_6(y) = 64y^6 - 480y^4 - 720y^2 - 120$$
$$H_7(y) = 128y^7 - 1\,344y^5 + 3\,360y^3 - 1\,680y$$

由上式可见，振动量子数相差$\Delta\upsilon = \pm 1$的一对相邻的振动状态间的能量差$\Delta E_{\upsilon \to \upsilon \pm 1} = \hbar\omega$。这样，用量子力学方法处理分子振动频率虽可得出和经典理论处理相同的结论，但量子力学方法处理所得结果和经典理论处理有几个重要的不同之处。其一，核位移Q=0时，振子的振动能$E_{\upsilon=0}$并不等于零，而是根据海森伯不确定原理，等于零点能$E_\upsilon = \frac{1}{2}\hbar\omega$；其二，振动能并不是像经典分析所断言的那样可以连续改变，而是以$\hbar\omega$为单位以$0,1,2,\cdots$被称为振动量子数υ的正整数倍所决定的一系列分立数值；其三，振子的核位置不是像经典简谐振子那样被限制在抛

物线范畴内，而是在抛物线范畴外侧，可由相应的振动波函数$\psi(Q)$平方所决定，在空间某一指定位置发现相关振子的概率也可以是非零值（隧道效应）。有趣的是，发现相关振子概率的波浪形函数可在某一定位置处呈现等于零的“节点”，而且在某一振动能级的概率函数中出现的节点数目（除去在两端的无穷大处）等于该振动状态的振动量子数υ（图7.2.1）。

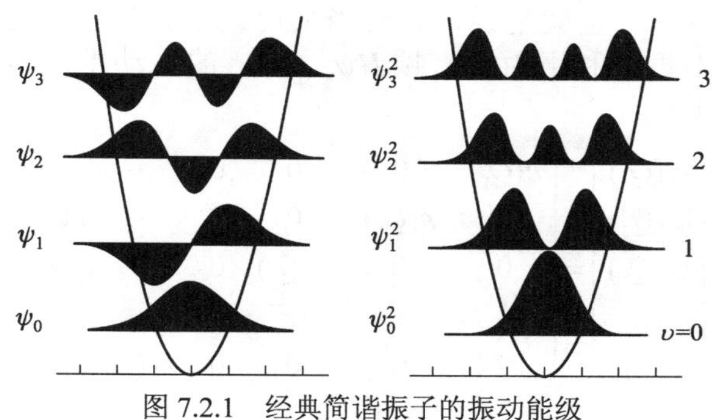

图7.2.1　经典简谐振子的振动能级

但在实际上，由于在分子中原子的振动而往往呈现非简谐性（anharmonicity）。这是因为，在能量较高的振动状态$V(Q)$将偏离$\frac{1}{2}kQ^2$关系，而需用其他的函数关系描述。例如莫尔斯位能函数，$V(Q)=D_e\left[1-\exp(-aQ)\right]^2$，式中$D_e$是位能最小值，$a=\sqrt{\frac{\mu\omega^2}{2D_e}}$。此时的振动能将为

$$E_\upsilon=\left(\upsilon+\frac{1}{2}\right)\hbar\omega-\left(\upsilon+\frac{1}{2}\right)^2\chi_e\hbar\omega+\cdots \tag{7.2.18}$$

式中，$\chi_e=\frac{\hbar\omega}{4D_e}$，$\chi_e$称为非简谐常数。此时相邻的振动状态间的能量差是随相关状态的振动能量（或振动量子数）增大而逐步降低，甚至减小到难以区分的“准连续区”（图7.2.2）。

非简谐振动对分子拉曼散射的重要影响之一是，可导致一些振动跃迁的选择定则的限制放宽，即在选择定则所要求的$\Delta\upsilon=\pm1$跃迁仍保持主导地位的同时，也允许进行$\Delta\upsilon=\pm2,\pm3,\cdots$的一些“泛音带”（overtone）跃迁。虽然振动基态和第一激发态的非简谐振动均较小，但在高温条件下布居的高振动激发态拉曼散射光谱中，和非简谐振动

相关的泛音带跃迁的影响则不可忽视。然而非简谐振动引起的另一个有趣的后果是导致出现费米共振效应（Fermi resonance）。该效应是当分子的振动满足一定的对称性要求，或两种振动状态的能量相近，以致它们之间有相互作用而发生“混合”时，各振动状态将失去它们各自的独特性，而需采用两者的线性组合描述。此时，分子的振动波函数等于各个只和一个简正坐标 Q_k 关联的振动波函数 $\psi(Q_k)$ 的相乘积的假设将不再成立。也就是说，此时当采用量子力学方法处理分子振动问题时，并不再能利用由哈密顿 $H\psi_\upsilon = E\psi_\upsilon$ 的振动本征函数所得出的本征值矩阵：

$$H\begin{bmatrix}\psi(Q_1)\\ \psi(Q_2)\\ \psi(Q_3)\\ \vdots\\ \psi(Q_k)\end{bmatrix}=\begin{bmatrix}\varepsilon(Q_1) & 0 & 0 & 0 & \cdots\\ 0 & \varepsilon(Q_1) & 0 & 0 & \cdots\\ 0 & 0 & \varepsilon(Q_1) & 0 & 0\\ \vdots & \vdots & \vdots & \vdots & \vdots\\ 0 & 0 & 0 & 0 & \varepsilon(Q_1)\end{bmatrix}\begin{bmatrix}\psi(Q_1)\\ \psi(Q_2)\\ \psi(Q_3)\\ \vdots\\ \psi(Q_k)\end{bmatrix} \quad (7.2.19)$$

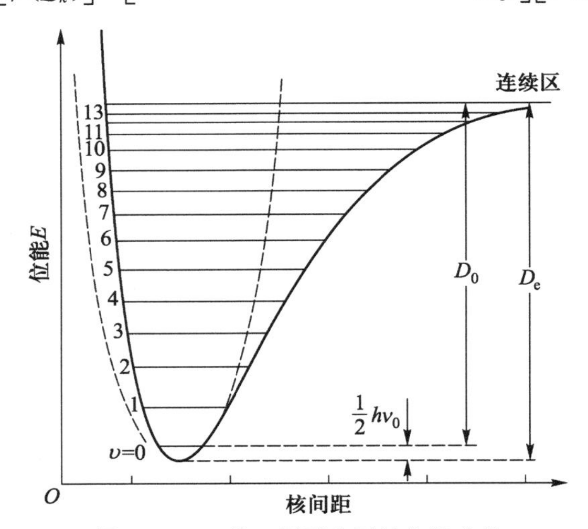

图 7.2.2 一维双原子分子的位能曲线

实线—真实振动位能的莫尔斯位能近似；虚抛物线—简谐振动位能曲线，D_e 和 D_0 分别代表断键能的理论值和实验值；υ 是振动量子数

例如，在考查一个具有两个“突发简并”（accidentally degenerate）或出现“近似简并”（near degenerate）的能级 E_m 和 E_n 的多原子分子的振动状态相互作用后果时，表示并设这两个能级相对应的波函数可用 ψ_m 和 ψ_n 在诸如非简谐位能项或偶极耦合的微扰算符作用 H' 下发生混合时：

$$E_{nm} = \left\langle \psi(Q_n) \middle| H' \middle| \psi(Q_m) \right\rangle \tag{7.2.20}$$

此时的哈密顿函数将不再保持原来的对角形式，而其能量矩阵则应写为

$$\begin{bmatrix} E(Q_1) & 0 & 0 & 0 & 0 & 0 & \cdots \\ 0 & E(Q_2) & 0 & 0 & 0 & 0 & \cdots \\ \vdots & \vdots & \vdots & \vdots & \vdots & \vdots & \vdots \\ 0 & 0 & 0 & E_n & E_{nm} & 0 & \cdots \\ 0 & 0 & 0 & E_{nm} & E_m & 0 & \cdots \\ \vdots & \vdots & \vdots & \vdots & \vdots & \vdots & \vdots \\ 0 & 0 & 0 & 0 & 0 & 0 & E(Q_k) \end{bmatrix} \tag{7.2.21}$$

考虑到含有微扰的局部矩阵可单独求解

$$\begin{bmatrix} E_n - E & E_{nm} \\ E_{nm} & E_m - E \end{bmatrix} = 0 \tag{7.2.22}$$

这样，可求出附加在未被微扰的能量的平均值$\frac{1}{2}(E_n + E_m)$之上的微扰能将为

$$E = \frac{1}{2}(E_n + E_m) \pm \sqrt{4|E_{nm}|^2 + \delta^2} \tag{7.2.23}$$

式中，$\delta = E_n - E_m$，而混合所形成的波函数将为

$$\left.\begin{aligned} \psi^+ &= (1/N)(a\psi_m + b\psi_n) \\ \psi^- &= (1/N)(a\psi_m - b\psi_n) \end{aligned}\right\} \tag{7.2.24}$$

式中：

$$\left.\begin{aligned} a^2 &= \frac{\sqrt{4|E_{nm}|^2 + \delta^2} + \delta}{2\sqrt{4|E_{nm}|^2 + \delta^2}} \\ b^2 &= \frac{\sqrt{4|E_{nm}|^2 + \delta^2} - \delta}{2\sqrt{4|E_{nm}|^2 + \delta^2}} \end{aligned}\right\} \tag{7.2.25}$$

这样，两个相邻状态间发生相互作用的结果是，在两状态之间发生混合而形成组合态ψ^+或ψ^-的同时，也将使两个相应的能级间的分裂加大；而且当原来的能量差越小、耦合能越大时，能级间的分裂越显著。此时，混合

态应表示为ψ^+或ψ^-，而不应归属于状态n的某一峰值。此外，这种混合也可伴随着出现振动强度平均化的效应，例如，可使通常强度很弱的泛音带（overtone band）或组合带（combination band）从与之发生“费米共振”的强度较大的基频带中“借取”强度。此时，为使E_{nm}为非零值，这两个相互作用的状态的对称性必须一致。这种费米共振现象，特别在结构比较复杂的多原子分子的拉曼散射光谱中，当振动倍频或组合谱带频率与某一基频谱带相近时，由于发生振动耦合，在导致谱带强度发生变化的同时，也会出现两个新的谱带，其峰值频率分别向两侧发生一定的偏移。

典型的费米共振是，CO_2 分子在ν_2吸收两个光量子通过$(\Pi_u \times \Pi_u)_+$作用而形成其对称性分别为$\Sigma^+{}_g$和Δ_g的 02^00 和 02^20 振动激发态时，由于 02^00 的对称性$\Sigma^+{}_g$和只是对称伸张振动被单光子激发的 100 态（ν_1=1 337 cm^{-1}）的对称性相似，这两种状态可以和“突发简并”一样而发生状态混合，其结果使相关光谱谱线分裂，导致 02^00 明显地增大其强度而使它和 100 跃迁的强度近似。

总而言之，简谐振子近似虽然在大多数情况下可以描述分子振动的基本特性，但涉及分子的振动光谱行为时，分子振动的非简谐性不仅使相邻的振动能级的间距$\Delta\varepsilon$不再相等，而且随振动量子数增大，出现$\Delta\varepsilon$逐步减小的趋势。同时，也可能导致一个简正坐标的量子数变化$\Delta\upsilon \geqslant \pm 1$的两个能级间的跃迁产生泛音谱带，或在两个不同简正坐标内的振动能级同时参与跃迁而产生频率为$(\nu_i+\nu_j)$的组合谱带以及发生费米共振等现象，$n\nu_k$（n是正整数）和$\nu_k+\nu_l$频率处出现“新”谱带。因而，在解释实验中观测到的拉曼散射等振动光谱谱图时，这些复杂化因素必须给予应有的考虑。

7.2.3 拉曼散射的强度特性——共振增强效应

为将拉曼散射的强度和样品分子的结构关联起来，根据 J. Tang 和 A. C. Albrecht[5]所述，分子在振动初始状态m和终止状态n间跃迁产生频率为ω_s的散射光强度$I_{m,n}$与在$m \to n$跃迁过程中极化率张量在激发光射方向ρ和拉曼散射方向σ的分量的变化$(\alpha_{\rho\sigma})_{mn}$成比例：

[5] Tang J, Albrecht A C. Raman Spectroscopy: Theory and Practice. Szymanski H A. Vol. 2. New York: Plenum, 1970.

$$I_{m,n}=\frac{8\pi\omega_s^4}{9c^4}I_0\sum_{\rho\sigma}\left|(\alpha_{\rho\sigma})_{m,n}\right|^2 \tag{7.2.26}$$

$(\alpha_{\rho\sigma})_{mn}$ 可由二级微扰理论求出，并根据式（7.2.16）改写为

$$(\alpha_{\rho\sigma})_{m,n}=\text{const}\cdot\sum_e\left[\frac{\langle\psi_m|\mu_\sigma|\psi_e\rangle\langle\psi_e|\mu_\rho|\psi_n\rangle}{\varepsilon_e-\varepsilon_m-E_0}+\frac{\langle\psi_m|\mu_\rho|\psi_e\rangle\langle\psi_e|\mu_\sigma|\psi_n\rangle}{\varepsilon_e-\varepsilon_n+E_0}\right] \tag{7.2.27}$$

式中，E_0 为入射的激发光光子能量，$\mu_{\sigma,\rho}$ 是电偶极矩在 σ、ρ 方向的分量，ε_m、ε_n、ε_e 分别是分子所处电子基态的初始状态 m 和终止状态 n 以及虚拟电子激发状态 e 的能级能量，ψ_m、ψ_n、ψ_e 分别表示相应于状态 m、状态 n 以及状态 e 的波函数。如对所涉及的各个波函数引入绝热近似（adiabatic approximation）假设。即表示散射过程中分子各状态的波函数可分别写为它们各自的电子和振动波函数的乘积。例如：令 $i\rangle$、$j\rangle$、$\upsilon\rangle$ 分别代表电子基态分子在跃迁初始状态 m、终止状态 n 以及电子激发态 e 的振动波函数，其电子坐标和核坐标分别用 q 和 Q 表示：

$$\psi_m(q,Q)=\varphi_g(q,Q)\chi_i^g(Q)\quad 或\,|i\rangle=|g)\|i\rangle$$

$$\psi_n(q,Q)=\varphi_g(q,Q)\chi_j^g(Q)\quad 或\,|n\rangle=|g)\|j\rangle$$

$$\psi_e(q,Q)=\varphi_e(q,Q)\chi_\upsilon^g(Q)\quad 或\,|e\rangle=|e)\|\upsilon\rangle$$

这样，即可将式（7.2.27）进一步改写为式（7.2.28）：

$$(\alpha_{\rho\sigma})_{mn}=\frac{1}{h}\sum_e\left[\frac{\langle i\|g|\mu_\sigma|e\|\upsilon\rangle\langle\upsilon\|e|\mu_\rho|g\|j\rangle}{\varepsilon_{e\upsilon}-\varepsilon_{gi}-E_0}+\frac{\langle i\|g|\mu_\rho|e\|\upsilon\rangle\langle\upsilon\|e|\mu_\sigma|g\|j\rangle}{\varepsilon_{e\upsilon}-e_{gj}+E_0}\right] \tag{7.2.28}$$

此式是对所有的电子–振动态加和。此式和由 Kramer-Heisenberg 和 Dirac 等推导出的所谓 KHD 方程完全相同，由式（7.2.27）可清楚地看出，当入射激发光频率 $\nu_0\left(=\frac{E_0}{h}\right)$ 远小于跃迁频率 $\nu_{e,m}\left(=\frac{\varepsilon_{e\upsilon}-\varepsilon_{gi}}{h}\right)$，即 $\nu_{e,m}<\nu_0$ 时，该式括号中两项的贡献相近，而且入射激发光频率 ν_0 对跃迁极化率张量 $(\alpha_{\rho\sigma})_{mn}$ 的影响也可忽略不计。但当入射激发光频率 ν_0 接近于跃迁频率 $\nu_{e,m}$，即 $\nu_{e,m}\to\nu_0$ 时，上式括号中第一项将成为影响跃迁极化率张量 $(\alpha_{\rho\sigma})_{mn}$ 的主要因素，并导致出现“共振增强效应”，显著地提高拉曼散射

强度$I_{m,n}$。典型的事例是，当用波长为400～600 nm的可见光激发其π—π*电子跃迁吸收带位于这一光谱范围内的血红蛋白、细胞色素中核心卟啉环时，在蛋白肽链的拉曼散射不受影响的情况下，卟啉环的散射光信号可被有选择地明显增强。

为进一步具体探讨分子结构和拉曼散射强度，特别是和拉曼散射的共振增强效应的关系，可将拉曼散射强度作为分子中的电子-振动（vibronic）状态的相互作用问题处理。为此，当将波函数g和e的电子部分围绕着电子基态的平衡核构型用赫兹伯格-泰勒级数展开[6]到第一级，其中线性项的系数可用简正振动模a的电子-振动耦合算符$h_a^0=\left(\dfrac{\partial H}{\partial Q_a}\right)^0$表示。这样，将有

$$\left.\begin{aligned} |e)&=|e^0)+\sum_a\sum_{s\neq e}{}'\frac{(h_r)_{es}^0\Delta Q_a}{\varepsilon_e^0-\varepsilon_s^0}|s^0) \\ |g)&=|g^0)+\sum_a\sum_{t\neq g}{}'\frac{(h_r)_{gt}^0\Delta Q_a}{\varepsilon_g^0-\varepsilon_t^0}|t^0) \end{aligned}\right\} \tag{7.2.29}$$

用式（7.2.29）代入式（7.2.28）中的电子基态、激发态波函数g、e即可得

$$(\alpha)_{gi,gj}=A+B+C \tag{7.2.30}$$

式中：

$$A=\sum_{e\neq g}{}'\sum_{\upsilon}\left[\frac{(g^0|\mu_\sigma|e^0)(e^0|\mu_\rho|g^0)}{\nu_{e\upsilon}-\nu_{gi}-E_0}+\frac{(g^0|\mu_\rho|e^0)(e^0|\mu_\sigma|g^0)}{\varepsilon_{e\upsilon}-\varepsilon_{gj}+E_0}\right]\langle i\|\upsilon\rangle\langle\upsilon\|j\rangle \tag{7.2.31a}$$

$$\begin{aligned} B=\sum_{e\neq g}{}'\sum_{\upsilon}\sum_{s\neq e}{}'\sum_{a}\Bigg[&\frac{(g^0|R_\sigma|e^0)(e^0|h_a|s^0)(s^0|R_\rho|g^0)}{\varepsilon_{e\upsilon}-\varepsilon_{gi}-E_0}+ \\ &\frac{(g^0|R_\rho|e^0)(e^0|h_a|s^0)(s^0|R_\sigma|g^0)}{\varepsilon_{e\upsilon}-\varepsilon_{gj}+E_0}\Bigg]\frac{\langle i\|\upsilon\rangle\langle\upsilon\|Q_a\|f\rangle}{(E_e^0-E_s^0)}+ \\ &\left[\frac{(g^0|R_\sigma|s^0)(s^0|h_a|e^0)(e^0|R_\rho|g^0)}{\varepsilon_{e\upsilon}-\varepsilon_{gi}-E_0}+\frac{(g^0|R_\rho|s^0)(s^0|h_a|e^0)(e^0|R_\sigma|g^0)}{\varepsilon_{e\upsilon}-\varepsilon_{gj}+E_0}\right]\times \end{aligned}$$

---

[6] Herzberg G, Teller E. Z. Physik. Chem. (Leipzig), 1933, B21: 558.

$$\frac{\langle i\|Q_a\|\upsilon\rangle\langle\upsilon\|j\rangle}{(E_e^0-E_s^0)} \tag{7.2.31b}$$

$$C=\sum_{e\neq g}{}'\sum_{t\neq g}{}'\sum_{\upsilon}\sum_{a}\left[\frac{(g^0|h_a|t^0)(t^0|R_\sigma|e^0)(e^0|R_\rho|g^0)}{\varepsilon_{e\upsilon}-\varepsilon_{gi}-E_0}+\right.$$
$$\left.\frac{(g^0|h_a|t^0)(t^0|R_\rho|e^0)(e^0|R_\sigma|g^0)}{\varepsilon_{e\upsilon}-\varepsilon_{gj}+E_0}\right]\frac{\langle i\|\upsilon\rangle\langle\upsilon\|Q_a\|j\rangle}{(E_g^0-E_t^0)}+$$
$$\left[\frac{(g^0|R_\sigma|e^0)(e^0|R_\rho|t^0)(t^0|h_a|g^0)}{\varepsilon_{e\upsilon}-\varepsilon_{gi}-E_0}+\frac{(g^0|R_\rho|e^0)(e^0|R_\sigma|t^0)(t^0|h_a|g^0)}{\varepsilon_{e\upsilon}-\varepsilon_{gj}+E_0}\right]\times$$
$$\frac{\langle i\|Q_r\|\upsilon\rangle\langle\upsilon\|f\rangle}{(E_g^0-E_t^0)} \tag{7.2.31c}$$

考虑到在基态展开时的$(E_g^0-E_t^0)$通常总比任一激发态的$(E_e^0-E_s^0)$大很多，所以在处理电子振动态间的相互作用时，由式（7.2.31c）所确定的C项可被忽略，而只考虑A项和B项的式（7.2.30）便可作为基于量子力学分析而探讨拉曼散射光强度和分子结构参数关系的理论基础。

由式（7.2.30）可见，A项表示全对称振动对极化率变化$(\alpha_{\rho\sigma})_{gi,gj}$即拉曼散射强度的贡献。因为只有这种简正振动才能使分子中原子核的平衡核位置发生位移Δ而给出不等于零的 Franck-Condon 因子（图 7.2.3）。

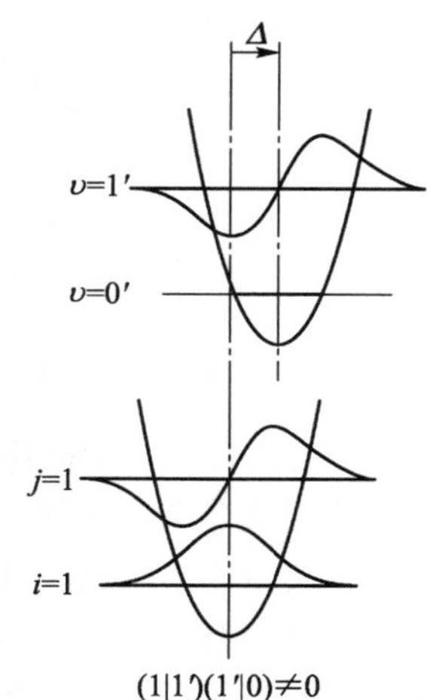

图 7.2.3　全对称振动引起的平衡核位移Δ

据此，可以进一步认为，在复杂分子的各个简正振动模中，只有那些和激发态发生结构畸变的简正振动模相关的拉曼散射强度才可通过A项得到最大程度的共振增强。例如，有π键参与的伸张振动模的拉曼散射强度，可通过使π键变弱的π—π^*跃迁共振激发而明显地增强，而对不受激发微扰的 C—H 等σ键的伸张振动的影响则不显著[7]。同样，导致金属原子–配位基

[7] (a) Gill D, Heyde M E, Rimai L. J. Am. Chem. Soc., 1971, 93: 6289.（b） Heyde M E, Gill D,.Kilponen R G, Rimai L. J. Am. Chem. Soc., 1971, 93: 6776.

电荷转移跃迁过程的激发，也可有选择地增强和被变弱的金属原子-配位基伸张振动模相关的拉曼散射强度[8]。图 7.2.4 显示出 TiI_4 固体粉末在波长为 514.5 nm 的可见光激发的拉曼散射谱图[9]。由图 7.2.4 可见，由于 ν_1 谱带被共振增强，使强度本来很微弱高达 $n=12$ 的高频泛音带（overtone）$12\nu_1$ 也可被测出。当然，为作出 A 项的贡献给出更详尽的分析，应要求通过量子力学计算进行基态和激发态的简正振动模分析而对振动波函数交盖积分作出定量估计[10]。应指出，这一结果也可提供对分子相互作用更为敏感的有关处于电子激发态的分子结构畸变的资料，而从通常的拉曼散射光谱测量中所得到的光谱谱带的频率分布中，只能获取处于电子基态的分子结构畸变的信息而已。

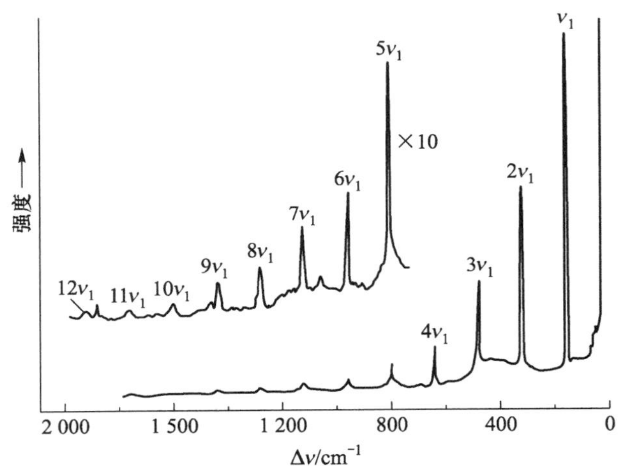

图 7.2.4 TiI_4 的共振拉曼散射光谱[9]（激发光波长为 514.5 nm，$\nu_1 = 160.8\ cm^{-1}$）

B 项含有两个中间电子激发态 e、s 波函数，它们之间的电子振动相互作用是导致非全对称振动模的拉曼散射可被共振激发而增强的理论依据。由式（7.2.31b）可见，虽然这一表达式中的分母和 A 项的相同，但表达式的分子既含有 Franck-Condon 交盖积分，也含有随简正振动的核坐标 Q_a 变化而改变的振动交盖积分。因而，即使电子激发引起非全对称振动不引起核的平衡位置偏移，B 项也不会消失，并导致非全对称振动的拉曼散射

[8] (a) Kiefer W, Bernstein H J. Chem. Phys. Lett., 1972, 8:381. (b) Clark R J H. Advances in Infrared and Raman Spectroscopy. Clark R J H, Hester R E. 1974: 143-172.

[9] Clark R J H, Mitchell P D. J. Am. Chem. Soc., 1973: 95, 8300.

[10] 例如，最早的实例见 Warshel A, Karplus M. J. Am. Chem. Soc., 1974, 96:5677.

可被共振激发增强，且增强的程度取决于两者的电子–振动耦合积分或跃迁矩相对于核坐标的导数，该导数在原则上可由位能函数求出。对能够和附近强烈允许的电子跃迁发生电子–振动耦合的轻度允许电子跃迁共振激发的拉曼散射而言，*B* 项的增强效应尤为明显。在具有 D_{4h} 对称性卟啉环的八乙基卟啉镍[Ni(OEP)]的拉曼散射光谱中，即可看到非全对称振动模通过 *B* 项而共振增强拉曼散射的典型事例[11]。图 7.2.5 表明，具有 D_{4h} 对称的卟啉环的这一分子在 B（或 Soret）、$Q_0(\alpha)$电子吸收跃迁谱带和电子–振动吸收跃迁谱带 $Q_1(\beta)$处共振激发的拉曼散射光谱谱图。分子轨道计算示明，$a_{1u} \to e_g^*$ 和 $a_{2u} \to e_g^*$ 跃迁的能量相近，而且它们激发态的对称性也都是 E_u。根据对称类（symmetry species）乘积，$E_u \times E_u = A_{1g} + B_{1g} + B_{2g} + A_{2g}$，在通过电子吸收谱带共振激发拉曼散射时，除全对称的 A_{1g} 振动可被 *A* 项共振激发外，B_{1g}、B_{2g} 和 A_{2g} 振动模则可在 Q_0 和 Q_1 共振激发的条件下通过 *B* 项而增大其强度。

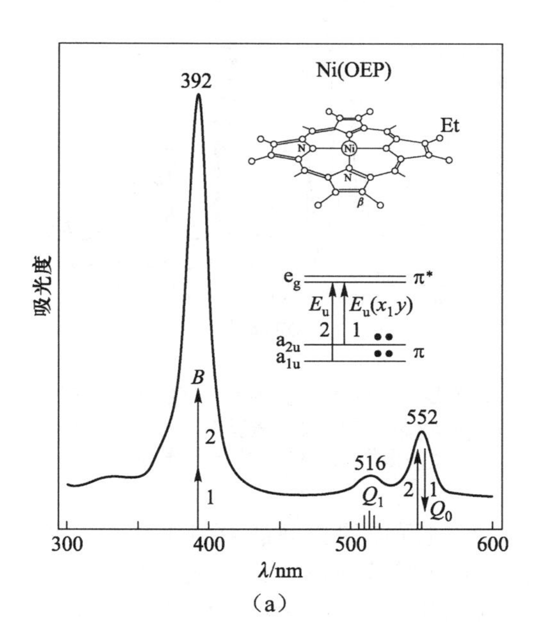

（a）

[11] Li X Y, Czernuszewicz R S, Kincaid R, Stein P, Spiro T G. J. Phys. Chem., 1990, 94: 47.

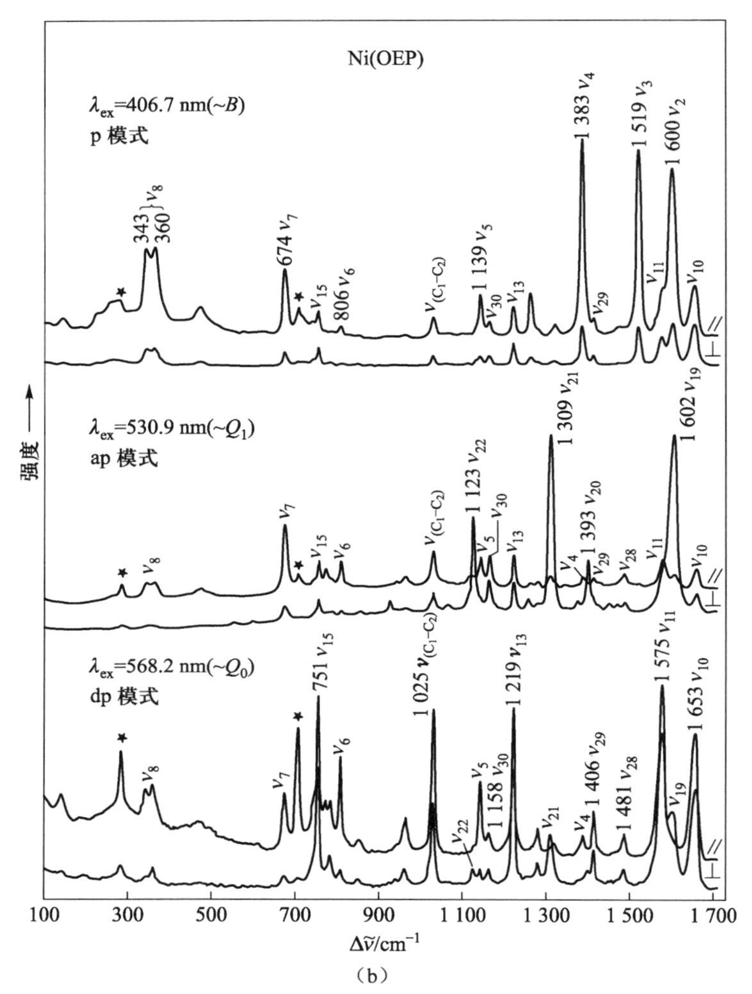

图 7.2.5（a）八乙基卟啉镍[Ni(OEP)]的电子吸收光谱谱图及其能级；（b）在 B、Q_0 和 Q_1 电子吸收带激发的八乙基卟啉镍[Ni(OEP)]的共振增强拉曼散射光谱谱图[11]

最后应指出，绝热近似的拉曼散射量子理论方程虽对和分子振动相关的拉曼散射共振增强效应可给出令人满意的近似。但是，在实际上，玻恩-奥本海默绝热近似在一些特定的情况下并不能得到满足。此外，拉曼散射也可能由于其他原因而增强。例如处于不稳定电子简并态的非线性分子因核位移引起分子构型畸变，以致对称性降低而产生电子简并状态分裂的所谓的扬-特勒（Jahn-Teller）效应，此效应可增强因相关的非全对称简正模所产生的拉曼散射强度[12]。又如，分子间的相互作用不仅可改变激发态能量或跃迁矩，从而使相应的拉曼散射频率发生偏移，而且也可能对拉曼散射强度产生影响。典型的事例是，核酸的嘌呤和嘧啶的环振动模的拉曼散射强度减弱，便是由于它们在核酸分子中彼此在空间堆叠[13]。电荷转移复合物的生成也可导致有关分子的拉曼散射被共振增强。例如，在共振激发的视紫质（Rhodopsin）的拉曼散射光谱中可观察到蛋白质芳香环的谱带，可能就是因为这一基团可和视网膜（retinal）发色团发生电荷转移电荷转移之故[14]。因此可以认为，拉曼散射，特别是共振增强效应的量子理论分析，虽然为从拉曼散射光谱测量中抽取分子状态、结构信息提供了重要指引，但为更全面地获取相关资料，在进一步发展理论探讨的同时，也应重视经验规律的归纳和总结。

7.3　简正振动频率计算

为通过拉曼散射测量获取有关分子的结构和状态的信息，需将实验中测得的拉曼散射光谱的频率偏移 $\Delta\nu$ 和分子性质、结构等参数，特别是和分子中相关原子的振动模式的振动频率合理地关联。为此，分子体系中相关原子振动的“简正坐标分析”（normal coordinate analysis）需从分子内部的原子振动运动的经典理论数学处理入手。在这一节中，将对简正坐标分析方法的一些基本方面予以简要回顾。

7.3.1　分子振动的经典理论描述——简正振动模式

经典理论描述分子内部原子振动的基本假设是，分子可看做是一个由一组代表原子的“质点”所构成的体系，其中固定在平衡位置的一对相邻的质点可被用“弹簧”连接，它们之间的相对运动则可用胡克定律描述。

[12] Iijima M, Udagawa Y, Kaya K,Ito M. Chem. Phys., 1975, 9:929.
[13] (a) Small E W, Peticolas W L. Bioploymer, 1971, 10: 69. (b) Pezolet M, Yu T J. Peticolas, W L J. Raman Spectrosc 1976 3,55.
[14] Lewis A, Fager R S, Abrahamason, E W. J. Raman Spectrosc., 1973, 1: 465.

这一假设无疑是过度简化而未必符合分子的实际情况。但之所以引入这一假设的目的，只是为了便于导出对描述分子振动十分有用的简正坐标（normal coordinate）的概念和建立处理分子振动的基本数学方法。

经典理论描述分子内部原子振动的基本方程是拉格朗日运动方程：

$$\frac{\mathrm{d}}{\mathrm{d}t}\frac{\mathrm{d}T}{\mathrm{d}\dot{q}_j}+\frac{\mathrm{d}V}{\mathrm{d}q_j}=0,\qquad (j=1,2,\cdots,3N) \tag{7.3.1}$$

这一方程可利用作用力和位能 V 的关系以及加速度和动能 T 的关系代入牛顿运动方程而方便地导出。此时，若将振动中原子位移表示为 $\Delta x_\alpha,\Delta y_\alpha,\cdots$，质量为 m_α 的物质粒子 α 振动的动能写为

$$2T=\sum_{\alpha=1}^{N}m_\alpha\left[\left(\frac{\mathrm{d}\Delta x_\alpha}{\mathrm{d}t}\right)^2+\left(\frac{\mathrm{d}\Delta y_\alpha}{\mathrm{d}t}\right)^2+\left(\frac{\mathrm{d}\Delta z_\alpha}{\mathrm{d}t}\right)^2\right] \tag{7.3.2}$$

若采用质量权重坐标 $q_i=\sqrt{m_i}\Delta x_i$ 导数用 $\dot{q}_i=\dfrac{\mathrm{d}q_i}{\mathrm{d}t}$ 表示时，物质粒子振动的动能可写为

$$2T=\sum_{i=1}^{3N}\dot{q}_i^2 \tag{7.3.3}$$

当原子是围绕其平衡位置作幅度很小的振动时，分子体系的位能项 V 可用位移 q_i 的泰勒级数形式表示：

$$V=V_0+\sum_i^{3N}\left(\frac{\partial V}{\partial q_i}\right)_0\mathrm{d}q_i+\frac{1}{2}\sum_i^{3N}\sum_j^{3N}\left(\frac{\partial^2 V}{\partial q_i\partial q_j}\right)_0\mathrm{d}q_i dq_j+\cdots(\text{高次项}) \tag{7.3.4}$$

若令分子处于平衡构型时的能量为零，则式中的 V_0 可略去。当各原子均处于各自位移为零的平衡位置时，其能量应是最小值，即 $\left(\dfrac{\partial V}{\partial q_i}\right)_0=0$；如果进一步考虑到在振幅很小时，更高次的导数项也都很小，从而可被忽略不计的情况，分子中原子振动的位能仅用式（7.3.4）中的平方项近似地表示即可，即

$$2V=\sum_i^{3N}\sum_j^{3N}\left(\frac{\partial^2 V}{\partial q_i\partial q_j}\right)q_i q_j=\sum_i^{3N}\sum_j^{3N}f_{ij}q_i q_j \tag{7.3.5}$$

此式是对含有 N 个振动原子的体系而言的胡克定律。式中，$f_{ij}=$

$\left(\frac{\partial^2 V}{\partial q_i \partial q_j}\right)_0$，$f_{ij}$ 是表征原子沿 q_i 和 q_j 方向发生位移而导致位能改变的力常数。利用动能 T 和位能 V 的表达式（7.3.3）和式（7.3.5），可将拉格朗日运动方程式（7.3.1）改写为一组联立的二级线性微分方程：

$$\ddot{q}_j + \sum_{i=1}^{3N} f_{ij} q_i = 0, \qquad (j = 1, 2, \cdots, 3N) \tag{7.3.6}$$

这一联立线性微分方程的一个可能的解是简单的简谐运动方程：

$$q_i = A_i \cos(\sqrt{\lambda} t + \theta) \tag{7.3.7}$$

式中，λ 是和振动频率 ν 相关的本征值，$\sqrt{\lambda} = 2\pi\nu$，θ 和 A_i 分别代表振动的相角和振幅。这一结果意味着，在振动产生的位移不大时，分子中原子的振动可用各原子在其平衡位置周围以频率 ν 进行振幅为 A_i 和相角为 θ 的周期性简谐振动描述。将式（7.3.7）代回到拉格朗日运动方程式（7.3.1），并消去常数项 $\cos(\sqrt{\lambda} t + \theta)$，可得出一组齐次线性代数方程：

$$\left.\begin{array}{ccccc}
(f_{11} - \delta_{11}\lambda)A_1 & (f_{12} - \delta_{12}\lambda)A_2 & \cdots & (f_{1,3N} - \delta_{1,3N}\lambda)A_{3N} & = 0 \\
(f_{21} - \delta_{21}\lambda)A_1 & (f_{22} - \delta_{22}\lambda)A_2 & \cdots & (f_{2,3N} - \delta_{2,3N}\lambda)A_{3N} & = 0 \\
\cdots & \vdots & \cdots & \vdots & \\
(f_{3N,1} - \delta_{3N,1}\lambda)A_1 & (f_{3N,2} - \delta_{3N,2}\lambda)A_2 & & (f_{3N,3N} - \delta_{3N,3N}\lambda)A_{3N} & = 0
\end{array}\right\} \tag{7.3.8a}$$

或

$$\sum_{i=1}^{3N} \left(f_{ij} - \delta_{ij}\lambda\right) A_i = 0, \qquad (j = 1, 2, \cdots, 3N) \tag{7.3.8b}$$

式中，$i = 1, 2, \cdots, 3N$，δ_{ij} 称为克罗内克 delta 因子，它在 $i \neq j$ 时等于零，而在 $i = j$ 时等于 1。要定量描述分子的振动，求解这一方程所得的各参数的具体数值即可。

求解方程式（7.3.8）可得出的一个重要结果是，除其中的本征值 λ 为某些特定的数值外，这一次线性代数方程的解 A_i 都等于零，即 $A_i = 0$，也就是说，相应于分子处于没有进行振动的静止状态。只有 λ 等于特定的数值时，A_i 才不等于零，即分子才处于振幅 $A_i \neq 0$ 的振动状态。这一特定的 λ 值可由求解久期方程式（7.3.8）或下述矩阵得出：

$$\begin{bmatrix} f_{11}-\lambda & f_{12} & f_{13} & \cdots & f_{1,3N} \\ f_{21} & f_{22}-\lambda & f_{23} & \cdots & f_{2,3N} \\ \vdots & \vdots & \vdots & \vdots & \vdots \\ f_{3N,1} & f_{3N,2} & f_{3n,3} & \cdots & f_{3N,3N}-\lambda \end{bmatrix}=0 \qquad (7.3.9)$$

这一联立方程式（7.3.8）含有 3N 个未知数，求解可得出 3N 个 λ 值，其中有 6 个其值等于零，它们分别和没有核位移的分子整体转动、移动相对应，其余的 λ 中可求出其值不等于零的 3N−6 个振动频率 $\nu_k=\dfrac{\sqrt{\lambda_k}}{2\pi}$。虽然相应于每个非零值 λ_k（或 ν_k）的振动，都可有不同振动的振幅 A_{ik}（i=1, 2,⋯），但求解方程式（7.3.8）并不能得到相应于各个不同 λ_k（或 ν_k）的振幅 A_{ik}，所能求出的仅是它们的相对比值。此时，为将计算结果用于定量描述对分子中原子振动运动的物理图像，由式（7.3.8）的求解结果可看出，当分子中的每个原子都是围绕着它们各自的平衡位置进行振动而周期性地改变它和相邻原子间的核间距时，尽管每一个频率 ν_k 的振动可以有不同的振幅 A_{ik}，但它们都具有相同的相位 θ_k [参阅式（7.3.7）]。也就是说，所有进行振动的原子都同时经过它们各自的平衡位置，而不引起参与振动的"原子体系的质心"出现偏移。人们通常将这种振动模式 k 称为"振动的简正模"，而它的振动率则被相应地称为分子的基频（fundamental frequency）或简正频率（normal frequency）。这样，在由 N 个原子所组成的非线性分子，可以有其频率为 $\nu_1,\nu_2,\nu_3,\cdots,\nu_{3N-6}$ 的 3N−6 个（线性分子为 3N − 5 个）围绕着各自的平衡位置、以相同的相位而周期性地改变其位置的振动运动自由度，此时的分子振动可用 3N − 6 个（线性分子为 3N− 5 个）独立的"振动简正模"的描述。

为建立有关振动简正模的形象概念，在图 7.3.1 中示出最简单的 CO_2 分子的振动简正模。其中 C 和 O 原子分别以其强度正比于相应化学键的力常数的"弹簧"联结的圆球表示。其中一种振动简正模是，其频率 $\nu_1\approx 1\,340\ \text{cm}^{-1}$ 的由两个 O 原子沿相应的化学键 C—O 同步地伸缩，并被称为对称伸张同相键振动 [图 7.3.1（a)]；另一种振动简正模是由一个 C—O 键伸长和另一个 C—O 缩短、其频率 $\approx 2\,350\ \text{cm}^{-1}$、被称为非对称伸张同相键振动 [图 7.3.1（b)]。此外，由 C 原子和 O 原子同步地在两个相互垂直的平面内沿不同方向发生弯曲变形振动 [图 7.3.1（c)]，将形成其频率 ν_2 约为 667 cm^{-1} 的振动简正模。H_2O 分子的振动简正模也类似（图 7.3.1）。

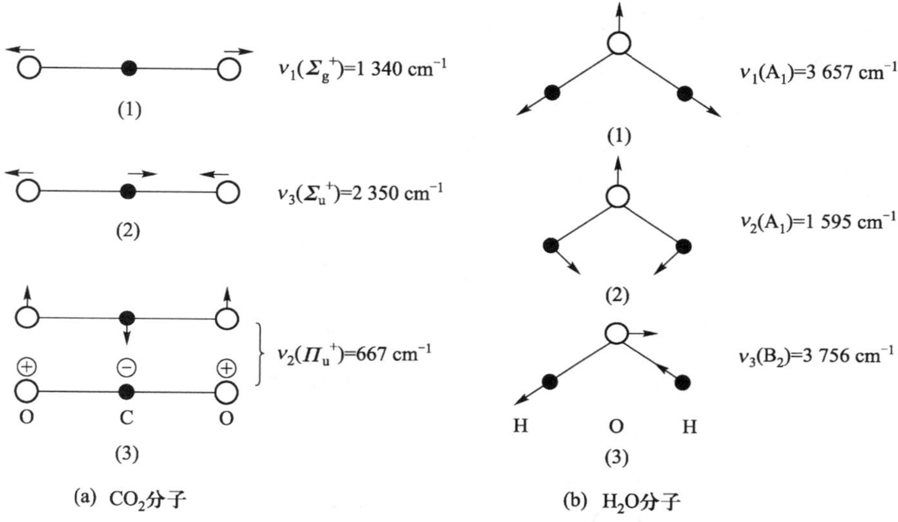

图 7.3.1　CO_2 分子和水分子的简正振动模示意图

7.3.2　多原子分子振动的内坐标和对称坐标表述

当多分子由多个原子构成时，原子振动的模式将更复杂。为简化多原子分子的简正振动模分析，通常引入一种被称为内坐标 S（internal coordinate）的坐标体系。这一坐标体系的特点是描述振动中核的坐标和该分子作为统一整体在空间取向无关，而是被定义为一对或两个以上的一组原子沿笛卡儿空间位移坐标的线性单位矢量 $\boldsymbol{e}$ 位移的组合[15]。例如，在最简单的双原子 i 和 j 间化学键伸张振动中，内坐标 R 是

$$R=\boldsymbol{e}_i-\boldsymbol{e}_j$$

式中，$\boldsymbol{e}_i$ 和 $\boldsymbol{e}_j$ 是两者沿原子 i 和 j 间化学键的相反方向的位移矢量。最简单的内坐标包含四种表征分子中原子相对于其平衡状态时构型而变化的基本坐标类型（参阅图 7.3.2）：

① 用于表征两个原子间距变化的键伸张坐标（bond stretching）r。

② 用于表征和同一原子相连的两个化学键间的夹角变化的键角弯曲

[15] Wilson E B, Decius J C, Cross P C. Molecular Vibrations: The Theory of Infrared and Raman Vibrational Spectra. New York: McGraw-Hill, 1955.

(bond-angle bending) 坐标ϕ，但当分子中有呈直线连接的三个原子的“片段”时，其中两个原子间的化学键可向两个相互垂直的方向弯曲，此时的键角弯曲坐标可分别用ϕ和ϕ'描述。

③ 用于表征含有原子 1、2、3 和含有原子 2、3、4 的两个平面间的两面角变化键扭转（bond torsion）坐标τ。

④ 用于表征一个原子上一个化学键偏离含有该原子上另外两个化学键平面的平面外弯曲（out-of-plane bending）坐标γ等。

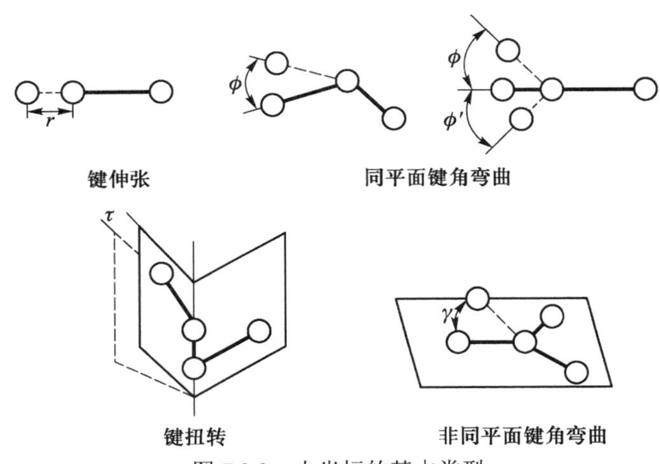

图 7.3.2　内坐标的基本类型

多原子分子的内坐标中，键伸张坐标r的数目和其中化学键的数目相同；键角弯曲坐标ϕ的数目等于$2m-3$，式中m是处于“末端”位置的原子上的化学键数目；而键角弯曲坐标ϕ'则显然应等于在分子中直线连接的三个原子的“片段”中其键角为180°的原子的数目。但当和该原子相连的化学键的数目等于或大于 3，而且这些键都在同一平面内时，ϕ的数目将等于$m-1$，而平面外弯曲（out-of-plane bending）坐标γ的数目将等于$m-2$。任何一个由N个原子组成但不含环状结构的非线性分子将具有$3N-6$个独立的内坐标（线性分子将有$3N-5$个独立的内坐标）；若该分子含有环状的局部结构，在$3N-6$个内坐标中，将有6μ个内坐标是“多余的”(redundant)。例如：对苯环来说，$\mu=1$；而对萘环来说，$\mu=2$。对于含有N个原子的分子来说，由于它有$x_1, y_1, z_1, x_2, y_2, z_2, \cdots, x_N, y_N, z_N$等$3N$个笛卡儿空间坐标，但内坐标$S_i$只有$3N-6$个。分子的内坐标$\boldsymbol{S}$和描述原子位移的笛卡儿坐标$x, y, z$之间的变换，可利用$\boldsymbol{B}$矩阵关系：

$$S_j = \sum_{i=1}^{3N} B_{ji} x_j \quad 或 \quad \boldsymbol{S} = \boldsymbol{B}\boldsymbol{x} \tag{7.3.10}$$

即

$$\begin{bmatrix} S_a \\ S_b \\ \vdots \end{bmatrix} = \begin{bmatrix} B_{ax1} & B_{ay1} & \cdots \\ B_{bx1} & B_{by1} & \cdots \\ \vdots & \vdots & \vdots \end{bmatrix} \begin{bmatrix} x_1 \\ y_1 \\ \vdots \end{bmatrix}$$

当分子因具有对称性而含有等价内坐标时，采用被称为对称坐标（symmetry coordinate）代替内坐标可进一步简化相应的计算。例如，描述 H_2O 分子的键长和键角变化的内坐标可分别用对称坐标 R_i 表示为图 7.3.3 所示的样子。图中，R_1 和 R_3 相应于两个对称性为 A_1 的振动，而相应于 R_2 振动的对称性为 B_2。关于对称坐标的选择方法详见参考文献[16]。这里仅指出：对称坐标应满足两个基本要求，即

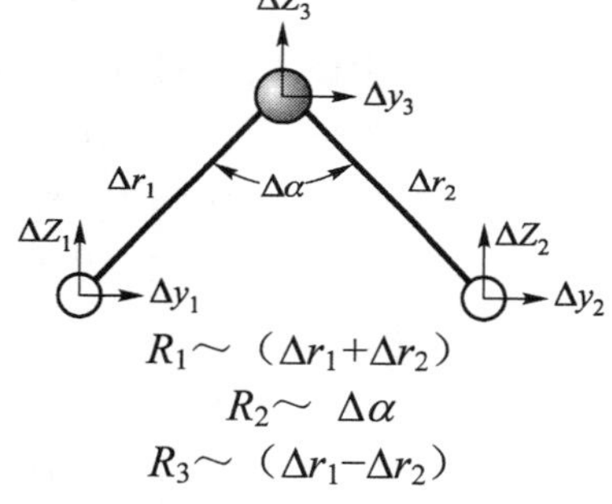

图 7.3.3　H_2O 分子振动的对称坐标

（1）k 和 j 两个内坐标应可被归一化为

$$\sum_k (U_{jk})^2 = 1 \tag{7.3.11}$$

式中，U_{jk} 是第 j 对称坐标中的 k 内坐标的系数。例如，对 H_2O 的 R_1 来说，$(U_{11})^2 + (U_{12})^2 = 1$，从而 $U_{11} = U_{12} = \frac{1}{\sqrt{2}}$。这样：

$$R_1 = \left(\frac{1}{\sqrt{2}}\right)(\Delta r_1 + \Delta r_2)$$

$$R_3 = \left(\frac{1}{\sqrt{2}}\right)(\Delta r_1 - \Delta r_2)$$

$$R_2 = \Delta\alpha$$

（2）一组对称坐标必须满足“正交化”条件：

$$\sum_k (U_{jk})(U_{lk}) = 0 \tag{7.3.12}$$

据此，对 H_2O 的 R_1 来说，应有

R_1 和 R_2：

[16] Nielsen J R, Berryman L H. J. Chem. Phys., 1949, 17: 659.

$$\left(\frac{1}{\sqrt{2}}\right)(0)+\left(\frac{1}{\sqrt{2}}\right)(0)+(0)(1)=0$$

R_1 和 R_2：

$$\left(\frac{1}{\sqrt{2}}\right)+\left(\frac{1}{\sqrt{2}}\right)\left(-\frac{1}{\sqrt{2}}\right)+(0)(0)=0$$

R_2 和 R_3：

$$(0)\left(\frac{1}{\sqrt{2}}\right)+(0)\left(-\frac{1}{\sqrt{2}}\right)+(1)(0)=0$$

此时内坐标 Δr_i 和对称坐标 R_i 的关系可用 $\boldsymbol{U}$ 矩阵表述：

$$\boldsymbol{U}=\begin{bmatrix} R_1(A_1) \\ R_2(A_1) \\ \vdots \end{bmatrix}=\begin{bmatrix} U_{11} & U_{12} & \cdots \\ U_{21} & U_{22} & \cdots \\ \vdots & \vdots & \vdots \end{bmatrix}\begin{bmatrix} \Delta r_1 \\ \Delta r_2 \\ \vdots \end{bmatrix} \tag{7.3.13}$$

对 H_2O 分子，$\boldsymbol{U}$ 矩阵是

$$\boldsymbol{U}=\begin{bmatrix} R_1(A_1) \\ R_2(A_1) \\ R_3(B_2) \end{bmatrix}=\begin{bmatrix} \frac{1}{\sqrt{2}} & \frac{1}{\sqrt{2}} & 0 \\ 0 & 0 & 1 \\ \frac{1}{\sqrt{2}} & -\frac{1}{\sqrt{2}} & 0 \end{bmatrix}\begin{bmatrix} \Delta r_1 \\ \Delta r_2 \\ \Delta\alpha \end{bmatrix}$$

但是，即使采用内坐标或对称坐标表征分子在振动中的原子位移，这些具有 $3N-6$（或 $3N-5$）个内坐标的多原子分子振动频率计算的理论分析在数学处理上仍十分复杂。

7.3.3 分子振动频率的定量计算示例

为建立通过分析分子的简正振动以确定相应的原子振动频率的具体概念，首先以最简单的只含有三个原子的分子的简正振动为例进行概述。此时，设质量分别为 m_1、m_2 和 m_3 的三个原子被可伸张的化学键顺序连接为一个线性分子。当这些原子沿连接它们的 x 轴进行振动时，它们从各自的平衡位置发生的位移可用笛卡儿坐标 x_1、x_2 和 x_3 表示（参阅图 7.3.4）。

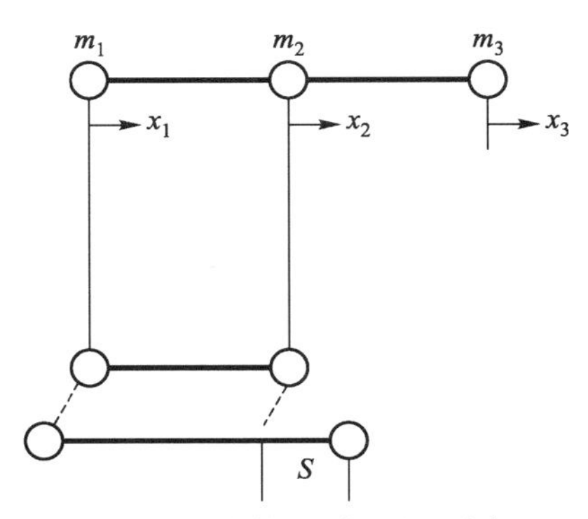

图 7.3.4 线性三原子分子坐标

此时，根据式（7.3.2），分子的动能 T 可写为 $\frac{1}{2}m_1\dot{x}_1^2+\frac{1}{2}m_2\dot{x}_2^2+\frac{1}{2}m_3\dot{x}_3^2$，并可写出：

$$\begin{aligned}2T=&m_1\dot{x}_1^2+(0)\dot{x}_1\dot{x}_2+(0)\dot{x}_1\dot{x}_3+(0)\dot{x}_1\dot{x}_1+m_2\dot{x}_2^2+\\&(0)\dot{x}_2\dot{x}_3+(0)\dot{x}_3\dot{x}_1+(0)\dot{x}_3\dot{x}_2+m_3\dot{x}_3^2\end{aligned}\tag{7.3.14}$$

根据式（7.3.5），分子的位能 V 可用表征各化学键的长度改变（相对于有关的两个原子在平衡状态时的核间距 r_i）的坐标表示：

$$2V=f_1R_1^2+f_2R_2^2+f_{12}R_1R_2+f_{21}R_2R_1\tag{7.3.15}$$

式中：$R_1=x_2-x_1$ 和 $R_2=x_3-x_2$；f 为力常数，而且 $f_{12}=f_{21}$。根据经典物理学可知，作用于体系的力等于位能对坐标的导数的负值。因此，可写出使坐标 R_1 恢复的作用力为

$$-\frac{\partial V}{\partial R_1}=-f_1R_1-f_{12}R_2\tag{7.3.16}$$

也就是说，使 R_1 恢复到它的平衡长度的作用力取决于相关的力常数 f_1 和 R_1 的乘积，即胡克定律。虽然使 R_1 恢复的作用力也和另一个被称为相互作用力常数的 f_{12} 和 R_2 的乘积有关，但 f_{12} 通常均比 f_1 小很多，从而，它可近似地被忽略不计。这样，将式（7.3.15）中的 R_i 值代入式（7.3.16）可得：

$$\begin{aligned}2V=&f_1x_1^2+(f_{12}-f_1)x_1x_2+f_{12}x_1x_3+(f_{12}-f_1)x_2x_1+(f_1-2f_{12}+f_2)x_2^2+\\&(f_{12}-f_2)x_2x_3-f_{12}x_3x_1+(f_{12}-f_2)x_3x_2+f_2x_3^2\end{aligned}\tag{7.3.17}$$

参照式（7.3.9），由上述能量方程可直接写出如下久期矩阵：

$$\begin{bmatrix}f_1-m_1\lambda & f_{12}-f_1 & -f_{12}\\ f_{12}-f_1 & f_1-2f_{12}+f_2-m_2\lambda & f_{12}-f_2\\ -f_{12} & f_{12}-f_2 & f_2-m_3\lambda\end{bmatrix}=0\tag{7.3.18}$$

展开这一久期矩阵可得下述三阶特征方程：

$$\begin{aligned}&\lambda^3-\lambda^2\left[f_1\left(\frac{1}{m_1}+\frac{1}{m_2}\right)+f_2\left(\frac{1}{m_2}+\frac{1}{m_3}\right)-2f_{12}\left(\frac{1}{m_2}\right)\right]+\\&\lambda\left[\left(f_1f_2-f_{12}^2\right)\left(\frac{m_1+m_2+m_3}{m_1m_2m_3}\right)\right]=0\end{aligned}\tag{7.3.19}$$

不难看出，该方程有一个 $\lambda=0$ 的解。也就是说，该分子将有一个其频率 ν 为零的非真实振动运动，即分子作为统一整体沿坐标轴 x 的移动。其余的

两个解 λ_1 和 λ_2 是实数，它们相应于沿坐标轴 x 的振动，且频率 $\nu_1 = \frac{\sqrt{\lambda_1}}{2\pi}$ 和 $\nu_2 = \frac{\sqrt{\lambda_2}}{2\pi}$。这样，式（7.3.18）可简化为

$$\lambda^2 - \lambda\left[f_1\left(\frac{1}{m_1}+\frac{1}{m_2}\right)+f_2\left(\frac{1}{m_2}+\frac{1}{m_3}\right)-2f_{12}\left(\frac{1}{m_2}\right)\right]+\left[\left(f_1f_2-f_{12}^2\right)\left(\frac{m_1+m_2+m_3}{m_1m_2m_3}\right)\right]=0 \tag{7.3.20}$$

如已知各个原子的质量 m_i 和它们振动的力常数 f_i，即可进一步算出它们进行振动的频率 ν_i。但是在实际上，往往 ν_i 是已知的，而 f_i 是个未知数，因而已知质量 m_i 的原子振动频率计算仍是一个困难课题。不过在线性三原子分子的典型情况下，可设两个实数解 λ_i 分别是 $\lambda_1 = a$ 和 $\lambda_2 = b$，并考虑到 $(\lambda-a)(\lambda-b)=0$，从而 $\lambda^2-\lambda(a+b)+ab=0$ 的代数关系，那么，式（7.3.20）中两个括号中的项可看做两个已知值的“和”和“积”，即

$$\left.\begin{aligned}\lambda_1+\lambda_2 &= f_1\left(\frac{1}{m_1}+\frac{1}{m_2}\right)+f_2\left(\frac{1}{m_2}+\frac{1}{m_3}\right)-2f_{12}\left(\frac{1}{m_2}\right)\\ \lambda_1\lambda_2 &= \left(f_1f_2-f_{12}^2\right)\left(\frac{m_1+m_2+m_3}{m_1m_2m_3}\right)\end{aligned}\right\} \tag{7.3.21}$$

显然，由式（7.3.21）不可能准确求出三个未知数 f_1、f_2 和 f_{12}。但是，如果进一步假设 $f_{12} \ll f_1$、f_2，则式（7.3.20）可近似地写为仅含有两个未知数 f_1 和 f_2 的方程：

$$\left.\begin{aligned}&f_1^2 - f_1\left[\left(\frac{m_1m_2}{m_1+m_2}\right)(\lambda_1+\lambda_2)\right]+\frac{(m_1^2m_2)(m_2+m_3)}{(m_1+m_2+m_3)}(\lambda_1\lambda_2)=0\\ &f_2=\frac{1}{f_1}\left(\frac{m_1m_2m_3}{m_1+m_2+m_3}\right)(\lambda_1\lambda_2)\end{aligned}\right\} \tag{7.3.22}$$

求解这一非线性方程组可得出含有两组各包含两个力常数 f_i 的解，其中每个力常数都可导致相同的各个相应的振动频率 ν_i。在所考查的这种三原子分子的简单情况下，可将已确定的某个 λ_i 代入由久期矩阵［式（7.3.18）］而构建特征方程：

$$\left.\begin{aligned}(f_1-m_1\lambda)A_1+(f_{12}-f_1)A_2+(-f_{12})A_3=0\\(f_{12}-f_1)A_1+(f_1-2f_{12}+f_2-m_2\lambda)A_2+(f_{12}-f_2)A_3=0\\(-f_{12})A_1+(f_{12}-f_2)A_2+(f_2-m_3\lambda)A_3=0\end{aligned}\right\}\qquad(7.3.23)$$

利用式(7.3.23)即可求出原子振幅的相对值。在 $f_{12}=0$ 的情况下，由式(7.3.23)中的第 1 个和第 3 个方程，即可得出：

$$\frac{A_1}{A_2}=\frac{f_1}{f_1-m_1\lambda},\quad \frac{A_3}{A_2}=\frac{f_2}{f_2-m_3\lambda}\qquad(7.3.24)$$

同样，对于其他的 λ_i（如 λ_2）也可如此而计算出相应的原子振幅的相对值。为清晰起见，考查 $m_1=m_2=m_3=m$、$f_1=f_2=f$ 和 $f_{12}=0$ 以及最简单的情形。此时根据式（7.3.23）可得，$\lambda_1=\frac{3f}{m}$，$\lambda_2=\frac{f}{m}$，$\lambda_3=0$。而根据式（7.3.24）可得，不同 λ 的振幅的相对值分别是

$$\lambda_1\quad A_1:A_2:A_3=1:-2:1$$

$$\lambda_2\quad A_1:A_2:A_3=-1:0:1$$

$$\lambda_3\quad A_1:A_2:A_3=1:1:1$$

据此，可以认为，这一三原子分子频率分别为 $\nu_1\left(=\frac{1}{2\pi}\sqrt{\frac{3f}{m}}\right)$ 和 $\nu_2\left(=\frac{1}{2\pi}\sqrt{\frac{f}{m}}\right)$ 的振动是如图 7.3.5 中所示的振动相位相反的非同相 ν_1（out-of-phase，oop）和振动相位相同的同相 ν_2（in-phase，ip）伸张振动。而 ν_3 则是三个原子作为整体沿同一方向移动的等于零的“振动”频率。根据上述理论分析结果，即可对这一三原子分子的振动予以描述，如图 7.3.5 所示。

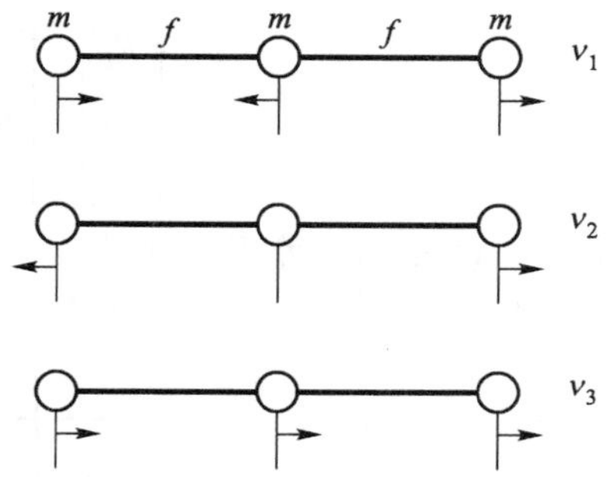

显然，这种求解原子振幅的相对值的方法，将因分子的增大变得更为复杂。在实际工作中，通常采用的一个方法是预先假设一个力场，然后计算频率；根据计算所得的频率对原来假设的力场进行修正，然后再计算频率和进一步修正力场；如此循环，直到能获得据以计算出和频率的实验值吻合的力场为止。

图 7.3.5　线性三原子分子的振动模型：$\nu_1=\frac{1}{2\pi}\sqrt{\frac{3f}{m}}$，$\nu_2=\frac{1}{2\pi}\sqrt{\frac{f}{m}}$，$\nu_3=0$

由上述三原子分子中原子振动的计算和分析可见，分子振动频率定量计算的原则并不复杂。也就是说，它只要求人们写出采用笛卡儿坐标或质量权重的笛卡儿坐标表征的位能矩阵，即可通过对角化而求出本征值λ及相应的振动频率。但对于含有N个原子的多原子分子来说，为计算出$3N-6$个振动频率ν_i，就必须写出$3N\times 3N$个位能矩阵。此时，6个非真实的振动（即3个移动和3个转动）的存在将使上述矩阵包含有多余的行和列，从而增大数学上求解的复杂化程度，使振动频率计算成为一项相当繁杂的任务。为简化定量计算，在实际工作中分子振动频率是通过通常称为“简正坐标分析”（normal coordinate analysis）的方法而求出。

7.3.4 多原子分子振动的简正坐标分析方法概述

为计算多原子分子振动的频率，所采用的简正坐标分析方法是将多原子分子体系的位能V和动能T用简正坐标Q_j表述，并从力常数矩阵的对角线项f_{ij}中求解本征值，进而求出相应的原子振动频率。所谓的简正坐标Q_j，实际上表征的是分子振动时某个原子在一个坐标方向上位移的所有质量加权笛卡儿坐标q通过特征矢量矩阵变换（eigenvector matrix）L而形成的线性组合，它和分子的内坐标（或对称坐标）R_i之间有以下关系：

$$R_i = \sum L_{ij} Q_j \tag{7.3.25a}$$

或表示为矩阵形式：

$$\boldsymbol{R} = \boldsymbol{L}\boldsymbol{Q} \tag{7.3.25b}$$

即

$$\begin{bmatrix} R_1 \\ R_2 \\ \vdots \end{bmatrix} = \begin{bmatrix} L_{1j} & L_{1k} & \cdots \\ L_{2j} & L_{2k} & \cdots \\ \vdots & \vdots & \vdots \end{bmatrix} \begin{bmatrix} Q_j \\ Q_k \\ \vdots \end{bmatrix} \tag{7.3.25c}$$

式中，$\boldsymbol{Q}$是由多原子非线性分子的$3N-6$个（或线性分子的$3N-5$个）简正坐标Q_j组成的列向量，$\boldsymbol{L}$是

	Q_j	Q_k	...
R_1	L_{1j}	L_{1k}	...
R_2	L_{2j}	L_{2k}	...
⋮	⋮	⋮	⋮

在这里，选择各 $\boldsymbol{L}$ 项的条件是，保证当采用这种简正坐标系 Q_j 后，分子的动能 T 和位能 V 仍保留和采用笛卡儿或内坐标时的相同形式。也就是说，动能的原来坐标对时间的导数平方形式不变，而位能则只含有坐标 Q 的平方而不含系数不等的交叉项乘积，即

$$T=\frac{1}{2}\sum_{k=1}^{3N}\left(\frac{\mathrm{d}Q_k}{\mathrm{d}t}\right)^2,\qquad V=\frac{1}{2}\sum_{k=1}^{3N}\lambda_k Q_k^2 \tag{7.3.26}$$

这样，采用简正坐标表述的拉格朗日方程可写为

$$\frac{\mathrm{d}}{\mathrm{d}t}\left(\frac{\partial T}{\partial \dot{Q}_k}\right)+\frac{\partial V}{\partial Q_k}=0 \tag{7.3.27a}$$

和前面采用其他空间坐标进行振动问题的情况相同，由拉格朗日方程式（7.3.27a）可改写为一组联立的二级线性微分方程：

$$\left.\begin{array}{l}\ddot{Q}_1+\lambda_1 Q_1=0\\ \ddot{Q}_2+\lambda_2 Q_2=0\\ \cdots\cdots\cdots\cdots\\ \ddot{Q}_k+\lambda_k Q_k=0\end{array}\right\} \tag{7.3.27b}$$

这些方程的解是简单的简谐运动方程：

$$\left.\begin{array}{l}Q_1=Q_1^0\sin(2\pi\nu_1 t+\theta_1)\\ Q_2=Q_2^0\sin(2\pi\nu_2 t+\theta_2)\\ \cdots\cdots\cdots\cdots\\ Q_k=Q_k^0\sin(2\pi\nu_k t+\theta_k)\end{array}\right\} \tag{7.3.28}$$

式中，$Q_1^0,Q_2^0,\cdots,Q_k^0$ 和 $\theta_1,\theta_2,\cdots,\theta_k$ 是常数，λ_k 和前面采用其他空间坐标进行处理所得出的 λ 具有相同的含义，即 $\lambda_k=(2\pi\nu_k)^2$。因为每一个简正坐标 Q_k 仅和一个频率 ν_k 相关，这也就意味着每一振动简正坐标都是以它自身特有的频率各自独立地进行振动。也就是说，当一个简正坐标振动时，该坐标所包含的所有内坐标 R_i（每个相关的原子）的周期性位移是以同样的频率发生：

$$R_i=L_{ik}Q_k^0\sin(2\pi\nu_k t+\theta_k) \tag{7.3.29}$$

这样，在简正坐标分析时，多原子分子体系的位能 V 用由一组使原子在振动中发生的位移恢复的力常数 f_{ij} 作为矩阵元的 $\boldsymbol{F}$ 矩阵表示：

$$2V=\sum_{ij} f_{ij}R_iR_j$$

或

$$2V=\begin{bmatrix}R_1 & R_2 & \cdots\end{bmatrix}\begin{bmatrix}f_{11} & f_{12} & \cdots \\ f_{21} & f_{22} & \cdots \\ \vdots & \vdots & \vdots\end{bmatrix}\begin{bmatrix}R_1 \\ R_2 \\ \vdots\end{bmatrix}=\tilde{\boldsymbol{R}}\boldsymbol{F}\boldsymbol{R} \quad (7.3.30a)$$

式中，$\boldsymbol{R}$ 和 $\tilde{\boldsymbol{R}}$ 分别表示矩阵元为内坐标 R 的列矩阵和它的转置（transpose）行矩阵。例如，在 H_2O 分子的情况下（参阅图 7.3.5），根据式（7.3.5），分子的位能 $2V=f_{11}(\Delta r_1)^2+f_{11}(\Delta r_2)^2+f_{33}r^2(\Delta\alpha)^2+2f_{12}(\Delta r_1)(\Delta r_2)+2f_{13}r(\Delta r_1)(\Delta\alpha)+2f_{13}r(\Delta r_2)(\Delta\alpha)$ 可写为

$$2V=\begin{bmatrix}\Delta r_1 & \Delta r_2 & \Delta\alpha\end{bmatrix}\begin{bmatrix}f_{11} & f_{12} & rf_{13} \\ f_{12} & f_{11} & rf_{13} \\ rf_{13} & rf_{13} & r^2f_{33}\end{bmatrix}\begin{bmatrix}\Delta r_1 \\ \Delta r_2 \\ \Delta\alpha\end{bmatrix} \quad (7.3.30b)$$

式中引入平衡核间距 r 乘数的目的是使 f_{13} 和 f_{33} 彼此具有相同因次。若为进一步简化计算，利用 H_2O 分子具有对称性的特点而采用对称坐标时，它的 $\boldsymbol{F}$ 矩阵则可写为

$$\boldsymbol{F}=\boldsymbol{U}\boldsymbol{F}\tilde{\boldsymbol{U}} \quad (7.3.30c)$$

式中：

$$\boldsymbol{F}=\begin{bmatrix}f_{11}+f_{12} & 2r\sqrt{f_{13}} & 0 \\ r\sqrt{f_{13}} & r_2f_{33} & 0 \\ 0 & 0 & f_{11}-f_{12}\end{bmatrix}$$

同样，如式（7.3.3）所示的分子动能可写为[17]

$$2T=\sum_{ij}(G^{-1})_{ij}\dot{R}_i\dot{R}_j$$

或

$$2T=\begin{bmatrix}\dot{R}_1 & \dot{R}_2 & \cdots\end{bmatrix}\begin{bmatrix}(G^{-1})_{11} & (G^{-1})_{12} & \cdots \\ (G^{-1})_{21} & (G^{-1})_{22} & \cdots \\ \vdots & \vdots & \vdots\end{bmatrix}\begin{bmatrix}\dot{R}_1 \\ \dot{R}_2 \\ \vdots\end{bmatrix}=\tilde{\dot{\boldsymbol{R}}}\boldsymbol{G}^{-1}\dot{\boldsymbol{R}} \quad (7.3.31)$$

[17] (a) Wilson E B. J. Chem. Phys., 1939, 7: 1047. (b)Wilson E B. J. Chem. Phys., 1941, 9: 76.

式中，$\dot{\boldsymbol{R}}$ 和 $\tilde{\dot{\boldsymbol{R}}}$ 是其矩阵元为分子位移的内坐标 R 对时间的导数的列矩阵和它的转置矩阵；$\boldsymbol{G}^{-1}$ 矩阵是 $\boldsymbol{G}$ 矩阵的倒数。$\boldsymbol{G}$ 矩阵的矩阵元可参照 Decius 表[18]计算。例如，H_2O 的 $\boldsymbol{G}$ 矩阵为

$$\boldsymbol{G}=\begin{bmatrix} m_3+m_1 & m_3\cos\alpha & -\dfrac{m_3}{r}\sin\alpha \\ m_3\cos\alpha & m_3+m_1 & -\dfrac{m_3}{r}\sin\alpha \\ -\dfrac{m_3}{r}\sin\alpha & -\dfrac{m_3}{r}\sin\alpha & \dfrac{2m_1}{r^2}(1-\cos\alpha) \end{bmatrix} \tag{7.3.32}$$

式中，m_1 和 m_3 分别为 H 和 O 原子的相对原子质量，α 为键角。用对称坐标表示的 $\boldsymbol{G}$ 矩阵可写为

$$\boldsymbol{G}_{\mathrm{s}}=\begin{bmatrix} m_3(1+\cos\alpha)+m_1 & -\dfrac{\sqrt{2}}{r}m_3\sin\alpha & 0 \\ -\dfrac{\sqrt{2}}{r}m_3\sin\alpha & \dfrac{2m_1}{r^2}+\dfrac{2m_3}{r^2}(1-\cos\alpha) & 0 \\ 0 & 0 & m_3(1-\cos\alpha)+m_1 \end{bmatrix} \tag{7.3.33}$$

和在简谐振子近似条件下求解采用质量权重的空间坐标 q 表达的原子振动的拉格朗日运动方程一样，当采用简正坐标描述多原子分子振动的位能和动能时，同样可得：

$$R_j=L_j\sin\left(\sqrt{\lambda}t+\theta\right) \tag{7.3.34}$$

式中，$\lambda=(2\pi\nu)^2$，L_j 是振幅的最大值。相应的久期行列式可写为

$$\begin{bmatrix} F_{11}-(G^{-1})_{11}\lambda & F_{11}-(G^{-1})_{11}\lambda & \cdots \\ F_{11}-(G^{-1})_{11}\lambda & F_{11}-(G^{-1})_{11}\lambda & \cdots \\ \vdots & \vdots & \vdots \end{bmatrix}=0$$

或

$$\left|\boldsymbol{F}-\boldsymbol{G}^{-1}\lambda\right|=0 \tag{7.3.35}$$

[18] Decius J C. J.Chem..Phys., 1948, 16: 1025.

式中，$\lambda=\sqrt{2\pi\nu}$ 是和振动频率 ν 相关的能量本征值。在实际计算工作中，为方便起见，通常再将式（7.3.35）乘以 $|\boldsymbol{G}|$，并得出 $|\boldsymbol{GF}-\boldsymbol{G}^{-1}\lambda||\boldsymbol{G}|=|\boldsymbol{GF}-\boldsymbol{GG}^{-1}\lambda|=0$。根据矩阵代数，任一矩阵和它的倒数相乘将得出具有对角矩阵元（其他位置为零）的恒等矩阵 $\boldsymbol{I}$。故式（7.3.35）可改写为

$$|\boldsymbol{GF}-\boldsymbol{I}\lambda|=0 \tag{7.3.36}$$

或

$$\begin{bmatrix} \sum_i G_{1i}F_{i1}-\lambda & \sum_j G_{ij}F_{12} & \cdots \\ \sum_j G_{2i}F_{i2} & \sum_i G_{2j}F_{j2}-\lambda & \cdots \\ \vdots & \vdots & \vdots \end{bmatrix}=0$$

由此可见，若矩阵 $\boldsymbol{F}$ 和 $\boldsymbol{G}$ 已知，求解这一久期行列式，即可得出简正坐标 Q_k 的振动频率 $\nu_k=\dfrac{\sqrt{\lambda_k}}{2\pi}$。

应指出的是，通过简正坐标分析还可进一步探讨有关和指定振动频率 ν_i 直接相关的原子振动中核位移的重要信息。例如，若能估算出某一振动模 k 中的一个内坐标 i 的位能在和所有内坐标中位能总和中所占的百分数的“位能分配函数”（potential energy distribution，简称 $P.E.D$），即可推断振动模 k 对分子简正振动模振动的贡献。为此，若采用将内坐标 $R_i=L_{ik}Q_k$ 代入用内坐标表示的位能表达式（7.3.30），不难得出位能分配函数为

$$P.E.D=\frac{f_{ij}L_{ik}L_{jk}}{\sum_{ij}f_{ij}L_{ik}L_{jk}} \tag{7.3.37}$$

因 $i=j$ 时的位能比 $i\neq j$ 时的位能大得多，在每个简正坐标 Q_k 中各内坐标的 $P.E.D$ 可只用 $i=j$ 的对角项的百分数近似地表示，即

$$P.E.D\text{（对角）}=\left(\frac{100f_{ii}L_{ik}^2}{\sum_i f_{ii}L_{ik}^2}\right)\% \tag{7.3.38}$$

但应指出，当涉及处理一些复杂的分子（特别是环状分子）时，由于这些分子往往包含有许多“多余”内坐标，此时的位能分配函数并不能确切地表征该分子的振动模式。为更准确地描述分子振动的物理图像，确定

分子中哪些原子参与某一频率的简正振动模，则需直接求解关联简正坐标 Q_j 和分子的内坐标 R_i 的 $\boldsymbol{L}$ 矩阵，而得出各原子在相关振动中沿内坐标发生的位移。

7.3.5　简正坐标分析用的各种力场

为通过简正坐标分析成功地计算分子振动频率及振动中的原子位移矢量，必须要有足够可靠的能正确描述原子体系位能的“力场”。诚然，用于构成分子力场的力常数，在原则上可通过实验测量分子的振动频率得到，但除双原子分子外，这是一件困难的任务。因为此时要求得出的简谐振动的力常数数目比实验所测出的频率数目更多；如果分子有含立方项的非简谐振动时，问题将变得更复杂。因此在很长一段时期内，人们采取的一个办法是，基于相同基团在不同分子中的振动频率相近的事实，近似地认为同种基团的力常数可在不同分子中通用。而用一些基团的力常数“拼凑”而成某一分子的经验力场，如“综合价键力场”（generalized valence force field，GVFF）和“Urey-Bradley 力场”（Urey-Bradley force field，UBFF）等，用于计算包含这些基团的分子的振动频率。只是近年来，随着计算化学方法和计算技术的进展，采用各种量子化学方法处理其结构经过优化的分子体系，已成为人们获得有关分子振动力场的重要方法。

1．经验力场——综合价键力场和 Urey-Bradley 力场

综合价键力场和 Urey-Bradley 力场[19]都是一种用内坐标表述的力场。综合价键力场是采用诸如使键长、键角改变的作用力的对角力常数 $f_{ii}=\dfrac{\partial^2 V}{\partial S_i Si_i}$ 描述，而随坐标 j 伸长或缩短而引起坐标为 i 时的位能变化则用非对角力常数 $f_{ij}=\dfrac{\partial^2 V}{\partial^2 V}$ 等描述。其中，对角力常数 f_{ij} 往往是未知的，而且随分子不同而异。综合价键力场的一个问题是，它的力常数数目远超过分子的振动频率的数目。例如，即使仅是用于描述只有 6 个振动频率的这样一个 C—CH_3 简单小分子[20]，综合价键力场也要求包含 16 个力常数，其中包括：2 个对角键伸张力常数 $f_{\text{C—H}}$、$f_{\text{C—C}}$，2 个对角键弯曲力常数 $f_{\text{C—C—H}}$、$f_{\text{H—C—H}}$，

[19] Urey H C, Bradley C A. Phys. Rev., 1931, 38: 1969.

[20] CH_3C 的振动频率应为 3N − 6 = 9。但分子的对称性使一些振动是简并的,故只可观测到 6 个振动频率。

2 个键伸张-键伸张相互作用常数 $f_{C-H/C-H}$、$f_{C-H/C-C}$，6 个键伸张-键弯曲相互作用常数（如 $f_{C-H/C-C-H'}$、$f_{C-H/C-C-H}$、$f_{C-H/H-C-H}$、$f_{C-H/H-C-H}$、$f_{C-C/C-C-H}$、$f_{C-C/H-C-H}$），4 个键弯曲-键弯曲相互作用常数（如 $f_{C-C-H/H-C-H}$、$f_{C-C-H'/H-C-H}$）等。如果描述诸如 CH_3Cl 的那种被四面体取代的中心 C 原子的位能时，综合价键力场所遇到的难题是，如何采用 6 个并非各自独立的内坐标去表征 6 个夹角不可能同时变大（或同时变大减小）的该分子的中心 C 原子（图 7.3.6）。为确定这些内坐标 $R_1,R_2,\cdots,R_6$，把它们变换成如下的 5 个线性独立对称（正交）坐标 $S_1,S_2,\cdots,S_6$ 的做法，只可用于近似的简化计算而已。

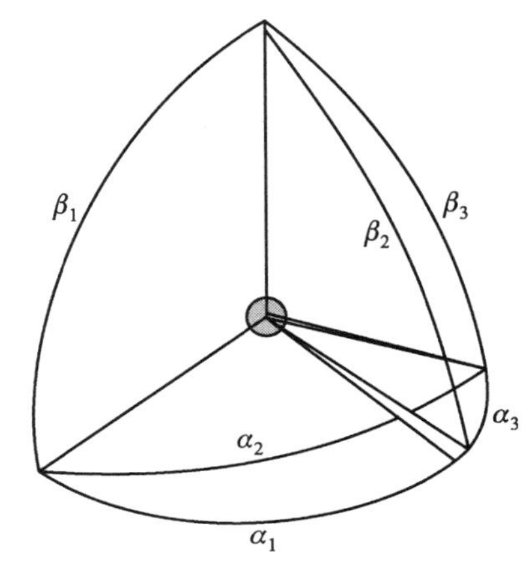

图 7.3.6　表征被四面体取代的原子的 6 个线性相关的内坐标 $\alpha_i\beta_i(i=1,2,3)$

$$S_1=\alpha_1+\alpha_2+\alpha_3-\beta_1-\beta_2-\beta_3 \quad \text{对称变形}$$
$$S_2=2\alpha_1-\alpha_2-\alpha_3 \quad \text{反对称变形}$$
$$S_3=\alpha_2+\alpha_3 \quad \text{反对称变形}$$
$$S_4=2\beta_1-\beta_2-\beta_3 \quad \text{摇摆振动}$$
$$S_5=\beta_2-\beta_3 \quad \text{摇摆振动}$$
$$S_6=\alpha_1+\alpha_2+\alpha_3+\beta_1+\beta_2+\beta_3\equiv 0$$

Urey-Bradley 力场和综合价键力场相类似，但为减少表征分子位能所需要的力常数数目，它通常是将综合价键力场的一些键伸张-键伸张以及键伸张-键弯曲相互作用合并为“非键相互作用”（nonbonded interaction）。这样描述上述的 C—CH_3 基团的力常数数目可由 GVFF 力场的 16 个减少为 7 个，即 2 个对角键伸张力常数 K_{C-H}、K_{C-C}，2 个键弯曲力常数 H_{H-C-H}、H_{C-C-H}，2 个非键相互作用常数 $F_{C\cdots H}$、$F_{H\cdots H}$，1 个分子间张力常数 ρ。

但是应注意，这种相互作用的合并可引入一些不必要的重复。例如，在 A—B—C 三原子分子中，Urey-Bradley 力场中除 A—B 和 B—C 的键伸张力常数和 A—B—C 的变形力常数外，还另加上一个 A⋯C 非键相互作用。但在事实上，在振动中 A 和 C 原子间的距离加大，已可通过 A—B 和 B—C 的键伸张以及 A—B—C 的变形振动给予描述，因而外加的一个 A⋯C

非键相互作用显然是多余的。Urey-Bradley 力场中包含有多余振动（力常数）的结果，同样是使位能表达式中的线性项 $-\left(\frac{\mathrm{d}V}{\mathrm{d}q}\right)$ 不再等于零。这和简谐振子位能项的基本假设［参阅式（7.3.5）］不一致。

应指出，通过大量结构相类似，特别是那些振动模式已被确切认知的简单小分子的振动光谱测量，人们将用于综合价键力场和 Urey-Bradley 力场等的一些常见基团的力常数已有系统汇总，并“移植”、“拼凑”出可用许多多原子有机大分子振动频率计算所需要的经验力场。但在近年来，随着计算化学方法和计算技术的进展，更为可靠的分子力场已可通过理论计算得到。

2．“从头计算”（ab initio）力场

到目前为止，采用各种量子化学方法计算是通过分子振动的简正坐标分析而获得有关分子振动频率的最佳方法。这一方法首先是用适当的量子化学方法进行分子结构优化，以确定能量最低从而最稳定的平衡核构型；继之，对分子能量对振动过程中核位移的笛卡儿坐标的二阶导数 $\left(\frac{\partial^2 V}{\partial q_i \partial q_j}\right)$ 求解。为此，最初人们曾尝试采用基于哈特里-福克（Hartree-Fock，HF）分子轨道理论而建立的一些半经验方法（如 CNDO/2）进行计算[21]，所得结果虽可给出多个力常数的相对数值及其正负，但用于进一步计算振动频率时，这些力常数则显得比较粗略，用它们计算振动频率的误差可达约 50 cm^{-1} 之多。采用其他改进的半经验方法计算，其结果也类似。但其后在 HF 理论水平上，利用 4-31G 基函数（basis）“从头计算”[22]“平面内”和“非平面”振动的力常数，用这些“从头计算”的力常数所计算出的振动频率已可更好地接近实验观测值。但是，由于 HF 理论未充分考虑电子相关效应（electron correlation effect）以及所用基函数的一些缺陷，在这一理论水平上计算所得的振动力场及振动频率计算值通常仍高于相应的实验结果。特别是包含有非简谐振动时，尤其如此。若采用考虑电子相关效应修正的 MP2 的理论模型计算，频率计算的精确度可有一定程度的改善[23]（特别是在 $\nu \leqslant 800\ \mathrm{cm}^{-1}$ 的低频区，可使其误差降低到 3%左右），但电子相

[21] Panchenko N, Yu P, Pulay F. J. Mol. Structu., 1976, 34: 283-289.
[22] Pulay P, Fogarasi G, Pongor G, Boggs J E, Vargha A.　J. Am. Chem. Soc., 1983, 105: 7037-7047.
[23] Pople J A, Achlegel H B, Krishnan R, Defres D J, Frisch M J, Whiteside R A, Hout R F W. J. Int. J. Quantum Chem., 1981, S15: 269.当采用 MP2/6-31G*时,定标修正因子是 0.9427.

关修正的传统理论计算相当复杂。不过，一些实践经验示明，HF 理论水平上的“从头计算”的振动力场在引入适当校正之后，仍可较好地用于处理原子数目更多的大分子。例如，在采用基函数 6-31G 的情况下[24]，HF 计算的振动频率比实验观察值普遍地高出 10%～12%。这意味着，此时可引入其值为 0.892 9 的定标因子对计算结果进行校正。当采用电子相关效应修正后的 MP2/6-31G*方法计算时，校正用的定标因子为 0.942 7。但是应当指出，在 HF 理论水平上的“从头计算”的振动力场误差虽可用经验方法校正，但在存在强电子相关时并不很成功，在不少其他情况下，其计算的精确性仍受限制。近年来研究示明，采用适当基函数的局域（local）和非局域（nonlocal）的密度泛函理论（density functional theory，DFT）计算，特别是由 A. D. Becke 的交换泛函（B）[25]和 C. Lee、W. Yang 和 R. G. Parr 的相关泛函[26]（LYP）组合而成的 B3LYP 方法，可以给出相当精确的分子力场及相关的振动频率。而且分子力场及相关振动频率的 DFT 方法计算相对于 HF 水平上的计算有明显优越性，已在 J. A. Pople 等利用基函数 6-31G*对包含有不同功能团的数以百计的多原子有机分子的 DFT 计算结果所证实[27]。因此可以明确无误地认为，采用 B3LYP 泛函和 6-31G*基函数的 DFT 计算是目前获取精确的分子力场及相关振动频率的最佳方法。

正如实践示明的那样，随着计算机的高速运算能力及计算程序的进展，B3LYP/6-31G*已可成功地精确计算含有多个原子的一些卟啉衍生物分子的拉曼散射光谱谱图以及各简正振动模式中的原子位移（详见 7.4.5 小节）。在这里仅在表 7.3.1 中列出用 DFT 方法所导出的表征分子力场的一些最基本的力常数数值。

表 7.3.1 表征分子力场的一些最基本的力常数数值（内坐标）

序号	振动模	BLYP	B3LYP
1	X—YT 伸张	1.007	0.922
2	X—H 伸张	0.977	0.920
3	XYZ 弯曲	1.054	0.990
4	XY—H 弯曲	1.005	0.950

[24] Pople J A, Scott A P, Wong M W, Radom L. Isr. J. Chem., 1993, 33: 345.
[25] Becke A D. Phys. Rev. A, 1988, 38: 3098.
[26] Lee C, Yang W, Parr R G. Phys. Rev. B, 1988, 37: 785.
[27](a) Stephens P J, Devlin F J, Chabalowski C F, Frish M J. J. Phys. Chem., 1994, 98: 11623.(b) Johnson B G, Dill P M W, Pople J A. J. Chem. Phys., 1993, 98: 5612. (c) Rauhut G, Pulay P. J. Phys. Chem., 1995, 99: 3093. (d) Scott A, Pople J A. P, Radom L. J. Phys. Chem., 1996, 100: 16502.

续表

序号	振动模	BLYP	B3LYP
5	H—X—H 弯曲	0.964	0.915
6	非平面振动	1.072	0.976
7	NH_2 摇摆	0.834	0.806
8	XO—H，X—n—H 弯曲	0.980	0.876
9	共轭体系扭转	0.869	0.831
10	单键扭转	0.990	0.935
11	线性变形	0.986	0.913

7.4　拉曼散射频率和分子结构关联——光谱谱带归属

通过对分子体系的拉曼散射光谱谱图测定，所得知的仅是和该分子体系振动(也可包括分子转动)相关的拉曼散射光谱谱带 $\Delta\nu_i$ 及该谱带的强度、偏振特性等参数。为从拉曼散射光谱测量结果中获取有关分子结构的信息，必须将实验测出的各拉曼谱带 $\Delta\nu_i$ 分别归属于某一相应的分子简正振动模，确定该谱带和相关的分子结构关联，揭示相关原子在振动中的位移。

通常用于归属拉曼散射光谱谱带的简便方法是，将实验测量出的拉曼散射光谱和其结构已知的一些分子基团的振动光谱测量所得的频率进行比较，从最佳的拟合匹配中推测和拉曼散射光谱频率最可能对应的分子结构。为此，多种分子基团的拉曼散射光谱的频率已根据大量的实验数据有系统地归纳总结（详见本章附录 A7.1）。但应指出，这种经验性的归属方法本身实际上已引入一个近似假设，即认为某一基团的振动在任一含有该基团的分子中都一样，也就是说，分子中某一基团的振动和分子的整体结构无关。这一假设的合理性显然值得进一步商榷。其次，一些不同的化学键、分子基团的振动频率在事实上可能十分相近，以致难以辨别这一频率应和哪个基团的振动联系。例如，对于拉曼频率 $\Delta\nu \approx 610\,\mathrm{cm^{-1}}$ 的谱带而言，仅根据频率很难确切地判定，这一拉曼谱带是来自频率为 $620\,\mathrm{cm^{-1}}$ 的 R_2CHC—Cl 分子中的 C—Cl 键伸张振动，还是应该归属于频率介于 600～630 $\mathrm{cm^{-1}}$ 之间的

RR'HC—S 中的 C—S 键伸张振动？诚然，在分子中的指定部位进行同位素取代而引起拉曼谱带频率偏移，虽有助于确认某一（些）拉曼散射光谱谱带，但一般来说，这种以基团频率为基础的拉曼散射光谱谱带归属方法，可能更适用于由数目不多的原子构成的小分子。对组成、结构复杂的多原子有机大分子而言，通过和构成这些分子的“小分子单元”的拉曼散射基团频率对比，并将那些相对于这些“小分子单元”拉曼散射光谱谱图中出现偏移的谱带归因于“小分子单元”间的相互作用时，仍可同样地确认大分子的一些拉曼散射光谱谱带。例如，根据四苯基卟吩（P）、硝基苯（NB）和二甲基吡啶（MV^{2+}）的拉曼散射光谱谱图，即可归属硝基苯在不同位置取代（P-NB），以及用不同共价键和二甲基吡啶（P—MV^{2+}）相连接的四苯基卟吩化合物的拉曼散射光谱谱带（参阅图 7.4.1 和图 7.4.2）[28]。但应切记，这种谱带归属在很大程度上是经验性的，缺乏严格的理论依据。

但在另一方面，如 7.3.4 小节所讨论的分子振动简正坐标分析所示，分子中各种核振动的振动频率 ν_i 在原则上可通过理论直接计算。近年来随着高速大容量计算设备的发展以及一系列计算功能比较齐全相关计算程序的商品化，借助于适当选用的软件程序，即可通过简单计算机运算操作准确而简便地直接为简正坐标分析提供计算所必需的能量上最稳定的“优化”分子几何结构参数，所得计算结果则又可反过来对所用结构参数的合理性予以校核，从而进一步提高据此而导出的拉曼散射光谱谱带频率和分子结构关联的可靠性。例如，如果简正坐标分析得出有一个或几个带有负号的虚数频率出现，这将意味着此时出现了其能量较现行的结构更低的某种分子结构畸变，从而计算所用的初始分子结构参数的合理性值得进一步校核。现在已商品化并被广泛应用的一些计算程序，如高斯系列软件，已可成功地在对由数以百计或更多原子所构成的一个非线性多原子复杂分子的结构进行优化，并由分子位能对核位移的二阶导数求出力常数 f_{ii}，进而在简谐振动的近似条件下，通过将质量权重的卡笛儿力常数矩阵对角化计算出 $3n-6$ 个拉曼频率 ν_i、散射信号强度 $I(\nu_i)$、偏振方向等光谱学参数，示出和各频率 ν_i 相关简正振动模中的核位移 Δx_i。此外，这一计算还提供有关分子能量（包括分子的零点振动能 ε_0）、焓和熵等热力学参数。而且，现有的大量计算结果已表明，采用 B3LYP 泛函和 6-31G* 基函数的 DFT

[28] (a) Akins D L, Zhu H R, 郭础. J. Phys. Chem., 1993, 97: 3974. (b) Akins D L, Zhu H R, 郭础. J. Phys. Chem., 1993, 97: 8681.

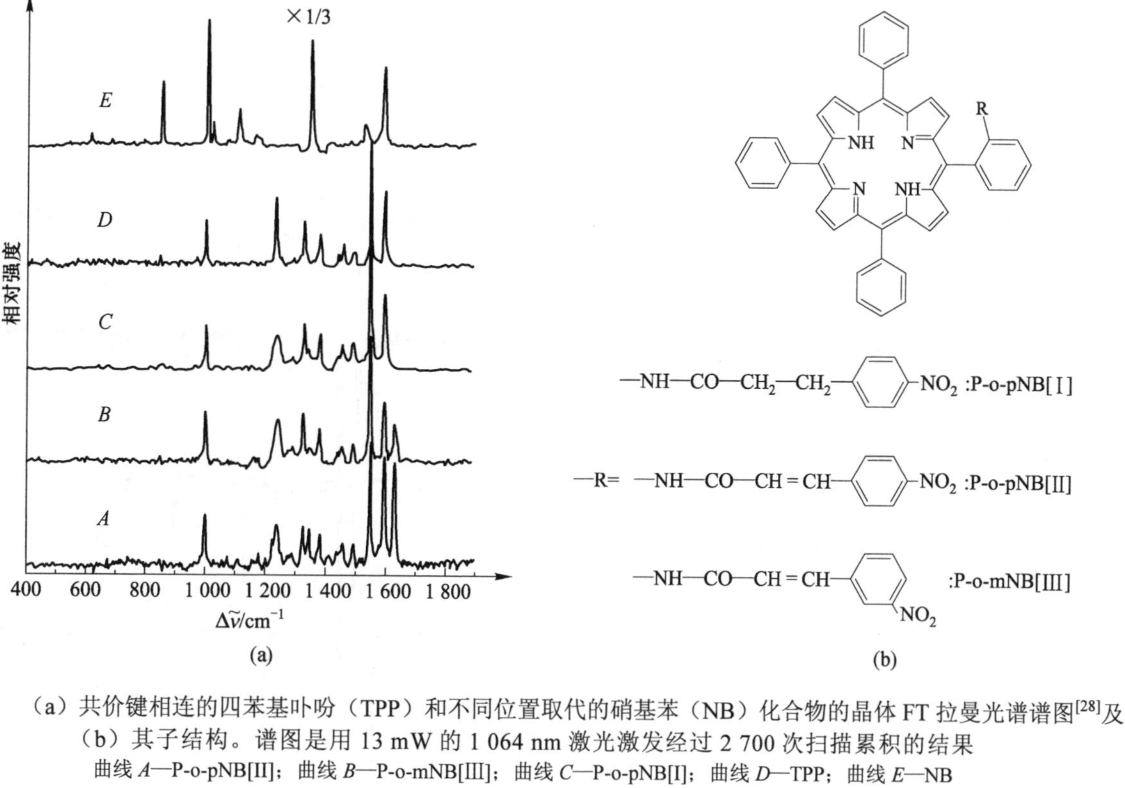

图 7.4.1　（a）共价键相连的四苯基卟吩（TPP）和不同位置取代的硝基苯（NB）化合物的晶体 FT 拉曼光谱谱图[28]及（b）其子结构。谱图是用 13 mW 的 1 064 nm 激光激发经过 2 700 次扫描累积的结果

曲线 *A*—P-o-pNB[II]；曲线 *B*—P-o-mNB[III]；曲线 *C*—P-o-pNB[I]；曲线 *D*—TPP；曲线 *E*—NB

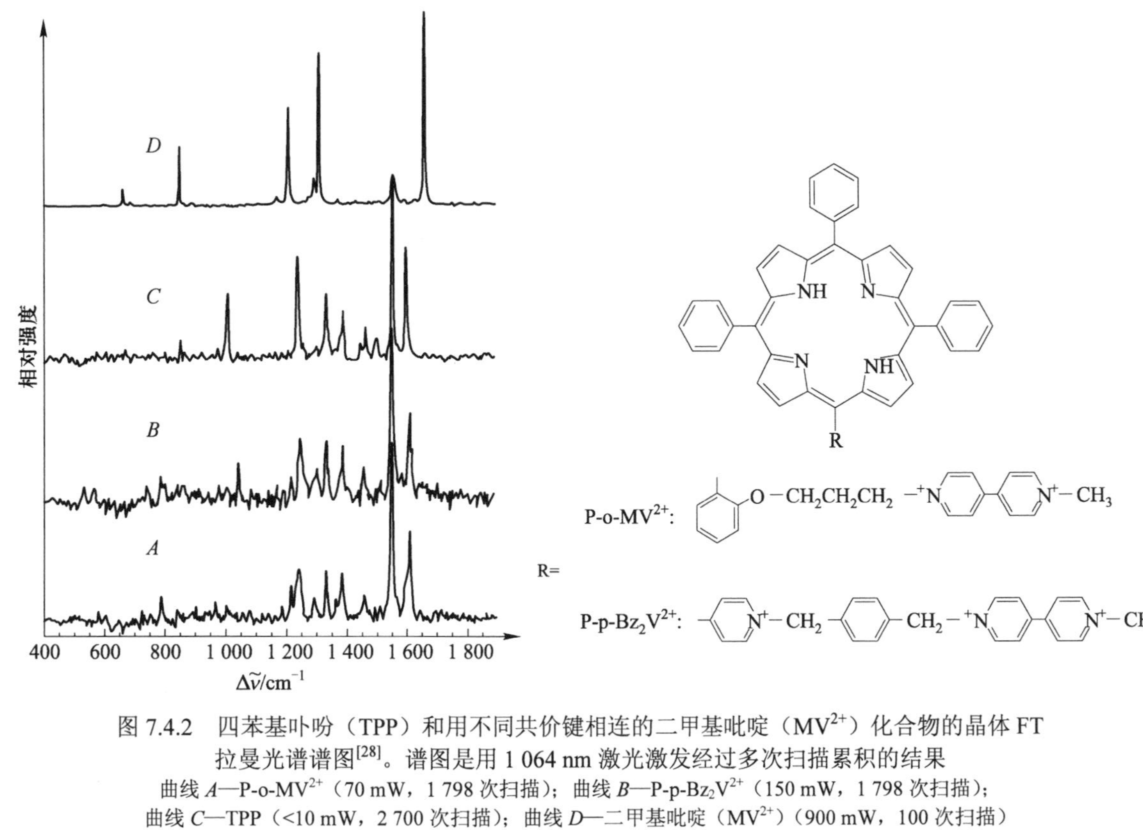

图 7.4.2　四苯基卟吩（TPP）和用不同共价键相连的二甲基吡啶（MV^{2+}）化合物的晶体 FT 拉曼光谱谱图[28]。谱图是用 1 064 nm 激光激发经过多次扫描累积的结果

曲线 *A*—P-o-MV^{2+}（70 mW，1 798 次扫描）；曲线 *B*—P-p-Bz_2V^{2+}（150 mW，1 798 次扫描）；曲线 *C*—TPP（<10 mW，2 700 次扫描）；曲线 *D*—二甲基吡啶（MV^{2+}）（900 mW，100 次扫描）

理论的分子结构优化和拉曼散射（以及红外吸收）光谱参数，可和数以百计的多原子分子的实验测量结果完全吻合[29]。

因此，将实验测量结果和上述理论计算进行拟合，将是目前从拉曼散射光谱实验测量结果中抽取相应的分子结构、状态信息的最佳途径。不过也应注意到，拉曼散射光谱测量往往会有一定的实验误差。例如，拉曼散射光谱谱带频率的最小的测量误差也有 $\pm 3\ cm^{-1}$，而在这样的频率范围内，可能容纳 2 个以上的理论上计算出的简正振动模。显然，仅仅根据频率测量的实验结果，很难对相应的分子振动模作出唯一的可靠抉择。此时，应同时考虑拉曼散射的强度分布、谱带的偏振和对称等特性，特别是计算其位能分布函数（PED)。

在这里，以典型的卟啉类化合物分子-四苯基-5, 10, 15-20-卟吩（tetraphenyl-5, 10, 15, 20-porphine，TPP）分子及其质子化衍生物 hTPP 为例，具体说明如何通过上述理论计算而确定其拉曼散射光谱谱带归属的情况[30]。该分子的化学结构如图 7.4.3 所示，而实验测出的 TPP 的拉曼散射光谱谱图则在图 7.4.4 中示出。

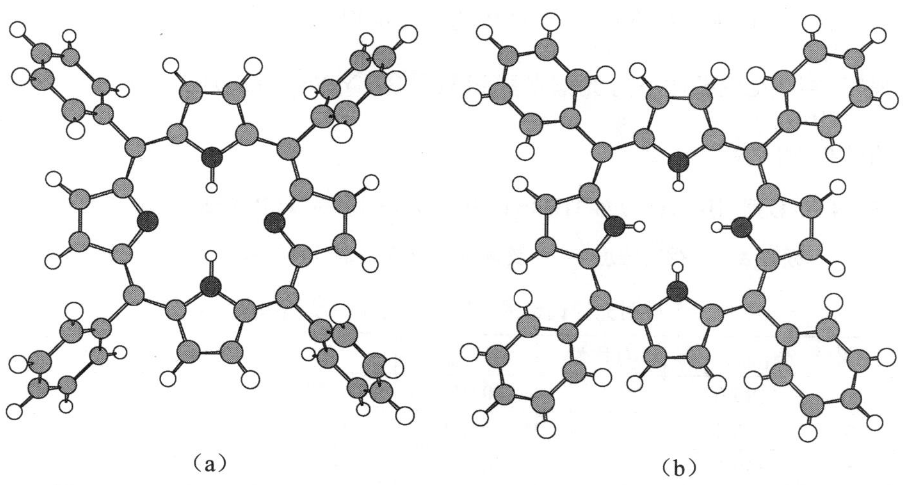

图 7.4.3　四苯基卟吩（TPP）和质子化四苯基卟啉（hTPP）的分子空间结构
（采用 Gaussian98 的 B3LYP/6-31Gdp 的结构优化计算结果）

[29] (a) Stephens P J, Devlin F J, Chabalowski C F, Frish M J. J. Phys. Chem., 1994, 98: 11623. (b) Johnson B G, Dill P M W, Pople J A. J. Chem. Phys., 1993, 98: 5612. (c) Rauhut G, Pulay P. J. Phys Chem., 1995, 99: 3093. (d) Scott A P, Radom L. J. Phys. Chem., 1996, 100: 16502.

[30] 郭础, Akins D A. Center for analysis of structures and interfaces, CCNY, 2002（未发表资料）.

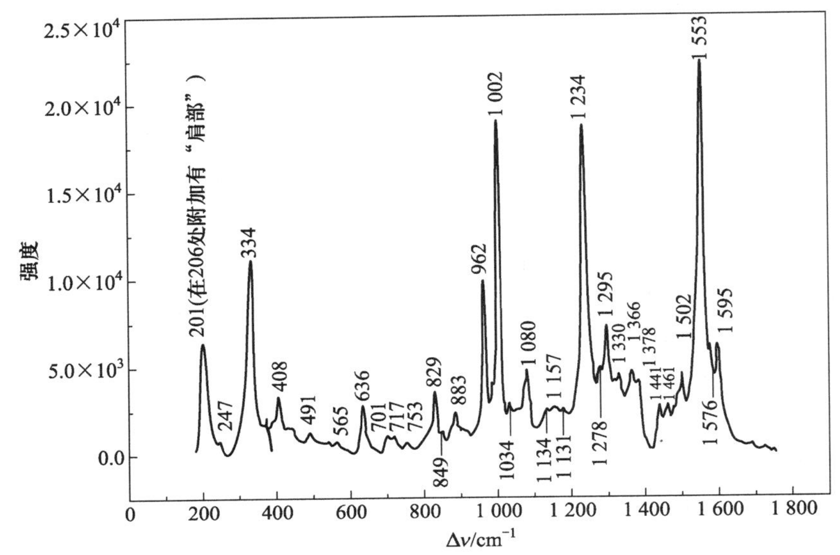

图 7.4.4 四苯基卟吩 TPP 的拉曼散射光谱谱图[30]

样品：吸附在金属铜表面的固体粉末。激发波长：457.9 nm

表 7.4.1 列出实验测出的 TPP 的拉曼散射光谱谱带的频率 $\Delta\nu_i$ 、相对强度 $\frac{I_{(\Delta\nu_i)}}{I_{1234}}$ 及偏振比 ρ 等光谱参数和利用 B3LYP/6-31Gdp 的 DFT 方法计算的结果对比。

表 7.4.1 根据利用 B3LYP/6-31Gdp 的 DFT 方法计算的 TPP 的拉曼散射光谱谱带的频率 $\Delta\nu_i$ 、相对强度 $\frac{I_{(\Delta\nu_i)}}{I_{1234}}$ 及偏振比 ρ 等光谱参数和实验测出的拉曼散射光谱谱带的比较及其简正振动模归属

序号	$\Delta\nu_{Calc}$/cm^{-1}	对称性	I/I_{1260}	ρ	$\Delta\nu_{exp}$/cm^{-1}	I/I_{1234}
21	195.0	A_1	0.018	0.10	201	0.344
29	250.4	A_1	0.005	0.72	247	0.043
35	339.1	A_1	0.055	0.11	334	0.591
41	418.5	A_2	0.036	0.75	408	0.178
47	505.1	A_1	<0.001	0.58	491	0.068
52	567.5	A_1	0.003	0.25	565?	0.041
60?	650.7?	A_1	0.009	0.02	636	0.153
61	658.5	A_1	0.029	0.01	636	0.153

续表

序号	$\Delta\nu_{Calc}/cm^{-1}$	对称性	I/I_{1260}	ρ	$\Delta\nu_{exp}/cm^{-1}$	I/I_{1234}
72	724.6	A_1	0.002	0.34	717??	0.049
76	757.3	A_1	0.005	0.73	753	0.032
88	850.5	A_1	<0.001	0.26	829	0.189
92	863.4	A_1	0.040	0.02	849	0.066
96	899.5	A_1	0.008	0.40	883	0.127
109	988.0	A_1	0.004	0.71	962	0.527
115	1 005.4	A_2	0.007	0.75	1 002	1.103
125	1 060.6	A_1	0.050	0.02	1 033	0.150
135	1 115.4	A_1	0.039	0.14	1 080	0.250
137	1 168.9	A_2	0.069	0.75	1 134dp	0.127
140	1 192.8	B_1	0.008	0.75	1 157??	0.140
146	1 214.4		0.013	0.05	1 181	0.139
151	1 260.4	A_1	1	0.09	1 234	1.000
155	1 321.5	A_1	0.031	0.53	1 295	0.396
160	1 354.9	A_2	0.320	0.75	1 330	0.238
168	1 396.5	A_1	0.266	0.13	1 366	0.250
170	1 419.7	A_2	0.465	0.75	1 378sh	0.211
172	1 483.8	A_2	0.135	0.75	1 441	0.147
176	1 489.4	A_1	0.024	0.35	1 461	0.151
184	1 557.0	A_1	0.317	0.12	1 502	0.244
189	1 608.9	A_1	1.136	0.12	1 553	1.188
187?	1 590.2	A_1	0.011	0.21	1 576sh	0.324
195	1 658.0	A_2	0.532	0.75	1 595	0.331

注：I—拉曼活性 A^4/AMU。

κ—力常数 mDyne/A。

ρ—退偏比 dp、p、ap。

X—吡咯环的 N—H 基团。

根据两者之间的对应关系可推导出和 TPP 的各拉曼散射光谱谱带相对应的分子的振动简正模中的核位移（详见本章附录 A7.2）。图 7.4.5 和表 7.4.2 分别给出 TPP 和 hTPP 的拉曼散射光谱谱图的比较。

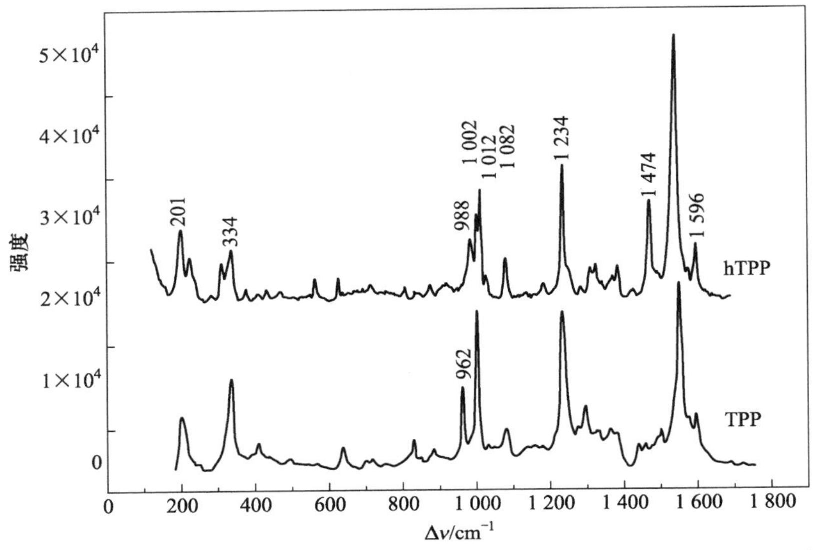

图 7.4.5 质子化四苯基卟啉（hTPP）和四苯基卟吩（TPP）的拉曼散射光谱谱图比较[30]
样品：hTPP 水溶液，TPP 吸附在铜表面的固体粉末。激发波长：457.9 nm

表 7.4.2 质子化四苯基卟啉（hTPP）和四苯基卟吩（TPP）的拉曼散射频率比较

hTPP（二酸式）		TPP（自由碱式）		$\Delta\nu$（二酸式-自由碱式）
ν/cm^{-1}	I/I_{1235}	ν/cm^{-1}	I/I_{1234}	
1 597	0.422	1 596	0.331	+1
1 579	0.236	1 576sh	0.325	—
1 543	1.950	1 553	1.118	−10
—	—	1 502	0.243	—
1 474dp	0.748	1 461	0.151	+13
—	—	1 441	0.143	—
—	—	1 378sh	0.210	—
1 387	0.256	1 366	0.250	+21
1 370?	0.188	—	—	—
1 326	0.280	1 330	0.238	−4
1 312	0.255	—	—	—
1 286	0.112	1 295	0.396	−9
1 235	1.000	1 234	1.000	+1
1 184	0.129	1 181	0.139	+3

续表

hTPP（二酸式）		TPP（自由碱式）		Δν（二酸式-自由碱式）
ν/cm^{-1}	I/I_{1235}	ν/cm^{-1}	I/I_{1234}	
—	—	1 157	0.140	—
1 132?	—	1 134	0.136	—
1 080	0.325	1 080	0.250	0
1 030	0.189	1 034	0.152	−4
1 012	0.834	—	—	—
1 002	0.655	1 002	1.013	−1
988	0.460	962	0.527	+26
879	0.129	883	0.127	−5
837vw	0.071	849	0.066	−7
—	—	829	0.189	—
—	—	753	0.037	—
623	0.201	636	0.153	−13
562	0.181	565?	0.041	—
470	0.092	491	0.067	−21
430	0.100	—	—	—
403	0.077	408	0.178	−5
376	0.108	—	—	—
336	0.397	334	0.591	+2
309	0.296	—	—	—
—	—	247	0.004	
222	0.338	—	—	—
199	0.547	197	0.344	+2

由比较 TPP 和 hTPP 的拉曼散射光谱谱带的测量结果发现（图 7.4.6），当卟啉大环在酸性介质中发生质子化，而在它的卟啉大环中的一对吡咯 N 原子分别引入一个质子 H^+的结果，可使和吡咯环的 $-C_\alpha - C_\beta -$ 对称伸张振动相关的卟啉大环呼吸振动模式频率（962 cm^{-1} 和 1 366 cm^{-1}）向高频一侧频率兰移，而伴随着吡咯半环变形的卟啉大环的呼吸振动模式（1 461 cm^{-1}）则在频率兰移的同时，也增大散射的强度[31]。此外，在卟啉大环中引入质子也使和外围苯环的轴向平移简正振动相关的低频拉

[31] 在四苯基卟吩（TPP）的苯环取代基的对位被—SO_4、—CO_2 取代时，也发现类似的现象和结论。[郭础,Akins D A. Center of Analysis for Structures and Interfaces, CCNY,2002（未发表资料）.]

曼散射光谱谱带 197 cm^{-1} 和 334 cm^{-1} 发生轻度兰移（约 2 cm^{-1}），其原因可能是由于在 TPP 中的苯环取带代基和卟啉大环平面约呈 66° 的夹角，而在质子化的 hTPP 中，这一夹角减小到约 46° 之故（参阅图 7.4.3）[32]。因而可预期，实时监测拉曼散射光谱谱带频率随时间的偏移，将可获得多原子分子结构\构型随时间变化的动态学信息。

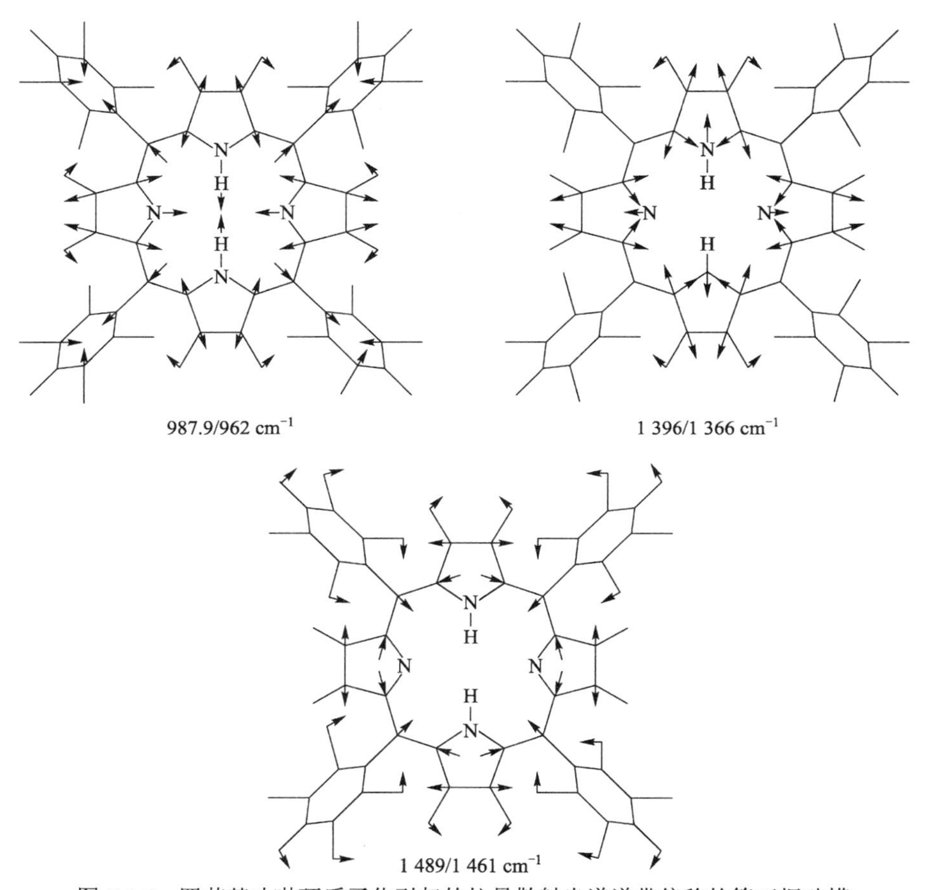

图 7.4.6 四苯基卟啉环质子化引起的拉曼散射光谱谱带偏移的简正振动模

[32] 带有负电荷的外围苯环取代基的卟啉衍生物分子的质子化,可导致更明显的“平面化”效应,甚至可使它们堆叠而生成在电子吸收、荧光发射以及拉曼散射光谱有独特表现的 J 型聚集态大分子。典型的分子是 5-、10-、15-、20-（对-四磺酸基苯基）卟吩,简称 TSPP。详见(a) Akins D L, Zhu H R, 郭础. J. Phys. Chem., 1994, 98: 3612. (b) Akins D L, Zhu H R, 郭础. J. Phys. Chem., 1996, 100: 5420-5425; (c) Akins D L, Özçelik S, Zhu H R, 郭础. J. Phys. Chem., 1996, 100: 14390-14396.

7.5 拉曼散射光谱测量的基本实验设备

拉曼光谱测量和一般测量电子吸收或荧光发射时所用的实验设备单元相类似，只不过因为这里所检测的是波长密集分布、向空间各个方向全方位发射的强度微弱的拉曼散射信号，因而对样品激发、光信号采集以及光谱分辨率方面提出更高要求，并在设计和选择基本实验设备时引入一些独特的考虑。这一节中将就拉曼光谱测量所用基本设备单元的选择中应重视的问题予以概述。

7.5.1 激发光源

激发光源选择无疑是拉曼光谱测量中应首先考虑的问题之一。根据拉曼散射的工作原理，拉曼光谱实验中观测到的拉曼频率偏移 $\Delta\nu = \nu_{\mathrm{ex}} \pm \nu_{\upsilon}$ 和分子体系的激发光频率 ν_{ex} 无关，但在相应频率处观测到的拉曼散射信号的光强度则和激发光强度有关，且和它的频率 ω 呈四次方函数关系［参阅式（7.1.13）］。为获得强度较高的拉曼散射信号，显然应要求激发光具有足够高的强度，且其波长应选在更短波长区。因此，具有一定能量输出（包括其谐波输出）的激光器必然是拉曼光谱的激发光源的首选，而且该激光器必须具有一定的重复输出频率和良好的工作稳定性，以便于在不同波长处激发样品和有利于拉曼散射光信号采集。特别是在采集拉曼散射光信号在不同瞬间的时间分辨光谱谱图时，对高重复率的激发光脉冲输出的稳定性要求尤其应予以关注。

诚然，在所用激发光源的选择问题上一般可以不考虑是否和被测分子体系的吸收谱带相匹配。但是，在紫外或可见光作为拉曼散射光信号的激发光源时，通常遇到的一个问题是，大多数有机分子均可被紫外或可见光激发而产生其强度超过拉曼散射光信号强度约 10^7 倍的荧光辐射，致使微弱的拉曼散射信号被完全“淹没”。特别是当希望利用“共振增强效应”而有选择地激发样品，并提高拉曼散射信号光强度时，关于荧光背景干扰的抑制问题，尤其需另加考虑。一些通常用做脉冲激光光源的激光器的输出参数在表 7.5.1 中列出。

表 7.5.1 拉曼散射光谱的脉冲激光光源的波长

激光光源	波长/nm	典型功率/mW
红宝石固体激光器	694.3	约 100
钕钇铝石榴石固体激光器	1 064	约 100
N_2气体激光器	337.1	0.1～1
XeCl 准分子气体激光器	308	40
有机液体染料激光器	400～980	*

注：*取决于抽运激光器的功率及锁模等所用的工作模式。

7.5.2 拉曼散射样品激发及散射光信号采集

在拉曼散射测量中，激发光向样品投射和拉曼散射光信号采集一般可选用图 7.5.1 所示的背向反射和直角折射等两种不同的方式之一。

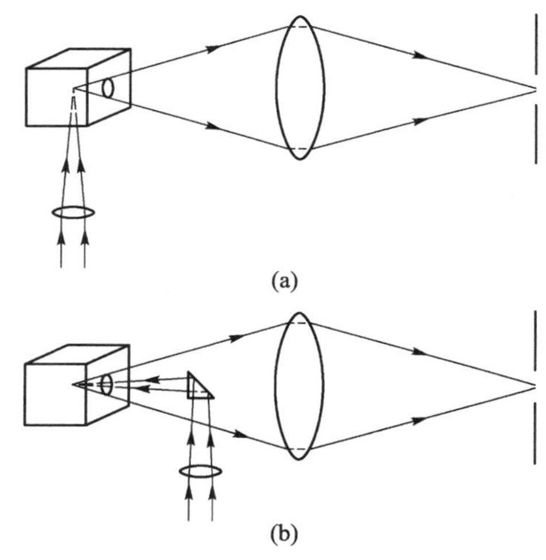

图 7.5.1 拉曼散射样品的两种激发光投射和散射光信号采集方式：（a）背反射；（b）90°反射

考虑激发光投射时，激发光束通常采用消色差的透镜系统聚焦。透镜的聚光率（F 值）为透镜的焦距 f 和透镜的直径 D 之比：

$$F=\frac{f}{D} \tag{7.5.1}$$

被聚焦光束在聚焦焦点处的光束“束腰”尺寸 w，可根据所用聚焦透镜的焦长 f 和激发光波长 λ 算出：

$$w=\frac{\lambda f}{\pi d} \tag{7.5.2}$$

式中，d 是激发光束 e^{-2} 处的直径。在 $\lambda = 0.5\ \mu m$、$d = 0.7\ mm$ 的 Ar^+ 激光束被焦长 $f = 50\ mm$ 的透镜聚焦的典型情况下，焦点处激发光束的“束腰”仅约为 10 μm。但在考虑通过聚焦而方便地将足够数目的激光光子会聚到微小的空间区域的同时，要注意怎样保证样品既能够被足够强的激发光激发，又能有效地防止样品被光化学分解或过度加热。

考虑散射光信号采集时，同样也应采用消色差的透镜系统直接将信号光子聚焦到由单色器构成的分光单元的入口狭缝处。但此时应注意，信号光聚焦的焦斑直径需和分光单元的入口狭缝宽度相对应，透镜的聚光率 F 值应和单色器的 F 值相匹配，而且应在考虑样品被激发而产生的微弱拉曼散射光信号如何有效提高采集效率的同时，如何最大限度地排除伴随着散射光信号出现的背景和杂散光的干扰问题。

7.5.3　分光用的色散单元

拉曼散射的光谱测量中的信号波长选择可利用分光系统实现。该系统的色散单元通常是用衍射光栅和两块球面反射镜组合而构成的 Crerny-Turner 单色器（图 7.5.2）。

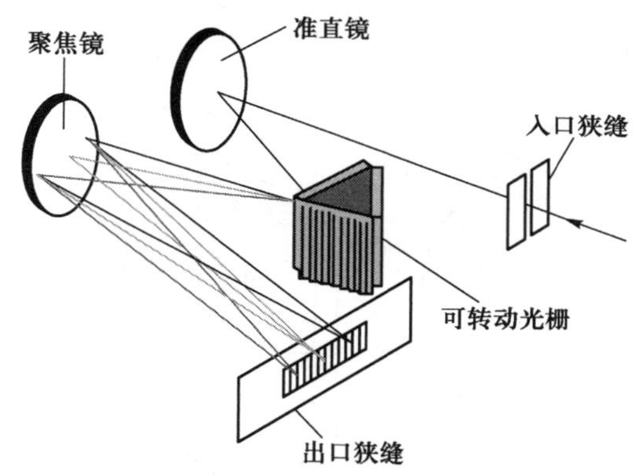

图 7.5.2　Crerny-Turner 单色器（不同波长的入射光被光栅向不同角度衍射，调节光栅的衍射平面，可使不同波长的衍射光由出口狭缝输出）

对单色器的性能要求首先是考虑它的光谱分辨率。在实际工作中，单色器的光谱分辨率通常是用它的倒数线色散（linear dispersion）$\frac{d\lambda}{dx}$ 表示，$\frac{d\lambda}{dx}$ 可由下述关系式求出：

$$\frac{d\lambda}{dx} = \frac{\cos\beta}{fng} \tag{7.5.3}$$

式中，$d\lambda$ 是单色器出口狭缝处两个不同波长之差，dx 是光谱谱线在成像焦面上的间距，β 代表所用光栅的衍射角，n 是光栅的衍射级数，f 是单色器的焦长，g 是光栅刻线密度。但应注意，整体分光系统的光谱分辨率和该系统的“带通”（bandpass，BP）有关，带通是所用单色器的倒数线色散和出口狭缝宽度（slit width，SW）的乘积。由式（7.5.3）可见，光栅刻线密度越大（或单位长度内光栅刻线数目越大），该系统的分辨率越高，但系统的分辨率却可因出口狭缝宽度增大而降低。因此需要注意，在波长扫描过程中，分光系统的出口狭缝宽度应不断调节，以保持单色器的光谱带通恒定，从而保持恒定的光谱分辨率。

为建立有关色散系统的入口狭缝宽度以及扫描速率影响所记录拉曼散射光谱谱图的光谱分辨率的具体概念，在图 7.5.3 示出采用不同的入口狭缝宽度以及扫描速率时记录的液体四氯化碳的拉曼散射光谱谱图。由图 7.5.3 可见，加大狭缝宽度和扫描速率都可导致测量的光谱分辨率降低。

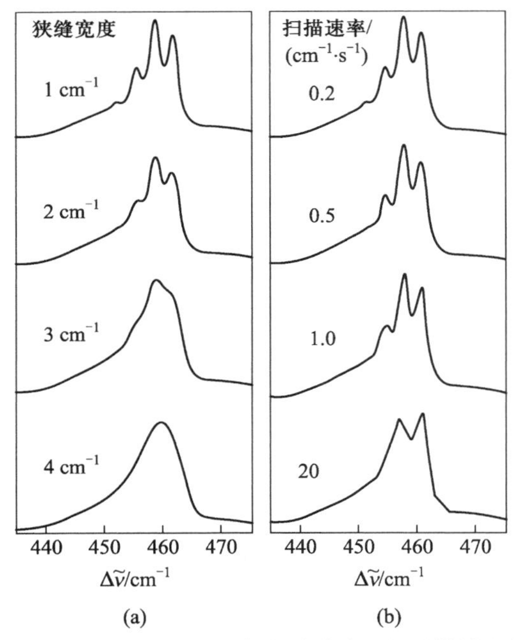

图 7.5.3　不同条件下测出的四氯化碳液体的拉曼散射光谱谱图。
激发波长：488 nm。（a）不同入口狭缝宽度；（b）不同扫描速率

最后也应指出，在测量拉曼散射的光谱信号装置中，通常所用的单色器均采用较大的焦长（50～100 cm）、更高刻线密度（1 000～2 400 线 · mm^{-1}）的衍

射光栅和更小的出口狭缝宽度(50 ~ 200 μm)。此时，单色器的线色散达可到约 0.5 nm · mm^{-1}。但为使被聚焦透镜所采集的入射信号光更多地投射到所用衍射光栅表面，聚焦透镜的 F 值应和该分光系统的 F 值保持相近，分光系统的 F 值仍用式（7.5.1）计算，只不过，式中 $D=\left(\dfrac{4L^2}{\pi}\right)^{\frac{1}{2}}$，其中 L 是方形光栅的边长（例如，Spex 型单色器的 $F=7.8$，$f=0.85\ \text{m}$，D=$L=110\times110\ \text{mm}$。然而，在用于对拉曼散射光信号进行分光的色散系统中，往往也会混入单色器光栅表面未衍射的一部分入射光。为消除杂散光，提高信号检测的信噪比，在实践中，通常采用一个以上的单色器分光单元串接，利用后一分光单元将前一分光单元的这种杂散光消除。图 7.5.4（a）为这类双联单色器的原理设计。若采用其原理设计如图 7.5.4（b）所示的三联单色器，消除杂散光能力可进一步

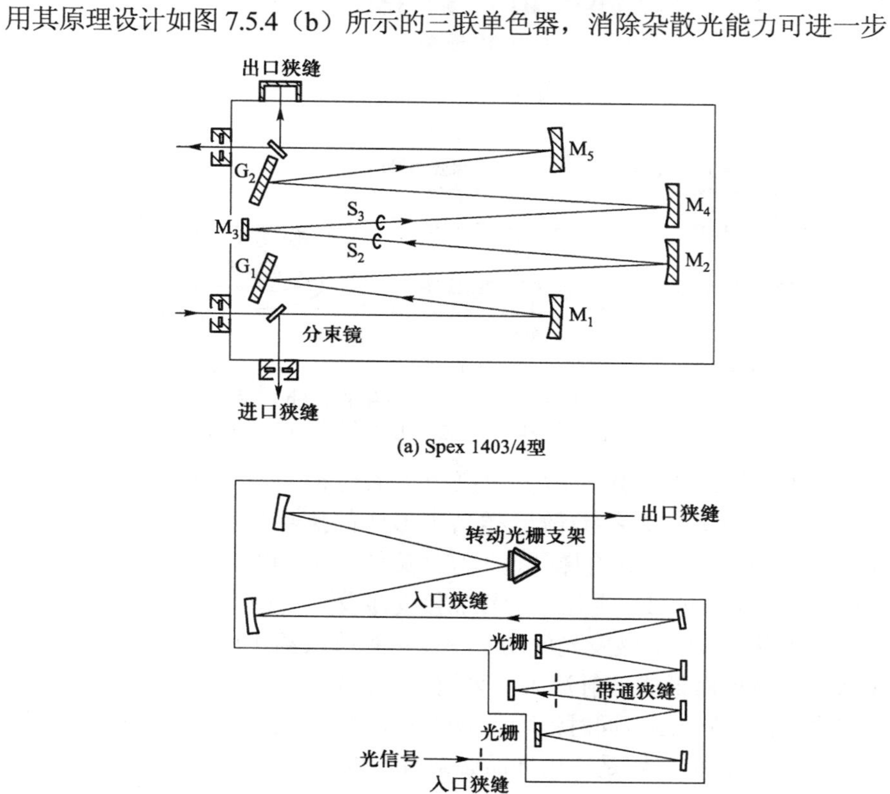

(a) Spex 1403/4型

(b) Spex 1877型

图 7.5.4　一种典型的（a）双联、（b）三联单色器的原理设计

图中出口狭缝已去除，以直接安装 CCD 光信号探测器，G—光栅，M—反射镜

提高，以致十分靠近瑞利线的拉曼散射光信号也可被测出。

7.5.4 拉曼散射的样品处理

用于拉曼散射测量的样品处理，在原则上和测量吸收光谱、荧光光谱等其他光谱时并无明显的不同。图 7.5.5 示出在采用 90° 投射方案时最普通的几种样品池设计。

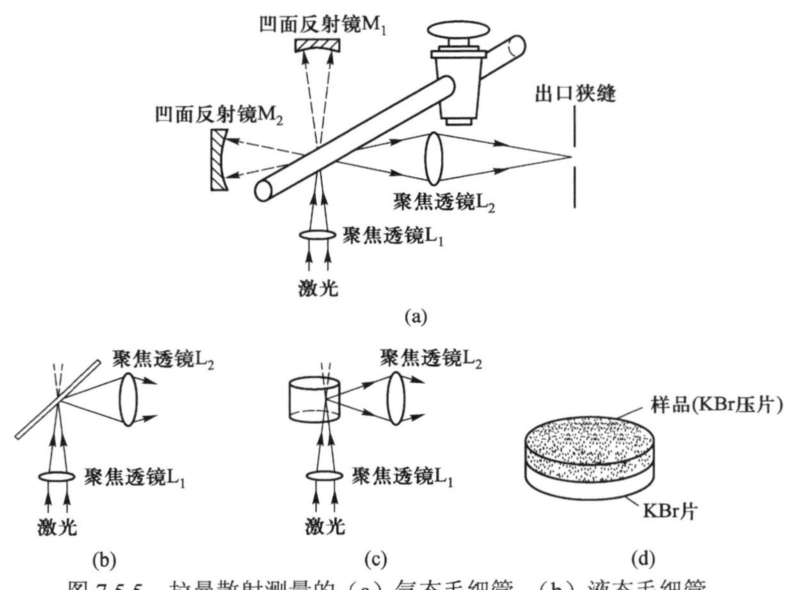

图 7.5.5 拉曼散射测量的（a）气态毛细管、（b）液态毛细管、（c）液态柱状池和（d）固体压片等样品池的设计

为防止样品被聚焦的激发光束产生的光损伤、过热，也可采用柱状透镜将激发光束在拉曼散射样品中形成的焦点展开为线状“焦线”［图 7.5.6（a）］[33]，或将样品置于高速旋转（约 3 000 rpm）的柱状池中，而使在池壁形成的液膜薄层中的样品接受激发[34]［图 7.5.6（b）］。采用这类样品激发方式时，激发光的功率密度可被降低约 10^3 倍。当然，将液态样品通过喷嘴而形成液射流束后采用聚焦激发光束激发时，除具有上述各方式的优点外，还可同时消除容器壁可能产生的影响（如器壁表面催化、器壁荧光等）。但问题是所用样品必须有足以流动的数量和另加液体循环装置。

[33] Eysel H H, Sunder, S. Appl. Spectrosc., 1980, 34: 89.
[34] Kiefer W, Bernstein H J. Appl. Spectrosc., 1971, 25: 500.

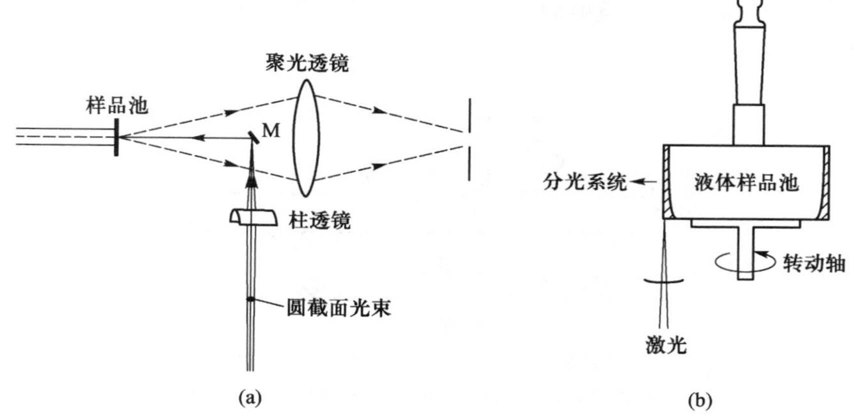

图 7.5.6　防止被聚焦的激发光束产生的光损伤、过热等复杂化因素的液体样品池设计：（a）柱透镜聚焦；（b）旋转式拉曼散射样品池

在处理包括生物化学切片等在内的固态样品时，也可将样片“粘贴”在围绕一定倾斜角度高速旋转金属轴端的圆盘表面环形沟槽中[35]。此时的样品甚至还可在惰性气体保护、液氮冷却甚至在真空环境中激发（图 7.5.7）。

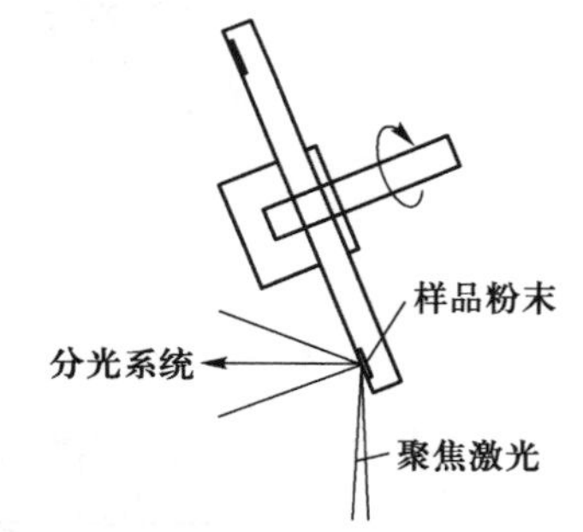

图 7.5.7　旋转式固体拉曼散射样品池

当激发处于界面、固体表面以及单分子层（monolayer）、Langmuir-Blodgett（LB）膜、双层类脂膜（bilayer lipid）和束囊（vesicle）中的薄层样品时，可采用基于集成光学技术而发展出的所谓波导拉曼光谱方法[36]（waveguide Raman spectroscopy，WRS）。它是利用图 7.5.8 所示的高折射率 n_p 的棱镜将激发光耦合到涂敷在基质表面的光学波导层而形成具有一定光程的共振光辐射场，用于将处于波导层表面的样品激发。所用装置的原理结构在图 7.5.9 示出。这种将激发光耦合到光学波导中的方法不仅可增大激发光的光场强度，同时也可延长激发光在被激发样品中的光程，从而提高激发拉曼散射的效率，明显改善信噪比。特别应指出的是，由于光学波导的激发光辐射场具有明显的偏振特性，因而，从采

[35] (a) Homborg H, Preetz W. Spectrochim. Acta, 1976, 32A: 709. (b) Czernuszewicz R S. Appl. Spectrosc., 1986, 40: 571. (c) Brown F R, Makovsky L E, Rhee K H. Appl. Spectrosc., 1977, 31: 563.

[36] Rabolt J F, Swalen J D. Spectroscopy of Surface. Clark R J H , Hester R E. John Wiley & Sons Ltd., 1988.

用光学波导激发拉曼散射的光信号中，也可望获取薄膜样品中分子的空间取向信息。

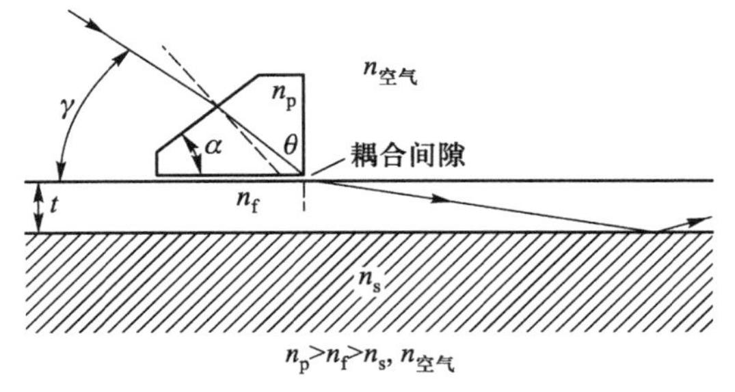

图 7.5.8 激发光通过棱镜耦合进入光学波导层的工作原理（θ 和 γ 角的关系是 $\cos(\gamma+\alpha)=n_p\sin(\theta-\alpha)$，棱镜和波导层间的间隙为 50～100 nm）

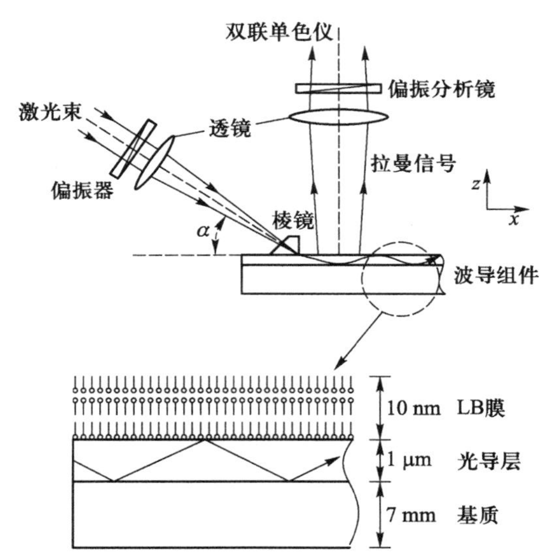

图 7.5.9 薄层样品的拉曼光谱的光学波导激发方法

最后也应提及，当在一些特殊的情况下，被测的拉曼散射样品要求在严格恒定或不同温度环境中激发时，可选用将被测样品置于温度可调节控制的“加热套”［图 7.5.10（a）］[37]或杜瓦瓶[38]［图 7.5.10（b）］等装置中。

[37] Duist D, Condrate R A. Appl. Spectrosc., 1988, 42: 701.
[38] Shriver D F, Dunn J B R. Appl. Spectrosc., 1974, 28: 319.

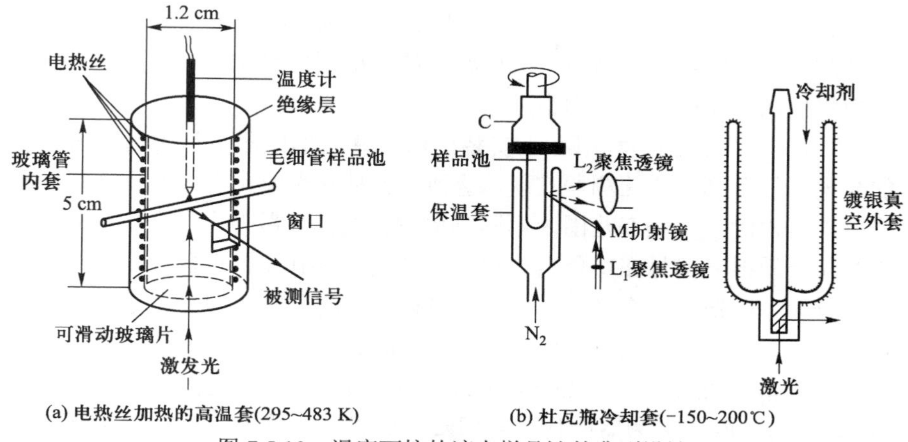

(a) 电热丝加热的高温套(295~483 K)　　(b) 杜瓦瓶冷却套(−150~200℃)

图 7.5.10　温度可控的液态样品池的典型设计

7.5.5　拉曼散射信号的检测

经色散单元分光后的拉曼散射光信号检测可采用“单通道”和“多通道”两种方式。

单通道检测主要是用安装在单色器出口狭缝平面的光电倍增管，直接测量所选定频率处的拉曼散射光信号的光强度。此时，该单色器的光谱分辨率决定被测光信号的最小光谱谱线宽度。但光电倍增管的光阴极的光能转化量子效率不高（一般为 12%～15%），为使它能在“单光子检测”的高灵敏度的条件下工作，其暗电流计数必须很低 ($<10\ s^{-1}$)。此时，若所用光电倍增管的增益约为 10^6 电子·光子$^{-1}$，这约 10^6 个电子可具有约 1.6×10^{-13} C 的电荷，当拉曼散射光信号约为 10^6 个，光子时，信号的电流强度即可达到约 0.1 μA 的水平。此时，若暗电流的影响可忽略不计，光信号电流经过适当的放大之后即可方便地检测。应指出的是，这种“单通道”检测方式的优点是，当光电倍增管在“单光子检测”的条件下工作时，它所检测到的仅是经过脉冲幅度“整形”和“甄别”而强度处于一定范围的光信号，从而具有较高的检测信噪比，而且这些输出脉冲也可直接用于数字化处理。但在另一方面也应看到，拉曼散射光信号的“单通道”检测，虽可具有较高的检测灵敏度和光谱分辨率，然而为获得分子体系在一定频率范围内的拉曼散射光谱谱图，必须经过在不同频率处连续扫描检测，从而被测分子体系样品必须被持续或多次重复激发。此时随着扫描检测的波长变化，不仅要求合理地调节探测器的单点信号采集时间和分光系统对不

同波长信号的扫描速率的相互关系，也必须正确选择光电倍增管的高电压和脉冲鉴别电压水平，以便获得更好的信号检测信噪比。这样，在实验测量中将引入一系列复杂化因素。

“多通道”检测是利用在未安装出口狭缝的单色器聚焦平面处所设置的光电二极管列阵式探测器实现。这种由大量感光像元构成的列阵式探测器可同时检测一定频率范围内不同频率偏移的拉曼散射光信号，很适合和被测拉曼散射光信号在单色器出口处成像的图形在空间匹配，而且检测的光谱分辨率取决于单个像元的宽度。最初采用的列阵式探测器是用电子束扫描读出、由光导二极管列阵组成的 Vidicon，但它很快就被由 512 个或 1 024 个感光面积为 0.025 mm × 2.5 mm 的硅光二极管组成并被称为 Reticon 的列阵式探测器所代替。但是，硅光二极管的光能转化量子效率虽然比较高，然而它的检测信噪比仍较低，以致难以在“单光子检测”的条件下工作。在许多情况下，虽然可另加图像增强器（image intensifier）进行光子数目放大，以产生足够数量的光电子而被检测。而且这样附加进行光子数目放大带来的一个好处是，便于利用控制图像增强器的外加电信号而对拉曼散射光信号实现“选通”检测。但是，自从 20 世纪 80 年代以来，在拉曼散射光信号检测实践中获得广泛应用是“电荷耦合探测器”CCD。在良好冷却条件下，这种用 1 024× 256 个 26 μm × 26 μm [39]硅光二极管感光像元以二维排列所构成列阵式探测器的热噪声非常低，光能转化的量子效率高，特别是 p 基层被研磨变薄而在“背侧入射”的探测器，其量子效率甚至可超过 50%，从而满足在“单光子检测”条件下工作的灵敏度要求，而且其敏感波长范围可覆盖从紫外到近红外的广阔光谱区。尤其是 CCD 探测器的各感光像元空间的响应均一，使它特别适合于检测光谱信号沿（x-y）或（t-λ）二维坐标的强度分布。但是，在采用光二极管列阵式 CCD 探测器时，一个必须考虑有关被测光信号的波长标定问题。这是因为，在采用 CCD 等多通道光信号探测器时，投射到在空间呈线性排列的探测器各感光像元表面的光信号波长，将随在空间固定的光栅衍射角的余弦函数关系而改变，这样，沿一定轴线（如 x 轴）等间距均匀分布的各感光像元的位置，将和所测的光信号波长（或波数）并不是线性函数关系。因此，光信号探测器读出的被测光信号强度在不同波长处分布的波长（或波数）坐标应进行数学处理，以“标准”参考物的光谱标定，得出波长（或

[39] 分辨率更高的 CCD 可由 2 048 ×512 个 13.5 μm × 13.5 μm 像元构成。

波数）等间距均匀分布的光谱谱图。

最后应当指出，如果将光强度在不同波长处分布的被测多色光信号在 Michelson 干涉仪（参阅图 7.5.11）出口形成的干涉图谱，经过傅里叶变换（Fourier transform）方法处理（其工作原理概述见本章附录 A7.3）后，入射光信号在不同波长处的强度分布即可在无须借助于衍射光栅等色散元件分光和多通道检测的条件下而同时检测。但为使入射光在干涉仪出口处形成的干涉图可被精确地分辨，要求干涉仪所用的可移动反射镜相对于固定反射镜的平行运动偏差小于入射光的波长 λ；因而这种信号检测方法更适合于测量采用长波光波激发的拉曼光谱谱图。此时，采用长波光激发，虽因拉曼散射强度随激发光频率的四次方的函数关系而减弱，但它更吸引注意之处是，它可有效地克服由于短波长激发而引起的强荧光背景对拉曼信号测量的干扰问题。事实上，随着近连续波固体红外波段的激光器件及 InGaAs 等红外光信号探测技术的发展，傅里叶变换的拉曼光谱技术已成功地用于许多分子体系的高分辨拉曼光谱谱图的精确测定，其中包括含有超过 120 个原子的四苯基卟吩和不同位置取代的硝基苯及用不同共价键和二甲基吡啶相连接的化合物（图 7.4.1 和图 7.4.2）[40]。不过，傅里叶变换技术如何用于强度一般比较微弱的拉曼散射光信号的时间分辨测量，显然还有一些技术问题需要进一步解决。

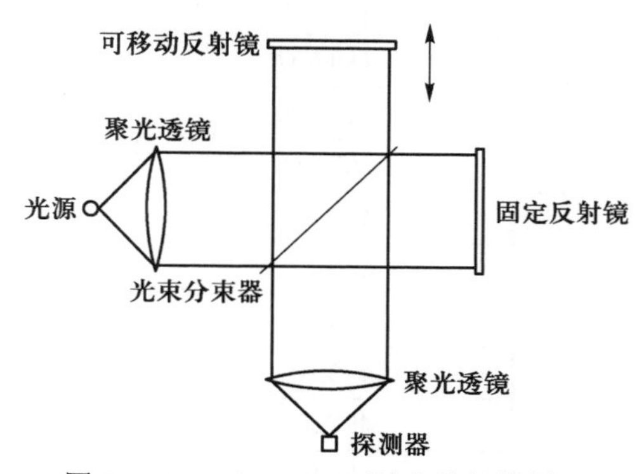

图 7.5.11　Michelson 干涉仪的结构原理

7.5.6　拉曼散射信号的频率和强度标定

为确保拉曼散射光谱测量结果的可靠性，由于所用实验系统本身的性

[40] (a) Akins D L, Zhu H R, 郭础. J. Phys. Chem., 1993, 97: 3974. (b) Akins D L , Zhu H R, 郭础. J. Phys. Chem., 1993, 97: 8681.

能有不可控制的”漂移”，在每次测量前、后，对该测量光信号频率和强度的准确性都进行标定是必要的。

拉曼散射信号频率测量的准确性标定比较简单。最方便的方法是用在“失谐”条件下工作的 Ar^+ 激光器和（或）Kr^+ 激光器所发射的光束聚焦到毛细管样品管（如熔点管）壁后的反射光作为频率标定的标准。这些气体激光器中的等离子体发射的离子光谱谱线频率分别在表 7.5.2 和表 7.5.3 中列出。

表 7.5.2　Ar^+激光器的等离子体发射的离子光谱谱线*

谱线编号	波长 λ/nm	波数 ν/cm^{-1}
1	454.505	22 011.96
2	457.935	21 837.16
3	458.993	21 786.82
4	460.956	21 694.04
5	?	?
6	465.789	21 486.95
7	472.686	21 155.69
8	473.593	21 115.18
9	476.489	20 906.84
10	480.607	20 807.02
11	484.790	20 627.49
12	487.986	20 492.39
13	488.901	20 453.96
14	490.475	20 388.40
15	493.321	20 270.78
16	496.507	20 140.70
17	497.216	20 111.98
18	500.933	19 962.75
19	501.716	19 931.59
20	506.204	19 754.88
21	514.179	19 448.48
22	514.532	19 435.14

注：*表示在空气中。

表 7.5.3　Kr^+激光器的等离子体发射的离子光谱谱线*

波长 λ/nm	相对强度	波长 λ/nm	相对强度
522.95	600	587.09	750
530.87	2 300	599.22	1 000
533.24	2 000	624.02	700
544.63	900	657.01	1.000
546.82	1 100	721.31	600
552.29	1 050	728.98	900
556.86	1 000	740.70	800
557.03	550	752.45	600
563.50	1 400	758.74	550
567.28	570	760.15	600
568.19	3 500	784.07	520
569.03	2 000	785.48	500
575.30	1 000	799.32	700
577.14	1 700	805.95	600

注：*表示在空气中。

在液态样品的拉曼散射光谱测量的实际工作中，当要求波长测量的精确度为 ±0.5 cm^{-1} 时，通常需在样品中添加其波长已准确得知且光谱范围可更好覆盖拟标定的波长范围的“内标物”，以此作为波长标定标准。显然，所用的“内标物”分子应和被标定波长的样品分子之间没有相互作用，也不会生成可在拉曼散射光谱谱图中出现“毛刺”（spike）的固体悬浮粒子。在这方面，茚（indene）是常用的一种“内标物”。该化合物分子的拉曼散射光谱谱图如图 7.5.12 所示，它的主要散射光谱谱带频率则在表 7.5.4 中列出。

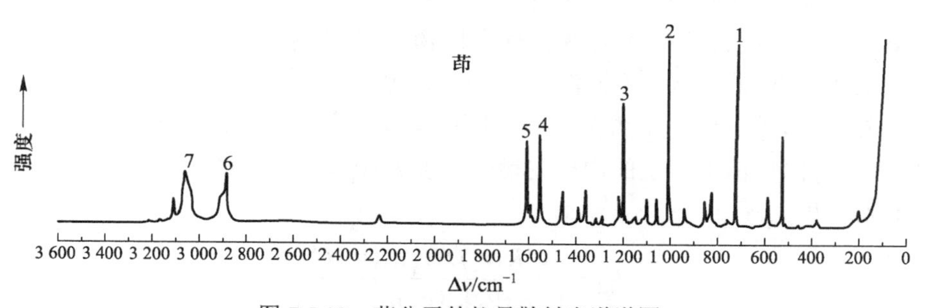

图 7.5.12　茚分子的拉曼散射光谱谱图

但是，在更多的情况下，也可直接用液态样品中的溶剂作为谱带频率标定的标准，只不过此时测量的精确度不超过 ±1 cm^{-1}。

表 7.5.4　茚的拉曼散射光谱谱带频率

谱 带 编 号	频率 ν/cm^{-1}
1	730.4 ± 0.5
2	1 018.3 ± 0.5
3	1 205.6 ± 0.5
4	1 552.7 ± 0.5
5	1 610.2 ± 0.5
6	2 892.2 ± 1
7	3 054.7 ±1

实验中所测出的拉曼散射信号强度 I 实际上是激发光功率 I_0、拉曼散射信号频率 ν 、分光系统和检测器效率 $K(\nu)$、简正振动模的散射特性 $J(\nu)$、样品浓度 C、有关材料的自吸收 $A(\nu)$ 等多种因素的函数，并可将它表示为

$$I = I_0 \nu^4 K(\nu) J(\nu) A(\nu) C \tag{7.5.4}$$

式中的大部分参数都是频率的函数，而且在许多情况下它们都是未知的。因此，在实际工作中确定如式（7.5.4）所示的拉曼散射信号光强度的绝对值是非常困难的任务。然而，确定散射光谱谱图中各谱带强度的相对值则比较容易。因此，相对强度 I_{rel} 通常可被用于标定拉曼散射的信号强度。标定常用的方法是，首先选择一种不和被标定样品发生相互作用的“惰性”分子作为内标物 R（例如，对于水溶液样品，可选用在 928 cm^{-1} 处有强拉曼散射光谱谱带的 ClO_4^- 作为惰性内标物）。在所选用的内标物浓度 C_R 恒定的条件下，测出含有不同浓度 C_s 的被标定样品指定波长 ν_s 处的拉曼散射信号强度 $I_s(\nu_s) \sim C_s$。然后，将不同浓度被测样品的最强散射谱带的强度 $I_s^{max}(\nu_s)$ 除以浓度恒定的内标物谱带强度 $I_R(\nu_R)$，并根据式（7.5.4）写出相对强度 I_{rel}：

$$I_{rel} = \frac{\nu_s^4 K(\nu_s) J(\nu_s) A(\nu_s) C_s}{\nu_s'^4 K(\nu_R) J(\nu_R) A(\nu_R) C_R} \tag{7.5.5}$$

式中，ν_s、ν_R、$K(\nu_s,\nu_R)$、$J(\nu_s,\nu_R)$、$A(\nu_s,\nu'_R)$ 和 C_R 对于被标定的样品和内标物都是常数，所以描述式（7.5.5）可改写为下述形式：

$$I_{rel} = \text{Const.} \times C_s \tag{7.5.6}$$

根据式即可作出工作曲线，用于标定拉曼散射光谱谱带的相对强度。

7.6　时间分辨拉曼散射光谱测量中的技术考虑及典型的实验系统设计

时间分辨拉曼散射光谱测量中的样品激发、散射光信号的采集、分光和检测的基本技术考虑和静态散射光谱测量并无原则上的不同。也就是说，它所用的基本设备单元也是包括激发光源、样品池、色散分光和光信号检测、显示系统等，典型的激发-测量系统的组合形式如图 7.6.1 所示。但时间分辨测量的独特之处是，它所测量的是处于被激发而偏离平衡条件分子体系的化学结构、量子状态随时间的不断变化，直至它们衰变达到新的平衡状态为止。因此，在散射光信号的激发，特别是光信号的检测方面必须引入一些独特的技术考虑。

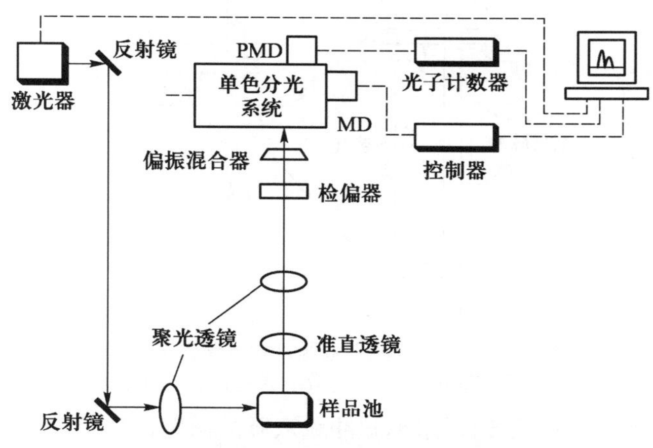

图 7.6.1　典型的拉曼散射光谱测量的实验装置

根据具体的实验目的以及对测量的时间分辨率要求的不同，拉曼散射光谱时间分辨测量的样品激发方式原则上可通过不同的技术方案而实现。

在最简单的情况下，只需用单一脉冲的“前沿”部分激发样品，被激发而处于非平衡状态的样品分子的瞬态拉曼散射光谱则用同一激发脉冲的“尾部”探测。显然，此时用于激发样品的激光脉冲的脉冲宽度必须超过被测分子的激发态寿命，甚至可以采用连续波激光激发。例如，Koningston 等曾用连续波激光将红宝石中的 Cr^{3+}激发到激发态离子寿命足够长(约 ms)，从而可累积到较高的浓度的 ^2E 能级，并在这一连续波激光激发作用下，观测到该 ^2E 激发态 Cr^{3+}的拉曼散射光谱谱图[41]。但在通常情况下，拉曼散射光谱谱图的时间分辨测量仍然采用“激发-探测”双脉冲技术。即利用一个激光脉冲将所研究的分子体系激发到指定的量子状态，而利用另一光脉冲激发处于该指定量子状态的拉曼散射。图 7.6.2 中示出采用双脉冲技术记录分子处于电子激发三重态时的瞬态拉曼散射光谱谱图的工作原理。根据这一工作原理，最早的成功实验探索是 Atkinson 等 [42]和 Gustafson 等[43]用持续时间为 ns 和 ps 数量级的两个染料激光脉冲分别激发和探测处于 $^3B_2$ 电子激发态的 Stilbene 的瞬态拉曼散射光谱谱图。

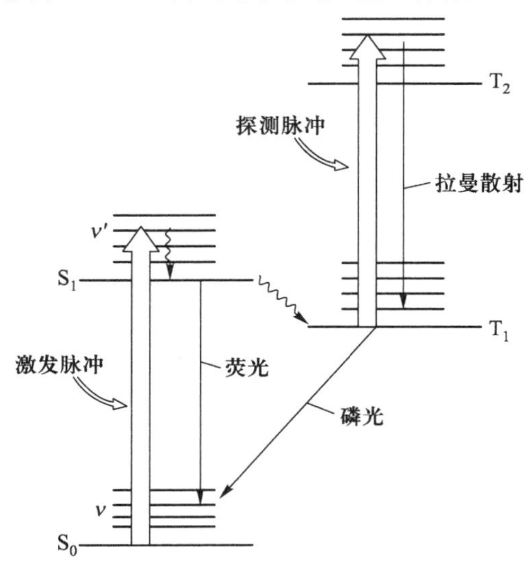

图 7.6.2　用“激发-探测”双脉冲技术记录分子处于电子激发三重态时的瞬态拉曼散射光谱谱图的工作原理

根据上述原理，不论采用单脉冲或双脉冲激发，分子体系样品所产生

[41] Hakey L V, Helpern B, Koningston J A. Chem. Phys. Lett., 1979, 54: 389.

[42] Gilmore D A, Atkinson G H. Time-resolved vibrational spectroscopy. Atkinson GE. New York: Academic press, 1983, 161.

[43] Gustafson T L, Roberts D M, Chernov D A. J. Chem. Phys., 1983, 79: 1559.

的拉曼散射光谱信号在原则上可采用单通道或多通道等两种方式检测。在单通道方式检测时，通常是采用置于作为色散光学单元的单色仪出口狭缝处的单光子计数光电倍增管作为探测器，对不同波长的拉曼散射光谱信号进行多次重复扫描检测。这种测量方式的优点是光谱分辨率较好，但对实验系统工作的重复性、稳定性有更高的要求。多通道方式检测是采用列阵式光信号探测器，特别是 CCD 探测器，在不再设有带通滤波功能的出口狭缝的色散系统的输出端，直接记录样品在指定瞬间的整个拉曼散射光谱谱图。因而，它对实验系统的重复性、稳定性的要求不高，并且特别适合于在光辐射作用下不稳定的、微量的样品测量。但这一检测方式要求所用色散系统能够将不同波长的散射光谱信号在探测器表面高质量成像；同时，它必须对各种杂散光，特别是对来自样品的荧光具有较高的抑制能力。为此，它通常需采用由可变出口狭缝和两个甚至三个单色仪以级联方式组合而成的色散系统，但由此带来的一个问题是被测散射信号光通量明显降低。

不论光谱信号激发方式如何和采用哪种类型的光信号检测元件，在拉曼散射时间分辨测量中必须考虑的一个基本情况是，拉曼散射光信号本身是强度微弱、通常会被散射分子体系（以及样品中杂质）所发射的强荧光背景所淹没的瞬态光信号。因此，在选用高灵敏度的探测元件和考虑改善拉曼散射光信号收集效率的同时，必须进一步考虑的技术问题是，如何提高被测光信号的强度和怎样对背景光的干扰予以有效抑制。

7.6.1　拉曼散射信号增强

当被测分子的浓度一定时，为提高被测光信号的强度，在一般情况下，显而易见的做法是加大所用激发光强度。但在拉曼散射时间分辨测量中，此时必须切记的一点是：为提高被测信号强度，应该提高具有必要脉冲宽度的激发光脉冲的单脉冲能量，以使更多分子被激发，而不是单纯地增大激发光脉冲的功率。这是因为，时间分辨拉曼散射光谱是采用光脉冲激发，其功率一般都比普通的拉曼散射光谱测量时的激发光功率高几个数量级。若进一步提高激发光功率，样品分子体系被激发光引起“光学损伤”的概率也必将随之增大，而且在高功率激光辐射场作用下，分子体系可发生一些不必要的非线性光学效应，致使所记录的光谱难以解释。为改善检测信号的信噪比，当考虑采用适当的频率重复激发样品时，此时不仅需考虑所选用激发光源的输出稳定性，也应考虑选用使被激发的分子样品可不断地“更新”，以避免同一空间部位分子持续地遭受强光辐射的作用的射流喷射设计或转动液池；此外，可考虑在样品中适量添加惰性物稀释。

在激发光强度一定的情况下，为提高拉曼散射光谱被测信号的强度，最广泛地采用的一种独特而有效的措施是，选择适当的激发光频率，将样品在它的一个电子或电子振动跃迁吸收谱带的波长范围内进行共振激发（参阅 7.3.1 小节）。此时，在一般情况下难以观察到的微弱散射光信号也被激发到可被测出的强度。图 7.6.3 示出在电子跃迁的强吸收谱带范围内一定波长处激发的 $Mo_2Cl_8^{4-}$ 的共振增强拉曼散射光谱谱图[44]，图中一些强度十分微弱的 Mo—Mo 键伸张振动 ν_1 的高次泛音带 $n\nu_1$ 也清晰可见。但应指出，在共振激发的许多情况下，在增强被选择激发的基团的某些振动模的拉曼散射光谱信号的同时，被共振激发的分子体系也往往可产生其强度足以“淹没”被测拉曼散射光谱信号的荧光背景，因而，抑制背景荧光干扰是利用共振激发而增强拉曼散射光谱信号时必须考虑的技术问题之一。

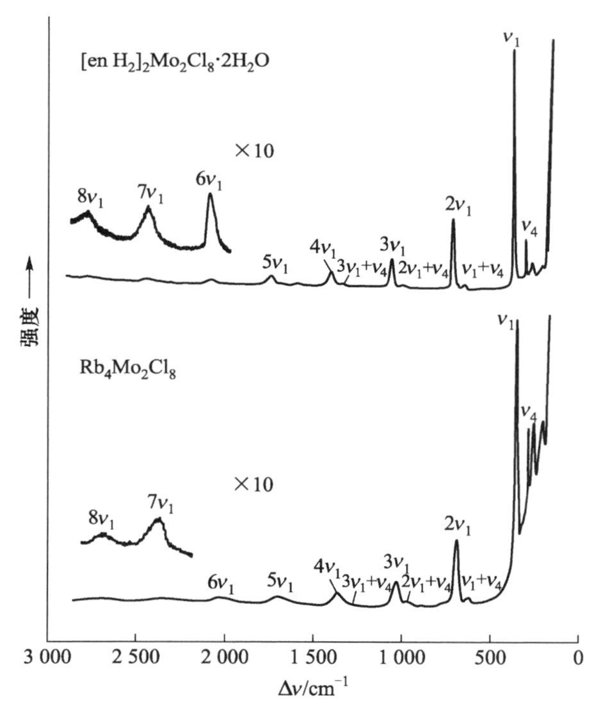

图 7.6.3 水溶液中 $Mo_2Cl_8^{4-}$ 的共振拉曼散射光谱谱图[44]

激发波长：514.5 nm；en H_2—乙二胺

[44] Clark R J H, Franks M L. J. Am. Chem. Soc., 1975, 97: 2691.

提高拉曼散射光谱信号强度的另一措施是利用“表面增强效应”，即将被测分子体系吸附在电解质溶液中的金属电极表面，在一定范围的电极电压条件下进行激发。最初，Van Duyne 等[45]和 Albrecht 和 Creighton[46]等发现，吸附在银电极表面的吡啶单分子层的拉曼散射信号可因表面吸附而被增强 10^5～10^6 倍之多。现已有大量的实验数据示明[47]，吸附在经过适当“打毛”粗化处理的金、银和铂等金属表面（包括电极、胶体粉粒和镀膜等）上的许多分子（包括生物分子）的拉曼散射截面增大几个数量级。图 7.6.4 示出典型的采用金属电极表面增强拉曼散射光谱谱图测量装置的原型，而所采集的四氰基对苯二醌二甲烷自由基阴离子（tetracyanpdimetane anion-radical，$TCNQ^{-\cdot}$）的表面增强的拉曼散射光谱谱图[48]则在图 7.6.5 中示出。

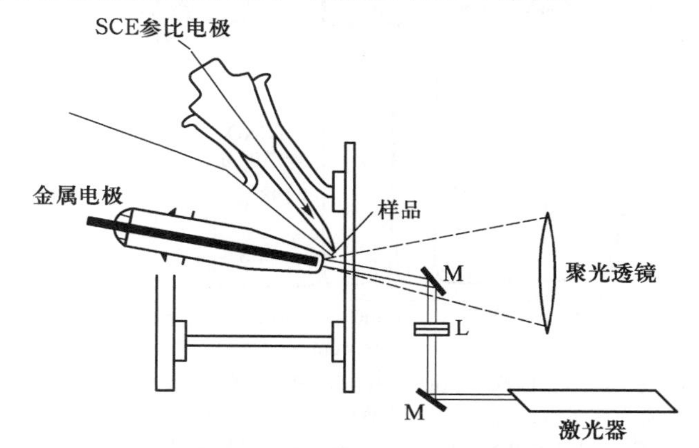

图 7.6.4　金属电极表面增强的拉曼散射光谱谱图测量装置示意图
（M—反射镜；　L—聚焦和准直透镜）

关于表面增强拉曼散射的机理至少有两种不同的解释。其一是有人认为[49]，当入射激发光投射到金属微粒或“打毛”粗糙的金属表面时，可激发导带中的电子形成表面等离子体共振（surface plasma resonance）而明显提高局部电场强度 $\boldsymbol{E}$，其结果将使吸附在表面的分子的诱导电偶极矩 $\boldsymbol{P}$ 也明显加大［式（7.1.1)］，从而增强表面吸附分子的拉曼散射强度。另外则有人认为[50]，表面增强拉曼散射是由于金属表面和所吸附的分子之间发生

[45] Jeanmaire D L, Van Duyne R P. J Electroanal Chem., 1977, 84: 1.
[46] Albrecht M G, Creighton J A. J. Am. Chem. Soc., 1977, 99: 5215.
[47] Pochrand I Surface enhanced Raman vibrational studies at solid/gas interfaces. Springer Tracts in Modern Physics. Vol. 104.Berlin: Springer-Verlag, 1984, 1-164.
[48] Jeanmaire D L, Van Duyne R P. J. Am. Chem. Soc., 1976, 98: 4029.
[49] Moskovits M. Rev. of Mod. Phys., 1985, 57: 783.
[50] Weitz D A, Moskovits M. Creighton in Chemical Structure at Interfaces. Hall R B, Ellis A B. VCH, 1986: 197.

电荷转移或生成化学键，从而使分子的极化率增大。虽然关于这种表面增强的作用机理尚待进一步探讨，但毫无疑问的是，表面增强是当前被广泛用于提高处于固相基质表面和气体-固体、液体-固体和固体-固体界面的某些种类分子的拉曼散射强度的有效手段之一。

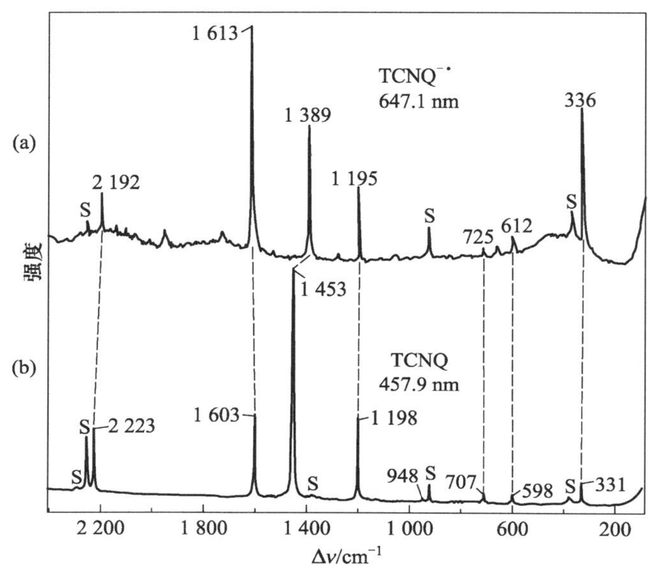

图 7.6.5 TCNQ 和吸附在 1.09 mmol/L TBAP/CH_3CN 的电解质溶液中的 Ag 电极表面、用电化学方法产生的 $TCNQ^{-\cdot}$ 的拉曼散射光谱谱图[48]。（电极电压−0.10 V 下，激发波长分别是 457.9 nm 和 647.1 nm。S—溶剂谱带；未发现所用支持电解质高氯酸四基铵（TBAP）的谱带）。

应指出，在上述的共振激发增强、电极金属表面增强之外，以偶极子“头-尾”相连方式在空间密堆砌而导致 J 型聚集态[51]的形成，也可能作为增强一些特定类型分子的拉曼散射强度的又一种有效手段。典型的事例是一些含有带负电荷取代基团的四苯基卟吩衍生物，如四磺酸苯取代卟吩（tetra-sulfonatophenylporphine，TSPP），在强酸水溶液中被质子化后生成 hTSPP 分子后，它的卟啉大环外围带负电的磺酸基团可和邻近的另一个 hTSPP 分子的卟啉大环外围带负电的磺酸基团发生静电相互作用，将它们以阶梯形式堆砌而成为线性聚集态大分子（图 7.6.6）[52]。其结果可使这种卟吩分子的频率偏

[51] (a) Jelley E E. Nature, 1936, 138: 1009. (b) Scheibe G. Angew. Chem., 1936, 49: 563. (c) Scheibe G, Mareis A, Schiffmann R. Z. Phys. Chem. B., 1941, 49: 324.

[52] (a) Akins D L, Zhu H R, 郭础. J. Phys. Chem., 1994, 98: 3612. (b) Akins D L, Zhu H R,郭础. J. Phys. Chem., 1996, 100: 5420−5425.(c) Akins D L, Özçelik S, Zhu, H R, 郭础. J. Phys. Chem. 1996, 100: 14390−14396.

移 $\Delta\nu$ 分别为 238 cm^{-1} 和 315 cm^{-1} 的 TSPP 大环平面“边缘皱褶”（doming）、“中心凸起”（ruffling）振动模的拉曼散射强度明显增强（图 7.6.7）。有趣的是，若这类聚集态大分子处于非金属的束囊（vesicle）表面时，如溴化双十二烷基二甲铵（didodecyldimethylammonium bromide，DMA）在水溶液中形成的胶束，这些振动模的拉曼散射强度的增强尤为显著（图 7.6.8）。类似的聚集态生成增强拉曼散射强度的现象也可从某些能够在水溶液中生成J型聚集态大分子的花青染料分子体系中观测到[53]。其原因很可能是由于聚集态大分子中大各单元分子间强烈耦合而导致电荷非定域化，其结果是使分子的极化率 α 、偶极矩 P 增大［式（7.1.1)］。诚然，聚集态生成增强拉曼散射强度的机理尚待进一步揭示，但通过聚集态生成和在共振激发、电极金属表面等增强效应相结合无疑将成为增强拉曼散射强度的更为有效的措施。

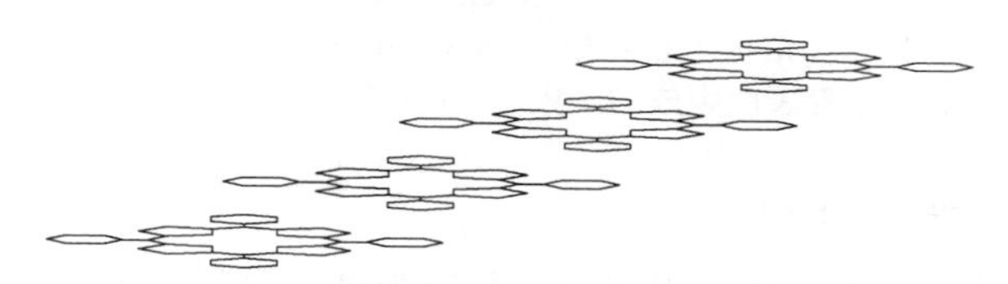

图 7.6.6　卟啉的 J 型聚集态大分子的模型

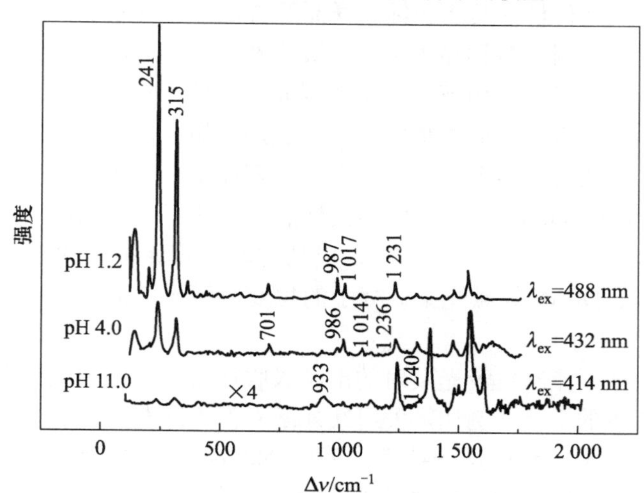

图 7.6.7　在同一浓度的单体 TSPP 浓度（5×10^{-5} mol/L）时，TSPP（pH=11）、hTSPP（pH = 4）以及 hTSPP 聚集态（pH = 1.2）的共振拉曼光谱谱图[52]

[53] Akins D A, Özçelik S, Zhu H R, 郭础. J. Phys. Chem., 1997, 101: 3251.

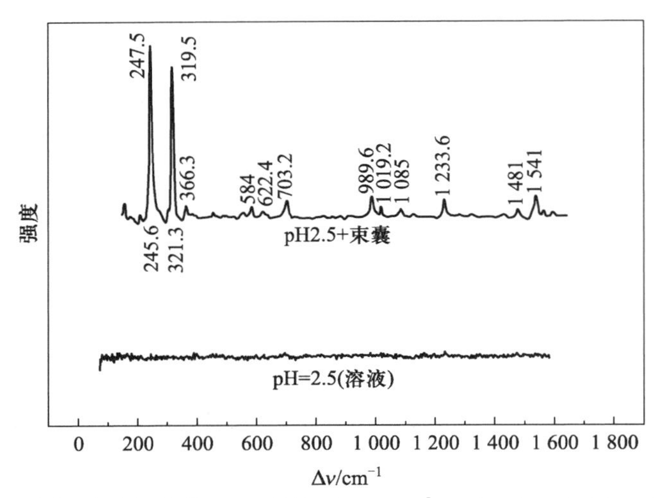

图 7.6.8　在同一浓度的单体 TSPP 浓度（5×10^{-5} mol/L）时，hTSPP（pH=2.5）以及 hTSPP 在束囊表面生成的聚集态（pH=2.5）的共振拉曼光谱谱图[53]

7.6.2　荧光背景抑制

如前所述，荧光背景是困扰拉曼散射光谱测量的一个主要因素。简单地采用“射流”代替样品池和纯化样品等方法，可有效地排除可能来自所用样品池的窗口材料或样品中杂质的荧光背景，但主要的难题是如何将样品分子本身在激发光作用下所产生的荧光辐射的干扰予以有效地抑制。诚然，在样品中加入适量的“重原子”添加剂（如碘化钾或“惰性”有机碘化物等）[54]，或将样品沉积在某些重金属表面上[55]，可通过类似的“重原子效应”（heavy atom effect）以猝灭样品分子的荧光。例如，作者曾采用将样品沉积在金属铜表面的方法，成功地取得荧光很强的多种卟啉衍生物、香豆素、DCM 等激光染料分子的拉曼散射光谱谱图。典型的测量结果在图 7.6.9 中示出。

诚然，在不能产生荧光发射的电子吸收谱带的长波波段激发样品，可消除荧光背景的干扰。例如，采用红外激光作为激发光源的傅里叶变换拉曼散射光谱技术。利用这一技术，采用 Nd:YAG 固体激光器的基频输出（1.06 μm）作为激发光源，已成功地获得一些卟啉衍生物分子（参阅图 7.4.1 和图 7.4.2）的高分辨的拉曼散射光谱谱图。但是，由于拉曼散射强度和激发

[54] Friedman J M, Hochstrasser R M. Chem. Phys. Lett., 1975, 33: 225.
[55] Pettinger B, Gerolymatou A. Ber. Bunsenges. Phys. Chem., 1984, 88:359.

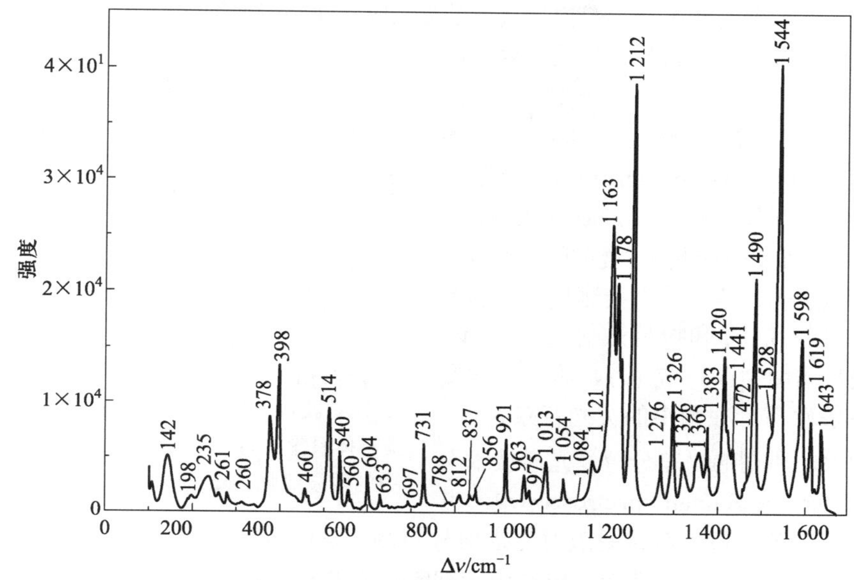

图 7.6.9　激光染料分子 DCM 的拉曼散射光谱谱图[56]
（染料样品沉积在金属铜表面，激发波长为 705 nm）

光频率的四次方成比例，借助于红外光激发而消除荧光背景的方法，实际的代价是拉曼散射信号强度的损失。在另一方面，也可利用相干反斯托克斯拉曼散射（coherent anti-Stokes Raman scattering，CARS）等四波混频光谱方法，使拉曼散射信号在激发光的短波一侧出现，从而完全避开出现在发光长波一侧的荧光的干扰。但这种非线性激光光谱技术要求很高的激发光功率，而且各入射光波的相位匹配要求严格，即使采用宽带激光激发，也只能获得分布在一个狭小波长范围的拉曼散射光谱谱图。例如，用 Nd:YAG 固体激光输出的 18 797 cm^{-1} 二次谐波 ω_1 和由它抽运的 rhodamine 6G 激光染料体系输出的宽带（16 660～18 000 cm^{-1}）激光脉冲 ω_2 在液体吡啶中进行四波混频 $2\omega_2-\omega_1=\omega_s$，在激发光短波一侧产生光谱谱图，在图 7.6.10 中示出[57]。由图 7.6.10 可见，即使采用宽带激光脉冲进行四波混频，此时所得到的四波混频光谱谱图仅和吡啶在狭窄频率范围内的 951.0 cm^{-1}、990.0 cm^{-1}、1 029.0 cm^{-1}（最强）和 1 066.5 cm^{-1} 等四条拉曼散射光谱谱带相对应，而不能给出在较宽光谱区内分布的拉曼散射光谱谱图。

[56] 郭础, Akins D L. Center for Analysis of Surfaces. New York:CCNY, 2000.
[57] 郭础, Lombardi J R. Chem. Phys. Lett., 1983,100:159.

在实际工作中，不受样品状态以及激发条件等诸多因素局限，从而可广泛用于抑制荧光背景干扰的有效措施是，根据分子体系的荧光发射和拉曼散射的时间特性不同对它们进行“时间鉴别”（temporal discrimination）检测而发展出的“光学选通”（optical gating）技术。此外，一些共振拉曼散射光谱测量实践示明，基于从直接测量所得的荧光背景 $S_f(\nu)$ 和拉曼散射信号 $S_R(\nu)$ 叠加谱图 $S_f(\nu)+S_R(\nu)$，将在同样实验条件下单独测出的荧光背景 $S_f(\nu)$ 扣除的所谓的“差分拉曼光谱技术”（difference Raman spectroscopy），也是消除荧光背景对拉曼散射光谱信号检测干扰的有效方法。

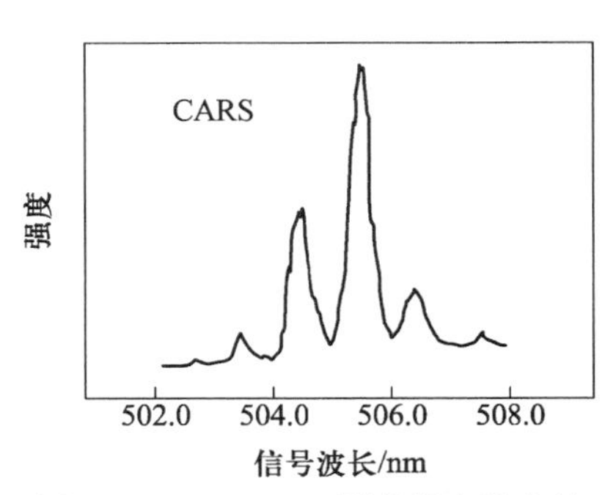

图 7.6.10 Nd:YAG 固体激光输出的二次谐波 ω_1 和宽带 rhodamine 6G 激光染料体系输出的激光脉冲 ω_2 在吡啶液体中的四波混频 $2\omega_2-\omega_1=\omega_s$ 光谱谱图[57]

为说明“光学选通”技术用于抑制荧光背景干扰的工作原理[58]，将被一个δ－脉冲激发的分子体系在单位时间内发射的光子总数用响应函数 $N_{\text{total}}(t)$ 表示为

$$N_{\text{total}}(t)=C_R\exp\left(-\frac{t}{\tau_R}\right)+C_F\exp\left(-\frac{t}{\tau_L}\right) \tag{7.6.1}$$

式中，τ_R 和 τ_L 分别代表拉曼散射和荧光发射过程的时间特性常数。当所用激发光源的脉冲宽度和拉曼散射过程的寿命 τ_R 相近时，由被激发分子体系所发射的拉曼散射和荧光光子的时间分布 $N_{\text{total}}^{\text{obs}}(t)$，将是激发光脉冲波形 $G(t)$ 和该体系响应函数 $N_{\text{total}}(t)$ 的卷积：

$$N_{\text{total}}^{\text{obs}}(t)=\int_0^{t'}G(t')C_R\exp\left[-\frac{(t-t')}{\tau_R}\right]\mathrm{d}t'+\int_0^{t'}G(t')C_L\exp\left[-\frac{(t-t')}{\tau_L}\right]\mathrm{d}t' \tag{7.6.2}$$

当激发光脉冲的宽度 $G(t)$ 大于拉曼散射过程的寿命 τ_R 时，$N_{\text{total}}^{\text{obs}}(t)$ 可近似地表示为

$$N_{\text{total}}^{\text{obs}}(t)=C_RG(t)+\int_0^{t'}G(\lambda)C_L\exp\left[-\frac{(t-t')}{\tau_L}\right]\mathrm{d}\lambda \tag{7.6.3}$$

[58] Van Duyne R P, Jeanmaire D L, Shriver D F. Anal Chem., 1974, 46: 213.

由此可见，随激发光脉冲的半宽相对于荧光寿命 τ_L 变短，拉曼散射和荧光光子发射的时间差别将更为显著。此时，探测器在选通的时间间隔 t_g 内接收的荧光光子将更少，而接收的拉曼光子将更多，从而明显地改善拉曼信号检测的信噪比（SNR）。显然，当探测器在选通的时间间隔 t_g 比荧光寿命短并达到接近于拉曼散射光信号脉宽的半宽时，在时间上分割拉曼散射过程的光信号和伴随着分子激发而产生的荧光背景信号的要求即可满足，而将叠加在拉曼散射信号中的荧光背景有效地排除。为此，几种可选用的光信号探测器如表 7.6.1 所示。

表 7.6.1　“选通”检测器的选通时间 t_g 和最大重复速率

“选通”技术	选通时间 t_g/ns	最大重复速率/MHz
脉冲光电倍增管	>2 ns	0.1
选通光自子计数器	>50 ns	1
时幅转换器/单通道分析器组合	>0.5 ns	0.25～10

采用时间选通技术探测拉曼散射信号的信噪比的理论分析示明[59]，在杂散光可用双联单色器或三联单色器而被有效抑制，而且时间鉴别方法排除暗电流计数也十分有效的条件下，采用脉冲激发并利用时间选通光信号探测器检测拉曼散射信号时，其信噪比相对于连续波激发时的改进程度 $\varphi=\dfrac{(SNR)_{ml}}{(SNR)_{cw}}$ 将达到最大值 φ_{max}：

$$\varphi_{max}\to\sqrt{\alpha}\sqrt{1+2\left(\frac{N_L+N_d}{N_R}\right)} \tag{7.6.4}$$

式中，α 是脉冲激光和连续波激光功率之比；N_R、N_L 和 N_d 分别表示连续波激发时探测器在一定的选通时间期间内所检测到的拉曼散射信号、荧光背景和探测器暗电流的光子数目。图 7.6.11 示出选通时间 t_g 不同时，探测器在一定的选通时间期间内所测得的荧光光子数目，相对于未加选通时测量结果的百分比 F_L 和被测分子体系的荧光寿命 τ_L 的依赖关系。由图 7.6.11 可见，若 $t_g=200\text{ ps}$，寿命为 $\tau_L=2\text{ ns}$ 的荧光背景信号的 90% 以上都可被排除。

此外应指出，虽然增大两个相邻激发脉冲的时间间隔 t_m，将在一定程

[59] Alfano R R, Ockman N. J. Opt. Soc. Am., 1968, 58: 90.

度上有利于提高抑制荧光背景干扰的能力，但不论是采用加大脉冲激光的谐振腔长，或采用光学开关调制相邻激发脉冲的时间间隔以增大t_m时，都会使实验设备和技术上的复杂性增加。然而，改进拉曼散射信号测量信噪比θ的效果并不显著。

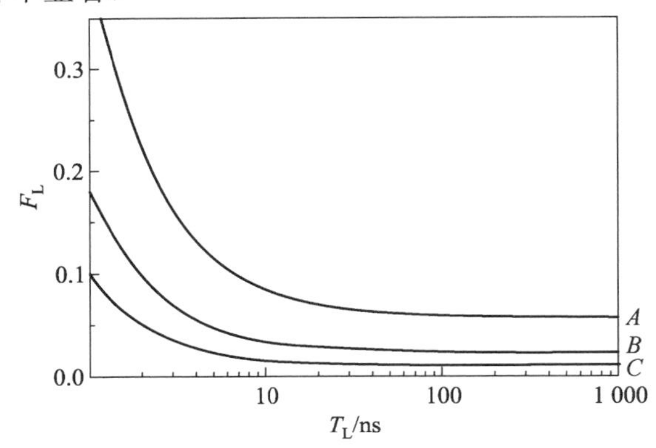

图 7.6.11 一定的选通时间期间内所测得的荧光光子数目，相对于未加选通时测量结果的百分比F_L和被测分子体系的荧光寿命τ_L的依赖关系 ($t_m = 8.77$ ns)。曲线 A—$t_g = 500$ ps；曲线 B—$t_g = 200$ ps；曲线 C—$t_g = 100$ ps

采用时间选通技术有选择地在特定的时间间隔内检测拉曼散射光谱信号，虽可直接利用快速光电倍增管和取样示波器的组合系统实现[60]，但在时间分辨拉曼散射光谱测量系统中，更有效地抑制荧光的背景干扰是采用时间相关单光子的计数方法[61]。这一方法的一种典型设计如图 7.6.12 所示。

其中，发射的时间特性不同的荧光背景和样品散射光谱光信号是由快速上升光电倍增管在单色仪出口处收集的。此时，淹没在荧光背景中的散射光谱信号则采用工作原理和荧光光谱信号时间分辨测量时所用时间相关单光子计数方法相类似的时间鉴别技术进行检测。有关这类采用时间选通光子计数的典型实验测量系统的原理及各设备单元的标定方法等技术细节，可参阅第 6 章 6.5 节，此处不再赘述。这里仅介绍一种操作方法，其使用的作为光信号探测器的光电倍增管实现时间选通的核心部件同样是由“起始”（START）和“终止”（STOP）脉冲控制的时幅转换器 TAC

[60] Harris E M, Chrisman R W, Lytle F E, Tobias R S. Anal. Chem., 1976, 48: 1937.

[61] (a) Van Dunyne R P, Jeanmaire D J, Shriver D F. Anal. Chem., 1974, 46:213. (b) Burgess R S, Shepherd I W. J. Phys. E., 1977, 10: 617. (c) Watanabe J, Kinoshita S, Kushida T. Rev. Sci. Instrum., 1985, 56: 1195. (d) Howard J, Everall N J, Jackson R W, Hutchinson K. J. Phys. E.: Sci. Instrrum., 1986, 19: 934.

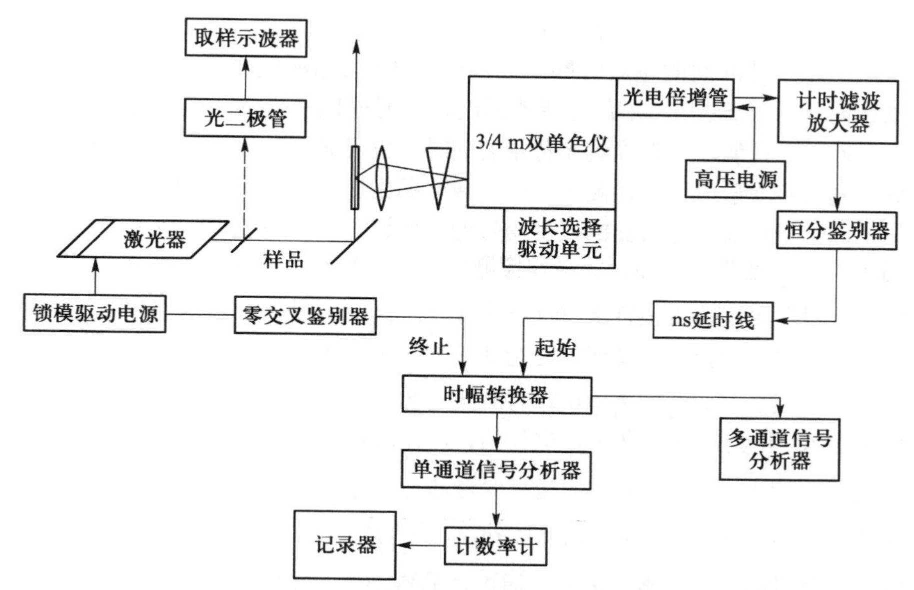

图 7.6.12　采用时间选通光子计数的时间分辨拉曼光谱的典型实验测量装置设计

和单通道信号分析器 SCA 组合构成。但为避免“起始”通道饱和，其“起始”和“终止”脉冲是以“反式”工作的。即将用于检测散射光信号的光电倍增管所输出的信号脉冲作为“起始”脉冲，经过计时滤波放大器放大和整形，并通过恒分鉴别器和延时后触发单通道信号分析器；而单通道信号分析器的“终止”脉冲，则取自锁模激光器所用的锁模系统单元输出的其频率和该锁模激光器输出的激光超短脉冲重复频率相同的正弦波信号，当每次通过“零交叉”鉴别器的零值时即产生一个 NIM 标准的快速脉冲输出。这样获得的“终止”脉冲将和激发拉曼散射信号的激光脉冲频率完全严格地同步。通常由光电倍增管所输出的光信号（包括被测拉曼散射信号和荧光背景信号）的脉冲重复频率约为 10 kHz 或更小，而和激发拉曼散射信号的激光脉冲频率则取决于锁模激光脉冲在谐振腔中的振荡频率（约为几百 MHz）。这样，被频率较低的每个“起始”脉冲启动后，时幅转换器的电压扫描都可有效地由被测拉曼散射信号在检测光电倍增管中所产生的频率更高的某一个脉冲终止。其幅度与“起始”和“终止”脉冲间的相对时间延迟成比例的时幅转换器所扫描的电压输出依次进入单通道信号分析器和多通道脉冲幅度分析器的模数转换单元（analog-to-digital converter，ADC)，即可将被测拉曼散射信号分别进行计数和计时，通过设定单通道信号分析器“高”和“低”电压阈值水平、选择适当的“起始”和“终止”脉冲间的相对时间延迟，即可将拉曼散射信号和样品的荧光背景在时间上“分割”，并有选择地测出特定时间间隔内的拉曼散射信号光强度。此时，在明显地排除荧光背景的同时，也可显著地降低暗电流，从而达到更高的拉曼散射信号检测信噪比。应强调指出，采用上述方法的一个关键技术问题是单通道分析器的接受信号的窗口设置。一些理论分析和实践经验均示明，荧光背景的抑制效率和检测信噪比均受选通时间的半宽 Δt_g 和选通的“位置”（即选通的起始时间 t_a 和终止时间 t_b ）的影响。一般来说，荧光背景的抑制效率和检测信噪比均随选通时间的半宽 Δt_g 的减小而增大，且 Δt_g 应小于荧光衰变时间 τ_f； $t_a = 0$ 时的最佳的选通位置 $t_b(\mathrm{opt})$ ，可利用选通时间的半宽 Δt_g 和荧光衰变速率 k_f 进行估计，在激发脉冲重复激发的周期 T 大于选通时间的半宽 Δt_g 但小于荧光衰变寿命 τ_f 的条件下，最佳的选通位置应约为选通时间半宽 Δt_g 的 1.5 倍。此外，选通时间宽度“抖动”（jitter）也是影响荧光背景的一个因素。因此，通过样品所产生的光信号进行有效的聚焦，并投射到光电倍增管光阴极表面的中心部位，而降低光电倍增管中光电子渡越时间（transient time）离散，或采用光电子渡越时间更为短暂的微通道板型的光电倍增管，将是应考虑的一种选择。

利用差分光谱技术“消除”拉曼散射光谱信号检测中样品荧光背景干扰的有效方法的原理十分简单[62]；它要求在一个激发光波长 λ_f 处激发样品时只发射荧光，即测出 S_f ；而在另一个激发光波长 λ_t 处，样品则同时有拉曼散射光谱信号和荧光发射，即 $S_f + S_R$ 。这样，假设样品分子在这两个不同激发光波长处所发射的荧光光谱相同，从 $S_f + S_R$ 中“扣除” S_f，即可得出样品所产生的拉曼散射光谱。为采用差分光谱技术测量分子在某一指定瞬间的时间分辨拉曼散射光谱，被测样品需采用激光脉冲特别是激光超短脉冲激发。而被激发样品所输出的光信号既可用上述的单光子计数系统检测，更可用光二极管列阵探测器直接测量样品所输出的光谱信号在不同波长处的强度分布。虽然伴随着后一信号检测方法明显提高光信号检测信噪比的同时，列阵探测器检测存在着噪声水平以及其中感光单元的灵敏度线性问题。不过这些问题通过对不同激发光波长的光谱谱图进行比较，可在很大程度上予以消除。因此，可从高强度荧光背景中清晰地抽取出淹没

[62] Katagawa K, Fuji T, Kitagawa T. Appl. Spectrosc., 1988, 42: 248.

在其中的拉曼散射光谱谱图。在图 7.6.13 和图 7.6.14 中分别示出利用激光脉冲激发，并采用上述时间相关单光子计数技术和光学选通的光二极管列阵探测器检测的时间分辨差分拉曼散射光谱所用测量系统的典型设计。

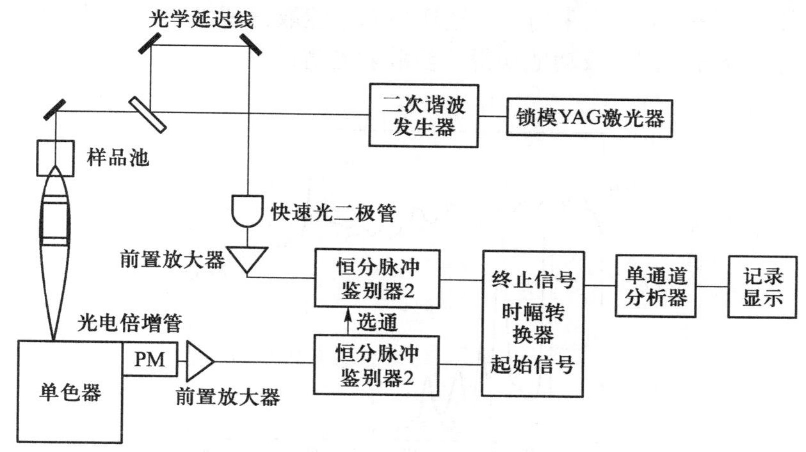

图 7.6.13　采用锁模激光超短脉冲激发和时间相关单光子计数技术检测的时间分辨差分拉曼散射光谱测量系统的典型设计。其中，单通道分析器（SCA）用于选择和激发光脉冲同步的时幅转换器（TAC）所输出的计时脉冲信号[62]

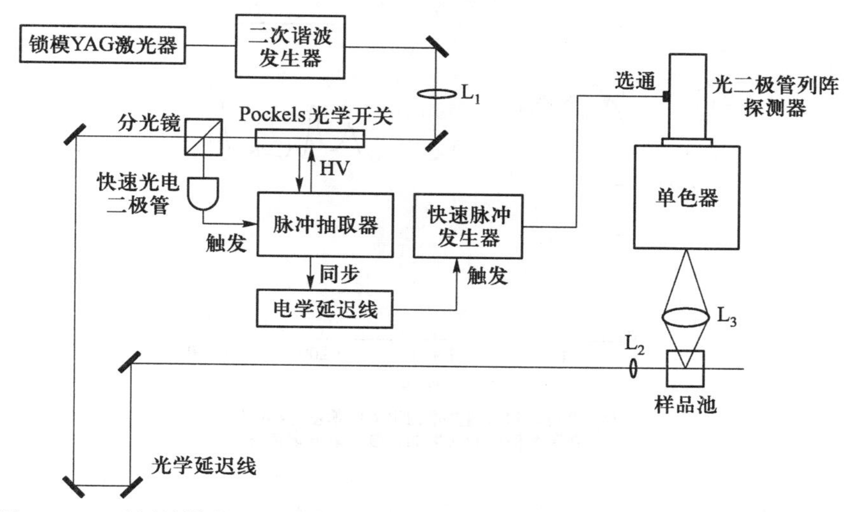

图 7.6.14　采用锁模激光超短脉冲激发和时间相关单光子计数技术检测的时间分辨差分拉曼散射光谱测量系统的典型设计。其中，光二极管列阵探测器的选通是利用和激发光脉冲同步，并经过可变电学延迟线适当延时后驱动的所输出的脉冲控制[62]

L_1～L_3—光学透镜

在图 7.6.15 中示出采用脉冲时间分辨差分拉曼散射光谱方法测出苯溶液中四苯基卟啉（TPP）在波长为 532 nm 的激光脉冲激发时的共振拉曼散射光谱谱图。由图 7.6.15 可见，为从淹没在高强度荧光背景中抽取微弱的拉曼散射光谱信号，在采用时间选通技术未能取得理想的效果时，脉冲时间分辨差分方法则可成功地获得拉曼散射光谱谱图。

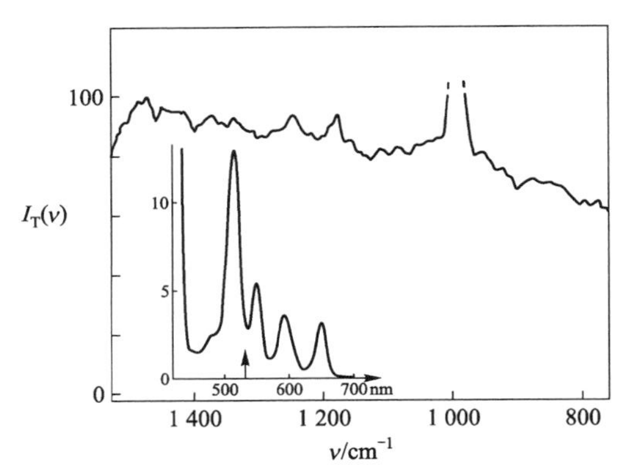

(a) 未采用时间选通时测出的拉曼散射光谱谱图
(插图是基态四苯基卟啉电子吸收谱图)

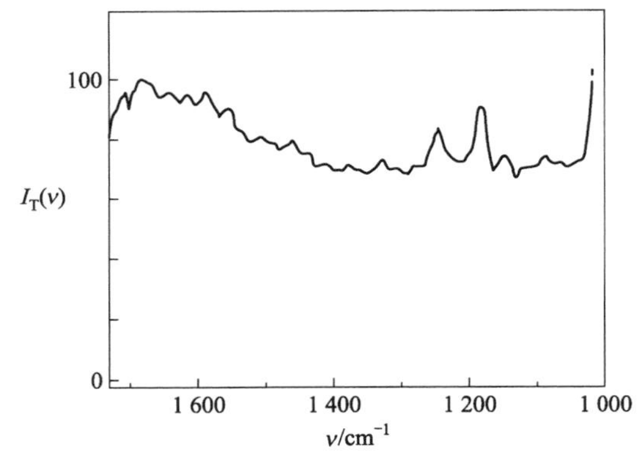

(b) 采用时间选通技术测出的四苯基卟啉(TPP)
在苯溶液中的共振的拉曼散射光谱谱图

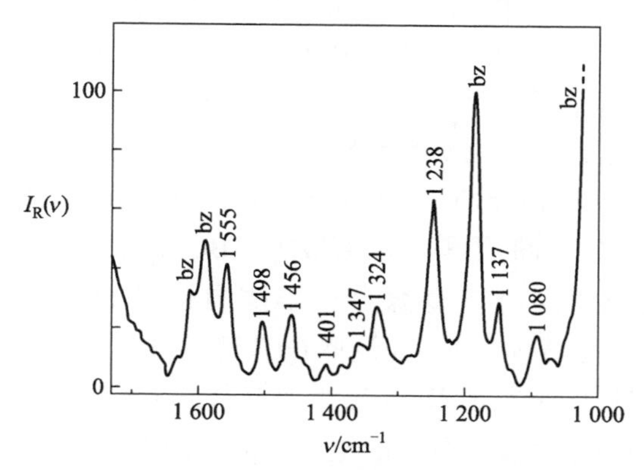

(c) 采用脉冲差异时间分辨拉曼散射光谱方法测出的
四苯基卟啉(TPP) 在苯溶液中的共振的拉曼散射光谱谱图

图 7.6.15　采用时间分辨差分拉曼散射光谱方法测出四苯基卟啉（TPP）在苯溶液中的共振拉曼散射光谱谱图[62]（激发光波长为 532 nm）
探测器的曝光时间为 320 s，bz—苯溶剂的散射光谱谱带

7.7　时间分辨拉曼散射光谱应用的典型事例

如果说以在特定频率范围内的“宽带”谱图为特征分子的电子吸收和荧光光谱，更适合于提供处于不同电子状态的相关分子的浓度随时间变化的动力学规律的资料，那么，用于表征分子的振动、转动跃迁的精细光谱谱线的时间分辨拉曼散射光谱测量，将为在原子水平上有效地跟踪监测分子的运动变化的动态学微观过程提供诱人的应用潜力。例如，作为在许多电化学和包括光合作用等诸多自然界进行的生化过程中相关分子间电子转移过程的一种重要电子载体的醌类分子，由于这类分子在这些相互作用过程中所出现的不稳定“中间产物”(如半醌自由基 $QH^•$ 、半醌阴离子自由基 $Q^{-•}$ 等）的电子跃迁谱带均较宽，而且谱带彼此重叠交盖，致使在推定相互作用过程微观机理时引入一系列不确定因素。但早在 20 世纪 80 年代，利用时间分辨拉曼散射光谱直接观察醌类分子在不同环境介质中的瞬态拉曼散射光谱所展示的清晰可辨的振动跃迁谱线，可为精确地推论在相关相互作用过程中分子的状态、构型转化的微观图景和动力学规律提供令人信服的实验依据。典型的实验结

果是，Brus 等[63]利用 ns 和 ps 时间分辨拉曼散射光谱在观察处于电子激发三重态的对-苯醌分子 $BQ(T_1)$ 从溶剂分子中吸取氢原子而生成中性自由基 $QH^{\bullet}$ 的过程时，他们发现（参阅图 7.7.1）：当苯醌分子被 $n \to \pi^*$ 激发时，伴随着处于电子基态 S_0 的拉曼谱带强度随时间减弱，有电子激发三重态对-苯醌分子 $BQ(T_1)$ 的频移分别是 1 551 cm^{-1} 和 1 495 cm^{-1} 的特征拉曼谱线出现；若苯醌处于约 10%的甲醇的水溶液中，$BQ(T_1)$ 的 1 551 cm^{-1} 特征谱带在随时间而变弱的同时，有源自于半醌自由基 $QH^{\bullet}$ 的 1 513 cm^{-1} 和 1 615 cm^{-1} 特征拉曼谱线出现。而这些 $QH^{\bullet}$ 谱线只在 ns 的时间分辨拉曼散射光谱谱图中出现的事实则表明，电子激发三重态苯醌分子 $BQ(T_1)$ 是先经过振动弛豫到该电子激发态分子的电子振动平衡态后，才从溶剂分子中夺取一个氢原子。其他各种醌类分子（包括含有不同取代基的衍生物，如卤素[64]、甲基取代苯醌[65]等）及其不稳定中间物的时间分辨拉曼散射光谱谱图的测量结果，同样也可为揭示它们进行化学转化的微观图景提供更可靠的实验依据。

时间分辨拉曼散射光谱方法应用的另一重要事例是，直接跟踪监测给体 D 和受体 A 分子基团间的电子转移：$D^* + A \xrightarrow{e^-} D^+ + A^-$。此前，广泛用于研究这类分子过程的主要方法是，通过监测受体分子基团 A 对电子激发态给体分子基团 D^*的荧光淬灭动力学过程而推测 $D^* + A \xrightarrow{e^-} D^+ + A^-$ 分子基团间电子转移步骤的速率。但这一通用研究方法的问题是，电子激发态给体分子的荧光淬灭实际上也可由分子中的系间蹿跃 $D^*(S_1) \longrightarrow D'^*(T_1)$ 等过程产生，也就是说，对电子激发态给体分子基团 D^*的荧光猝灭并不一定完全是发生电子转移的结果。因此，准确、可靠地揭示分子基团间的电子转移的动态学机理及其相关的动力学规律的实验资料，只能通过直接跟踪监测其产物，即给体正离子 D^+ 和（或）受体负离子 A^- 基团的生成而得到。因此，时间分辨拉曼散射光谱测量显然是一种有效的工具。在这方面，一个有趣的实例是，M. Ondrias 等通过直接监测四磺酸苯基卟啉（TSPP）和泛醌 UQ_0 基团组合成的络合物 $P\cdots UQ_0$ 的瞬态拉曼散射光谱，探讨由电子激发一重态的四磺酸苯基卟啉 TSPP（$^1P^*$）向 UQ_0 进行的“分子内”电子转移而生成 $^1P^{\bullet+}\cdots UQ_0^{\bullet-}$ 的机理[66]。他们通过比较 $\lambda = 436$ nm 的激光脉冲作用

[63] (a) Beck S M, Brus L E. J. Am. Chem. Soc., 1982, 104: 4789. (b) Rossetti R, Brus L E. J. Am. Chem. Soc., 1986, 108:4719.

[64] Tripathi, G N R, Schuler R H. J. Phys. Chem., 1983, 87: 3101.

[65] Mohapatra H, Umapathy S. J. Phys. Chem. A, 2002, 106: 4513.

[66] Buranda T, Enlow M, Grienr J, Socie N, Ondrias M. J. Phys. Chem. B, 1998, 102: 9081.

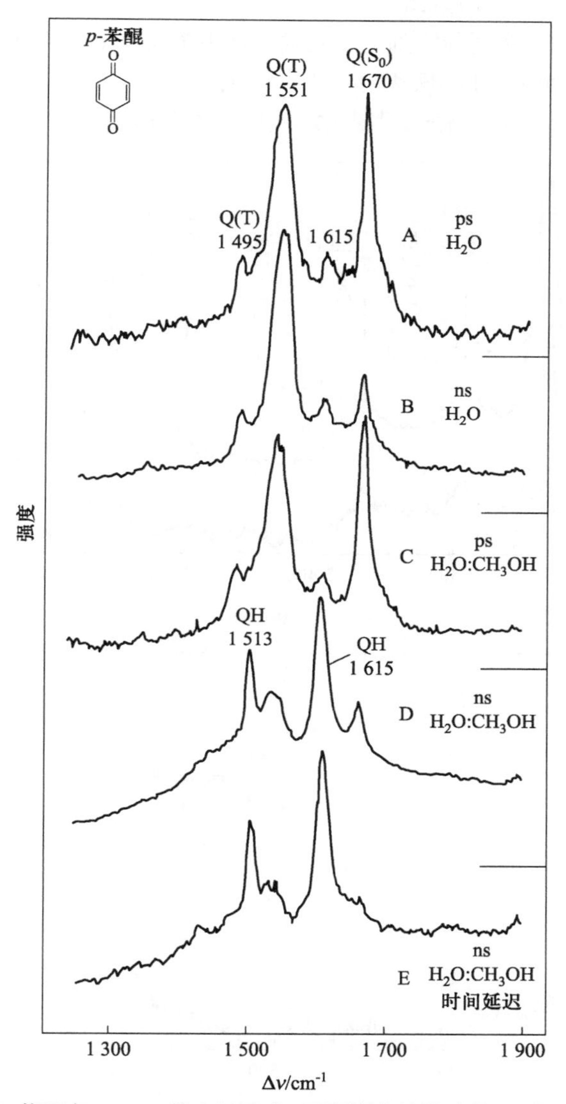

图 7.7.1　对-苯醌在 pH = 5 的水以及水+甲醇混合溶液中的 ns 和 ps 时间分辨拉曼散射光谱谱图[63]。激发光波长为 416 nm，苯醌分子浓度为 3×10^{-2} mol/L，仪器的光谱分辨率恒等于 5 cm^{-1}

下的电子基态 S_0 的 TSPP 和泛醌分子 UQ_0 在水溶液中共存时的拉曼散射光谱谱图（图 7.7.2）发现，当激发光脉冲宽度约小于 10 ns 时，在 TSPP 和 UQ_0 间生成分子络合物 TSPP…UQ_0 中，被电子激发而处于电子激发一重态 S_1 的

TSPP 可在它通过系间蹿跃到电子激发三重态 T_1 之前，即和 UQ_0 受体分子间发生电子转移而生成自由基离子对 $P^{\bullet+}\cdots UQ^{\bullet-}$［图 7.7.3（a）］。这样，电子激发三重态首先参与电子转移［图 7.7.3（b）］的可能性将被排除。

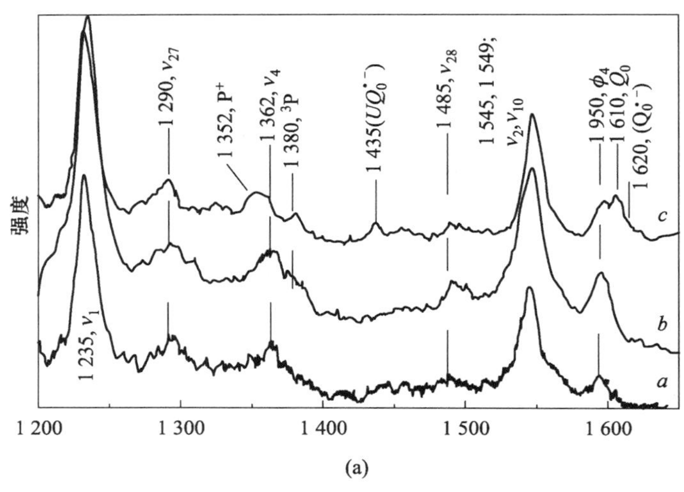

(a)

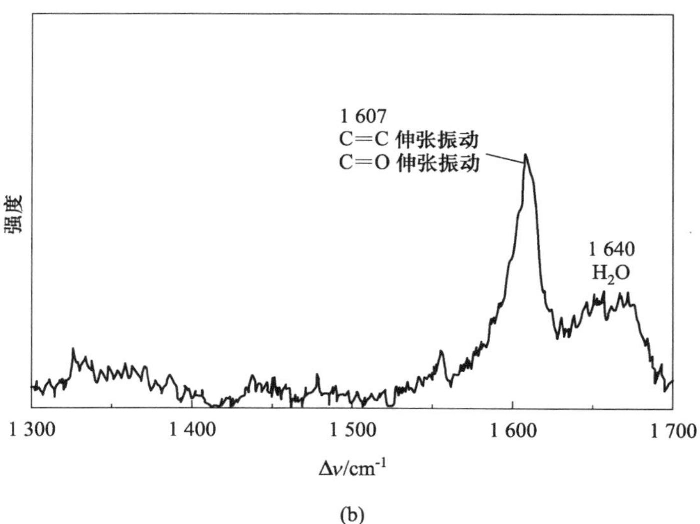

(b)

图 7.7.2　四磺酸苯基卟啉（TSPP，10^{-5} mol/L）和泛醌（UQ_0，10^{-3} mol/L）水溶液的拉曼散射光谱谱图[66]。（激发光波长为 436 nm）。（a）*a*—基态 S_0 时的 TSPP+UQ_0 水溶液（光脉冲能量约为 0.4 mJ）；*b*—处与于电子激发三重态 T_1 的 TSPP（光脉冲能量约为 2 mJ）；*c*—TSPP 在 S_0 态、S_1 态、T_1 态的 $TSPP^{\bullet+}\cdots UQ^{\bullet-}$ 络合物（光脉冲能量约为 2 mJ）。（b）泛醌水溶液（光脉冲能量约为 0.4 mJ）

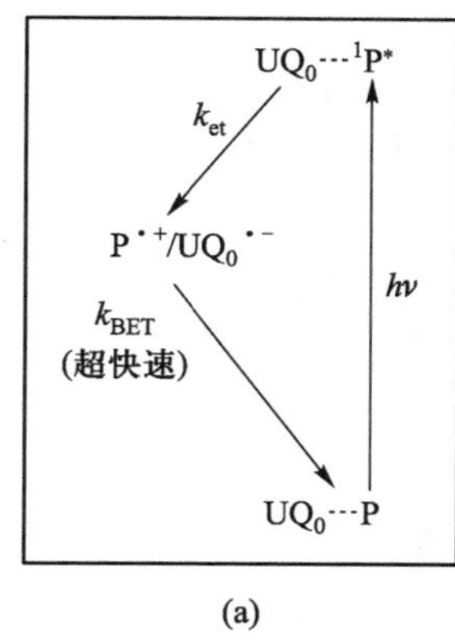

(a)

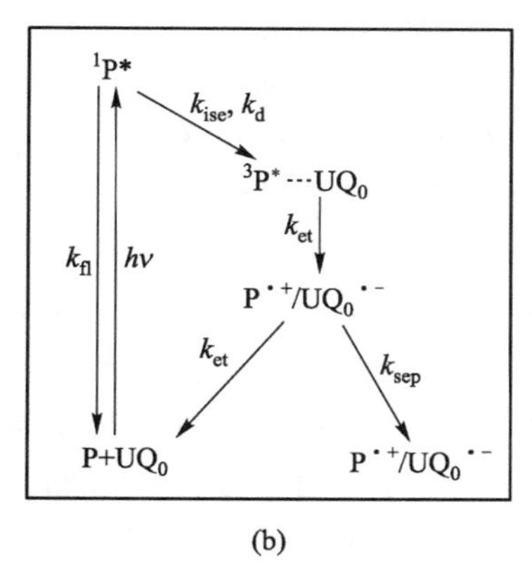

(b)

图 7.7.3 卟啉（P）和泛醌（UQ_0）在水溶液中的两种电子传递方式：（a）卟啉和泛醌分子形成络合物时，电子由激发生成的电子激发一重态（$^1P^*$）进行传递；（b）卟啉和泛醌各自以自由态分子存在时，激发生成的电子激发一重态（$^1P^*$）发生系间蹿跃到激发生成的电子激发三重态（$^3P^*$）并和泛醌分子形成络合物$^3P^*\cdots UQ_0$后，再进行电子传递

应指出的是，虽然，在当时 M. Ondrias 等未能跟踪监测瞬态拉曼散射光谱谱图随时间的演变，而进一步揭示相关分子伴随着络合物内的电子转移过程 TSPP 和 UQ_0 分子的结构、构型的变化，但这一工作无疑是一个非常值得重视的实验尝试。这是因为近二三十年来，由卟啉类分子基团 P 以共价键和不同具有电子受体特性的醌类分子 Q 硝基苯衍生物 NB、联吡啶 V^{++} 等分子基团连接而构成的大分子 P—A[67, 68]，广泛地被作为用于揭示光合作用原初反应过程中高效而快速地进行次级电子传递奥秘的分子模型，以及基于人工模拟光合作用原初反应过程而探索的开辟太阳能利用新途径的分子材料体系，通过时间分辨拉曼光谱测量研究在这类模型分子中的电子传递机理，特别是跟踪监测伴随着电子转移发生结构的分子、构型变化和相关电子转移步骤之间的相互影响，将为揭示光合作用原初反应过程电子转移奥秘以及其人工模拟而发展新型光电子学分子器件提供重要科学启示[69]。

但是，时间分辨拉曼散射光谱的一种更为吸引人们注意的可能应

[67] (a) Gust D, Moore T A, Moore A L. Acc. Chem. Res., 1993, 26: 198. (b) Wasielewski M W. Chem. Rev., 1992, 92: 435.

[68] (a) 郭础, 冯扬波, 张兴康. 生物物理学报, 1985, 1: 272. (b) 章军, 余廉, 朱鹤孙, 冯扬波, 郭础. 生物物理学报, 1988, 4: 184.(c) 郭础, 冯扬波. 生物物理学报, 1989, 5: 226.

[69] Akins D L, 郭础. Adv. Mater., 1994, 6: 512.

用是跟踪监测生物学大分子，特别是蛋白质分子结构随时间变化的微观动态学机理。众所周知，蛋白质是一种非常独特而且十分引人入胜的有机物材料，它可被想象为一种在生物体内进行复合物催化、氧的传输等许多生命活动过程中发挥着奇妙功能的“分子机器”。这类大分子虽然和一般的有机混合晶体或杂质中心等相似，即它们的结构中都含有发色团活性中心，但是蛋白质分子和一般的凝聚态材料分子有一个根本的区别，这就是：蛋白质本身是一个围绕着自身反复折叠而在空间构成具有高度各向异性的链状基质分子，它在发色团活性中心周围通常并不是各向同性地分布，而且其各向异性分布的空间构型也将随着蛋白质分子生理功能的改变而不断变换。因而，阐明有关蛋白质分子构型变换和它的功能之间的关系，将是揭示生命活动过程奥秘的核心问题之一。但是，长期以来的实践示明，采用一些传统的方法研究蛋白质分子结构及其功能关联并未能取得令人满意的进展。例如，早在 20 世纪 70 年代，利用相关的生物化学方法虽已对血红蛋白（Hemoglobin，Hb）的功能特性给予成功的表征，利用 X 光衍射技术也对该蛋白质分子的平衡态晶体结构进行了精确的测定[70]，然而在当时由于缺乏有关直接控制其功能表现的蛋白质分子空间结构随时间变换的动态学信息，人们仍然不能确切地阐明血红蛋白分子功能和它的分子结构间的依赖关系。时间分辨拉曼散射光谱测量无疑将为在原子运动的水平上了解各种生物大分子的微观动态结构提供新的希望。事实上，从时间分辨拉曼散射光谱测量血红蛋白动态学结构的典型事例中，已可看到这一方法在研究血红蛋白分子结构及其功能间的关联方面的应用潜力。

为便于说明问题，首先从简要地考查血红蛋白分子结构开始。血红蛋白分子是一个由两个α－和两个β－亚单位构成的四聚体蛋白质。其中每一个亚单位都含有一个可以和 O_2、CO 或 NO 等小分子配位基团可逆地键合的血红素（heme）。脱氧血红素是在它的卟啉环中心含有一个五配位、高自旋（$s = 2$）并凸出在环平面之外的 Fe^{2+}；而血红素和配位基团键合则使该亚铁离子转变成为一个六配位、低自旋（$s=0$）形态，且其空间位置被“压缩”到和卟啉环处于同一平面。有趣的是，血红蛋白中的血红素基团和 O_2、CO 或 NO 等小分子配位基键合表现出严格的协同性。也就是说，

[70] (a) Perutz M F. Proc. Royal Soc., London, Ser., 1980, B208: 135. (b) Shulman R G, Hopfield J J, Ogawa S. Rev. Biophys., 1975, 8: 325. (c) Baldwin J M, Chothia C. J. Mol. Biol., 1979, 129: 175.

一个血红蛋白亚单位的配位通常都受到该血红蛋白中另一个亚单位中配位基团的键合情况的影响和制约。若血红蛋白和第一个 O_2 分子的键合亲和力较小，则它和第四个配位基的键合亲和力会增大几个数量级。关于血红蛋白的这一配位基团的键合协同性质，人们曾用基于血红蛋白分子的 X 光晶体结构测量结果而提出的“双状态模型”设想进行解释。根据这一模型，基于血红蛋白分子亚单位肽链的不同空间分布，可设想：该蛋白质基质可以有键合亲和力较低的紧密结构（T – 结构）或键合亲和力较高的松散结构（R – 结构）等两种表征蛋白质亚单位组合空间分布的四级结构（参阅图 7.7.4）；而根据配位的情况，蛋白质基质四级结构则有脱氧的 T – 结构 (dT) 和已配位的 T – 结构 (lT)、脱氧的 R – 结构 (dR) 和已配位的 R – 结构 (lR) 等四种可能形式。配位基团的键合所呈现的 S 形函数关系则可归因于其中 T – 和 R – 结构之间的平衡所致。上述不含配位基团的脱氧 T – 结构和完全配位的 R – 结构等两种平衡态的血红蛋白已可从成年人体中分离出来。而在人体血红蛋白的突变体和其他脊椎动物、爬行动物等机体中，也发现了脱氧血红蛋白的 R – 结构和完全配位的 T – 结构。但是，尽管这些不同物种的血红蛋白都具有类似的四级结构，然而它们却具有不同的配位键合性能，从而其生理学和生态学性能表现也各异。因此，人们感兴趣的问题是，蛋白质基质对它的配位键合性质的影响，究竟是由于蛋白质基质分子的四级结构的微妙不同，还是起源于蛋白质基质本身在特异性方面的差异。采用传统的生化技术表征血红蛋白分子和通过经典的 X 光晶体方法结构测量其处于平衡状态时的结构，并未能为回答上述问题获得令人满

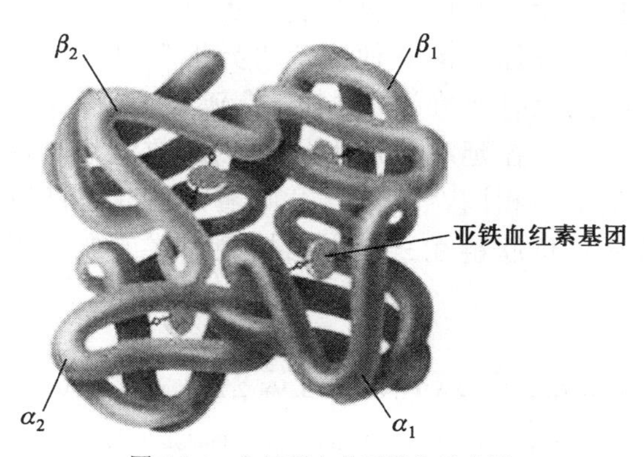

图 7.7.4　血红蛋白分子结构示意图

意的答案。利用一般的拉曼光谱测量虽然在理论上可为研究分子的微观结构提供广泛的可能性，但在实际上，从具有大量结构自由度的血红蛋白分子的复杂拉曼光谱谱图中，很难抽取出蛋白质基质和相关配位基团间进行微妙相互作用的相关资料，而且由于蛋白质基质结构不同而引起它和血红素配位基团作用的一些微妙区别，往往可因不同配位的血红素在电子构型上的差异而被完全淹没。诚然，实验中已证明，通过有选择地共振激发，即使在血红蛋白分子浓度很低（例如，$<10^{-5}$ mol/L）的条件下，也可得出获得高质量的血红素的拉曼光谱谱图，而且它的拉曼光谱谱带和相关分子振动模式的归属已基本明确[71]。这样，通过对血红素的共振拉曼光谱谱图分析，即可望获得有关它和周围蛋白质基质间相互作用的信息。然而，为探讨血红蛋白结构和它的功能之间的关系，氧分子等小分子的配位能力并不是蛋白质分子功能和它的结构关联的最佳参数。这是因为这些小分子所表现的配位能力，实际上只是各种蛋白结构处于平衡状态时的综合特性，事实上，能够和特定的蛋白结构直接相关的只应该是它们在某一瞬间的行为，而且这种快速行为出现的瞬间越短，越能反映出结构和性能间的关系。在这方面，有一个有趣的发现，血红蛋白在具有适当波长的激光脉冲作用下，其中和 O_2 配位的血红素可和它的氧分子配位基快速分离，生成位于 1 355 cm^{-1} 附近的特征拉曼散射谱带的脱氧血红素分子 Deoxy Hb（参阅图 7.7.5），而这一光解所生成的产物也可能就在它们生成后的极短时间（如 ps）内，在发生光解时的原来空间部位和 O_2 进行原地“复合”。

此时，虽然不能排除这样的可能性，即由于周围蛋白质基质肽链的空间分布结构改变，光解产物的复合也可能由于周围蛋白质基质的结构变化而在偏离开原位的其他部位“异地”进行，但这种“异地”复合显然将在时间上有所推迟，例如，推延到 ns 范围[72]。在另一方面，也有实验结果表明，在延时分别为 ps 和 ns 数量级时，所测出的瞬态拉曼光谱谱图基本上相同[73]。这就意味着，在光解产物进行复合的过程中，表征其亚单位肽链在三维空间折叠形式的血红蛋白三级结构的变化可忽略不计。

[71] Spiro T G. Iron Porphyrin. Lever A B P, Gray H B. Vol. 2. Msassachusetts: Addison-Wesley Publishing Co. Reading, 1983.

[72] Friedman J M, Scott T W, Fisanick G J, Simon S R, Findsen E W, Ondrias M R, Macdonald V R. Science, 1985,229:187.

[73] Findsen E W, Friedman J M, Ondrias M R, Simon S R. Science, 1985, 229:661.

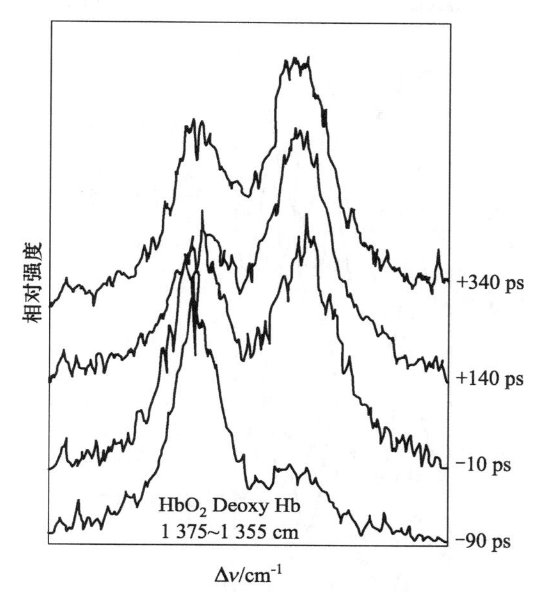

图 7.7.5　光解血红蛋白时在高频区的时间分辨共振拉曼光谱谱图[72]。光解激光脉冲波长为 532 nm，产物探测激光脉冲波长为 435 nm，图中峰值为 1355 cm^{-1} 和 1375 cm^{-1} 的谱带分别归属于脱氧的血红素和正铁血红素。在 10 ps 的谱图中也出现了脱氧的血红蛋白峰，它是由于此时探测激光脉冲和脉宽约为 30 ps 的光解激光脉冲在时间上有一定的交盖所引起的假象

具有 R 型和 T 型结构的脱氧血红蛋白分子在具有适当波长的激光脉冲作用下，所生成的光解产物在平衡状态和瞬态（例如，在生成后约 10 ns 的瞬间）在低频区的共振拉曼光谱谱图如图 7.7.6 所示。

由在光解后约 10 ns 所测得的一些脱氧血红蛋白分子在低频端的瞬态拉曼光谱谱图可见，CO 的配位将使 R–结构的脱氧血红蛋白分子中的某些拉曼谱带向高频侧产生约 10 cm^{-1} 的偏移。已知血红蛋白的这些发生偏移的拉曼光谱谱带和其中血红素中 Fe^{2+} 和它周围的蛋白质的 α 螺旋中构成 F 片段中的一个近端组氨酸 His 相连接的 Fe—His 共价键伸张振动有关。因而，这里所观察到的拉曼的兰移可设想为，是由近端组氨酸分子平面相对于血红素基团的卟啉环平面进行倾斜所致[74]（参阅图 7.7.7）。

[74] Friedman J M, Rousseau D L, Ondrias M R, Stepnoski R A. Science, 1982, 218: 1244.

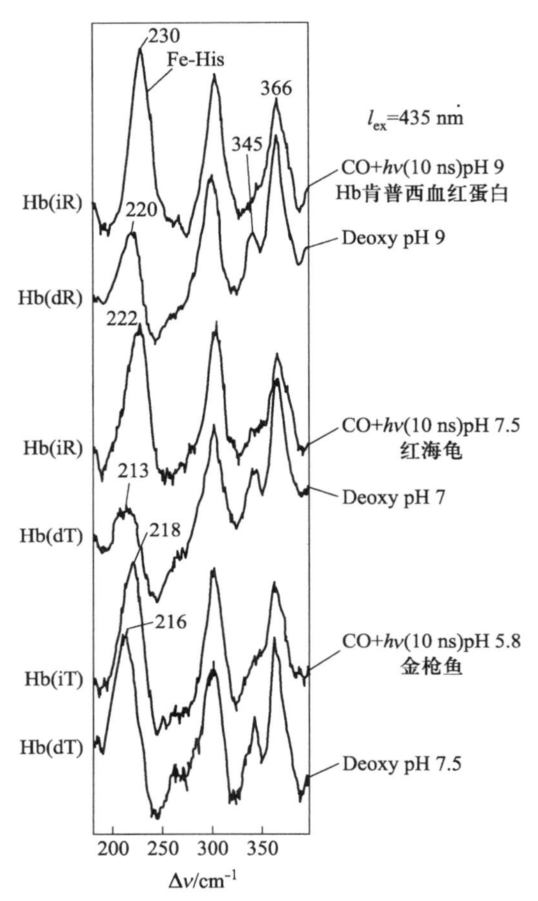

图 7.7.6 利用持续时间约为 10 ns 的短脉冲激光作用于几种血红蛋白所生成的一些处于平衡和非平衡状态的脱氧血红素的共振拉曼光谱谱图的低频部分。左侧标出的是围绕脱氧血红素发色团的蛋白质基质的四级结构。肯普西（Kempsey）是人体突变体的血红蛋白。这种血红蛋白的 R–四级结构甚至在脱氧状态时也可稳定地存在[73]

通过红外和拉曼光谱测量和扩展 X 光精细结构吸收光谱（extended X-ray absorption fine structure spectroscopy，EXAFS）的研究已查明，已配位的血红蛋白中的六配位 Fe^{2+}周围的 R–和 T–亚单位的肽链空间构型并没有明显的不同。也就是说，配位的血红素的 Fe^{2+} 在蛋白质基质的 R–和 T–中所处的初始微观环境相同，但光解引起 Fe^{2+}配位改变对 R–和 T–亚单位的 Fe—His 共价键振动的影响则有明显差别，其原因可用图 7.7.8 所设想的模型予以解释。这就意味着，在亚铁离子处发生的变化，可通过它和近端组氨酸相连接的紧密但可伸缩的 Fe—His 共价键的耦合而迅速地传递给周围的 R-和 T-亚单位敏感区（或反之，将周围亚单位敏感区发生的结构变化，迅速地反馈到亚铁离子）。这样，当配位的血红素发生光解而使 Fe^{2+} 凸出到血红素的卟啉环平面之外时，近端组氨酸 His 可在同时随之出现和 R-T 亚单位相关的空间取向，从而影响应配位基进行复合所要求的位能垒高度 $G(\chi)$。

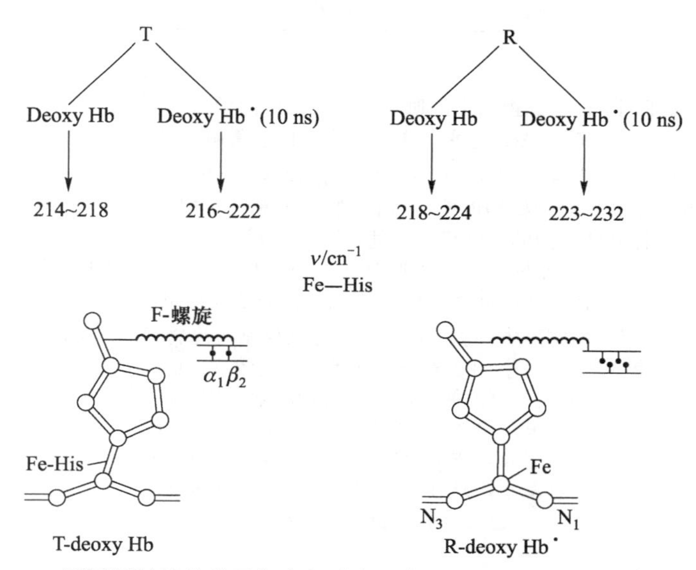

图 7.7.7　不同四级结构的平衡态和瞬态（生成后约 10 ns）的血红蛋白中，血红素配位基的 Fe^{2+} 和以共价键方式与蛋白质基质片段中最邻近的一个组氨酸 His 连接的 Fe—His 键振动的拉曼频率 $\nu_{Fe—His}$，将随 Fe—His 键相对于血红素配位基中卟啉环平面取向倾斜而向高频侧偏移

诚然，目前时间分辨拉曼光谱方法虽处于发展的初期，但基于上述几个早期的简单应用实例，人们可以相信，这一光谱新方法必将在研究分子动态结构，特别是在研究分子结构及其功能之间的关联，而成为发展新型功能材料，特别是光电子功能材料以及揭示生命活动过程奥秘等领域的一种最有发展潜力的工具。

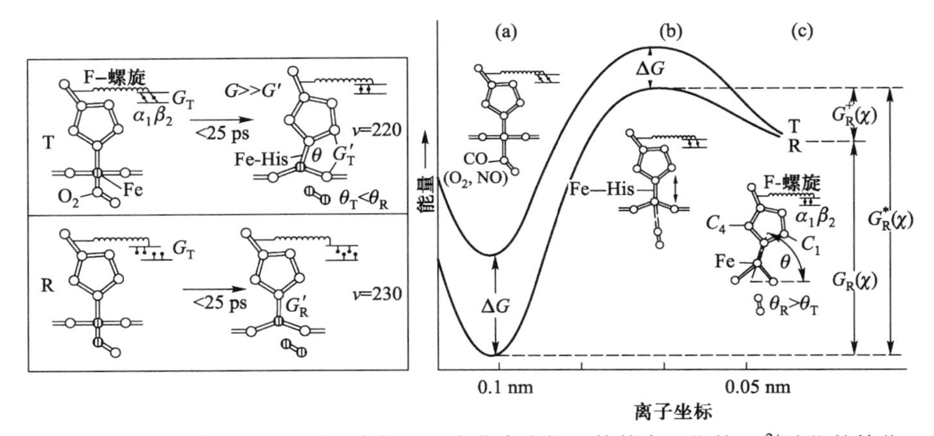

图 7.7.8 在 R-和 T-血红蛋白中的血红素发生光解而使其中配位的 Fe^{2+}移位的简化模型描述。图中 ΔG 和 ΔG^* 分别代表配位引起的能量减小和自发解离能。$G(\chi)$、$G^*(\chi)$ 和 $G^+(\chi)$ 是解离产物的复合能垒，χ 表示相应的反应坐标。(a) F-螺旋表示铁原子和螺旋结构的连接，当 Fe 在卟啉环平面内时，咪唑环上的 C 和吡咯环上的 N 之间的强烈推斥力使近断端组氨酸呈直立状态；(b) 当配位小分子脱离而 Fe 偏移出卟啉环平面时，C…N 间推斥减弱，若在 $\alpha_1-\beta_2$ 亚单位界面处的 F-螺旋处的拉力超过组氨酸的扭矩，该组氨酸将发生倾斜；(c) 当组氨酸倾斜过度将使 Fe—His 键断裂。此时，Fe 离开卟啉环平面已较远，而组氨酸也发生最大程度的倾斜，且其方向和最初配位的蛋白三级结构未发生弛豫时相匹配。当血红素脱去配位小分子而成为非平面构型时，其推斥力也将明显地减小，从而 R-和 T-亚单位之间的差别也比含有配位小分子时小很多

附录 7.1 拉曼散射光谱谱带的基团频率

基团频率 ν/cm^{-1}	基团（化学键）	分子结构	附注
4 400	H—H 伸张振动	H_2	
3 636～3 150	O—H 伸张振动		
3 374	≡CH 对称伸张振动		
3 372	N—H 伸张振动	乙炔	
3 356	N—H 伸张振动	$RH_2 \cdot CNH_2$	

续表

基团频率 ν/cm^{-1}	基团（化学键）	分子结构	附注
3 350	C＝NOH	RR′HC·NH_2	
3 335	N—H 伸张振动	RHC＝NOH RR′C＝NOH	
3 330	N—H 伸张振动	R_2NH	
3 310	N—H 伸张振动	$RH_2C·NH_2$	
3 307	N—H 伸张振动	RR′HC·NH_2	
3 305, 3 270	≡CH 伸张振动	单取代乙炔	
3 180	＝CH 伸张振动	乙烯	
3 070～3 045	＝CH 伸张振动	单、双、三取代芳环	IR
3 062, 3 047	＝CH 伸张振动	苯	
3 019	＝CH 伸张振动	乙烯	
3 000～2 800	CH	烷	
2 790	CH	>N·CH_3	
2 570	SH	RSH	
2 329	C≡N 伸张振动	乙腈	
2 304	C≡C 伸张振动	二烃基乙炔	
2 300	Se—H	R·Se·H	
2 252	RC≡C—C≡CR	全取代二乙炔	
2 250	C≡N 伸张振动	非共轭乙腈	IR
2 227	C≡C 伸张振动	二烃基乙炔	
2 225	C≡N 伸张振动	共轭乙腈	IR
2 187	Si—H 对称伸张振动	硅烷	
2 180	C＝N	RN＝C＝S	
2 150	C≡N	RS · C≡N，RN≡C	
2 125～2 118	C≡C 伸张振动	单烃基乙炔	
2 105	C＝N	RN＝C＝S	
2 104	N＝N≡N	H_3C·N＝N≡N	
2 089	C≡N 伸张振动	乙腈	IR
2 049	C＝C＝O	乙烯酮	
1 980	C＝C＝C非对称伸张振动	丙二烯衍生物	IR 强
1 974	C≡C 伸张振动	乙炔	

续表

基团频率 ν/cm^{-1}	基团（化学键）	分子结构	附注
1 820～1 650	C═O 伸张振动	羰基化合物	IR
1 804, 1 745	C═O	R·CO·O·CO·R′	
1 792	C═O	R·CO·Cl	
1 776	C═O	Cl·CO·OR	
1 734	C═O	R·CO·OR′	
1 720	C═O	R·CO·H	
1 710	C═O	R·CO·CH_3	
1 690	C═O	NH_2·CO·OR	
1 675	C═O	R·CO·NH_2	
1 652	C═O	R·CO·OH	
1 680～1 640	C═C 伸张振动	烯衍生物	IR 弱
1 676	C═C	R_2C═CR_2'	
1 674	C═C	RHC═NR′	
1 670	C═N	*trans*-RHC═CHR′	
1 665	C═N	RR′C═NOH	
1 660	C═NOH	RHC═NOH	
1 658	C═C	*cis*-RHC═CHR′	
1 654	C═N	R·(OH)·C═NH	
1 642	C═C	Ar-HC═NR	
1 640	O—N═O 伸张振动	Nitric acid 酯	
1 630	C═N	Ar·HC═NH	
1 623		Nitric acid 酯	
1 621	C═C	乙烯	
1 610	N═O	R·NO	IR
1 610～1 590	环振动	芳香环	
1 603	O—N═O 伸张振动	Nitric acid 甲酯	
1 576	N═N 伸张振动		IR 弱
1 571	C═C 伸张振动	Cl_2 C═CCl_2	

续表

基团频率 ν/cm^{-1}	基团（化学键）	分子结构	附注
1 570～1 520	N—NO_2 非对称伸张振动	烃基硝胺	IR
1 550	NO_2	RNO_2	
1 520	NO_2	$ArNO_2$	
1 500		环戊二烯、呋喃、吡咯及其衍生物	
1 460	CH_3 非对称变形振动	烃类分子	IR
1 455	CH_2 弯曲振动	环戊二烯衍生物	IR
1 452	CH_2 弯曲振动	环己烷衍生物	IR
1 450～1 200	C—C—H 平面内 CH 变形	取代乙烯	IR 弱
1 434～1 409	N—C—O 对称伸张振动	烃基异氰酸酯	
1 411	—SO_2 非对称伸张振动	Cl_2SO_2	
1 393～1 373	CH_3	环上的 CH_3	
1 390	— NO_3^- 振动	硝酸盐离子	
1 380	—SO_2 非对称伸张振动	RO—SO_2OR	
1 380		萘，环戊二烯，呋喃、吡咯及其衍生物	
1 380	NO_2	R·NO_2	
1 370	N—NO_2 对称伸张振动	烃基硝胺	
1 360～1 330	CH 变形振动	枝链碳氢化合物	IR
1 350～1 150	CH_2 扭摆、摇摆		IR 弱
1 340	NO_2	Ar·NO_2	
1 340～1 310	N—NO_2 对称伸张振动	烃基硝胺	IR
1 331	— NO_2^- 振动	亚硝酸盐离子	
1 330～1 313	环振动	1,3-二烃基取代芳烃	
1 305	CH_2 摇摆振动	线形碳氢链	IR 弱
1 300		长侧链的 1,3-二烃基取代芳烃	
1 285～1 260	O—NO_2 对称伸张振动	硝酸酯	IR
1 276	N=N≡N	H_3C· N=N≡N	

续表

基团频率 ν/cm^{-1}	基团（化学键）	分子结构	附注
1 275～1 200	C—O—C 非对称伸张振动	C=C—O—C	IR
1 270	SO_2 对称伸张振动	R′SO_2R	
1 268	对称环振动	环氧乙烷	IR
1 250	CH_3 摇摆（?）	叔丁基	IR
1 240	—NO_2^-	硝酸盐离子	
1 230	S=O 伸张振动	Cl·SO· Cl	
1 216	S=O 伸张振动	Cl·SO· OR	
1 210～1 200	CH_3 摇摆	叔丁基	IR
1 208～1 183		单取代-、1,4-二烃基取代芳烃	
1 205～1 125	C—OH 伸张振动	饱和叔烷醇、高度不对称仲醇	IR
1 200	S=O 伸张振动	RO · SO · OR，烷基酮	
1 200～1 187		1,3-二烃基取代芳烃	
1 190	SO_2 对称伸张振动	RO·SO_2Cl，RO·SO_2·OR，Cl ·SO_2Cl	
1 186	SO_2 对称伸张振动	Cl ·SO_2Cl	
1 186	环振动	环丙烷衍生物	
1 178～1 152	单取代芳烃		
1 175	非对称环振动	1,3,5-三氧六环	
1 170	CH_3 摇摆	异丙基（?）	
1 130	SO_2 对称振动	R·SO_2R	
1 130～1 120	C=C=O 对称振动	烯酮及其烃基取代物	IR 强
1 125～1 085	非对称环振动	1,4-二氧六环	IR
1 125～1 085	C—OH 伸张振动	α-不饱和或环叔醇，饱和脂肪仲醇	IR 强
1 100～800	C—C 链	n-脂肪烃	

续表

基团频率 ν/cm^{-1}	基团（化学键）	分子结构	附注
1 100～670	C—C 链	枝链脂肪烃	
1 085	C—OH 伸张振动	α－不饱和仲醇，n－烷基伯醇，带 5-或 6-圆环取代基的非环仲醇	IR 强
1 075～1 020	C—O—C	乙烯酯和芳基酯中的 C═C—O—C	IR
1 070	C═C═C 对称伸张振动	丙二烯及其衍生物	IR 强
1 050	—NO_3^- 振动	硝酸盐离子	
1 050	C—OH 伸张振动	双不饱和仲醇，α－枝链，不饱和伯醇，高度不饱和叔醇	IR 强
1 050～1 030	环振动	1,2-双取代芳环	
1 048	C—F	H_3C—F	
1 046	N═H	芳烃氮（azo）化物	IR 弱
1 035～1 017	环振动	单取代芳环	
1 030	S═O 伸张振动	R·SO·R	IR
1 028	对称环振动	氧杂环丁烷	IR
1 007～990	环振动	苯，单取代、1,3 双取代和 1,3,5-三取代芳环	
980～971	非对称环振动	氧杂环丁烷	
970	环振动	环丁烷	
958	对称环振动	1,3,5-三氧六环	IR
930	C—C 伸张振动（?）	叔丁基	IR 弱
93～910	ClO_3^-		IR 弱
918	C—O—C 对称振动	乙醚	
913	对称环振动	四氢呋喃	IR
899～884	环振动	单、1,1-、1,2-双、1,1,2-三取代环戊烷	

续表

基团频率 ν/cm^{-1}	基团（化学键）	分子结构	附注
880	C—N	脂肪族硝基化合物	IR
877	O—O	H_2O_2，过氧化有机物	IR 弱
876	N—N	$H_2N—NH_2$	
850～820	环振动	简单基团单取代芳烃	
835～795	C—C	异丙基，叔丁基	IR 弱
832	S—H 平面内变形	乙基硫醇	
822	环振动	环己烷(船形)	
813	NO_2^-	亚硝酸盐离子	
813	对称环振动	四氢吡喃	IR
802	环振动	环己烷(椅形)	
770		β – 取代萘	
742～716	C—H 变形	1,2,4-三取代芳烃	
736～711	C—H 变形	1,2-双取代芳烃	
733	环振动	环庚烷	
721～711	C—H 变形	1,3 –双取代芳烃	
710	C—Cl 伸张振动	H_3CCl	
705～685	C—S 伸张振动	CH_3S	IR
703	环振动	环辛烷	
700～600	C—SH 伸张振动	硫醇	IR 弱
660～630	C—S 伸张振动	RCH_2S	
652	C—H 变形	1,2,3-三取代芳烃	
650～600	C≡CH 变形	单取代乙炔	IR
650	C—Cl 伸张振动	$RH_2C·Cl$	
640	环振动	1,3-双取代芳烃	
630	RC≡CH	单取代乙炔	
630～600	C—S 伸张振动	RR′HCS	
623～610	环振动	单取代芳烃	
620	C—H 变形	单取代芳烃	

续表

基团频率 ν/cm^{-1}	基团（化学键）	分子结构	附注
610	C—NO_2 变形	C—NO_2	IR
610	C—Cl 伸张振动	$R_2HC\cdot Cl$	
600～570	C—S 伸张振动	RR′R″CS	
594	C—Br 伸张振动	H_3CBr	
580		*cis*-RHC═CHR	
570	N—O_2 伸张振动	硝酸酯	
570	C—Cl 伸张振动	$R_2CC'\cdot Cl$	
570～554	C—H 变形	1,3,5-三取代芳烃	
560	C—Br 伸张振动	$RH_2C'\cdot Br$	
550～450	S—S 伸张振动	烷基二硫化物	
535	NO_2	$Ar\cdot NO_2$	
530	C—Br 伸张振动	$RH_2C\cdot Br$	
522	C—I 伸张振动	$H_3C\cdot I$	
510	C—Br 伸张振动	$R_3C\cdot Br$	
500	C—I 伸张振动	$RH_2C\cdot I$	
490		*trans*-RHC═CHR′	
490	C—I 伸张振动	$R_2HC\cdot I$	
481	环振动	1,2,3-三取代芳烃	
480	C—I 伸张振动	$R_3C\cdot I$	
476～465	环振动	1,2,3-三取代芳烃	
445	S—S 伸张振动	ClS—SCl	
435		RHC═CH_2	
435	Si—Si 伸张振动	H_3Si—SiH_3	
434		RR′C═CH_2	
394		RR′C═CH_2	
365		双取代乙炔	
340		单取代乙炔	
344～234	C—C 变形	*n*-碳氢链	
332	S—H 平面外变形	硫醇	
261		RR′C═CH_2	
210		*trans*-RHC═CHR′	
约 200	>C_4 长链取代的乙炔、乙腈		

附录 7.2　四苯基卟啉拉曼振动模*

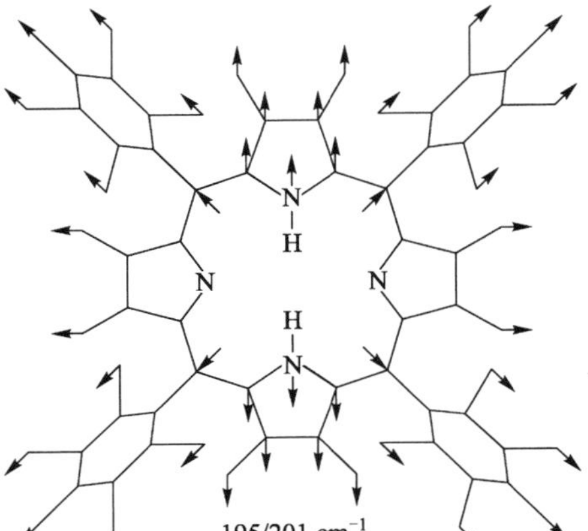

195/201 cm^{-1}

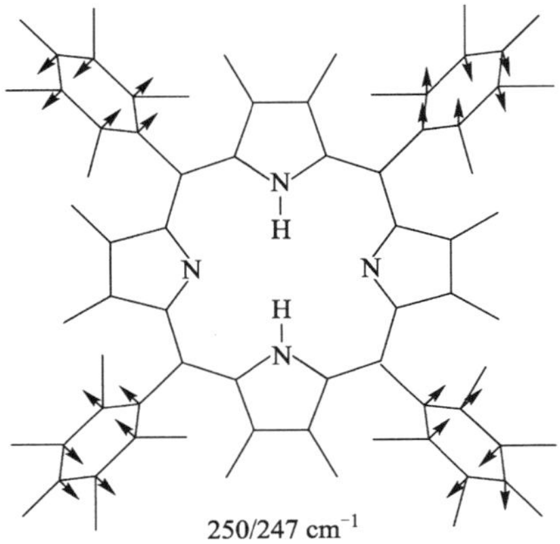

250/247 cm^{-1}

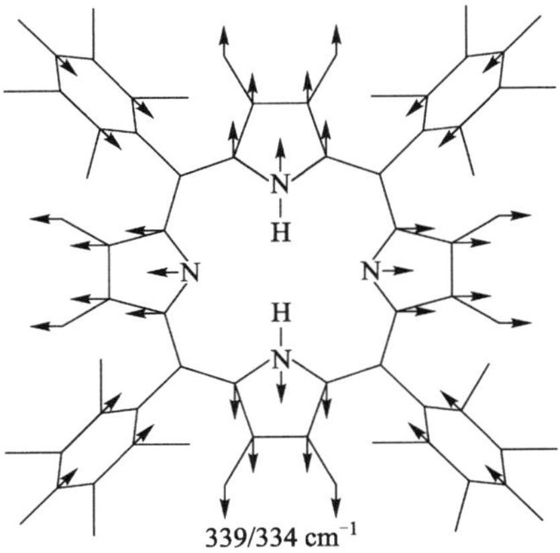

339/334 cm^{-1}

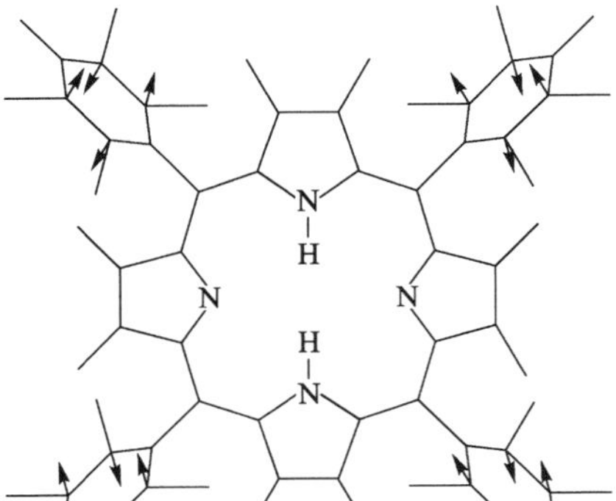

418/408 cm^{-1}

* 表示拉曼频率计算值/实际值。

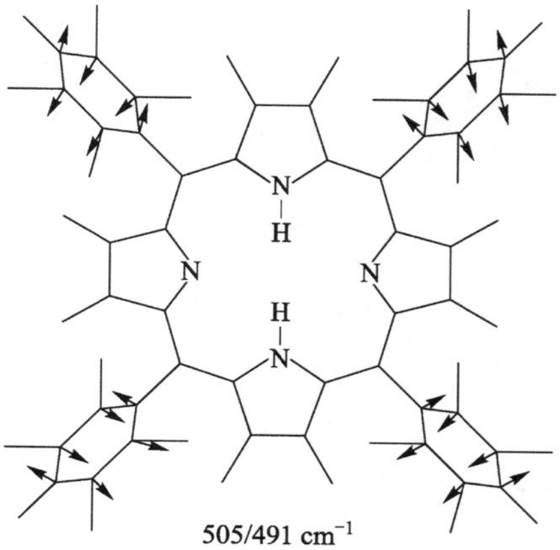

505/491 cm^{-1}

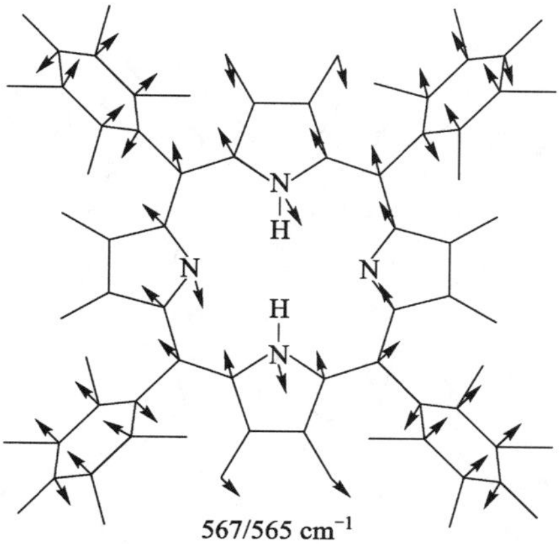

567/565 cm^{-1}

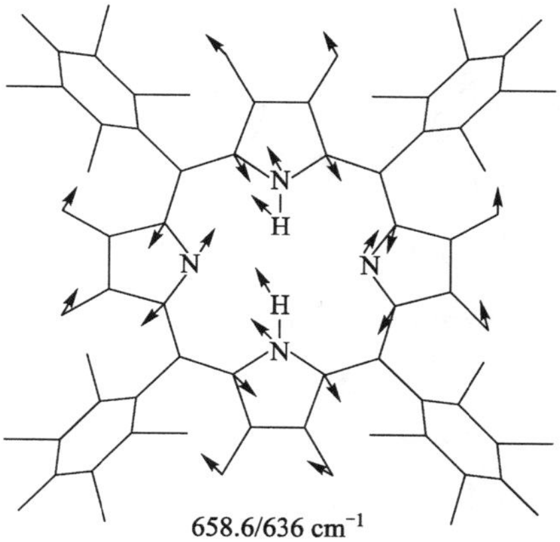

658.6/636 cm^{-1}

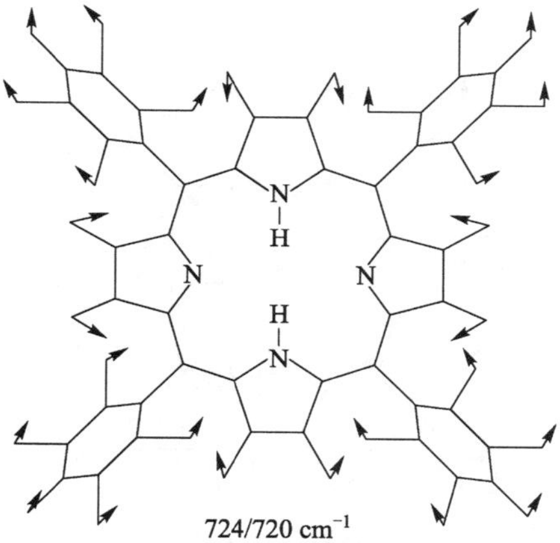

724/720 cm^{-1}

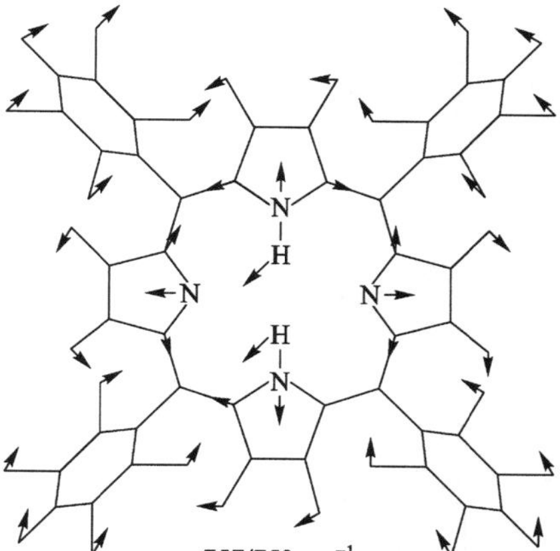

757/753 cm^{-1}

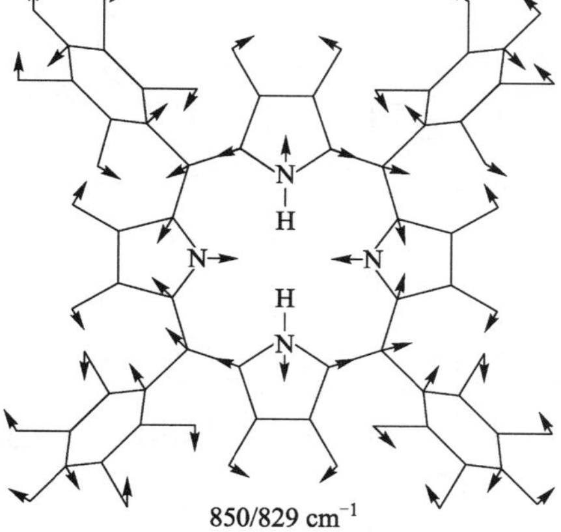

850/829 cm^{-1}

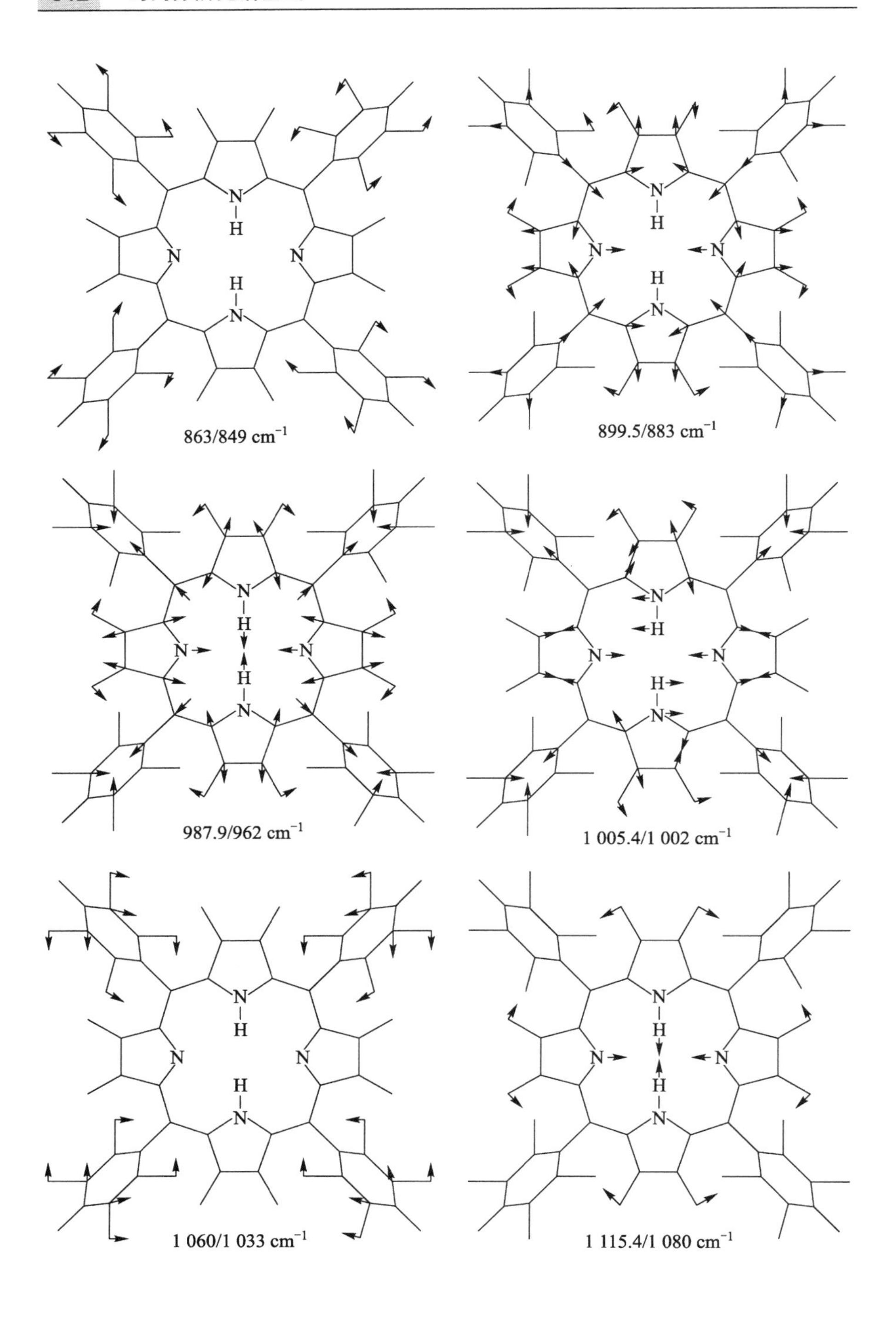
N
H
N
H
N
N
863/849 cm⁻¹
899.5/883 cm⁻¹
987.9/962 cm⁻¹
1 005.4/1 002 cm⁻¹
1 060/1 033 cm⁻¹
1 115.4/1 080 cm⁻¹

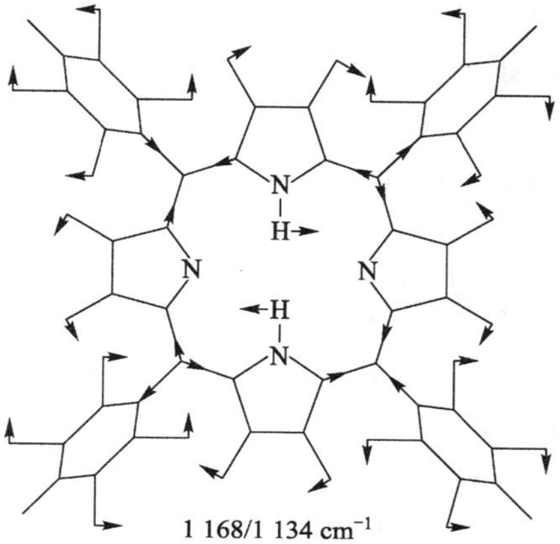

N
H
N
H
N
N
1 168/1 134 cm^{-1}

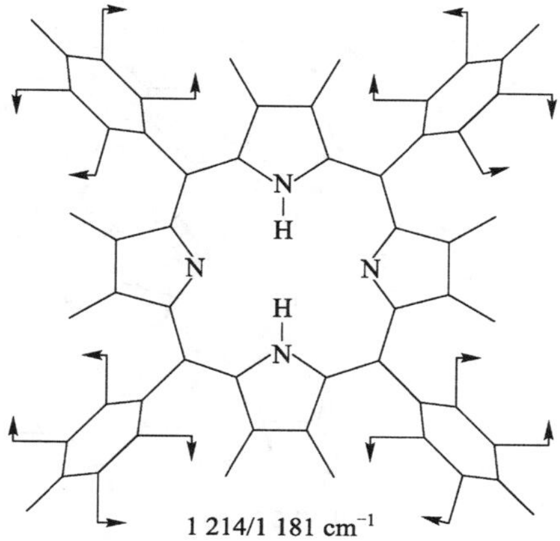

N
H
N
H
N
N
1 214/1 181 cm^{-1}

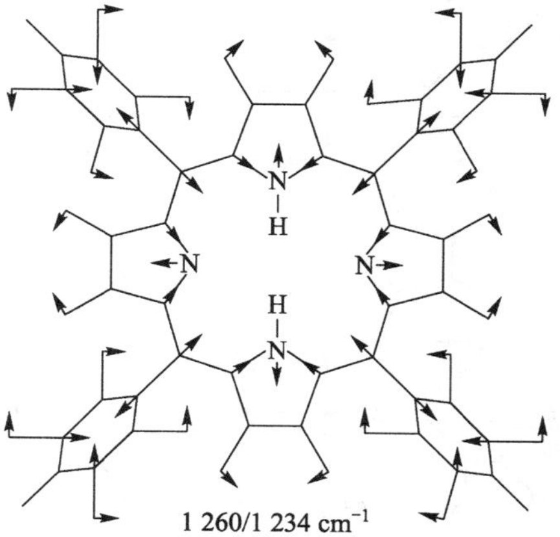

N
H
N
H
N
N
1 260/1 234 cm^{-1}

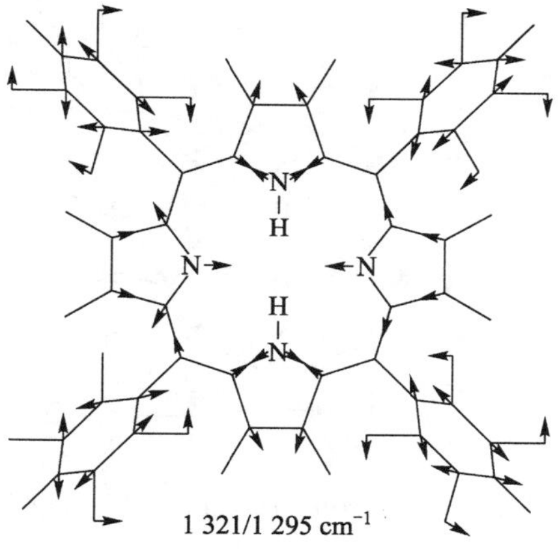

N
H
N
H
N
N
1 321/1 295 cm^{-1}

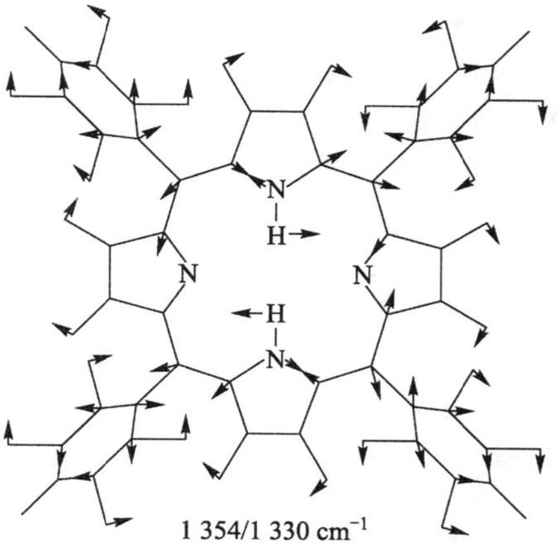

N
H
N
H
N
N
1 354/1 330 cm^{-1}

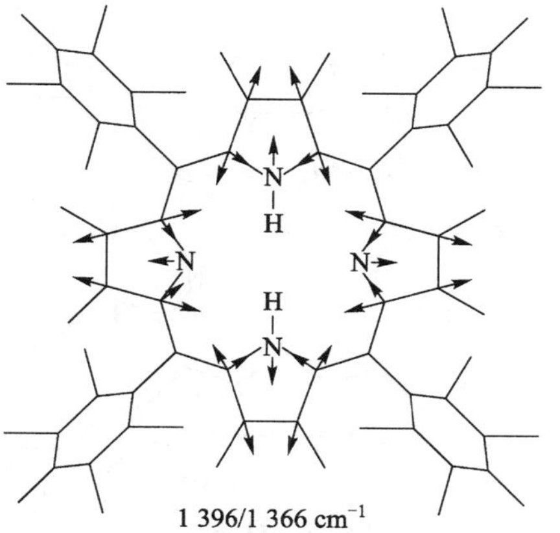

N
H
N
H
N
N
1 396/1 366 cm^{-1}

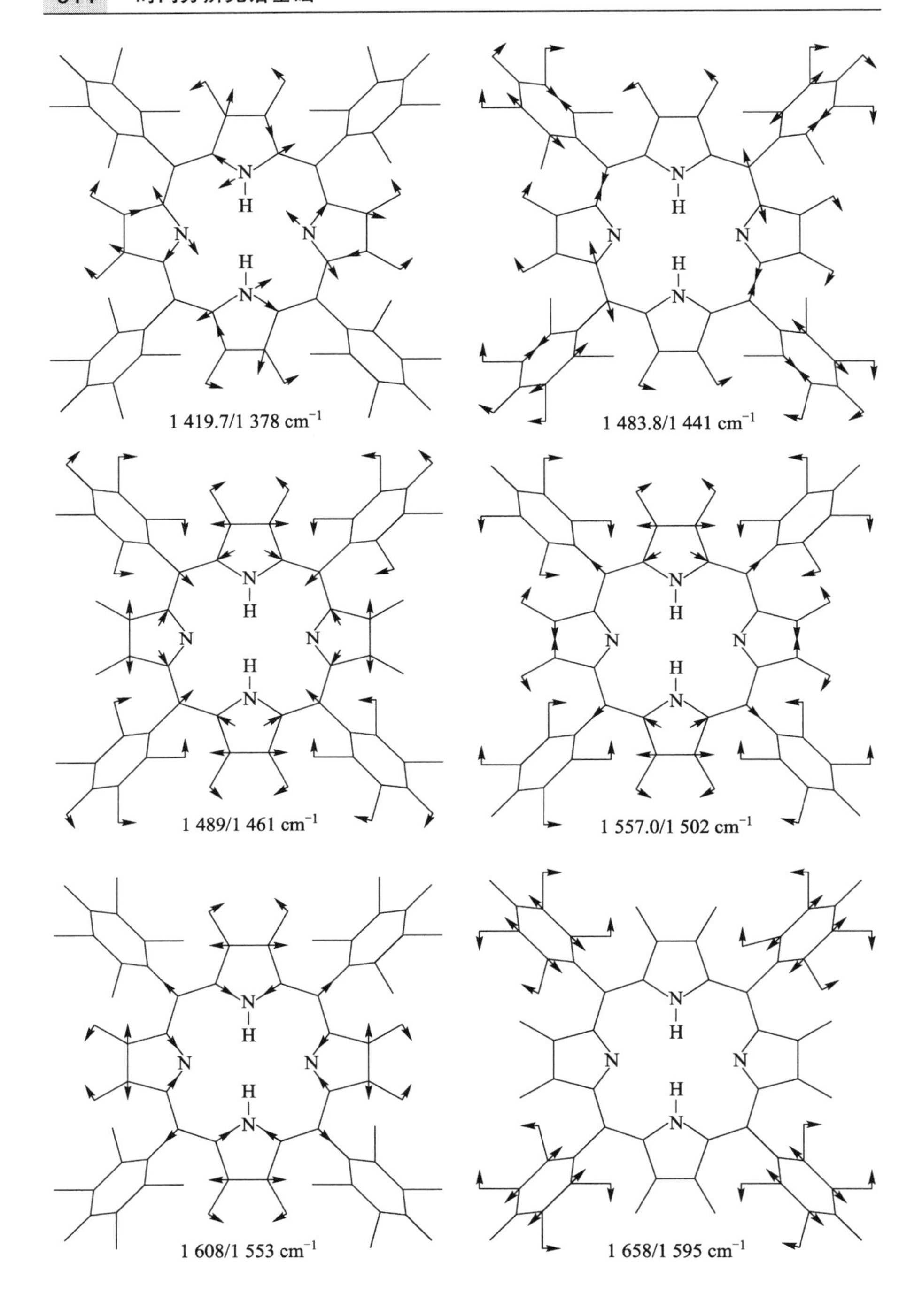
N
H
N
H
N
N
1 419.7/1 378 cm^{-1}
1 483.8/1 441 cm^{-1}
1 489/1 461 cm^{-1}
1 557.0/1 502 cm^{-1}
1 608/1 553 cm^{-1}
1 658/1 595 cm^{-1}

附录 7.3　光谱信号的傅里叶变换检测

光谱信号的傅里叶变换（Fourier Transform）检测是一种无须光学色散元件分光而同时测量入射光信号在不同频率 ν 处强度分布 $I(\nu)$ 的光谱技术。它是利用干涉仪原理变更被测光信号的相干涉花样模式，对信号进行傅里叶变换，将不同频率光信号强度分布的谱图以空间坐标展开供信号检测器读出。为说明这一光谱信号测量方法，首先简要考查这一方法的核心工作单元，即 Michelson 干涉仪的工作原理。

1．Michelson 干涉仪

Michelson 干涉仪的工作原理如图 7.5.11 所示。入射光经透镜聚焦准直并以平行光的形式进入干涉仪入口狭缝后，经过 50/50 分束器（BS），将一半入射光折射 90°，并使另一半入射光透过。透过的那部分入射光在向前传播过程中被光路中的一个位置固定的全反射镜折返而回到原来的分束器；被折射的入射光部分则被一个位置可前后移动的全反射镜也折返到原来的分束器，但这部分折返光将随可移动全反射镜的位置变化而出现一定的光程差或相位偏移。当这部分具有光程差或相位偏移的折射光束和返回的透射光束在分束器处重新汇合时，两者之间将出现其强度周期性的相加和相减，这些经过建设性和破坏性干涉的入射光经过另一透镜准直聚焦到光信号探测器。

为了解干涉仪的功能，先考查可移动全反射镜的位置假设是固定不变时的情况。若入射光是频率为 ω 的单色光，那么，它经过分束器分解为两部分光信号瞬态电场强度 E_1 和 E_2，E_1 和 E_2 可表示为

$$\left.\begin{aligned} E_1 &= E_0\sin(\omega t-\alpha_1) \\ E_2 &= E_0\sin(\omega t-\alpha_2) \end{aligned}\right\} \tag{A7.3.1}$$

式中，α 是它们的相角。将它们加和可得总电场强度 E_T 为

$$\begin{aligned} E_T &= E_1+E_2 \\ &= E_0[\sin(\omega t-\alpha_1)+\sin(\omega t-\alpha_2)] \end{aligned} \tag{A7.3.2}$$

利用 $\sin(\alpha-\beta)=\sin\alpha\cos\beta-\cos\alpha\sin\beta$ 关系，式（A7.3.2）可改写为

$$E_T=\left(\cos\alpha_1+\cos\alpha_2\right)E_0\sin\omega t-\left(\sin\alpha_1+\sin\alpha_2\right)E_0\cos\omega t \tag{A7.3.3}$$

若将式中 $E_0(\cos\alpha_1+\cos\alpha_2)$ 和 $E_0(\sin\alpha_1+\sin\alpha_2)$ 分别表示为 $A\cos\theta$ 和 $A\sin\theta$，将它们平方并再次利用上述三角函数关系可得出：

$$\begin{aligned}A^2&=2E_0^2+2E_0^2\cos(\alpha_1-\alpha_2)\\&=2E_0^2(1+\cos\delta)\end{aligned} \tag{A7.3.4}$$

光强度 I_0 和光电场幅度的平方成比例，利用 $I(\delta)$ 和 I_0 分别表示 A^2 和 E_0^2，则式（A7.3.4）可改写为

$$I(\delta)=2I_0(1+\cos\delta) \tag{A7.3.5}$$

式中，$\delta=(\alpha_1-\alpha_2)$，是两部分光束之间的相位偏移。

当可移动的反射镜进行扫描而不断地改变其位置 x 时，上面的相位差 δ 可改用光束的波长 λ（或以波数 ν 表示的频率）表示：

$$\delta=\frac{2\pi x}{\lambda}=2\pi\nu x \tag{A7.3.6}$$

而式（A7.3.5）可改写为

$$I(x)=2I_0^2[1+\cos(2\pi\nu x)] \tag{A7.3.7}$$

若入射光束不是单色光，而其波长是在一定的光谱范围 $S(\nu)$ 分布时，式（A7.3.7）则可表示为

$$\begin{aligned}I(x)&=\int_0^\infty 2S(\nu)[1+\cos(2\pi\nu x)]\mathrm{d}\nu\\&=\int_0^\infty 2S(\nu)\mathrm{d}\nu+\int_0^\infty S(\nu)\cos(2\pi\nu x)\mathrm{d}\nu\end{aligned} \tag{A7.3.8}$$

当 $x=0$ 时，式中右边的第一项可写为

$$I(0)=4\int_0^\infty S(\nu)\mathrm{d}\nu \tag{A7.3.9}$$

将式（A7.3.9）代入式（A7.3.8）可得：

$$I(x)-I(0)=2\int_0^\infty S(\nu)\cos(2\pi\nu x)\mathrm{d}\nu=J(x) \tag{A7.3.10}$$

将此积分在频率空间（以波数 ν 表示）对称地延展可得：

$$J(x)=\int_{-\infty}^\infty S(\nu)\cos(2\pi\nu x)\mathrm{d}\nu \tag{A7.3.11a}$$

或

$$S(\nu)=\int_{-\infty}^\infty J(x)\cos(2\pi\nu x)\mathrm{d}\nu \tag{A7.3.11b}$$

式（A7.3.11a）和式（A7.3.11b）通常被称为傅里叶变换对（Fourier pair）。由此可见，将描述可移动反射镜在扫描时光束强度随反射镜位置 x 变化的干涉图 $J(x)$ 进行傅里叶变换，即可得出该光束在一定的光谱范围分布的谱图 $S(\nu)$。为此，进一步考查傅里叶级数的性质及其变换方法。

2．傅里叶级数的性质及其变换

任一在$-L$ 到 L 间进行周期性变化的函数 $f(x)$ 均可用一个傅里叶级数近似地表示：

$$f(x)=\sum_{n=-\infty}^{\infty} c_n \exp\left(\frac{\mathrm{i}n\pi x}{L}\right) \tag{A7.3.12a}$$

式中，展开系数 c_n 为

$$c_n=\frac{1}{2L}\int_{-L}^{L} f(x)\exp\left(\frac{\mathrm{i}n\pi x}{L}\right)\mathrm{d}x \tag{A7.3.12b}$$

将这一级数进行简谐函数分析即可获得具有适当权重的简谐函数成分。在 $f(x)$ 是实数函数时，式（A7.3.12a）可展开为

$$f(x)=a_0+\sum_{n=-\infty}^{\infty} a_n \cos\left(\frac{n\pi x}{L}\right)+b_n \sin\left(\frac{n\pi x}{L}\right) \tag{A7.3.13a}$$

其中展开系数 a_n 和 b_n 分别为

$$\left.\begin{aligned} a_n&=\frac{1}{2L}\int_{-L}^{L} f(x)\cos\left(\frac{n\pi x}{L}\right)\mathrm{d}x \\ b_n&=\frac{1}{2L}\int_{-L}^{L} f(x)\sin\left(\frac{n\pi x}{L}\right)\mathrm{d}x \end{aligned}\right\} \tag{A7.3.13b}$$

作为实例，考查矩形波的简谐函数分析，此时设矩形波 $f(x)$ 为

$$f(x)=\begin{cases} +1 & 0\leqslant x\leqslant \pi \\ -1 & \pi\leqslant x\leqslant 2\pi \end{cases} \tag{A7.3.14}$$

将式（A7.3.14）代入（A7.3.13b），并在 0～2π 进行积分，可得 a_n 均为零，而 b_n 将等于 $\dfrac{1}{n}$。这样，矩形波 $f(x)$ 可展开为奇简谐函数的级数：

$$f(x)=\frac{1}{n}\sum_{n=1,3,5\cdots}^{\infty} \sin nx \tag{A7.3.15}$$

不难看出，若 $L\rightarrow\infty$，k 将变成很小的数值，此时，式（A7.3.12）中的加和即可改用下述傅里叶变换积分表示：

$$\left.\begin{aligned} f(x) &= \frac{1}{2\pi}\int_{-\infty}^{\infty} c(k)\exp'(x)\mathrm{d}x \\ c(k) &= \frac{1}{2\pi}\int_{-\infty}^{\infty} f(x)\exp'(x)\mathrm{d}x \end{aligned}\right\} \tag{A7.3.16}$$

式中，$k = \dfrac{n\pi}{L}$。

这样，当其强度在不同波长处分布的多色光入射到Michelson干涉仪中时，若可移动反射镜静止不动，同时到达出口狭缝处探测器的各波长光信号将相互叠加而产生光谱分布$S(\nu)$。但随可移动反射镜的移动，它们将产生光谱分布$S(\nu)$不同的干涉谱图$J(x)$。若可移动反射镜的移动距离x非常小，此时由不同波长光信号出口狭缝处产生的干涉谱图和以无穷小的频率间隔作增量的傅里叶级数展开光谱分布$S(\nu)$之间，将为式（A7.3.11a），所示的傅里叶转换函数关系。

3．傅里叶变换光谱测量方法

简言之，傅里叶变换光谱测量就是利用Michelson干涉仪，从其强度在不同波长λ（或频率ν）分布不同的被测多色光信号在可移动反射镜的不同位置x处所采集的干涉谱图$J(x)$中，通过傅里叶转换运算，获取有关被测多色光信号的光谱分布$S(\nu)$的信息。

在实际工作中，$J(x)$并不是通过连续“取样”记录，而是在可移动反射镜的不同位置x处，即以不同的时间间隔不连续地采集，所采集的数据将是一维数值矩阵形式。此时，傅里叶变换运算可写出下述方程：

$$\left.\begin{aligned} g(kT) &= \frac{1}{N}\sum_{n=0}^{N-1} G\left(\frac{n}{NT}\right)\exp\left(\frac{2\pi \mathrm{i}nk}{N}\right) \\ G\left(\frac{n}{NT}\right) &= \sum_{k=0}^{N-1} g(kT)\exp\left(-\frac{2\pi \mathrm{i}nk}{N}\right) \end{aligned}\right\} \tag{A7.3.17}$$

式中，N为傅里叶变换运算数，T是两个取样“点”间的时间间隔，n和N是在g和G空间的运行位标。式（A7.3.17）是式（A7.3.16）离散点的表示式。令$m = \dfrac{n}{NT}$，$p = kT$，可将式（A7.3.17）中的$G\left(\dfrac{n}{NT}\right)$改写为

$$G(m) = \sum_{k=0}^{N-1} g(p)W^{mp} \tag{A7.3.18}$$

并可以矩阵形式表述：

$$G = W^{mp} g \tag{A7.3.19}$$

这样，即可将复杂的变换矩阵计算以及离散的数据点矢量和该矩阵的相乘简化为由 g 和 G 到 g 空间的傅里叶变换运算。但是在不同位置 x 的数据点很多的情况下，这种计算仍是一件相当烦琐、费时的工作。为克服这一困难，在傅里叶变换光谱测量的实际工作中，通常采用在 20 世纪 60 年代最初由 Cooley 和 Tukey 发展的所谓“快速傅里叶变换”的数据处理方法[75]。更详尽地讨论傅里叶变换数据处理的数学运算以已超出本书范围，有兴趣读者可进一步参阅 E. O. Brigham 的专著《快速傅里叶变换》(The Fast Fourier Transfer，Prentice-Hall，1974)。在这里仅指出，目前各种采用傅里叶变换技术进行红外吸收和拉曼散射光谱测量的商品仪器中，在 Michelson 干涉仪的“硬件”及测量结果的傅里叶变换计算的“软件”方面，均有性能优良的商品可供选用。因此，在所设计的实验中，直接采用商品的“硬件”和“软件”将是最经济合理的选择。

[75] Cooley J W, Tukey J W. Math. Comput,1965,19:297.有兴趣读者可进一步参阅:Brigham E O.The Fast Fourier Transfer.New Jersey:Prentice-Hall, 1974.

第8章 时间分辨光谱应用的新课题

众所周知，一切有机物质在它们被“使用”过程中经过化学变化而转化为二氧化碳（CO_2）和氮分子（N_2）后，它们就变为完全丧失可被进一步“利用”价值的废物。然而世界上唯一能将它们“起死回生”、“变废为宝”的途径，就是在某些光合细菌、藻类和绿色植物中进行的“光合作用”（photosynthesis）。这种在地球上分布最广泛、功能最重要的分子过程，不仅可把二氧化碳（CO_2）和氮分子（N_2）转化为食物和材料，为各类生物提供氧气和物质营养，它还可以把所“捕获”的太阳能几乎100%地转化为可以储存的化学能源，为一切物质运动提供动力。没有光合作用过程，世界上的一切生命活动将因无法进行而完全终止。但是，这一能将水氧化放出氧并把二氧化碳还原为碳水化合物的过程，表观上看来是一种最简单的化学反应：

$$6CO_2 + 12H_2O \xrightarrow{h\nu} (CH_2O)_6 + 6O_2 + 6H_2O$$

然而，即使利用人们直到今天为止所取得的各种科学技术成就，也无法在绿色植物和某些光合细菌之外的任何环境中，在常温、常压条件下重复实现这一过程，甚至不能对这一过程发生的许多细节给出清楚的描述。诚然，对这一至关重要但又十分微妙的分子过程，特别是参与这一过程的一些相关分子的静态平衡结构已有较多的了解，但是只有在完全了解这一确切已知其静态结构的分子体系怎样将太阳能转化为化学能，并用以驱动水和二氧化碳等分子发生化学转化的微观步骤和过程细节的基础上，人们才有可能通过人工模拟开辟高效地获得能源、材料和食物的新途径。但光合作用过程奥秘的揭示，至今仍然是向人们提出严重挑战的课题；当然，这一挑战也为发展和深化人们对自然界的认识提供了一个最好的机遇。

为迎接这一挑战和发展这一机遇，与不断深入揭示光合作用体系分子结构的努力相结合，在原子运动的水平上跟踪监测导致分子结构改变的化学反应以及不同量子状态间基发能传递、电子转移、相关分子的构型变换等过程本身的微观图景，显然是不可缺少的另一基本措施。这也正是最适合于时间分辨率已提高到核运动时间标度的时间分辨光谱方法应用的新领域。应指出的是，应用时间分辨光谱方法扩展和深化人们现有对光合作用过程本身微观图景认识的同时，也将为发展生物工程和新型功能材料、光电子学分子器件提供重要的科学启示。

8.1 人们对光合作用过程已知道了些什么

为进一步揭示光合作用过程的奥秘，首先简要地概括，人们对光合作用过程已经知道了些什么。

从18世纪的Joseph Priestley的实验观察开始，人们经过将近二百年的努力，已揭示出光合作用进行过程中几个相继发生的宏观步骤。其中包括，早在20世纪50年代人们已确切地得知，光合作用是由在一种嵌在类囊体膜（thylakoid）上并被称为“捕光天线”（light harvesting antenna，LH）和“反应中心”（reaction center，RC）的两种色素-蛋白复合物中进行的光能吸收和转化开始。近年来捕光天线研究中的一个重要进展是，通过高分辨率的晶体结构的研究已直接清楚地表明，捕光天线是以一组具有吸收太阳光能力的叶绿素（chlorophyll，Chl）、类胡萝卜素（carotenoids，Crt）等色素分子的α和β脱辅基蛋白（apoprotein）跨膜螺旋二聚体（transmembrane helix）作为基本“组件”堆砌而成的柱状体。捕光色素-蛋白复合物亚单位分别以“内芯”和“外壳”形式围绕着反应中心RC空间环状排列，并被分别称为捕光天线色素蛋白复合物LH-1和LH-2。其中，被称为LH-1的捕光天线色素蛋白复合物将吸光色素所“捕获”的太阳能直接传递给被它包围在其中心部位的反应中心RC，而不含有反应中心并零散地分布在LH-1外围的捕光天线色素蛋白复合物LH-2，则将其所吸收的光能经过LH-1间接地向反应中心RC传递（参阅图8.1.1）。

在20世纪90年代，Cogdell等通过在0.25 nm的分辨率水平上研究*Rhodopseudomonas*（*Rps.*）*Acidophila* LH-2晶体结构时[1]进一步确定，这一堆积在捕光天线“外围”的色素蛋白复合物是由9个α和β双螺旋多肽链堆砌而成的柱状聚集态超分子（aggregated supramolecule）；其中的每对α和β双螺旋多肽链分别通过它们各自的组氨酸残基，以非共价键的方式和三个细菌叶绿素分子（bacteriochyllophyll，BChl）以及（可能）两个类胡萝卜素分子Crt联结（图8.1.2）。

[1] (a) McDermott G, Prince S M, Freer A A, Hawthornthwaite-Lawless A M, Papiz M Z, Cogdell R J,Isaacs N W. Nature, 1995, 374: 517. (b) Papizl Z M, Prince S M, Howard T, Cogdell R J, Isaacs N W. J. Mol. Biol. 2003, 326: 1523-1538 .

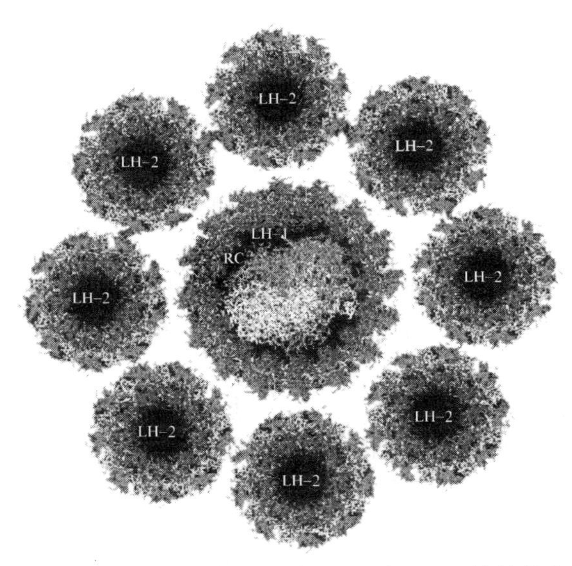

图 8.1.1　光合作用器官中的捕光天线 LH-1 和 LH-2 的结构和空间分布

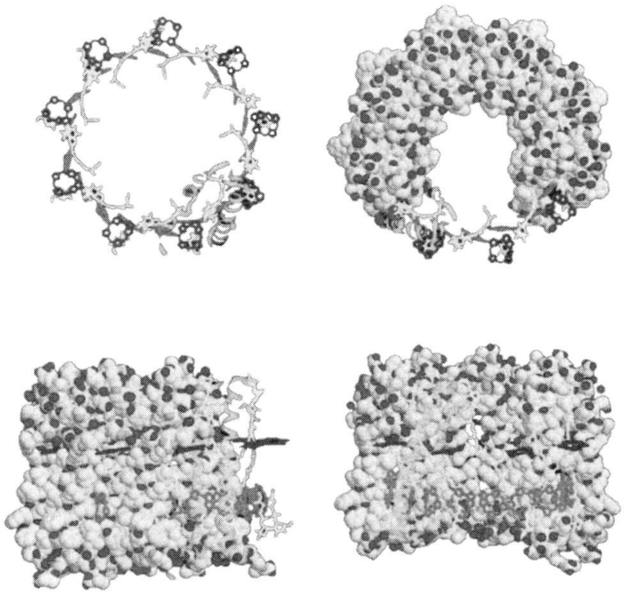

图 8.1.2　*Rps. Acidophila* 紫色细菌的捕光天线 LH-2 结构的三维投视图
（上半部和类囊体膜平面平行，下半部和类囊体膜平面垂直）

由图 8.1.2 可见，镶嵌在各多肽链对螺旋之间的三个细菌叶绿素分子中，有一对其吸收光谱峰值波长为 850 nm 、被简称为 B850 的细菌叶绿素分子，它的卟啉大环平面和类囊体膜平面平行，并以各自的吡咯环 1 在空间相互交盖，但保持间距约为 1 nm；而在相邻的另一对多肽链螺旋之间的 B850，则是以它们的两个间距约为 1 nm 的吡咯环 3 彼此堆叠。夹在α、β多肽链螺旋间的另一个其吸收光谱峰值波长为 800 nm 、被简称为 B800 的细菌叶绿素分子的大环平面和类囊体膜平面垂直。在两个相邻的α、β多肽链二聚体中的 B800 间距约为 2.1 nm。两个类胡萝卜素分子的位置目前尚未完全准确确定，很可能其中一个类胡萝卜素分子的一端紧靠 B800，而另一端则延伸到邻近的另一双螺旋亚单位并和其α螺旋上的 B850 接触（图 8.1.3）。和上述的 *Rps. Acidophila* 的 LH-2 的结构类似，紫色细菌 *Rhodospirillum Molischianum* 的 LH-2 的晶体研究[2]，也得出相似的分子结构和空间排列，只不过它仅是由 8 个α、β多肽链螺旋二聚体组合而成。虽然其中的每个二聚体都通过它们的组氨酸残基细菌叶绿素分子的中心 Mg 原子配位而分别和一个 B800 和两个 B850 相结合，但它的 B800 空间取向却扭转了约 90°，从而和在 *Rps. Acidophila* 中的 B800 有明显的区别。此外，处于捕光天线“内层”的 LH-1 可能也同样是由含有细菌叶绿素分子的 *a*、β双螺旋蛋白多肽链组建[3]，只不过它的每个双螺旋蛋白亚单位中只含有一对和 LH-2 中的 B850 相对应的细菌叶绿素分子。它的吸收峰值波长 λ_{max} =875 nm，所以通常被简称为 B875。而且其和 LH-2 的重要不同是，LH-1 含有呈环状对称排列的 16 个α、β具有双螺旋结构的色素蛋白亚复合物，因而在由它们组合而成的柱状体中心具有足够的内部空间，足以用来容纳作为光合作用反应中心 RC 的另一色素蛋白复合物。

在完整的光合作用器官中，LH-2 虽然分布在 LH-1 的外围，但在光合类囊体膜上，LH-2 的 B850 环和 LH-1 的 B870 环都在同一水平上，并和反应中心的辅助细菌叶绿素 B875 呈线性排列，以保证 LH-2 中的激发能可以最有效地传递给反应中心 RC 的特殊叶绿素分子对 P。

---

[2] Koepke J, Hu X, Muenke C, Schulten K, Michel H. Structure, 1996, 4: 581.

[3] (a) Karrasch S, Bullough P A, Ghosh R. EMBO J., 1995,14: 631-638. (b) Jungas C, Ranck J L, Rigaud J L, Joliot P A, Verméglio A. EMBO J., 1999, 18: 534-542.

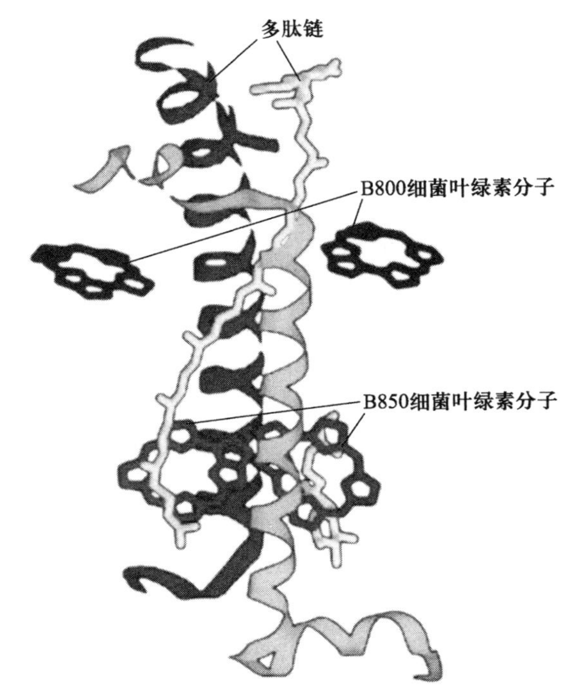

图 8.1.3 *Rps. Acidophila* 紫色细菌的捕光天线 LH-2 中，各色素分子的三维空间分布

反应中心 RC 是由各种叶绿素、脱镁叶绿素（pheophytin，Ph）、醌类（quinones，Q）等作为电子给体和受体组成的一种色素-蛋白复合物。其中，由两个叶绿素分子缔合而组成的“特殊叶绿素分子对”P 被来自光捕光天线 LH-1 和 LH-2 获得的以分子激发能形式的太阳能激发后，将作为初级电子的给体发生电荷分离，并把所释出的电子在一系列光合色素分子间相继地进行转移。在通过有细胞色素（cytochrome）和醌类（quinones）分子等参与的电子循环链还原已释出电子的特殊叶绿素分子对 P^+的同时，和氧化分解水分子的过程相耦合产生质子，并在跨膜传输过程中形成的“电化学质子梯度”（elctrochemical proton gradient）将来自捕光天线的太阳能转化为化学能，进而用于协同附着在光合膜上的腺苷三磷酸合成酶（ATPase）合成含有可用于驱动二氧化碳还原等光合作用后继步骤所需能量的“化学燃料”——腺苷三磷酸 ATP（adenosine triphosphate）。在最简的紫色光合细菌光合器官中进行

光能转化的光合作用原初过程中电子转移的基本步骤在图 8.1.4 示出[4]。

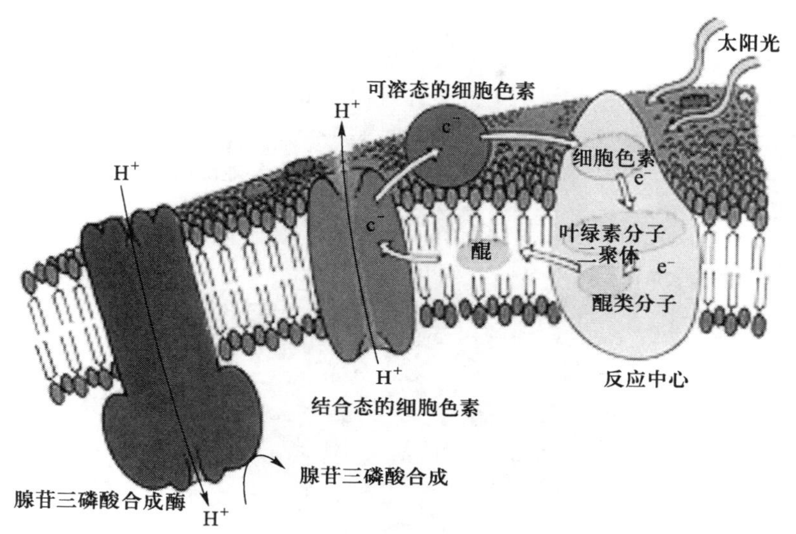

图 8.1.4　紫色细菌的光合作用过程的电子转移步骤

在光合作用原初过程研究中近年来获得的一个新的重大科学突破是，继德国科学家 H. Michel 在 1981 年报道成功地获得紫色光合细菌 *Rhodoposeudomonas viridis* 反应中心的结晶的 6 年之后，他和 J. Deisenhofer、R. Huber 等[5]进一步确定了有关蛋白质的三维结构和各有关光合色素在其中的空间排列（图 8.1.5）。所得结果表明，这种光合细菌的反应中心包含有三个相对分子质量不同、L−（较小相对分子质量）和 M−（中等相对分子质量）和 H−（较大相对分子质量）的蛋白质亚单位。其中 L−和 M−蛋白质亚单位的主链各具有 5 个横跨光合膜的 α 螺旋片段，而且它们的多肽链以及它们的辅基（prosthetic groups）都围绕着垂直于光合膜平面并穿过叶绿素分子二聚体和 Fe 原子的轴线，在空间呈 C_2 二重对称分布。L−和 M−蛋白质亚单位的一端和位于在光合膜表面外侧的细胞周质（periplasmic side）、含有 4 个

[4] 在较为复杂的藻类，特别是绿色植物的光合作用过程中，光能转化的原初过程是由被称为 PS-1 和 PS-2 的两个“光系统”(photosystems, PS)协同工作完成的。这里所谓的“光系统”也是嵌在类囊体膜中，并和各种叶绿素、类胡萝卜素、醌类分子以及原子以“非化学键”方式结合的多个蛋白质亚单位组成的色素蛋白复合物。这些“光系统”各自具有本身的捕光天线色素系统(LHC)和光合作用反应中心。因篇幅所限,此处从略,有兴趣读者可参阅: Barber J. Photosystem II.London: Imperial College,2002.

[5] (a) Deisenhofer J, Michel H. The photosynthetic reaction centre from the purple bacterium Rhodopseuomonas Viridis. Nobel lecture，1988. (b) Huber R.A structural basis of light energy and electron transfer in biology. Nobel lecture，1988. (c) Deisenhofer J. Epp O, Miki K, Huber R, Michel H. Nature, 1985, 318: 618. (d) Deisenhofer J, Epp O, Sinning I,Michel H. J. Mol. Biol.,1985, 246: 429.

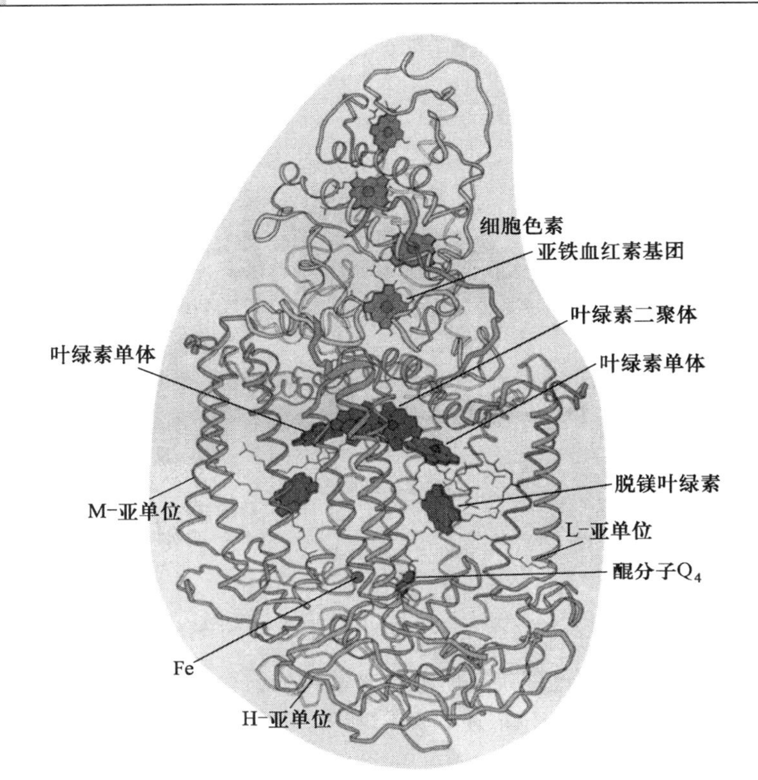

图 8.1.5 紫色光合细菌 *Rhodoposeudomonas viridis* 的反应中心的三维结构。它包含有 4 个细菌叶绿素分子（两个耦合而构成的二聚体$(BChl)_2$、两个以单体形态存在的辅助细菌叶绿素分子 BChla、一对脱镁细菌叶绿素分子 BPh、一个非血红素形态的铁原子 Fe 和两个醌分子，即维生素 K（Q_A）和泛醌（Q_B）等光合色素分子。这些光合色素分子在空间围着穿过叶绿素分子二聚体和铁原子的二重对称轴分为两行而对称地排列开来，并被分别称为 L-（较小相对分子质量）和 M-（中等相对分子质量）的两个含有螺旋片段的蛋白质多肽链所固定。这两个蛋白质多肽链的一端和位于光合膜内侧表面的较大相对分子质量的 H-蛋白质亚单位（protein subunit）相结合；而它们的另一端则和位于光合膜外侧表面、含有 4 个血红素基团的细胞色素亚单位衔接

血红素基团的细胞色素（cytochrome）亚单位衔接；而这两个蛋白质亚单位在光合膜表面内侧的另一端则主要和由β板状体构成的球状肽链等 3 个不同多肽链片段构成，并与具有跨膜螺旋结构的 H-蛋白质亚单位相结合。和这种蛋白亚单位相结合而构成光合细菌的反应中心包含的光合色素是 4 个细菌叶绿素分子(BChl)，其中彼此相邻近的两个耦合而构成二聚体$(BChl)_2$，其他两个以辅助细菌叶绿素分子 BChla 单体形态存在而对称地分布在二聚体$(BChl)_2$

两侧。此外，还有一对脱镁细菌叶绿素分子（baceteriopheophytin，BPh）分别位于各个单体 BChla 的附近，紧邻它们的是被一个非血红素（nonheme）形态的铁原子 Fe 在中间隔开的两个醌分子，即维生素 K（menaquinone）Q_A 和泛醌（ubiquinone）Q_B。这些光合色素分子分别和 L−及 M−多肽链结合、依次排列成根据所结合多肽链的不同而分别命名为 L−、M−光合色素分子链，即 BChlaL-BPhL-Q_A 和 BChlaM-BPhM-Q_B，并沿反应中心的 C_2 二重对称轴在其两侧对称地分布（图 8.1.6）。

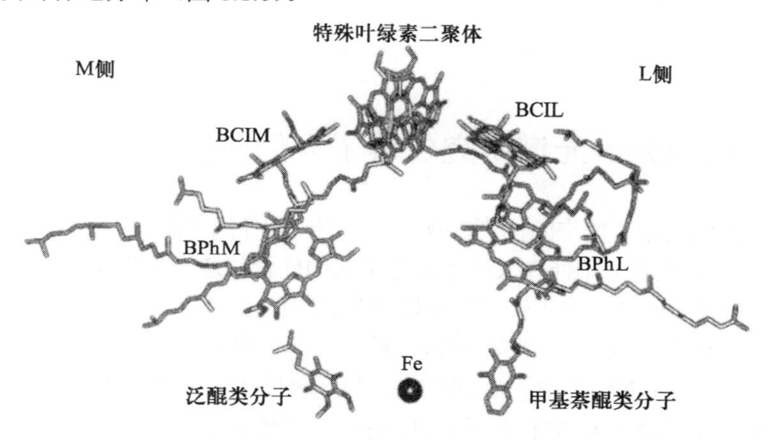

图 8.1.6　紫色光合细菌 *Rhodoposeudomonas viridis* 的反应中心的光合色素的空间排列

继 Deisenhofer 等的这一重大科学突破之后，人们也在其他的一些典型的紫色光合细菌（如 *Rhodobacter sphaeroides*）的光合作用反应中心，从一些藻类和绿色植物中也分离出它们的光系统 PS−1 和 PS−2，并用 X 光衍射方法成功地获得了分辨率高达约 0.25 nm 的三维空间结构[6]。一个有趣的发现是，这些藻类和绿色植物的光合反应中心的结构和简单的光合细菌的反应中心共同具有的一个特点是[7]，它们都具有一个特殊叶绿素分子对 P 的核心和“伪”C_2 的空间对称轴（pseudo C_2 axis），而且有相同的色素分子分别在这一对称轴的两侧对称地排列，只不过它们的特殊叶绿素分子对的“激子耦合”（exiton coupling）强度有所不同而已。例如，细菌反应中心的特殊叶绿素分子对 P 的耦合强度在约 2 000 cm^{-1} 的范围，而在藻类和植物的反应

[6] (a) Krauss N, Schubert W D, Klukas O, Fromme P, Witt H T, Saenger W. Nat. Struct. Biol., 1996, 3:965–973. (b) Jordan P, Fromme P, Witt H T, Klukas O, Saenger W, Krauss N. Nature, 2001, 411: 909–917. (c) Kamiya N, Shen　J R. PNAS, 2003, 100: 98–103.

[7] Ferreira, et al. Science, 2004, 303: 1831−1838.

中心的特殊叶绿素分子对 P 的耦合强度则仅为 300 cm^{-1} 左右[8]。

这样，可以认为，现在人们已在分子水平上较好地掌握了为定量地揭示光合作用这一最重要的分子过程起始阶段奥秘的物质基础。但是为全面而定量地描述光合在光合反应中心怎样经过电子转移而将“捕光天线”所吸收的太阳能快速而高效地转化为可用于推动水分子氧化、二氧化碳分子还原所需要的化学能的整个过程的微观图景，在人们面前仍有一些极其富于挑战性的谜团有待揭示。

8.2 时间分辨光谱研究告诉了人们些什么

根据色素分子的空间排列，诚然可推测光合作用“器官”中“捕光天线”（LHC）所吸收的太阳能在天线色素分子间的能量传递，以及激发能在“反应中心”（RC）通过“电子转移”而转化为化学能的途径。但为揭示这些分子过程的微观图景，ps～fs 激发-探测双脉冲时间分辨光谱方法的巧妙运用仍将是富于实际成效的途径之一。事实上，只是借助于光合作用“器官”中各类色素蛋白复合物行为的时间分辨光谱测量，才有可能获得阐明光合作用“器官”中的这些激发能传递及转化的动态学行为细节的可靠实验依据。

例如，根据捕光天线 LH-2 中类胡萝卜素分子 Crt 和各种细菌叶绿素分子 BChl 的间距、相对取向等空间排列参数，即 α 和 β 多肽链螺旋上细菌叶绿素分子 B850 的中心 Mg 原子的间距 $r_{\mathrm{Crt-B850(\alpha)}}$=0.544 nm 和 $r_{\mathrm{Crt-B850(\beta)}}$ = 0.804 nm，以及和细菌叶绿素分子 B800 的间距 $r_{\mathrm{Crt-B800}}$ =0.93 nm[9]的晶体结构分析的结果，而且注意到 Crt 的长链骨架的 $S_0 \rightarrow S_2$ 跃迁矩和 B850 的 $S_0 \rightarrow Q_x$ 跃迁矩基本上彼此平行，但和其他 B800、B850 的 Q_y 和 Q_x 跃迁矩相垂直的事实，人们可以推论，被太阳能激发而生成类胡萝卜素分子的电子激发态 Crt $S_2(B_u^+)$ 将通过偶极-偶极相互作用的 Förster 机理有效地向 B850 Q_x 传递。但 Crt $S_2(B_u^+)$ 的激发态寿命非常短暂（约 200 fs），从而通过激发态内转换 Crt $S_2(B_u^+) \rightarrow$ Crt S_1（$2A_g^{-1}$）而弛豫的可能性也不能排除[10]。

---

[8] Diner B A, Babcock G T. Oxygenic Photosynthesis:The Light reacrtion. Kluwer, Dordrecht,1996:213-247.

[9] Freer A, Prince S, Sauer K, Papiz M, Hawthornthwaite-Lawless A, McDermott G, Cogdell R, Isaacs N W. Structure, 1996, 4: 449.

[10] Shreve A P, Trautman J K,Owens T G, Albrecht A C. Chem. Phys. Lett., 1991, 178: 86.

事实上，一系列的时间分辨吸收光谱测量的结果充分地表明[11]，在 LH-2 中通过吸收太阳能被直接激发而处于 S_2 电子激发态的类胡萝卜素分子 Crt S_2，可以有如图 8.2.1 所示的两条彼此竞争的通道而快速释放激发能，即 Crt S_2 直接向 B850 传递激发能，和经过 Crt S_1 而间接地向 B850/B800 Q_y 传递激发能。在典型的紫色细菌 *Rhodobacter sphaeroides* 的捕光天线色素蛋白复合物 LH-2 的情况下，由 Crt S_2 直接经过 B800 而将激发能传递给 B850 和弛豫到 Crt S_1 后，再将激发能传递给 B850/B800 的时间常数分别是 1.7 ps 和 3.8 ps。这两条通道的相对重要性取决于过程 Crt $S_2 \to$ B850 和 Crt $S_2 \to$ Crt S_1 的比例。一般来说，到 B850 的激发能传递效率比经过弛豫到 Crt S_1 时的大约高三倍之多。上述有关 LH-2 中吸光的类胡萝卜素分子向细菌叶绿素分子传递电子激发能的途径的结论，也可从荧光衰变过程的时间分辨测量中得到支持[12]。

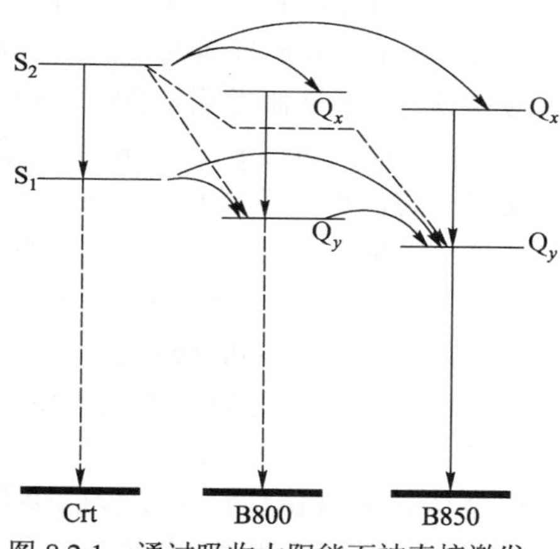

图 8.2.1　通过吸收太阳能而被直接激发，处于 S_2 电子激发态的类胡萝卜素分子 Crt S_2 向 LH-2 中细菌叶绿素分子 B850、B800 传递激发能的途径

应指出的是，虽然伴随着 LH-2 中叶绿素分子卟啉环之间的激发能传递，几乎没有可被检测出的电子吸收以及荧光光谱变化出现，而且由于亚单位内部的分子快速运动，也难以从各向异性衰变和荧光去偏振的实时监测中获得有用的信息。但是 LH-2 → LH-1 中不同叶绿素分子间的激发能传递因它们的电子吸收、荧光发射的光谱谱图不同仍易于观测，考虑到 LH-2 和相邻的另一 LH-2 以及它和相邻的 LH-1 的间距应该相差不大，而且 B850 → B850 和 B850 → LH-1 激发能传递过程的给体-受体间的光谱交盖情况也相似，从而可以假定，在所有的捕光天线亚单位间的能量传递过程都和 LH-2

[11] (a) Wasielewski M R, Tiede D M, Frank H A. Ultrafast Phenomena. Fleming G R, Siegman A E. Berlin: Springer-Verlag, 1986: 388-392.(b) Trautman J K, Shreve A P, Violette C A,Frank H.Proc. Natl. Acad. Sci. U.S.A., 1990, 87: 215. (c) Shreve A P, Trautman J K, Frank H A, Owens T G, Albrecht A C. Biochim. Biophys. Acta, 1991, 1058: 280. (d) Anderson P O, Cogdell R J, Gillbro T. Chem. Phys., 1996, 210: 195.

[12] (a) Ricci M, Bradforth S E, Jimenez R ,Fleming G R. Chem. Phys. Lett., 1996, 259: 381. (b) Krueger B P, Scholes G D, Jimenez R,Fleming G R. J. Phys. Chem. B, 1998, 102:2284.

（B850）→LH-1 过程近似。事实上，捕光天线色素蛋白复合物将所捕获的太阳能，由 LH-2 经过另一个 LH-2 的 B850 以及 LH-1 而传递给反应中心 RC 的步骤和速率，已被利用各种捕光天线色素蛋白复合物的时间分辨光谱以及它们的荧光去偏振、各向异性衰变的大量时间分辨方法[13, 14]测出。虽然早期利用时间分辨吸收光谱研究 LH-2→LH-1 亚单位间的激发能传递过程时，由于所用技术的时间分辨率不够高，曾估计出，该过程的时间常数应为 5～40 ps[15]。但其后的 fs 激发-探测时间分辨吸收光谱测量结果则定量地表明[16]，当 *Rhodobacter sphaeroides* 的 B800 在室温和 77 K 下被激发后，B800→LH-1 的激发能传递时间常数分别约为 3 ps（室温）和 5 ps（77 K）。此外，有人也报道了[17] LH-2→LH-1 激发能传递的时间常数约是 5 ps，但伴随着这一激发能传递过程，还观测到另一个时间常数约为 25 ps 的慢过程，该慢过程可被解释为在激发能传递给 LH-1 之前，在 LH-2 内部的一些细菌叶绿素分子间流动所致。另一方面，在 *Rs. Molischianum* 结构数据的基础上，用有效哈密顿方法计算光合作用单位的捕光色素系统的激发能传递问题时，也得出结论认为，LH-2→LH-2 和 LH-2→LH-1 亚单位间的激发能传递时间常数分别约是 7 ps 和 3 ps。这和实验结果基本上一致。

综上所述，利用时间分辨吸收光谱和其他研究手段相结合可表明，光合作用单位是将所捕获的太阳能以分子激发能形式传递到能将分子激发能转化为化学能的反应中心的微观动态学图景，如图 8.2.2 所示。

---

[13] (a) Kramer H J M, van Grondelle R, Hunter C N, Westerhuis W H J, Amesz J. Biochem. Biophys. Acta, 1984, 765: 156. (b) Hess S, Feldchteim F, Babin A,Nurgaleev I,Pullerits T,Sergeev A,Sundström V. Chem. Phys. Lett, 1993, 216: 247. (c) Monshouwer R, Ortiz de Zarate I, van Mourik F, van Grondelle R. Chem. Phys. Lett., 1995, 246: 341. (d). Monshouwer R, van Grondelle R. Biochem. Biophys. Acta, 1996, 1275: 70. (e) Wu H M, Savikhin S, Reddy N R S, Jankowiak R, Cogdell R J, Struve W. S, Small G J. J. Phys. Chem., 1996, 100: 12022. (f) Ma Y Z, Cogdell R J, Gillbro T. J. Phys. Chem. B, 1997, 101: 1087.

[14] (a)Freiberg A, Godik V I, Pullerits T,Timpmann K. Biochem. Biophys. Acta, 1989, 973: 93.(b)van der Laan H, Schmidt T H, Visschers R W, Visscher K J, van Grondelle R, Völker S. Chem. Phys. Lett., 1990,170: 231.(c) Monshouwer R, Ortis de Zarate I, van Mourik F, van Grondelle R. Chem. Phys. Lett.,1995, 246: 341. (d)Pullerits T, Hess S, Herek J L, Sundström V. J. Phys. Chem., 1997, 101: 10560.(e) Jimenez R, Dikshit S N, Bradforth S E, Fleming G R. J. Phys. Chem., 1996, 100: 6825.

[15] (a) van Grondelle R, Dekker J P, Gillbro T, Sundström V. Biochim. Biophys. Acta, 1994, 1187: 1. (b) Freiberg A, Godik V I, Pullerits T, Timpmann K. Biochim. Biophys. Acta, 1989, 973: 93. (c) Zhang F G, Gillbro T, van Grondelle R, Sundström V. Biophys. J, 1992, 61: 694. (d) Müller M, Drews G, Holzwarth A. Biochim. Biophys. Acta, 1993, 1142: 49. (e) Kennis J T M, Aartsma T J, Amesz J. Chem. Phys., 1995, 194: 285. (f) Kramer H, Deinum G, Gardiner A T, Cogdel R J, Francke C, Aartsma T J, Amesz J. Biochim. Biophys. Acta, 1995, 1231: 33.

[16] Hess S, Chachisvilis M, Timpmann K, Jones M R, Hunter C N, Sundström V. Proc. Natl. Acad. Sci. U.S.A. 1995, 92: 12333.

[17] Nagarajan V, Parson W W. Biochemistry, 1997, 36: 2300.

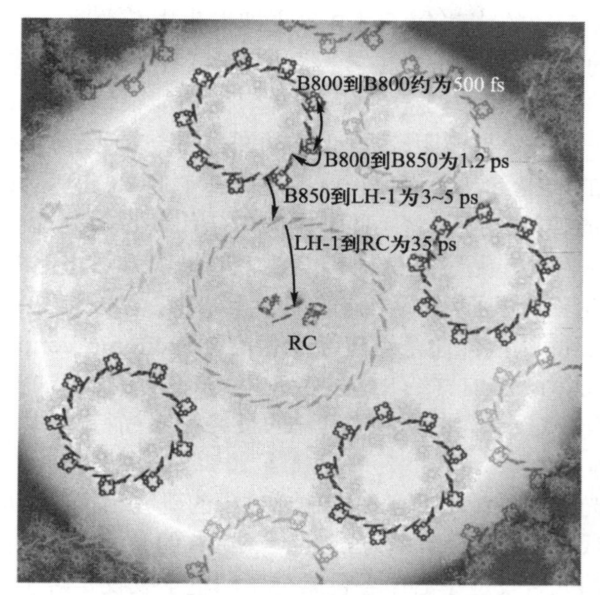

图 8.2.2　捕光天线的亚单位之间以及捕光天线的亚单位向光合反应中心 RC 进行能量传递过程 7 K 时的速率

有趣的是，一些时间分辨吸收光谱实验测量结果表明，整个捕光天线的寿命约为 60 ps，而在 77～177 K 的温度范围内，但 LH-1 激发态的衰变时间常数仅约为 35 ps[18]。这表明，整个捕光天线系统内，激发能从一个亚单位“跳跃”到另一亚单位的速度要比 LH-1→RC[19]过程快，或者说，LH-1 向反应中心 RC 的能量传递比之慢，并成为光能被光合作用单位捕获的速度限制步骤。究其原因可能是，RC 的蛋白质尺寸较大，以致 LH-1 和 RC 中的激发能受体，即特殊叶绿素分子对 P 的间距不能太小，从而使其间的能量传递速率较慢。另一个可能的原因是，反应中心本身为实现其功能所要求的物理尺寸不允许和 LH-1 保持近距

[18] (a) Visscher K J, Bergström H, Sundström V, Hunter C N, van Grondelle R. Photosynth. Res., 1989, 22: 211. (b) Kennis J T M, Aartsma T J, Amesz J. Biochim. Biophys. Acta, 1994, 188: 278. (c) Bergström H, van Grondelle, R, Sundström V. FEBS Lett., 1989, 250: 503. (d) Beekman L M P, van Mourik F, Jones M R, Visser H M, Hunter C N, van Grondelle R. Biochemistry, 1994, 33: 3143.

[19] (a) Visscher K J, Bergstrom H, Sundstrom V, Hunter C, van Grondelle R. Photosynth. Res., 1989, 22: 211. (b) Kennis J T M, Aartsma T J, Amesz J. Biochim. Biophys. Acta, 1994, 188: 278. (c) Bergstrom H, van Grondelle R, Sundström V. FEBS Lett., 1989, 250:503. (d) Beekman L M P, van Mourik F, Jones M R, Visser H M, Hunter C N,van Grondelle R.Biochemistry, 1994, 33: 3143. (e) Freiberg A, Allen J P, Williams J A, Woodbury N W. Photosynth. Res., 1996, 48: 309. (f) Otte S C M, Kleinherenbrink F A M, Amesz J. Biochim. Biophys. Acta, 1993, 1143: 84.

离。否则，被激发的特殊分子对 P 可立即发生电荷分离而转化为很活泼的带电阳离子 P^+，若 LH-1 和它离得很近，LH-1 可被 P^+快速氧化，从而使 LH-1 作为激发能传递“中间载体”的功能很快丧失。不论是什么原因导致 LH-1—RC 的间距较大，但必须回答的一个问题是，在 LH-1—RC 间距足够大的前提下，如何保证众多的 LH-1 向 RC 有足够高的传能效率和足够快的传能速度。将 LH-1 围绕 RC 作环形排列而使各 LH-1 向 RC 传能速率相同，无疑是保证传能效率的一个方法。此外，在各种叶绿素分子在空间紧密而有序排列的捕光天线中，激发能非定域化，以致它和反应中心的能量传递是通过激子耦合（excitonic coupling）而实现[20]，也可能是构成 LH-1→RC 的激发能传递效率很高的一个决定性因素。当然，有关这一非常有趣的问题的最终答案尚待进一步的实验验证和理论分析。

和在捕光天线系统中的激发能传递过程的研究相类似，早在 20 世纪的七八十年代，通过以分辨率为 ns 甚至 ps、fs 的时间分辨光谱方法，跟踪监测紫色细菌光合反应中心中各色素分子的电子吸收光谱和（或）荧光发射强度随时间的变化。人们已经达到的一个共识是，细菌光合作用反应中心的电子转移是从处于反应中心的特殊分子对被激发，并发生电荷分离后开始的：

$$[\mathrm{BChl}-\mathrm{BChl}]^* \longrightarrow [\mathrm{BChl}^+-\mathrm{BChl}^-]$$

此时电子由发生电荷分离后特殊分子对可以以高达约 3 ps 的速率转移给邻近的一个脱镁细菌叶绿素分子 BPh：

$$[\mathrm{BChl}^+-\mathrm{BChl}^-]+\mathrm{BPh} \xrightarrow{e^-} (\mathrm{BChl}^+-\mathrm{BChl})+\mathrm{BPh}^-$$

这一电子转移过程也可能是经过介于$(\mathrm{BChl})_2$和 BPh 之间的一个称为“辅助特殊细菌叶绿素分子”BChla 而实现。获得电子的脱镁细菌叶绿素分子负离子 BPh^-，则进一步将电子以大约 200 ps 的速率转移给一个名为 Q_A 的醌分子，并在大约 200 μs 的期间内，将电子从 Q_A 再转移给被非血红素铁原子 Fe 隔开并和横跨光合作用生物膜的“醌分子库”相连通的另一个醌分子 Q_B[21]。$\mathrm{BPh}^- \xrightarrow{e^-} Q_A \xrightarrow{e^-} Q_B$（图 8.2.3）。

[20] Novoderezhkin V I, Razjivin A P. Photosynth. Res., 1994, 42: 9. (b) Owen G M, Hoff A, Jones M R J. Phys. Chem. B, 1997, 101: 7197.

[21] (a) Holten D,Windsor M W. Ann. Rev. Biophys. Bioeng., 1978, 7: 189-227. (b) Woodbury N, Allen J P. Anoxygenic Photosynthetic Bacteria.Dordrecht: Kluwer,1995: 527–557.

在藻类和绿色植物的光系统的反应中心内，发生电子转移过程的微观图景也类似。例如，PSI 的反应中心的初始电荷分离也是在叶绿素分子对 P700 被激发后的 2～3 ps 发生[22]，而电子随后在次级受体分子间的转移 $A_0^- \to A_1$ 也是在 10～50 ps 内完成。电子由 $A_1^- \to F_X$ 的进一步转移过程则可用时间常数为约 10 ns 和 200～280 ns 的双指数动力学规律描述[23]。

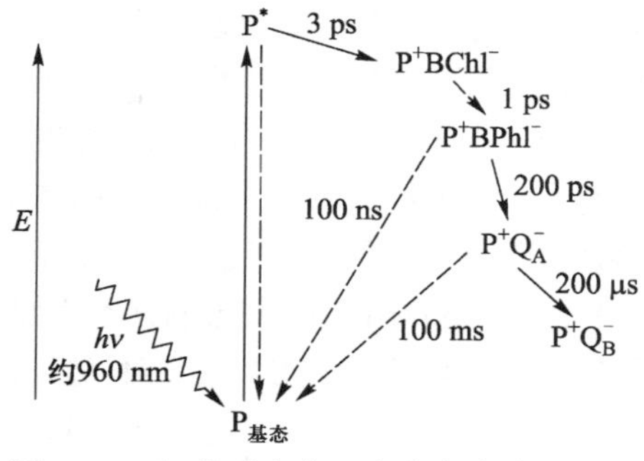

图 8.2.3　细菌反应中心光合色素分子间的电子转移的速率

关于基于时间分辨光谱测量而进行的光合反应中心电子转移机理探讨和速率测定，可参阅有关的综述[6,42]。在这里，仅指出，由作为初级给体的特殊叶绿素分子对所释放出的电子，在光合反应中心是沿着结构上几乎完全相同，并对称地分布在通过特殊（细菌叶绿素）分子对的 C_2 轴的两侧的 L−和 M−两组色素分子链逐步地进行转移。而且电子转移的途径，与人们所知的各种光合作用反应中心的相关色素分子组成和空间排列方式完全对应。例如，在典型的紫色细菌 *Rps. viridis* 的反应中心所进行的电子转移途径是，当天线色素中的细菌叶绿素所吸收的 1 015 nm 的光辐射能传递给反应中心的细菌叶绿素分子对 P 并将其激发后，激发态的分子对 P^*经过单体形态的辅助细菌叶绿素分子和脱镁细菌叶绿素分子而将电子转移给初级电子-泛醌 Q_A，与此同时，释出电子的细菌叶绿素分子对 P^+将被细胞色素中血红素−3 还原为 $PQ_A^-Q_B$，并在进一步的电子转移中而生成 $PQ_AQ_B^-$。由于 Q_B 和 Q_A 不同，它可作为“双电子开关”而接受两个电子，所以，当随着细胞色素进行光化学氧化而导致再次发生电子转移给 Q_A 时，可导致生成“双自由基态（diradical）”的 $PQ_A^-Q_B^-$。$PQ_A^-Q_B^-$ 可通过参与质子传输过程接受一个质子而相继转化成 $PQ_A(Q_BH)^-$ 和 $PQ_A(Q_BH)_2$，使醌分子离开原来的结合部位，并被另一膜蛋白-细胞色素 bc_1 氧化而在光合膜周质（periplasmic）侧释放出质子。这样通过质子的跨膜传输而形成的“质子梯度”，即可用于协同 ATP 酶合成 ATP，而氢醌（quinol）被“再氧化”

[22] Brettel K. Biochim. Biophys. Acta, 1997, 1318: 322–373.
[23] Brettel K S. Photosynthesis: Mechanisms and Effects.Dordrecht: Kluwer Academic Publishers, 1998: 611–614.

时所释放的电子，则通过相对分子质量较小的可溶性细胞色素 C_2 和含有4 个血红素 C 亚单位而返回到反应中心。在其他的光合作用反应中心所进行的电子转移过程也类似。

至于电子可以在光合反应中心色素分子间快速传递的原因，看来也可从理论上予以解释。具体来说，根据费米黄金定则，若假设光合反应中心的色素分子间电子转移速率 k_{et} 主要由耦合相互作用分子的矩阵元 $|V(r)|$ 所决定，而 Franck-Condon 因子的影响并不重要，那么，光合反应中心的色素分子间电子转移速率 k_{et} 和分子的“边-对-边”间距的函数关系[24]可用下式定量描述：

$$k_{et} = k_{r,vdw}\exp[-\beta(r - r_{vdw})]$$

式中，$r_{vdw} = 0.36\ \mathrm{nm}$ 是范德瓦耳斯距离；$k_{r,vdw} = 10^{13}\ \mathrm{s}^{-1}$ 是相互作用的分子相距范德瓦耳斯距离时的反应速率；$\beta = 13.5\ \mathrm{nm}^{-1}$ 是相互作用的分子的矩阵元耦合常数。

这一关系和图 8.2.4 所示的实验测量结果基本上一致。

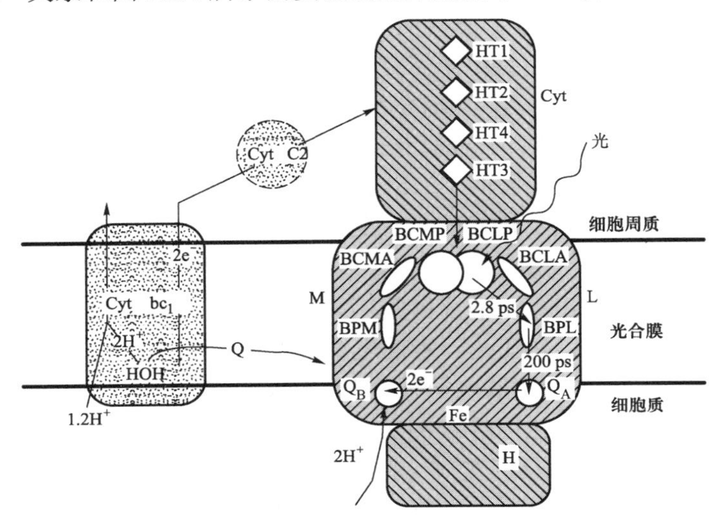

图 8.2.4 细菌反应中心光合色素分子间的电子转移机理

HT1～HT4 表示亚铁血红素；BCMP 和 BCLP 分别表示 M 和 L 侧细菌叶绿素分子对；BCMA 和 BCLA 分别表示 M 和 L 侧辅助细菌叶绿素分子；BPM 和 BPL 分别表示 M 和 L 侧脱镁细菌叶绿素分子；Q_B 和 Q_A 分别表示醌分子 B 和 A；Cyt 表示细胞色素

[24] Moser C C, Keske J M, Warncke K, Dutton P L. Electron and proton transfer in chemistry and biology: Proceedings of the Bielefeld Workshop,1990.

8.3　令人感兴趣的一个时间分辨光谱研究课题

光合细菌和绿色植物将水和二氧化碳转化为为地球上一切生命活动提供物质营养和能源的光合作用过程，是从它们的光合器官中的“捕光天线”吸收太阳能，并将所吸收的能量以分子激发能的形式传递给光合反应中心（RC）通过电子转移进行能量转化开始。大量的实验事实已证明，这些能量传递过程是在几乎没有任何损耗的条件下高效（约 100%）而且只能沿单一方向不可逆地进行，其进行的速率十分接近分子运动速率的极限值（约 $10^{13}\,s^{-1}$）。但现在的问题是，保证这种分子过程可以如此高效、快速、不可逆地进行的原因是什么？

应当指出的是，时间分辨光谱虽然可为确定捕光天线中的各种色素蛋白复合物间激发能传递的步骤及相关的动态学过程速率常数提供重要信息，但由于捕光天线中的各种色素蛋白复合物一般都含有以不同方式和蛋白质螺旋结合的细菌叶绿素和类胡萝卜素等多种不同的分子，在它们的瞬态时间分辨吸收光谱的测量中，许多时候所得出的光谱信号是不同发色团所产生的“混合物”，特别是当被测信号是和分子的电子跃迁相关联的“宽带谱”时，如前面已强调指出过的那样，某一所感兴趣的色素分子的信号往往可被其他分子的信号所“淹没”，因而仅仅依靠捕光天线中的各种色素蛋白复合物的吸收光谱随时间的变化所得出的结论，难免尚有待进一步推敲的余地。此外，在捕光天线系统中，作为给体和受体的叶绿素、类胡萝卜素等色素分子往往并不是以“自由态”的单体分子形式存在，而是被周围蛋白质分子紧密围绕，特别是它们在空间严格有序地紧密排列成聚集态超分子。此时，分子的激发能可能不再“定域”在单个分子上，而是不受其原来位置限制，在一定数目的相邻分子间“非定域化”地随机分布，而这些“非定域”分布的分子的激发态行为应采用“非定域化”的“激子”的本征态描述。因此，捕光天线中的各种色素蛋白复合物间激发能的传递过程，看来并不能仅仅通过单个分子间偶极相互作用和电子交换作用而用在各相关分子间独立地发生“非相干性的跳跃”（incoherent hopping）进行能量传递的 Förster 和 Dexter 机理实现，也就是说，需将激发能传递机理作进一步研讨，例如，作为通过由声子（phonon）引发的不同激子能级间的弛豫过程处理。虽然激发能传递机理仍待进一步的理论分析和实验验证，但目前仍然可以认为，这一激发能传递过程的高效及快速的特点主要是由激发能给体、受体间的紧密而独特的分子空间排列所决定，而激发能传递过程的单向、不可逆性则是由于过程是通过能级逐步降低的“滑坡”（down hill）方式进行的结果。

至于电子转移在蛋白质介质中可以更高速地进行的原因，也可能是因为蛋白质介质可提供一个偶极矩“预先”排列为有利于电子转移的“硬”环境，从而可促进新的带电荷分子加速生成。但是如果将光合作用反应中心的电子转移过程之所以能够快速进行的特点归因于蛋白质介质提供的特定环境，那么又是什么原因使这些光合色素分子在这一特定的蛋白质介质环境中的电子转移 $D + A \rightarrow D^+ + A^-$ 只沿单一的方向进行，而反向的重合过程 $D + A \leftarrow D^+ + A^-$ 则被几乎完全抑制，以致这种由光能驱动的电子转移过程的量子产率（quantum yield）几乎等于 1？

但令人迷惑不解的还有，不论是简单的光合细菌或复杂的绿色植物光合反应中心，虽然它们都具有由几乎完全相同，并对称地分布在通过特殊（细菌）叶绿素分子对的 C_2 轴两侧的 L–和 M–两支色素分子链。但是为什么由作为初级给体的“特殊叶绿素分子对”所释放出的电子，实际上只是沿 L–色素分子链逐步地进行转移，而在空间上对称分布、在物理化学性质上相同的 M–色素分子链却形同虚设[25]，通过它转移电子的概率不到通过 L–色素分子链转移的 1/200？如果说，其原因可能是色素分子的周围环境不同，而且仔细考查各个色素分子时，也的确可以看到 *Rps. viridis* 的特殊叶绿素分子对中两个细菌叶绿素分子 BChl 所处的蛋白质环境不同。此外，在 L 侧的细菌叶绿素分子 BChlL 和组氨酸（histidine）L–168、苏氨酸（threonine）L–248 以氢键相连，而在 M 侧的 BChlM 则只和酪氨酸（tyrosine）M–195，也可能包括丝氨酸（serine）M–203 生成氢键相接触。此外，L 侧的脱镁细菌叶绿素分子 BPhL 和三个苯基丙氨酸（phenylalanine）L–97、L–121 和 L–241 的苯环相邻，而在 M 侧的 BPhM 附近只有一个 M–148。尤其是在 L 侧的 BPhL 是和谷氨酸（glutamine）L–104 的酸残基生成氢键络合物。这样，似乎可以设想，特殊叶绿素分子对本身结构上的不对称，或最靠近不同色素分子链的蛋白质的极性基团的分布不对称，可能是电子

---

[25] (a) Prince R C, Leigh J S, Dutton P L. Biochim. Biophys. Acta, 1976, 440: 622. (b) Tiede D M, Prince R C, Dutton P L. Biochim. Biophys. Acta, 1976, 449: 447. (c) Tiede D M, Prince R C, Reed G H, Dutton P L. FEBS Lett., 1976, 65: 301. (d) Prince R C, Leigh J S, Dutton P L. Biochim. Biophys. Acta, 1976, 440: 622. (e) Shuvalov V A, Klimov V V. Biochim. Biophys. Acta, 1976, 440: 587.

优先沿 L–色素分子链转移的原因[26]；但是，人们通过对色素分子链不同部位的氨基酸残基置换的“定位突变”样品（site-directed mutants）进行观测对比，并未对这一设想给出有力的实验支持。为寻求答案进行模拟计算和分析的结果[27]也未提出令人信服的理论证据。人们也许会问，为什么一些藻类、高等植物在经过几百万年的进化之后，仍然在它们进行至关重要的光合作用器官的核心部位保留下分布对称但不发挥应有生命活动功能的一组色素分子链？还是这两支色素分子链实际上仍然是同样有效地参与电子转移，只不过由于当时所采用的实验方法的局限，以致未能将两支色素分子链在转移电子时各自所作贡献予以识别？

作者认为[28]，在探讨光合作用反应中心的电子转移过程的奥秘时，必须综合考虑电子转移过程本身和由此引起的蛋白质介质环境改变之间的“相互影响”，而不能将两者分割。也就是说，在每一步的电子转移过程 $D + A \rightarrow D^+ + A^-$ 中，由于电荷分布，从而它们的偶极、静电作用的改变，必然引起相关的电子给体 D 和电子受体 A 的间距和空间取向以及周围环境的蛋白质分子构型的改变，而这一改变必将影响所生成带电分子 D^+和 A^-之间可能发生的电荷反向重合（charge recombination）$D + A \leftarrow D^+ + A^-$，以及电子的进一步的前向转移步骤 $A^- + A' \rightarrow A + A'^-$。例如，在“适当”的情况下，D 和 A 间的电子转移可通过周围蛋白质分子构型改变而导致所生成的 D^+和 A^-间距 r_{DA} 增大，并减小所生成的带负电荷的 A^-和下一个电子受体 A' 的间距 $r_{AA'}$。那么，A 和 D 之间发生电子转移所产生的结果将使这一电子转移的逆过程变得难以进行，而电子转移过程进一步被加速。当然，在光合作用反应中心的电子转移过程可能引起的色素分子及蛋白质环境的构型的变化，以及这些构型变化对电子转移过程的影响要复杂得多。不过，光合作用反应中心的电子转移过程引起蛋白质环境的变化，正在成为人们关注的课题，只不过关于蛋白质环境变化对下一步电子转移的影响问题尚未引起足够的重视。

综上所述可见，探索光合作用原初反应过程中的高效、快速以及单向不可逆的激发能传递，特别是电子转移步骤的原因，无疑是当前揭示包括光合作用过程在内的自然界许多重要生命过程奥秘的热门课题之一。在这

[26] Lueck H, Windsor M W, Rettig W. J. Phys. Chem., 1990, 94: 4550–4558.

[27] Clayton R K, Yamamoto T. Photochem. Photobiol., 1976, 24: 67.

[28] Akins D L, 郭础. Photoinitiated Electron Transfer in Synthetic Model Systems. Adv. Mater., 1994, 6: 512–516.

里取得突破的关键，很可能是对色素分子运动和环境介质分子（如蛋白质）构型间的相互影响的揭示。为此，时间分辨光谱方法将是基本的手段，而这一方法巧妙应用的结果必将为发展生物工程、开辟太阳能利用新途径和探索以分子为基础的电子（光子）器件提供重要的启示和依据。

郑重声明

高等教育出版社依法对本书享有专有出版权。任何未经许可的复制、销售行为均违反《中华人民共和国著作权法》，其行为人将承担相应的民事责任和行政责任；构成犯罪的，将被依法追究刑事责任。为了维护市场秩序，保护读者的合法权益，避免读者误用盗版书造成不良后果，我社将配合行政执法部门和司法机关对违法犯罪的单位和个人进行严厉打击。社会各界人士如发现上述侵权行为，希望及时举报，本社将奖励举报有功人员。

反盗版举报电话　（010）58581897　58582371　58581879

反盗版举报传真　（010）82086060

反盗版举报邮箱　dd@hep.com.cn

通信地址　北京市西城区德外大街4号　高等教育出版社法务部

邮政编码　100120